"十二五"国家重点图书出版规划项目

水体污染控制与治理科技重大专项"十一五"成果系列丛书

流域水污染防治监控预警技术与综合示范主题

流域水环境风险管理技术与实践

郑丙辉　李开明　秦延文　张世琨　李维新　仇伟光　等／著

科学出版社
北京

内 容 简 介

本书针对我国流域水环境管理中存在的突出问题，详细介绍了国家重大专项项目“流域水环境风险评估与预警技术研究与示范”的研究成果。本项目充分利用流域水环境质量监测与污染源监测信息，通过对污染源风险识别与评估技术、流域水环境风险评估方法、流域水环境预警技术和流域水环境管理平台构建技术等方面的研究，形成流域水环境风险管理技术体系，为构建国家/流域水环境管理决策平台，提高水环境管理水平以及促进水环境管理机制转变提供科技支撑。

本书可供环保科技工作者、地方以及国家环保管理者和环保志愿者等参考，也可供高等院校相关专业师生参阅。

图书在版编目(CIP)数据

流域水环境风险管理技术与实践 / 郑丙辉等著. —北京：科学出版社，2016. 1

“十二五”国家重点图书出版规划项目

（水体污染控制与治理科技重大专项“十一五”成果系列丛书）

ISBN 978-7-03-043310-7

Ⅰ. ①流… Ⅱ. ①郑… Ⅲ. ①流域-水环境质量评价 Ⅳ. ①X824

中国版本图书馆 CIP 数据核字（2015）第 026881 号

责任编辑：李 敏 周 杰 / 责任校对：彭 涛

责任印制：肖 兴 / 封面设计：黄华斌 陈 敬

科学出版社 出版

北京东黄城根北街16号

邮政编码：100717

http://www.sciencep.com

北京利丰雅高长城印刷有限公司 印刷

科学出版社发行 各地新华书店经销

*

2016年1月第 一 版 开本：787×1092 1/16

2016年1月第一次印刷 印张：29 1/2

字数：700 000

定价：268.00 元

（如有印装质量问题，我社负责调换）

水专项“十一五”成果系列丛书
指导委员会成员名单

环境保护部水专项“十一五”成果系列丛书

编著委员会成员名单

本书编著委员会名单

主　笔　郑丙辉

副主笔　李开明　秦延文　张世琨　李维新　仇伟光

成　员　(按姓氏拼音排序)

安立会　蔡美芳　蔡金榜　曹　伟　陈中颖
杜建伟　高振记　韩　鹏　何洪林　黄国如
惠婷婷　姜国强　蒋昌潭　李　黎　李艳红
刘爱萍　刘　定　刘海涵　刘录三　刘　琰
刘　晓　刘　瑜　刘　庄　卢文洲　陆俊卿
罗锦洪　马迎群　米雪晶　彭　虹　任秀文
邵　亮　石　敏　汪　光　王国庆　王丽婧
王丽平　王　宁　王　帅　王　炜　应光国
游　波　于　萍　于志强　曾　波　曾祥英
曾　咺　翟崇治　张洪玲　张　雷　张龙江
张万顺　张艳军　张英民　张　峥　赵璐璐
赵晓玉　赵艳民　甄　宏　郑政伟　庄　巍
周丹卉

总　序

我国作为一个发展中的人口大国，资源环境问题是长期制约经济社会可持续发展的重大问题。在经济快速增长、资源能源消耗大幅度增加的情况下，我国污染排放强度大、负荷高，主要污染物排放量超过受纳水体环境容量。同时，我国人均拥有水资源量远低于国际平均水平，水资源短缺导致水污染加重，水污染进一步加剧水资源供需矛盾。长期严重的水污染问题影响我国水资源利用和水生态系统的完整性，影响人民群众身体健康，已经成为制约我国经济社会可持续发展的重大瓶颈。

水体污染控制与治理科技重大专项（简称水专项）是《国家中长期科学和技术发展规划纲要（2006—2020年）》确定的16个重大专项之一，旨在集中攻克一批节能减排迫切需要解决的水污染防治关键技术难关，构建我国流域水污染治理技术体系和水环境管理技术体系，为重点流域污染物减排、水质改善和饮用水安全保障提供强有力的科技支撑，是新中国成立以来投资最大的水污染治理科技项目。

“十一五”期间，在国务院的统一领导下，在科技部、国家发展和改革委员会和财政部的精心指导下，在水专项领导小组、各有关地方发展和改革委员会和财政部的精心指导下，在水专项领导小组各成员单位、各有关地方政府的积极支持和有力配合下，水专项领导小组围绕主题主线新要求，动员和组织全国数百家科研单位、上万名科技工作者，启动34个项目、241个课题，按照“一河一策”、“一湖一策”的战略部署，在重点流域开展大攻关、大示范，突破1000余项关键技术，完成229项技术标准规范，申请1733项专利，初步构建水污染治理和管理技术体系，基本实现“控源减排”阶段目标，取得阶段性成果。

一是突破化工、轻工、冶金、纺织印染、制药等重点行业“控源减排”关键技术难关200余项，有力地支撑主要污染物减排任务的完成；突破城市污水处理厂提标改造和深度脱氮除磷关键技术难关，为城市水环境质量改善提供支撑；研发受污染原水净化处理、管网安全输配等40多项饮用水安全保障关键技术，为城市实现从源头到龙头的供水安全保障奠定科技基础。

二是紧密结合重点流域污染防治规划的实施，选择太湖、辽河、松花江等重点流域开展大兵团联合攻关，综合集成示范多项流域水质改善和生态修复关键技术，为重点流域水质改善提供技术支持。环境监测结果显示：辽河、淮河干流化学需氧量消除劣V类；松花江流域水生态逐步恢复，重现大麻哈鱼；太湖富营养状态由中度变为轻度，劣V类入湖河流由8条减少为1条；洱海水质连续稳定并保持良好状态，2012年有7个月维持在II类水质。

三是针对水污染治理设备及装备国产化率低等问题，研发60余类关键设备和成套装备，扶持一批环保企业成功上市，建立一批号召力和公信力强的水专项产业技术创新战略联盟，培育环保产业产值近百亿元、带动节能环保战略性新兴产业加快发展。其中，杭州聚光环保科技有限公司研发的重金属在线监测产品被评为2012年度国家战略产品。

四是逐步形成国家重点实验室、工程中心—流域地方重点实验室和工程中心—流域野外观测台站—企业试验基地平台等为一体的水专项创新平台与基地系统，逐步构建以科研为龙头、以野外观测为手段、以综合管理为最终目标的公共共享平台。目前，通过水专项的技术支持，我国第一个大型河流保护机构——辽河保护区管理局已正式成立。

五是加强队伍建设，培养一大批科技攻关团队和领军人才，采用地方推荐、部门筛选、公开择优等多种方式遴选出近300个水专项科技攻关团队，引进多名海外高层次人才，培养上百名学科带头人、中青年科技骨干和5000多名博士、硕士，建立人才凝聚、使用、培养的良性机制，形成大联合、大攻关、大创新的良好格局。

在2011年“十一五”国家重大科技成就展、“十一五”环保成就展、全国科技成果巡回展等一系列展览中，在2012年全国科技工作会议和2013年初国务院重大专项实施推进会上，党和国家领导人对水专项取得的积极进展都给予了充分肯定。这些成果为重点流域水质改善、地方治污规划、水环境管理等提供技术和决策支持。

在看到成绩的同时，我们也清醒地看到存在的突出问题和矛盾。水专项离国务院的要求和广大人民群众的期待还有较大差距，仍存在一些不足和薄弱环节。2011年专项审计中指出，水专项“十一五”在课题立项、成果转化和资金使用等方面不够规范。“十二五”期间，我们需要进一步完善立项机制，提高立项质量；进一步提高项目管理水平，确保专项实施进度；进一步严格成果和经费管理，发挥专项最大效益；在调结构、转方式、惠民生、促发展中发挥更大的科技支撑和引领作用。

我们要科学认识解决我国水环境问题的复杂性、艰巨性和长期性，水专项亦是如此。刘延东副总理指出，水专项因素特别复杂，实施难度很大，周期很长，反复也比较多，要探索符合中国特色的水污染治理成套技术和科学管理模式。水专项不是包打天下，解决所有的水环境问题，不可能一天出现一个一鸣惊人的大成果。与其他重大专项相比，水专项也不会通过单一关键技术的重大突破，就能实现整体的技术水平提升。在水专项实施过程中，要妥善处理好当前与长远、手段与目标、中央与地方等各个方面的关系，既要通过技术研发实现核心关键技术的突破，探索出符合国情、成本低、效果好、易推广的整装成套技术，又要综合运用法律、经济、技术和必要的行政手段来实现水环境质量的改善，积极探索符合代价小、效益好、排放低、可持续的中国水污染治理新路。

党的十八大报告强调，要实施国家科技重大专项，大力推进生态文明建设，努力建设美丽中国，实现中华民族永续发展。水专项作为一项重大的科技工程和民生工程，具有很强的社会公益性，将水专项的研究成果及时推广并为社会经济发展服务，是贯彻创新驱动发展战略的具体表现，是推进生态文明建设的有力措施。为广泛共享水专项“十一五”取得的研究成果，水体污染控制与治理重大科技专项管理办公室组织出版水专项“十一五”成果系列丛书。本丛书汇集一批专项研究的代表性成果，具有较强的学术性和实用性，可以说是水环境领域不可多得的资料文献。本丛书的组织出版，有利于坚定水专项科技工作者专项攻关的信心和决心；有利于增强社会各界对水专项的了解和认同；有利于促进环保的公众参与，树立水专项的良好社会形象；有利于促进水专项成果的转化与应用，为探索中国水污染治理新路提供有力的科技支撑。

我坚信，在国务院的正确领导和有关部门的大力支持下，水专项一定能够百尺竿头，更进一步。我们一定要以党的十八大精神为指导，高擎生态文明建设的大旗，团结协作，协同创新，强化管理，扎实推进水专项，务求取得更大的成效，把建设美丽中国的伟大事业持续推向前进，努力走向社会主义生态文明新时代!

周生贤

2013 年 7 月 25 日

前　言

近二三十年来，我国的经济快速发展，取得了举世瞩目的巨大成就，但同时资源消耗过大，生态环境退化，也付出了十分沉重的环境代价，环境问题日益突出，突发性环境事件发生的概率继续增大，累积性环境风险也呈增加趋势。面对污染事故高发、环境风险增加的态势，必须坚持以预防为主，增强水环境风险事件的应急预警能力。构建先进的水环境监测预警体系和完备的水环境执法监督体系，是我国水环境污染控制及治理的重要手段，也是降低水环境风险的一个有效措施。目前，我国各大流域及地方政府尚未建立起水环境质量预警体系，尚未构建流域级、国家级水环境质量预警平台。总体上，流域级水环境预警能力十分薄弱，亟待开展流域水环境风险评估与预警技术和平台构建技术的研究，以及流域水环境风险评估与预警平台建设工作。

2008 年，国家启动了水体污染控制与治理科技重大专项，作为流域水污染防治监控预警技术主题的重要内容，设立了“流域水环境风险评估与预警技术研究与示范”（2009ZX07528）项目。在流域水生态功能分区的基础上，完善了当前正在实施的工业、城市生活点污染源以及规模化畜禽养殖污染源的水污染负荷核定技术、流域水环境质量评价技术；建立了基于流域水生态系统健康的水污染源风险评估技术方法、流域突发性和累积性水环境风险评估方法、流域水环境风险预警技术方法、突发性水污染事故现场处理处置技术等，初步构建了流域水环境风险管理体系。在流域水环境监测数据库构建基础上，基于 Web-GIS 技术，制定流域水环境预警信息系统共享标准和规范，建立各类风险评估及预警模型库，设计系统接口，构建流域水环境风险评估及预警平台技术框架。以三峡库区、太湖流域和辽河流域为示范区域，完成稳定运行的 3 个示范区水环境风险评估及预警系统的研发，并实现业务化运行，切实保证流域水生态安全及人民生命财产安全。本项目由中国环境科学研究院牵头，环境保护部华南环境科学研究所、北京北大软件工程发展有限公司、环境保护部南京环境科学研究所、辽宁省环境监测实验中心和重庆市环境保护信息中心等多家单位协作完成。本项目的圆满完成得益于各单位的通力合作，以及众多科研工作者的辛勤劳动。

本书总结了“流域水环境风险评估与预警技术研究与示范”的研究成果。全书分为上、中、下三篇。上篇系统介绍了突发性流域水环境风险管理技术的理论框架，包括流域水环境突发性风险源识别技术、流域水环境突发性环境风险快速模拟技术、突发性水污染事故应急生态风险评估技术、突发性水污染事故饮用水安全应急评估技术及流域水环境突发性环境风险应急控制技术等 5 个部分，主要由郑丙辉、秦延文、赵艳民、彭虹、张万顺、于萍、曾波、罗锦洪、张雷、于志强、曾祥英等执笔完成；中篇全面介绍了累积性水环境风险管理技术的理论框架，主要包括流域水环境污染源管理技术、流域水环境质量管理技术、流域累积性水环境风险评估技术和流域累积性水环境风险预警技术等 4 个部分，主要由郑丙辉、李开明、王丽婧、刘琰、赵艳民、刘录三、王丽平、安立会、马迎群等执笔完成；下篇系统阐述了流域水环境风险管理信息平台构建技术，同时详细介绍了三峡库区、太湖流域和辽河流域 3 个典型示范区水环境风险评估与预警平台的构建和应用示范，主要由曾咺、李维新、张世琨、仇伟光、张峥、张艳军、刘庄、李艳红、高振记等执笔完成。

由于作者水平、能力有限，不足之处在所难免，敬请各位专家和读者批评指正。

郑丙辉

2013 年 7 月于北京

目　录

上篇　突发性流域水环境风险管理技术研究

中篇 累积性水环境风险管理技术研究

下篇　流域水环境风险管理信息平台构建技术及流域应用示范

第1章

绪　论

流域是人类文明的摇篮，是国民经济和区域经济持续发展的空间载体，是产业集中、城市发达和人居条件相对优越的地区。然而，由于发展经济的迫切需求，我国河流、湖泊、海洋等水域沿岸建设了一批技术含量低、能耗与物耗高及环境污染重的企业，大量的污水被排入水体，导致水质急剧恶化。水污染事故频发，而且突发性特大水污染事件爆发时间间隔越来越短，持续时间越来越长，程度越来越严重，水体污染越来越严重，这已严重威胁到人们的身体健康和经济的可持续发展。

过去十余年中，尽管各级环保部门对水污染物排放进行了严格管理，我国的水环境仍然普遍污染严重，水污染事故时有发生。据统计，1993～2004年，全国共发生环境污染事故21 152次，其中重大事故566次，特大事故374次，并造成了一定人员伤亡。全国2006年报到国家环保总局的污染事件共计161起，其中近60%是水污染事件，对居民饮用水安全构成了极大的威胁。2006～2011年，环境保护部调查处理的水污染事件有397起，其中重大及以上突发水污染事件共有46起。

对此，党和国家领导人高度重视。2009年至今，党中央、国务院领导共对36起突发环境事件以及日常环境应急工作作出90多次重要批示。国务院关于加强环境保护重点工作的意见，把“有效防范环境风险和妥善处置突发环境事件”作为一项主要任务。李克强副总理在第七次环保大会上讲话时指出，“环境总体恶化的趋势尚未根本改变，压力还在加大，一些地区污染排放严重超过环境容量，突发环境事件高发。”周生贤部长在第二次全国环保科技大会上提出并强调建立“环境风险防控为目标导向的环境管理”模式。

为了从根本上改善我国的水环境质量，保障水环境安全，一方面需要建立以水环境容量为基础的水污染物总量控制管理体系，实现从浓度管理和目标总量控制向质量管理和容量总量控制的转变；另一方面需要构建水环境风险评估与预警技术体系，实现水环境从常规管理向风险管理的转变。要实现上述两个转变，则必须建立一套以流域水环境风险监控、评价和预警为手段的流域水环境风险管理技术体系，保证各类基础信息的全面可靠把握和对水环境发展趋势的准确判断，这也是各项环境管理制度顺利实施的基础。

因此，系统开展流域水环境风险评估与预警技术研究，研究突发性和累积性水环境风险管理技术，构建流域水环境风险管理信息平台，并进行示范流域应用，对于我国流域水环境管理及安全具有重要意义。

1.1 我国水环境风险评估与预警能力现状

1.1.1 水环境问题严峻，水环境潜在风险增大

我国水环境质量状况依然突出。2011 年环境状况公报数据显示，长江、黄河、珠江、松花江、淮河、海河、辽河和浙闽片河流、西南诸河、内陆诸河等七大水系三大片区 469 个地表水监测断面中有 13.7% 为劣 V 类水质，基本丧失使用功能；在监测的 200 个城市中 4727 个地下水监测点位中，较差-极差水质的监测点比例为 55.0%，流经城市的河段普遍受到污染，饮用水安全存在隐患；全国 113 个环保重点城市的 389 个地表饮用水水源地平均水质达标率为 90.6%。

我国突发性水环境污染事故频发，累积性水环境风险增大。自 1993 年有环境统计数据以来，我国已发生近 3 万起突发环境事件，其中重、特大突发环境事件 1000 多起，约 53% 是水污染事故。2005 年 11 月的松花江重大水污染事件，吉林石化公司双苯厂发生爆炸，造成松花江水污染，导致沿江的哈尔滨市停止供水 4 天，经济损失巨大。同年 12 月，广东北江由于一企业超标排放含镉废水，导致下游约十万人无法从北江取水。2006 年 9 月，湖南省岳阳县发生的饮用水源受到砷污染事件，导致约十万人饮用水困难。除了水环境事故风险加大外，潜在（累积）水环境风险也有增加趋势。累积性环境风险是指人类开发活动中潜在的会对人类健康、生态环境产生危害的行为，这种风险一般并不立刻显现，而且比较隐蔽，但对人类健康、生态系统却具有长远的影响。湖泊、大型水库及一些河口的大量氮、磷营养盐累积，在一定条件触发下，可以引发蓝藻赤潮暴发，带来较严重的环境问题，如 2007 年 5 月太湖蓝藻水华事件，导致无锡市供水危机长达 2 周时间。这种潜在的水环境风险目前国内关注、研究的较少，该类水环境问题需要引起足够的重视。

面对污染事故高发、环境风险增加的态势，必须坚持以预防为主，增强突发性、累积性水环境风险事件的应急预警能力，构建先进的水环境监测预警体系和完备的水环境执法监督体系是我国水环境控制及治理的重要手段，也是降低水环境风险的一个有效措施。

1.1.2 流域水环境风险评估与预警现状

我国环保系统 1982 年首次发布《全国环境质量报告书》，实施全国地表水环境质量状况的年报制度。地表水国控网点于 1984 年首次确定，于 1990 年和 2002 年分别进行了调整，并于 2003 年开始实施七大水系的水质月报制度。我国 1983 年首次发布编号为 GB 3838—83 的《地表水环境质量标准》，1988 年第一次修订（编号为 GB 3838—88），1999 年第二次修订（编号为 GHZB 1—1999），2002 年第三次修订（编号为 GB 3838—2002）。目前，全国、省级和市县级以及流域水环境质量评价主要按照《地表水环境质量标准》（GB 3838—2002）中类别单因子评价评判，优良水体按照此标准中Ⅲ类标准评判，重污染水体按照此标准中V类标准评判，功能区评价按照此标准中规定的功能标准，实行单因子评价。

当前，我国流域水环境质量管理相关经验非常缺乏。在科研投入上，近年来开展了一些相关的研究项目，但缺少系统性的水环境质量管理研究，对其在环境管理工作实践中应用的认识和重视不足。目前我国水质评价主要还是采用理化指标，对于生态风险评价还没有全面开展。在水环境健康风险评价领域，虽然我国部分学者已经开展了相应的基础研究，对一些地区和河段水体中有毒有害物质与人群健康之间的关系进行了研究，评价的项目主要是化学致癌物和非致癌物，暴露途径主要是饮用摄入，没有考虑其他的暴露途径如通过皮肤接触和以蒸气形式吸入等，因此评价所得的风险小于实际的风险值。目前，水环境人体健康和生态风险评价暂时还没包括在我国常规环境评价工作中。

1.2 我国水环境风险管理存在的主要问题

(1) 地表水环境质量监测评价中的问题

我国地表水环境质量监测评价仅限于水质指标的监测评价，总体上停留在美国20世纪七八十年代的水平。存在的主要问题如下。

1）我国的水环境功能分区随意性较大，地方政府往往为完成考核业绩而调整功能区。在我国水环境管理实践中，美国环保局提出的“反降级政策”值得借鉴。

2）水质标准中功能类别与标准的关系缺乏合理性，在功能区的评价中缺少以毒理为基础的水质分级标准体系。

3）目前我国水环境质量监测评价仅局限于理化指标。一般说来，水环境包括水质、水生物和沉积物3个方面，而我国水环境质量评价还没有涉及水生态系统的健康和沉积物质量问题。与发达国家有较大差距。

4）由于影响水环境变化因素的多样性及监测数据样本有限，从统计学角度看，短期评价结果的代表性和科学性显然不足。

(2) 区域风险评价经验较为缺乏

目前，在项目环境影响评价过程中要求进行水环境风险评价，但在宏观区域及流域尺度上开展的环境风险评价工作很少，流域尺度上水环境风险分区及风险管理研究工作十分缺乏，尚无流域尺度的风险控制和规避措施及风险管理办法。这使得区域及流域的风险控制不能在规划层次上解决。例如，一些流域的化工企业过于密集，区域风险的频率高和强度大。

影响我国水环境风险评价工作滞后的4个主要因素如下：

1）缺乏信息。基础数据或基础数据不充分，影响了决策的准确性。

2）测定的不确定性。由于测定的次数所限、观察的不充分、测定方法的不合理或者人为的错误等，导致统计结果的可信度降低。

3）观察条件限制。水文气象、水体类型、灵敏性及生态系统结构方面在空间与时间上的变化，导致风险评价工作不落实。

4）评价方法或技术的局限性。环境中存在多个胁迫因子和生物种群响应关系复杂等问题，导致风险评价是一个不断的反复过程，特别是当条件改变或者有新的信息时，风险评价的方案都要重新考虑。

(3) 尚未建立流域水环境风险管理体系

目前我国不仅面临传统的耗氧有机污染和氮磷污染，而且还面临有毒物质污染。我国各大河流和湖泊流域的水体已经遭到不同程度的污染，突发性流域污染事件近年来也接连不断，给流域内的人体和生态系统健康都带来了巨大的风险。强化污染源控制与风险管理已势在必行。

我国以化学需氧量（COD_{Cr}）、氨氮（NH_4^+-N）为主要指标的工业废水排放标准仅仅最基本的标准。这种排放管理方式，没有完全解决水体污染问题，更没有有效排除潜在风险源。突发性环境事故是潜在风险源剧烈非正常排放的表现方式。突发性环境污染事故作为威胁人类健康和破坏生态环境的重要因素，其危害制约着生态平衡及经济和社会的发展，已成为全世界极为关注的问题之一。

当前，我国的流域水环境质量风险管理相关经验非常缺乏。在科研投入上，近年来出现了一些相关的研究项目如突发性污染事故应急管理等，但缺少系统性的水环境质量风险管理技术研究，在管理方法、管理手段和管理技术方面都还停留在确定性管理层次，对环境风险和预防措施认识不足。

(4) 水环境预警能力薄弱，不能满足政府对环境风险防控的要求

目前，我国各大流域及地方政府尚未建立起水环境质量预警体系，尚无规范的水环境质量预警分级系统，以及各大流域针对性的流域水环境应急预案，流域级和国家级水环境质量预警平台尚未构建。

同时，缺乏相应的应急辅助决策系统，预警信息不能及时发布。总之，国家级水环境预警体系及预警机制尚未构建，流域水环境预警工作亟待开展。

(5) 环境信息共享效率低下，不能有效支持平台建设

目前，我国各级政府环保部门及相关科研单位积累了大量相关环境基础数据。但由于缺乏统一的环境数据共享机制及管理平台，导致各类环境数据管理分散，各部门之间形成数据壁垒，给环境预警及政府决策带来很大困难。

尽管环保部门已经研究制订了相关环境元数据标准，但流域乃至国家级的环境信息共享仍存在较大问题。流域和国家水环境质量元数据标准及信息共享机制缺乏，流域水环境信息及各类信息系统信息共享效率低下，严重阻碍了宏观层次的系统集成及系统建设。

(6) 水环境预警信息处理技术落后

目前，我国已经初步建立了较为完善的环境监测体系，取得了大量的环境监测数据。但这些海量环境监测数据的挖掘及利用效率低，此外，信息化手段明显滞后，水污染事故的"预防、预警、应急"三位一体的管理体系尚未建立。总之，水环境预警信息提取及处理技术相对比较落后，需要进一步加强水环境预警信息的加工及提取能力。

上　篇

突发性流域水环境风险管理技术研究

第2章

突发性水环境风险管理技术框架

2.1 突发性水环境风险的内涵与管理需求

2.1.1 突发性环境风险的内涵

环境风险是由人类活动引起或由人类活动与自然界的运动过程共同作用造成的，通过环境介质传播的，能对人类社会及其生存和发展的基础——环境产生破坏、损失乃至毁灭性作用等不利后果的事件发生概率。按照形成过程又可将其分为突发性与累积性。

突发性水污染事故主要指由事故引起的，短时间内大量污染物进入水体，导致水质迅速恶化，影响水资源的有效利用，严重影响经济和社会的正常活动及破坏水生态环境的事故。它包括间歇性排放和瞬时性排放两种形式：间歇性排放多由自然因素导致，通常表现为原水水质的突然恶化，并将持续一段时间；瞬时性排放多由人类活动造成，表现为短时间内污染物的大量排放，破坏性极强。

突发性水污染事故具有不确定性、危害紧急性和需快速有效响应性等特点，可能在短时间内迅速影响供水系统，导致停水事件，并经由蔓延、转化和耦合等机理严重影响到城市生态系统，进而引发复杂的社会危害。

风险评估是对由人类的各种开发活动所引起的或面临的危害（包括自然灾害等）给人体健康、社会经济的发展和生态系统等所造成的风险所可能带来的损失进行识别和度量。突发性环境风险应急评估在概念框架上主要借鉴经典“风险评估框架”，同时在经典“风险评估框架”上考虑“短时间、高浓度、急性毒性”等风险特征，对经典方法进行了修正，使其真正适用于突发性环境风险下的事故过程中，以及事故发生后的风险评估，体现实时、快速和有效的特点。相关概念内涵如下：

1）突发性风险的“风险源”：自然或人为原因的非常规排放；

2）突发性风险的“风险特征”：短时间，高剂量；

3）突发性风险的“风险受体”：主要包括生态系统与人体健康两大类。其中，人体健康风险受体具体考虑以对污染事故有直接响应，并与人体健康直接相关的饮用水源和水产品两个主要关注受体。

2.1.2 突发性水环境风险的管理需求

着眼于突发性环境风险的内涵，提炼突发性水环境风险的管理需求与关注要点如表2-1所示。

表 2-1 突发性水环境风险的管理需求与关注要点分析

突发性水污染事故环境风险特征	提出问题	风险预警管理需求与关注要点
污染事故高发期	突发性风险评估与预警技术研究必要性与迫切性（研究需求问题）	关注突发性风险预防，重视突发性风险预警
水源地、水生态系统高功能水体易受威胁	以“谁”为主要保护目标？（保护目标问题）	强调以水源地安全为基点，保障人群健康；以及水生态系统不受损，明确保护目标
突发事件类型、污染源多样化	针对“谁”来实施评估与预警？（对象问题）	关注风险源识别，掌握源特征，明确评估与预警对象
突发事件的时间突发性、方式不确定性	借助什么“方式”来实现评估与快速预警？（手段问题）	强调快速准确判断，借助模型工具支撑评估与预警功能实现
突发事件的后果严重性、控制适度性	采用什么“标准”来控制风险？（控制阈值问题）	关注采用何种风险阈值，实现风险的适度控制，避免过度反应
突发事件处理处置艰巨性	采用什么“措施”来处理处置，降低危害？（控制措施问题）	强调事故现场第一事件的有效应急控制措施

根据上述分析，突发性水环境风险需要强调以水源地安全为基点，充分掌握风险源特征，实现风险源的有效识别；关注如何借助模型等工具手段，支撑快速决策；借风险阈值确定的科学性，做到风险适度控制，实现事故现场的有效应急控制。

2.2 我国突发性水污染事故特征分析

针对 1985～2008 年水源地突发污染事故，从污染物种、事故原因和事故后果等方面进行了深入讨论和分析，甄别主要的风险污染物，探讨主要的事故原因。

2.2.1 污染物种类

这二十多年时间里，我国发生典型污染事件有 225 起。各类污染占突发污染事故的比例如下。

1）化学品污染占突发污染事故的 39%，主要包括苯类化合物、硫酸、氰化物和砷化物污染等。

2）农药类污染占突发污染事故的 5.3%，主要污染物包括敌敌畏和菊酯类农药等。

3）石油类污染占突发污染事故的 13.8%，主要污染物有原油、重油和汽油等。

4）重金属污染占突发污染事故的 5.8%，主要的污染物包括铅、镉和砷等。

5）污水废水等污染占突发污染事故的 24.4%，主要是工厂超标排污和偷排污水或者生产事故导致污水排放。

6）其他污染主要是一些居民投放毒药毒鱼导致水体的污染，这一类污染占突发污染事故的比例极小。

2.2.2 污染事件原因

目前，城市水源地突发性污染事故的风险源主要包括沿岸码头/船舶燃油泄漏或者公路交通事故化学品泄漏等，石化/化工企业违法排污或其生产事故也是突发性污染事故的重要原因。突发性环境污染事故不仅造成重大经济损失，生态环境难以恢复，而且对社会生活秩序产生极其不良的影响，严重时甚至会危及人们的生命安全。因此，突发性水污染事件已经引起越来越多的关注。表 2-2 列出了其主要的风险原因。

表 2-2　突发性水污染事故原因解析　　（单位：次）

项目	1985～2005 年	2006 年	2007 年	2008 年 1～6 月
交通事故	39	18	6	5
工厂排污	24	18	5	5
企业安全生产事故	27	26	7	3
其他	12	13	11	6

从表 2-2 可以看出，交通运输事故引发的突发污染事故共 68 起，占所统计突发事故的 30.22%。危险品的道路运输是一个不断增长的水环境安全问题。

超标排污或者违规偷排污水引发的突发水污染事故共 52 起，共占总数的 23.11%。

企业安全生产事故引发的突发性污染事故共 63 起，占总数的 28%。

其他风险源包括、不可预知的自然灾害（如地震所致的污染）和蓝藻暴发等因素，占总体污染的 18.7%。

2.2.3 污染事件后果以及影响分析

突发性水污染事故，大多是在危险品的生产、运输和使用过程中发生，由于人为疏忽等意外原因，导致了危险物质的泄漏，从而引发了受纳水体的严重污染，威胁了受纳水体的生态安全以及饮用水安全健康。从事故排放方式看，突发性环境污染事故没有固定的排放方式和排放途径，发生突然，对环境的污染和破坏十分严重。从事故排放行业看，化工和石化行业涉及的原材料和产品多为有毒有害物质且易燃易爆，一旦发生泄漏事故，不仅会污染周边环境、破坏生态系统、威胁人民群众的生命和财产安全，而且往往容易引发火灾和爆炸等二次事故，产生“多米诺效应”，事故后果极为严重。从风险源布局上看，我国很多的工业园区和化工企业沿江河湖泊建设，而这些江河湖海又可能是城市居民的饮用水水源地。对 10 个省市的 78 家化工企业的调查表明：有 29 家处于环境敏感区域，9 家位于饮用水源上游；20 家企业的 24 个危险源未设置应急事故池。可想而知，一旦发生事故，将严重威胁下游城乡饮用水安全。

2.3 国内外突发性水环境风险管理研究现状

突发性水污染事故是指含有高浓度污染物的液体或者固体突然进入水体，使某一水域的水体遭受污染从而降低或失去使用功能并产生严重的生态危害的现象。其突出特点是具有高度的不确定性，主要体现在以下方面：①发生时间和空间的不确定性；②事故源的不确定性；③所在水域特征的多样性；④受害对象的不确定性；⑤污染事故信息的不完整性；⑥所在区域的地理环境和气象条件的不确定性。因此，各国环境科研人员和管理者十分关注重大突发性污染事故的环境危害，针对突发性水环境污染事故评估预警等技术，国内外均展开了多方面研究，取得了相应成果。

2.3.1 突发性水污染事故风险源识别技术

国际上对突发性水环境污染事故的研究最初主要集中在对海域突发性污染事故的风险分析和评估上。研究海域移动风险源（如船舶）及海岸线固定风险源（如化学工厂和港口）的安全状况，探讨突发性污染事件对海岸的生态环境影响。“9·11”事件发生后，美国针对全国饮用水水源地的保护开展了大量工作，对饮用水水源地的脆弱性和各种相关因子进行了评价。美国的《反恐法》明确规定，水源是美国重要的基础设施，该法第5部分对涵盖美国90%以上人口的8000多个供水人口在3300人以上的供水系统的饮用水源保障和安全做出了专门规定，要求对这多个水源供水系统进行易损性评价并制订应急对策计划。

我国对突发性水环境污染风险问题的相关研究相对较少，主要是一些较为单一和分散的专题研究，如污染物质在水体中扩散行为的模型模拟（石剑荣，2005）以及突发性水环境污染事故后的水质健康风险评估（钱家忠等，2004）等。曾光明等（1998）分别对河流突发污染事件的环境风险评价模型和事故泄漏行为的模拟分析及水环境健康风险评价模型等进行了研究；李耕俭和师利明（1998）应用概率论的原理，分析了高速公路运输化学品对水源污染风险事故发生的原因、性质及污染的危害性，给出了预测这种环境风险的计算公式；张羽（2006）从水源地安全的角度出发，针对水源地突发性水污染事件进行了风险评价理论及方法的实证研究；张钧（2007）对江河水源地突发事故进行了预警体系与模型研究。总的看来，对突发性水环境污染风险评价的研究工作还不太多，在理论和技术方法上还有待进一步的完善。

2.3.2 突发性污染事故生态风险评估研究现状

针对突发性污染事故，美国、欧盟和澳大利亚等纷纷制定了相应的突发污染事故应急风险评估指南。但是，这些指南均主要针对突发污染事故的应急响应和风险评估提供技术导则，对事故水体生态风险的评价则没有相关标准。例如，澳大利亚国家突发性风险评估导则项目指导委员会（National Emergency Risk Assessment Guideline Project Steering Committee）发布的《国家突发性风险评估导则》（*National Emergency Risk Assessment Guideline*）中，规定了突发污染事故风险评估包括的3个步骤，即风险识别（identify risks）、风险分析（analyse risks）和风险评价（evaluates risks），主要目的是为了确定是否需要开展进一步的风险处理或者风险分析工作。美国环境保护局（EPA）于1992年发布了针对常规污染的《生态风险评估框架》（*Framework for Ecological Risk Assessment*）。该技术文件中提出了风险评估的“三步法”：首先问题提出，即在评估前需要对问题清楚地定义，这样收集的数据才能有针对性地回答问题；其次是风险分析，包括暴露分析和效应分析，主要是评价受体如何暴露于胁迫因子及可能导致的生态效应；最后是风险表征，将暴露特征和得到的剂量-效应进行整合，得到风险的概率。

目前，关于重大突发性污染事故环境危害的风险评价通常称为事故风险评价，或者也称为事故后果评价，在国际上沿着三方面发展，即发生前概率风险评价、实时后果评价和事故后评价：①概率风险评价是在事故发生前，预测某设施或某项目可能发生的事故以及可能造成的环境/人体健康风险；②实时后果评价是指在事故发生时，主要针对危险品的实时浓度和迁移轨迹开展实时监测和评估，为应急处理和处置提供科学依据；③事故后评价主要是研究事故停止后对环境的危害评价。

国内开展的环境风险评价多为预测事故的概率风险评价，而对于事故后果评价的研究却很少，对实时风险评估的研究则更少。目前，国内尚无突发污染事故生态风险评价的标准，不能支撑突发污染事故的应急风险评估决策。因此，亟待建立一套适合我国国情的能为社会公众认可，并为相关管理部门接受的应急生态风险评估技术体系，服务于我国的流域水环境风险管理和决策。

2.3.3 突发性水污染事故风险快速模拟技术

自 20 世纪 80 年代以来，流域突发事故预警技术研究和预警系统研发在欧美纷纷被提上日程，并取得明显的成果。德国、奥地利和法国等国家在吸取流域水环境突发事故处置教训的基础上，于 1987 年制订的“莱茵河行动计划”中涵盖污染事故处理处置内容。在 GIS 空间信息平台基础上，利用 GREAT-ER 模型对 SIMCAT、TOMCAT 和 RQP 等多个模型进行了整合，用于突发事故条件下进入地表水体中的化学物质的分布和归趋进行模拟。1992 年，欧洲各国制订了“多瑙河流域环境计划”（EPDRB），先后建立了多瑙河流域预警模型（Danube basin accident management，DBAM）和多瑙河水质模型（Danube water quality management，DWQM），并针对多瑙河属于跨国河流及主要事故源为船舶溢油与泄漏等实际情况，设计了“多瑙河突发性事故应急预警系统”（accident emergency warning system，AEWS）。该系统从 1997 年 4 月开始运行，经过不断地更新和改进，已具有快速的信息传递能力，较为完备的危险物质数据库，较为准确的污染物影响模拟，成为多瑙河突发性污染事故风险评价和应急响应的主要工具。1993 年美国环保局发布了“化学品事故排放风险管理计划”。法国于 1992 年开发出一个称为“Seans”的软件包，为突发性水污染事故提供应急决策。

近年来，国内众多学者在突发性水污染事件影响分析方面取得积极进展。孙振世和郑明强等（2003）分别探讨了与水源地相关的溢油、有毒化学品和公路事故等突发环境污染事故和应急机制及相应的监测、管理和应急体系建设。谢红霞和胡勤海（2004）提出结合“5S”技术对突发性污染事故进行全程模拟，并依此建立预警应急系统。朱灿等（2006）结合 GIS 和数据库管理系统为开发平台，采用集成 GIS 组件和水量水质数值模型的耦合方式，建立了面向管理和决策层的可视化动态信息系统框架。张万顺等（2005）等结合河流一维水质综合模型和 GIS 建立了汉江武汉段水质预警预报系统，系统考虑了污染物的迁移和生态转化过程，可以实现污染物迁移扩散的常规预报、水华预警预报及突发污染事件的模拟。彭虹等

（2007）结合 GIS 工具，依据三峡库区典型江段（万州段）的河道特征，构建了二维突发性事故应急系统的核心模型。该模型能够描述突发事故污染物所涉及的物理、化学和生物过程，特别针对突发性事故发生地点不确定的特点，建立了三峡库区万州段水污染突发事故管理系统，可以实时模拟突发水污染事故后的污染范围和污染等级。赵琰鑫等（2012）结合三峡库区二维水质模型和污染事故管理数据库，建立了长江三峡库区重庆主城区段突发性水污染事件应急管理系统，实现了数学模型和 GIS 的无缝链接，可以为突发性污染事件的预警和紧急处置提供支撑；在二维水动力和风场模型基础上，结合溢油本身特性变化建立了二维溢油污染事故模拟模型。

2.3.4 突发性水污染事故风险控制阈值确定技术

2.3.4.1 非致癌污染物急性毒性

目前人体经口急性暴露化学物质可接受的阈值主要有两种表述方式，即急性参考剂量（acute reference dose，aRfD）和健康建议值（health advisory，HA）。世界卫生组织（World Health Organization，WHO）、欧盟、荷兰和德国将 aRfD 作为食物和饮用水中农药残留人体短期暴露的控制阈值，并给出了化学物质急性参考剂量定义："在现有的认知水平下，在等于 24 小时或少于 24 小时期间内，人体摄入的食物或水中某物质对消费者不产生可察觉的健康危害的量，单位为 mg/(kg BW · d)"。欧盟于 2001 年发布了关于设定急性参考剂量的指南，该指南可作为欧盟及其成员国在设定危险物品的急性参考剂量时采用的方法。WHO 在《饮用水质量指南（第三版)》中也提到了如何为突发性水污染事件制定指导值的方法。目前 FAO 和 WHO 农药残留专家联席会议（Joint FAO/WHO Meeting on Pesticide Residues，JMPR）已经建立了 387 种农药的急性参考剂量，并决定 107 种不需要建立急性参考剂量的农药。与 JMPR、欧盟和荷兰以制定农药的急性参考剂量不同，美国 EPA 主要是研究在短期暴露下水体中污染物浓度是人体可以接受的水平，采用 HA 来表示人体经饮用水途径可以接受的水体中污染物的浓度。1987～1998 年，美国 EPA 提供了 175 种化学物质的健康建议值。

我国对污染物质的急性暴露风险评估的研究较少，并且主要集中在农药残留物的急性膳食风险评估中，而未见到突发性水污染事件中污染物经饮用水途径对人体造成的急性健康风险的报道。对于突发性水污染事件的研究则主要集中在突发性水污染事件后评估机制。我国以往众多的突发性水污染事件一般采用地表水环境质量标准和生活饮用水卫生标准中规定的相应指标的标准值来判断水体是否安全，而没有类似于国外的 HA 和 aRfD 这类专门针对急性人体健康风险的数据。对于突发性水污染事件的特定污染物，需要开展急性人体健康风险评估，建立急性暴露情况下人体可以接受的应急控制阈值。

2.3.4.2 致癌污染物急性毒性

较多的研究表明，癌症是致癌污染物长期暴露导致的人体健康效应，因此，国内外对人体致癌污染物短期暴露的关注较少。与致癌污染物慢性人体健康风险分析的研究相比，致癌污染物的急性健康风险分析则相对薄弱，只见少数报道。1994 年荷兰卫生评议会提出的"采用终生暴露无不良反应量，按照致癌风险与暴露剂量线性相关性，推算致癌污染物急性暴露时间内可以接受的安全浓度"的方法。虽然此方法在一定程度上存在过高或过低估算致癌污染物应急控制阈值的可能，但是可作为致癌污染物风险分析应急方法值得借鉴。

突发性水污染事件的特征污染物中存在具有致癌风险，如砷、铅和苯等。致癌污染物对人体健康具有高危害性和高风险性，使得致癌污染物人体健康风险越来越受到人们的重视。对于突发性水污染事件，人们关心的重点是致癌污染物短时间、高剂量暴露对于人体健康造成的风险大小，美国 EPA 提出人体经饮水途径暴露 1 天或 10 天的人体健康风险建议值作为应急控制阈值。目前采用的致癌污染物人体健康风险推算方法主要分为非线性模型和线性模型，相对而言致癌污染物急性人体风险与暴露剂量的线性相关模型更为成熟。

2.3.5 突发性水污染事故风险应急控制技术

突发水污染应急控制研究中，最大的问题是缺乏有效的应急处理技术和工艺参数。例如，城市供水受突发性污染后只能被迫停水，松花江硝基苯污染和北江镉污染发生后均是以停水作为主要处置措施。国家环保总局（2006）“松花江水污染事件生态环境影响评价与对策”项目，系统研究了去除硝基苯等特征污染物的城市自来水厂应急处理技术和工艺。这些研究工作在应急处理和水体修复方面发挥了重要的作用。“十一五”水专项课题“城市供水系统应急技术研究”，初步获得了 101 种有毒有害物质的应急处理技术及其工艺参数，成果汇编成了《城市供水系统应急净水技术指导手册》。科技部“863”重大项目“重大环境污染事件应急技术系统研究开发与应用示范”，研究开发和综合运用甄别评估、模型模拟和预测预警技术，构建风险源识别和快速响应的技术系统；研发和系统集成快速削减、安全处理和高效修复等关键技术，建立重大环境污染事件的快速处理处置技术系统；研发突发性环境污染风险控制的管理模式和应急机制，形成快速决策与指挥平台；进行综合的技术集成，应用示范，创建适合我国国情的重大环境污染事件应急技术体系；为重大环境污染事件预防和突发性环境污染事故处理处置提供系统方案。周克梅等（2007）人开展了南京长江水源突发性污染应急水处理技术应用研究。与此同时，各省市环境保护部门开展了众多水污染事件应急控制应急处置实践。

2.4 研究思路与技术框架

突发性水环境风险管理技术研究的整体研究思路为：从突发性水环境风险的内涵与需求出发，以保障人体健康与水生态健康为核心目标，围绕风险源识别、风险快速模拟、应急评估和应急控制 4 个核心问题开展关键技术研究；以关键技术研发为基础，构建流域突发性水环境风险管理技术体系，并以国内典型污染事故为案例，开展技术验证和平台应用研究，从而为我国流域水环境突发性环境风险应急管理提供技术支撑。

技术思路如图 2-1 所示。

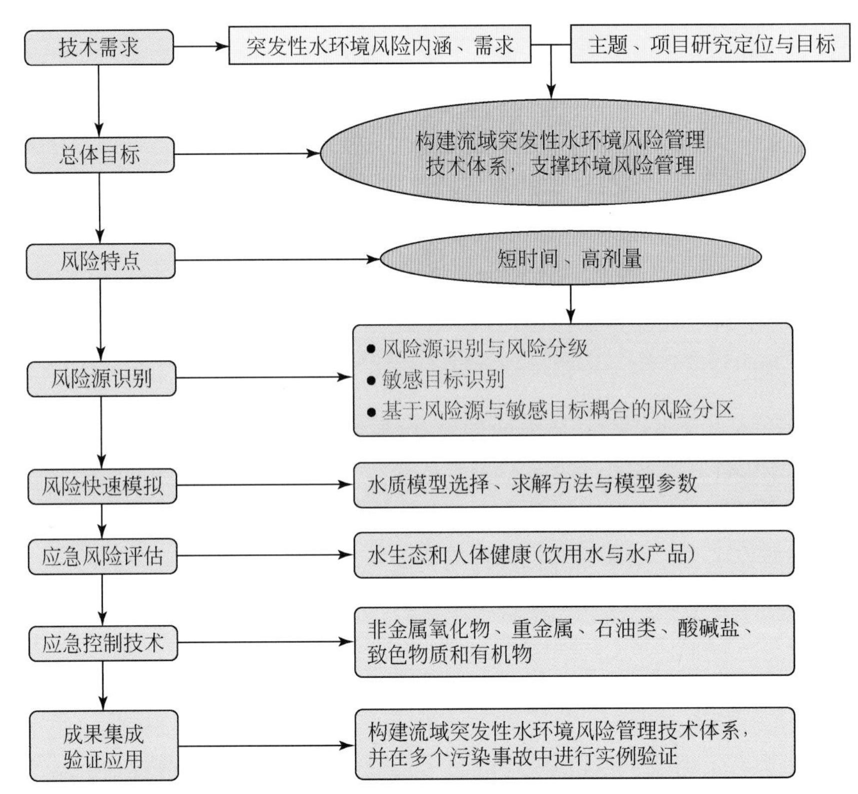

图 2-1　流域突发性水环境风险管理技术思路

第3章

流域水环境突发性风险源识别技术研究

3.1 水环境突发性风险源识别技术思路

流域水环境突发性风险源识别技术是“流域水环境突发性风险管理”的重要组成部分。在风险管理技术体系中用于解决“风险管理对象问题”，是开展突发性风险模拟和风险应急控制的重要前提和工作基础。流域水环境突发性风险源的识别针对突发性风险源开展的系统研究工作，涵盖了水环境风险源的调查辨识、风险分类和分级评估及风险分区等技术内容。

3.1.1 风险源作用过程分析

流域水环境突发性风险是风险源（可能的风险因子）的数量、控制机制的状态、受体价值和脆弱性以及人类社会的防范能力与管理和政策水平等主要因素综合作用的产物。

其中，风险源的辨识、分级和评估与风险源的作用过程密切相关。风险源作用过程是风险源产生、风险源控制和受体暴露过程等所有因素所构成的耦合作用过程，是环境风险系统的各部分依次发生作用的结果，大体包含3个基本过程：

1）风险因子释放过程，即水环境风险源的形成及环境风险因子的释放；

2）风险因子转运过程，即环境风险因子在环境空间中经一系列过程形成特定的时空分布格局；

3）风险受体暴露及受损过程，即环境空间中的风险因子损害某种风险受体。

参照环境风险区划的理论基础可知，环境风险系统包括风险源、初级控制、次级控制及受体4个环节和环境风险发生过程包括风险因子的释放、风险因子的转运及风险受体的暴露与受损3个过程，其差异性决定了环境风险大小（图3-1）。

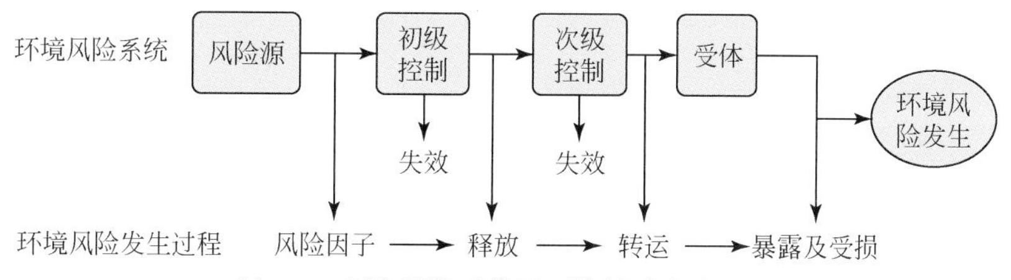

图3-1　环境风险系统及环境风险发生过程

3.1.2 风险源识别概念模型

由于风险源作用过程中的各要素在很大程度上决定了风险的大小，因此风险源的辨识和评估应着眼于风险源作用过程来开展，不仅要考虑风险源危险性（危化品数量和危险度），而且要考虑风险源本身控制措施有效性（事故发生可能性）和敏感目标或受体的易损性。

基于风险源—控制机制—敏感目标（受体）的水环境突发性风险源识别概念模型见图3-2。流域水环境突发性风险系统中，上述要素相互联系和相互作用，在一定条件下造成环境危害。流域水环境突发性风险源识别必须从这一系统的整体特征出发，考虑风险源作用过程中各要素的结构、功能及运动规律和各要素间的关联作用，科学地辨识和判定风险源及其风险大小，真正识别影响水环境安全的重要风险源。

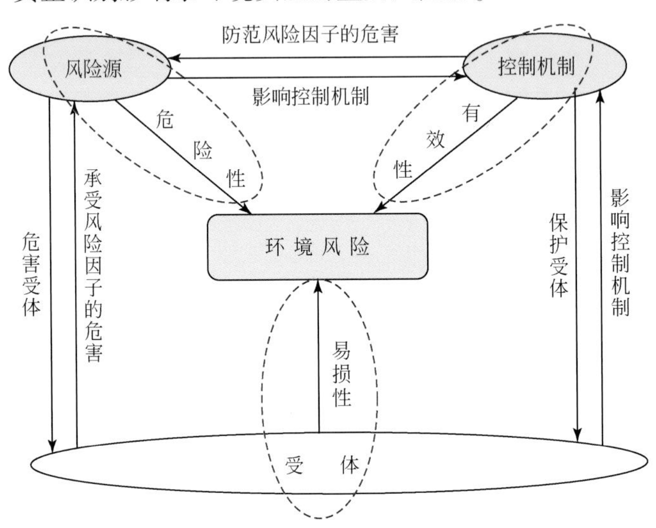

图3-2 流域水环境突发性风险源识别概念模型

(1) 水环境突发性风险源

对水环境可能产生危害的源头，是突发性水污染事件发生的先决条件。重大风险源是指使用易燃易爆或者有毒有害危险物质的企业、集中仓储仓库，以及危险物质供应过程中的运输等。

(2) 水环境突发性风险控制措施

控制措施主要包括初级控制与次级控制两个层次的控制措施。风险源识别过程中，狭义的控制措施主要指企业内部风险防控措施，广义的控制措施还包括次级控制措施，即风险源释放后所采取的应急控制与处理处置措施。

1）初级控制。包括对风险源的控制设施的维护与管理及使之良好运作等，主要与企业管理有关的因素。在风险因子释放之前，环境风险源实际上只是作为潜在环境风险源，与环境风险源之间的相互转换取决于某种系统的状态，控制这种转化过程的系统称为初级控制机制。初级控制机制的效用是：将风险源控制或维持在相对于风险受体安全的状态；对风险因子进行遏制，使其只能以较低水平释放。

2）次级控制。包括控制释放的风险因子，避免其向更大范围扩散，或者控制诱导风险因子向远离风险受体的方向转运，从而降低风险因子危害性的作用机制。次级控制机制可以是自然形成的，也可以是人为制造的防控系统；可以是工程性措施，也可以是非工程性措施；可以是针对环境介质转运作用的控制措施，也可以是对可能暴露或已暴露受体的保护措施。次级控制机制是风险场形成过程中的制约因子，所以强化次级控制机制也已成为环境风险管理的重要手段之一。通过对次级控制机制的分析，可以发现环境风险管理的有效“节点”，形成合理的风险消减策略。

（3）敏感目标

敏感目标即风险承受者或受体，指可能受到来自风险源的不利作用的对象，包括在风险源周边工作和生活的人群、生态系统中敏感的物种，以及环境中敏感的环境要素（如水体、土壤与大气等）。

3.1.3 风险源识别技术要点

3.1.3.1 风险源风险要素分析

（1）突发性风险源辨识

水环境突发性风险源的辨识要区别于累积性水环境风险源（图3-3）。突发性水污染事件的事故原因包括安全生产事故、工业企业违法排污、交通运输事故导致的污染物泄漏和水利设施调节不当以及自然灾害造成的次生环境污染。

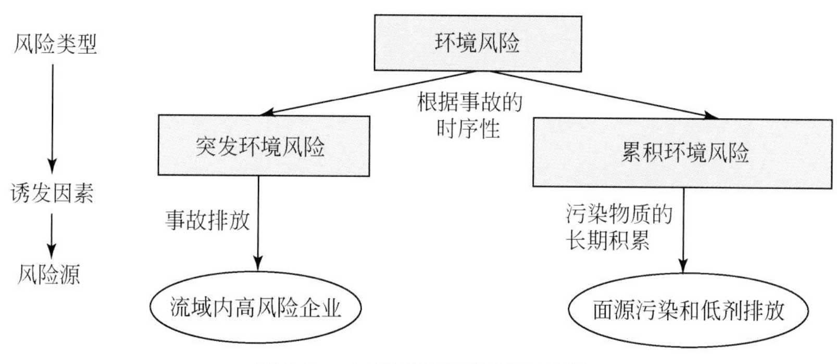

图3-3　水环境风险源识别流程

（2）水环境突发性风险控制机制分析

分析评价风险控制机制效果，首先要寻找能够刻画控制效果的因素，故效果表征就是评价的第一步。水环境风险控制机制效果表征即采用一系列有科学依据的指标表示控制效果，这些指标主要依据风险控制措施来制订。以环境风险全过程管理为理论基础，建立一套较为客观且可操作的指标体系；制定评估指标应遵守科学性和可操作性原则，使风险管理效果评估工作能够全面客观地反映出环境风险日常管理实施效果。

科学确定控制机制有效性指标体系是量化控制有效性程度的一个最基本的前提。在确定指标体系的过程中，不仅要充分考虑到各个指标在测算中所具有的重要性，还要考虑在实际测算中指标的可获得性和可操作性，同时还要尽量避免指标间的相关性。

（3）水环境敏感目标易损性分析

风险事故发生后，将会对可及范围内的敏感保护目标（受体）造成不同水平的影响。该影响程度不仅与风险事故的强度相关，还取决于敏感目标的易损性。敏感目标易损性是保护对象/受体在风险场中的暴露及其对风险的抵抗和恢复能力的综合度量。它既是反映受体可能遭受危害程度的指标，也是衡量受体抗性的重要指标（如有机体的有毒物代谢能力、生态系统的抗性、环境承载力和应急处置能力等）。易损性越高则受体越容易受到危害，易损性越低则其抵抗风险的能力越强。由于环境风险受体易损性综合考虑自然和社会等多个方面，因而其影响因素也较为广泛，主要包括风险源的类型，与风险源的距离，以及资源、信息、知识和技术的缺乏等。而这些因素也成为评估环境风险受体易损性时需要考虑的指标。

根据环境风险受体易损性的定义，首先要明确研究的主体（即风险受体）以及客体（风险因子）。由于只有暴露于环境风险中的受体才能受到危害，且受体易损性影响危害程度，因此将受体易损性分为“暴露性易损性”及“抵抗性易损性”，并建立环境风险受体易损性概念模型（图3-4）。暴露性易损性，即受体暴露在风险中的规模。评估这部分易损性，可以确定受体受到风险因子的胁迫强度，决定了是否需要采取风险规避措施以保护受体。例如，对于敏感受体，在风险事故发生时应有针对性地采取应急救援措施。抵抗性易损性是在受体暴露后由其自身及周边环境所决定的易损性，反映了受体对风险响应能力及抵抗能力的大小。受体对风险的预防抵抗能力越高，则易损性越小。因此减小该类型易损性是增强环境风险受体抵抗风险和减少危害的关键，是从受体角度缓减风险事故后果的有效途径。

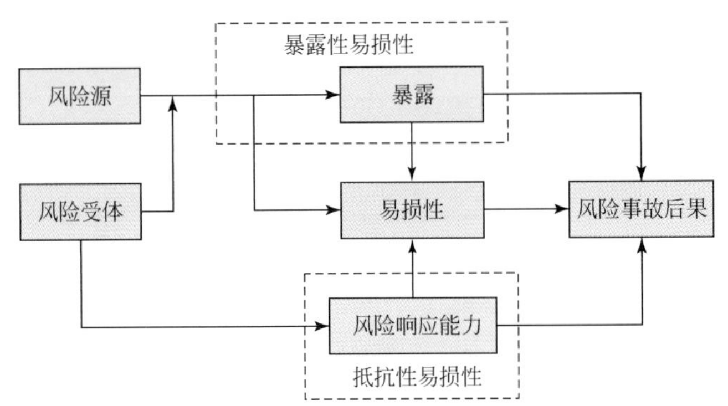

图3-4　环境风险受体易损性概念模型

3.1.3.2　风险源风险评估与分级

为了减少和控制流域突发性环境事件的发生，必须对风险源进行科学系统的监控与管理。在风险源系统中，风险因子包括理化特性和存量、工艺过程的危险性、环境风险管理工作的开展情况、区域环境监管水平以及风险受体的脆弱性均会影响到环境风险源的风险水平。在环境污染事故中，泄漏污染物的性质、状态、数量、引发的环境污染事故类型及对环境的影响不尽相同，对事故发生后的救援处置要求也有差别。风险源评估与分级的目的就是评估出风险源内在的差异，是明确风险源管理的重点对象、提高风险源管理的工作效率，以满足各级政府对风险源进行“优先管理、重点管理”的监管需要。

水环境突发性风险源评估的原则是系统性、科学性和有效性。风险源、风险受体和控制机制三者组成了水环境突发性风险系统，风险源并不是一个孤立的部分。因此，在环境风险源评估分级的研究中，要遵循环境风险系统的思想，基于风险源—控制机制—风险受体建立评估指标和分级方式。风险源评估分级从风险源的客观实际出发，力求通过指标设计和评价分级方法的构建，科学客观地分析环境风险源的风险水平。

(1) 环境风险源风险程度

环境风险源风险程度的判断主要由风险主体自身特性、风险概率即风险控制程度及其一旦酿成事故对环境的危害程度或受体易损度来决定，可以用下式表示：

$$I = f(m, c, e) \tag{3-1}$$

式中，I 为风险度；m 为风险主体自身特性；c 为风险控制度；e 为受体易损度。

(2) 环境风险源评估

从风险物质的危险度、控制机制的有效度和风险受体易损性三方面综合评价各类环境风险源的风险水平。其中风险物质的危险度，可以通过风险因子的存量、危险属性和危险行为来表征；控制机制包括内部控制机制和外部控制机制，控制机制的有效性间接反映了风险事故的发生概率；风险受体的易损性可以通过企业所在区域的人口密度、生态功能区和环境保护目标来表征，该指标反映了区域承受环境风险的水平。

风险物质存量越大，危险物质的爆炸性、易燃性、活性和毒性越强，存在不良记录等危险行为越多，风险源的危险性越高。控制机制以企业安全措施和区域风险监控预警体系的完备程度进行表征，企业和区域环境风险防控体系越完备，控制机制的有效性越高。风险受体的易损性可以通过企业周边居民密度、区域环境功能区和环境保护目标等指标来度量。居民密度越高，区域环境功能级别越高，周边存在取水口和自然保护区等环境保护目标越多，受体易损性越强。综合分析，风险物质的危害度越高，控制机制的有效性越差，风险受体的易损性越强，环境风险源的风险水平越高。

(3) 风险源分析

水环境突发性风险源评估分级以“切实为环境风险源管理提供数据支持与决策依据”为主要目标，有效地为环境风险源监管工作服务。按照评估结果可以将环境风险源分为“高风险”、“中风险” 和 “低风险”。

3.2 基于多要素分步诊断的风险源识别技术方法

3.2.1 风险源风险值计算与分级

水污染事故的发生必须具备存在风险源、控制机制失效以及风险场内存在敏感目标。因此，在具体的风险评估时，可以只从风险源或控制机制或敏感目标单方面考虑，也可以同时考虑风险源、控制机制以及敏感目标三个方面。当从不同的方面来考虑风险评估时，分析和评估的重点是不一样的，评估结果也有差异。

流域内存在风险源是导致发生突发性水环境污染的重要因素，而风险源具有的风险物质数量多少、风险物质的毒性大小以及风险源的风险控制有效性程度对水环境污染风险大小有很大影响。风险源具有的风险物质数量越多，风险物质毒性越大，风险控制有效性越差，则发生水环境污染风险的可能性和危害后果越大；反之，则发生水环境污染风险的可能性和危害后果越小。

因此，在风险源评估中主要考虑风险源本身的特性和发生风险的可能性大小，具体包括三个方面：风险源具有的水环境污染危险化学品的数量、危险化学品的性质及风险源发生水环境污染事故的可能性大小。

3.2.1.1 风险源辨识

可以导致水环境污染事故发生的风险源很多，可分固定风险源和移动风险源两大类。固定风险源有化工厂、污水处理厂、垃圾处理厂、制药厂、金属加工企业、矿场、危化品码头、加油站（船）、输油管道、钻井平台和核电厂等，移动风险源有运输危险物质的飞机、船舶、汽车和火车等。每一个具体的区域具有的可能导致水环境污染的风险源情况是不一样的，因此，对具体的研究区域，要具体分析其风险源的情况和特点。另外，不同的地理区域地理环境存在差异（如山地或平原，有河流或水库等），因此风险源可能产生的空间影响范围和距离也不同。需要在明确突发性水环境污染风险源类型及突发性水环境污染风险源空间位置特征的基础之上，确定突发性水环境污染风险源的定量识别方法。

（1）水环境污染风险源类型

1）固定源的类型。突发性水环境污染风险源中的固定源是指位置固定的、发生事故后危险物质能够进入水体并对水体产生影响的风险源。例如，经调查，三峡库区内的突发性水环境污染固定源主要有化工厂、污水处理厂、垃圾填埋场、制药厂、金属加工企业、危化品码头和水上加油站（船）等类型，各类型风险源在流域内均有分布，数量不等，危害不一。

根据研究区域具有的固定源的类型、数量和危害性大小的实际情况，确定研究区域的固定源。在三峡库区内，根据各种类型风险源的数量大小及产生污染的后果，选定化工厂、污水处理厂、危化品码头和水上加油站（船）作为突发性水环境污染固定源识别的主要对象。

2）移动源的类型。突发性水环境污染的移动风险源主要有水上运输和陆地运输两类移动的、发生事故后危险物质能够进入水体的风险源，其中陆地运输移动源又包括公路运输移动源和铁路运输移动源。

根据流域地理环境和移动源的实际运输状况，确定流域主要移动风险源。例如，选择运输船舶作为研究水上运输移动源发生污染事故的调查对象，选择典型跨江公路（铁路）桥梁以及典型滨江公路（铁路）桥梁上运输危险物质的汽车（火车）作为考察陆地运输移动源发生污染事故的调查对象。

（2）水环境污染风险源的空间距离

1）固定源的空间距离。对于任一确定的水体而言，只有距离水体比较近的风险源发生事故后才有可能对该水体产生危害和影响，而距离水体很远的风险源即使有事故发生，对该水体产生危害的可能性也很小。因此，在突发性水环境污染风险源识别中，应考虑在水体（包括江河、湖泊、海洋、运河、渠道和水库等水体）内或在水体周边，一旦发生事故后危险物质能够进入水体的风险源。

在综合考虑风险源数量、风险物质毒性、风险源风险控制机制、风险源所处的地理位置、危险物质进入水体的途径以及水体的水文特征等因素基础上，确定可能对目标水体产生污染的风险源空间分布范围，在该空间分布范围内的风险源则被识别为可能对该目标水体产生污染的风险源。

以三峡水库为例，根据三峡库区的地形地势特点和不同大小河流的水文流速特点，同时考虑水污染事件预警处理 24 小时的需求，并经模拟验证，被纳入作为三峡库区突发性水环境污染风险源考虑的风险源空间分布具体如下：

对于库区内的长江干流、一级支流、二级支流以及三级支流等，河岸两侧各延伸 10km 范围内分布的风险源。

位于库区外的长江干流，以及香溪河、大宁河、乌江、嘉陵江和綦江等大型一级支流，自水库边界断面开始沿河道干流向上游延伸 150km，在此 150km 内干流河道河岸两侧各延伸 10km 范围内的风险源。

除香溪河、大宁河、乌江、嘉陵江和綦江等大型一级支流外，由库区内延伸到库区外的长江一级支流，自水库边界断面开始沿一级支流河道干流向上游延伸 100km，在此 100km 内干流河道河岸两侧各延伸 10km 范围内的风险源。

对于长江干流，从库尾江津开始沿长江干流向上游延伸 150km 范围内的长江一级支流，从支流入长江口处沿支流河道向支流上游延伸 50km，在此 50km 内支流河道（包括一级支流和可能出现的二级和三级等次级支流河道）河岸两侧各延伸 10km 范围内的风险源。

2）移动源的空间距离。所有在水体内航行的船舶一旦发生事故，其污染物将直接进入水库，因此在水面上航行的所有装载危险物质的船舶均需纳入水上运输移动风险源。

在陆地运输风险源导致的污染物质泄漏中，只有在临近水体周边区域发生事故时污染物质才可能进入水体。因此在陆地运输风险源识别中，水体周边滨江公路（铁路）和跨江公路（铁路）上运输危险物质的车辆需纳入移动风险源。

例如，三峡库区水环境污染移动风险源，主要考虑三峡库区内运输危险物质的船舶以及通过三峡库区跨江公路（铁路）桥梁和滨江公路（铁路）桥梁的车辆。

3.2.1.2 风险源风险值计算

对任一风险源来说，风险源具有的水环境污染危化品数量、危化品性质及风险源风险控制有效性会影响该风险源的水环境污染风险大小。针对风险源的上述属性，可以对每个风险源的风险值大小进行定量计算，并根据风险源的风险值大小进行风险源评价与分级。

(1) 基于危化品数量的风险源风险值计算

对于任一风险源来说，其具有的危化品数量越大，发生事故后可能产生的水环境污染风险就越大。

根据风险源具有的危化品数量，对每个风险源的风险值大小计算如下

$$R_{危化品数量} = \sum_{j=1}^{n} \frac{第\,j\,种危化品数量}{第\,j\,种危化品临界量} \tag{3-2}$$

式中，$R_{危化品数量}$表示基于危化品数量的风险源风险值（即风险大小）；危化品数量的单位为 t；危化品临界量的单位为 t。

在本研究中，风险源主要考虑工厂企业、污水处理厂、危化品码头及油码头（油库和油船）。在风险值计算中，工厂企业的危化品数量用危化品的储存量衡量，污水处理厂危化品数量用日处理污水量来衡量，危化品码头危化品数量用危化品日吞吐量衡量；油码头（油库和油船）危化品数量用油品的储存量衡量。

危化品的临界量根据《危险化学品重大危险源辨识》（GB 18218—2009）、《风险货物品名表》（GB 12268—2005）和《化学品分类、警示标签和警示性说明安全规范——急性

毒性》(GB 20592—2006)等标准和资料来确定，危化品临界量的单位为吨。对于污水处理厂的临界量，根据中国水网中的《中国污水处理设计与工程市场分析报告》，我国目前设计的小型污水处理厂的处理能力小于10 000t/d，中型污水处理厂的处理能力为1万～10万t/d，大型污水处理厂的处理能力大于10万t/d。污水处理厂污水临界量定为10 000 t。

(2) 基于危化品数量和毒性的风险源风险值计算

对于任一风险源来说，除了具有的危化品数量之外，危化品的毒性大小也对发生事故后可能产生的水环境污染风险大小有影响。相同数量的各种危化品，毒性越大的危化品在发生事故后对水环境污染的风险越大。

当综合考虑风险源具有的危化品数量和危化品的毒性时，对每个风险源的风险值大小计算如下

$$R_{危化品数量+毒性} = \sum_{j=1}^{n} \frac{第j种危化品数量}{第j种危化品允许限值} \tag{3-3}$$

式中，$R_{危化品数量+毒性}$表示基于危化品数量和毒性的风险源风险值（即风险大小）；危化品数量的单位为t；危化品允许限值的单位为mg/L。

工厂企业、危化品码头和油码头（油库）所具有的水环境污染危化品的允许限值参考我国的《生活饮用水卫生标准》(GB 5749—2006)来确定。我国的《生活饮用水卫生标准》(GB 5749—2006)中未列出的危化品的允许限值依次参考《美国饮用水水质标准》(2004)、《日本饮用水水质基准》和《苏联生活饮用水和文化生活用水水质标准》(1974)等相关资料确定。

危化品的毒性大小与敏感目标的类型有关，同样的危化品对不同的敏感目标其毒性是不一样的。在三峡库区突发性水环境污染中，受污染影响的重要敏感目标为集中饮用水源地。在本研究中，三峡库区突发性水环境污染的敏感目标只考虑了集中饮用水源地，因此针对工厂企业、危化品码头和油码头（油库）所具有的水环境污染危化品在确定危化品的允许限值时，采用饮用水标准来确定危化品允许限值。

对于污水处理厂，根据污水生物毒性的相关研究结果，其具有的水环境污染危化品（污水）的允许限值定为20mg/L。

(3) 基于风险源事故发生可能性的风险源风险值计算

对于任一风险源来说，风险控制和管理的有效性大小对是否会发生突发性水环境污染有影响。在风险控制和管理有效性高的情况下，风险源引发的突发性水环境污染风险会大大降低。

1）风险源控制与管理指标评价体系的建立。工厂企业（如化工厂等）水环境风险控制与管理措施主要指的是企业为防范水环境污染事故而采取的一系列风险控制和管理措施，环境监管部门在监管过程中主要关注应急储存区、管道、清污分流等工程措施和企业采取的水环境风险管理措施。

结合我国环境管理部门对环境风险日常监管的实际需要，借鉴德国“清单法”，将这4个关注重点作为衡量企业管控措施的指标，对不同类型风险源初步建立了风险控制与管理评价指标（表3-1、表3-2和表3-3）。

表 3-1　工厂企业（化工厂、危化品码头和油库）水环境污染风险控制与管理评价指标及量化

一级指标	二级指标	三级指标	指标描述	指标量化	现状描述	检查评分
储存区	储罐	稳定性	检查地面是否平整，储罐中轴线是否与地面垂直	符合要求：1 不符合：100		
		安全间距	符合行业防火设计规范	符合要求：1 不符合：100		
		腐蚀情况	主要通过观察罐体表面的腐蚀情况	表面漆面平整无腐蚀：1 表面有锈蚀但没有穿孔：50 有穿孔液体流出：200		
		泄漏报警装置配置情况	调查液位显示仪、泄漏显示仪和报警装置的配置及可靠性	符合要求：1 部分符合：50 不符合：200		
		现场标识完整性	调查储罐区是否进行了罐体及安全类标识	标识完整：1 部分完整：50 不完整：100		
	围堰	围堰容量	考虑是否能承受罐区完全泄漏的液体量及消防用水量	符合要求：1 不符合：200		
		地面防渗处理	调查地面是否做防渗处理及防渗材料的有效性	符合要求：1 部分符合：50 不符合：200		
		围堰完整性	观察围堰区是否有裂缝和破洞等及围堰是否封闭	符合要求：1 不符合：200		
管道	腐蚀情况		主要通过观察管道外表面的腐蚀情况	表面漆面平整无腐蚀：1 表面有锈蚀但无穿孔：50 有穿孔液体流出：200		
	变形情况		观察因气候和机械性损害等外界因素带来的变形情况	无明显变形：1 有明显变形：100		
	管道标识完整性		调查管道是否进行了标识	标识完整：1 部分完整：50 不完整：100		

续表

一级指标	二级指标	三级指标	指标描述	指标量化	现状描述	检查评分
清污分流	清污分流阀可靠性	清污分流阀标识情况	调查清污分流阀有无标识，标识是否清楚	有标识且清楚：1 有标识不清楚：100 无标识：200		
		清污分流阀维护情况	主要检查阀门能否正常开关	能：1 不能：50		
		清污分流阀操作记录情况	检查有无操作记录及记录的规范性和有效性	有记录且有效：1 有记录无效：5 无记录无效：10		
	初期雨水收集有效性		调查是否进行了初期雨水收集，通过询问企业环境管理人员和查看雨水通道方式调查	有效：1 无效：200		
环境风险防范措施	污水处理达标情况		调查污水是否经达标处理后排放	达标：1 不达标：200		
	事故应急池	应急池容量	考虑应急池是否与生产能力相匹配	是：1 否：200		
		应急池防渗处理	考虑应急池底部是否做防渗处理及防渗材料有效性	符合要求：1 部分符合：50 不符合：200		
	应急预案管理情况	应急预案编制情况	是否制订了应急预案，并上报环保部门接受评审	有预案并报批：1 无预案：50		
		应急预案更新情况	是否针对法规标准、人员机构变化、设备变化及演习情况等预案相关内容进行了有效更新	有更新：1 无更新：50		
		应急预案演习情况	调查是否做过应急演习及演习类型，是否有演习计划、演习记录和总结	有演习并记录：1 无演习：50		

表 3-2 污水处理厂水环境污染风险控制与管理评价指标及量化

一级指标	二级指标	三级指标	指标描述	指标量化	现状描述	检查评分
储存区	处理池	稳定性	处理池是否倾斜，地面是否有裂缝	符合要求：1 不符合：100		
		完整程度	处理池表面是否完好	表面平整完好：1 有液体渗漏：200		
		现场标识完整性	调查处理池是否进行了安全类标识	标识完整：1 部分完整：50 不完整：100		
	围堰	围堰容量	考虑是否能承受处理池完全泄漏的液体量	符合要求：1 不符合：200		
		地面防渗处理	调查地面是否做防渗处理，及防渗材料的有效性	符合要求：1 部分符合：50 不符合：200		
		围堰完整性	观察围堰区是否有裂缝、破洞等，围堰是否封闭	符合要求：1 不符合：200		
管道（水槽）	腐蚀情况		主要通过观察管道（水槽）外表面的腐蚀和破损情况	表面漆面平整无腐蚀：1 表面有锈蚀但无穿孔：50 有穿孔液体流出：200		
	变形情况		观察因气候或机械性损害等外界因素带来的变形情况	无明显变形：1 有明显变形：100		
	管道标识完整性		调查管道是否进行了标识	标识完整：1 部分完整：50 不完整：100		

续表

一级指标	二级指标	三级指标	指标描述	指标量化	现状描述	检查评分
清污分流	清污分流阀可靠性	清污分流阀标识情况	调查清污分流阀有无标识，标识是否清楚	有标识且清楚：1 有标识不清楚：100 无标识：200		
		清污分流阀维护情况	主要检查阀门能否正常开关	能：1 不能：50		
		清污分流阀操作记录情况	检查有无操作记录及记录的规范性和有效性	有记录且有效：1 有记录无效：5 无记录无效：10		
环境风险防范措施	污水来水控制	来水阀门	处理池污水进水是否有阀门控制	有：1 没有：200		
		备用处理池	是否有备用污水处理池，备用处理池是否与生产能力达标	有且达标：1 有未达标：50 无：200		
	事故应急池	应急池容量	考虑应急池是否与生产能力相匹配	是：1 否：200		
		应急池防渗处理	考虑应急池底部是否做防渗处理及防渗材料的有效性	符合要求：1 部分符合：50 不符合：200		
	应急预案管理情况	应急预案编制情况	是否制订了应急预案，并上报环保部门接受评审	有预案并报批：1 无预案：50		
		应急预案更新情况	是否针对法规标准、人员机构变化、设备变化及演习情况等预案相关内容进行了有效更新	有更新：1 无更新：50		
		应急预案演习情况	调查是否做过应急演习及演习类型，是否有演习计划、演习记录和总结	有演习并记录：1 无演习：50		

表 3-3　水上加油站（船）水环境污染风险控制与管理评价指标及量化

一级指标	二级指标	三级指标	指标描述	指标量化	现状描述	检查评分
储存区	储油舱	船舱腐蚀情况	主要通过观察船舱表面的腐蚀情况	表面漆面平整无腐蚀：1 表面有锈蚀但没有穿孔：50 有穿孔液体流出：200		
		泄漏报警装置配置情况	调查液位显示仪、泄漏显示仪和报警装置的配置及可靠性	符合要求：1 部分符合：50 不符合：200		
		现场标识完整性	调查储罐区是否进行了罐体及安全类标识	标识完整：1 部分完整：50 不完整：100		
管道	腐蚀情况		主要通过观察管道外表面的腐蚀情况	表面漆面平整无腐蚀：1 表面有锈蚀但无穿孔：50 有穿孔液体流出：200		
	变形情况		观察因气候或机械性损害等外界因素带来的变形情况	无明显变形：1 有明显变形：100		
	管道标识完整性		调查管道是否进行了标识	标识完整：1 部分完整：50 不完整：100		

续表

一级指标	二级指标	三级指标	指标描述	指标量化	现状描述	检查评分
清污分流	清污分流阀可靠性	清污分流阀标识情况	调查清污分流阀有无标识，标识是否清楚	有标识且清楚：1 有标识不清楚：100 无标识：200		
		清污分流阀维护情况	主要检查阀门能否正常开关	能：1 不能：50		
		清污分流阀操作记录情况	检查有无操作记录及记录的规范性和有效性	有记录且有效：1 有记录无效：5 无记录无效：10		
	初期雨水收集有效性		调查是否进行了初期雨水收集，通过询问企业环境管理人员和查看雨水通道方式调查	有效：1 无效：200		
	污水处理达标情况		调查污水是否经达标处理后排放	达标：1 不达标：200		
环境风险防范措施	油污水(有毒液体物质)接收设备		调查油污水接收设备是够配备，考虑油污水日常排放量	有且达标：1 有未达标：50 无：200		
	围油、收油和吸油设备	设备容量	考虑围油栏、收油机和吸油毡等数量是否与油品储存能力相匹配	是：1 否：200		
	应急预案管理情况	应急预案编制情况	是否制订了应急预案，并上报环保部门接受评审	有预案并报批：1 无预案：50		
		应急预案更新情况	是否针对法规标准、人员机构变化、设备变化及演习情况等预案相关内容进行了有效更新	有更新：1 无更新：50		
		应急预案演习情况	调查是否做过应急演习及演习类型，是否有演习计划、演习记录和总结	有演习并记录：1 无演习：50		

储存区的风险分析主要对储罐和围堰两部分的安全性进行检查：①储罐是储存风险物质的最基本单元。储罐的安全性从储罐稳定性、储罐之间的安全间距、储罐腐蚀情况、储罐泄漏报警装置配置有效性和现场标识完整性这几个方面考虑。②围堰是防范储罐泄漏事故最直接的防范体系。围堰的有效性从围堰容量、地面防渗处理及围堰完整性三个方面考虑。

管道是厂区输送危险物质的有效载体。为防止危险物质泄漏，保证管道运行的安全可靠，主要从管道腐蚀情况、管道变形情况和标识完整性三个方面考虑。

清污分流一般用于工业企业的废水和清水分流，一般情况下也指雨污分流。在储罐区，清污分流是将高污染水（事故废水和初期雨水）和未污染或低污染水（雨水）分开，分质处理，减少外排污染物量，降低水处理成本。企业清污分流是否有效与清污分流阀的可靠性和初期雨水收集的有效性有关：①清污分流阀的可靠性主要查看清污分流阀标识情况、清污分流阀维护情况和清污分流阀操作记录情况；②初期雨水收集的有效性可通过询问企业环境管理人员和查看雨水通道的方式进行调查，以确定企业是否进行了初期雨水的收集，是否真正实现了清污分流。

环境风险防范措施重点关注企业污水处理达标情况、事故应急池和应急预案管理情况：①企业污水处理达标排放是防范水污染事故最基本的措施，也是企业基本的社会和环保责任。检查人员应对企业污水是否达标排放进行调查。②事故应急池可以对事故废水进行有效收集，防止其污染受纳水体。事故应急池的有效性主要从容量和防渗处理两个方面衡量。③事故应急管理是一项独立且复杂的管理系统。为了使环保监察更具操作性，主要针对应急预案的管理进行考虑，包括环境应急预案编制、更新及演习情况。

2）风险源控制与管理评价指标的量化。从水环境污染风险源风险控制与管理评价指标体系（表 3-1、表 3-2 和表 3-3）中可以看出，指标的意义和表现形式各不相同，指标间不具有可比性和综合性，必须对定性指标量化，对定量指标进行无量纲化处理，即把性质和量纲各异的指标转化为可以综合的一个相对数——量化值。因此对每一个指标的量化都需要进一步进行深入细致的研究，集中大量专家经验和专业知识或进行大量的实验。

为简化指标量化确定过程中的工作量及降低统计工作的难度，并使指标具有可操作性，引用德国清单法的指标量化方式，结合环境监管部门和相关行业专家的意见，将三峡库区不同类型水环境污染风险源的环境风险评价指标进行了分析和量化，如案例中表 3-2-1 ~ 表 3-2-3 所示。需要指出的是，在对每一个指标进行量化的过程中，实际已考虑了各指标在体系中的权重，由于篇幅所限，在这里不再详细论述。

3）基于事故发生可能性的风险源风险值确定。根据水环境污染风险控制与管理评价指标及量化结果，用得分分值来衡量每个风险源发生水环境污染的风险值，得分越高表示该风险源发生突发性水环境污染的风险越高，得分越低表示该风险源发生突发性水环境污染的风险越低。

（4）风险源综合风险值计算

对于任一风险源来说，危化品的数量、危化品的毒性以及风险控制和管理有效性对风险源发生突发性水环境污染风险有很大影响。危化品数量越大或其毒性越强或风险控制和管理越差，则突发性水环境污染的风险越大。

当综合考虑风险源具有的危化品数量、危化品毒性和风险源事故发生可能性时，对每个风险源的综合风险值大小计算用下式

$$R_{危化品数量+毒性+风险源发生事故概率} = \left[\sum_{j=1}^{n}\left(\frac{第j种危化品数量}{第j种危化品允许限值}\right)\right] \times 风险源发生事故概率 \tag{3-4}$$

式中，$R_{危化品数量+毒性+风险源发生事故概率}$表示基于危化品数量、危化品毒性和风险源发生事故概率的风险源综合风险值（即风险大小）。

3.2.1.3 风险源分级

流域内具有许多水环境污染风险源，风险源的类型也很多。不同风险源具有的水环境污染危化品的种类和数量不同，各风险源的环境风险控制和管理的措施和效果也不一样，因此，不同风险源单位对水环境的污染风险也不一样。为便于环境管理部门对水环境污染风险源进行分类管理和重点监管，需要建立水环境污染风险源分级方法，对风险源水环境污染风险大小进行分析和评估。

根据风险源单位具有的危化品的数量、危化品的毒性和风险源单位的风险控制和管理情况，结合前述的风险值计算的结果，初步确定风险源的分级方法和标准。

（1）基于危化品数量的风险源分级

参照《危险化学品重大危险源辨识》（GB 18218—2009）和风险源分级的相关研究，根据基于危化品数量的风险源风险值计算公式求得风险源风险值大小，从危化品数量的角度对化工厂、危化品码头、水上加油站（船）和污水处理厂等风险源进行分级，标准如下：

特大风险源：$R_{危化品数量} \geq 10$；

重大风险源：$1 \leq R_{危化品数量} < 10$；

一般风险源：$R_{危化品数量} < 1$。

（2）基于危化品数量和毒性的风险源分级

根据基于危化品数量和毒性的风险源风险值计算公式求得各风险源风险值大小并计算出所有风险源的平均风险值大小。以风险源平均风险值为基准，如果某风险源的风险值大于或等于平均风险值且小于平均风险值的10倍则定义为重大风险源；如果风险源风险值等于或大于平均风险值的10倍，则定义为特大风险源。

在综合考虑危化品数量和毒性的情况下，以三峡库区所有风险源的平均风险值2500作参考，对化工厂、危化品码头、水上加油站（船）和污水处理厂4种类型风险源进行分级，标准如下：

特大风险源：$R_{危化品数量+毒性} \geq 25\,000$；

重大风险源：$2500 \leq R_{危化品数量+毒性} < 25\,000$；

一般风险源：$R_{危化品数量+毒性} < 2500$。

（3）风险源综合分级

根据基于危化品数量与毒性和风险源事故发生可能性的风险源风险值计算公式，求得各风险源风险值大小，并计算出所有风险源的平均风险值大小。

在综合考虑危化品数量、危化品毒性和风险源事故发生可能性的情况下，三峡库区

所有风险源的平均风险值为1000。据此，对库区内化工厂、危化品码头、水上加油站（船）和污水处理厂4种类型风险源进行分级，标准如下：

特大风险源：$R_{危化品数量+毒性+风险源事故发生概率} \geqslant 10\ 000$；

重大风险源：$1000 \leqslant R_{危化品数量+毒性+风险源事故发生概率} < 10\ 000$；

一般风险源：$R_{危化品数量+毒性+风险源事故发生概率} < 1000$。

3.2.2 敏感目标风险值计算与分级

在环境风险的评估中，环境污染的对象即敏感目标是评估的重要内容。如果没有可受污染影响的受体（敏感目标），发生的污染事故也就不存在环境风险；如果受污染影响的敏感目标的重要性高，则污染事故引发的环境风险也越大。同样，对某一具体的敏感目标而言，如果可能发生污染的风险源越多，风险源含有的危化品毒性越大，则此敏感目标遭遇的环境风险就越大。

3.2.2.1 敏感目标辨识

在明确突发性水环境污染敏感目标类型、特点和重要性以及突发性水环境污染敏感目标空间相对位置的基础上，确定突发性水环境污染敏感目标的识别方法。

（1）水环境污染敏感目标类型

突发性水环境污染敏感目标主要类型有集中饮用水源地、工业用水水源地、农业用水区、珍稀特有水生生物栖息地及保护区、鱼类产卵场、鱼类索饵场、水产品养殖场、风景名胜区以及其他受保护的水生生态系统等类型。

研究中根据上述敏感目标自身敏感性大小、一旦受到事故危害后的损失后果，选定突发性水环境污染敏感目标的主要关注对象。

（2）水环境污染敏感目标的空间距离

当发生水环境污染事故时，只有流域内的敏感目标才可能受到污染的影响，不直接位于流域内敏感目标是不会受到污染事故影响的。在突发性水环境污染敏感目标识别中，只有位于流域内的敏感目标才被纳入考虑。

3.2.2.2 敏感目标风险值的确定

对任一水环境的敏感目标来说，根据敏感目标重要性和敏感目标所面临的风险源状况，对每个敏感目标的风险值大小进行定量计算。

（1）基于敏感目标价值的敏感目标风险值计算

对于任一敏感目标来说，其价值（$C_{价值}$）越高，受污染的后果就越严重，危害就越大，相应的，可以认为其风险值就越大。

作为敏感目标，其风险值的大小可以根据受污染后的影响后果来确定。例如，每个集中饮用水源地的价值可以用该集中饮用水源地服务的人口数量来度量，也就是说，该集中饮用水源地的服务人口数量可以用来度量其风险值：$R_{敏感目标} = C_{价值}$ =集中饮用水源地服务人口数量。

（2）整合风险源影响后的敏感目标风险值计算

敏感目标受水环境污染风险的大小与可能影响敏感目标的风险源的情况有很大关

系。某敏感目标如果没有可对其产生污染的风险源，该敏感目标也就不存在风险。

在考虑风险源的情况下，敏感目标的风险大小与三个因素有关：①敏感目标与风险源的空间距离。敏感目标距离风险源越远，则受污染的风险越小。②风险源的环境风险大小。风险源具有的危化品数量越多或毒性越大或风险控制和管理有效性越低，则敏感目标受污染的风险越大。③敏感目标本身的价值。敏感目标的重要性越大或价值越高，则受污染后的后果越严重，风险越大。

1）敏感目标与风险源的距离对敏感目标的影响系数。对于某一敏感目标而言，其距风险源的距离（以 k 表示）越远，受污染危害的可能性越小。风险源对敏感目标影响大小的距离因素可以用 $1/k$ 来反映。

当敏感目标与风险源的距离一定时，水流速度越快，敏感目标受污染危害的可能性越大。以水库型水体为例，在考虑水流速度的情况下，处于某敏感目标上游的风险源对该敏感目标影响大小的距离因素以下式反映：

$$\text{敏感目标受胁距离系数} = \frac{1}{\dfrac{k_{\text{河}}}{v_{\text{河}}} + \dfrac{k_{\text{库}}}{v_{\text{库}}}} \tag{3-5}$$

式中，$k_{\text{河}}$和 $k_{\text{库}}$分别表示某敏感目标到某风险源的河段距离中河流水体河段长度和水库水体河段的长度；$v_{\text{河}}$和 $v_{\text{库}}$分别表示河流水体河段的平均流速和水库水体河段的平均流速。根据此式，对于某个敏感目标上游的所有风险源，每一个风险源给予该敏感目标的受胁距离系数均可以通过计算获得。

2）敏感目标受风险源影响的总受胁度。任一敏感目标（如集中饮用水源地）要受很多风险源（主要是位于该敏感目标上游的风险源）发生的水环境污染的影响，风险源具有的危化品数量越多或毒性越大或风险控制和管理有效性越低或与敏感目标的距离越小，则该敏感目标受污染的风险越大。

对某一敏感目标而言，其受位于上游的所有风险源影响的总受胁度可以用下式度量

$$\text{敏感目标受风险源影响的总受胁度} = \sum_{i=1}^{m}\left\{\text{第 } i \text{ 个风险源发生事故的概率} \times \frac{1}{\dfrac{k_{\text{河}}}{v_{\text{河}}} + \dfrac{k_{\text{库}}}{v_{\text{库}}}} \times \sum_{j=1}^{n}\left(\frac{\text{第 } j \text{ 种危化品数量}}{\text{第 } j \text{ 种危化品允许限值}}\right)\right\} \tag{3-6}$$

式中，i 表示某敏感目标上游的第 i 个风险源；j 表示第 i 个风险源中具有的第 j 种化学品。

根据式（3-6），对任一敏感目标，均可以计算出受其上游所有风险源影响的总受胁度。如果总受胁度小，说明该敏感目标受其上游风险源的污染风险小；反之，则说明受其上游风险源污染的风险大。

3）整合风险源影响后的敏感目标风险值。整合风险源影响后的敏感目标风险值是指在综合考虑敏感目标的价值（重要性）和敏感目标的总受胁度基础上的度量，可由下式表示

$R_{整合风险源影响后的敏感目标} =$

$$C_{价值} \times \sum_{i=1}^{m} \left\{ 第\,i\,个风险源发生事故的概率 \times \frac{1}{\dfrac{k_{河}}{v_{河}} + \dfrac{k_{库}}{v_{库}}} \times \sum_{j=1}^{n} \left(\frac{第\,j\,种危化品数量}{第\,j\,种危化品允许限值} \right) \right\} \tag{3-7}$$

对于某一敏感目标而言，如果该敏感目标的价值小，受风险源污染的总受胁度小，则此敏感目标的风险值小。对于具有相同总受胁度的多个敏感目标，价值大的敏感目标其风险值大；对于具有相同价值的多个敏感目标，总受胁度大的敏感目标其风险值大。

3.2.2.3 敏感目标风险分级方法研究

根据每个敏感目标的风险值大小进行分级与评估。

（1）基于敏感目标价值的敏感目标分级

根据敏感目标的价值大小（本书基于集中饮用水源地的服务人口数量）获取敏感目标风险值。《国家突发环境事件应急预案》中规定：因环境事件疏散或转移群众 10 000 人以上50 000人以下的的情形视为重大环境事件，因环境事件需疏散或转移群众 50 000 人以上的情形视为特大环境事件。在参考《国家突发环境事件应急预案》的基础上，对敏感目标（集中饮用水源地）进行分级，分级标准如下：

特大敏感目标：$R_{敏感目标} \geqslant 50\ 000$；

重大敏感目标：$10\ 000 \leqslant R_{敏感目标} < 50\ 000$；

一般敏感目标：$R_{敏感目标} < 10\ 000$。

（2）整合风险源影响后的敏感目标分级

根据整合风险源的影响后的敏感目标的风险值（$R_{整合风险源影响后的敏感目标}$）的大小，以敏感目标平均风险值为基准，如果某敏感目标的风险值大于或等于平均风险值则定义为重大敏感目标。同时，参考《国家突发环境事件应急预案》（2006 年）中重大环境事件和特大环境事件转移群众数量差异为 5 倍的规定，把风险值 5 倍于平均风险值的敏感目标定义为特大敏感目标。

若干个水体计算获得的水环境污染敏感目标的平均风险值为 300 000。对三峡库区内的敏感目标（集中饮用水源地）进行分级的标准如下：

特大敏感目标：$R_{整合风险源影响后的敏感目标} \geqslant 1\ 500\ 000$；

重大敏感目标：$300\ 000 \leqslant R_{整合风险源影响后的敏感目标} < 1\ 500\ 000$；

一般敏感目标：$R_{整合风险源影响后的敏感目标} < 300\ 000$。

3.2.3 风险源风险分区

一个水域有许多可能引发水环境污染的风险源，风险源的类型多样，不同风险源具有的危化品种类、数量、毒性和环境风险控制水平不同。同时，在整个水域内分布有许多集中饮用水源地，这些集中饮用水源地一旦受到污染将引起不良后果。由于风险源和敏感目标分布并不是均匀的，不同风险源的环境风险有差异，对应的不同敏感目标的重要性和价值也不同。为便于对区域的水环境污染风险进行评估和控制，明确哪些区域是水环境污染的高风险区，哪些区域是低风险区，以提高环境监察和管理的有效性和针对性，需要对区域水环境污染风险进行分区。对于高风险区，则需要进行重点监控和严格管理，严防水环境污染事故的发生。

3.2.3.1 基于风险源的水环境风险分区

流域内风险源是引发水环境污染风险的源头。如果某个区域具有的风险源多，危化品数量多或毒性大，则该区域是可能发生水环境污染的风险较高的区域。针对风险源在流域的分布情况及风险源的风险大小，可以对流域内水环境污染风险进行分区。

计算流域内每个风险源的风险值，求所有风险源的风险值总和，除以河流/水库干流河道长度，可求出每公里河段范围内的平均风险值（$\overline{R}_{风险源风险值}$），此平均风险值作为一指标可反映整个流域范围内基于风险源的水环境污染的平均风险。

以10km长度为单位统计每10km河道区域单元内所有风险源的风险值，求出所有风险源风险值的和（$\sum R_{风险源风险值}$）。该10km河道区域单元内的区域风险度以下式表示：

$$R_{风险源区域风险} = \frac{\sum R_{风险源风险值}}{10 \times \overline{R}_{风险源风险值}} \tag{3-8}$$

如果$R_{风险源区域风险}$大于1，说明该10km河道区域单元内的环境风险高于整个流域平均风险；如果$R_{风险游区域风险}$小于1，则说明其小于整个流域平均风险。

根据式（3-8），可以把所有干流和支流河道划分成连续的以10km长为单位的区域单元，计算每个10km河道区域单元的区域单元风险度$R_{风险源区域风险}$，根据$R_{风险源区域风险}$大小，确定该10km河道区域单元的风险大小：

高风险区：$R_{风险源区域风险} \geqslant 10$；

中风险区：$1 \leqslant R_{风险源区域风险} < 10$；

低风险区：$R_{风险源区域风险} < 1$。

根据每个单元的分区结果，对属于同一级别风险区的相邻单元进行合并，确定整个流域不同级别水环境污染风险区的区划和分布。

3.2.3.2 基于敏感目标的水环境风险分区

流域内敏感目标是水环境保护对象。某个区域敏感目标多，敏感目标价值则大。该区域一旦发生水污染后风险就大，后果就较严重。针对敏感目标在流域内分布情况及敏感目标的价值大小，可以对水环境污染风险进行分区。

计算流域内每个敏感目标（此处以集中饮用水源地为例）基于价值的风险值，求得流域内所有集中饮用水源地风险值的和，再除以河流/水库干流河道长度，求出集中饮用水源地在每公里河段范围内的平均风险值$\overline{R}_{敏感目标区域风险值}$（此处相当于敏感目标的平均价值）。此平均风险值作为一指标可反映整个流域范围内基于敏感目标的水环境污染的平均风险。

以10km长度为单位统计，每10km河道区域单元内所有集中饮用水源地的风险值，求出所有集中饮用水源地风险值的和（$\sum R_{敏感目标区域风险值}$）。该10km河道区域单元内的敏感目标的区域风险度以下式表示

$$R_{敏感目标区域风险} = \frac{\sum R_{敏感目标风险值}}{10 \times \overline{R}_{敏感目标风险值}} \tag{3-9}$$

如果 $R_{敏感目标区域风险}$ 大于 1，说明该 10km 河道区域单元内的敏感目标的价值高于整个流域平均价值，该区域单元内的敏感目标受污染的后果和风险高于整个流域平均风险；如果 $R_{敏感目标区域风险}$ 小于 1，则说明其小于整个流域平均风险。

根据式（3-9），可以把流域所有干流和支流河道划分成连续的以 10 km 长为单位的区域单元，计算每个 10 km 河道区域单元的区域风险度 $R_{敏感目标区域风险}$，根据 $R_{敏感目标区域风险}$ 的大小，确定该 10 km 河道区域单元的风险大小：

高风险区：$R_{敏感目标区域风险} \geqslant 10$；

中风险区：$1 \leqslant R_{敏感目标区域风险} < 10$；

低风险区：$R_{敏感目标区域风险} < 1$。

根据每个河道区域单元的分区结果，对属于同一级别风险区的相邻区域单元进行合并，确定基于敏感目标的整个流域不同级别水环境污染风险区的区划和分布情况。

3.2.3.3 基于风险源和敏感目标耦合后的水环境风险分区

整合风险源和敏感目标在流域分布情况、敏感目标的价值大小以及敏感目标受风险源污染威胁的程度大小，可以对流域水环境污染风险进行分区。

计算流域内每个敏感目标（此处为集中饮用水源地）整合风险源影响后的风险值，求得所有集中饮用水源地整合风险源影响后的风险值的和，再除以河流/水库干流河道长度，求出集中饮用水源地在每公里河段范围内的平均风险值 $\overline{R}_{敏感目标风险值}$（此处相当于敏感目标的平均价值）。此平均风险值作为一指标，可反映整个流域范围内基于风险源和敏感目标耦合后的水环境污染的平均风险。

以 10km 长度为单位统计每 10km 河道区域单元内所有集中饮用水源地整合风险源影响后风险值，求出所有集中饮用水源地整合风险源影响后的风险值的和（$\sum R_{敏感目标风险值}$）。该 10km 河道区域单元内的敏感目标整合风险源影响后的区域风险度以下式表示：

$$R_{风险源和敏感目标耦合后的区域风险} = \frac{\sum R_{敏感目标风险值}}{10 \times \overline{R}_{敏感目标风险值}} \tag{3-10}$$

如果 $R_{风险源和敏感目标耦合后的区域风险} > 1$，说明该 10 km 河道区域单元内的敏感目标整合风险源影响后的风险高于整个流域平均风险；如果 $R_{风险源和敏感目标耦合后的区域风险} < 1$，则说明其小于整个流域平均风险。

根据式（3-10），可以把所有干流和支流河道划分成连续的以 10 km 长为单位的区域单元，计算每个 10 km 河道区域单元的区域风险度 $R_{风险源和敏感目标耦合后的区域风险}$，根据 $R_{风险源和敏感目标耦合后的区域风险}$ 的大小，确定该 10 km 河道区域单元的风险大小：

高风险区：$R_{风险源和敏感目标耦合后的区域风险} \geqslant 10$；

中风险区：$1 \leqslant R_{风险源和敏感目标耦合后的区域风险} < 10$；

低风险区：$R_{风险源和敏感目标耦合后的区域风险} < 1$。

根据每个河道区域单元的分区结果，对属于同一级别风险区的相邻区域单元进行合并，确定基于风险源和敏感目标耦合后的整个流域内不同级别水环境污染风险区的区划和分布情况。

案例

三峡水库污染源风险分析与分级分区

1. 三峡水库典型污染源风险分析

(1) 待评估的污染源基本情况

从三峡库区具有的突发性水环境污染风险源中选择重庆长风化学工业有限公司、重庆市秋田化工有限公司和重庆凯林制药有限公司作为风险源评估分析对象，三个风险源具有的危化品品名和数量基本情况见表 3-2-1。重庆长风化学工业有限公司、重庆市秋田化工有限公司和重庆凯林制药有限公司三个风险源的风险控制与管理情况见表 3-2-2 ~ 表 3-2-4。

表 3-2-1　三峡库区突发性水环境污染风险源　（单位：t）

序号	单位名称	所在区县	危化品名称	现存量
1	重庆长风化学工业有限公司	长寿区	硝基苯	40.00
			苯胺	40.00
			氢氧化钠	50.00
			硫酸	120.00
			硝酸	40.00
			硝基苯	50.00
			苯胺	120.00
			苯	795.00
2	重庆市秋田化工有限公司	长寿区	甲醇	0.20
			1，3，5-三甲基苯	1.00
			硫酸	0.50
			1，3，5-三甲基苯	5.00
			苯酚	10.00
			乙醇	25.00
			乙酸	40.00
			异丙醇	38.00
			丁酮	30.00
3	重庆凯林制药有限公司	长寿区	三氯甲烷	2.40
			丙酮	2.40
			三乙胺	7.50
			三氯甲烷	19.50
			乙醇	23.00
			二氯甲烷	25.00
			丙酮	24.30

表 3-2-2　重庆长风化学工业有限公司水环境污染风险控制与管理评价指标及量化

一级指标	二级指标	三级指标	指标描述	指标量化	现状描述	检查评分	备注
储存区	储罐	稳定性	检查地面是否平整，储罐中轴线是否与地面垂直	符合要求：1 不符合：100		1	现场观察，质询
		安全间距	符合行业防火设计规范	符合要求：1 不符合：100		1	
		腐蚀情况	主要通过观察罐体表面的腐蚀情况	表面漆面平整无腐蚀：1 表面有锈蚀但没有穿孔：50 有穿孔液体流出：200		1	
		泄漏报警装置配置情况	调查液位显示仪、泄漏显示仪和报警装置的配置及可靠性	符合要求：1 部分符合：50 不符合：200		50	若配置，但未有效使用，按不符合情况处理
		现场标识完整性	调查储罐区是否进行了罐体及安全类标识	标识完整：1 部分完整：50 不完整：100		50	现场观察，质询
	围堰	围堰容量	考虑是否能承受罐区完全泄漏的液体量及消防用水量	符合要求：1 不符合：200		1	
		地面防渗处理	调查地面是否做防渗处理及防渗材料的有效性	符合要求：1 部分符合：50 不符合：200		1	有防渗处理，但未按要求，按部分符合情况处理
		围堰完整性	观察围堰区是否有裂缝和破洞等及围堰是否封闭	符合要求：1 不符合：200		1	
管道	腐蚀情况		主要通过观察管道外表面的腐蚀情况	表面漆面平整无腐蚀：1 表面有锈蚀但无穿孔：50 有穿孔液体流出：200		1	现场观察，质询
	变形情况		观察因气候和机械性损害等外界因素带来的变形情况	无明显变形：1 有明显变形：100		1	

续表

一级指标	二级指标	三级指标	指标描述	指标量化	现状描述	检查评分	备注
管道	管道标识完整性		调查管道是否进行了标识	标识完整：1 部分完整：50 不完整：100		50	
清污分流	清污分流阀可靠性	清污分流阀标识情况	调查清污分流阀有无标识，标识是否清楚	有标识且清楚：1 有标识不清楚：100 无标识：200		1	现场观察，质询
		清污分流阀维护情况	主要检查阀门能否正常开关	能：1 不能：50	部分不能正常开关	30	
		清污分流阀操作记录情况	检查有无操作记录及记录的规范性和有效性	有记录且有效：1 有记录无效：5 无记录无效：10		10	
	初期雨水收集有效性		调查是否进行了初期雨水的收集，通过询问企业环境管理人员和查看雨水通道的方式调查	有效：1 无效：200		1	
环境风险防范措施	污水处理达标情况		调查污水是否经达标处理后排放	达标：1 不达标：200		1	
	事故应急池	应急池容量	考虑应急池是否与生产能力相匹配	是：1 否：200		1	
		应急池防渗处理	考虑应急池底部是否做防渗处理及防渗材料的有效性	符合要求：1 部分符合：50 不符合：200		1	有防渗处理，但未按要求，按部分符合情况处理
	应急预案管理情况	应急预案编制情况	是否制订了应急预案，并上报环保部门接受评审	有预案并报批：1 无预案：50		1	现场观察，质询
		应急预案更新情况	是否针对法规标准、人员机构变化、设备变化及演习情况等预案相关内容进行了有效更新	有更新：1 无更新：50		50	
		应急预案演习情况	调查是否做过应急演习及演习类型，是否有演习计划、演习记录和总结	有演习并记录：1 无演习：50		1	

表 3-2-3　重庆市秋田化工有限公司水环境污染风险控制与管理评价指标及量化

一级指标	二级指标	三级指标	指标描述	指标量化	现状描述	检查评分	备注
储存区	储罐	稳定性	检查地面是否平整，储罐中轴线是否与地面垂直	符合要求：1 不符合：100		1	现场观察，质询
		安全间距	符合行业防火设计规范	符合要求：1 不符合：100		1	
		腐蚀情况	主要通过观察罐体表面的腐蚀情况	表面漆面平整无腐蚀：1 表面有锈蚀但没有穿孔：50 有穿孔液体流出：200		1	
		泄漏报警装置配置情况	调查液位显示仪、泄漏显示仪和报警装置的配置及可靠性	符合要求：1 部分符合：50 不符合：200		200	若配置，但未有效使用，按不符合情况处理
		现场标识完整性	调查储罐区是否进行了罐体及安全类标识	标识完整：1 部分完整：50 不完整：100		100	现场观察，质询
储存区	围堰	围堰容量	考虑是否能承受罐区完全泄漏的液体量及消防用水量	符合要求：1 不符合：200		200	
		地面防渗处理	调查地面是否做防渗处理及防渗材料的有效性	符合要求：1 部分符合：50 不符合：200		200	有防渗处理，但未按要求，按部分符合情况处理
		围堰完整性	观察围堰区是否有裂缝和破洞等及围堰是否封闭	符合要求：1 不符合：200		200	现场观察，质询
管道	腐蚀情况		主要通过观察管道外表面的腐蚀情况	表面漆面平整无腐蚀：1 表面有锈蚀但无穿孔：50 有穿孔液体流出：200		200	
	变形情况		观察因气候和机械性损害等外界因素带来的变形情况	无明显变形：1 有明显变形：100	部分变形	50	
	管道标识完整性		调查管道是否进行了标识	标识完整：1 部分完整：50 不完整：100		100	

续表

一级指标	二级指标	三级指标	指标描述	指标量化	现状描述	检查评分	备注
清污分流	清污分流阀可靠性	清污分流阀标识情况	调查清污分流阀有无标识，标识是否清楚	有标识且清楚：1 有标识不清楚：100 无标识：200		200	现场管理，质询
		清污分流阀维护情况	主要检查阀门能否正常开关	能：1 不能：50		50	
		清污分流阀操作记录情况	检查有无操作记录及记录的规范性和有效性	有记录且有效：1 有记录无效：5 无记录无效：10	少量记录无效	2	
	初期雨水收集有效性		调查是否进行了初期雨水的收集，通过询问企业环境管理人员和查看雨水通道的方式调查	有效：1 无效：200		200	
环境风险防范措施	污水处理达标情况		调查污水是否经达标处理后排放	达标：1 不达标：200		1	
	事故应急池	应急池容量	考虑应急池是否与生产能力相匹配	是：1 否：200		200	
		应急池防渗处理	考虑应急池底部是否做防渗处理及防渗材料的有效性	符合要求：1 部分符合：50 不符合：200		200	有防渗处理，但未按要求，按部分符合情况处理
环境风险防范措施	应急预案管理情况	应急预案编制情况	是否制订了应急预案，并上报环保部门接受评审	有预案并报批：1 无预案：50	预案不完整	40	现场管理，质询
		应急预案更新情况	是否针对法规标准、人员机构变化、设备变化及演习情况等预案相关内容进行了有效更新	有更新：1 无更新：50		50	
		应急预案演习情况	调查是否做过应急演习及演习类型，是否有演习计划、演习记录和总结	有演习并记录：1 无演习：50		1	

表 3-2-4　重庆凯林制药有限公司水环境污染风险控制与管理评价指标及量化

一级指标	二级指标	三级指标	指标描述	指标量化	现状描述	检查评分	备注
储存区	储罐	稳定性	检查地面是否平整，储罐中轴线是否与地面垂直	符合要求：1 不符合：100		1	现场观察，质询
		安全间距	符合行业防火设计规范	符合要求：1 不符合：100		1	
		腐蚀情况	主要通过观察罐体表面的腐蚀情况	表面漆面平整无腐蚀：1 表面有锈蚀但没有穿孔：50 有穿孔液体流出：200		1	
		泄漏报警装置配置情况	调查液位显示仪、泄漏显示仪和报警装置的配置及可靠性	符合要求：1 部分符合：50 不符合：200		50	若配置，但未有效使用，按不符合情况处理
		现场标识完整性	调查储罐区是否进行了罐体及安全类标识	标识完整：1 部分完整：50 不完整：100		100	现场观察，质询
储存区	围堰	围堰容量	考虑是否能承受罐区完全泄漏的液体量及消防用水量	符合要求：1 不符合：200		1	
		地面防渗处理	调查地面是否做防渗处理及防渗材料的有效性	符合要求：1 部分符合：50 不符合：200		200	有防渗处理，但未按要求，按部分符合情况处理
		围堰完整性	观察围堰区是否有裂缝和破洞等及围堰是否封闭	符合要求：1 不符合：200		200	现场观察，质询
管道	腐蚀情况		主要通过观察管道外表面的腐蚀情况	表面漆面平整无腐蚀：1 表面有锈蚀但无穿孔：50 有穿孔液体流出：200		50	
	变形情况		观察因气候和机械性损害等外界因素带来的变形情况	无明显变形：1 有明显变形：100		100	
	管道标识完整性		调查管道是否进行了标识	标识完整：1 部分完整：50 不完整：100		100	

续表

一级指标	二级指标	三级指标	指标描述	指标量化	现状描述	检查评分	备注
清污分流	清污分流阀可靠性	清污分流阀标识情况	调查清污分流阀有无标识，标识是否清楚	有标识且清楚：1 有标识不清楚：100 无标识：200		1	现场观察，质询
		清污分流阀维护情况	主要检查阀门能否正常开关	能：1 不能：50		50	
		清污分流阀操作记录情况	检查有无操作记录及记录的规范性和有效性	有记录且有效：1 有记录无效：5 无记录无效：10		1	
	初期雨水收集有效性		调查是否进行了初期雨水的收集，通过询问企业环境管理人员和查看雨水通道的方式调查	有效：1 无效：200		200	
环境风险防范措施	污水处理达标情况		调查污水是否经达标处理后排放	达标：1 不达标：200		1	
	事故应急池	应急池容量	考虑应急池是否与生产能力相匹配	是：1 否：200		200	
		应急池防渗处理	考虑应急池底部是否做防渗处理及防渗材料的有效性	符合要求：1 部分符合：50 不符合：200		200	有防渗处理，但未按要求，按部分符合情况处理
	应急预案管理情况	应急预案编制情况	是否制订了应急预案，并上报环保部门接受评审	有预案并报批：1 无预案：50		1	现场观察，质询
		应急预案更新情况	是否针对法规标准、人员机构变化、设备变化及演习情况等预案相关内容进行了有效更新	有更新：1 无更新：50		50	
		应急预案演习情况	调查是否做过应急演习及演习类型，是否有演习计划、演习记录和总结	有演习并记录：1 无演习：50	部分无记录	40	

（2）风险源风险值计算

1）基于危化品数量的风险源风险值计算。采用3.2.1.2节风险源风险值确定方法，仅考虑风险源具有的危化品数量，对重庆长风化学工业有限公司、重庆市秋田化工有限公司和重庆凯林制药有限公司三个化工厂的风险值进行估算。

危化品的临界量根据《危险化学品重大危险源辨识》（GB 18218—2009）、《风险物品名表》（GB 12268—2005）及《化学品分类、警示标签和警示性说明安全规范急性毒性》（GB 20592—2006）等标准和资料来确定。重庆长风化学工业有限公司、重庆市秋田化工有限公司和重庆凯林制药有限公司三个风险源单位中危化品的临界量见表3-2-5。

表3-2-5 危化品临界量

序号	危化品名称	危化品临界量/t
1	1，3，5-三甲基苯	5000
2	苯	50
3	苯胺	500
4	苯酚	20
5	丙酮	500
6	丁酮	1000
7	二氯甲烷	50
8	甲醇	500
9	硫酸	100
10	三氯甲烷	1000
11	三乙胺	1000
12	硝基苯	500
13	硝酸	20
14	乙醇	500
15	乙酸	10
16	异丙醇	1000

基于危化品数量三个化工厂的风险值计算结果如下：

重庆长风化学工业有限公司：$R_{危化品数量}=19.60$；

重庆市秋田化工有限公司：$R_{危化品数量}=4.78$；

重庆凯林制药有限公司：$R_{危化品数量}=0.63$。

2）基于危化品数量和毒性的风险源风险值计算。采用3.2.1.2节风险源风险值确定方法，综合考虑风险源具有的危化品数量和危化品的毒性，对重庆长风化学工业有限公司、重庆市秋田化工有限公司和重庆凯林制药有限公司三个化工厂的风险值进行估算。

工厂企业所具有的水环境污染危化品的允许限值参考我国的《生活饮用水卫生标准》（GB 5749—2006）来确定，我国的《生活饮用水卫生标准》（GB 5749—2006）中未列出的危化品的允许限值依次参考《美国饮用水水质标准》（2004）、《日本饮用水水质基准》和《苏联生活饮用水和文化生活用水水质标准》（1974）等相关资料确定。重庆长风化学工业有限公司、重庆市秋田化工有限公司和重庆凯林制药有限公司三个风险源单位中危化品的允许限值见表3-2-6。

表 3-2-6 危化品允许限值

序号	危化品名称	危化品允许限值/(mg/L)
1	1，3，5-三甲基苯	0.02
2	苯	0.01
3	苯胺	0.1
4	苯酚	0.002
5	丙酮	2
6	丁酮	1
7	二氯甲烷	0.02
8	甲醇	3
9	硫酸	250
10	氢氧化钠	200
11	三氯甲烷	0.06
12	三乙胺	2
13	硝基苯	0.017
14	硝酸	10
15	乙醇	60
16	乙酸	0.3
17	异丙醇	0.25

基于危化品数量和毒性的三个化工厂的风险值计算结果如下：

重庆长风化学工业有限公司：$R_{危化品数量+毒性}=86\ 399$；

重庆市秋田化工有限公司：$R_{危化品数量+毒性}=5700$；

重庆凯林制药有限公司：$R_{危化品数量+毒性}=1632$。

3）基于危化品数量、毒性和风险源事故发生可能性的风险源风险值计算。采用3.2.1.2节风险源风险值确定方法，综合考虑风险源具有的危化品数量、危化品毒性和风险源事故发生可能性，对重庆长风化学工业有限公司、重庆市秋田化工有限公司和重庆凯林制药有限公司三个化工厂的风险值大小进行估算。

风险源发生事故的概率大小可以根据本书提出的水环境风险控制与管理评价指标及量化表（表3-1、表3-2和表3-3）来确定，结果见表3-2-7。

表 3-2-7 风险源单位发生事故概率

序号	风险源名称	发生事故概率大小
1	重庆长风化学工业有限公司	0.088
2	重庆市秋田化工有限公司	0.755
3	重庆凯林制药有限公司	0.532

基于危化品数量、危化品毒性和风险源事故发生可能性的三个化工厂的风险值计算结果如下：

重庆长风化学工业有限公司：$R_{危化品数量+毒性+风险源发生事故概率}=7603$；

重庆市秋田化工有限公司：$R_{危化品数量+毒性+风险源发生事故概率}=4304$；

重庆凯林制药有限公司：$R_{危化品数量+毒性+风险源发生事故概率}=868$。

（3）风险源评估结果

根据3.2.1.3节建立的风险源分级方法，对重庆长风化学工业有限公司、重庆市秋田化工有限公司和重庆凯林制药有限公司三个化工厂进行了风险源分级。针对风险源单位具有的危化品的数量、危化品的毒性和风险源单位的风险控制和管理情况，确定了风险源的风险大小，分级结果见表3-2-8。

表3-2-8　风险源分级结果

风险源名称	基于危化品数量		基于危化品数量和毒性		基于危化品数量、危化品毒性和风险源单位发生事故概率	
	风险值	分级级别	风险值	分级级别	风险值	分级级别
重庆长风化学工业有限公司	19.6	特大风险源	86 399	特大风险源	7 603	重大风险源
重庆市秋田化工有限公司	4.78	重大风险源	5 700	重大风险源	4 304	重大风险源
重庆凯林制药有限公司	0.63	一般风险源	1 632	一般风险源	868	一般风险源

由表3-2-8中的分级结果看出，当只考虑危化品数量时，重庆长风化学工业有限公司为特大风险源，重庆市秋田化工有限公司为重大风险源，重庆凯林制药有限公司为一般风险源；当考虑危化品数量和毒性时，重庆长风化学工业有限公司为特大风险源，重庆市秋田化工有限公司为重大风险源，重庆凯林制药有限公司为一般风险源；当考虑危化品数量、危化品毒性和风险源单位发生事故概率时，重庆长风化学工业有限公司为重大风险源，重庆市秋田化工有限公司为重大风险源，重庆凯林制药有限公司为一般风险源。

2. 三峡水库典型敏感目标风险分析

（1）待评估的敏感目标基本情况

从三峡库区突发性水环境污染敏感目标中，选择九龙坡区长江汤家沱水源地、北碚区天府镇嘉陵江水源地及九龙坡区长江和尚山水源地作为敏感目标评估分析对象，三个敏感目标具有的服务人口基本情况见表3-2-9。

表3-2-9　三峡库区突发性水环境污染敏感目标

序号	敏感目标名称	所在区县	服务人口/人
1	九龙坡区长江汤家沱水源地	九龙坡区	1 600
2	北碚区天府镇嘉陵江水源地	北碚区	21 000
3	九龙坡区长江和尚山水源地	九龙坡区	980 000

(2) 敏感目标风险值计算

1) 基于集中饮用水源地服务人口数量的敏感目标风险值计算。采用3.2.2.2节敏感目标风险值确定方法，基于集中饮用水源地的服务人口数量，对九龙坡区长江汤家沱水源地、北碚区天府镇嘉陵江水源地及九龙坡区长江和尚山水源地三个敏感目标的风险值进行计算。

基于集中饮用水源地的服务人口数量的三个敏感目标的风险值计算结果如下：

九龙坡区长江汤家沱水源地：$R_{敏感目标}=1600$；

北碚区天府镇嘉陵江水源地：$R_{敏感目标}=21\ 000$；

九龙坡区长江和尚山水源地：$R_{敏感目标}=980\ 000$。

2) 整合风险源影响后的敏感目标风险值计算。采用3.2.2.2节敏感目标风险值确定方法，综合考虑敏感目标的价值（重要性）和敏感目标的总受胁度，对九龙坡区长江汤家沱水源地、北碚区天府镇嘉陵江水源地及九龙坡区长江和尚山水源地三个敏感目标的风险值大小进行计算。

其中，根据近四年在三峡库区野外实地监测研究中获得的水流速度数据，得到河流型水体河段的平均流速和水库水体河段的平均流速。

河流型水体河段的平均流速为枯水期（每年的11月、12月、1月、2月和3月）为2.0m/s，平水期（每年的4月、5月、9月和10月）为2.5m/s，丰水期（每年的6月、7月和8月）3m/s。水库水体河段的平均流速为0.2m/s。

综合考虑敏感目标的价值（重要性）和敏感目标的总受胁度，整合风险源影响后的三个敏感目标的风险值计算结果如下。

枯水期（每年的11月、12月、1月、2月和3月）：

九龙坡区长江汤家沱水源地：$R_{整合风险源影响后的敏感目标}=239$；

北碚区天府镇嘉陵江水源地：$R_{整合风险源影响后的敏感目标}=4559$；

九龙坡区长江和尚山水源地：$R_{整合风险源影响后的敏感目标}=223\ 154$。

平水期（每年的4月、5月、9月和10月）：

九龙坡区长江汤家沱水源地：$R_{整合风险源影响后的敏感目标}=1950$；

北碚区天府镇嘉陵江水源地：$R_{整合风险源影响后的敏感目标}=5698$；

九龙坡区长江和尚山水源地：$R_{整合风险源影响后的敏感目标}=2\ 771\ 133$。

丰水期（每年的6月、7月和8月）：

九龙坡区长江汤家沱水源地：$R_{整合风险源影响后的敏感目标}=2440$；

北碚区天府镇嘉陵江水源地：$R_{整合风险源影响后的敏感目标}=6838$；

九龙坡区长江和尚山水源地：$R_{整合风险源影响后的敏感目标}=3\ 325\ 359$。

(3) 敏感目标评估结果

根据3.2.2.3节所建立的突发性水环境污染敏感目标分级方法，对九龙坡区长江汤家沱水源地、北碚区天府镇嘉陵江水源地与九龙坡区长江和尚山水源地三个敏感目标进行了分级。针对集中饮用水源地的价值大小以及综合集中饮用水源地的价值和总受胁度，确定了集中饮用水源地的级别。结果见表3-2-10。

表 3-2-10　敏感目标分级结果

敏感目标名称	基于集中饮用水源地服务人口数量		整合风险源					
			枯水期		平水期		丰水期	
	风险值	分级级别	风险值	分级级别	风险值	分级级别	风险值	分级级别
九龙坡区长江汤家沱水源地	1 600	一般敏感目标	239	一般敏感目标	1 950	一般敏感目标	2 440	一般敏感目标
北碚区天府镇嘉陵江水源地	21 000	重大敏感目标	4 559	一般敏感目标	5 698	一般敏感目标	6 838	一般敏感目标
九龙坡区长江和尚山水源地	980 000	特大敏感目标	223 154	一般敏感目标	2 771 133	特大敏感目标	3 325 359	特大敏感目标

由分级结果看出，当考虑集中饮用水源地的服务人口数量时，九龙坡区长江汤家沱水源地为一般敏感目标，北碚区天府镇嘉陵江水源地为重大敏感目标，九龙坡区长江和尚山水源地为特大敏感目标。

整合风险源后的敏感目标分级结果如下：枯水期（每年的 11 月、12 月、1 月、2 月和 3 月），九龙坡区长江汤家沱水源地、北碚区天府镇嘉陵江水源地与九龙坡区长江和尚山水源地均为一般敏感目标；平水期（每年的 4 月、5 月、9 月和 10 月），九龙坡区长江汤家沱水源地和北碚区天府镇嘉陵江水源地为一般敏感目标，九龙坡区长江和尚山水源地为特大敏感目标；丰水期（每年的 6 月、7 月和 8 月），九龙坡区长江汤家沱水源地和北碚区天府镇嘉陵江水源地为一般敏感目标，九龙坡区长江和尚山水源地为特大敏感目标。

3. 三峡水库干流区域风险分区

（1）待分区的区域基本情况

从三峡库区选择长江干流作为风险分区分析对象，以 10km 长度为一个单位区段，从三峡大坝沿长江干流河道往上游至江津区共计划分为 66 个区段。

（2）区域风险值计算

将三峡库区长江干流河道以 10km 长度为单位统计每 10km 河道区域单元内所有集中饮用水源地整合风险源影响后的风险值，求出所有集中饮用水源地整合风险源影响后的风险值的和（$\sum R$）。

在每年的 11 月至次年 3 月，自然河流为枯水期，三峡水库为高水位运行期，6 ~ 8 月为低水位运行期，4，5，9，10 月是水位变动期。在此时期三峡库区长江干流每 10km 河道区域单元内所有集中饮用水源地整合风险源影响后的区域风险值。

（3）区域风险分区结果

根据 3.2.3.3 节建立的基于风险源和敏感目标耦合的风险分区方法，对三峡库区长江干流进行了区域风险分区。基于风险源和敏感目标耦合，确定了枯水期内三峡库区长江干流的区域风险大小。

由于三峡水库的水文条件对敏感目标受风险源威胁的大小有影响，因此在三峡水库的不同水文条件下，基于风险源和敏感目标耦合后的水环境污染风险分区结果是不同的。

1）自然河流的枯水期（11 月至次年 3 月）。在每年的 11 月至次年 3 月，自然河流为枯水期，三峡水库为高水位运行期。基于风险源和敏感目标耦合后的环境风险分区结果如图 3-2-1 所示。

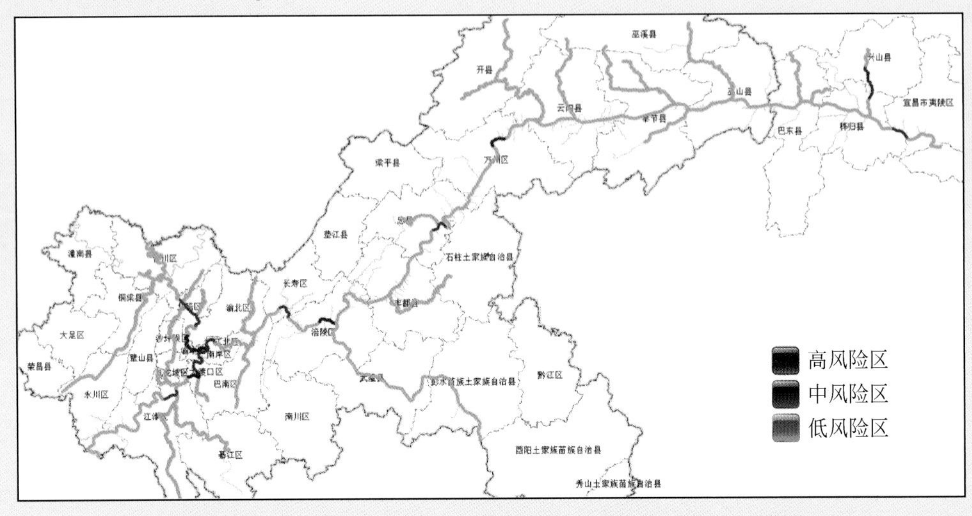

图 3-2-1　11 月至次年 3 月三峡库区水环境污染风险分区结果

分区结果表明，在每年的 11 月至次年的 3 月，在整个三峡库区中有 4 个区域属于水环境污染的高风险区，分别位于嘉陵江磁器口—朝天门区段、长江珞璜—茄子溪区段、长江涪陵城区区段和长江万州龙宝—晒网坝区段。这 4 个高风险区区段共长约 50km。

整个三峡库区中，有 7 个区域属于中风险区，分别位于嘉陵江北碚澄江—渝北礼嘉区段、长江黄磏—铜罐驿区段、长江茄子溪—唐家沱区段、长江长寿江南—王家湾区段、长江忠县城区—复兴镇区段、香溪河古夫—峡口区段和长江秭归城区区段。这 7 个区段共长约 110km。三峡库区的其余河道区段都是低风险区。

2）自然河流的平水期（4 月、5 月、9 月和 10 月）。在每年的 4 月、5 月、9 月和 10 月，自然河流为平水期，三峡水库为中水位运行期。在此时期基于风险源和敏感目标耦合后的水环境污染风险分区结果如图 3-2-2 所示。

分区结果表明，在每年的 4 月、5 月、9 月和 10 月，在整个三峡库区中有 5 个区域属于水环境污染的高风险区，分别位于嘉陵江磁器口—朝天门区段、长江珞璜—茄子溪区段、长江重庆城区黄桷坪—唐家沱区段、长江长寿江南—王家湾区段和长江涪陵城区区段。这 5 个高风险区区段共长约 70km。

整个三峡库区中，有 5 个区域属于中风险区，分别位于嘉陵江礼嘉—磁器口区段、长江黄磏—铜罐驿区段、长江茄子溪—黄桷坪区段、长江万州城区区段和香溪河峡口段。这 5 个区段共长约 50km。三峡库区的其余河道区段都是低风险区。

3）自然河流的丰水期（6~8月）。在每年的6~8月，自然河流为丰水期，三峡水库为低水位运行期。在此时期基于风险源和敏感目标耦合后的水环境污染风险分区结果如图3-2-3所示。

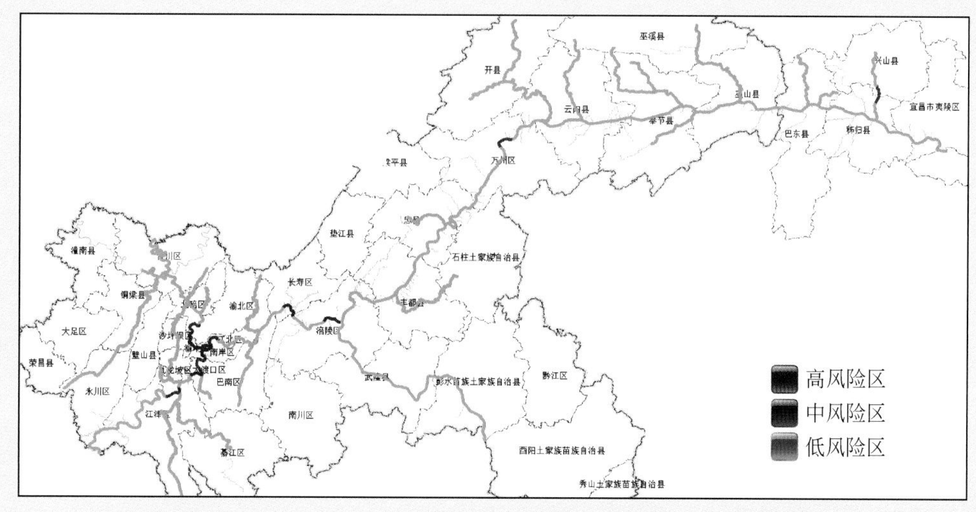

图3-2-2　4月、5月、9月和10月三峡库区水环境污染风险分区结果

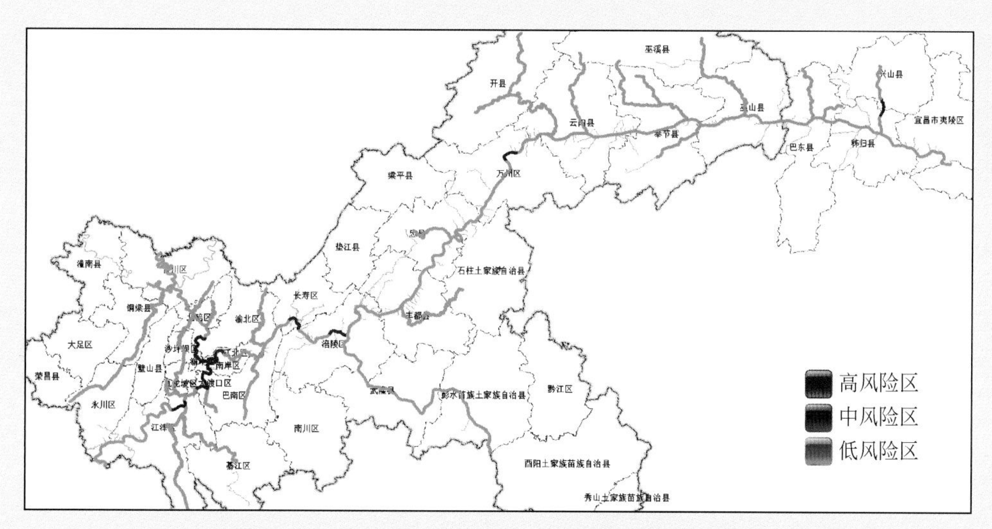

图3-2-3　6~8月三峡库区水环境污染风险分区结果

分区结果表明，在每年的6~8月，在整个三峡库区中有5个区域属于水环境污染的高风险区，分别位于嘉陵江磁器口—朝天门区段、长江珞璜—茄子溪区段、长江重庆城区黄桷坪—唐家沱区段、长江长寿江南—王家湾区段和长江涪陵城区区段。这5个高风险区区段共长约70 km。

整个三峡库区中，有5个区域属于中风险区，分别位于嘉陵江礼嘉—磁器口区段、长江黄磏—铜罐驿区段、长江茄子溪—黄桷坪区段、长江万州城区区段和香溪河峡口段。这5个区段共长约50 km。三峡库区的其余河道区段都是低风险区。

3.3 基于多要素综合评估的风险源识别技术方法

3.3.1 风险源风险评估指标体系

3.3.1.1 指标体系

流域水环境风险评估（点源）指标构建过程要遵循完整性、综合性、可比性和实用性原则。企业风险事件是风险产生、风险控制和受体暴露等所有因素所构成的系统。企业风险的存在是由风险源、环境控制机制和风险受体3个因素共同作用的。因此，要从风险源、环境控制机制和风险受体3个方面综合评价企业的水环境风险。

在充分调研国内外水环境风险源评估技术的基础上，完成了流域水环境点源风险评估指标的筛选，构建了流域水环境点源风险评估指标体系（3级，16个指标），评价指标涵盖了废水综合毒性和受纳水体的生物多样性等。利用层次分析法和专家打分法确定了各指标的权重。充分考虑指标的可比性和数据的可获取性，选择了16个风险评价指标，指标量化采用4分制，评分越小说明风险程度越低（表3-4）。

表3-4 流域水环境点源风险评估指标体系

指标		Ⅰ级	Ⅱ级	Ⅲ级	Ⅳ级
风险主体的危险度	企业行业类别	化工和石化	电镀、医药工业和金属冶炼	机械制造、危险品储存、建筑施工和交通运输	其他
	行业工艺水平	国内落后	国内平均	国内先进	国际先进
	污水排放量/(m^3/d)	大于2000	1000～2000	200～1000	小于200
	污水水质复杂程度	复杂	中等	简单	不排放
	废水达标排放率/%	≤90	(90，95)	(95，100)	100
	雨污是否纳管	雨污都不纳管	雨水直排，污水纳管	雨污纳管	其他
	危险物质存量系数	≥5	(3～5)	(1～3)	≤1
	企业环境不良记录	有违法排污和事故排放等不良记录	有违法排污和事故排放等不良记录	无不良记录	无不良记录
	废水综合毒性分级(PEEP指数)	>4	3～4	2～3	0～2
控制机制	企业环境风险防范体系	编制应急预案且编制环境风险评价专章	应急预案或环境风险评价专章两项中仅有一项	应急预案或环境风险评价专章两项中仅有一项	应急预案和环境风险评价专章两项皆无
	受纳水体水质达标率/%	≤75	(75，80)	(80，85)	≥85
	区域监控断面情况	无例行监控	人工例行监控	自动在线监控（常规指标）	自动在线监控（常规指标及特征指标）

续表

指标		Ⅰ级	Ⅱ级	Ⅲ级	Ⅳ级
受体	受纳水体生物多样性指数	[0，1]	[1，2]	[2，3]	>3
	饮用水源地	取水口	一级保护区	二级保护区	非水源地保护区
	生态功能区划	特殊生态功能优先保护区	生态功能敏感与控制开发区	生态功能维护与适度开发区	生态功能恢复与引导开发区
	人口密度/(人/km^2)	高密度	中密度	低密度	无居住区
分值		4	3	2	1

3.3.1.2 指标解释

(1) 企业类型

根据不同的企业类型固有的风险度不同，将企业按照行业类别为4个风险等级（表3-5）。

表3-5 企业类型及分值

企业行业类别	化工和石化	电镀、医药工业和金属冶炼	机械制造、危险品储存、建筑施工和交通运输	其他
分值	4	3	2	1

(2) 行业工艺水平

根据企业所用工艺是否先进划分成4个等级（表3-6）。

表3-6 行业工艺水平分类

行业工艺水平	国内落后	国内平均	国内先进	国际先进
分值	4	3	2	1

(3) 污水水质复杂程度

根据污染物在水环境中输移和衰减特点以及它们的预测模式，将污染物分为4类：持久性污染物、非持久性污染物、酸和碱、热污染。

复杂污水污染物类型数大于等于3，或者主要的水污染数目大于等于10；中等污水污染物类型数等于2，主要的水污染数目小于10或者只含有一种类型的污染物，但主要的水污染物数目大于等于7；简单污水只含有一种类型的污染物，且主要的水污染物数目小于7。污水复杂程度分类见表3-7。

表3-7 企业污水复杂程度分类

污水水质复杂程度	复杂	中等	简单	不排放
分值	4	3	2	1

(4) 废水达标排放率

废水达标排放率是指工业废水达标排放量占工业废水排放总量的百分比。工业企业生产过程中排出的废水常含一些有毒有害物质，一般排放到河流中，如不达标将会严重污染下游居民的饮用水源。工业废水排放达标率的国际标准为100%。本研究将其分为4个等级：100%，(95%，100%)，(90%，95%)，≤90%（表3-8）。

表3-8 废水达标排放率

废水排放达标率/%	≤90	(90，95)	(95，100)	100
分值	4	3	2	1

(5) 危险物质存量系数

根据《危险化学品重大危险源辨识》(GB 18218—2000)，确定各类危险物质的临界量，通过系统内危险物质的日常存量与临界量之比得出危险物质系统内存量系数。若企业内部危险物质的种类为多种时，按照下面公式进行计算：

$$S = \sum_{i=1}^{n} \frac{q_i}{Q_i} \tag{3-11}$$

式中，S为危险物质系统内存量系数；n为系统内危险物质的种类数；q_i为第i种物质在系统内的日常最大存量；Q_i为《危险化学品重大危险源辨识》(GB 18218—2000)规定的该类物质在储存区/生产场所的临界量。

(6) 企业不良记录

以是否具有违法排污和事故排放作为企业不良记录指标的评估依据。

(7) 废水综合毒性分级

在借鉴潜在毒性效应指数(PEEP)基础上，根据毒性测试结果，确立了综合毒性分级计算模式。

PEEP指标计算模式为

$$\mathrm{THL}_i = (\mathrm{LOEC}_i + \mathrm{NOEC}_i)/2$$

$$T_i = 100/\mathrm{THL}_i$$

$$\mathrm{PEEP} = \log[1 + n(\sum T_i/N)Q]$$

式中，THL_i为有害物质i的阈值(%，体积分数)；LOEC_i为有害物质i的最小影响浓度(%，体积分数)；NOEC_i为有害物质i的最大无作用浓度(%，体积分数)；T_i为有害物质i的毒性单位(TU)；n表示毒性(或遗传毒性)的阳性测定数；N为实施的生物测定数；Q为排水流量。

(8) 企业环境风险防范体系

以应急预案和环境风险评价专章的编制情况作为企业环境风险防范体系指标评价依据。

(9) 受纳水体水质达标率

受纳水体水质达标率，是指地表水认证断面监测结果按相应水体功能标准衡量，不同水环境功能水质达标率的平均值。水域功能区水质达标率是考核该地区地表水水质状况的重要指标，是考核不同水域水质是否满足使用要求的重要指标。将受纳水体水质达标率分为 4 个等级：≥85%，(80%，85%)，(75%，80%)，≤75%。

(10) 区域监控断面情况

区域监控断面情况分为 4 个等级："自动监测（常规指标及特征指标例行监测）"，"自动监测（常规指标）"，"人工例行监测"，"无"。

(11) 受纳水体生物多样性指数

生物多样性采用 Shannon-Wiener 指数评价，Shannon-Wiener 指数（H'）的计算公式为

$$H' = \sum_{i=1}^{s} \left(\frac{n_i}{n}\right) \log_2 \left(\frac{n_i}{n}\right) \tag{3-12}$$

式中，s 为样品中的种类个数；n_i 为样品中第 i 种生物的个体数；n 为样品中生物总个体数。

Shannon-Wiener 指数来源于信息理论。它的计算公式表明，群落中生物种类增多代表了群落的复杂程度增高，即 H' 值愈大则群落所含的信息量愈大。Shannon-Wiener 指数分级评价标准见表 3-9。

表 3-9　生物多样性指数

指数范围	$H' \leq 1$	$1 < H' \leq 2$	$2 < H' \leq 3$	$H' > 3$
级别	丰富	较丰富	一般	匮乏
分值	4	3	2	1

(12) 饮用水源地

受纳河流下游有饮用水源地，饮用水源地保护等级越高，污染事故发生后引起的影响就越大，风险度也就越高。

(13) 生态功能区划

按照表 3-10 对区域生态功能进行分区。

表 3-10　区域生态功能分区类别及特征

生态功能区类别	生态环境特征及主要问题
Ⅰ特殊生态功能优先保护区	该区主要是指一些重要的自然保护区或水源地和清水通道等；区域内的生态敏感性很强，受外界的干扰很容易破坏生境的完整性和稳定性，不利于区域的生态安全的构建
Ⅱ生态功能维护与适度开发区	该区主要是从社会经济和人类活动的开发强度上分析；该区开发力度不大，污染源相对较少，生态敏感性不强，有适度开发的空间和余地
Ⅲ生态功能敏感与控制开发区	该区的生态敏感程度和环境压力具有双重性。地区人类活动强度较大，土地开发程度高，环境存在一定的压力；另外由于一些珍稀物种和森林湿地等典型生态系统易于被损害，导致地区生态敏感性也较强
Ⅳ生态功能恢复与引导开发区	该区主要是指区域生态系统的承载力已经达到极值，四周环境受外界影响破坏程度严重，如果继续大力开发，生态环境将会继续恶化，最后导致恢复困难

(14) 人口密度

人口密度是点源周边居住的人口量。环境污染事故暴发后污染物进入水体，若导致饮

用水源污染则可能会影响依赖该取水口的人口，进而引发健康危害效应。高密度的人口居住可能遭受更多的损害，因而易损性高。

人口密度目前并没有明确统一标准，研究区域不同可选择不同的标准以对指标分级，本研究选择的密度分级如表3-11所示。

表3-11　人口居住密度分级

项目	高密度	中密度	低密度	无人居住
人口居住密度/(人/km^2)	≥1500	600～1500	≤600	0

3.3.2　风险源风险值计算与分级

3.3.2.1　权重确定

由于各指标要素对于风险源潜在风险的贡献不同，因此，首先要确定不同指标的权重，确定不同指标对于风险源潜在风险的贡献程度。为了保证权重确定的合理性，在确定各指标的权重过程中，听取各方面意见，采用专家评分法与层次分析法（AHP）相结合。

由判断矩阵计算被比较元素对于该准则的相对权重。确定本层次元素相对于上一层次重要性的权重值，点源环境风险指标体系的指标权重见表3-12。

表3-12　点源环境指标体系指标权重

A层	B层	A-B层权重	C层	B-C层权重	A-C层权重
区域环境风险综合指数	风险源	0.491	企业行业类别	0.045	0.022
			废水综合毒性分级	0.041	0.020
			污水排放量	0.115	0.056
			污水水质复杂程度	0.217	0.107
			废水达标排放率	0.203	0.10
			雨污是否纳管	0.023	0.001
			危险物质存量系数	0.149	0.073
			企业环境不良记录	0.134	0.066
			行业工艺水平	0.063	0.031
	控制机制	0.358	企业环境风险防范体系	0.192	0.069
			受纳水体水质达标率	0.125	0.450
			区域监控断面情况	0.683	0.245
	受体	0.151	受纳水体生物多样性指数	0.303	0.046
			饮用水源地	0.340	0.051
			生态功能区划	0.283	0.043
			人口密度	0.174	0.026

3.3.2.2 分级标准

根据环境风险复合系统的特征确定指标体系及划分依据，进行单因子分级评分；在各单因子分级评分的基础上，通过直接叠加或者加权叠加求出点源风险综合指数；然后对点源风险综合指数进行分级，确定点源风险等级。

采用以下公式进行综合评价法分析：

$$M = \sum_{j=1}^{n} K_j M_j \tag{3-13}$$

式中，M 为系统分值；K_j为子系统权重系数；M_j为子系统评价分值；n 为分系统数目。

对流域点源进行综合评价值的计算，综合评价值的分级方法见表3-13。

表 3-13 流域环境点源风险分级

综合评价值	3.0<M≤4	2.00<M≤3.00	M≤2.00
风险区划等级	高风险区（Ⅰ级）	中风险区（Ⅱ级）	低风险区（Ⅲ级）

案例

太湖流域风险源风险评估与分级

1. 分省评估结果——以江苏省为例

在对相关参数进行调查和计算的基础上，得出江苏省太湖流域8721家企业的综合评价值。根据风险分级将评价企业分为高风险805家（占企业总数的9.2%），中风险企业3648家（占企业总数的41.8%），低风险企业4268（占企业总数的49.0%）。

企业风险评估分级汇总情况见表3-3-1，高风险、中风险和低风险企业地区分布情况见表3-3-2。

表 3-3-1 企业风险评估分级汇总情况

风险等级	企业数量/个	比例/%
高风险	805	9.2
中风险	3648	41.8
低风险	4268	49.0
合计	8721	100

表 3-3-2 风险企业地区分布情况 （单位：个）

风险等级	无锡	苏州	常州	南京	镇江
高风险	198	353	230	1	23
中风险	1049	1479	956	6	157
低风险	1596	1528	861	25	259
合计	2843	3360	2047	32	439

高风险企业的行业分布情况见表3-3-3。由表可见，苏南地区高风险企业主要分布化工、印染和电镀等行业。

表3-3-3　苏南地区高风险企业的行业分布情况

序号	行业	企业数量/个	所占比例/%
1	化工	453	56.3
3	印染	264	32.8
2	电镀	49	6.1
4	金属冶炼	12	1.5
5	医药	4	0.5
6	其他	23	2.9
合计		805	100

江苏省（太湖流域）风险值排序前10名的企业见表3-3-4。

表3-3-4　江苏省（太湖流域）风险值排序前10名的企业

序号	企业名称	行业类别	地区	县	污染源	控制机制	受体	综合评分
1	江阴苏利科技有限公司	化学农药制造	无锡市	江阴市	3.937	3.317	3.38	3.63
2	无锡市禾美农化科技有限公司	化学农药制造	无锡市	江阴市	3.937	3.317	3.38	3.63
3	江阴市农药二厂有限公司青阳分公司	化学农药制造	无锡市	江阴市	3.891	3.317	3.38	3.61
4	无锡市锡南农药有限公司	化学农药制造	无锡市	滨湖区	3.891	3.317	3.38	3.61
5	宜兴兴农化工制品有限公司	化学农药制造	无锡市	宜兴市	3.891	3.317	3.38	3.61
6	苏州市清誉电子有限公司	印制电路板制造	苏州市	相城区	3.525	4	2.531	3.54
7	苏州市海龙电器厂	印制电路板制造	苏州市	相城区	3.525	4	2.531	3.54
8	苏州市青台电讯配件厂	印制电路板制造	苏州市	相城区	3.525	4	2.531	3.54
9	苏州协兴电器电路板有限公司	印制电路板制造	苏州市	相城区	3.525	4	2.531	3.54
10	苏州市宏成电讯配套厂	印制电路板制造	苏州市	相城区	3.525	4	2.531	3.54

2. 全流域风险源识别结果

对太湖流域（江苏省、浙江省和上海市所辖辖区）共13 577家废水排放企业进行评估，评估结果（表3-3-5）为太湖流域高风险企业共计1222家，中风险企业5575家，低风险企业6780家，分别占9.0%、41.1%和49.9%。其中高风险行业主要是化工和印染等行业。高风险企业的具体分布情况见图3-3-1。

表 3-3-5　太湖流域点源风险评估结果汇总

风险等级	企业数量/个	比例/%
高风险	1 222	9.0
中风险	5 575	41.1
低风险	6 780	49.9
合计	13 577	100.0

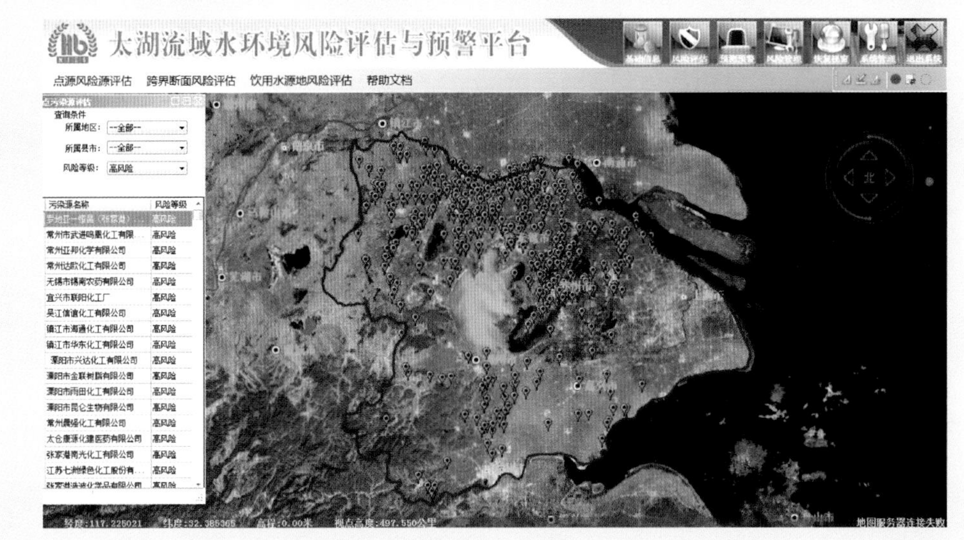

图 3-3-1　太湖流域高风险企业分布情况

第4章 流域水环境突发性环境风险快速模拟技术研究

突发性水环境风险模拟技术是流域突发性水污染事故风险监控预警核心内容之一。突发性水环境风险模拟技术可以帮助决策者准确把握流域突发性水环境风险事故引起的水质变化趋势，为流域水环境风险监控，以及水污染事故应急处理处置技术方案的制定和有效实施提供技术支撑。

4.1 流域水环境突发性风险模拟预测技术思路

突发性水环境风险模拟技术的基础是传统的水动力学和水质模型的理论和方法，其难点在于模型选择应用、初边值选择，以及参数的正确选取。在发生突发性水污染事故的条件下，一旦发生事故报警，突发性水污染事故影响模拟预测系统即使在许多基本参数不完全准确的情况下，仍能向应急处置部门提供相应的污染事故发展趋势的信息，如何时、何地和何范围已经或将要受到影响及影响程度与持续时间等信息。突发性水污染事故风险模拟的快速反应能力和准确程度，直接影响着流域突发性水污染事故风险预警和应急方案的决策。

4.1.1 技术框架

根据流域突发性水环境风险模拟预测技术需求，流域突发性水环境风险快速模拟预测技术包括资料详全地区和资料缺乏地区的突发预警技术，其技术框架如图4-1所示。

4.1.2 资料详全地区实施技术要点

（1）算法选择

在基础资料较为翔实，且历史研究资料较多，并已对河道地形进行概化进而生成了区域二维和三维网格的大江大河等区域，一旦发生突发事件，可由水文站点水文数据通过一维模型快速计算获取河段流量水位数据，为突发事件点附近河段提供二维或三维的计算边界条件，解决了水文大尺度与应急模型小区域的时间和空间匹配问题，从而提高模型计算速度和精度。

（2）模型构建

采用预置的模型库构建预警模型。预置模型库包含有11类120多种物质的不同水文条件下的水质模块，不同模块以污染物在水体中的物理、生物和化学变化情况为依据，可添加河床底质污染物迁移转化模型、污染物转化动力学模型、重金属迁移转化模型和溢油模型等辅助模块。

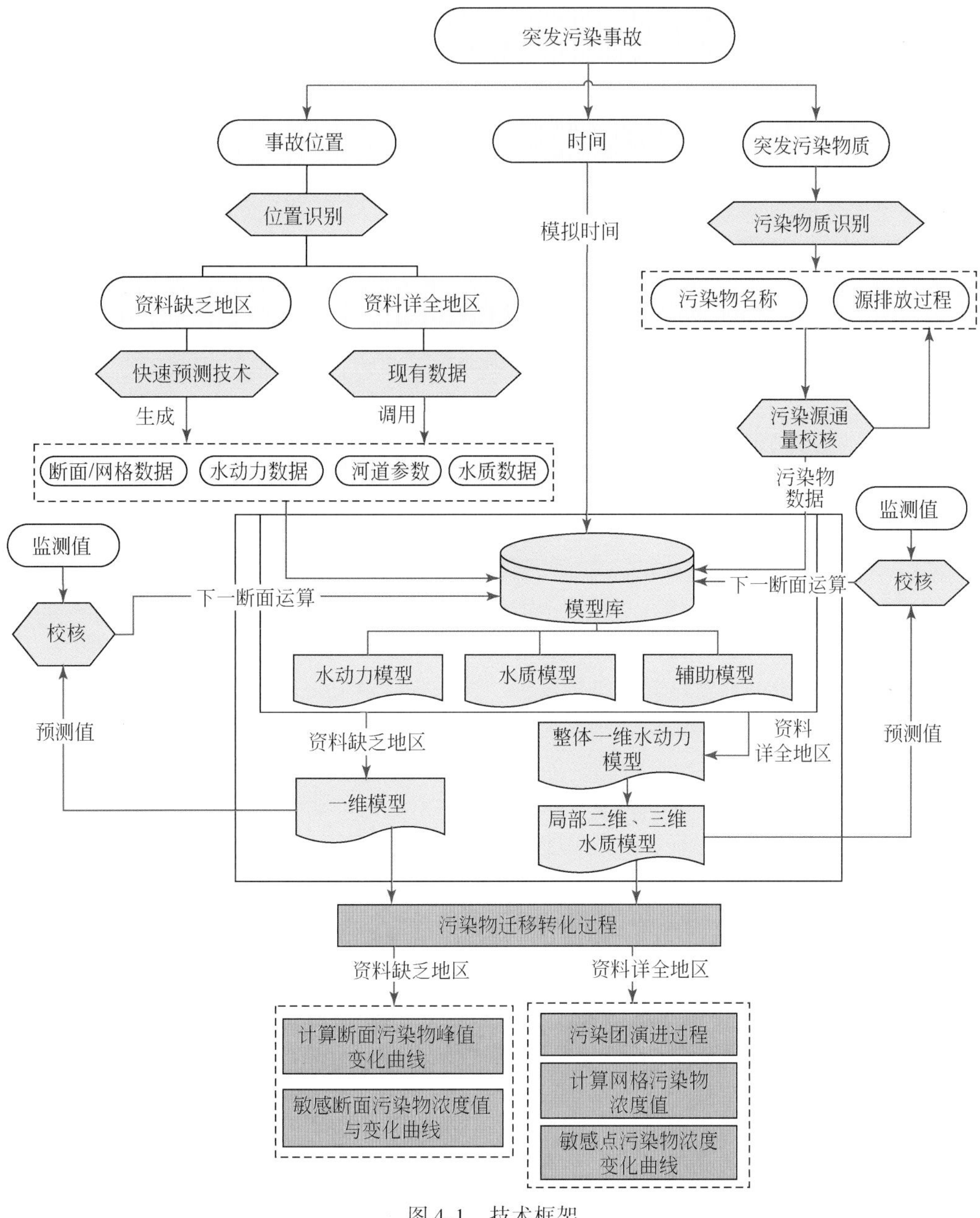

图 4-1　技术框架

（3）数据处理

1）地形网格数据：调用已生成的地形计算网格。

2）水文边界数据：一维数值模型的上游流量和下游水位作为边界条件，由水文站实测值给出。作为局部精细高维模型运算的边界条件。

3）污染物属性：据突发事件污染物名称，选择 120 种污染物数据库中对应的污染物的模型；若库中不存在该污染物，则通过水质模型专家给出其对应的参数。

4）污染物排放状况：污染物排放状况包括污染物排放的浓度和污染物排放量过程，

相关数据通过现场监测，校核后给出。

（4）结果表达

1）依据流域突发污染风险分级标准，对事故水体中污染物的浓度级别进行渲染，通过数值计算可直观看到污染团运移与扩散过程。

2）在河流水动力条件复杂或重点监测区域，采用分层平面二维或三维显示水动力和污染物迁移扩散过程。

3）按照突发事件风险等级评价标准，通过数据分类统计，得到污染团浓度范围实时动态统计数据。

4）选择下游敏感点，统计出事故污染团通过该点时的污染物浓度变化过程，由浓度变化曲线，直观地表现出污染团对敏感点的影响持续时间，影响程度过程及峰值浓度。

4.1.3 资料缺乏地区实施技术要点

（1）算法选择

资料缺乏地区一般选择解析解模型的算法，求解污染物浓度峰值变化情况。

（2）模型构建

推荐使用浮标法测定河流流速，并估算河道流量，利用建立的120种污染物的水质模型参数库，结合突发事件特性和污染源特性，选取合适的模块构建该河段突发水环境风险应急模型。

（3）数据处理

1）将事故河段河道形态、比降、糙率和模拟河段长度等输入地形快速生成模块，即可生成资料缺乏地区模型计算所需的地形数据。

2）输入事故河道流速或上游流量和下游水位，作为模型运算水动力学边界条件。

3）通过输入突发污染事件污染物名称，查询特征污染物库参数库，获取模型运算所需的污染物特征参数，经判断后确定输入。

4）为保证预测的最大精确度，资料缺乏地区的突发事件模拟预测采用分段预测，分段校核的方法。在突发事件发生后，在起始位置下游不同距离的敏感点布设的监测点。将模型模拟的结果过程与监测点实测过程进行对比，校核模型输入，并以监测结果为条件替代污染物排放过程数据输入模型，以监测断面所在位置为新的模拟起始点，重新评估完善水域地理数据和水文边界数据，进行下一步的运算（图4-2）。

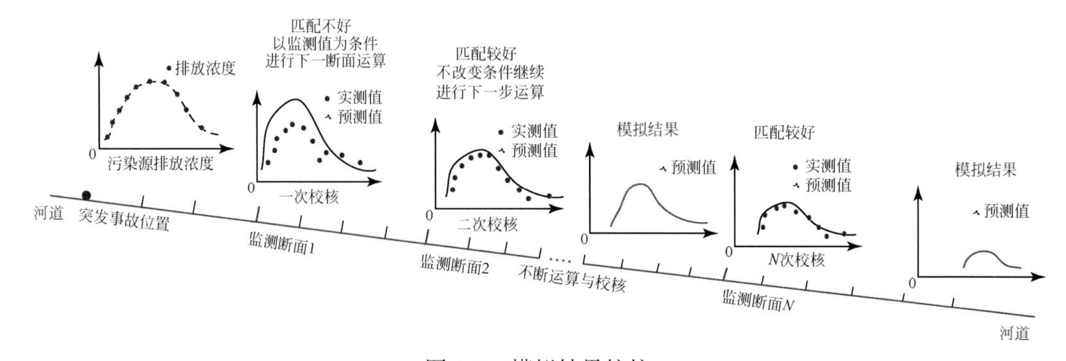

图4-2 模拟结果校核

(4) 结果表达

1）依据风险分级标准，对水体中污染物的浓度级别进行颜色渲染，展现河段污染物运移情况。

2）按照突发事件风险等级评价标准，对模拟数据分类统计，得到河段浓度范围实时动态统计数据。

3）选择下游敏感点，绘出污染物对通过该点时的污染物浓度变化过程曲线，反映污染事件对敏感点的影响时间和程度过程。

4.2 流域水环境突发性风险模拟模型选择技术

4.2.1 水体类型划分及其特征

4.2.1.1 河流型水体

(1) 河流类型划分

通过对国内外突发性水环境事故的调查分析，突发性水环境事故发生的河流型水体的水体类型按照多年平均流量或者平水期平均流量可划分为大河（≥150 m^3/s）、中河（15～150m^3/s）和小河（<15m^3/s）。

(2) 河流水文学特征

1）河道水流的二相流特性。水是连续介质的液体，而泥沙则在一般情况下不能视为连续介质的疏散颗粒群体。因此，水力学中的明渠流是清水的流动，属于单相流（或一相流）；而天然河道的明渠流是挟带着泥沙的水流运动，本质上属于两相流。

2）河道水流的三维性。河道的过水断面一般是不规则的；不规则的程度，以山区河流为最大，冲积平原中的顺直河段为最小。因此，河道水流为三维流动。河道水流的三维性与过水断面的宽深比往往互相关联，宽深比愈小，三维性愈强烈，而在谷深峡高的宽深比很小的山区河段中，水流的三维性极强。在顺直的滩槽比较明显的广阔滩面上，水流的宽深比较大，可能呈现出一定程度的二维性。

3）河道水流的不恒定性。水力学中一般明渠流中也有不恒定流，但与河道水流的不恒定性相比，情形要简单得多。河道水流的不恒定性主要表现在两个方面：一是来水来沙情况随时空变化；二是由于河床经常处于演变之中，因此河道水流的边界也随时空变化。

我国绝大多数河流的水沙来量和沙质，主要受制于降水。而降水在时空分布上变化非常大，因此，不同河流的水和沙的时空变化也相当大。北方地区的河流水沙变化的相对幅度及强度大于南方地区的河流；小集水面积的河流大于大集水面积的河流；植被较差的地区大于植被较好的地区；洪水季节大于平水和枯水季节。

冲积平原河流的河床由大量的疏松沉积物即泥沙构成。这些疏松沉积物在不同条件水流的作用下，或冲刷或继续沉积，或者基本平衡。山区河流的河床尽管由基岩组成，但在水流经年累月的侵蚀作用下，也相应发生着缓慢的变化。

河道水流与河床相互依存，相互制约，共同促使变化发展。因此，其不恒定性也是相互联系的。一方面，来水来沙情况的不恒定性，不可避免地要引起河床时而剧烈，时而和缓的变化；另一方面，河床的冲淤变化也必然改变河道水流。例如，河床的冲淤改变水流的含沙量及流速的分布和大小等。

4）河道水流的非均匀性。涉及运动的各物理量沿流程不变的水流为均匀流。达到均匀流的条件是水流为恒定流且水流边界是与流向平行的棱柱体。河道水流的非恒定性包括了来水来沙的不恒定性和边界的不恒定性，因此河道水流为严格意义上的非均匀流。但是，在解决实际问题的过程中，对于比较顺直的河段，如果来水来沙情况基本稳定，河床基本处于不冲不淤的相对平衡状况，过水断面及流速沿程变化不大，水面线、河道底坡线及能坡基本平直而相互平行，就可以当作均匀流处理。

4.2.1.2 水库型水体

（1）水库类型划分

突发性水环境事故发生的水库水体的水体类型按照其枯水期的平均水深以及水面面积划分如下。

1）平均水深大于等于 10m 时，大库的水面面积为大于等于 $25km^2$；中库为 2.5 ~ $25km^2$；小库为小于 $2.5km^2$。

2）当平均水深小于 10m 时，大库的水面面积为大于等于 $50km^2$；中库为 5 ~ $50km^2$；小库为小于 $5km^2$。

（2）水库水体特点

水库属于人工湖泊，其淤积和库岸演变与天然湖泊有较大不同。水库由于接受河流挟带泥沙年复一年的沉积，显示出库尾淤积多、库首淤积少、底坡大的特征；水位稍有下降，其水面面积和蓄水量就会发生较大的变化。水库的这种形态特征，对水体的理化因子及生物状况都会产生重大影响。与江河相通的水库，因具有一定的调蓄容量，它们在汛期必然起着削减河川入湖洪峰流量和使其洪峰滞后及降低下游水位和减小下游洪峰流量的调节作用。和河流相比，深度比较大的水库，由于流速小，深层紊动掺混能力差，以及表层风力的混合作用，暖季水体表层接受的大量辐射热和入流带来的热量难以向底部传播，使得夏秋季水体水温在垂直方向上往往出现明显的分层现象。

4.2.1.3 湖泊型水体

（1）湖泊水体分类

突发性水环境事故发生的湖泊水体的水体类型按照其枯水期的平均水深以及水面面积划分如下。

1）平均水深大于等于 10m 时，大湖的水面面积为大于等于 $25km^2$；中湖为 2.5 ~ $25km^2$；小湖为小于 $2.5km^2$。

2）当平均水深小于 10m 时，大湖的水面面积为大于等于 $50km^2$；中湖为 5 ~ $50km^2$；小湖为小于 $5km^2$。

（2）湖泊水体特点

湖泊属于封闭水域。洪水季节入流河道的非恒定流动对湖泊大面积水域的流场影响有限，因而在通常情况下，湖泊的流场均作恒定流考虑。湖泊有深水型和浅水型，水面形态有宽阔型的、也有窄条型的。对深水湖泊而言，在一定条件下，可能出现温度分层的现象。

4.2.1.4 地形概化及网格生成

（1）河流的简化

河流可以简化为矩形平直河流、矩形弯曲河流和非矩形河流。河流的断面宽深比大于等于20时，可视为矩形河流。

大中河流中，预测河段弯曲较大（如其最大弯曲系数大于1.3）时，可视为弯曲河流，否则可以简化为平直河流。大中河流中预测河段的断面形状沿程变化较大时，可以分段考虑。

小型河流可以简化为矩形平直河流。

河流的纵剖面往往是不规则的，一般河流断面可以分为矩形、梯形、“V”形、“W”形和“U”形等类型。

（2）湖泊和水库的简化

在预测湖泊或水库环境影响时，可以将湖泊或水库简化为大湖或大库、小湖或小库和分层湖或分层库3种情况进行。

污染物停留时间较短时大湖（库）也可以按照小湖（库）对待，污染物停留时间很长时小湖（库）也可以按大湖（库）对待。水深大于10m且分层期较长（如大于30天）的湖泊（水库）可视为分层湖（库）。

珍珠串湖泊可分为若干区，各区分别按上述情况简化。

不存在大面积回流区和死水区且流速较快，污染物停留时间较短的狭长湖泊可简化为河流。其岸边形状和水文要素变化较大时还可以进一步分段。

不规则形状的湖泊和水库可根据流场的分布情况和几何形状分区。

自顶端入口附近排入废水的狭长湖泊或循环利用湖水的小湖，可以分别按各自的特点考虑。

（3）网格和断面快速生成方法

针对受纳水域的特定情况，对研究水体进行概化处理。资料缺乏河道相关数据，依据河宽、比降、糙率以及断面形态等各项要素，利用流域突发风险预警平台软件生成河道一维模型计算地形，断面快速生成流程见图4-3。有实测水下地形的水体可采用DELFT-3D软件生成正交或非正交计算网格。

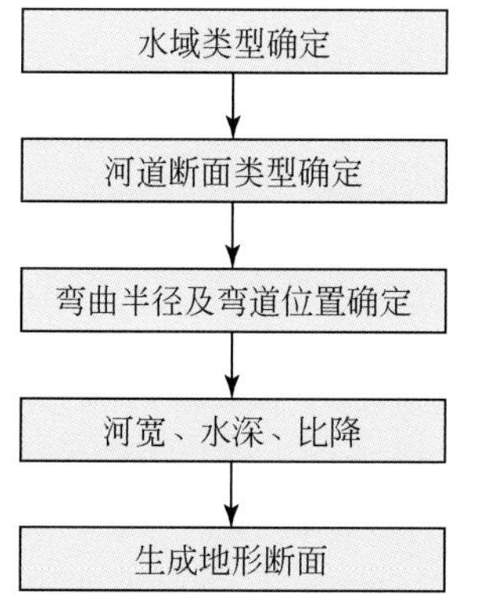

图4-3　断面快速生成的流程

4.2.2 水环境突发事故污染物分析

建立水污染突发事件污染物种类数据库，见表4-1。

表4-1 水环境突发事故污染物种类数据库

污染物类型	污染物
非金属氧化物类	黄磷、氰化物、过氧化氢、氰化钠、氰化钾、甲基汞、氯化汞和氰化氢
重金属类	镉 、铬、镍 、汞、铅、铍、砷、铊、锑、铜、硒、锌和银
酸碱盐类	氨水、连二亚硫酸钠、磷酸、硫酸、氢氧化钡、氢氧化钾、氢氧化钠、硝酸和盐酸
致色物质类	H酸、2，4，6-三硝基甲苯、苯胺、4-硝基甲苯、联苯胺、2-氯苯酚、2-硝基（苯）酚、荧蒽、2,4,6-三氯苯酚、2,4-二硝基甲苯、3-硝基氯苯 、4-硝基苯胺、*N*,*N*-二甲基苯胺
石油类	柴油、沥青、煤焦油、松节油、汽油、石脑油和萘
有机物类	三氯甲烷、二甲胺、苯、甲苯、对二甲苯、苯酚、丙酮、甲醛、硝基苯、美曲磷酯、环己烷、乙腈、乙酸、乙醇、正己烷、3-甲苯酚、乙醛、邻苯二甲酸二丁酯、邻苯二甲酸二辛酯、邻苯二甲酸二甲酯、邻苯二甲酸二乙酯、对二氯苯、邻二氯苯、1，2-二氯乙烷、1，1，1-三氯乙烷、乙醚、甲醇、正丁醇、2-丁醇、苯甲醇、丙烯醛、丁醛、丙烯酸甲酯、环戊酮、四氯乙烯、三氯乙烯和苯甲醚

4.2.3 水环境突发事故影响模拟模型选择

4.2.3.1 选择一般准则

从理论上考虑，模型应该全面准确模拟水质组分起重要作用的现象和过程；从实用性和经济性考虑，最好是选择使用最简单的，但又能较好地反映水体特定水质问题的模型。

对于突发风险预警模拟实际应用来说，下列两个准则是很重要的。

1）模型必须能够解决在所考虑的时间和空间尺度下的突发污染事件迁移问题。

2）必须进行一定的假设，忽略常规污染源影响以及水质模拟中所有不重要的水质组分和过程。

在实际工作中，选择模型最合适的方法是首先对所研究的河流系统的水文和水质特性进行初评价，以确定哪些是水质控制因素，即弄清现有的和将面临的水质问题；确定污染事件污染物种类、特性及释放过程；确定控制水质的重要的反应过程；确定事故水体的水文和水力学特征；确定污染源附近的水利枢纽。

完成上述工作后，一般来说可以较有把握地确定水质模型。在所选择的水质模型中，必须包括的水质组分和反应过程，以及对于决策需求来说最合适的时间和空间尺度。

4.2.3.2 选择模型时必须考虑的几个重要问题

(1) 选择模型的空间维数

所考虑的敏感源重要程度和突发事件严重程度，以及实测的水质空间分布状况可以决定突发风险预警水质模型分析所需要的空间维数。在河流的水质模拟方面，更多的空间维数常常需要收集更多的基础数据资料，并且通常会给准确确定模拟带来困难。

当横向梯度较重要时，需要进行平面二维模拟分析（如大江大河的污染事件）。在突发水污染事件预警计算中，一般不采用三维模拟分析。

(2) 选择时间尺度

在水质模拟分析中使用的时间尺度（间隔），可按逐渐增加模型复杂性的顺序列出如下。

稳态与准稳态：适用于定负荷—河流流量；定负荷—变化的河流流量；变化的负荷—定的河流流量。在稳态模拟分析中，只计算水质组分浓度的空间分布；当采用在一定时期内平均的污染负荷和河流流量等作为定常条件近似的情形，计算得到的受纳水体水质浓度分布是该时期的真实浓度的平均值。

动态：在动态模拟分析中，考虑流量、污染负荷和气象条件等均随时间变化的因素。水质模拟分析的时间尺度的选择，在一定的程度上是由突发事件污染源的特性决定的。上游边界条件等通常能用稳态来表示。

(3) 污染负荷、源和汇

突发事件的源只考虑突发污染事件的源排放，对水域正常的生产、生活排污口的排污不做考虑。

(4) 研究的区域范围

突发事件的研究区域通常视污染源的负荷量和毒性大小来确定，要包括事故点下游的敏感区。

(5) 水动力过程的考虑

在河流系统的某些区域，存在纵向离散作用。然而，当离散混合作用与对流输移作用相比很小时，水质组分浓度的纵向分布，在模拟分析中不考虑离散的影响，以简化计算程序和数据收集的复杂性。

水质模拟要求水量平衡，因此，需要考虑较重要的支流和水利枢纽的调蓄作用。在某些情况下，还需要考虑地下水进流和出流的影响。

对于河流，除了与水质数据相对应的流量外，还需要有相应流量下的流速、水深、河道比降、糙率和河流横断面面积等；对于大型湖泊和水库，需要水面面积库容和风速风向、蒸发降雨以及水位。预警模型选择中的一个重要步骤是比较水体系统和数学模型的重要性，以助于选择具有反映水体系统特性能力的数学模型。

一般的做法是选择包含水体系统中所有重要特性的最简单的模型。选择过于复杂的模型在预警中往往适得其反，因为这种情况对数据信息的要求和计算时间将会有所增加。综上所述，针对流域水环境突发污染事件，模型的选择见表4-2。

表 4-2　流域水环境突发污染事件模型选择推荐

污染物类型 \ 模型选择 \ 水体类型		河流型				水库			湖泊	
		河沟	中小型河流	河网	大型和特大型河流	小型水库	河道型中型水库	大型水库	中小型湖泊	大型湖泊
有机污染物	油类	一维	一维或二维	一维	二维或局部三维	零维	二维或局部三维	二维或局部三维	二维	分层二维
	苯系物	一维	一维或二维	一维	二维或局部三维	零维	二维或局部三维	二维或局部三维	二维	分层二维
	酚类	一维	一维或二维	一维	二维或局部三维	零维	二维或局部三维	二维或局部三维	二维	分层二维
	胺类	一维	一维或二维	一维	二维或局部三维	零维	二维或局部三维	二维或局部三维	二维	分层二维
	多环芳烃	一维	一维或二维	一维	二维或局部三维	零维	二维或局部三维	二维或局部三维	二维	分层二维
	多氯联苯	一维	一维或二维	一维	二维或局部三维	零维	二维或局部三维	二维或局部三维	二维	分层二维
	有机氯农药	一维	一维或二维	一维	二维或局部三维	零维	二维或局部三维	二维或局部三维	二维	分层二维
	钛酸酯类	一维	一维或二维	一维	二维或局部三维	零维	二维或局部三维	二维或局部三维	二维	分层二维
无机污染物	营养盐类	一维	一维或二维	一维	二维或局部三维	零维	二维或局部三维	二维或局部三维	二维	分层二维
	氰化物类	一维	一维或二维	一维	二维或局部三维	零维	二维或局部三维	二维或局部三维	二维	分层二维
	金属类	一维	一维或二维	一维	二维或局部三维	零维	二维或局部三维	二维或局部三维	二维	分层二维

对于河流突发水污染事件，本研究针对资料缺乏的河流开发了流域突发水污染事件预警预报系统软件。使用本软件，输入河宽、河长、河道形态、河道比降、流速、河道糙率以及污染物类型等必要的基础数据，可经现场监测值校核污染源排放过程，即可系统快速模拟污染事件对下游指定距离点的影响过程和污染物峰值到达的时间。基础数据条件具备的河段建议采用高维数值解法，对事件影响过程进行更为精确的模拟预报。

4.3　资料详全地区水环境突发性风险模拟方法

4.3.1　水动力学水质模拟基础模型

4.3.1.1　河流水动力学水质模型

(1) 中小型河流水动力学水质模型

对于中小型河流来说，其深度和宽度相对于它的长度是非常小的，排入河流的污水，经过一段距排污口很短的距离，便可在断面上混合均匀。因此，绝大多数的中小河流的水质计算常常简化为一维问题，即假定污染浓度在断面上均匀一致，只随水流方向变化。中小型河流水动力学和水质模型的适用范围包括山区与平原的中小型河流和潮汐河流。

连续方程：

$$\frac{\partial A}{\partial t}+\frac{\partial Q}{\partial x}=q \tag{4-1}$$

动量方程：

$$\frac{\partial Au}{\partial t}+\frac{\partial Qu}{\partial x}+gA\frac{\partial z}{\partial x}+g\frac{n_{1d}^{2}\left|Q\right|\left|u\right|}{R^{4/3}}=0 \tag{4-2}$$

式中，A 为过水断面面积（m^2）；z 为水位（m），$\frac{\partial z}{\partial x}$为水面坡降；$Q$ 为流量（m^3/s）；g 为重力加速度；q 为侧流汇入流量（m^3/s）；t 为时间（s）；n_{1d}为河道一维平均糙率；x 为距离；u 为流速（m/s）；R 为河段的水力半径。

污染物对流扩散基本方程：

$$\frac{\partial(hc_i)}{\partial t} + \frac{\partial(uhc_i)}{\partial x} = \frac{\partial^2(Ehc_i)}{\partial x^2} + h(S_s + S_d) \tag{4-3}$$

式中，t 为时间（s）；x 为河水的流动距离（m）；u 为河段水流的平均流速（m/s）；E 为扩散系数（m^2/s）；h 为水深（m）；c_i 为水质指标；S_s、S_d 为污染物输移的源汇项。

由水文气象和河段地形等资料，联解式（4-1）和式（4-2）可求得河段的水位 z、流量 Q、流速 u 和水深 h 等水力因素沿程 x 和随时间 t 的变化规律。这步工作常在计算水质迁移转化方程之前完成，作为求解水质方程的条件给出。但当水质因素（如水温）对水流运动有明显影响时，则要同时联解水流和水质方程。

（2）河网水动力学水质模型

采用圣维南方程描述平原一维河网的水动力学过程，基本方程如下。

连续性方程：

$$\frac{\partial A}{\partial t} + \frac{\partial Q}{\partial x} = q \tag{4-4}$$

式中，Q 为管道的流量；x 为距离（沿管道水流方向的长度）；A 为过水面积；t 为时间；q 为侧流汇入流量。

动量方程：

$$\frac{\partial Au}{\partial t} + \frac{\partial Qu}{\partial x} + gA\frac{\partial z}{\partial x} + g\frac{n_{1d}^2|Q||u|}{R^{4/3}} = 0 \tag{4-5}$$

式中，u 为 x 方向的流速；g 为重力加速度；z 为水位；R 为水力半径；n_{1d}为河道糙率。

污染物对流扩散方程：

$$\frac{\partial(hC_i)}{\partial t} + \frac{\partial(uhC_i)}{\partial x} = \frac{\partial^2(EhC_i)}{\partial x^2} + h(S_s + S_d) \tag{4-6}$$

式中，C_i 为污染物浓度；h 为 x 方向的水位；u 为 x 方向的流速；E 为 x 方向的扩散系数；S_s 和 S_d 为污染物输移的源汇项。

（3）节点的连续性方程

$$z_{j1} = z_{j2} = \cdots = z_{jn} \tag{4-7}$$

$$A_s\frac{\Delta z_{ji}}{\Delta t} = \sum Q_{ji} \tag{4-8}$$

$$c_s = \frac{\sum\limits_{i_{in}} c_{i_{in}} Q_{i_{in}}}{\sum\limits_{i_{out}} Q_{i_{out}}} \tag{4-9}$$

式中，t 为时间；A_s 为河道断面面积；z 为水位；Q 为流量；c_s 为节点j 的水质浓度（mg/L）；$c_{i_{in}}$ 为入流的水质浓度（mg/L）；$Q_{i_{in}}$ 为入流流量（m^3/s）；$Q_{i_{out}}$ 为流出流量。

（4）大型和特大型河流水动力学水质模型

平原地区大型和特大型河流采用一维与二维模型网格相嵌套，一维与二维耦合的非恒定水动力学模型，一维模型和二维模型均采用非交错格式，并利用有限体积法（finite volume method，FVM），建立典型水域突发性水环境风险模拟水动力模型。

1）一维模型方程。

连续方程：

$$\frac{\partial A}{\partial t}+\frac{\partial Q}{\partial x}=q \tag{4-10}$$

动量方程：

$$\frac{\partial Au}{\partial t}+\frac{\partial Qu}{\partial x}+gA\frac{\partial z}{\partial x}+g\frac{n_{1d}^2|Q||u|}{R^{4/3}}=0 \tag{4-11}$$

式中，A 为过水断面面积（m^2）；z 为水位（m）；$\frac{\partial z}{\partial x}$ 为水面坡降；Q 为流量（m^3/s）；g 为重力加速度；u 为流速（m/s），n_{1d} 和 R 分别为河段的糙率和水力半径。

由水文气象和河段地形等资料，联解式（4-10）和式（4-11）可求得河段的水位 z、流量 Q、流速 u 和水深 h 等水力因素沿程 x 和随时间 t 的变化规律。这步工作常在计算水质迁移转化方程之前完成，作为求解水质方程的条件给出。

一维模型的计算结果为二维模型提供边界条件。

2）平面二维基本方程。

连续方程：

$$\frac{\partial h}{\partial t}+\frac{\partial(uh)}{\partial x}+\frac{\partial(vh)}{\partial y}=0 \tag{4-12}$$

式中，h 为有限元水体的水深；u 为 x 方向的流速；v 为 y 方向的流速。

动量方程：

$$\frac{\partial u}{\partial t}+u\frac{\partial u}{\partial x}+v\frac{\partial u}{\partial y}=fv-g\frac{\partial z}{\partial x}-\frac{gu\sqrt{u^2+v^2}}{(c^2h)}+\xi_x\nabla^2u+\frac{\tau_x}{\rho h} \tag{4-13}$$

$$\frac{\partial v}{\partial t}+u\frac{\partial v}{\partial x}+v\frac{\partial v}{\partial y}=fu-g\frac{\partial z}{\partial x}-\frac{gu\sqrt{u^2+v^2}}{(c^2h)}+\xi_y\nabla^2v+\frac{\tau_y}{\rho h} \tag{4-14}$$

式中，C 为污染物道度；g 为重力加速度；ρ 为水体密度；c 为谢才系数；f 为柯氏力常数，$f=2\Omega\sin\varphi$（φ 为纬度，Ω 为地转角速度，约为 $2\pi/(24\times3600)$ l/s；ξ_x 和 ξ_y 分别为 x 和 y 方向上的涡动黏滞系数；$\nabla^2=\frac{\partial^2}{\partial x^2}+\frac{\partial^2}{\partial y^2}$；$\tau_x$ 和 τ_y 分别为 x 和 y 方向上的风切应力，其表达形式为 $\tau_x=C_a\rho_aW_x\cdot(W_x^2+W_y^2)^{\frac{1}{2}}$ 和 $\tau_y=C_a\rho_aW_y(W_x^2+W_y^2)^{\frac{1}{2}}$，其中，$C_a$ 为风阻力系数，ρ_a 为空气密度，W_x 和 W_y 分别为 x 和 y 方向上的风速。

污染物对流扩散方程：

$$\frac{\partial(Ch)}{\partial t}+\frac{\partial(uCh)}{\partial x}+\frac{\partial(vCh)}{\partial y}=\frac{\partial}{\partial x}(E_xh\frac{\partial C}{\partial x})+\frac{\partial}{\partial y}(E_yh\frac{\partial C}{\partial y})+h\sum S_i \tag{4-15}$$

式中，C 为污染物浓度；E_x 为 x 方向的分子扩散系数、紊动扩散系数和离散系数之和；E_y 为 y 方向的分子扩散系数、紊动扩散系数和离散系数之和；S_i 为源汇项。

4.3.1.2 水库水动力学水质模型

水库具有水面宽广、水体大、水流迟缓和更新期较长等特点，并且由于流速减小使污染物扩散能力减弱及水深增加使复氧能力减弱，因而水体的自净能力受到影响。针对不同的水库规模和水库运行等特点，模拟水库水质特征的数学模型有零维、一维、二维和三维模型。对于小型水库采用零维模型进行模拟；对于河道型中型水库，采用一维、二维耦合的模型进行模拟；对于大型水库，可以选用一维和二维或一维和三维嵌套水质模型来模拟污染物的时空间分布。同时，由于水库调度运行方式不同对水库水流状态产生的影响不同，污染物的迁移扩散也不同，因此模型模拟需要对水库污染物的迁移运动以及运行流量和出水口位置变化对污染物下泄的影响进行分析，模拟运用溢洪道和导流堤等水工建筑物的疏导作用减小突发水污染事件的影响程度，为水库突发性污染事故提出应急运行措施建议。

（1）小型水库水动力学水质模型

对面积小、深度不大及封闭性强的小型水库，污染物进入该水域后滞留时间长，加之水流和风浪等的作用，水库中水与污染物可得到比较充分的混合，整个水体的污染浓度基本均匀。此时，可采用零维水动力模型近似计算和预测水库中的水流动力过程和污染变化。

基本方程：

$$\frac{\mathrm{d}V}{\mathrm{d}t}=Q_1-Q \tag{4-16}$$

式中，V 为水库蓄水量（m^3）；t 为时间（s）；Q_1 为入流流量（m^3/s）；Q 为出流流量（m^3/s）。

根据入流 Q_1 和水体蓄泄关系 $V=f(Q)$，由上式可解得水体的蓄水变化 $V(t)$ 和出流过程 $Q(t)$，为下面应用水质迁移转化方程进行水质模拟预测提供必需的水动力学条件。

污染物对流扩散方程：

$$\frac{\mathrm{d}VC}{\mathrm{d}t}=Q_1C_1-QC+V\sum S_i \tag{4-17}$$

式中，C 为反应单元内 t 时的污染物浓度（mg/L）；C_1 为流入反应单元的水流污染物浓度（mg/L）；Q_1 和 Q 分别为 t 时流入和流出反应单元的流量（L/d）；V 为反应单元内水的体积（L）；$\sum S_i$ 为反应单元的源汇项，表示各种作用（如生物降解作用和沉降作用等）使单位水体的某项污染物在单位时间内的变化量[mg/(L·d)]，增加时取正号称源，减少时取负号称漏。

（2）河道型中型水库水动力学水质模型

河道型中型水库的水质模拟采用一维水动力学水质模型，采用 FVM 方法进行空间数值离散，时间方向采用向前差分离散。若有闸坝控制的，使其满足水力学经验模式，在网格控制体进行数值离散，并与水流控制方程组耦合求解。

河道型中型水库的水质模拟采用一维和二维水动力学水质模型嵌套的方法，一维模型为二维模型的计算提供边界条件。

1）一维模型方程。

连续方程：

$$\frac{\partial A}{\partial t}+\frac{\partial Q}{\partial x}=q \tag{4-18}$$

动量方程：

$$\frac{\partial Au}{\partial t}+\frac{\partial Qu}{\partial x}+gA\frac{\partial z}{\partial x}+g\frac{n_{1d}^{2}|Q||u|}{R^{4/3}}=0 \tag{4-19}$$

式中，A 为过水断面面积（m^2）；z 为水位（m），$\frac{\partial z}{\partial x}$ 代表水面坡降；Q 为流量（m^3/s）；g 为重力加速度；u 为流速（m/s）；n_{1d} 和 R 分别为河段的糙率和水力半径。

由水文气象和河段地形等资料，联解式（4-18）和式（4-19）可求得河段的水位 z、流量 Q、流速 u 和水深 h 等水力因素沿程 x 和随时间 t 的变化规律。这步工作常在计算水质迁移转化方程之前完成，作为求解水质方程的条件给出。

一维模型的计算结果为二维模型提供边界条件。

2）二维基本方程。

连续方程：

$$\frac{\partial h}{\partial t}+\frac{\partial(uh)}{\partial x}+\frac{\partial(vh)}{\partial y}=0 \tag{4-20}$$

式中，h 为微小水体的水深；u 为 x 方向的流速；v 为 y 方向的流速。

动量方程：

$$\frac{\partial u}{\partial t}+u\frac{\partial u}{\partial x}+v\frac{\partial u}{\partial y}=fv-g\frac{\partial z}{\partial x}-\frac{gu\sqrt{u^2+v^2}}{(c^2h)}+\xi_x\nabla^2u+\frac{\tau_x}{\rho h} \tag{4-21}$$

$$\frac{\partial v}{\partial t}+u\frac{\partial v}{\partial x}+v\frac{\partial v}{\partial y}=-fu-g\frac{\partial z}{\partial x}-\frac{gv\sqrt{u^2+v^2}}{(c^2h)}+\xi_y\nabla^2v+\frac{\tau_y}{\rho h} \tag{4-22}$$

式中，g 为重力加速度；ρ 为水体密度；c 为谢才系数；f 为柯氏力常数，$f=2\Omega\sin\varphi$（φ 为纬度；Ω 为地转角速度，约为 $2\pi/(24\times3600)l/s$）；ξ_x 和 ξ_y 分别为 x 和 y 方向上的涡动黏滞系数；$\nabla^2=\frac{\partial^2}{\partial x^2}+\frac{\partial^2}{\partial y^2}$；$\tau_x$ 和 τ_y 分别为 x 和 y 方向上的风切应力，其表达形式为

$$\tau_x=C_a\rho_aW_x(W_x^2+W_y^2)^{\frac{1}{2}}$$

$$\tau_y=C_a\rho_aW_y(W_x^2+W_y^2)^{\frac{1}{2}}$$

式中，C_a 为风阻力系数；ρ_a 为空气密度；W_x 和 W_y 分别为 x 和 y 方向上的风速。

污染物对流扩散方程：

$$\frac{\partial(Ch)}{\partial t}+\frac{\partial(uCh)}{\partial x}+\frac{\partial(vCh)}{\partial y}=\frac{\partial}{\partial x}(E_xh\frac{\partial C}{\partial x})+\frac{\partial}{\partial y}(E_yh\frac{\partial C}{\partial y})+h\sum S_i \tag{4-23}$$

式中，E_x 为 x 方向的分子扩散系数、紊动扩散系数和离散系数之和；E_y 为 y 方向的分子扩散系数、紊动扩散系数和离散系数之和；S_i 为源汇总和。

由于水库的调蓄作用，改变了坝下河段径流的年内分配。在水库运行期间，坝下流量过程将发生变化，具体变化情况与水库运行调度方式密切相关。坝下流量过程的变化会导致坝下河段水质影响较大。

坝下水位变化情况与流量变化过程相对应，除枯水期为满足航运等特殊要求而人为调节坝下河段水位外，坝下水位一般随水库正常调度的下泄流量变化而涨落。坝下河段流速变化情况亦与流量变化过程相对应，其变化与水位变化情况相一致，对河段水动力学的模拟过程影响较大。

(3) 大型水库水动力学水质模型

对于大型水库，可以选用一维与二维或一维与三维嵌套水质模型来模拟污染物的空间分布。库区水质模拟计算采用三维圣维南方程和点源与面源汇入的三维对流扩散方程。

连续方程：

$$u_x + v_y + w_z = 0 \tag{4-24}$$

动量方程：

$$u_t + uu_x + vu_x + wu_z + \frac{1}{\rho}p_x = [\gamma_t(u_y + v_x)]_y + [\gamma_t(u_z + w_x)]_z + 2(\gamma_t u_x)_x \tag{4-25}$$

$$v_t + uw_x + vw_y + ww_z + \frac{1}{\rho}p_y = [\gamma_t(u_z + v_x)]_x + [\gamma_t(w_z + v_y)]_z + 2(\gamma_t v_y)_y - g \tag{4-26}$$

$$w_t + uw_x + vw_y + ww_z + \frac{1}{\rho}p_z = [\gamma_t(u_z + w_x)]_x + [\gamma_t(w_z + v_y)]_y + 2(\gamma_t w_z)_z - g \tag{4-27}$$

式中，u、v 和 w 分别为直角坐标系（x，y，z）的 x 方向、y 方向和 z 方向的速度分量；γ_t 是水流的紊动黏性系数；g 为重力加速度；ρ 为水密度。

污染物对流扩散方程：

$$c_i + uc_x + vc_y + wc_z = (\varepsilon_s c_x)_x + (\varepsilon_s c_y)_y + (\varepsilon_s c_z)_z c_z + S_c \tag{4-28}$$

式中，c_i 是水质指标浓度；S_c 为源汇项；ε_s 是紊动扩散系数。

水流的动量方程式（4-25）~式（4-27）和污染物对流扩散方程式（4-28）包含相应的紊动扩散系数 γ_t 和 ε_s。通常根据具体情况的不同，γ_t 和 ε_s 可以分别采用零方程、单方程和 k-ε 双方程或应力代数的双方程的紊动模型来确定，或者采用经验公式来确定。

（a）一维污染物对流扩散方程：

将式（4-16）~式（4-17）和式（4-24）改写成统一的形式，即

$$\frac{\partial h\phi}{\partial t} + \frac{\partial Q\phi}{\partial x} = \frac{\partial}{\partial x}(\Gamma \frac{\partial \phi}{\partial x}) + S_{\phi i} \tag{4-29}$$

一维模型的计算结果为二维模型提供边界条件。

1）二维污染物对流扩散方程。

二维基本方程见式（4-20）~式（4-23）。

2）三维污染物对流扩散方程。

连续方程：

$$\frac{\partial u}{\partial x} + \frac{\partial v}{\partial y} + \frac{\partial w}{\partial z} = 0 \tag{4-30}$$

动量方程：

x 向动量方程为

$$\frac{\partial u}{\partial t} + \frac{\partial uu}{\partial x} + \frac{\partial vu}{\partial y} + \frac{\partial wu}{\partial z} + \frac{1}{\rho}\frac{\partial \rho}{\partial x} = 2\frac{\partial}{\partial x}\left(\gamma_t \frac{\partial u}{\partial x}\right) + \frac{\partial}{\partial y}\left[\gamma_t\left(\frac{\partial u}{\partial y} + \frac{\partial v}{\partial x}\right)\right] + \frac{\partial}{\partial z}\left[\gamma_t\left(\frac{\partial u}{\partial z} + \frac{\partial w}{\partial x}\right)\right] \tag{4-31}$$

y 向动量方程为

$$\frac{\partial v}{\partial t} + \frac{\partial uv}{\partial x} + \frac{\partial vv}{\partial y} + \frac{\partial wv}{\partial z} + \frac{1}{\rho}\frac{\partial \rho}{\partial y} = \frac{\partial}{\partial x}\left[\gamma_t\left(\frac{\partial u}{\partial z} + \frac{\partial v}{\partial x}\right)\right] + 2\frac{\partial}{\partial y}\left(\gamma_t \frac{\partial v}{\partial y}\right) + \frac{\partial}{\partial z}\left[\gamma_t\left(\frac{\partial w}{\partial z} + \frac{\partial v}{\partial y}\right)\right] \tag{4-32}$$

z 向动量方程为

$$\frac{1}{\rho}\frac{\partial \rho}{\partial z} = -g \tag{4-33}$$

式中，γ_t 是水流的紊动黏性系数；u、v 和 w 分别是直角坐标系（x，y，z）的 x 方向、y 方向和 z 方向的速度分量。

可溶性污染物对流扩散方程：

$$c_t + uc_x + vc_y + wc_z = (\varepsilon_s c_x)_x + (\varepsilon_s c_y)_y + (\varepsilon_s c_z)_z + S_c \tag{4-34}$$

式中，c 是水质指标浓度；S_c 是源汇项；ε_s 是紊动扩散系数。

水流的动量方程式(4-31) ~ (式4-33) 和污染物对流扩散方程(式4-34) 包含相应的紊动扩散系数 γ_t 和 ε_s。通常根据具体情况的不同，γ_t 和 ε_s 可以分别采用零方程、单方程和 $K-\varepsilon$ 双方程或应力代数的双方程的紊动模型来确定，或者采用经验公式来确定。

4.3.1.3 湖泊水动力学水质模型

根据湖泊自身的水环境特性，模拟湖泊水质特征的数学模型有零维、二维和三维模型。对于较小的湖泊可采用零维模型进行模拟。对于大型湖泊，污染物质在湖泊水体中的空间稀释扩散过程具有三维结构，但某些湖泊水深与面积相比小得多，流速和浓度在深度方向上分布差异不是很明显，且二维水质数学模型输入数据较少，计算效率较高，可以选用二维水质模型来模拟大型浅水湖泊污染物的空间分布。

由于建造闸和坝等人为活动会对湖泊水动力和水质特征产生不同的影响，闸站的运行方式及丰水期和枯水期提水流量的不同对湖泊水流状态将产生影响。因此，发生突发性水环境污染事件后，考虑人为活动的作用，充分模拟采取不同应急措施（如修建临时坝等措施）对污染物扩散迁移的影响，从而为应该采取的措施提供科学依据。

（1）中小型湖泊水动力学水质模型

中小型湖泊可以看作是一个完全混合的水质浓度一致的反应单元。可近似采用零维水动力学模型计算和预测湖泊中的水流动力过程，其基本方程与水库基本方程相同。

基本方程和污染物对流扩散方程见式（4-16）和式（4-17）。

（2）大型湖泊水动力学水质模型

大型湖泊水动力模型采用二维模型技术方法，并且需要考虑风力驱动因素以及水下地形和出入湖水量水位过程。

描述大型湖泊风生流场变化的数学模型可以写为如下形式。

连续性方程：

$$h_t + q_x + p_y = Q \tag{4-35}$$

动量方程：

$$q_t + (uq)_x + (hvq)_y + gh\eta_x = \gamma\Delta q + v_w u_w - c_f q - fp \tag{4-36}$$

$$p_t + (up)_x + (vp)_y + gh\eta_y = \gamma\Delta p + v_w v_w - c_f p + fq \tag{4-37}$$

污染物对流扩散方程：

$$(hc_i)_t + (qc_i)_x + (pc_i)_y = (hpc_{ix})_x + (hpc_{iy})_y + S_{c_i} \tag{4-38}$$

式中，h 是水深，$h=\eta - zb$，η 是水位，zb 是河床高程；q 和 p 分别是 x 方向和 y 方向单宽流量；u_w 和 v_w 分别是风场的 x 方向和 y 方向分量，$v_w = h\gamma_w(u_w^2 + v_w^2)^{\frac{1}{2}}$；$\gamma$ 是紊动黏性系数；

$c_f = gn^2(q^2 + p^2)^{\frac{1}{2}}/h^{\frac{7}{3}}$，$n$ 是糙率；g 是重力加速度；S_{c_i} 是源或漏，在本研究中表示蒸发量或降雨量；f 为风应力系数，$f = 0.000\,63$。

4.3.2 污染物反应动力学模型

污染物进入水环境后，会发生各种运动过程，如稀释扩散、沉降、吸附、凝聚和挥发等物理迁移过程，水解、氧化、分解和化合等化学转化过程，硝化和厌氧等生物化学转换过程。这些过程既与污染物本身的特性有关，也与水环境的许多条件密切联系。在这些过程综合作用下，污染物浓度降低。污染物反应动力学过程表示如下：

$$S_i = \sum_{n-1}^{N} R + S_{沉} + S_{挥} + S_{吸-解} \tag{4-39}$$

式中，S_i 为污染物的降解、挥发等反应动力学的源漏项；$\sum_{n-1}^{N} R$ 是代表污染物的 N 种化学反应的源/漏项；$S_{沉}$、$S_{挥}$和 $S_{吸-解}$分别表示污染物的沉降、挥发和吸附解-吸附等过程；R 表示不同污染物的各种化学反应源或漏项。

由式（4-39）可知，污染物反应动力学过程主要包括化学转化过程、生物转化过程和物理迁移过程。

4.3.2.1 化学转化过程

（1）水解

水解反应是指污染物与水的反应。污染物 R_x 的水解反应速度可写成

$$-\frac{d[R_x]}{dt} = k_h[R_x] = k_B(OH^-)[R_x] + k_A[H^+][R_x] + k_N(H_2O)[R_x] \tag{4-40}$$

式中，k_B为碱性催化水解二级速度常数；k_A为酸性催化水解二级速度常数；k_N为中性水解二级速度常数；k_h为水解二级速度常数。

在任一固定 pH 下，上述所有速率过程都可看作是准一级运动力学过程，其半衰期与反应物浓度无关，即

$$t_{1/2} = 0.693/k_h \tag{4-41}$$

（2）氧化

氧化反应是指在水环境中常见的氧化剂与有机污染物所发生的反应。氧化反应的速度可以简单地表达为

$$R_{OX} = K_{OX}[C][OX] \tag{4-42}$$

式中，R_{OX} 为氧化反应速度；K_{OX} 为氧化反应的二级速度常数；[C] 为有机物的浓度；[OX] 为氧化剂的浓度。

在一个水环境系统中，往往存在若干氧化剂。因此，有机物的总氧化速度应该等于该有机物与每一种氧化剂反应的氧化速度之和，即

$$R_{OX}(T) = (K_{OX_1}[OX_1] + K_{OX_2}[OX_2] + \cdots + K_{OX_n}[OX_n])[C] = [C]\sum_{i=1}^{n} K_{OX_1}[OX_1] \tag{4-43}$$

式中，R_{OX}（T）为有机物的总氧化速度；K_{OX_1}、K_{OX_2}、…、K_{OX_n} 分别是有机物与氧化剂

OX_1、OX_2、…、OX_n 反应的氧化速度；$[OX_1]$、$[OX_2]$、…、$[OX_n]$ 分别是氧化剂 OX_1、OX_2、…、OX_n 的浓度。

（3）光降解

光转化是指有机化合物吸收光能而发生的分解过程。光转化过程又可分为直接光解和间接光解两种类型。直接光解是化合物直接吸收太阳能而进行的分解反应。间接光解又称为敏化光解，是水体中存在的天然有机物被太阳光能激发后，将其能量转移给基态的有机化合物而发生的分解反应。

在直接光解过程中，当有机物在水体中的浓度很低时，该有机物的消减速度可表示为

$$-\frac{dC}{dt}=\phi\frac{I_{\alpha\lambda}}{D}[1-10^{-(\alpha_\lambda+\varepsilon_\lambda C)I}]\left[\frac{\varepsilon_\lambda c}{\varepsilon_\lambda c+\alpha_\lambda}\right] \tag{4-44}$$

式中，C 为有机物在水中的浓度；$I_{\alpha\lambda}$ 为射向水体中的光强；α_λ 为水体吸光强度；ε_λ 为化合物的吸光强度；ϕ 为光量子场强；I 为光程长；D 为水深。

在浅而清澈的水体中，水和化合物的总吸光强度（$\alpha_\lambda+\varepsilon_\lambda c$）小于0.02，近似得

$$1-10^{-(\alpha_\lambda-\varepsilon_\lambda c)I}\approx 2.31(\alpha_\lambda+\varepsilon_\lambda c) \tag{4-45}$$

简化为一级反应动力学形式后，解得

$$\ln(C/C_0)=-K_P t \tag{4-46}$$

式中，C_0为有机物的初始浓度；K_P为直接光解速度常数，$K_P=2.3\Phi\varepsilon_\lambda I_{\alpha\lambda}I/D$。

直接光解速度常数 K_P与能进行光化学反应的光子数量成正比。光化学反应光子数与水体表面光子量、光的波长和有机物的吸光系数有关。到达水体表面的光子量随所处的不同纬度、不同季节和一天之内的不同时间而变化。

（4）凝聚过程

固体颗粒物在水环境中相互碰撞而凝聚可采用下式表示：

$$\frac{dn_k}{dt}=\frac{1}{2}\sum_{\substack{i=1\\ j=k-1}}^{k-1}4\pi D_{ij}R_{ij}n_in_j-n_k\sum_{i=1}^{\infty}4\pi D_{ik}R_{ik}n_i \tag{4-47}$$

式中，n_k为凝聚成大小为 k 的颗粒浓度；n_i 和 n_j 为颗粒为 i 和 j 的浓度；R_{ij} 为两颗粒 i 和 j 相互作用半径，通常采用两个颗粒的半径之和，即 R_i+R_j；D_{ij} 为颗粒 i 和 j 的相互扩散系数，近似为 D_i+D_j。

式（4-47）是表示凝聚成大小为 k 颗粒浓度的变化速度，第一个加和项表示凝聚成大小为 k 的颗粒数，第二个加和项表示凝聚成大小为 k 以外的颗粒数。

假设固体颗粒大小相同，即 $D_{ij}R_{ij}=2DR$，则

$$\frac{N_t}{N_0}=\frac{1}{1+t/T} \tag{4-48}$$

式中，N_t为 t 时所有颗粒的浓度；N_0为初始颗粒浓度；T 为凝聚半衰期，$T=\frac{1}{4\pi DRN_0}$。

（5）气体溶解方程

气体溶解过程是在气液界面上，气体溶解于液体的一种气液界面的交换过程。在气相和液相界面中，存在气体和液体两层薄膜，通过薄膜的气体就会进行分子扩散，瞬间便可进入液体中，并假设在浓度梯度一定时，液体内分子扩散是稳定的。据此，气体的迁移系数可用下式表示：

$$K_L = D_M / L \tag{4-49}$$

式中，K_L为气体的迁移系数；D_M为气体在液体中的扩散系数；L为液膜厚度。

在液体里溶解气体的浓度变化速度为

$$\frac{\mathrm{d}C}{\mathrm{d}t} = K_L \frac{A}{V}(C_S - C) \tag{4-50}$$

式中，C为气体在液体里的浓度；C_S为气体在液体里的饱和浓度；A为界面面积；V为液体的体积；t为时间（s）。

4.3.2.2 生物转化过程

（1）碳化方程

在水环境中，有机物的碳化过程是指有机物在好气条件下，好气性细菌对碳化合物氧化分解为无机碳的过程，其反应式可写为

$$10C_aH_bO_c + (5a+2.5b-5c)\ O_2 + aNH_3 \longrightarrow aC_5H_7NO_2 + 5aCO_2 - (2a-5b)\ H_2O$$

反应速度按一级动力学公式描述，即反应速度与剩余有机物的浓度成正比：

$$\frac{\mathrm{d}L}{\mathrm{d}t} = -K_1 L \tag{4-51}$$

解得

$$L = L_0 \exp(-K_1 t) \tag{4-52}$$

按有机物实际浓度表示为

$$Y = L_0[1 - \exp(-K_1 t)] \tag{4-53}$$

式中，L_0为有机物的初始浓度；L为t时刻降解的有机物浓度；Y为t时刻实际有机物浓度；K_1为有机物氧化衰减系数。

当有机物浓度较低时，反应速度也可按二级动力学公式描述：

$$\frac{\mathrm{d}L}{\mathrm{d}t} = -K'_1 L^2 \tag{4-54}$$

$$\frac{\mathrm{d}L}{\mathrm{d}t} = -K'_1 L^2 \tag{4-55}$$

积分公式为

$$L = L_0/(1 + L_0 K'_1 t) \tag{4-56}$$

按有机物实际浓度表示为

$$Y = L_0^2/(1 + L_0 K'_1 t) \tag{4-57}$$

式中，K'_1为有机物二级氧化衰减系数。

（2）硝化方程

在水环境中，氨氮和亚硝酸盐氮在亚硝化菌和硝化菌的作用下，被氧化成硝酸盐氮的过程为硝化过程。其生物化学反应方程式为

$$2NH_4^+ + 3O_2 \xrightarrow{\text{亚硝化菌}} 2NO_2^- + 4H^+ + 2H_2O$$

$$2NO_2^- + O_2 \xrightarrow{\text{硝化菌}} 2NO_3^-$$

对于由氨氮转化成亚硝酸盐氮的反应，其动力学方程可以写成

$$-E_m \frac{\mathrm{d}X}{\mathrm{d}t} = \frac{\mathrm{d}C_m}{dt} \tag{4-58}$$

$$\frac{dC_m}{dt} = k_m C_m \frac{X}{k_s + X} \tag{4-59}$$

式中，C_m为亚硝化菌的浓度；X为氨氮的浓度；k_m为亚硝化菌的最大一级生长速度常数；k_s为对应于亚硝化过程的饱和速度常数，其物理意义是，在反应系统中，细菌的生长速度等于最大生长速度的一半时，系统中氨氮的浓度；E_m为亚硝化菌的产量系数。

对于亚硝酸盐氮转化成硝酸盐氮的过程，其反应动力学方程为

$$-\frac{dy}{dt} = \frac{dC_B}{E_B dt} + f\frac{dX}{dt} \tag{4-60}$$

$$\frac{dC_B}{dt} = k_B C_B \frac{y}{k'_s + y} \tag{4-61}$$

式中，y为亚硝酸盐氮的浓度；C_B为硝酸盐氮的浓度；t为时间；E_B为硝化菌的产量系数；X为氨氮浓度；k'_s为对应硝化过程的饱和速率常数。

（3）厌氧方程

当水体中有机物（主要指耗氧有机物）含量超过一定限度时，从大气供给的氧满足不了耗氧的需求，水体便成为厌氧状态。这时有机物在厌氧菌作用下开始腐败，并有气泡冒出水面（主要是CH_4、H_2S和H_2等气体），发出难闻的气味。在这种条件下，引起激烈的酸性发酵，其pH在短时间内降低到5.0~6.0。如果用$C_nH_aO_b$表示厌氧可分解的有机污染物，反应方程的一般形式为

$$C_nH_aO_b + (n-a/4-b/2)\ H_2O \longrightarrow (n/2-a/8+b/4)\ CO_2 + (n/2+a/8-b/4)\ CH_4$$

反应动力学方程为

$$\frac{dX}{dt} = \frac{yKXS}{K_s + S} - bX \tag{4-62}$$

式中，X为厌氧菌的浓度；$\frac{dX}{dt}$为厌氧菌的生长速度；y为产量系数；S为有机物浓度；K为有机物减少的最大速度；K_s为厌氧过程中厌氧菌最大生长速度的一半时有机物的浓度；b为厌氧菌的死亡速度常数。

以20℃作为标准温度，求得$\theta = 1.065$，得有机物的生化降解动力学系数k_T与温度T（℃）的经验关系式为

$$k_T = k_{20} \times 1.065^{(T-20)}$$

水温对综合降解系数影响较大。一般来说，对于北方河流，夏季的降解系数要比同河段冬季的降解系数高出1~2倍。这也是有些河流枯水期水质恶化的一个重要原因。

4.3.2.3 物理迁移过程

（1）沉降方程

沉降方程是描述污染物颗粒在重力作用下的沉降过程的方程。单一颗粒的沉降速度与颗粒本身的大小、形状和密度以及液体的密度和黏度有关。假定悬浮颗粒是球形的，那么球形颗粒在液体中沉降的运动方程为

$$\frac{dv}{dt} = \frac{(\rho_s - \rho_L)g}{\rho_S} - \frac{3}{4}p\left(\frac{v^2}{D_P}\right)\left(\frac{\rho_L}{\rho_S}\right) \tag{4-63}$$

式中，v 为颗粒的沉降速度；t 为沉降时间；g 为重力加速度；ρ_S为颗粒的密度；ρ_L为液体的密度；D_P为粒径；p 为液体的阻力系数。

当 $\frac{dv}{dt}=0$ 时，其沉降速度计算公式为

$$v=\sqrt{\frac{4gD_P(\rho_S-\rho_L)}{3\rho_L p}} \tag{4-64}$$

此外，影响颗粒物在水中的沉降和再悬浮过程的还有水的流动状况和河床特征等因素。

(2) 挥发方程

在气液界面，物质交换的另一种重要过程是挥发。对于许多物质，挥发作用是一个重要的过程。当溶质的化学势降低之后就会发生溶质从液相向气相的挥发过程。通常假设在单位面积上出现的挥发速度 N [g · cell/(m^2 · s)] 与分压差 ΔP（大气压）成正比，即

$$N=K\Delta P/RT \tag{4-65}$$

式中，K 为质量传递系数，与液体的扰动状况有关，在天然水中，K 与风速有关；R 为摩尔气体常数；T 为热力学温度。

假设挥发速度遵守一级动力学过程，即

$$C=C_0\exp\left(-\frac{K_L t}{Z}\right) \tag{4-66}$$

式中，C_0为污染物在液体中的初始浓度；K_L为污染物在液体中的传递系数；t 为时间；Z 为液体厚度；C 为某一时刻液体中的污染物浓度。

一些污染物质具有挥发性，因此在进行水质模型模拟计算时，除降解等特性外，还需考虑其挥发特性。其源漏项可表示如下：

$$S_{Ci}=-k_c C-\lambda/hc \tag{4-67}$$

式中，S_{Ci}为水质指标 i 衰减和底泥释放，或称总动态转化率 [mg/(L · d)]；k_c为降解系数；λ 为挥发速率；h 为水深。

污染物质的挥发速率，可采用双膜理论进行计算：

$$\lambda=1/R_t \tag{4-68}$$

$$R_t=R_g+R_l \tag{4-69}$$

式中，λ 为总挥发速率常数；R_t为总界面迁移阻力；R_g 为气相迁移阻力；R_l 为液相迁移阻力。

气相迁移阻力 R_g 的计算公式为

$$R_g=\frac{RT}{k_{H_2O}K_H\sqrt{18/M}} \tag{4-70}$$

式中，R_g 为气相迁移阻力（h/m）；k_{H_2O} 为水蒸气交换常数（m/h）；K_H 为 Henry 定律常数 [Pa/(m^3 · mol)]；M 为化合物的摩尔质量；18 为水的相对分子质量；T 为热力学温度；R 为摩尔气体常数。

液相迁移阻力 R_l 的计算公式为

$$R_1 = \frac{1}{k_{O_2}\sqrt{32/M}} \tag{4-71}$$

式中，R_1为液相迁移阻力（h/m）；k_{O_2}为氧的交换常数（m/h）；M为化合物的摩尔质量；32为氧的相对分子质量；；R为摩尔气体常量。

（3）吸附和解吸附方程

污染物在固体颗粒物上的吸附和解吸附过程是物理和化学的综合作用。这两种作用往往同时存在，只是由于污染物和颗粒物的性质、污染物浓度和水的pH等因素的不同，其中一种作用占优势。描述污染物在固体颗粒物上的吸附和解吸过程一般采用单分子层吸附等温线的方法，即单位重量固体颗粒物吸附污染物的量与污染物浓度呈函数关系。其表达式为

$$q = DbC/(1 + bC) \tag{4-72}$$

式中，q为被吸附的污染物重量/固体颗粒物重量；D和b为与吸附有关的系数；C为污染物的浓度。

非单层吸附和解吸附过程模型为

$$k' = k^{(N/N')} S_{\max}^{(1-N/N')} \tag{4-73}$$

式中，k'为解吸系数；k为吸附系数；N'为解吸指数；N为吸附指数；$S_{\max}$为在开始解吸之前的污染物浓度。

当解吸过程继续时（历程2），模式继续使用原来的k'和N'值计算。当解吸达到一定程度再开始吸附时（历程3），模式沿着解吸曲线返回，与单层吸附和解吸曲线相交汇，并在这个曲线上继续下去，一直到新的解吸开始为止。在解吸新出现的地方计算新的k'值，便会产生新的解吸曲线。这种过程无限地继续下去，结果就形成了一系列从基本的单层吸附曲线发散出来的吸附和解吸曲线族。

（4）K_{OC}和K_{OW}与水溶解度之间的关系

K_{OC}是化合物在水和沉积物–土壤两相中的平衡浓度关系，它也是单位重量沉积物上吸附的化合物量除以单位体积环境水中溶解的该同一化合物量之比值。K_{OC}是表示某化合物在固液两相中浓度分配的一个定量参数，通过这一参数可以根据其在水中的浓度，来预测化合物在沉积物或土壤中的浓度分布。

K_{OW}值是描述一种有机化合物在水和沉积物中，有机质之间或水生生物脂肪之间分配的指标。分配系数的数值越大，有机物在有机相中溶解度也越大，即在水中的溶解度越小。

Karickhoff等（1979）揭示了K_{OC}和K_{OW}之间有很好的关联性，即$K_{OC} = 0.41K_{OW}$。

Karickhoff等和Chiou等（1979），曾广泛地研究化学物质包括脂肪烃、芳烃、芳香酸、有机氯和有机农药及多氯联苯等在内的辛醇–水分配系数与水中溶解度之间的关系。得到辛醇–水分配系数K_{OW}和溶解度的关系可表示为

$$\lg K_{OW} = 5.00 - 0.670\lg\left(\frac{S_w}{M} \times 10^3\right) \tag{4-74}$$

式中，S_w为溶解度（mg/L）；M为有机物的分子质量。

4.4 资料缺乏地区水环境突发性风险快速模拟方法

当水污染事故发生时，要求快速给出结果以用于应急决策，因此，在资料缺乏地区一般选择解析解模型的算法，求解污染物浓度峰值变化情况。水环境突发性风险快速应急计算模式详细介绍如下。

4.4.1 突发事件污染物浓度计算模式

流域发生突发污染事件，污染物的浓度是下游距事故点距离和时间的函数。以事故点为坐标原点，流域突发事件的污染物浓度如下式所示：

$$C=f(x, y, t) \tag{4-75}$$

式中，x 是距事故点下游的距离（km）；t 为时间（s）。

（1）中小型河流或河道型水库

中小型河流或河道型水库，突发事件的非持久性物质污染物浓度 C 可以表示为

$$C=f(x, t)=\frac{M}{A\sqrt{345\ 600\pi Et}}\exp\left[-\frac{(x-ut)^2}{345\ 600E_{\mathrm{d}}t}-kt\right] \tag{4-76}$$

中小型河流或河道型水库，突发事件的持久性物质污染物浓度 C 可以表示为

$$C=f(x, t)=\frac{M}{A\sqrt{345\ 600\pi Et}}\exp\left[-\frac{(x-ut)^2}{345\ 600Et}\right] \tag{4-77}$$

式（4-76）和式（4-77）中，M 是突发事件污染物排放总量（kg）；A 是断面面积（m^2）；E_{d}是纵向扩散系数（m^2/s）；t 是时间（d）；u 是河道断面平均流速（m/s）；k 为综合降解系数（1/d）。

（2）大型河流或湖库

大型河流或湖库，突发事故发生点距左右距离分别为 B_1 和 B_2，突发事件的非持久性物质污染物浓度 C 可以表示为

$$C(x, y, t)=\frac{M}{hu\sqrt{345\ 600\pi E_y t}}\exp\left[-\frac{(x-ux)^2}{345\ 600E_x t}-kt\right] \cdot\left\{\exp\left(-\frac{y^2}{345\ 600E_y t}\right)+\exp\left[-\frac{(B_1+y)^2}{345\ 600E_y t}\right]+\exp\left[-\frac{(B_2-y)^2}{345\ 600E_y t}\right]\right\} \tag{4-78}$$

大型河流或湖库，突发事故发生点距左右距离分别为 B_1 和 B_2，突发事件的持久性物质污染物浓度 C 可以表示为

$$C(x, y, t)=\frac{M}{hu\sqrt{345\ 600\pi E_y t}}\exp\left[-\frac{(x-ux)^2}{345\ 600E_x t}\right] \cdot\left\{\exp\left(-\frac{y^2}{345\ 600E_y t}\right)+\exp\left(-\frac{(B_1+y)^2}{345\ 600E_y t}\right)+\exp\left[-\frac{(B_2-y)^2}{345\ 600E_y t}\right]\right\} \tag{4-79}$$

式（4-78）和式（4-79）中，M 是突发事件污染物排放总量（kg）；E_x 是横向扩散系数

(m^2/s)；E_y 是纵向扩散系数（m^2/s）；t 是时间（d）；u 是河道断面平均流速（m/s）；h 是水深（m）。

4.4.2 突发事件峰值出现时间和峰值浓度计算模式

4.4.2.1 中小型河流或河道型水库

中小型河流或河道型水库，突发事件峰值出现时间（t_m）和峰值浓度（C_{max}）计算模式，在突发事件发生的下游地 x，污染物的持久性物质峰值浓度出现的时间 t_m 的计算公式为

$$t_m = \frac{E + \sqrt{(E + 2ux)^2 - 3u^2 x^2}}{259\ 200u^2} \tag{4-80}$$

持久性物质峰值浓度（C_{max}）的计算式为

$$C_{max} = \frac{M}{A\sqrt{345\ 600\pi E t_m}} \exp\left(\frac{x - 86\ 400ut_m}{345\ 600Et_m}\right) \tag{4-81}$$

在突发事件发生的下游地 x，污染物的非持久性物质峰值浓度出现的时间 t_m 为

$$t_m = \frac{E + \sqrt{(E + 2ux)^2 - (3u^2 - 4Ek)x^2}}{345\ 600u^2} \tag{4-82}$$

非持久性物质峰值浓度（C_{max}）为

$$C_{max} = \frac{M}{A\sqrt{345\ 600\pi E t_m}} \exp\left[-\frac{(x - 86\ 400ut_m)}{345\ 600Et_m} - kt_m\right] \tag{4-83}$$

式（4-80）~式（4-83）中，M 是突发事件污染物排放总量（kg）；E 是纵向扩散系数（m^2/s）；t_m 是时间（d）；A 是断面面积（m^2）；u 是河道断面平均流速（m/s）；k 为综合降解系数（1/d）。

4.4.2.2 大型河流或湖库

大型河流或湖库，突发事件峰值出现时间（t_m）和峰值浓度（C_{max}）计算模式，突发事件发生点距左右距离分别为 B_1 和 B_2，非持续性物质峰值浓度分布为

$$C_{max} = C(x,\ 0,\ t) = \frac{M}{hu\sqrt{4\pi E_y t}} \exp\left[-\frac{(x - ut)^2}{4E_x t} - kt\right] \cdot \left\{1 + \exp\left[-\frac{(B_1)^2}{4E_y t}\right] + \exp\left[-\frac{(B_2)^2}{4E_y t}\right]\right\} \tag{4-84}$$

持续性物质峰值浓度分布为

$$C_{max} = C(x,\ 0,\ t) = \frac{M}{hu\sqrt{4\pi E_y t}} \exp\left[-\frac{(x - ut)^2}{4E_x t}\right] \cdot \left[1 + \exp\left(-\frac{(B_1)^2}{4E_y t}\right) + \exp\left(-\frac{(B_2)^2}{4E_y t}\right)\right] \tag{4-85}$$

峰值出现在（x，0）点的时间 t_m，满足 $\frac{\partial C_{max}}{\partial t} = 0$。

(1) 无风

无风的情况下，污染物按同心圆的方式向四周扩散，其公式为

$$C = f(r, t) = \frac{1000M}{A\sqrt{4\pi Et}}\exp\left[-\frac{(0.001\ln r - ut)^2}{4Et}\right] \tag{4-86}$$

对于任意 r，非持续性物质峰值浓度出现的时间 t_m 为

$$t_m = \frac{E + 2ut + \sqrt{(E + 0.002u\ln r)^2} - 0.00\,0001\left(3u^2 - \frac{4Ek}{84\,600}\right)\ln r^2}{253\,800u^2} \tag{4-87}$$

对于任意 r，持续性物质峰值浓度出现的时间 t_m 为

$$t_m = \frac{E + 2ut + \sqrt{E + 0.002u\ln r^2 - 0.000\,003u^2\ln r^2}}{253\,800u^2} \tag{4-88}$$

(2) 有风

有风的情况下，污染物按湖流方向扩散，其公式为

$$C(x, y, t) = \frac{M}{hu\sqrt{4\pi E_y t}}\exp\left[-\frac{(x - ux)^2}{4E_x t} - \frac{kt}{8400}\right]\exp\left(-\frac{y^2}{4E_y t}\right) \tag{4-89}$$

峰值出现在突发事故发生的下游方向上，对于（x, 0）非持续性物质峰值浓度出现的时间 t_m 为

$$t_m = \frac{E + 2ut + \sqrt{(E + 0.002ux)^2 - 0.000\,001\left(3u^2 - \frac{4Ek}{84\,600}\right)x^2}}{253\,800u^2} \tag{4-90}$$

对于（x, 0）持续性物质峰值浓度出现的时间 t_m 为

$$t_m = \frac{E + 2ut + \sqrt{(E + 0.002ux)^2 - 0.000\,001\left(3u^2 - \frac{4E}{84\,600}\right)x^2}}{253\,800u^2} \tag{4-91}$$

式（4-84）~式（4-91）中，M 是突发事件污染物排放总量（kg）；E 是纵向扩散系数（m^2/s）；t 是时间（d）；A 是断面面积（m^2）；u 是河道断面平均流速（m/s）；r 是扩散圆半径（m）；k 为综合降解系数（1/d）。

4.4.3 污染物影响长度计算模式

持久性和非持久性污染物影响长度 l 计算模式见式（4-92）和式（4-93）。在突发事件发生后的 t 时刻，持久性物质影响长度（单位：km）为

$$l = 2\sqrt{4Et}\left[-\ln\left(\frac{C_b A\sqrt{4Et}}{M}\right)\right]^{\frac{1}{2}} \tag{4-92}$$

式中，C_b 为地表水水质标准浓度（mg/L），详见《地表水环境质量标准》（GB 3838—2002）。

在突发事件发生后的 t 时刻，非持久性物质影响长度（单位 km）为

$$l = 2\sqrt{4Et}\left[-\ln\left(\frac{C_b A\sqrt{4Et}}{M}\right) - kt\right]^{\frac{1}{2}} \tag{4-93}$$

4.4.4 下游某断面污染物通量计算模式

突发事件发生点下游的某断面持久性与非持久性物质通量（W）计算见式（4-94）~式（4-97）。

突发事件发生点下游的某断面非持久性物质通量（W）计算公式为

$$W = \int_{t_1}^{t_2} QC\mathrm{d}t = \int_{t_1}^{t_2} Q \frac{M}{A\sqrt{4\pi Et}} \exp\left[-\frac{(x-ut)^2}{4Et} - kt\right]\mathrm{d}t \tag{4-94}$$

式中，Q 是流量（m^3/s）。可以利用数值近似的方法计算，其公式为

$$W = \sum_i Q_i C_i \Delta t_i = \sum_i Q_i \frac{M}{A\sqrt{4\pi Et_i}} \exp\left[-\frac{(x-ut_i)^2}{4Et_i} - kt_i\right]\Delta t_i \tag{4-95}$$

突发事件发生点下游的某断面持久性物质通量（W）计算公式为

$$W = \int_{t_1}^{t_2} QC\mathrm{d}t = \int_{t_1}^{t_2} Q \frac{M}{A\sqrt{4\pi Et}} \exp\left[-\frac{(x-ut)^2}{4Et}\right]\mathrm{d}t \tag{4-96}$$

可以利用数值近似的方法计算，其公式为

$$W = \sum_i Q_i C_i \Delta t_i = \sum_i Q_i \frac{M}{A\sqrt{4\pi Et_i}} \exp\left[-\frac{(x-ut_i)^2}{4Et_i}\right]\Delta t_i \tag{4-97}$$

式中，Q_i 为流量（m^3/s）；C_i 为浓度（mg/L）；A 为河道断面面积；E 为污染物扩散系数；u 为断面平均流速；x 为河道纵向坐标或河长。

4.5 流域水环境突发性风险模拟模型参数

4.5.1 河道水力学特征参数快速设置

在流域背景资料调查及水文和水动力学资料收集和监测基础上，开展模型率定验证，优化模型参数和模拟功能。做好能准确描述多种污染物特性的相关参数，将提高突发污染事故预警预报准确性。

（1）河道水力学参数

不同类型河流的水文工程条件不同，水力参数也不同。不同类型河床断面的过水断面面积（ω）、湿周（χ）、水力半径（R）和水面宽（B）的取值可以参照表4-3。

表 4-3 河道断面类型划分和水力学参数选取

断面形式	ω	χ	R	B
矩形	bh	$b+2h$	$\frac{bh}{b+2h}$	b
梯形	$(b+mh)/h$	$b+2h\sqrt{1+m^2}$	$\frac{(b+mh)/h}{b+2h\sqrt{1+m^2}}$	$b+2mh$

续表

断面形式	ω	χ	R	B
复式断面	$(b_1+m_1h_1)h_1+[b_2+m_2(h-h_1)]\cdot(h-h_1)$	$b_2-2m_1h_1+2h_1\cdot\sqrt{1+m_1^2}+2(h-h_1)\cdot\sqrt{1+m_2^2}$	$\frac{\omega}{x}$	$\begin{bmatrix}b_2+2m_2\\(h-h_1)\end{bmatrix}$
“U”形	$\frac{1}{2}\pi r^2+2r(h-r)$	$\pi r+2(h-r)$	$\frac{r}{2}\left[1+\frac{2(h-r)}{\pi r+2(h-r)}\right]$	$2r$
圆形	$\frac{d^2}{8}(\theta-\sin\theta)$	$\frac{d}{2}\theta$	$\frac{d}{4}\left(1-\frac{\sin\theta}{\theta}\right)$	$2\sqrt{h(d-h)}$
抛物线形	$\frac{2}{3}Bh$	$\sqrt{(1+4h)}h+\frac{1}{2}\times\ln(2\sqrt{h}+\sqrt{1+4h})$	$\frac{\frac{4}{3}h^{1.5}}{\left[\sqrt{(1+4h)}h+\frac{1}{2}\ln(2\sqrt{h}+\sqrt{1+4h})\right]}$	$2\sqrt{h}$

(2) 河床糙率

1）河流的糙率值。对河道而言，一般河流河床组成、床面特性、平面形态和岸壁形式等变化较大，在可能的情况下可参考当地的实测数值加以修正，具体取值参照表4-4、表4-5和表4-6。

表4-4 河流糙率系数参考值

河槽类型及情况	糙率 n		
	最小值	正常值	最大值
一、小河（洪水位的水面宽度小于30m）			
1. 平原河流			
（1）清洁，顺直，无浅滩深潭	0.025	0.030	0.033
（2）清洁，顺直，无浅滩深潭，但石块多，杂草多	0.030	0.035	0.040
（3）清洁，弯曲，有浅滩深潭	0.033	0.040	0.045
（4）清洁，顺直，无浅滩深潭，但有石块杂草	0.035	0.045	0.050
（5）清洁，顺直，无浅滩深潭，水深较浅，河底坡度多变，平面上回流区较多	0.040	0.048	0.055
（6）同（4），但石块多	0.045	0.050	0.060
（7）多杂草，有深潭和流动缓慢的河段	0.050	0.070	0.080
（8）多杂草的河段，深潭多或林木滩地上的过洪	0.075	0.100	0.150
2. 山区河流（河槽无草树，河岸较陡，岸坡树丛过洪时淹没）			
（1）河底为砾石和卵石，间有孤石	0.030	0.040	0.050
（2）河底为卵石和大孤石	0.040	0.050	0.070
二、大河（洪水位的水面宽度大于30m）			
相应于上述小河的各种情况，由于河岸阻力相对较小，n 值略小			

续表

河槽类型及情况	糙率 n		
	最小值	正常值	最大值
1. 断面比较规则整齐，无孤石或丛木	0.025		0.060
2. 断面不规则整齐，床面粗糙	0.035		0.100
三、洪水时期滩地漫流			
1. 草地、无树丛			
（1）短草	0.025	0.030	0.035
（2）长草	0.030	0.035	0.050
2. 耕地			
（1）未熟庄稼	0.020	0.030	0.040
（2）已熟成行庄稼	0.025	0.035	0.045
（3）已熟密植庄稼	0.030	0.040	0.050
3. 矮树丛			
（1）稀疏，多杂草	0.035	0.050	0.070
（2）不密，夏季情况	0.040	0.060	0.080
（3）茂密，夏季情况	0.070	0.100	0.160
4. 树木			
（1）平整田地，干树无枝	0.030	0.040	0.050
（2）平整田地，干树无枝，干树多新枝	0.050	0.060	0.080
（3）密林，树下植物少，洪水位在枝下	0.080	0.100	0.120
（4）密林，树下植物少，洪水位在枝下，洪水位淹没树枝	0.100	0.120	0.160

表 4-5　天然河道单式断面（或主槽）较高水部分糙率参考值

类型		河段特征			糙率 n
		河床组成及床面特性	平面形态及水流流态	岸壁特性	
Ⅰ		河床为沙质组成，床面较平整	河段顺直，断面规整，水流通畅	两侧岸壁为土质或土砂质，形状较整齐	0.020 ~ 0.024
Ⅱ		河床为岩板、砂砾石或卵石组成，床面较平整	河段顺直，断面规整，水流通畅	两侧岸壁为土砂或石质，形状较整齐	0.022 ~ 0.026
Ⅲ	1	砂质河床，河底不太平顺	上游顺直，下游接缓弯，水流不够通畅，有局部回流	两侧岸壁为黄土，长有杂草	0.025 ~ 0.029
	2	河底为砂砾或卵石组成，底坡较均匀，床面尚平整	河段顺直段较长，断面较规整，水流较通畅，基本上无死水、斜流或回流	两侧岸壁为土砂和岩石，略有杂草和小树，形状较整齐	0.025 ~ 0.029

续表

类型		河段特征			糙率 n
		河床组成及床面特性	平面形态及水流流态	岸壁特性	
Ⅳ	1	细沙，河底中有稀疏水草或水生植物	河段不够顺直，上下游附近弯曲，有挑水坝，水流不顺畅	土质岸壁，一侧岸壁坍塌严重，为锯齿状，长有稀疏杂草及灌木；一侧岸壁坍塌，长有稠密杂草或芦苇	0.030 ~ 0.034
	2	河床为砾石或卵石组成，底坡尚均匀，床面不平整	顺直段距上弯道不远，断面尚规整，水流尚通畅，斜流或回流不甚明显	一侧岸壁为石质陡坡，形状尚整齐；另一侧岸壁为砂土，略有杂草和小树，形状较整齐	0.030 ~ 0.034
Ⅴ		河底为卵石和块石组成，间有大漂石，底坡尚均匀，床面不平整	顺直段夹于两弯道之间，距离不远，断面尚规整，水流显出斜流、回流或死水现象	一侧岸壁均为石质陡坡，形状尚整齐；另一侧岸壁为砂土，略有杂草和小树，形状尚整齐	0.035 ~ 0.040
Ⅵ		河床为卵石、块石、乱石或大块石、大乱石及大孤石组成，床面不平整，底坡有凹凸状	河段不顺直，上下游有急弯，或下游有急滩和深坑等；河段处于“S”形顺直段，不整齐，有阻塞或岩溶情况较发育；水流不通畅，有斜流、回流、旋涡和死水现象；河段上游为弯道或为两河汇口，落差大，水流急，河中有严重阻塞，或两侧有深入河中的岩石，伴有深潭或有回流等；上游为弯道，河段不顺直，水行于深槽峡谷间，多阻塞，水流湍急，水声较大	一侧岸壁为岩石及砂土，长有杂草和树木，形状尚整齐；另一侧岸壁为石质砂夹乱石和风化页岩，崎岖不平整，上面生长杂草和树木	0.04 ~ 1.0

表 4-6　天然河道滩地部分糙率参考值

类型	特征描述			糙率 n	
	平面、纵断面和横断面形态	床质	植被	变化幅度	平均值
Ⅰ	平面顺直，纵断面平顺，横断面整齐	土、砂质和淤泥	基本上无植物或为已收割的麦地	0.026 ~ 0.038	0.030
Ⅱ	平面、纵断面和横断面尚顺直整齐	土和砂质	稀疏杂草、杂树或矮小农作物	0.030 ~ 0.050	0.040
Ⅲ	平面、纵断面、横断面尚顺直整齐	砂砾和卵石滩，或为土砂质	稀疏杂草和小杂树，或种有高秆作物	0.040 ~ 0.060	0.050
Ⅳ	上下游有缓弯，纵断面和横断面尚平坦，但有束水作用，水流不通畅	土砂质	种有农作物，或有稀疏树林	0.050 ~ 0.070	0.060
Ⅴ	平面不通畅，纵断面和横断面起伏不平	土砂质	有杂草和杂树，或为水稻田	0.060 ~ 0.090	0.075
Ⅵ	平面尚顺直，纵断面和横断面起伏不平，有洼地和土埂等	土砂质	长满中密的杂草及农作物	0.080 ~ 0.120	0.100
Ⅶ	平面不通畅，纵断面和横断面起伏不平，有洼地和土埂等	土砂质	四分之三地带长满茂密的杂草、灌木	0.011 ~ 0.160	0.130

续表

类型	特征描述			糙率 n	
	平面、纵断面和横断面形态	床质	植被	变化幅度	平均值
Ⅷ	平面不通畅，纵断面和横断面起伏不平，有洼地和土埂阻塞物	土砂质	全断面有稠密的植被、芦柴或其他植物	0.160～0.200	0.180

由于河道糙率是由平面（纵断面、横断面）、床质、植被3个方面因素的综合作用结果，如实际情况与本表组合有变化时，糙率值应适当变化。上述表格所列的糙率值只适用于稳定河道，对于含沙量大的冲淤变化较严重的沙质河床，由于其糙率值有特殊性，表格并不能完全适用。影响滩地糙率很主要的一个因素是植物，植物对水流的影响随水深与植物高度比有密切的关系，表中没有反映此种关系，在应用时应注意此因素。

2）渠道的糙率值。明渠槽底和槽壁有时采用不同的材料，如槽底为土壤而槽壁为块石护坡，其湿周各部分的糙率是不同的，此外，冬季冰盖的明渠也与此类似。此时，可把各部分湿周上的不同糙率通过一个综合糙率来计算。综合糙率 n 值计算式如下：

当 $\dfrac{n_{max}}{n_{min}} > 1.5 \sim 2$ 时，

$$n = \frac{x_1 n_1^{1.5} + x_2 n_2^{1.5} + \cdots + x_m n_m^{1.5}}{x_1 + x_2 + \cdots + x_m} \tag{4-98}$$

当 $\dfrac{n_{max}}{n_{min}} < 1.5 \sim 2$ 时，

$$n = \frac{x_1 n_1 + x_2 n_2 + \cdots + x_m n_m}{x_1 + x_2 + \cdots + x_m} \tag{4-99}$$

式中，n_{max} 和 n_{min} 分别为同一渠段糙率中最大和最小糙率；x_1，x_2，…，x_m 分别为相应于各部分糙率 n_1，n_2，…，n_m 的湿周。

各种渠槽条件下清水渠道的 n 值可参照表4-7选用。

表4-7　渠道的糙率值

渠道特征		糙率 n	
		灌溉渠道	退水渠道
土质	流量大于25m³/s	—	—
	平整顺直，养护良好	0.0200	0.0225
	平整顺直，养护一般	0.0225	0.0250
	渠床多石，杂草丛生，养护较差	0.0250	0.0275
	流量1～25 m³/s	—	—
土质	平整顺直，养护良好	0.0225	0.0250
	平整顺直，养护一般	0.0250	0.0275
	渠床多石，杂草丛生，养护较差	0.0275	0.0300
	流量小于1 m³/s	—	—
	渠床弯曲，养护一般	0.0250	0.0275
	支渠以下的固定渠道	0.0275～0.0300	—

续表

渠道特征		糙率 n	
		灌溉渠道	退水渠道
岩石	经过良好修整的	0.0250	—
	经过中等修整的无凸出部分	0.0300	—
	经过中等修整的有凸出部分	0.0330	—
	未经修整的有凸出部分	0.0350～0.0450	—
各种材料护面	抹光的水泥抹面	0.0120	—
	不抹光的水泥抹面	0.0140	—
	光滑的混凝土护面	0.0150	—
	平整的喷浆护面	0.0150	—
	料石砌护	0.0150	—
	砌砖护面	0.0150	—
	粗糙的混凝土护面	0.0170	—
	不平整的喷浆护面	0.0180	—
	浆砌块石护面	0.0250	—
	干砌块石护面	0.0330	—

渠道的冰盖糙率 n 值可按表 4-8 选定。

表 4-8　渠道的冰盖糙率

冰盖条件	渠道平均流速/（m/s）	糙率 n
光滑冰盖，无堆积冰块	0.40～0.60	0.010～0.012
	>0.60	0.014～0.017
光滑冰盖，有堆积冰块	0.40～0.60	0.016～0.018
	<0.60	0.017～0.020
粗糙冰盖，有堆积冰块		0.023～0.025

（3）分子扩散系数 E_m

水中所含物质的分子扩散系数大小，主要与影响分子扩散运动的温度、溶质和压力有关，与水的流动特性无关，即分子扩散系数各向同性。水质计算中，分子扩散一般仅用于静止水体或流速很小时的情况。各物质在水中的分子扩散系数变化不大，为 10^{-9}～10^{-8} m^2/s。例如，20℃下，O_2和 NH_3及酚的 E_m 分别为 $1.8\times10^{-9}m^2/s$、$1.76\times10^{-9}m^2/s$ 和 $0.84\times10^{-9}m^2/s$。

（4）紊动扩散系数 E_t

紊动扩散是紊动水流脉动流速引起的。紊动扩散系数的大小主要与水流的紊动特性有关，从而使垂向、横向和纵向的紊动扩散系数各异，即各向异性。

1）垂向紊动扩散系数 E_{tz}。对于一般的宽浅型河流，可根据雷诺比拟方法，即认为水

流的质量交换与动量交换等同，紊动扩散系数等同于涡黏系数，依此导得明渠垂向平均紊动扩散系数 E_{tz} 为

$$E_{tz} = 0.068Hu_* \tag{4-100}$$

式中，E_{tz} 为垂向平均紊动扩散系数；H 为水深；$u_* = \sqrt{gHJ}$，为摩阻流速，其中 g 为重力加速度，J 为水力坡降。

对于水域广阔且比较深的湖泊和水库，温暖季节常常存在温度分层，即表面同温层、中间温跃层和下部同温层。这种情况下，根据实测资料分析，E_{tz} 的变化范围大体为：湖泊和水库表面同温层 $E_{tz}=(10\sim100)\times10^{-4}\text{m}^2/\text{s}$，中间温跃层 $E_{tz}=(0.01\sim1)\times10^{-4}\text{m}^2/\text{s}$，下部同温层 $E_{tz}=(0.1\sim10)\times10^{-4}\text{m}^2/\text{s}$，底部边界层 $E_{tz}=(1\sim10)\times10^{-4}\text{m}^2/\text{s}$。温跃层的 E_{tz} 最小，表明其对垂向紊动扩散具有抑制作用。

2）横向紊动扩散系数 E_{ty} 与离散系数 E_{dy}。天然河流纵断面和横断面变化较大，岸边也会有各种建筑物，同时还可能有支流汇入、河道弯曲和岔道等情况，使垂向和横向的流速分布更不均匀，从而引起比较大的横向紊动扩散。目前仍采用垂向扩散系数的描述形式来表达横向紊动扩散系数，即

$$E_{ty} = \alpha Hu_* \tag{4-101}$$

式中，α 为经验性系数。对于顺直明渠，费希尔（Fischer）对 70 多份试验资料进行统计分析，发现除灌溉渠道 α 为 0.24～0.25 外，几乎所有情况的 α 值都在 0.10～0.20 范围内。

对于弯曲和不规则的天然河道，由于横向流速的摆动，横向离散系数 E_{dy} 远大于横向紊动扩散系数 E_{ty}，这种情况下，计算时宜用 E_{dy} 进行。观测资料表明，对于 E_{dy}，如果弯曲较缓，河槽不规则属中等，可取 $\alpha=0.3\sim0.9$（河道收缩时取较小值，扩展时取较大值）；如果弯曲比较大，二次环流影响强烈，则取 $\alpha=1\sim3$，或参考能反映河道弯曲影响的公式计算。

3）纵向紊动扩散系数 E_{tx}。由于纵向离散系数 E_d 远比纵向紊动扩散系数大，一般可大出几十倍至上百倍，故常将纵向紊动扩散系数并入纵向离散系数中一起考虑。从有限的资料看，E_{tx} 与 E_{ty} 可能处于同样的量级，约为 E_{ty} 的 3 倍。

（5）河流纵向离散系数

河流纵向离散系数 E_d，视资料条件的不同，可采用下述 3 种途径计算。

1）由断面流速分布资料推求。在天然河流中，河宽远远大于水深，横向流速不均匀对 E_d 的影响远大于垂向流速不均匀的影响。费希尔考虑这一实际情况，将天然河流简化为平面二维水流，如图 4-4 所示，然后按照埃尔德（J. W. Elder）由垂向流速分布推导纵向离散系数的方法，导得天然河道中纵向离散系数 E_d（即 E_{dx}）的计算公式为

$$E_d = -\frac{1}{A}\int_0^B q'(y)\int_0^y \frac{1}{E_{ty}H(y)}\int_0^y q'(y)\,\mathrm{d}y\mathrm{d}y\mathrm{d}y \tag{4-102}$$

参照图 4-4，该式近似为

$$E_d = -\frac{1}{A}\left\{\sum_{k=1}^{n}\left[\sum_{i=1}^{k}\left(\sum_{i=1}^{k} q'_i\Delta y_i\right)\frac{\Delta y_i}{E_{ty,i}\overline{H}_i}\right]q'_k\Delta y_k\right\} \tag{4-103}$$

$$q'_i = (H_i + H_{i+1})(\overline{u}_i - u)/2 = \overline{H}_i(\overline{u}_i - u),\quad E_{ty,i} = 0.23\overline{H}_i u_{*i},\quad u_{*i} = \sqrt{g\overline{H}_i J} \tag{4-104}$$

式中，E_d 为纵向离散系数；A 为过水断面面积；B 为水面宽；J 为河流纵坡降；u 为断面平均流速；$\bar{u}_i$ 为第 i 块部分断面的平均流速；Δy_i 为整个过水断面划分为 n 块中的第 i 面积的水面宽；H_i、H_{i+1} 和 $\overline{H}_i$ 分别为第 i 块部分面积的左边、右边及平均水深；$E_{ty,i}$ 为第 i 块面积的横向紊动扩散系数；u_{*i} 为第 i 块面积的摩阻流速；g 为重力加速度。

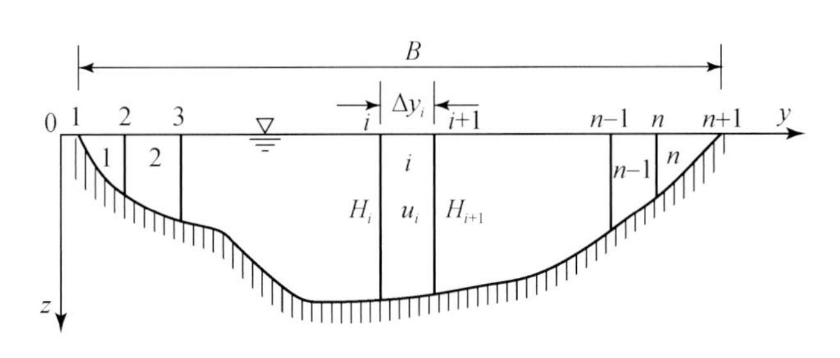

图 4-4 河流断面分块示意

2）由现场示踪剂试验推求。为了比较准确地计算河段的纵向离散系数，可在河道中选择适当的位置瞬时以点源方式投放示踪剂，如诺丹明，在下游观测示踪剂浓度随时间变化的过程线来推求纵向离散系数 E_d。示踪剂为非降解性物质，在上游某断面被瞬间投入河流后，由于水流的迁移扩散作用，向下游流动过程中不断分散混合，因此在下游较远的断面上测得的是一条比较平缓的示踪剂浓度过程线。显然，该过程线的分布状况反过来也反映了河段的迁移扩散特征。尤其是当下游的监测断面均取在纵向混合区时，两监测断面过程线间的差异则比较好地反映了该河段污染物随水流迁移中的纵向离散特征。基于这一事实，该方法采用由下游不同断面观测的示踪剂浓度过程线推求 E_d。当选取的下游断面均在纵向混合区时，浓度计算为一维水质问题，可由下面讲述的一维水质迁移转化基本方程解得下游 x 处的示踪剂浓度变化过程：

$$C(x,\ t) = \frac{M}{\sqrt{4\pi E_d t}}\exp\left[-\frac{(x-ut)^2}{4E_d t}\right] \tag{4-105}$$

式中，x 为以投放示踪剂的断面为起点至下游量测断面处的距离；t 为以投放示踪剂的时刻为零点起算的时间；$C(x,\ t)$ 为 x 处 t 时刻的示踪剂浓度；M 为瞬时面源强度，等于投放的示踪剂质量除以过水断面面积；u 为河段平均流速；E_d 为纵向离散系数。

由式（4-105）可求得 x 处该过程线 $C(x,\ t)$ 的方差 σ_t^2 为

$$\sigma_t^2 = \int_0^\infty C(t-\bar{t})\mathrm{d}t\Big/\int_0^\infty C\mathrm{d}t = \frac{2E_d x}{u^3},\quad \bar{t} = \int_0^\infty Ct\mathrm{d}t\Big/\int_0^\infty C\mathrm{d}t \tag{4-106}$$

当用纵向混合河段距离分别为 x_1 和 x_2 的两个断面计算时，可得各断面浓度过程线的方差分别为

$$\sigma_{t1}^2 = \frac{2E_d x_1}{u^3},\quad \sigma_{t2}^2 = \frac{2E_d x_2}{u^3} \tag{4-107}$$

取 $\bar{t}_1 = x_1/u$，$\bar{t}_2 = x_2/u$，由 σ_{t1}^2, σ_{t2}^2 解得 E_d 为

$$E_d = \frac{u^2}{2}\frac{\sigma_{t2}^2 - \sigma_{t1}^2}{\bar{t}_2 - \bar{t}_1} \tag{4-108}$$

由于可以测得两个断面的示踪剂浓度过程线，依此计算它们的 $\bar{t}_1$ 与 $\bar{t}_2$ 和 σ_{t1}^2 与 σ_{t2}^2，从而可按式（4-108）求得纵向离散系数 E_d。

3）由经验公式估算。在缺乏断面流速分布资料和示踪剂试验时，可用经验公式估算。这类公式很多，但都有一定的局限性，选用时需用当地资料检验，以保证成果的可靠性。费希尔于 1975 年提出的公式为

$$E_d = 0.011 \frac{u^2 B^2}{H u_*} \tag{4-109}$$

刘亨立（H. Liu）于 1980 年提出的公式为

$$E_d = \gamma \frac{u_* A^2}{H^3} \tag{4-110}$$

式中，γ 是经验系数，一般取 0.5～0.6。

麦克奎维-凯弗（Mcquivey-Keefer）于 1974 年提出的公式为

$$E_d = 0.115 \frac{Q}{2BJ}\left(1 - \frac{Fr^2}{4}\right) \tag{4-111}$$

Seo 和 Cheang（1966）由美国 26 条河流收集的 59 个实测资料，得到的公式为

$$E_d = 5.915 \left(\frac{B}{H}\right)^{0.62} \left(\frac{u}{u_*}\right)^{1.428} H u_* \tag{4-112}$$

式中，H 为平均水深；B 为水面宽；摩阻流速 $u_* = \sqrt{gHJ}$；J 为水力坡降；u 为断面平均流速；Q 为河段流量；g 为重力加速度；Fr 为弗劳德数，$Fr = u/(gH)^{1/2}$。

4.5.2 水工建筑物堰流和闸孔出流参数

在水利工程中，为了综合考虑防洪、灌溉、航运、发电和冲沙等要求，常新建溢流坝和水闸以宣泄水流或调节流量。顶部溢流的水工建筑物称为堰。溢流坝和水闸的底槛都是堰，此外无压涵洞的进口也属于堰的范畴。经过堰的水流，当没有受到闸门控制时就是堰流；当受到闸门控制时就是闸孔出流。

（1）堰流

堰流计算公式为

$$Q = \varepsilon \sigma_s m n b \sqrt{2g} H_0^{\frac{3}{2}} \tag{4-113}$$

式中，Q 为过流量（m^3/s）；ε 为侧收缩系数；σ_s 为淹没系数；m 为流量系数；n 为溢流孔数；b 为每孔宽度（m）；H_0 为堰顶全水头（m）；g 为重力。

侧收缩系数。侧收缩系数的计算公式为

$$\varepsilon = 1 - 0.2[(n-1)\xi_0 + \xi_k] \frac{H_0}{nb} \tag{4-114}$$

式中，n 为溢流孔数；b 为每孔宽度；ξ_0 为闸墩系数；ξ_k 为边墩系数；当 $\frac{H_0}{b}>1$ 时，按 $\frac{H_0}{b}=1$ 代入式中计算。

淹没系数。用淹没系数 σ_s 综合反映下游水位及护坦高程对过水能力的影响。σ_s 取决于 h_s/H_0 及 P_2/H_0。对于 WES 剖面，当 $h_s/H_0 \leqslant 0.15$ 及 $P_2/H_0 \geqslant 2$ 时，出流不受下游水位及

护坦高程的影响，称为自由出流，$\sigma_s=1$。

流量系数。堰上游面垂直的 WES 剖面，若$\frac{P_1}{H_d}\geqslant 1.33$，称为高堰，计算中要不计行进流速水头，设计流量系数 $m_d=0.502$。在这种情况下，当实际工作全水头等于设计水头，即$\frac{H_0}{H_d}=1$时，流量系数$m=m_d=0.502$；当$\frac{H_0}{H_d}<1$时，$m<m_d$；当$\frac{H_0}{H_d}>1$时，$m>m_d$。若$\frac{P_1}{H_d}<1.33$，称为低堰，行进流速加大，设计流量系数 m_d 用下列经验公式计算：

$$m_d=0.4988\left(\frac{P_1}{H_d}\right)^{0.0241} \tag{4-115}$$

流量系数 m 随$\frac{P_1}{H_d}$减小而减小。

（2）闸孔出流

闸孔出流一般按下式计算：

$$Q=\mu be\sqrt{2gH_0} \tag{4-116}$$

式中，Q 为过流量（m^3/s）；μ 为流量系数；b 为闸孔宽度（m）；e 为闸门开度（m）；H_0 为闸孔全水头（m）；g 为重力。其中，

$$\mu=\varepsilon_2\varphi\sqrt{1-\varepsilon_2\frac{e}{H_0}} \tag{4-117}$$

式中，φ 为流速系数，底坎高度为零时 φ 为 0.95～1.0，有底坎闸孔 φ 为 0.85；ε_2 为垂直收缩系数。

当闸前水头 H 较高，而开度 e 较小或上游坎高 P_1 较大时，行进流速 ν_0 较小，在计算中可以不考虑，即令

$$H\approx H_0 \tag{4-118}$$

当计算闸站出流时，闸门形式会影响闸门的垂直收缩系数。

1）平板闸门。平板闸门垂直收缩系数见表 4-9。

表 4-9　平板闸门垂直收缩系数 ε_2

e/H	0.10	0.15	0.20	0.25	0.30	0.35	0.40
ε_2	0.615	0.618	0.620	0.622	0.625	0.628	0.630
e/H	0.45	0.50	0.55	0.60	0.65	0.70	0.75
ε_2	0.638	0.645	0.65	0.66	0.675	0.69	0.705

流量系数 μ 可用下面的经验公式计算：

$$\mu=0.60-0.176\frac{e}{H} \tag{4-119}$$

2）弧形闸门。弧形闸门垂直收缩系数见表 4-10。

表 4-10　弧形闸门垂直收缩系数 ε_2

α	35°	40°	45°	50°	55°	60°	65°	70°	75°	80°	85°	90°
ε_2	0.789	0.766	0.742	0.720	0.698	0.678	0.662	0.646	0.635	0.627	0.622	0.620

α 按下式计算：

$$\cos\alpha = \frac{c - e}{R} \tag{4-120}$$

流量系数 μ 可按经验公式计算：

$$\mu = \left(0.97 - 0.81\frac{\alpha}{180°}\right) - \left(0.56 - 0.81\frac{\alpha}{180°}\right)\frac{e}{H} \tag{4-121}$$

上式的适用范围：$25° < \alpha \leqslant 90°$；$0 < \frac{e}{H} < 0.65$。

(3) 泵站提水

为将水由低处扬至高处，以满足灌溉、排水和供水等要求，需要修建泵站。

对于泵站，其最大流量为

$$Q_{\max} = \frac{1000N\eta}{\gamma H_t} \tag{4-122}$$

式中，$Q_{\max}$ 为泵站最大流量（m^3/h）；N 为泵站装机容量（kW·h）；η 为水泵的总效率；γ 为水的容重，一般取 $9800N/m^3$；H_t 为水泵扬程（m）。

(4) 涵管出流

当涵管出口水流流入大气时，其流量为

$$Q = \mu_c A\sqrt{2gH} \tag{4-123}$$

式中，μ_c 为管道流量系数；A 为管道过水断面面积；H 为管道水头。

当涵管出口完全淹没在水面以下时，其流量为

$$Q = \mu_c A\sqrt{2gz} \tag{4-124}$$

式中，z 为上下游水位差。

4.5.3　突发性水环境特征污染物参数

4.5.3.1　突发性水环境特征污染物的选取

在突发性水环境风险模拟的水质数值模型研究的基础上，结合典型的湖泊、水库和河流等流域突发性水环境风险评估的结果，明确典型流域突发性水环境风险的污染物指标体系及其水环境水生态的安全阈值标准，选取苯系物（如硝基苯）、氰化物、油类和重金属（如砷和铅）等污染物作为特征污染物，同时结合研究区域的实际情况，再补充相应特征污染物，作为建立突发性水环境风险模拟模型的指标。突发性水环境风险典型污染物种类见表 4-11。

表 4-11　突发性水环境风险特征污染物种类

污染物类型		分类说明	亚类	污染物特性	代表性污染物
有机污染物	油类	重油与轻油不同；非极性溶剂类与轻油类似，而挥发性有差异	船舶重油	不可溶性的漂浮类污染物	船舶重油
			柴油		柴油
			卤代烃、卤代烯和卤代醚		卤代烃、卤代烯和卤代醚
	苯系物	苯系物以苯、甲苯和二甲苯 BTX 等为代表；硝基苯和卤代苯极性的挥发性和溶解性等性质与 BTX 相似；极性取代苯则不同	苯	非持久性污染物	苯
			硝基苯		硝基苯
			氯苯类		氯苯类
	酚类	是芳烃的含羟基衍生物，酚类化合物的毒性以苯酚为最大	苯酚		苯酚
			2，4，6-三氯酚		2，4，6-三氯酚
			2，4-二硝基酚		2，4-二硝基酚
	胺类	胺是极性化合物；低级胺易溶于水，胺可溶于醇、醚和苯等有机溶剂	苯胺		苯胺
			联苯胺		联苯胺
	多环芳烃	多环芳烃是分子中含有两个以上苯环的碳氢化合物，包括萘、蒽、菲和芘等 150 余种化合物	萘和菲		萘和菲
	多氯联苯	多氯联苯是联苯苯环上的氢被氯取代而形成的多氯化合物	多氯联苯 1016	持久性污染物	多氯联苯 1016
	有机氯农药	有机氯农药是含有有机氯元素的有机化合物	DDT 和七氯		DDT 和七氯
	钛酸酯类	钛酸酯类是作为酯类反应的催化剂	邻苯二甲酸和二甲酯	非持久性污染物	邻苯二甲酸和二甲酯
无机污染物	营养盐类	造成水体富营养化的氮和磷等	氮和磷		氮和磷
	氰化物类	各种金属元素的氰化物和氢氰酸等	氰化钾		氰化钾
	金属类	砷、汞、铅、铬和镉等元素	汞和砷	持久性污染物	汞和砷
			铬、镉和铯		铬、镉和铯

在模型中以污染物的溶解性、沉降性、挥发性、漂浮性和降解性等参数，表征不同污染物在水体中的迁移扩散转化机制。

有机污染物在水环境中的迁移转化主要取决于有机污染物自身的性质以及水体的环境条件。有机污染物一般通过吸附作用、挥发作用、水解作用、生物富集和生物降解作用等过程进行迁移转化，研究这些过程，将有助于阐明污染物的归趋和可能产生的危害。

表 4-12　氯代乙烷类

化合物名称	相对分子质量	相对密度	K_{OW}	K_{OC}	P_V（蒸气压）	K_b	BCF	溶解性
1，2-二氯乙烷	98.96	（水=1）1.26 （空气=1）3.35	63	30	180（20℃）		177.7	微溶于水，可混溶于醇、醚和氯仿
1，1，1-三氯乙烷	133.41	（水=1）1.35 （空气=1）4.6	320	152	123（25℃）		765.8	不溶于水，溶于乙醇和乙醚等
六氯乙烷	236.74	（水=1）2.09	4.20×10^4	2.00×10^4	0.4（20℃）	1.00×10^{-10}	6.10×10^4	不溶于水，溶于醇、苯、氯仿和油类等多数有机溶剂
1，2-二氯乙烷	98.96		30	14	61（20℃）	1.00×10^{-10}	91.2	
1，1，2-三氯乙烷	133.41	（水=1）1.44 （空气=1）4.55	117	56	19（20℃）	3.00×10^{-12}	309.96	不溶于水，可混溶于乙醇和乙醚等
1，1，2，2－四氯乙烷	167.85	（水=1）1.60	245	118	5（20℃）	3.00×10^{-12}	6.00×10^2	微溶于水，溶于乙醚和乙醇等
氯乙烷	64.52	（水=1）0.92 （空气=1）2.20	30.9	14.9	1×10^3（20℃）		93.6	微溶于水，溶于乙醚和乙醇等

4.5.3.2 突发性水环境风险特征污染物参数库的建立

我国南方地区气候湿润，江河径流量大，污染物在水体中扩散迁移快；北方地区气候干燥，河川径流量小且含沙量大，挥发性污染物扩散到大气中的速度快，污染物在水体中吸附与解吸附现象比较突出。由于各条河流特征千差万别，因而水质模型中的参数因河流而异，故确定模型中的参数是建立水质模型过程中的重要步骤，而所估计的参数值正确与否直接影响到模型的质量和可靠性。相应的，突发性水环境风险模拟模型数据库有所差别。在此基础上根据实测资料进一步研究模型参数随时间的变化规律，对参数库不断进行补充和修正，才能够真正在突发性水环境风险预警过程中，为风险的发布、预警方案的制订和决策，提供高水平的可靠的技术支持，在突发事件发生后的第一时间做出正确决策。

对污染物在水体中存在形态，以及污染物与水和污染物与颗粒物界面间分配系数进行研究，以解释其在不同自然条件下挥发、悬浮、沉降、吸附与解吸附影响。

(1) 有毒化学物品环境参数的选取

研究选取以下参数：① 化合物在水中的溶解度（S）；② 辛醇-水分配系数（K_{OW}）；③ 沉积物-水分配系数（K_{OC}）；④ 蒸气压（P_V）；⑤ 生物转化和降解系数（K_b）；⑥ 生物富集系数（BCF）；其数据表从略。

(2) 突发性水环境风险典型污染物的选取

选取的突发性水环境风险典型污染物如表 4-12 和表 4-13 所示。

表 4-13 重金属

重金属	解吸系数	再悬浮系数	沉降系数	底泥和水中的分配系数	悬浮物和水中的分配系数
六价铬	1.7×10^{-12}	5.5×10^{-11}	6.0×10^{-9}	4.0×10^{3}	2.0×10^{4}
镉	2.6×10^{-12}	1.1×10^{-10}	9.0×10^{-10}	4.0×10^{3}	2.0×10^{4}
铅	1.2×10^{-12}	1.7×10^{-10}	1.3×10^{-9}	4.0×10^{3}	2.0×10^{4}
砷	1.4×10^{-12}	2.2×10^{-10}	7.0×10^{-10}	4.0×10^{3}	2.0×10^{4}
汞	4.6×10^{-12}	2.8×10^{-10}	7.0×10^{-10}	4.0×10^{3}	2.0×10^{4}
硒	1.8×10^{-12}	3.3×10^{-10}	8.0×10^{-9}	4.0×10^{3}	2.0×10^{4}
铜	4.7×10^{-12}	3.9×10^{-10}	1.5×10^{-9}	4.0×10^{3}	2.0×10^{4}
锌	1.5×10^{-12}	4.4×10^{-10}	2.5×10^{-7}	4.0×10^{3}	2.0×10^{4}

第5章

突发性水污染事故应急生态风险评估技术研究

水污染事故发生之后，按照受体，可以将风险评估分为水生态与人体健康两类。生态风险评估（ecological risk assessment，ERA）是以化学、生态学和毒理学为理论基础，应用物理学、数学和计算机科学技术，预测污染物对生态系统的有害影响。1992年美国环保局将其定义为“评估暴露于一个或多个压力状态下而发生不利生态效应可能性的过程”。水生态风险评估是利用生态风险评估的原则和方法，评估污染物进入水环境后产生生态危害的可能性及程度。长期以来，我国尚未针对突发性水污染事故的特点开展系统的科学的研究，缺乏必要的突发性水污染事故风险评估和应急处置等相关技术，导致目前我国水环境管理不能适应环境形势的变化。

5.1 风险评估技术方法框架

本研究主要针对突发性水污染事故对水生态系统的风险，借鉴美国国家科学院（U. S. National Research Council of National Academy of Sciences）和美国环境保护署（U. S. Environmental Protection Agency，USEPA）的相关技术体系，提出一套基于维护水生态系统健康的突发性水污染事故应急风险评估方法，分析突发性水污染事故环境风险水平，构建突发性水污染事故风险控制阈值确定技术，确定突发性水污染事故风险分级以及风险表征方法，为环境应急部门应对突发性水污染事故提供技术依据。风险评估技术主要分为风险识别、风险分析以及风险表征3个步骤，技术路线见图5-1。

5.2 应急生态风险评估技术方法

5.2.1 突发性水污染事故风险识别

风险识别主要任务是广泛收集关于突发性水污染事故的相关信息，并将相关信息进行整理，明确开展突发性水污染事故生态风险评估的主要内容，确定评估范围，确立突发性水污染事故风险评估的技术框架。风险识别的具体内容包括3个方面。

1）突发性水污染事故的特征污染物清单的确定。根据事故原因以及相应发展的相关信息确定特征污染物的种类，掌握污染物的基本理化性质信息（包括诸如溶解性、挥发性、富集性和辛醇-水分配系数），明确进入水环境的特征污染物可能产生的主要毒性效应（致死、致畸、致突变、生长抑制和不育等），筛选进行风险评估的污染物优先序列并形成特征污染物清单。

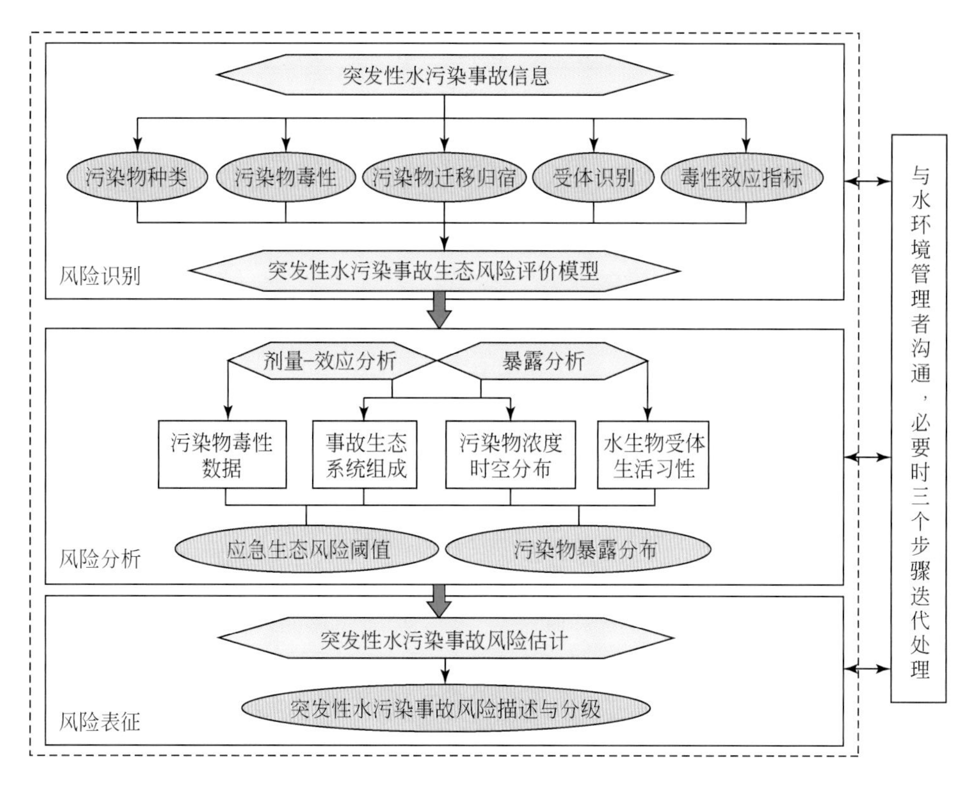

图 5-1　应急生态风险评估技术路线

2）突发性水污染事故的敏感受体的识别。收集事故水域的历史相关资料，以水生态系统作突发性水污染事故需要保护的敏感受体。敏感受体中重点选择区域内污染物浓度较高的介质如水体和沉积物中长期生存的物种、对维持水生生态系统稳定起重要作用的功能物种以及国家与省（直辖市）法律法规保护的珍稀濒危物种。

3）污染物暴露途径以及效应指标的确定。根据事故发生的主要污染物理化特征，结合水体的水文与水动力历史特征，系统分析污染物的迁移转化规律，明确污染物在环境中的归宿，并分析敏感受体的生物习性，判断污染物对敏感受体的主要暴露途径，并选择指标的生物效应终点，如死亡、生长、繁殖及其他一些生理生化指标。

5.2.2　突发性水污染事故风险分析

突发性水污染事故风险分析的主要内容包括剂量-效应分析和暴露分析，以及确定两者之间的相互关系。其目的是将突发性水污染事故中的污染物浓度与污染物对敏感受体可能产生的毒性效应联系起来，为下一步开展风险表征提供基础。

5.2.2.1　剂量-效应分析

剂量-效应分析主要是根据风险识别中界定的生态风险评估的范围，分析突发性水污染事故中风险污染物的致毒致害的机理，选择恰当的效应指标，推导污染物与水生物受体反应之间的“剂量-效应”水平关系，确定突发性水污染事故的临界性保护水平即“污染物应急生态风险阈值”，为环境决策和与其相关的标准或基准的制定提供参考依据。在生态风险评估中比较常用的风险阈值是预测的抑制浓度值（HC_x）①。这个值可以通过构建物种敏感度分布曲线，由物种敏感分布曲线上一定比例的物种受影响的浓度值推导获取。

自20世纪70年代以来，物种敏感度分布（species sensitivity distribution，SSD）曲线被美国和欧洲国家建议用来推出环境质量基准，其在概率生态风险评估和水质基准制定的过程中起到了非常重要的作用。不同生物代谢的差异使得不同种属甚至同一种属与区系的不同个体对化学物质的敏感程度往往存在着量与质的差异。SSD就是指在结构复杂的生态系统中，不同物种对某一胁迫因素的敏感程度服从一定的（累积）概率分布，即SSD可被看成是一种累积分布函数，可以通过概率或经验分布函数来描述不同物种样本对胁迫因素的敏感度差异。因此，对于某种化学物质，当可获得的毒性数据足够多，并假定毒性数据涉及的有限物种是在整个生态系统中随机抽样的，可以采用统计学方法构建SSD曲线，通过描述SSD曲线的斜率和置信区间等相关参数，分析SSD的不确定性，最终形成基于不确定性分析的具有统计学意义的SSD曲线。通过SSD曲线推导化合物危害浓度水平，反映了对污染物环境风险的估计，避免了专家评判法推导污染物环境危害浓度的不客观的缺点。SSD曲线的构建及应用存在两个需要系统考虑的因素：毒性数据的选择和统计方法的选择。研究结果，表明毒性数据选择比统计方法选择对HC_x值更有影响。

物种敏感度法推导浓度阈值，需要保护的物种比例一般可随意设定，但环境管理中通常需要在统计考虑（比例太小，风险预测不可靠）和环境保护需求（要求受影响的比例越小越好）之间进行平衡。目前应用中，一般选择受到影响的物种比例为5%，即95%物种得到有效保护的浓度作为阈值。为满足突发性水污染事故生态风险分级需求，选取物种敏感度分布曲线上5%、30%和50%的物种受到的影响的浓度值，将其统一称为污染物应急生态风险阈值。

（1）数据选择

理论上，毒性数据越多SSD曲线代表性越强，基于统计拟合的SSD曲线越接近真实的生态系统对污染物的反应。因此，构建SSD曲线需要广泛收集涉及污染物毒性的各种资料，既包括实验室开展生态毒理实验数据，也包括直接的现场毒性实验数据。然而，由于不同毒理学数据获取方式的不同，如缺乏统一的数据选择标准，不同的数据推导的SSD曲线差异较大，可能会产生一个不正确的评估。因此必须根据一定的原则对不同来源的毒性数据进行筛选和评估。毒性数据的选择主要包括毒理数据质量选择和毒理数据数量的选择。

1）数据质量选择。毒性数据搜集范围，包括美国ECOTOX数据库、公开发表的文

① 一定比例x%的物种受影响时所对应的污染物浓度，即x%的危害浓度（hazardous concentration，HC_x，通常取HC_5）。HC_5表示在该浓度下产生某种效应的物种不超过总物种的5%（即SSD曲线上5%所处对应的效应浓度值）。

献或出版的书籍、环境管理部门发布的报告及注明日期和署名的文件如手稿、书信和备忘录的毒性数据。考虑到事故风险评估主要针对短时间和高剂量暴露的特点，毒性数据选择上主要考虑24小时、48小时和96小时的半致死浓度（median lethal concentration，LC_{50}）。按照精确性、适当性和可靠性3个原则对毒性数据的质量进行评估。当某一个测试终点有多个测试数据时，要选择对效应和终点描述最精确和恰当的数据；当有多个可靠毒性数据可用时，一般选用几何平均值。适当性主要是考虑测试过程对评估报道的效应或终点是否恰当。可靠性主要考虑报道的测试方法与可接受的方法或标准方法相比是否完整。可靠的数据应包括对实验程序和结果的详细描述，并且实验结果应该支持相关理论。

2）数据数量选择。由于毒性数据的数量和代表性直接关系到物种敏感度曲线的具体分布，并最终影响风险控制阈值的最终结果，USEPA规定毒性数据选择的物种应涵盖的生物类群包括：①硬骨鱼纲鲑科；②硬骨鱼纲非鲑科的物种，最好是商业上或娱乐业上重要的温水鱼类；③脊索动物门中的其他一个科（硬骨鱼纲或两栖纲）；④甲壳纲浮游类（枝角类和桡足类等）；⑤底栖甲壳纲（介形类、等足类、端足类和十足目）；⑥一种水生昆虫（如摇蚊科或蜻蜓科等）；⑦节肢动物门和脊索动物门之外的一个门的一个科（如轮虫纲、环节动物门和软体动物门等）；⑧昆虫纲的任意一科或任一个非上面的一门。

（2）统计方法的选择

筛选完的数据应该用什么样的统计方法来构建SSD曲线和计算污染物的效应阈值浓度（HC_5）值，这就涉及统计方法的筛选问题，这也是构建SSD曲线得以应用的一个重要方面。目前根据数据量的多少，人们较常使用以下3种方法来进行SSD曲线的分析。

1）参数法（parametric method）。这是目前较常用的方法，是指在统计分析前，要假定数据符合某种分布。较常见的分布模型包括log-normal线性分布和log-logistic分布。log-normal线性分布主要是基于一个正态分布的假设，它的主要优点是数学方法简单。但由于log-normal分布过于简单，在已测试的30个数据中有一半的数据点产生变异，不符合这种分布。它暗示了数据可能还包括别的分布形式，尤其是当物种对毒物的敏感度不同时，仅仅依靠一条直线来描述是不恰当的。log-logistic分布能够对SSD数据提供一个很好的拟合，在置信区间的计算上它的数学方法比log-normal线性分布复杂，用于计算置信区间的外推因子可以通过蒙特卡罗模型模拟获得。但是这个外推因子只能限制置信区间达到单尾95%水平或双尾90%水平，而人们通常要求置信区间达到双尾95%的水平。

2）非参数再取样方法（non-parametric bootstrap method）。参数法需要假设参数符合某个分布模型，然后进行统计分析。Jagoe和Newman（1996）等建议利用非参数再取样技术来建立SSD曲线。它是利用在一定的计算范围内对原始数据进行大量的重复再取样，模拟总体分布，计算统计量，进行统计推断来评估HC_x值。这种方法的优点在于统计分析前，不需要假定数据符合某个分配，并且在计算置信区间时比较简单。但是这个方法需要较大的数据量，一般至少需要20组数据点来定义HC_x值和置信区间。

3）再取样回归法（bootstrap regression method）。这个方法可以看作参数分布模型和重复再取样技术的综合，这个综合技术对较小的数据量能做出统计分析和置信区间的计算。当数据量很少或当传统的参数模型难以求解时，再取样回归法将是一个行之有效的方法。它甚至能对点的 HC_5 值和置信区间进行评估。

怎样选择一个最合适的方法来进行风险分析，这需要根据所获得数据的情况和风险分析的要求。一般情况下，如果所获得的数据适合参数法的分布模型并且风险分析要求不高时，就可以选择 log-normal 分布模型进行风险分析。但一般情况下，log-logistic 分布模型更适合用来对数据进行统计分析。如果这两种方法都不能对数据进行很好的描述或拟合并且数据量又充足的情况下，就可以选用非参数再取样法，这种统计方法计算 HC_5 至少需要 20 个数据，计算 HC_{10} 至少需要 10 个数据；如果数据量较少，低于 10 个数据，那么再取样回归法（bootstrap regression method）将是一个很好的选择。

（3）构建 SSD 曲线技术路线图

经过上述讨论，应用 SSD 法推导突发性水污染事故中污染物应急生态风险阈值的技术路线，见图 5-2。

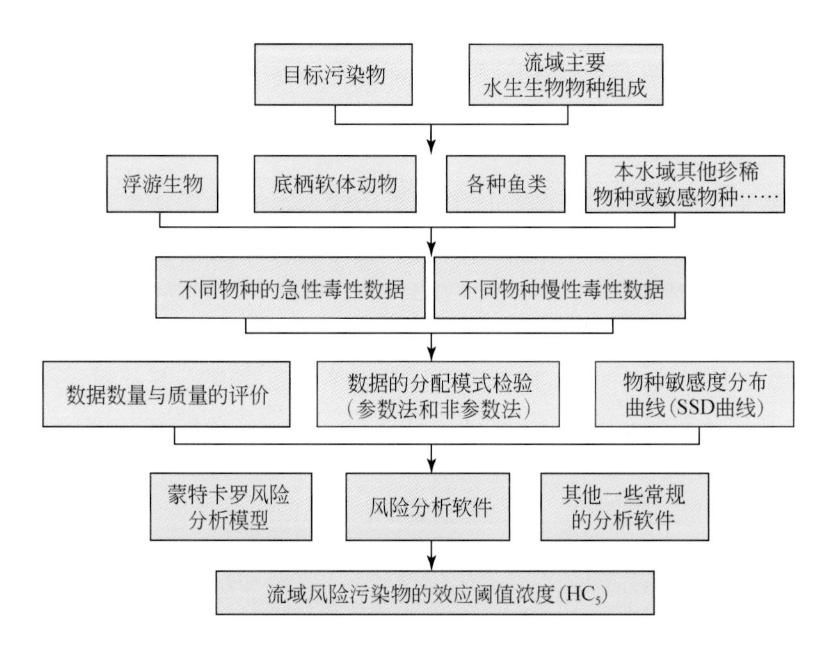

图 5-2　SSD 曲线技术路线的构建

（4）应用 SSD 模型计算典型风险污染物应急生态风险阈值

综合考虑美国与欧盟等构建 SSD 曲线的一般要求，以及突发性水污染事故“短时间、高剂量”暴露的特点，提出构建 SSD 曲线的毒性数据搜集、评估以及处理原则，并提出最小毒性数据需求。

满足构建物种敏感度分布曲线要求的毒性数据，按照以下方法构建 SSD 曲线。

1）毒性数据整理。获取的毒性数据根据数值大小进行排序，并进行对数转化。

2）毒性数据的累积概率根据毒性数据的秩进行计算，对于 n 个从小到大排列的毒性数据而言，每个毒性数据对应的累积概率计算公式为

$$P_i = \frac{i-0.5}{n} \times 100\% \qquad (5\text{-}1)$$

式中，P_i为第 i 个毒性数据的累积概率；i 为毒性数据的秩；n 为毒性数据的个数。

3）毒性数据分布拟合。以毒性数据的累积概率为纵坐标，以毒性数据的对数转化浓度作为横坐标作图，并根据数据的分布形态拟合相应的分布模型，如 log-normal 和 log-logistic 分配模型。

4）毒性数据分布模式检验。在 5% 的置信度下，采用概率图（Q-Q 图）和吻合度检验（Anderson-Darling 检验、Kolmogorov-Smirnov 检验和 Cramer-von Mises 检验）对经过对数转化的毒理学数据进行检验，确定毒理学数据的最优分布形态。

5）按照水体中 95% 水生生物避免受到污染物危害的原则，基于获取的 SSD 曲线确定特征污染物的能够有效保护 95%、70% 和 50% 的物种的危险浓度 HC_5、HC_{30}和 HC_{50}，作为突发性水污染事故的应急生态风险阈值。根据不同暴露时间分别表述为 24h、48h 以及 96h 的 HC_5、HC_{30}和 HC_{50}。

（5）应急生态风险阈值的修正

由于我国关于生态风险评价的研究尚处于起步阶段，尤其是目前尚未构建针对特征污染物的毒性数据库，污染物应急生态风险阈值的推导只能依赖欧美发达国家的毒性数据。然而，欧美国家与我国处于不同的动物地理分区，物种组成上不甚相同，完全依靠欧美国家的毒性数据推导我国突发性水污染事故应急生态风险阈值可能存在“过保护”或“保护不足”的现象。因此，建议在应用 SSD 曲线法推导中国突发性水污染事故应急生态风险阈值时，应补充中国本土的毒性数据，使获取的应急生态风险阈值能够满足保护中国本土物种的要求。

以镉和五氯酚为例，将完全取自于 USEPA 的 Ecotox 数据库的毒性数据与本研究实验室开展生物毒性试验获取的毒性数据采用相同的方法构建 SSD 曲线，推导应急生态风险阈值，以期显示补充中国本土毒性数据库的重要性。为简化计算流程，只选择应急生态风险阈值的 HC_5进行比较。

1）镉生态风险阈值修正。依据本研究实验室毒理校正研究结果，计算了镉对典型流域特征物种毒理效应对应的 HC_5-1 值；将完全取自 USEPA 毒性数据库数据推导的阈值定为 HC_5-2（表 5-1）。此外，将 USEPA 毒理数据库数据和本次毒理校正实验研究结果综合起来，构建 SSD 曲线（图 5-3），计算出污染物的 HC_5-3（表 5-1）。

表 5-1　不同暴露时间下镉急性效应阈值的比较　（单位：μg/L）

毒性终点	HC_5-1	HC_5-2	HC_5-3
24h-LC_{50}	17.80	194	140.8
48h-LC_{50}	12.20	42	42.8
96h-LC_{50}	10.50	0.44	0.30

注：HC_5-1 表示只使用本研究实验室暴露测得的毒性数据获得的急性效应阈值；HC_5-2 表示只使用毒性数据库里的数据获得的急性效应阈值；HC_5-3 表示综合前二者的毒性数据获得的急性效应阈值。

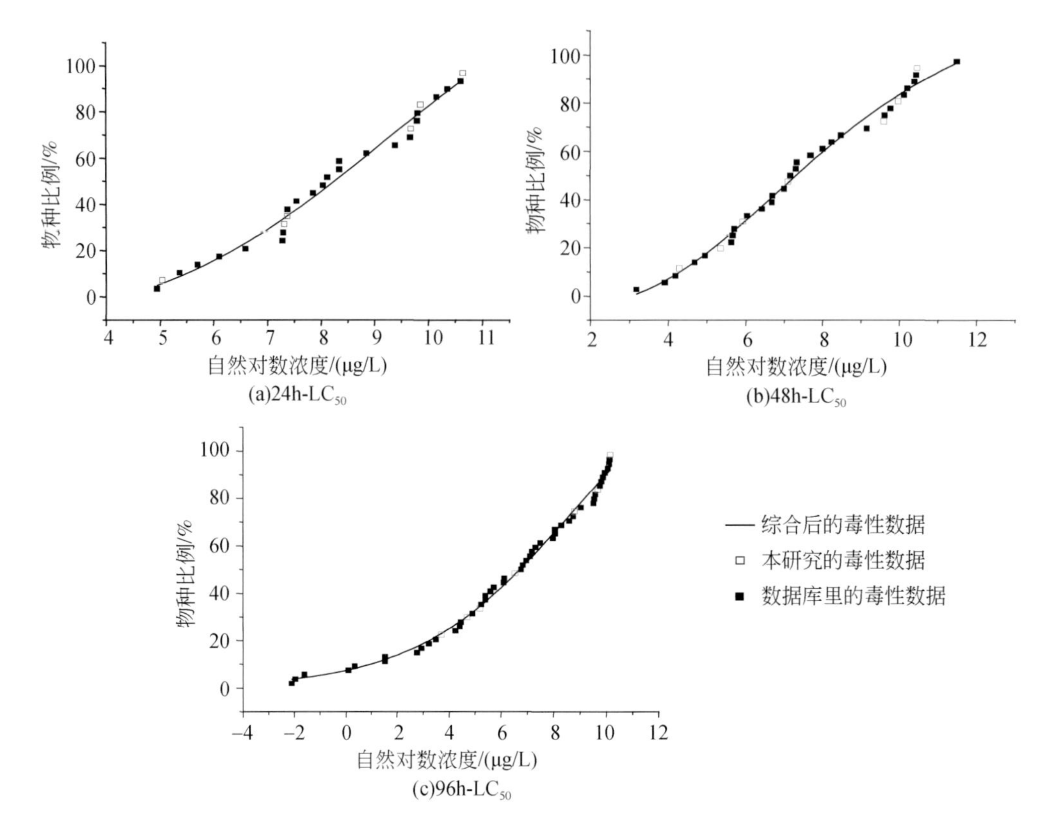

图 5-3　镉的 24h、48h 和 96h 的急性致死毒性数据的累积分布曲线

2）五氯酚生态风险阈值修正。依据本研究实验室毒理校正研究结果，计算了五氯酚对典型流域特征物种毒理效应对应的 HC_5-1，将完全取自 USEPA 毒性数据库的数据推导的阈值表述为 HC_5-2 值（表 5-2）。此外，将 USEPA 毒理数据库数据和本次毒理校正试验研究结果综合起来，再分别构建毒理累积分布曲线（图 5-4），计算出污染物的 HC_5-3 值（表 5-2）。

表 5-2　不同暴露时间下五氯酚的急性效应阈值的比较　　（单位：μg/L）

毒性终点	HC_5-1	HC_5-2	HC_5-3
24h-LC_{50}	93.6	67.8	86.2
48h-LC_{50}	48.0	46.8	59.6
96h-LC_{50}	3.6	39.2	34.8

注：HC_5-1 表示只使用本研究实验室暴露测得的毒性数据获得的急性效应阈值；HC_5-2 表示只使用毒性数据库里的数据获得的急性效应阈值；HC_5-3 表示综合二者的毒性数据获得的急性效应阈值。

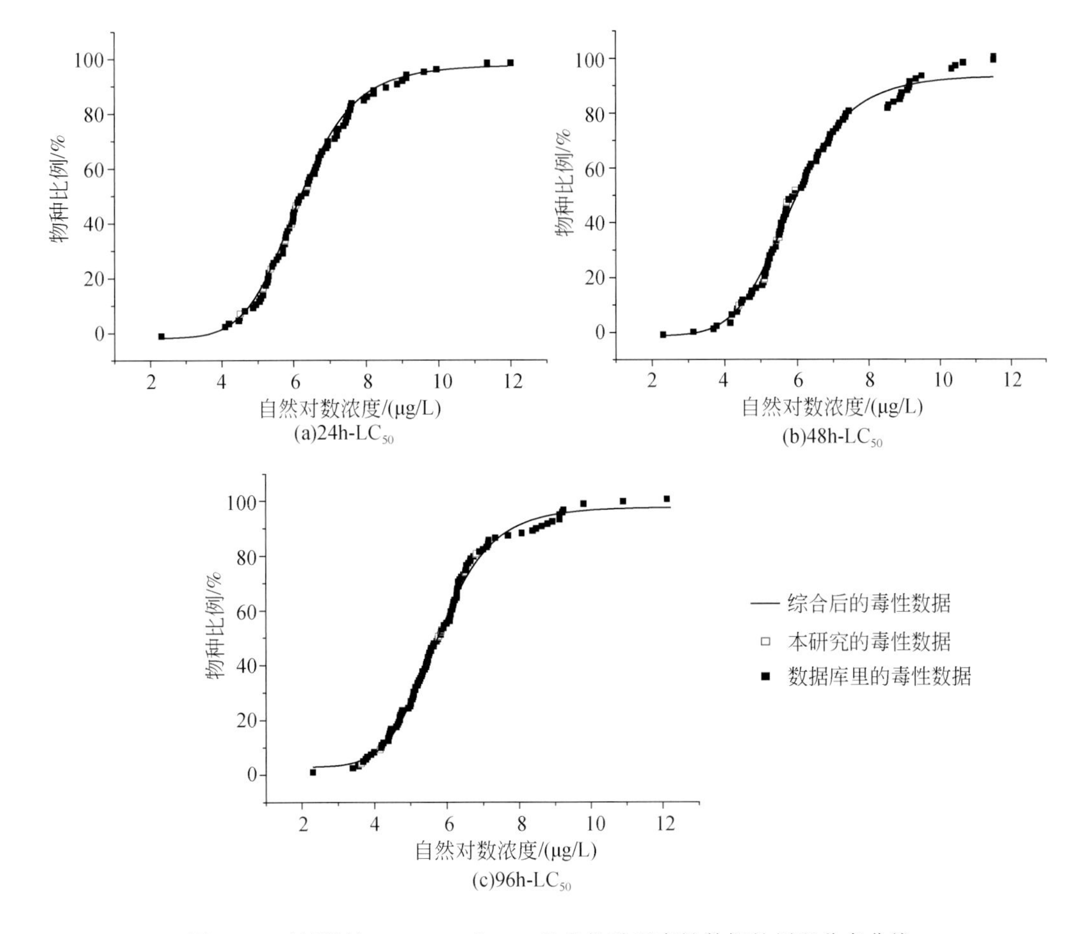

图 5-4　五氯酚的 24h、48h 和 96h 的急性致死毒性数据的累积分布曲线

如表 5-1 和表 5-2 所示，单独选择本研究通过室内生物毒性试验获取的毒性数据推导的应急生态风险阈值与直接通过收集欧美毒性数据推导的应急生态风险阈值差别较大，可能在一定程度上反映中美物种对于镉和五氯酚的敏感程度的差别。因此，应急生态风险阈值的推导过程中在考虑补充中国本土的毒性数据，使其能够满足保护中国本土物种的毒性数据需求的基础上，再结合实验获取的毒性数据与欧美毒性数据推导的应急生态风险阈值 HC_5-3。

目前，事故特征污染物安全阈值或基准的获得一般是基于实验室的急性毒性测试结果，其急性毒性指标 LC_{50} 表示当 50% 受试动物（鱼）或无脊椎动物（如大型蚤）死亡时的暴露浓度。国内外进行毒性暴露实验时，一般采用纯水加标暴露方式。

而实际发生污染事故的水体理化条件与实验室纯水差别很大，因此获取的毒性数据也相差较大。本研究推荐采用水效应比（water effective ratio，WER）对收集获取的纯水加标的急性毒性数据进行修正，使基于此毒性数据获取的化合物危害浓度更加符合实际情况。1994 年，USEPA 提出了水效应比的概念。水效应比定义为以现场实际水样测定的毒性结果与以实验室标准稀释水测定的毒性结果的比值；特定点水质基准定义为纯水推导的水质基准（water quality criteria，WQC）与水效应比的乘积，计算公式如下：

$$WER = LC_{50,site\ specific} / LC_{50,Lab} \quad (5\text{-}2)$$

$$WQC_{site,specific} = WQC \times WER \quad (5\text{-}3)$$

式中，WER 为水效应比；$LC_{50,site\ specific}$ 为以实际水样测定的毒性结果；$LC_{50,Lab}$ 为实验室标准稀释水毒性测定结果；$WQC_{site,specific}$ 为特定点水质基准；WQC 为水质基准。

本研究在进行实际水体的急性效应阈值计算时把水效应比的概念用于实际水体中急性效应阈值的计算当中。具体的实际水体的急性效应阈值 $PNEC_{site,specific}$ 定义如下：

$$PNEC_{site,specific} = PNEC_{acute} \times WER \quad (5\text{-}4)$$

式中，WER 取每种测试化合物对不同物种的 WER 的平均值；$PNEC_{acute}$ 指化合物的急性预测无效应浓度。

通过实际水样加标和实验室纯水加标获得的 LC_{50} 值的比值越大，说明加标毒物在实际水体中由于一些理化性质的影响毒性越低，可在一定程度上反映加标毒物在实际水体中的毒性强度。

5.2.2.2 典型事故特征污染物应急生态风险阈值

为支持开展突发性水污染事故应急生态风险评价，本研究广泛收集国内外相关毒性数据，根据上述筛选以及处理原则，分别计算了 9 种重点关注的典型特征污染物的应急生态效应阈值，包括重金属（镉和铬）、酚/酯类化合物（苯酚、五氯酚和邻苯二甲酸二辛酯）以及芳烃类化合物（苯、二甲苯、氯苯和荧蒽）。表 5-3 至表 5-11 列出了 9 种典型特征污染物的不同暴露时间所对应的毒性数据分布模式和基于 SSD 曲线计算的应急生态风险阈值。图 5-5 至图 5-9 分别示出了几种代表性风险污染物的 SSD 曲线。

表 5-3 重金属镉不同暴露时间所对应的毒性数据分布模式和安全阈值

毒性终点	数据分布模式	参数值	HC_5 /(μg/L)	HC_{30} /(μg/L)	HC_{50} /(μg/L)
24h-LC_{50}	Beta 分布	Min：4.21，Max：10.86，α：1.85，β：1.344	204.96	1333.52	3165.42
48h-LC_{50}	Beta 分布	Min：2.73，Max：12.04，α：1.7，β：1.73	36.56	489.17	1546.89
96h-LC_{50}	Beta 分布	Min：5.01，Max：10.26，α：2.22，β：0.88	1.244	68.23	370.54

表 5-4 重金属铬不同暴露时间所对应的毒性数据分布模式和安全阈值

毒性终点	数据分布模式	参数值	HC_5 /(μg/L)	HC_{30} /(μg/L)	HC_{50} /(μg/L)
24h-LC_{50}	logistic 分布	Loction：9.71，scale：0.84	1 308.81	7 498.84	16 958.72
48h-LC_{50}	Weibull 分布	Loction：3.74，scale：6.98，Shape：4.14	1 366.50	9 772.37	24 030.11
96h-LC_{50}	Weibull 分布	Loction：3.31，scale：6.83，Shape：3.87	681.43	5 248.07	13 180.07

表 5-5 苯酚不同暴露时间所对应的毒性数据分布模式和安全阈值

毒性终点	数据分布模式	参数值	HC_5 /(μg/L)	HC_{30} /(μg/L)	HC_{50} /(μg/L)
24h-LC_{50}	log-normal	mean：11.33，Std. Dev.：1.62	7 143.18	38 904.51	74 905.81
48h-LC_{50}	Weibull	location：6.76，scale：5.38，Shape：2.92	5 818.73	37 153.52	101 077.10
96h-LC_{50}	Normal	mean：10.52，Std. Dev.：1.31	4 315	32 362.51	97 087.52

表 5-6 五氯酚不同暴露时间所对应的毒性数据分布模式和安全阈值

毒性终点	数据分布模式	参数值	HC_5 /(μg/L)	HC_{30} /(μg/L)	HC_{50} /(μg/L)
24h-LC_{50}	log-normal	mean：6.47，Std. Dev.：1.61	48.30	323.59	689.63
48h-LC_{50}	Max Extreme	Likeliest：5.53，scale：1.53	27.80	208.93	608.98
96h-LC_{50}	Lognormal	mean：5.97，Std. Dev.：1.66	26.21	173.78	389.93

表 5-7 邻苯二甲酸二辛酯不同暴露时间所对应的毒性数据分布模式和安全阈值

毒性终点	数据分布模式	参数值	HC_5 /(μg/L)	HC_{30} /(μg/L)	HC_{50} /(μg/L)
24h-LC_{50}	logistic 分布	Loction：11.22，scale：1.23	1 078.51	19 054.61	59 457.14
48h-LC_{50}	logistic 分布	Loction：8.66，scale：1.77	24.67	1 548.82	6 448.60
96h-LC_{50}	Wellbull 分布	Loction：4.80，scale：4.10，Shape：1.32	18.76	1 324.36	5 324.82

表 5-8 苯不同暴露时间所对应的毒性数据分布模式和安全阈值

毒性终点	数据分布模式	参数值	HC_5 /(μg/L)	HC_{30} /(μg/L)	HC_{50} /(μg/L)
24h-LC_{50}	Wellbull	Location：9.32，scale.：2.59，Shape：2.19	17 263.51	63 095.73	110 019.80
48h-LC_{50}	Wellbull	Location：7.77，scale：4.04，Shape：3.80	15 319.04	51 286.14	90 864.76
96h-LC_{50}	Wellbull	Location：8.83，scale：1.88，Shape：1.39	4 727.41	21 379.62	37 709.11

表 5-9 二甲苯不同暴露时间所对应的毒性数据分布模式和安全阈值

毒性终点	数据分布模式	参数值	HC_5 /(μg/L)	HC_{30} /(μg/L)	HC_{50} /(μg/L)
24h-LC_{50}	logistic 分布	Location：11.3，scale：0.83	6 378.67	40 738.03	81 151.65
48h-LC_{50}	logistic 分布	Location：11，scale：0.80	5 159.21	30 902.95	60 352.82
96h-LC_{50}	logistic 分布	Location：10.8，scale：0.76	4 791.55	25 703.96	48 699.69

表 5-10　氯苯不同暴露时间所对应的毒性数据分布模式和安全阈值

毒性终点	数据分布模式	参数值	HC_5 /(μg/L)	HC_{30} /(μg/L)	HC_{50} /(μg/L)
24h-LC_{50}	logistic 分布	mean：10. 33，scale：0. 55	5 871. 08	19 498. 45	31 696. 40
48h-LC_{50}	normal 分布	Location：9. 77，scale：0. 77	4 584. 21	11 481. 54	16 924. 58
96h-LC_{50}	logistic 分布	Location：9. 55，scale：0. 85	993. 48	6 456. 54	16 222. 53

表 5-11　荧蒽不同暴露时间所对应的毒性数据分布模式和安全阈值

毒性终点	数据分布模式	参数值	HC_5 /(μg/L)	HC_{30} /(μg/L)	HC_{50} /(μg/L)
24h-LC_{50}	logistic	Location：5. 29，scale：1. 51	12. 22	50. 12	171. 21
48h-LC_{50}	Wellbull	Location：4. 71，scale：4. 04，Shape：5. 56	9. 28	53. 70	150. 62
96h-LC_{50}	Wellbull	Location：4. 46，scale：5. 05，Shape：3. 02	6. 57	44. 67	86. 16

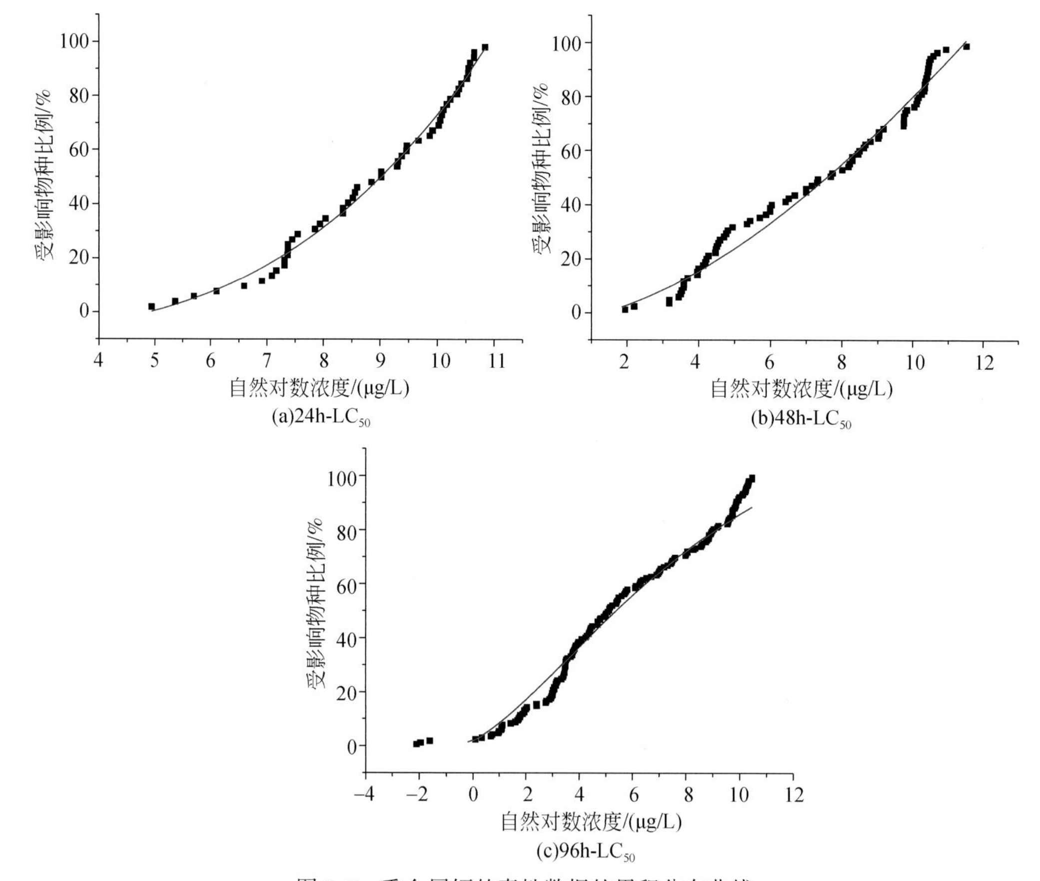

图 5-5　重金属镉的毒性数据的累积分布曲线

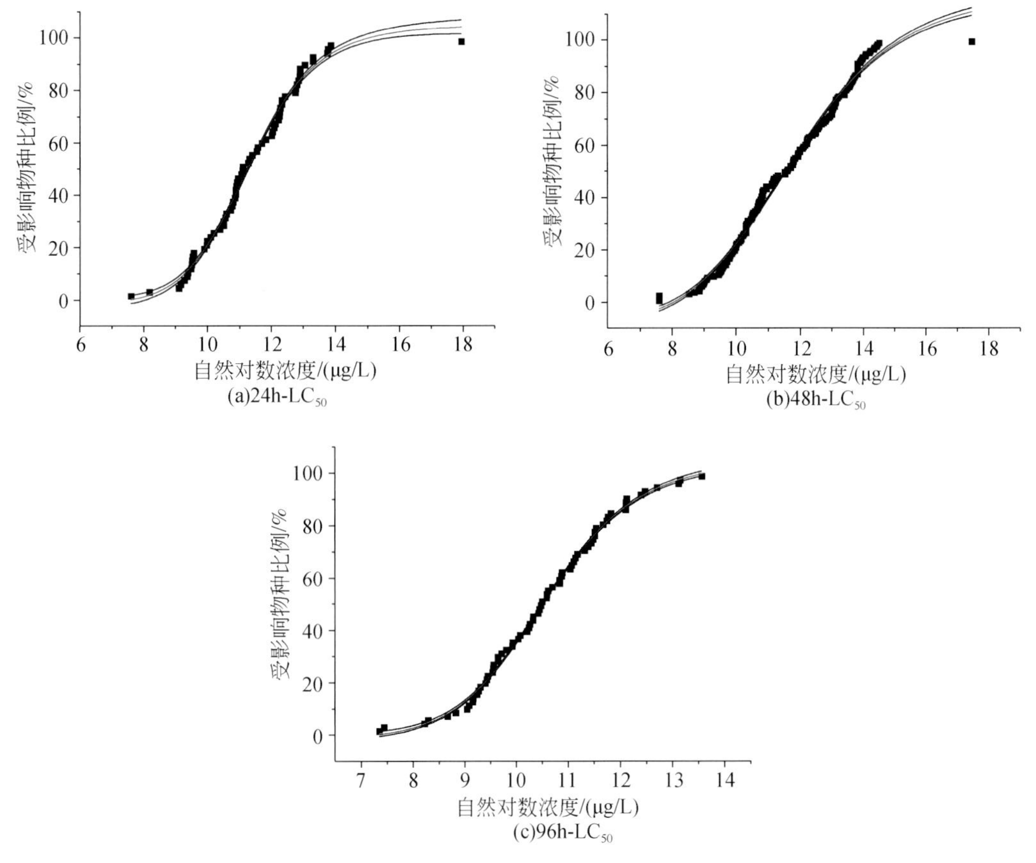

图 5-6　苯酚的急性致死毒性数据的累积分布曲线

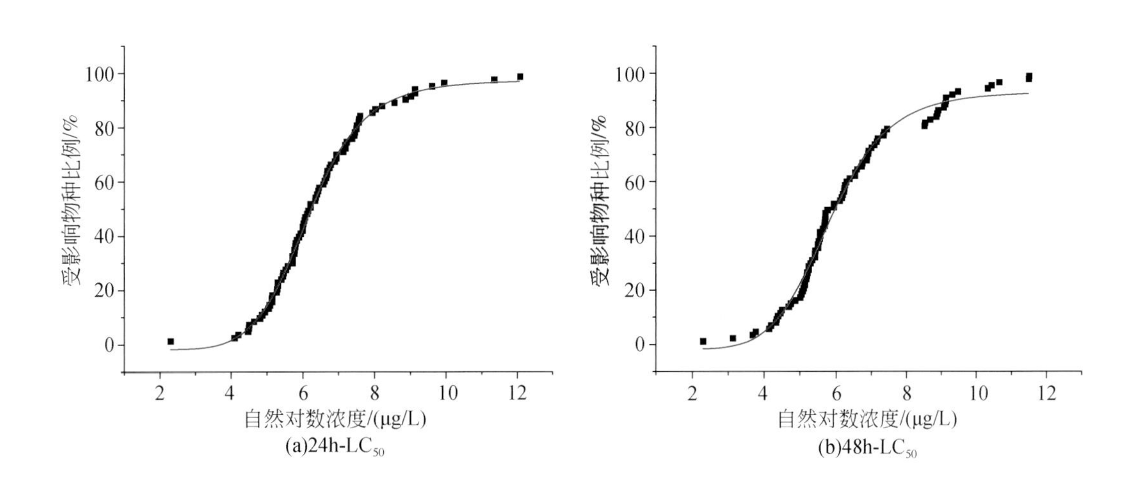

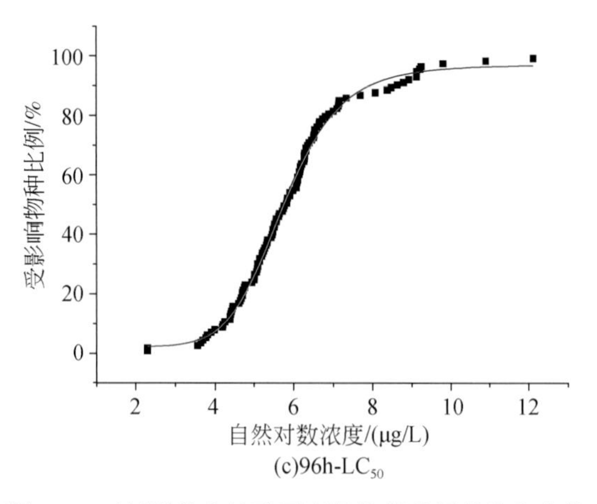

(c)96h-LC_{50}

图 5-7　五氯酚的急性致死毒性数据的累积分布曲线

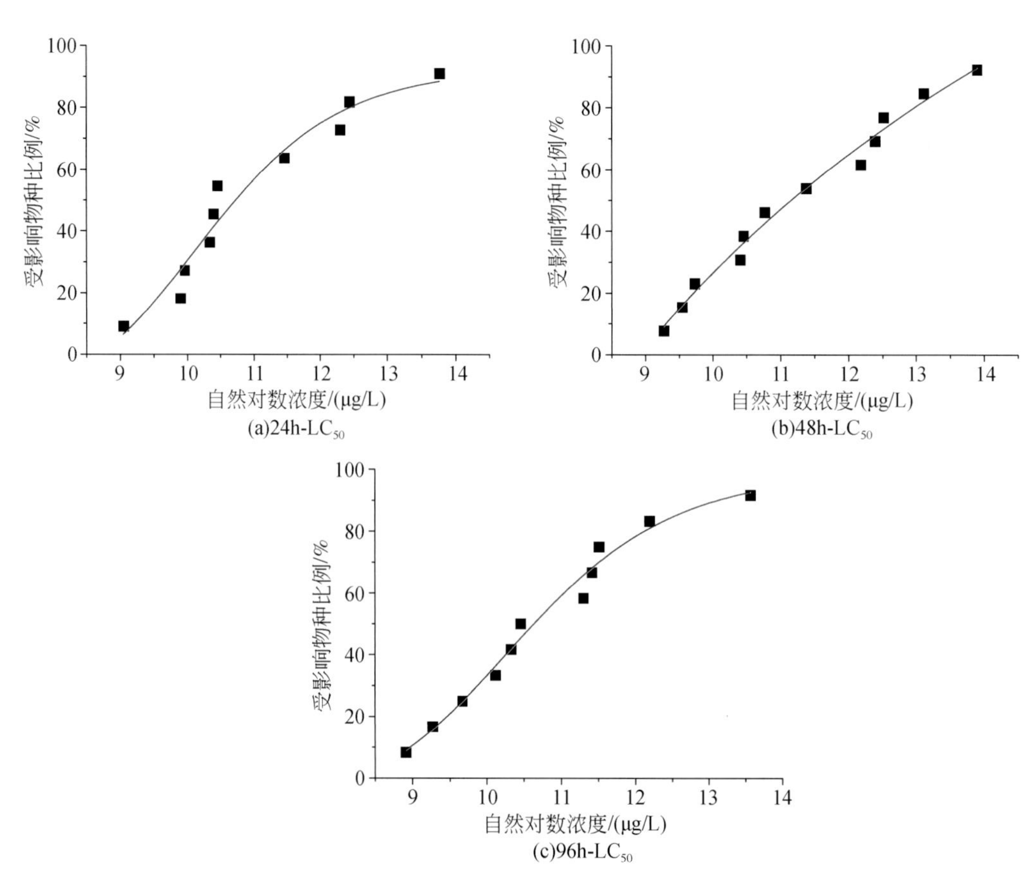

图 5-8　二甲苯的急性致死毒性数据的累积分布曲线

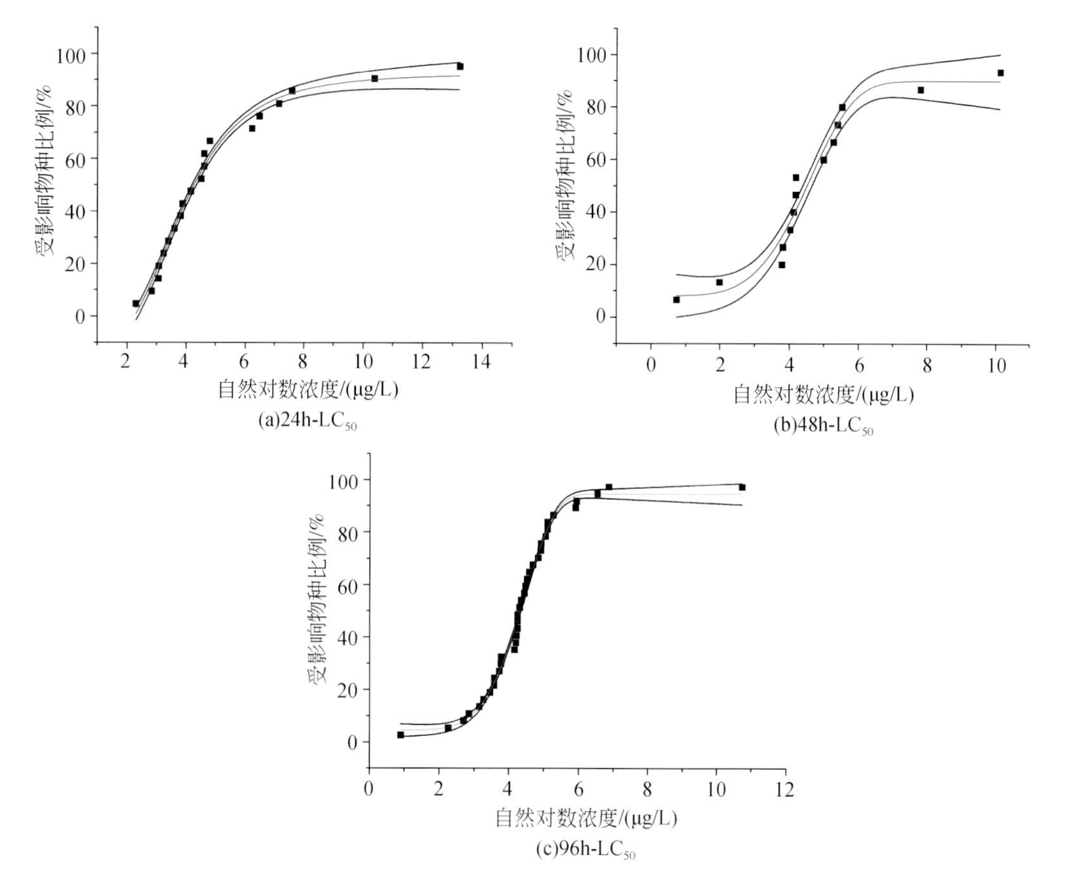

图 5-9 荧蒽的急性致死毒性数据的累积分布曲线

5.2.2.3 突发性水污染事故的暴露分析

暴露分析是特征污染物与风险受体之间存在或潜在的接触和共生关系的过程分析（USEPA，1998），包括对暴露量的大小、暴露频度、暴露持续时间和暴露途径进行测量和估算或预测的过程，是进行风险评估的定量依据。特征污染物对于水生生态系统的暴露需要考虑诸多因素的影响，如风险化合物的理化性质、水环境中的迁移转化过程以及最终的环境归宿、流域水文与水动力特征、水生生态系统物种组成和敏感受体的生活习性等。对于突发性水污染事故的应急生态风险评估，本研究主要考虑特征污染物对于水生生物的直接影响如致死和致害等反映明确的效应指标，主要考虑水体中特征污染物的暴露（包括接触暴露和摄入暴露等）而忽视食物链累积暴露。据此考虑，本研究的暴露分析将突发性水污染事故发生过程中水体中的特征污染物的浓度作为对受体的暴露浓度。水体中特征污染物的浓度可以直接采用现场监测数据或基于扩散理论的数学计算模型估算的暴露浓度。

5.2.3 应急生态风险表征

5.2.3.1 应急生态风险分级

将突发性水污染事故中污染物的浓度与研究确定的应急生态风险阈值进行比较。本研究中采用的应急生态风险阈值是用根据 SSD 曲线取 50%、30% 和 5% 的物种受到胁迫对应的浓度对突发性水污染事故中的暴露风险进行表征，具体的风险分级和其对应的意义以及应对建议见表 5-12。

表 5-12 风险分级及其代表意义

风险级别	分级标准	意义	应对建议
低风险	$C \leqslant HC_5$	事故污染物浓度对 95% 以上的物种无影响	无
中风险	$HC_5 \leqslant C < HC_{30}$	事故污染物浓度对 5% ~30% 物种产生不利影响	保持关注
高风险	$HC_{30} \leqslant C < HC_{50}$	事故污染物浓度对 30% ~50% 物种产生不利影响	需采取措施
极高风险	$C > HC_{50}$	事故污染物浓度对 50% 以上的物种产生不利影响	需采取紧急措施

注：C 为事故中特征污染物的浓度。

5.2.3.2 不确定性分析

不确定性分析是生态风险评估中必不可少的部分。使用任何一种评估方法都会产生一定的不确定性，而且这些不确定性并不能依靠技术本身来修正或者消除。不确定性主要来源于水生态系统的复杂性以及人类认知和实验分析结果等方面的局限性。

评估结果的不确定性主要来源于采用毒理数据的不确定性、暴露评估的不确定性以及表征方法的不确定性。

1）毒理数据的不确定性。由于我国目前在特征污染物毒性效应研究方面相对滞后，因此在开展特征污染物的生态风险评估时，主要依赖于美国毒理数据库中公布的毒理数据；虽然剔除了部分美国特有物种，但是缺乏事故区域水体优势物种、代表性物种以及需要特别保护物种的毒理数据。由于不同物种针对同一污染物的毒理响应不一致，因此毒理响应的种间外推也会导致评估结果的不确定性。

2）暴露表征的不确定性。突发污染事故一般事发突然，在污染物暴露分析中主要采用应急分析方法，在一个实验室完成，因此暴露数据存在一定的偶然误差。此外，在突发污染事故中，有害物质的组成、暴露量、暴露频率及有害污染在环境介质中的赋存等均会导致风险评估的不确定性。

3）风险表征方式的不确定性。在突发污染事故中，应急响应人员根据特征污染物暴露浓度以及效应阈值，采用商值法进行低层次风险表征。这也是风险评估结果不确定性的一个主要来源。

4）不确定性的传递。在风险评估的每一步骤中，均会产生一定程度的不确定性。由于风险评估是一个过程，在评估过程中，不确定性均会逐步传递到风险表征结果，并在不断传递过程中被放大。

案例

松花江硝基苯水污染事故的应急生态风险评价

2005年11月13日下午13时45分，位于第二松花江沿岸的中国石油天然气总公司吉林石化公司双苯厂发生爆炸，数百吨苯类污染物流入松花江，其中特征污染物为硝基苯，造成突发性水污染事故。

1. 硝基苯应急生态风险阈值的计算

考虑污染事故的“短时间、高剂量”的特点，本研究主要关注硝基苯对水生生物的致死效应。因此，本研究通过检索USEPA维护的ECOTOX数据库①获取硝基苯的急性毒性数据，见表5-2-1至表5-2-3。

表5-2-1　硝基苯对水生生物的24h致死毒性数据

种名	效应终点	暴露时间/h	浓度/(μg/L)
网纹溞（*Ceriodaphnia dubia*）	LC_{50}	24	54 400
大型溞（*Daphnia magna*）	LC_{50}	24	24 000
杂色鳉（*Cyprinodon variegatus*）	LC_{50}	24	120 000
日本青鳉（*Oryzias latipes*）	LC_{50}	24	24 000
黑头呆鱼（*Pimephales promelas*）	LC_{50}	24	163 000
孔雀鱼（*Poecilia reticulata*）	LC_{50}	24	152 000
静水椎实螺（*Lymnaea stagnalis*）	LC_{50}	24	116 000

表5-2-2　硝基苯对水生生物的48h致死毒性数据

种名	效应终点	暴露时间/h	浓度/(μg/L)
大型溞（*Daphnia magna*）	LC_{50}	48	40 668*
杂色鳉（*Cyprinodon variegatus*）	LC_{50}	48	120 000
斑马鱼（*Danio rerio*）	LC_{50}	48	101 000
高体雅罗鱼（*Leuciscus idus*）	LC_{50}	48	74 500*
日本青鳉（*Oryzias latipes*）	LC_{50}	48	10 900*
黑头呆鱼（*Pimephales promelas*）	LC_{50}	48	156 000
孔雀鱼（*Poecilia reticulata*）	LC_{50}	48	141 000
静水椎实螺（*Lymnaea stagnalis*）	LC_{50}	48	64 500

*代表同一物种两个或多个毒性数据的算术平均值。

① http://cfpub.epa.gov/ecotox。

表 5-2-3　硝基苯对水生生物的 96h 致死毒性数据

种名	效应终点	暴露时间/h	浓度/(μg/L)
玻璃虾（*Americamysis bahia*）	LC_{50}	96	11 000
杂色鳉（*Cyprinodon variegatus*）	LC_{50}	96	59 000
斑马鱼（*Danio rerio*）	LC_{50}	96	102 250 *
虹鳟（*Oncorhynchus mykiss*）	LC_{50}	96	24 253
黑头呆鱼（*Pimephales promelas*）	LC_{50}	96	111 183 *
孔雀鱼（*Poecilia reticulata*）	LC_{50}	96	135 000
静水椎实螺（*Lymnaea stagnalis*）	LC_{50}	96	64 500

＊代表同一物种两个或多个毒性数据的算术平均值。

由于获取的毒性数据无法满足 SSD 曲线法的数据需求，研究组选择了中国境内常见物种水丝蚓、日本沼虾、草鱼和泥鳅作为暴露生物，参照经济合作与发展组织（The Organization for Economic Co-operation and Development，OECD）发布的系列关于水生生物急性毒性测试方法（OECD Guideline for Testing of Chemicals 202，203）进行毒性实验，补充了部分硝基苯的毒性数据，见表 5-2-4。

表 5-2-4　补充的急性毒性数据　　（单位：μg/L）

种名	效应终点		
	24h-LC_{50}	48h-LC_{50}	96h-LC_{50}
水丝蚓（*Limnodrilus claparedeianus*）	47 039	43 904	40 446
日本沼虾（*Macrobrachium nipponense*）	94 050	65 219	24 266
草鱼（*Ctenopharyngodon idellus*）	225 210	179 620	110 940
泥鳅（*Misgurnus anguillicaudatus*）	162 292	134 540	118 246

这样，24h、48h 和 96h 的毒性数据分别达到了 11 个、12 个和 11 个，满足构建 SSD 曲线的要求。毒性数据按上述构建 SSD 曲线的方法，进行对数转化，并进行数据分布的正态检验，见表 5-2-5。

表 5-2-5　硝基苯毒性数据对数转换值的分布参数与正态检验

毒性数据	样本个数	平均数	标准差	正态检验值 *P*（0.05 检验水平）	
				W 检验	K-S 检验
log（24h 毒性数据）	11	4.93	0.34	0.15	0.75
log（48h 毒性数据）	12	4.88	0.34	0.08	0.94
log（96h 毒性数据）	11	4.75	0.36	0.13	0.63

如表5-2-5所示，经对数转化的毒性数据，无论是W检验还是K-S检验，统计值P均大于0.05，表明24h、48h和96h毒性数据经过对数转化后符合正态分布。

本研究中24h、48h和96h的毒性数据均符合log-normal分布，获取的硝基苯的SSD曲线如图5-2-1所示。

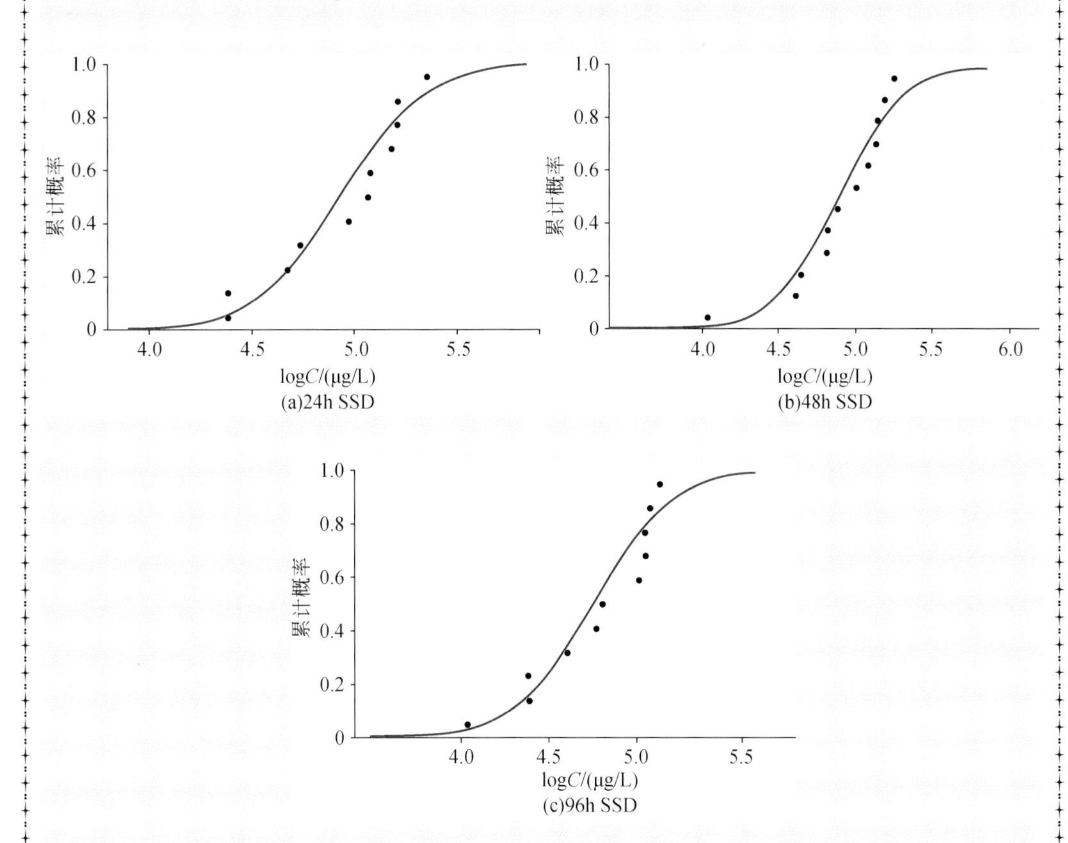

图5-2-1　24h、48h和96h的毒性数据log-normal分布

根据其累积概率分布曲线，则可以获取24h、48h和96h的硝基苯对5%、30%和50%的生物产生不利影响的危害浓度HC_5、HC_{30}和HC_{50}（表5-2-6）。

表5-2-6　SSD曲线法推导的PNEC　　　　（单位：μg/L）

时间	HC_5	HC_{30}	HC_{50}
24h	23 608.77	51 428.04	85 334.91
48h	21 014.22	51 286.14	76 359.05
96h	14 634.28	38 018.94	56 853.81

注：PNEC为预测无效应浓度，predicted no effect concentration。

2. 突发性水污染事故应急生态风险表征

本研究选择突发性水污染事故的东 10#线断面开展相关的突发性水污染事故风险评价，暴露浓度采用现场监测浓度。由于本次突发性水污染事故持续时间较长，因此采用 96h 的毒性数据推导应急生态风险阈值，根据前面的风险表征方法进行表征。结果如图 5-2-2 所示。

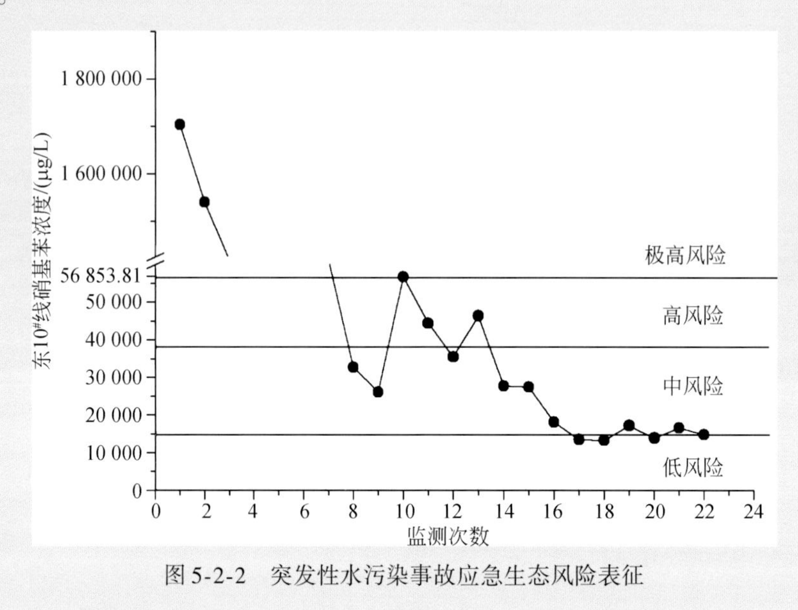

图 5-2-2　突发性水污染事故应急生态风险表征

第6章

突发性水污染事故饮用水安全应急评估技术研究

为保障饮用水源地的安全，建立合理有效的水污染事件处理方案及减少人力和物力损失，是突发性水污染事故应急管理的重要内容。我国缺乏水污染事件特征污染物健康毒理数据，采用美国、欧盟和WHO的相关毒理数据，作为急性健康风险评估的基础。按照风险评估的4个步骤，根据水污染事故的“高剂量、短时间”暴露的特点，建立致癌污染物急性健康风险评估方法和非致癌污染物急性健康风险评估方法，选择典型水污染事件，估算水污染健康风险水平，提出应急控制阈值。

6.1 致癌性特征污染物饮用水安全应急风险评估技术方法

目前广泛采用的健康风险评价模式是由美国科学院国家研究委员会（U. S. National Research Council of National Academy of Sciences）提出的“四步法”，它包括危害鉴定、暴露评价、剂量-效应评价和风险表征。对于致癌污染物，由于遗传毒性化学致癌物的始动过程是在体细胞的遗传物质中诱发突变，在任何暴露水平都具有理论上的危险性，为无阈值污染物，因此只能在一定可接受风险下，讨论人体可急性暴露致癌的安全浓度。

6.1.1 致癌污染物健康的危害识别

危害识别的目的是识别出水体中所含有的特征污染物及其对饮用人群产生的健康效应，从而确定需要进行健康风险评价的污染物种类。人体发生癌变是一个复杂、多因素、多阶段的生物学过程。多数肿瘤细胞是由于外部因素导致内部生理性状发生改变而产生的。肿瘤的发生包括3个阶段，即启动、促进和演进。水体中化学致癌物质经消化道渗透穿过细胞膜进入人体正常细胞内，并最终到达细胞核，引起染色体畸变或者DNA的损伤，从而激活原癌基因，导致肿瘤发生。

1）启动阶段。化学致癌物质进入细胞核后，会导致DNA损伤。①原癌基因被激活，一般是通过点突变激活、LTR（长末端重复序列，long terminal repeat）插入激活、重排/重组激活、基因扩增等提高表达量；②抑癌基因失活、突变失活、磷酸化修饰失活与癌蛋白结合失活；③染色体畸变、染色体断裂，或者是姐妹染色体不正常互换。

2）促进阶段。一旦原癌基因被激活，原癌基因就会大量编码生长因子、生长因子受体以及蛋白激酶。原癌基因本身是管理细胞分裂周期的基因，一般都是周期蛋白依赖性激酶（cyclin-dependent kinases，CDK）家族或者一些信号的受体家族，比如表皮生长因子（epidermal growth factor，EGF）生长因子。但是如果 EGF 大量表达，分泌出细胞，就会与邻近的细胞膜表面的相关 EGF receptor 特异性结合。

3）演进过程：细胞大量分裂增殖，细胞粘着和连接相关的成分（如 ECM① 和 CAM②）发生变异或缺失，相关信号通路受阻，细胞失去与细胞间和细胞外基质间的联结，易于从肿瘤上脱落。细胞开始浸润和迁移，随血液扩散到不同的组织和器官。

6.1.2 致癌污染物暴露“剂量-效应”关系研究

剂量-效应关系是毒理学中确定有毒有害物质毒性类型和大小的最重要的一种关系。根据暴露历时的长短，污染物对人体健康的危害可以进一步分为急性危害（暴露历时 2 周以内，通常指突发性污染事故发生初期，短历时、高浓度暴露的情形）、亚慢性危害（暴露历时 2 周至 7 年，通常指突发性污染事故结束后，污染物在环境中暴露的情形）和慢性危害（暴露历时 7 年至终生，主要指常规污染状况下，长时间、低浓度暴露的情形）。

在对致癌物急性风险进行评价之前，首先需要确定癌症风险与暴露剂量之间的关系。传统的癌症风险评价通常是在致癌风险随癌症剂量的积累而增加的假设上进行的。Bos（2002，2004）等在研究致癌物极端暴露风险时，采用了致癌风险与暴露剂量成线性相关的假设，即化学物致癌风险随暴露剂量的增加而线性增加。例如，人体对某一致癌物每年摄入量为 1kg，那么持续 70 年摄入该致癌物所致的癌症风险与 1 年内摄入 70kg 致癌物导致的人体发生癌症概率相等。这一关系在 Dedrick 等的研究中得到证实，即致癌风险与平均暴露剂量和暴露持续时间之间的关系可用式（6-1）表示：

$$d \times t \leftrightarrow I \tag{6-1}$$

式中，d 为日均摄入剂量；t 为暴露持续时间（d）；I 为癌症发生率。

6.1.3 致癌污染物急性暴露评价方法

暴露评价包括测定水体中污染物的浓度，确定饮用人群的范围、性别、年龄结构和活动特性，估计人群的饮水量和饮水持续时间等，然后依据上述信息计算饮水人群的暴露剂量。

致癌物急性暴露应急控制阈值（acute safety threshold，ST_a）可定义为“致癌物人体急性暴露导致的年风险属于人体可接受范围内时（如 USEPA 推荐采用年风险度 10^{-6}），人体经饮用水途径每天可接受的安全剂量［mg/(kg BW · d)］”。在假设致癌物的致癌风险与暴露剂量成线性相关的前提下，可采用慢性动物实验中所测得的毒理学数据计算

① ECM，细胞外基质，extracellular matrix。

② CAM，细胞黏着分子，cell adhesion molecule。

致癌物急性暴露的应急控制阈值。假设动物实验中的癌症发生率 I_e 对应的致癌物积累剂量为 $d_e \times d_t$，则致癌物急性暴露致癌风险与动物实验致癌风险的关系可采用式（6-2）表示：

$$\frac{ST_a \times t_a}{d_e \times t_e} = \frac{I_a}{I_e} \tag{6-2}$$

式中，ST_a 为致癌物急性暴露的应急控制阈值［mg/(kg BW・d)］；d_e 为慢性动物实验中动物的日均暴露剂量［mg/(kg BW・d)］；t_a 为致癌物急性暴露持续时间（d）；t_e 为动物实验暴露持续时间（d）；I_a 为致癌物急性暴露人体健康可接受的年风险；I_e 为动物暴露实验中供试动物的癌症风险。

将式（6-2）变形可得采用动物实验结果，计算人体急性暴露应急控制阈值的公式：

$$ST_a = \frac{10^{-6}}{I_e} \times \frac{t_e}{t_a} \times d_e \tag{6-3}$$

同样，对于致癌物终生暴露风险与动物暴露实验风险之间的关系可用式（6-4）表示：

$$\frac{ST_c \times t_c}{d_e \times t_e} = \frac{I_c}{I_e} \tag{6-4}$$

式中，ST_c 为人体终生暴露的应急控制阈值［mg/(kg BW・d)］；t_c 为人一生存活的天数（d），为 25 000d（接近 70 年）；I_c 为致癌物终身暴露人体健康可接受的年风险。

将上式转化可得终生应急控制阈值的计算公式：

$$ST_c = \frac{10^{-6}}{I_e} \times \frac{t_e}{t_c} \times d_e \tag{6-5}$$

将式（6-3）与式（6-5）相除，则得到使用致癌物终生应急控制阈值计算急性暴露应急控制阈值的公式：

$$ST_a = ST_c \times \frac{t_c}{t_a} \tag{6-6}$$

当 $t_a = 1d$ 且 $t_c = 25\ 000d$ 时，式（6-6）则表示致癌物暴露 1 天的暴露应急控制阈值 ST_1。

$$ST_1 = ST_c \times 25\ 000 \tag{6-7}$$

因为动物实验已经广泛认为是进行人体健康风险评价的可行方式，影响生物体代谢过程、修复机制和器官特性方面的因素已经在动物实验中考虑，并且在使用动物实验数据推算慢性暴露的应急控制阈值（ST_c）时，已经考虑了模型推算过程中的不确定因素。因此，在使用致癌物终身暴露应急控制阈值计算致癌物急性暴露应急控制阈值时，为避免风险推算过程中涉及的不确定因素的重复计算，则不必再次考虑不确定因素，可直接采用终身暴露应急控制阈值（ST_c）计算致癌物急性暴露的应急控制阈值。

6.1.4 致癌污染物的急性人体健康风险表征

水污染事件污染物急性人体健康风险评价中，风险表征是定量风险评价的最后步骤，其目的是把上述定性和定量的评价综合起来，分析判断污染物导致饮水人群发生有害效应的可能性，并对其可信程度和不确定性加以阐述，为环境管理机构的决策提供科学依据。USEPA 在进行化学物质的人体健康风险评价时，一般采用化学物质的毒性参数和人体暴露量来评价化学物质的风险大小，即风险 =f(毒性，暴露量)。对于水体污染事故致癌物急性人体健康风险评价，可采用致癌物急性暴露应急控制阈值和短期暴露量表征致癌物急性风险，可以用式（6-8）表示：

$$R_a = f(ST_a, E_{acute}) \tag{6-8}$$

式中，R_a 为水体中致癌物对人体健康的急性风险度，为无量纲参数；E_{acute} 为人体对水体中致癌物的急性暴露量。

水体污染事件污染物急性人体健康风险评价只需评价污染物短时间内高剂量经饮用水途径摄入的人体健康风险。人体对污染水体的暴露量可以参照式（6-9）进行：

$$E_{acute} = \frac{Q \times C}{W} \tag{6-9}$$

式中，Q 为平均每日饮水量（L/d）；C 为水体中污染物的浓度（mg/L）；W 为暴露个体的体重（kg）。

在确定致癌物急性暴露应急控制阈值和儿童暴露量之后，可采用人体污染物暴露量与致癌暴露应急控制阈值的比值来衡量水体中化学致癌物质对人体健康的急性风险大小，如式（6-10）所示：

$$R_a = \frac{E_{acute}}{ST_a} \tag{6-10}$$

式中，急性风险度（R_a）的大小表示短时间的饮用水体污染物对人体造成的急性健康风险。如果 $R_a<1$，表明水体中污染物对人体的急性暴露是“安全”的，人体在短期内饮用这一污染物浓度下的水体对人体造成的健康风险是可以接受的；如果 $R_a>1$，表明水体中污染物对特定人群的暴露是“不安全”的，且 R_a 值越大，对人体存在的风险就越大。

6.1.5 致癌污染物急性人体健康风险评价流程

水体污染事件中遗传性致癌物安全浓度计算流程为五步：第一步，确定水污染事件中致癌物短期暴露的持续时间，基于安全考虑应将污染物暴露持续时间定为 10 天。第二步，确定致癌物暴露剂量与致癌风险之间的关系。第三步，确定敏感人群。由于儿童对水体中致癌物比成年人更敏感，因此在水污染事件中一般选择儿童作敏感人群。第四步，根据水污染事件的具体情况，设置合理的可接受风险水平。不同机构设置的可接受风险水平和各种风险水平及其可接受程度见表 6-1 和表 6-2。第五步，计算遗传性致癌物短期暴露的安全浓度。按照致癌物暴露剂量与致癌风险之间线性相关的假设，采用致癌物终生暴露安全浓度推算不同人群 1 天和 10 天暴露下的暴露安全浓度。

表 6-1　部分机构推荐的最大可接受风险水平和可忽略风险水平

机构	最大可接受风险水平/（1/a）	可忽略风险水平/（1/a）	备注
瑞典环境保护局	1×10^{-6}	—	化学污染物
荷兰建设和环境保护部	1×10^{-6}	1×10^{-8}	化学污染物
英国皇家协会	1×10^{-6}	1×10^{-7}	—
美国环境保护署	1×10^{-4}	—	—
国际辐射防护委员会（ICRP）	5×10^{-5}	—	—

注：—表示无相关数据。

表 6-2　各种风险水平及其可接受程度

风险值/（1/a）	危险性	可接受程度
10^{-3}	危险性特别高，相当于人的自然死亡率	不可接受，必须采取措施改进
10^{-4}	危险性中等	应采取改进措施
10^{-5}	与游泳事故和煤气中毒事故属同一数量级	人们对此关心，并愿意采取措施预防
10^{-6}	相当于地震和天灾风险	人们并不关心该类事故的发生
10^{-7}	相当于陨石坠落伤人	没人愿意为该事故投资加以防范

6.2　非致癌性风险化合物应急风险评估技术方法

非致癌性风险化合物通常被认为是存在阈值剂量的化合物。低于预计量时，健康危害不发生或观察不到健康危害；而高于高剂量时，则会有健康危害出现。本研究主要参照USEPA确定的人体健康风险评估四步法中风险识别、急性暴露“剂量-效应”关系分析、暴露评估和风险表征4项内容开展非致癌性风险化合物饮用水安全应急风险评估技术方法的研究。

6.2.1　非致癌性急性人体健康风险识别

水污染事件污染物急性人体健康风险识别的主要目的是确定污染水体中含有的污染物对饮用人群健康产生的潜在不良影响，从而确定需要进行健康风险评价的污染物种类。水污染事件污染物急性暴露风险识别主要包括对水体中特征污染物及前期研究中有关污染物流行病学调查、动物试验、短期试验和体外试验与结构活性关系等数据的收集和判定。

从广义上讲，环境中有害物质对人体健康的影响主要有以下几个方面：①致癌；②遗传缺陷，包括致突变，会造成代代相传的基因变化，或造成遗传基因损害；③再生性障碍，包括造成对发育中的胎儿的损害；④免疫生物学的自动动态平衡的变化；⑤中枢神经系统错乱；⑥先天畸形。对于已经明确特征污染物不具有致癌性时，主要关注致癌影响之外的健康影响。

针对我国特征污染物急性数据严重缺乏的特点，本研究进行污染物急性暴露人体健康风险识别时，可参考美国能源部（U. S. Department of Energy，US DOE）资助美国橡树岭国家实验室（Oak Ridge National Laboratory，ORNL）建立的风险评估信息系统（risk assessment information system，RAIS）。该系统收集整理了包括USEPA的综合风险信息系统（integrated risk information system，IRIS）和健康影响评价概要表（health effects assessment summary tables，HEAST）以及暂定毒性数据库（provisional peer reviewed toxicity values database，PPRTV）等数据源中化学污染物对人体健康危害的数据。

6.2.2 非致癌污染物急性暴露“剂量-效应”关系分析方法

健康风险评价过程中污染物的“剂量-效应”关系评价，是确定污染物毒性类型及其可能产生的人体健康风险大小的一种定量关系。

污染物急性暴露“剂量-效应”关系的研究主要开展关于水体中污染物急性暴露场景和污染物的“剂量-效应”关系的工作。其中，最主要是确定污染物急性暴露情景下，污染物对人体的无不良反应浓度（no observable adverse effect level，NOAEL）、最低出现不良反应的浓度（lowest observed adverse effect level，LOAEL）和半致死浓度（LD_{50}）等污染物的毒理学参数。

对于少有或未见关于污染物急性暴露的毒理学特征的污染物，可采用两种途径建立污染物急性暴露的“剂量-效应”关系：第一种方法，根据毒理学实验的相关要求，实地开展污染物急性暴露下的动物实验，从而获得建立污染“剂量-效应”关系的数据资料。这一方法建立的数据可靠，但是会消耗较多的人力、财力和工作时间。第二种方法，通过污染物低剂量慢性暴露下的“剂量-效应”关系，按照一定的数学模型，推导污染物高剂量的短时间暴露的“剂量-效应”关系。这一作法，省去了开展动物实验的工作，但是推算结果可能会存在较大的不确定性。某些情况下，还可以采用与其特性相近的污染物的急性暴露特征，确定污染物急性暴露的“剂量-效应”关系。

6.2.3 非致癌污染物急性暴露评价的方法

非致癌污染物急性暴露评价主要是为了确定暴露人体经暴露途径对水体中污染物的暴露量大小。区别于污染物慢性暴露，由于水污染事件污染物急性暴露具有的暴露持续时间短的特点，污染物急性暴露量主要是确定人体1～10天内对水体中污染物暴露量的大小。

暴露人群污染物暴露量的计算，应是根据污染物在不同介质中的浓度、分布、生物检测数据及其迁移转化规律等参数，利用数学模型进行估算。目前污染物暴露量计算模型可以参照式（6-11）进行：

$$D_i = \frac{C_i \times W_i \times \mathrm{GI}_i}{\mathrm{BW}} \tag{6-11}$$

式中，D_i 为人体经饮用水途径对水体中污染物的日均暴露量［μg/(kg・d)］；C_i 为水体中污染物的浓度（μg/L）；W_i 为日均饮水量（L/d）；GI_i 为肠胃道吸收因子（%）；BW 为暴露人体体重（kg）。

各参数选择情况：成人日均饮用水量取 2 L/d，儿童日均饮用水量取 1 L/d；当水体中污染物为非致癌物时，肠胃道吸收因子取 0.001，当污染物为致癌物时，取值为 0.01；成人体重取 60 kg，儿童体重取 10 kg。

6.2.4 非致癌污染物急性人体健康风险表征方法

健康风险表征的目的是表示经不同途径人体暴露污染物后产生不利健康风险的大小情况及不确定性分析。非致癌物不是以检出率或病死率来表达其风险度，而是以暴露人群中出现不良反应及其严重程度来表达其风险大小。水体中非致癌污染物人体健康风险以风险指数表示，即进行人体对污染物的暴露量与毒性（或应急控制阈值）比较。由于水污染事件持续时间较短，给人体造成的危害也是短时间的，一般在 10 天之内。因此，进行水污染事件污染物急性人体健康风险评价时，应关注水污染事件中污染物造成的短期风险。可不采用慢性暴露评价，以年风险的方式表达污染物对人体的健康风险。基于以上考虑，污染物急性暴露人体健康风险，可采用式（6-12）来表征污染物的非致癌人体健康风险：

$$R_a = \frac{D_i}{\mathrm{RfD_a}} \tag{6-12}$$

式中，R_a 为污染物急性健康风险度，无量纲；$\mathrm{RfD_a}$ 为污染物的急性参考剂量［μg/(kg・d)］；D_i 为人群的日均暴露剂量［μg/(kg・d)］。

当 $R_a = 1$，表明水体中污染物浓度造成的健康风险属于可接受的最高水平；$R_a < 1$，表明人体中污染物浓度对人体不造成健康危害；$R_a > 1$，表明水体中污染物的浓度对暴露人体存在健康风险，且随着 R_a 值的升高，造成的人体健康风险越大。

6.2.5 非致癌污染物急性健康风险表征的不确定性分析

对于非致癌污染物饮用水健康评价而言，其不确定性来源分为三类。①事件背景的不确定性。包括突发性水污染事件的描述、专业判断的失误以及信息丢失造成分析的不完整性。②参数选择的不确定性。例如，气象水文条件随着季节而变化，不同的人群包括性别、年龄和地理位置等不同。③模型本身的不确定性。在环境风险评价中，评价模型中的每一个参数都存在不确定性。

6.3 我国典型污染事件特征污染物应急控制阈值

案例 1

致癌风险化合物砷

应用致癌污染物急性人体健康风险评价模型对云南阳宗海砷污染事件进行急性人体健康风险评价，并确定水污染事件中污染物的应急控制阈值，在进一步验证本研究建立的致癌污染物急性暴露健康风险评价方法有效性的基础上，也为开展其他水污染事件致癌污染物的急性健康风险评价提供借鉴。

某次突发性水污染事件为典型的企业偷排现象，大量严重超标的含砷废水进入阳宗海湖泊中，使得该湖泊砷浓度严重超标。本研究以此次水污染事件中主要污染物砷的短期暴露风险为评价对象，按照致癌物短期暴露人体健康风险评价方法，计算不同人群的砷短期暴露安全阈值，并对不同时间点污染水体的急性人体健康风险进行表征。

1. 健康风险识别

砷作为一种致癌物已经普遍被人们所接受。人体对砷的暴露主要是通过消化道和呼吸道以及少量通过皮肤吸收。人体经消化道对砷的暴露包括饮用高砷水及食用砷污染的食物和含砷药物。砷暴露不仅可引起诸如皮肤色素异常和角化过度以及心血管系统的损坏，而且砷与人类肿瘤，如皮肤癌、肺癌和膀胱癌的发生有关。其中最引人注意的是砷能引起人体细胞癌变。

2. “剂量-效应”关系分析

采用致癌物急性控制安全阈值的计算方法，以 USEPA 水质标准中规定的水体中砷终身暴露对人体形成的健康危害为 10^{-4}情况下的安全的限制值 0.002mg/L，计算人体短期经饮用水途径的砷暴露的安全阈值。基于安全考虑，致癌物急性暴露的安全阈值对应的致癌风险设置为 10^{-6}。成年人砷 1 天暴露的安全阈值计算过程：$ST_1 = ST_c \times 25\ 600 = 0.2 \times 10^{-4} \times 25\ 000 = 0.5$(mg/L)。

由于在致癌物急性暴露中，儿童发生癌症的概率高于成年人，因此需要对儿童增加一个安全因子“10×”，则儿童对砷一天的暴露安全阈值为 0.05mg/L。

3. 暴露评价

砷暴露途径：水污染事件暴发后，暴露人群主要通过饮用水途径和皮肤接触途径暴露砷从而危害到人体健康。由于常规状态下水体中砷浓度较低，多数情况下不能检测到砷的存在。而污染事件发生之后，水体中砷大量存在。因此，砷急性健康风险评价中，应关注砷高剂量摄入对人体造成的健康风险大小。在进行砷暴露评价时，可以忽略暴露人群来自于其他途径对砷的暴露量。

人体对水体中砷暴露量的计算公式见式（6-11），各测点监测浓度和成人砷暴露量见表6-3-1。

表6-3-1 水体中砷对不同人群造成的急性健康风险

监测时间点	水体中砷浓度/(mg/L)	儿童急性风险度	成人暴露量/［μg/（kg·d）］	成年人急性风险度
1	0.055	1.1	0.018	0.11
2	0.111	2.22	0.037	0.222
3	0.124	2.48	0.041	0.248
4	0.128	2.56	0.043	0.256
5	0.134	2.68	0.048	0.268
6	0.125	2.5	0.042	0.25
7	0.117	2.34	0.039	0.234

各参数选择情况：成人日均饮用水量取2 L/d，儿童日均饮用水量取1 L/d；人体对砷的肠胃道吸收因子取0.01；成人体重取60 kg，儿童体重取10 kg。

4. 健康风险表征

在初步建立砷短期暴露的安全阈值的基础上，对此次水污染事件中7个不同监测时间点里的污染水体人体急性健康风险进行表征，结果如表6-3-1所示。

表6-3-1显示在7个不同时间点，砷对儿童和成年人人体造成的急性健康风险值。表6-3-1显示出砷对儿童造成的急性健康风险明显高于成年人，为成年人风险的10倍。如果用急性风险度 $R_a=1$ 作为是否对人体存在危险的界线，则在此次水污染事件中，7个不同监测点水体中砷对成年人都不存急性健康风险，即如果成年人短期暴露（如1天）于该污染水体中不会对人体健康造成风险。而此次水污染事件对儿童造成的风险却是属于不可接受的范围，最低的急性风险为1.1，最高情况下已经达到2.68。这一结果表明，此次水污染事件风险管理中需要首先关注儿童的健康风险，避免儿童的急性暴露。

在此次突发性水污染事件风险评价时，采用了我国《地表水环境质量标准》（GB3838—2002）中规定的砷浓度限制值（0.05mg/L）作为判定水体对人体是否有害的标准。该值比美国水质标准中规定的砷的标准值（0.01mg/L）及基于人体终生暴露的健康风险为10^{-4}时的健康指导值（0.002mg/L）高。而与本研究所建立的计算方法所得的安全值对比：低于成年人1天的安全阈值（0.5mg/L）；与儿童1天的安全阈值（0.05mg/L）相等。上述结果显示出，不同人群在相同的致癌物暴露情景下，具有不同的人体健康风险和安全阈值。在国外一般采用敏感人群（特别是儿童和孕妇）的急性安全阈值作为判定水体是否对人体有害的标准。这一方法虽然安全，但是无疑会给水污染事件的风险管理提出更高的要求，增加更大的压力，有时甚至给污染事故控制提出了不可达到的要求。本研究显示出，不同人群的安全阈值具有较大的差异，因此，可探讨在水污染事件中为不同暴露人群设定不同的安全阈值的方法。这一工作的开展将为突发性水污染事件管理提供更全面的数据支撑和方法指导。

案例 2

非致癌风险化合物硝基苯

应用非致癌污染物急性人体健康风险评价模型对松花江硝基苯污染事件进行急性人体健康风险评价，并确定水污染事件中污染物的应急控制阈值，进一步验证本研究建立的非致癌物急性暴露健康风险评价方法有效性，也为开展其他水污染事件非致癌污染物的急性健康风险评价提供借鉴。

2005 年 11 月 13 日，吉林石化公司双苯厂一车间发生爆炸，约 100t 苯类物质（苯和硝基苯等）流入松花江，造成江水严重污染，使沿岸数百万居民的生活受到影响。

1. 健康风险识别

硝基苯是化工生产中的重要原料，属有毒有机化合物，USEPA 将其列为 128 种“优先控制有毒有机污染物”之一。硝基苯的主要毒作用表现在 4 个方面。①形成高铁血红蛋白的作用，主要是硝基苯在体内生物转化所产生的中间产物对氨基酚和间硝基酚等的作用。②溶血作用。其发生机制与形成高铁血红蛋白的毒性有密切关系。硝基苯进入人体后，经过转化产生的中间物质可使维持细胞膜正常功能的还原型谷胱甘肽减少，从而引起红细胞破裂，发生溶血。③肝脏损害。硝基苯可直接作用于肝细胞致肝实质病变，引起中毒性肝病和肝脏脂肪变性，严重者可发生亚急性重型肝炎。④急性中毒者还有肾脏损害的表现，此种损害也可继发于溶血。

2. 剂量–效应关系

由于在以往的研究过程中只建立了硝基苯的最低观察到不良反应的水平，即 LOAEL = 5mg/(kg BW · d)，因此在计算过程中采用的数据，按 USEPA 的规定，用 LOAEL 代替 NOAEL 时，需要增加安全性系数。所以本次研究中，取安全性系数 (UF) = 1000。硝基苯急性参考剂量的计算过程：

$$RfDa = NOAEL 或 LOAEL/UF = 5mg/(kg\ BW \cdot d)\ /1000 = 0.005mg/(kg\ BW \cdot d)$$

3. 暴露评价

水污染事件暴发后，暴露人群主要通过饮用水途径和皮肤接触途径暴露硝基苯从而危害到人体健康。由于常态下水体中硝基苯浓度较低，多数情况下不能检测到硝基苯的存在。而污染事件发生之后，水体中硝基苯大量存在。因此，硝基苯急性健康风险评价中，应关注硝基苯高剂量摄入对人体造成的健康风险大小。在进行硝基苯暴露评价时，可以忽略暴露人群来自于其他途径对硝基苯的暴露量。

人体对水体中硝基苯暴露量的计算公式同式 (6-11)。

各参数选择情况：成人日均饮用水量取 2 L/d，儿童日均饮用水量取 1 L/d；人体对硝基苯的肠胃道吸收因子取 0.001；成人体重取 60 kg，儿童体重取 10 kg。

4. 健康风险表征

以此次突发性水污染事件中的饮用水水源地不同时间水体中硝基苯含量监测数据为依据，选取第一次检测出硝基苯时作为研究的起点，以水体中硝基苯含量接近零时为终点，在这一时间区间内每隔两小时设置一个研究点。USEPA 在饮用水中污染物的急性风险评估中以儿童的急性健康风险来表征水体中硝基苯的风险情况。而荷兰政府在进行污染物的急性暴露风险评估时指出，完善的风险评估过程除需进行敏感人群的急性风险评估外，对于非敏感性人群也需要考虑污染物的风险度大小。为比较不同人群对硝基苯急性人体风险的差异，本研究中除进行儿童急性硝基苯暴露的风险评估外，也就成年男性、成年女性对水体中硝基苯健康风险度进行评估。

此次突发性水污染事件中，水体中硝基苯对不同人群急性人体健康风险度变化情况如图 6-3-1 所示。在此次突发性水污染事件中，儿童对硝基苯急性暴露的风险度是人群中最高的。儿童在第 6 个时间点（硝基苯浓度为 0.0989mg/L）和第 32 个时间点（硝基苯浓度为 0.0419mg/L）之间存在急性人体健康风险。成年女性只在第 8 个时间点（硝基苯浓度为 0.162mg/L）至第 25 个时间点（硝基苯浓度为 0.1464mg/L）存在急性健康风险。成年男性只在第 8 个时间点（硝基苯浓度为 0.162mg/L）至第 26 个时间点（硝基苯浓度为 0.1724mg/L）存在急性健康风险。不同的人群都在第 14 个时间点（硝基苯浓度 0.5805mg/L）处达到最高。此次突发性水污染事件中，硝基苯对儿童、成年女性和成年男性的风险度范围分别为 0.024 ~ 11.61、0.008 ~ 3.87 和 0.0068 ~ 3.317。对人群存在的风险时间长短进行比较得出：在此次突发性水污染事件中成年人存在风险的时间段为 38 小时，明显低于儿童的 54 小时，缩短了 16 小时。以上的结果表明，在突发性水污染事件中儿童为敏感人群，成年人对硝基苯的风

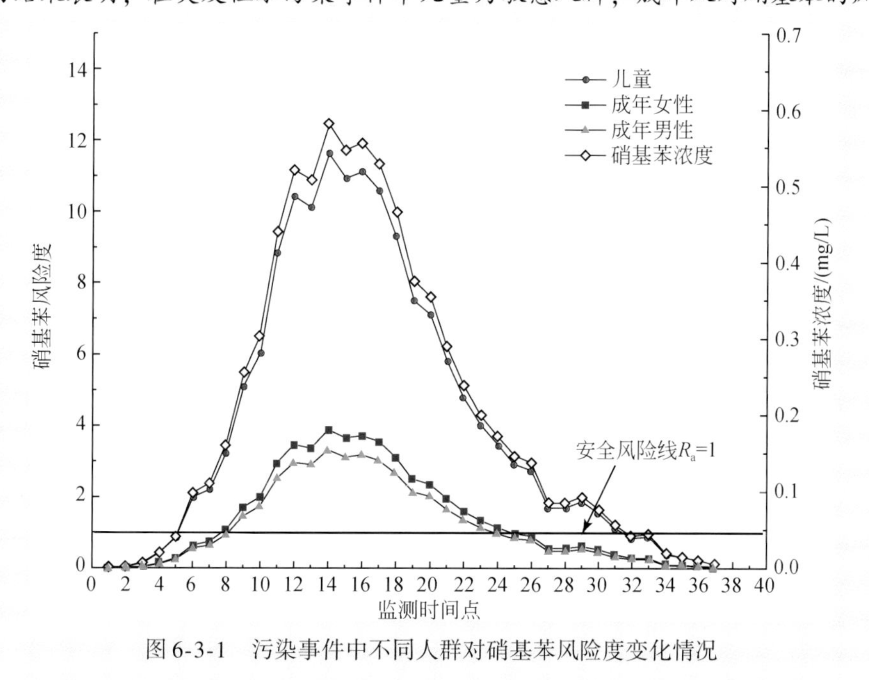

图 6-3-1　污染事件中不同人群对硝基苯风险度变化情况

险度明显低于儿童的风险度。这一结果表明，在突发性水污染事件中仅采用儿童的风险阈值作为整体人群的安全阈值是过于保守的。如果采用儿童标准作为风险管理的基准，那么无疑会增加风险管理的成本。

5. 不确定性分析

硝基苯急性健康风险评价的结果存在一定的不确定性。不确定性主要来源于以下两个方面。①人群生活习惯的不确定性。本研究中没有将城市和农村人群分别计算，这将产生健康风险的不确定性。农村人口劳动强度较大，饮用水的量可能高于城市人群，在其他条件不变的情况下，农村人群健康风险度可能较高。目前的城市人群大部分有使用纯净水的习惯，经过膜等一些方式将自来水重新过滤净化可能降低水中硝基苯的浓度，人群的健康风险度可能较低。②暴露参数不确定性。由于我国没有经口饮水暴露剂量计算相关参数的报道，论文引用了美国的参数。但美国人和中国人体征和生活习惯不同，因此上述参数与中国实际相比较可能会存在或偏大或偏小的误差，这会造成计算出来的风险比实际风险偏大或偏小。

第7章

流域水环境突发性环境风险应急控制技术研究

7.1 应急控制技术总体思路

水污染事故的主要原因是危险化学品在生产、储存、运输、使用以及废弃处置过程中产生泄漏进入环境，在地面上流动或冲刷进入水体。这一过程中控制其扩散或吸附或消解，则可以最有效地防止污染事故发生、发展。

本研究针对6大类120种物质，包括非金属氧化物类7种、重金属类13种、酸碱盐类9种、致色物质类13种、石油类7种和有机物71种，分别从理化性质、生物毒性、环境行为、环境标准、监测方法、土壤污染应急处理措施和水体污染应急处理措施等方面系统提出了应急控制预案措施，见表7-1。

表7-1 危险化学品的应急控制技术

类别	种类	技术方法
非金属氧化物类	黄磷、过氧化氢、氰化钠、氰化钾、甲基汞、氯化汞、氰化氢	自然降解、投加还原剂、絮凝沉降、化学法、物理吸附、沉降法
重金属类	镉、铬、镍、汞、铅、铍、砷、铊、锑、铜、硒、锌、银	物理吸附、絮凝沉降、沉淀剂
酸碱盐类	氨水、连二亚硫酸钠、磷酸、硫酸、氢氧化钡、氢氧化钾、氢氧化钠、硝酸、盐酸	加入不同的酸（碱）类物质进行中和处理
致色物质类	H酸、2，4，6-三硝基甲苯、4-硝基甲苯、苯胺、联苯胺、2-氯苯酚、2-硝基（苯）酚、荧蒽、2，4，6-三氯苯酚、2，4-二硝基甲苯、3-硝基氯苯、4-硝基苯胺、N，N-二甲基苯胺	挖掘掉表层土壤、吸附剂吸附处理、双氧水氧化法、铁粉还原法、Fenton试剂氧化法
石油类	柴油、沥青、煤焦油、松节油、汽油、石脑油、萘	挖掘掉表层土壤、吸附剂吸附处理、围油栏

续表

类别	种类	技术方法
有机物类	三氯甲烷、二甲胺、苯、甲苯、对二甲苯、苯酚、丙酮、甲醛、硝基苯、敌百虫、环己烷、乙腈、乙酸、乙醇、正己烷、3-甲苯酚、乙醛、邻苯二甲酸二丁酯、邻苯二甲酸二辛酯、邻苯二甲酸二甲酯、邻苯二甲酸二乙酯、对二氯苯、邻二氯苯、1,2-二氯乙烷、1,1,1-三氯乙烷、乙醚、甲醇、正丁醇、2-丁醇、苯甲醇、丙烯醛、丁醛、丙烯酸甲酯、环戊酮、四氯乙烯、三氯乙烯、苯甲醚、1,1,2,2-四氯乙烷、1,1,2-三氯乙烷、五硫化磷、异丙基苯、2,6-二氯硝基苯胺、2,4-二硝基苯胺、1,3-二氯丙烷、丙烯腈、萘胺、氯苯、2,4-二氯苯酚、六氯乙烷、二溴甲烷、呋喃、1,2,4-三氯苯、4-硝基苯酚、四氯甲烷、联苯、联苯醚、菲、2,6-二硝基甲苯、4-硝基氯苯、二氯乙醚、艾氏剂、百草枯、倍硫磷、狄氏剂、多灭磷、二氯甲烷、乙苯、苯乙烯、除草醚、内吸磷、1,2-二氯丙烷	吸附剂吸附处理、Fenton试剂降解法

7.2 事故现场应急处理处置技术指南——以苯胺为例

7.2.1 苯胺的理化性质

苯胺的理化性质如下：

①国标编号：61746；②CAS号：62-53-3；③中文名称：苯胺；④英文名称：aniline，aminobenzene；⑤分子式：C_6H_7N，$C_6H_5NH_2$；⑥相对分子质量：93.12；⑦熔点：-6.2℃；⑧沸点：184.40℃；⑨闪点：70℃；⑩相对密度：1.02；⑪蒸气相对密度：3.22；⑫蒸气压：133.30 Pa（34.8℃），2.00 kPa（77℃）；⑬外观性状：无色或淡黄色油状液体，具有特殊臭味和灼烧味；⑭溶解性：微溶于水，与氯仿、四氯化碳、丙酮、酯类及多种有机溶剂混溶，溶于稀盐酸；⑮在水中溶解度：1g/26.80ml（水），0.10g/15.70ml（沸水）；⑯主要用途：苯胺可用于染料合成、制药业、印染工业、橡胶促凝剂和防老化剂、打印油墨、2,4,6-三硝基苯甲硝胺、光学白涂剂、照相显影剂、树脂、假漆、香料、轮胎抛光剂及许多其他有机化学品的制造。

7.2.2 苯胺在环境中的行为

1）危险特性：遇高热、明火或与氧化剂接触，有引起燃烧的危险。

2）燃烧（分解）产物：一氧化碳、二氧化碳和氧化氮。

生产苯胺的有机化工厂、焦化厂及石油冶炼厂等企业，将苯胺用于染料合成、制药业、印染工业等。在这些生产和使用苯胺的行业中以及在储运过程中的意外事故均会造成对环境的污染及对人体的危害。

7.2.3 苯胺的环境标准

苯胺的环境标准见表 7-2。

表 7-2 苯胺的环境标准

国家（标准号）	物质	数值
中国（TJ 36—79）	车间空气中有害物质的最高容许浓度（mg/m^3）［经皮］	5
中国（TJ 36—79）	居住区大气中有害物质的最高容许浓度（mg/m^3）	0.10（一次值） 0.030（日均值）
中国（待颁布）	饮用水源水中有害物质的最高容许浓度（mg/L）	0.10
中国（GB 8978—1996）	污水综合排放标准（mg/L）	一级：1.00；二级：2.00；三级：5.00
	嗅觉阈浓度（mg/m^3）	0.37～4.15
中国（GB 16297—1996）	大气污染物综合排放标准	①最高允许排放浓度（mg/m^3）：20**；25*； ②最高允许排放速率（kg/h）：二级 0.52～11**；0.61～13*；三级 0.78～17**；0.92～20*； ③无组织排放监控浓度限值（mg/m^3）：0.40**；0.50*

* 指大气污染物综合排放标准中的表一中的数据，即现有污染源大气污染物排放限值。

** 指大气污染物综合排放标准中的表二中的数据，即新污染源大气污染物排放限值。

7.2.4 苯胺的毒理学资料

苯胺的毒性等级及分类见表 7-3。

表 7-3 苯胺的毒性等级及分类

我国现行的毒性分级方法（根据 LD_{50}）	中毒
美国 EPA 致癌性评价分组	—
我国水环境优先控制污染物名录（68 种/类）	是
美国 EPA 水环境中 129 种重点控制的污染物名单	否

1）水生生物毒性：（LC_{50}）4.4mg/(L·8d)（鲈鱼）。

2）急性致死：男性最低致死剂量（LD_{L0}）150mg/kg；

大鼠经口半数致死剂量（LD_{50}）250mg/kg；

小鼠吸入最低致死浓度（LC_{50}）175 ppm①，7 h。

3）急性中毒表现：主要引起高铁血红蛋白血症和肝、肾及皮肤损害。某些苯胺类化

① 1ppm＝1×10^{-6}。

合物具有致癌性。短期内皮肤吸收或吸入大量苯胺者先出现高铁血红蛋白血症，表现为紫绀，舌、唇、指甲、面颊和耳郭呈蓝褐色，严重时皮肤和黏膜呈铅灰色，并有头晕、头痛、乏力、胸闷、心悸、气急、食欲缺乏、恶心和呕吐，甚至意识障碍。高铁血红蛋白10%以上，红细胞中出现赫恩滋小体。可在中毒4天左右发现溶血性贫血。中毒后2～7天发生中毒性肝病。可引起化学性膀胱炎或中毒性肾病。口服中毒时除上述症状外胃肠道刺激症状较明显。

4）眼接触：可出现结膜角膜炎。

5）皮肤接触：可引起皮炎。

7.2.5 苯胺的安全防护措施

1）呼吸系统防护：可能接触其蒸气时，佩戴防毒面具。紧急事态抢救或逃生时，佩带正压自给式呼吸器。

2）眼睛防护：戴安全防护眼镜。

3）防护服：穿紧袖工作服，长筒胶鞋。

4）手防护：戴橡皮手套。

5）其他：工作现场禁止吸烟、进食和饮水。及时换洗工作服。工作前后不饮酒，用温水洗澡。监测毒物，进行就业前和定期的体检。

7.2.6 部分供应商

苯胺的部分供应商见表7-4。

表7-4 苯胺的部分供应商

供应商名称	所在地
吉林化学工业股份有限公司染料厂	吉林省吉林市
南京化工厂	江苏省南京市
辽宁庆阳化学工业公司	辽宁省辽阳市
兰州化学工业公司有机厂	甘肃省兰州市
河南开普化工股份有限公司	河南省郑州市
河北冀中化工总厂	河北省晋州市
浙江宁波海利化工有限公司	浙江省宁波市
重庆长风化工厂	重庆市长寿区
湖北武汉燕江化工厂	湖北省武汉市
江苏东南（常州）化工集团公司	江苏省常州市

7.2.7 苯胺的环境监测方法

（1）现场应急监测方法

现场应急监测方法包括气体检测管法、直接进水样气相色谱法、快速检测管法、便携式气相色谱法和气体速测管（北京劳保所产品，德国德尔格公司产品）。

（2）实验室分析方法

实验室分析方法见表 7-5。

表 7-5　苯胺的实验室分析方法

监测方法	来源	类别
盐酸萘乙二胺分光光度法	GB/T 15502—1995 检出范围 0.50 ~ 600mg/m^3	空气
溶剂解吸气相色谱法	WS/T 142—1999	作业场所空气
溶剂解吸高效液相色谱法	WS/T 170—1999	作业场所空气
N-（1-萘基）-乙二胺偶氮分光光度法	GB 11889—89	水质
气相色谱法	GB 5749—85 最低检出浓度 0.0020mg/m^3	水质

7.2.8 土壤污染的应急处理技术

（1）试验条件

试验所用土壤取自武汉大学校园内地表土，采样深度为 0 ~ 200mm，样品经自然风干、研碎及过 8mm 筛，备用。

（2）试验装置

试验采用 PVC 圆管（柱长为 500mm，柱内径为 103.60mm，自上至下切成两半），每次取 5 kg 土样填入 PVC 圆管（填土前将两半圆管用胶带固定成一个整体），用力夯实，将苯胺从上面倒在土壤表层；取样时，将固定圆管的胶布撕开，在距土壤表层 100mm、200mm、300mm 和 400mm 高度的横截面上取厚度为 5 ~ 10mm 的土壤，取样深度为圆的半径。

（3）分析方法

称取土壤 10g 左右，记下精确质量。加入 pH 为 8 ~ 9 的 100ml 去离子水浸取过夜后加热蒸馏，当蒸馏出液接近 80ml 时停止加热，再加入 20ml 去离子水，继续蒸馏至出液为 100ml。馏出液中苯胺的测定采用 *N*-(1-萘基)-乙二胺偶氮分光光度法（GB 11889—89）。

（4）苯胺在土壤中的扩散

为了研究苯胺污染土壤后其在纵深方向的迁移过程，将 50g 苯胺倒入装有土壤的

PVC 圆管中（在相同的体积内保证每次填充的土壤量相同），在一定时间点分别取不同高度（距土壤表层 100mm、200mm、300mm 和 400mm）的土壤，检测其中苯胺浓度（mg/g），苯胺在土壤中的浓度分布见表 7-6。

表 7-6　苯胺在土壤中的浓度分布

时间/h ＼ 高度/mm	100 /（mg/g 土壤）	200 /（mg/g 土壤）	300 /（mg/g 土壤）	400 /（mg/g 土壤）
0. 50	0. 13	0. 0011	0. 0012	0. 0017
1	1. 40	0. 0023	0. 0015	0. 0021
3	0. 0014	0. 0045	0. 88	0. 0018
6	7. 31	0. 062	0. 0013	0. 0031
9	0. 0017	0. 0073	0. 0034	0. 0012
24	0. 038	0. 0008	0. 0006	0. 0005

由表 7-6 可知，苯胺在土壤中的迁移主要集中在深度小于 100mm 的土层中；在 400mm 高度处 24h 时，苯胺的浓度只有 0. 000 50mg/g，是 100mm 处苯胺浓度的 0. 40%，表明苯胺在土壤中的扩散速度很慢。一旦发生苯胺泄漏至土壤中的事件，只要处理及时，苯胺对深处土壤的污染较小。

（5）苯胺泄漏至土壤中的处理方法

1）挖掘掉表层土壤。挖掘法是最常见的物理治理方法，对突发性环境污染能起到有效的治理。

将 50g 苯胺倒入装有土壤的 PVC 圆管中，待苯胺渗透 0. 50h 后挖掉距表面 50mm 的土壤，在一定时间点分别取不同高度（距土壤表层 100mm、200mm、300mm 和 400mm）的土壤，检测其中苯胺浓度（mg/g），挖掘处理后土壤中苯胺的浓度分布见表 7-7。

表 7-7　经挖掘表面层（50mm）后苯胺在土壤中的浓度分布

时间/h ＼ 高度/mm	100 /（mg/g 土壤）	200 /（mg/g 土壤）	300 /（mg/g 土壤）	400 /（mg/g 土壤）
0. 50	0. 033	0. 0087	0. 0045	0. 0051
1	0. 0092	0. 0031	0. 0031	0. 0021
3	0. 0029	0. 0031	0. 0031	0. 0048
6	0. 050	0. 0039	0. 0056	0. 0090
9	0. 15	0. 015	0. 0057	0. 0080
24	1. 57	0. 012	0. 0031	0. 0064

对比表 7-6 和表 7-7 可知，未经任何处理时，苯胺在 0. 50h 时，100mm 深度处的浓度为 0. 13mg/g；经挖掘处理后，苯胺在 0. 50h 时，100mm 深度处的浓度为 0. 033mg/g，苯胺

的浓度减少了75%。这说明土壤在污染后0.50h内挖掘移除表层50mm土壤是一种有效的应急处理方法。

2）粉末活性炭覆盖吸附处理。当苯胺泄漏至土壤时，就近取材，快速将发生污染地附近的稻草、秸秆、煤炭和活性炭等覆盖于苯胺上，尽量吸附泄漏的物质，降低其扩散速度，减少其对地下水的污染。

试验方法：将50g苯胺倒入装有土壤的PVC圆管中，10min后用10g粉末活性炭覆盖在土壤表面，在一定时间点分别取不同高度（距土壤表层100mm、200mm、300mm和400mm）的土壤，检测其中苯胺浓度（mg/g），粉末活性炭覆盖后土壤中苯胺的浓度分布见表7-8。

表7-8　粉末活性炭吸附后苯胺在土壤中的浓度分布

高度/mm 时间/h	100 /（mg/g土壤）	200 /（mg/g土壤）	300 /（mg/g土壤）	400 /（mg/g土壤）
0.50	0.0025	0.0050	0.0028	0.0060
1	0.1680	0.15	0.013	0.040
3	0.0051	0.0026	0.0031	0.0019
6	0.0089	0.082	0.0027	0.0025
9	0.0158	0.0059	0.0034	0.0023
24	0.0123	0.0058	0.0036	0.0042

对比表7-7和表7-8可知，0.50h时，未经任何处理的污染土壤，苯胺在100mm深度处的浓度为0.13mg/g；经粉末活性炭吸附后，苯胺在100mm深度处的浓度为0.0025mg/g，其去除率为98%。由此可知，当苯胺泄漏至土壤上，待其未完全渗透至土壤中时用粉末活性炭覆盖被污染的土壤表面，可以显著减少苯胺在土壤中的扩散。

3）含苯胺土壤回收后处理。在大面积污染情况下，挖取土壤，修建一个防渗和防水的围堰储存受污染土壤，使用密封材料将受污染区域进行密封，然后采用相关办法收集回收，回收后采取以下办法处理。①燃烧。对受污染土壤实施焚烧，并根据监测情况视土壤超标情况将危险废物送相关厂进行焚烧处理。②暂时保存法。将受污染的土壤清除剥离后，装在可密封的容器中保存，转移至特定地方处理或待有条件时再做处理。③永久性密封处理。使用密封材料将受污染区域进行密封，使泄漏地区变成一个永久处理场，可使用不同的密封材料，如黏土、沥青和有机密封剂。④自然降解法。由于苯胺溶于水，故可采用开沟淋洗土壤的方法，收集洗涤水或让苯胺随水蒸气一同挥发；也可不断地翻耕土壤，让苯胺随土壤中的水分一同逸散。

7.2.9　水体污染的应急处理技术

（1）粉末活性炭吸附

1）投加药剂。粉末活性炭。

2）测试方法。水体中苯胺的测定采用高效液相色谱法。液相色谱条件：流速0.5ml/

min，柱温25℃，进样量20μl，流动相为$V_{甲醇}:V_{水}=50:50$，检测波长为254nm。

3）试验条件。向250ml浓度分别为10mg/L、20mg/L、30mg/L、40mg/L和50mg/L的苯胺溶液中加入2.50g粉末活性炭，在转速110 r/min和室温25℃下搅拌3h，达到吸附饱和；混合液经过滤处理后用高效液相色谱检测吸附平衡后苯胺浓度，计算粉末活性炭的吸附容量；数据处理得到吸附等温线方程。

4）投加量估算方法。通过对试验结果进行不同吸附类型的拟合，粉末活性炭对苯胺的吸附性能曲线符合弗兰德里希（Freundlich）吸附模式，其数学模型为

$$Q_e=4.30C_e^{0.45}\quad(R^2=0.999)\tag{7-1}$$

式中，C_e为苯胺平衡浓度（mg/L）；Q_e为吸附容量（mg/g）；R^2为相关系数。

根据水质标准的要求，$C_e=0.10$mg/L（生活饮用水水质卫生标准）。假设水中污染物苯胺的浓度为C_0（mg/L），则理论上处理到达标所需的粉末活性炭的量为

$$V=(C_0-C_e)/Q_e\tag{7-2}$$

当苯胺平衡浓度C_e为0.10mg/L时，粉末活性炭对苯胺的吸附容量为1.52mg/g。

当$C_0=5$mg/L（超标49倍时），根据式（7-2）可得粉末活性炭的理论投加量为3.22g/L时可使苯胺浓度达生活饮用水水质卫生标准。

5）粉末活性炭吸附苯胺的影响因素。

A. 粉末活性炭吸附苯胺吸附速率

试验条件：向250ml初始浓度为10mg/L的苯胺溶液中投入2.5g粉末活性炭，吸附10min、20min、30min、40min、50min、60min、90min和120min后测定水样中剩余苯胺的含量，苯胺去除率随时间的变化见表7-9。

表7-9　粉末活性炭吸附苯胺的吸附速率

时间/min	0	10	20	30	40	50	60	90	120
去除率/%	0	85.30	83.58	87.59	88.51	90.97	92.07	92.45	95.42

从表7-9可以看出，粉末活性炭对苯胺有较快的吸附速率。粉末活性炭对苯胺的快速吸附时间约为10min，当吸附时间为30min时，可以达到87.5%的吸附容量，吸附时间超过60min后，粉末活性炭对苯胺的吸附容量为92.07%，增加很少，此时吸附达到饱和。因此，为了取得更好的去除效果，粉末活性炭对苯胺的吸附时间应不少于60min。试验结果说明利用粉末活性炭进行苯胺水污染的应急处理是可行的。

B. 水的pH对粉末活性炭吸附苯胺效果的影响

试验条件：250ml初始浓度为10mg/L的苯胺溶液，用盐酸和氢氧化钠分别调节溶液的pH为2、3、5、7、9和10，然后投入2.5g粉末活性炭进行吸附，分析溶液的pH对活性炭吸附苯胺效果的影响（表7-10）。

表7-10　水的pH对粉末活性炭吸附苯胺效果的影响

水体pH	2	3	5	7	9	10
去除率/%	21.90	71.19	84.86	79.78	79.85	80.23

从表 7-10 可看出，pH 为 2 时，活性炭对苯胺的去除率只有 21.90%；随着 pH 的增大，活性炭对苯胺的吸附率也增大；到溶液 pH 大于 5 后，粉末活性炭对苯胺的吸附效果变化不大，去除率可以达到 80% 左右。苯胺在水中存在一个电离平衡，其一级解离常数为 4.60，当溶液的 pH 小于 5 时，苯胺在水中主要以苯胺离子的形态存在；而当溶液的 pH 大于 5 时，苯胺在水中主要以苯胺分子形式存在。苯胺分子的极性较弱，而苯胺离子的极性较强。活性炭对极性较弱的分子的吸附效果要好于极性较强的离子形态的有机物。这就是溶液 pH 对粉末活性炭吸附苯胺的转折点在 5 左右的原因。应急处理的过程中，应保持粉末活性炭对苯胺的吸附环境中苯胺以分子形态存在，这样有利于吸附，可以充分发挥粉末活性炭对苯胺的吸附性能。

C. 吸附苯胺后粉末活性炭的解吸效果

试验条件：向 1 L 初始浓度为 5mg/L 和 50mg/L 的苯胺溶液中分别投入 2g 和 5g 粉末活性炭，长期监测水样中苯胺的含量，观察活性炭吸附苯胺后的解吸效果（表 7-11 和表 7-12）。

表 7-11　粉末活性炭吸附苯胺（5mg/L）后的解吸效果

时间/d	0	18	20	22	24	26	28	30
苯胺浓度/(mg/L)	5	0	0.08	0.065	0.13	0	0	0

表 7-12　粉末活性炭吸附苯胺（50mg/L）后的解吸效果

时间/d	0	4	6	8	12	14	16	18	20	22	24	26	28	30
苯胺浓度/(mg/L)	50	0	0	0.1	0.05	0.15	0	0	0.05	0	0.05	0.05	0	0

从表 7-11 和表 7-12 可以看出，对于浓度 5mg/L 的苯胺水样，第 18 天时，粉末活性炭对苯胺的去除率为 100%，并且在吸附后的第 18～30 天，水体中苯胺的浓度接近于 0。从表 7-12 可以看出，对于浓度为 50mg/L 的苯胺水样，在投加粉末活性炭吸附后的第 4 天，粉末活性炭对苯胺的去除率为 100%，并且在吸附后的第 4～30 天其去除率仍然保持为 100%，这说明粉末活性炭在第 4 天时已基本吸附水中的苯胺；最大解吸量为 0.15mg/L，16 天后解吸的苯胺浓度在水质标准 0.1mg/L 以下。

（2）天然斜发沸石吸附

1）投加药剂。天然斜发沸石。

2）试验条件。向 50ml 浓度分别为 10mg/L、30mg/L、50mg/L 和 100mg/L 的苯胺溶液中加入 15g 天然斜发沸石，在转速 110 r/min 和室温 25℃下搅拌 3h，达到吸附饱和；混合液经过滤处理后用高效液相色谱检测吸附平衡后苯胺浓度，计算天然斜发沸石的吸附容量；数据处理得到吸附等温线方程。

3）投加量估算方法。通过对试验结果进行不同吸附类型的拟合，天然斜发沸石对苯胺的吸附性能曲线符合弗兰德里希吸附模式，其数学模型为

$$Q_e = 1.55\times10^{-3} C_e^{0.85} \quad (R^2 = 0.987) \tag{7-3}$$

式中，C_e 苯胺平衡浓度（mg/L）；Q_e 为吸附容量（mg/g）；R^2 为相关系数。

根据水质标准的要求，$C_e = 0.1$mg/L（生活饮用水水质卫生标准）。假设水中污染物

苯胺的浓度为 C_0（mg/L），则理论上处理到达标所需的沸石的量的计算式为

$$V=(C_0-C_e)/Q_e \tag{7-4}$$

当苯胺平衡浓度 C_e 为 0.10mg/L 时，沸石对苯胺的吸附容量 Q_e 为 2.18×10^{-4}mg/g。

当 $C_0=5$mg/L（超标 49 倍时），根据式（7.4）可得天然斜发沸石的理论投加量为 2.25×10^4g/L 时可使苯胺达标。实际上，沸石吸附达不到水质标准值，沸石吸附效果不好。

4）天然斜发沸石吸附苯胺的影响因素。

A. 天然斜发沸石吸附苯胺吸附速率

试验条件：向 50ml 初始浓度为 200mg/L 的苯胺溶液中投入 15g 天然斜发沸石，吸附 0.50h、1h、1.50h、2.50h、3.50h、4h、5h 和 6h 后测定水样中剩余苯胺的含量，苯胺去除率随时间的变化见表 7-13。

表 7-13　天然斜发沸石吸附苯胺的吸附速率

时间/h	0	0.50	1	1.50	2.5	3.50	4	5	6
苯胺浓度/(mg/L)	200.0	184.1	177.4	178.8	179.4	180.7	175.9	168.7	159.5
去除率/%	0	7.95	11.33	10.58	10.31	9.67	12.01	15.63	20.25

从表 7-13 可以看出，天然斜发沸石对苯胺有一定的吸附速率，但吸附容量较小，当吸附时间为 1h 时，吸附处于平衡状态，去除率为 11.33% 左右。

B. 水的 pH 对天然斜发沸石吸附苯胺效果的影响

试验条件：50ml 初始浓度为 200mg/L 的苯胺溶液，用盐酸和氢氧化钠分别调节溶液的 pH 为 1、3、5、6、8、10 和 12，然后投入 15g 天然斜发沸石进行吸附，分析溶液的 pH 对沸石吸附苯胺效果的影响（表 7-14）。

表 7-14　水体 pH 对天然斜发沸石吸附苯胺效果的影响

水体 pH	2	3	5	6	8	10	12
去除率/%	98.21	20.12	18.23	15.23	16.45	17.24	19.98

从表 7-14 可知，溶液的 pH 对沸石吸附苯胺有很明显的影响。pH 为 2 时，沸石对苯胺的吸附率为 98.21%；而 pH 大于 5 后，沸石对苯胺的去除率均小于 20%。这说明碱性环境不利于沸石对苯胺的吸附，而酸性环境有利于沸石对苯胺的吸附；并且溶液的 pH 越低，沸石对苯胺的吸附效果越好。

C. 吸附苯胺后天然斜发沸石的解吸效果

试验条件：向 1 L 初始浓度为 5mg/L 的苯胺溶液中投入 30g 天然斜发沸石，长期监测水样中苯胺的含量，观察天然斜发沸石吸附苯胺后的解吸效果（表 7-15）。

表 7-15　吸附苯胺后天然斜发沸石的解吸效果

时间/d	0	2	6	10	12	14	16	18	20	22	24	26	28
苯胺浓度/(mg/L)	5	2.60	0	0	0.10	0	0	0	0	0	0	0	0

从表 7-15 可以看出，沸石吸附苯胺后的第 2 天，苯胺的浓度为 2.60mg/L，沸石此时对苯胺的去除率为 48.10%；第 6 天以后，苯胺的浓度接近于 0，说明沸石已完全吸附溶液中的苯胺，不再发生苯胺的解吸。

（3）双氧水氧化降解

1）投加药剂。市售 30% 双氧水。

2）试验条件。配制浓度为 10mg/L 的苯胺溶液 250ml，按表 7-16 投加不同浓度的双氧水。

3）投加量估算方法。从表 7-16 可知，当苯胺浓度为 10mg/L、pH 为 6.8 ~ 7.0 及 30% 双氧水投加量为10ml/L 时，苯胺的最大降解率为 59.30%。

表 7-16　双氧水投加量对苯胺去除效果的影响

30% 双氧水投加量/(ml/L)	2.5	5	10	20	40
去除率/%	34.60	44.60	59.30	59.20	56.90

（4）Fenton 试剂氧化降解

1）投加药剂。Fenton 试剂（30% H_2O_2+$FeSO_4 \cdot 7H_2O$）。

2）投加量估算方法。从表 7-17 可知，当苯胺浓度为 10mg/L、pH 为 6.80 ~ 7.00 及 30% H_2O_2 5ml/L 和［$FeSO_4 \cdot 7H_2O$］为 0.15g/L 时，苯胺可被完全降解。

表 7-17　Fenton 试剂投加量对苯胺去除率的影响

双氧水投加量/(ml/L)	1.25	2.5	5	10	20
［$FeSO_4 \cdot 7H_2O$］/(g/L)	0.038	0.075	0.15	0.30	0.60
去除率/%	59.80	84.60	100	100	100

7.2.10　污染事件

2006 年 5 月 29 日，中石油兰化公司 2005 年新建的 7 万 t/a 苯胺装置发生爆炸。

2006 年 2 月 20 日下午 5 时，渝涪高速长寿但渡段发生翻车导致苯胺泄漏。

2005 年 11 月 13 日，国内最大的苯胺生产企业中石油吉林石化公司双苯厂（101 厂）装置发生爆炸，造成 8 人死亡，全部生产装置报废。

2001 年 9 月 4 日晚 10 时，青岛市黄岛区昆仑山路与前湾港路交界处发生交通事故，一辆载有 12.94 t 苯胺车辆因翻车导致约 10 t 苯胺泄漏到位于水源地附近的地下。

2001 年 7 月，宁波海利化工有限公司苯胺装置停车检查时发生爆炸燃烧，造成 3 人受伤。

1998 年 7 月，中石化南京化工厂苯胺装置停车检查时发生燃烧爆炸。

1996 年 6 月，南京四力公司苯胺系统停车检修时，因再沸器打开后进入空气，釜内的硝基酚发生剧烈反应，引发爆炸和大火，造成 3 人死亡，9 人受伤。

第8章

结论与建议

8.1 结　　论

8.1.1 流域水环境突发性风险源识别技术

基于水环境突发性风险源作用过程，从风险源危险性、风险源控制机制和敏感目标易损性着眼，提出了水环境突发性风险源识别技术思路，明确了风险源识别技术要点。

建立了基于多要素分步诊断的风险源识别技术。风险源识别技术首先要辨识事故型水环境污染风险源（包括固定风险源和移动风险源）和敏感目标，建立单独或耦合考虑风险品数量、毒性、风险源事故发生可能性和敏感目标机制4类要素的事故型水环境污染风险源风险值逐级耦合计算和分级方法。以此为基础，提出了水环境突发性风险源风险分区方法，包括基于风险源的水环境污染风险分区方法，基于敏感目标的水环境污染风险分区方法以及基于风险源和敏感目标耦合的水环境污染风险分区方法。以三峡水库为示范区，开展了三峡水库风险源和敏感目标风险分级与分区，实现了三峡库区水环境污染源风险评估与风险分区管理。

围绕该技术思路，亦构建了基于多要素综合评估的风险源识别技术。遵循完整性、综合性、可比性和实用性原则，构建了流域水环境突发性风险源风险评估指标体系（3级，16个指标）；利用层次分析法和专家打分法确定了各指标的权重，确立了风险值分级方法。以太湖流域为示范区，实现了太湖流域风险源风险评估与分级管理。

8.1.2 流域水环境突发性风险快速模拟技术

针对我国流域突发性水污染事故风险模拟与预警综合技术需求，依据水体水动力和水环境系统特征，在流域突发风险源的识别研究基础上，以保护敏感水生态目标为主要目的，为满足不同资料地区对流域水环境风险模拟预测的需求，研究流域突发性水污染事故风险的预测方法。建立能同时应用于资料缺乏地区和资料详全地区的流域突发性水环境风险应急模拟预测模型系统突发性风险模拟模型参数库，研发了流域突发性水环境风险模拟模型软件，为有效应对突发性水环境污染事件，快速准确判断事件影响时间、空间范围，提供技术支撑，以新安江水污染突发事件为例进行了技术应用说明。

8.1.3 突发性水污染事故应急风险评估技术

突发性环境风险应急评估在概念框架上主要借鉴经典“风险评估框架”，同时，考虑“短时间、高浓度、急性毒性”等风险特征，对经典方法进行了修正，使其真正适用于突发性水环境事故发生过程中，以及事故发生后的应急风险评估，体现了实时、快速和有效的特点。按照评估受体的不同，又分为生态风险评估以及饮用水人体健康风险评估两类。

基于目前常规生态风险评估技术，本研究提出了突发污染事故后应急生态风险评估技术方法，包括环境暴露评估、应急生态风险阈值研究、风险表征及风险等级划分标准以及不确定性分析等几个重要步骤。基于毒理数据，通过构建物种敏感度分布曲线，推导出保护95%物种的 HC_5 值，然后计算出事故特征污染物应急生态风险控制阈值；研究还提出了用于构建 SSD 曲线的毒理数据的数据质量和数量的选择原则，并利用上述应急生态风险阈值推导方法，计算了镉、铬、苯酚、五氯酚、邻苯二甲酸二辛酯、敌敌畏、苯、二甲苯、硝基苯、氯苯和荧蒽 11 种典型风险污染物的应急生态风险阈值。

基于 USEPA 人体健康风险评估技术框架，考虑突发性水污染事故高剂量和短时间暴露特点，根据污染物的特性，将污染物区分为致癌与非致癌两类，建立主要包括“危害鉴别”“剂量-效应评价”“暴露评价”和“风险表征”4 个关键步骤的突发性环境风险饮用水人体健康风险评估技术方法，并据此建立了基于健康风险的突发性水污染事故特征污染物应急控制阈值推导方法。

8.1.4 流域水环境突发性风险应急控制技术

本研究完成了 6 类 120 种典型危险化学品对土壤及水体污染的现场应急控制技术研究，提出了 6 类 120 种典型危险化学品现场应急控制措施预案，并以苯胺为例进行了技术研发和应急技术措施预案的详细说明。考查了应急措施的二次污染和应急处理的时效性，在应急措施方案研究基础上，编写了《应急处理技术指南手册》，为建立突发污染事故应急技术库提供了技术支撑。

8.2 建　　议

8.2.1 强化流域水环境突发性风险源识别

1）本研究中的突发性风险源识别技术还未体现便于操作和识别迅速等特点。对此，可以对常见的潜在风险源进行整理归类，并提供突发风险源的特征，构建风险源数据库，结合环境日常监察定期进行信息更新，为预测流域水环境突发性风险提供依据。

2）建立各河段污染源档案。各级水环境监测中心要对所辖范围内的污染源做到心中有数，对每个污染源都建档立案，辨识各个污染源的污染物种类、排放规律和排放量。对影响较大的污染源，根据河道情况、周边环境和经济发展，进行污染事故风险分析。

3）布局在大江大河边上的化工石化项目是最突出的风险源，应加强环境安全事故的防范。

4）船舶带来的化学类和石油类污染不容忽视。需加强船舶污染治理，严格按相关规定配备船舶防污染设施。

8.2.2　构建重点流域水环境突发性风险快速模拟系统

1）加强流域水环境管理，积极完善流域水环境综合整治。流域突发性水环境的治理和保护工作应从流域角度科学编制流域水环境管理综合规划，分析和归纳典型流域水动力特征以及突发水环境风险模拟的技术难点，确立流域突发性水环境风险模拟模型的理论体系，并进一步强化模型参数库，摸清各类污染物迁移降解的动力学过程，考虑南北方气候造成的河流水质变化，进行不同类型流域典型水体环境风险预警预测技术方法的研究，为我国流域水环境风险分析、风险管理及流域预警平台构建技术等，提供科学可靠的技术支撑。

2）建立流域区域突发性水环境风险模拟系统联动机制，提高应急事件的处理效率。建立应对城市水源突发事件应急联动机制，完善省市间、区县间、部门间及上下游间突发事件通报制度，畅通信息渠道，实行部门联动、辖区联动、城乡联动、上下游联动及跨省区联动，做到信息互动、物资联动及抢险队伍联动。充分利用资源，才能切实保障应急突发事件的及时处置和安全解决。

3）树立“危机是常态”的忧患意识，建立应急体制。突发性水污染事故随时都有可能发生，要把防范突发性水污染事件应急处理机制纳入日常工作体系，纳入水行政管理之中。

8.2.3　完善突发性水污染事故应急风险评估方法

1）本研究建立的突发性饮用水水质安全阈值仅适用于人体终生饮用的安全剂量；若用于水污染事件污染物急性暴露评估，可能会过高估计水污染事件危害程度，需要进一步提炼完善。

2）建议制定流域突发性环境风险应急预案，根据污染源影响程度和范围、当地水文地质条件、气象条件和当地监测能力等，制定及时有效的应急预案，快速进行突发性环境风险评估。

3）建议在流域突发性水污染事故环境风险评估的基础上，制定相应的事故处理措施和水环境风险管理方案，提高安全防范意识，把防范突发性水污染事故环境风险应急处理措施纳入日常工作体系。

8.2.4 构建国家级水环境突发性风险应急控制技术库

1）本研究中部分突发性风险应急控制方法与易于操作、费用低、周期短及效果显著等特点还有一定的差距，应不断完善突发性风险应急控制方法。

2）制订流域水环境突发性风险应急预案，根据污染源影响程度和范围、水量条件、地理条件、污染源的排放情况及监测能力和条件，制订流域水环境突发性风险应急预案。

3）编制水环境污染事件调查报告。水环境污染事件调查报告应包括发生的时间、地点和原因、发生的过程及影响的范围（与预测的过程和结果进行对比分析以改进和完善预测的模型）、采取的措施和效果、造成的损失和影响、意见与建议等。

中　篇

累积性水环境风险管理技术研究

第9章

累积性水环境风险管理技术框架

9.1 累积性水环境风险内涵

累积性环境风险是指人类开发活动中排放的微量污染物经过长期积累到一定程度后，产生急剧生态系统退化或累积毒性效应，并最终危及人类健康。这种风险在短期内无明显表现，但对人类健康和生态安全却具有长远的影响。例如，湖泊、大型水库及一些河口累积性富营养化问题，在一定环境条件下，可以引发蓝藻暴发，带来较严重的环境问题。2007年太湖水华事件，就是由于太湖水体处于高氮磷营养状态，在连续高温和强光照环境条件作用下，导致蓝藻在短期内积聚暴发，饮用水源地水质恶化。累积性风险评估与预警是风险管理的重要技术手段。

累积性风险评估主要借鉴USEPA生态风险评估与人体健康风险评估框架，围绕我国典型流域风险问题以及特征污染物，以“长时间、低剂量、慢性毒性”为主要风险特征，重点开展持久性有机污染物生态风险以及湖泊型饮用水源地水华污染人体健康风险评估技术研究。

流域累积性水环境风险预警，是指针对多种压力或组合压力下的水环境不同层面受体逆化演替、退化、恶化风险的分析、描述和及时报警。主要是针对水质、水生态健康、生物安全状况及演变趋势进行预测和评估，提前发现和警示水环境恶化问题及其胁迫因素，从而为缓解或预防措施的制定提供基础。

累积性风险预警强调的一个重要观点是，累积风险预警不一定需要完全定量化，只要其满足有关的工作需求。累积性风险预警在概念框架上主要借鉴“累积风险评价框架”，本身概念上十分近似于人体健康和生态评估方法，但在一些部分有显著差异。相关概念内涵如下。

1）累积性风险评估/预警关注的“源”，不是单一类型风险源（如污染事件），而是多种压力源，关注压力源的组合效应，考虑更为宽泛的非化学物质压力，如区域土地开发和人类活动等带来的物理、化学和生物作用，从而超越于传统的突发性风险评估/预警。

2）累积性风险评估/预警的“生态受体”主要包括人类（个体与人群等不同层次）和水生态系统（种群、群落与生态系统等不同层次）两大类有机体。

3）累积性风险评估/预警的“评价终点”存在于上述不同层次的生态受体的影响过程中，主要包括水环境质量、水生态系统（群落和个体）及人群健康状况三类评价终点。

9.2 国内外研究现状

9.2.1 环境风险评估

环境风险评估按照受体类型又分为生态与人体健康两类。对于人体健康风险评估，20世纪30年代，最早出现了以毒理学为基础的人体健康风险评估。50年代，健康危险评定的安全系数法被首次提出。70年代初，对人类和生态系统不利影响的危害评价开始提出。80年代以后，健康风险评价逐渐兴起，对化学物质危害的评定开始由定性向定量发展。1995年前，健康风险评估中的暴露风险研究内容主要集中在常规大气污染物和挥发性有机污染物，研究对象主要为成年人。1999～2000年，研究内容扩展到金属、杀虫剂、多环芳烃、二噁英气溶胶以及膳食暴露与暴露模型，研究对象也开始涉及老人和儿童等敏感人群。2001年至今，暴露评价的研究开始特别关注儿童对杀虫剂和气溶胶等的暴露，并涉及电磁和微波辐射等新兴环境污染的暴露（段小丽等，2009）。

健康风险评估以美国国家科学院（NAS）和美国环保局（USEPA）的成果最为丰富。美国国家科学院于1983年编写了《风险评价在联邦政府：管理过程》红皮书（Diggle，1995）。该书综合了当时的评价方法，并提出健康风险评价的"四步法"即危害鉴别、剂量-效应关系评价、暴露评价和风险表征，作为开展风险评估的技术指南。该方法目前已被多个国家和国际组织所采用。随后，美国环保局根据该红皮书制定并颁布了一系列文件、准则和指南，包括《致癌风险评价指南》《致突变风险评价指南》以及1986年提出的风险评价指南。我国卫生部和农业部于1991年联合发布了《农药安全性毒理学评价程序》。另外，我国还制定了《职业性接触毒物危害程度分级》（GB 5044—85）和《工作场所有害因素职业接触限值》（GB ZZ—2002）等用于健康风险评价的标准。此外，联合国粮食及农业组织（Food and Agriculture Organization，FAO）和世界卫生组织（World Health Organization，WHO）通过农药残留联席会议来合作评估食品中农药的残留特征。20世纪80年代后期，以美国为代表的一些国家通过建立数据库，致力于数学模型的开发与应用，以期科学、准确、全面和迅速地开展风险评价。

我国的健康风险评价研究起步于20世纪90年代，主要介绍和应用国外的研究成果。胡二邦等（2004）、孟宪林等（2001）、胡应成（2003）、杨晓松（1996），以及曾光明等（1998c）对健康风险评价的方法和不确定性进行了解释与描述。彭金定等（2001）对长沙铅冶炼厂周边地区、城镇、乡村水源和空气进行铅污染调查，并对人群血铅浓度进行了测定和评价。

9.2.2 风险预警

预警（early warning）是对危机或危险状态的一种预前信息警报或警告。在环境领域，预警最初主要应用在非人为的自然灾害方面，如（洪水）气象灾害预警、地质灾害预警及海洋灾害预警等。近年来，随着环境污染加剧和生态系统退化趋势严重，针对人为活动的警示逐渐受到重视，“环境预警”的概念开始受到重视（陈治谏和陈国阶，1992）。环境预警的类型有很多，根据不同的分类标准，有多种分类方法（杨建强等，2005；李淑炜和王烜，2006）。根据预警的内容，可以划分为不良状态预警、恶化趋势预警和恶化状态预警等；根据空间尺度不同，可分为宏观、中观和微观预警等；根据时间尺度，分为中长期（战略）预警和短期预警；根据警情的发生状态将其分为渐变式预警（累积性）和突发性（突发型）预警。其中，渐变式预警，即环境出现危机或警情是经过较长时间的潜伏、演化和累积才体现出来；突发性预警，即环境出现危机或警情是在某一时间突然出现的，一般针对突发性环境事故和重大环境灾害（如洪水、海啸与干旱等）。

水环境安全（water environment security）是水生态系统相对于“生态威胁”和“生态风险”的一种功能状态，具有相对性、动态性和空间地域性，其含义涵盖水质、水量和水生态等方面。水环境安全的定义目前尚未有统一说法。借鉴水环境安全和环境安全等相关概念的研究（陈国阶，2002；曾畅云，2004），本研究中所指水环境安全是以人类为终点的安全，是指人类赖以生存的水环境处于健康和可持续发展状态。其基本内涵包括：水体保持一定水量和水质状况安全，水生态功能较好并持续正常发挥，人类生产生活需要得到较大限度的满足，人类自身和人类群际关系处于不受威胁的状态。

水环境安全预警（early warning of water environment security）是针对水环境安全状况的逆化演替、退化和恶化的及时报警；主要是针对水环境安全状况及演变趋势进行预测和评估，提前发现和警示水环境安全恶化问题及其胁迫因素，从而为缓解或预防措施的制定提供基础。本研究中关注的水环境安全为常态条件下的安全问题，不考虑突发性污染事故，注重对环境影响因子的变化趋势进行分析和预测，并考虑未来多种不确定因素影响。总体上，本研究所指的水环境安全预警是主要针对累积性的警源或警情（如人类活动长期压力）基于较长时间尺度（如以年为时间步长）关注较大空间尺度（如流域层面）并综合考虑水环境安全状态与安全状况恶化趋势的常态预警。

国外的水环境预警研究与水环境风险评估紧密联系，尤其在累积性风险评估与预警研究方面（突发性水环境预警研究工作相对较为独立）。从国外研究来看，自 20 世纪 70 年代以来，国外学者在水环境预警方面开展了大量研究，但大多数是集中在突发性自然灾害和污染事故预警方面。例如，70 年代，欧洲在洪水泛滥的风险决策中发展了单项洪水泛滥预警体系，取得了显著的效益；80 年代，欧洲制定了“莱茵河行动计划”，针对事故应急处理建立了莱茵河国际预警系统（the Rhine international alert and warning system）；90 年代，欧洲多个国家参与的多瑙河水质突发事故预警系统和易北河国际河流预警体系先后建立；此外，美国联邦应急管理局（FEMA）于 1996 年开始积极促进和规范突发性环境风险应急处置预案的编制，美国学术界则利用微生物作指示物，开展了大量偏微观的水生态系统预警研究。

从国内研究来看，环境领域预警研究大致始于 20 世纪 90 年代，在突发性预警和渐变累积性预警及微观的生物预警和宏观的流域预警等方面均有相关涉及。其中，傅伯杰（1993）从区域可持续发展能力的角度提出了区域生态环境预警概念；陈治谏和陈国阶（1992）对环境预警的概念和内涵进行了较深入的分析；许学工（1996）对黄河三角洲区域生态环境质量开展了预警评估的探讨；梁中等（2002）从水生生物层面开展了胶州湾生态环境预警研究；董志颖等（2002）开展了 GIS 技术支持下的吉林西部地下水水质预警评价研究；郭怀成等（2004）对小型湖泊生态系统预警技术体系设计进行了尝试；杨建强和罗先香等（2005）对区域生态环境预警问题进行了较系统的阐述。此外，彭祺等对突发性环境风险预警系统框架进行了探讨；冯文钊等系统分析了环境污染事故的预警、应急监测和处理；谢红霞提出结合“3S”技术对突发性环境风险进行全程模拟；曾勇等（2007）采用决策树方法和分段线性回归方法建立了城市湖泊水华预警模型等。

无论单项预警还是综合预警，宏观尺度预警还是微观尺度预警，渐变累积性预警还是突发性预警，国内外学者多年来均进行了许多有益探索。然而，上述研究中，概念、指标和技术框架等理论和宏观分析偏多，有效实践极少，关注点分散；针对突发性污染事故预警相对多，常态累积性环境预警相对少；针对大尺度的区域预警问题偏多，聚焦在流域水环境问题角度的偏少；关于流域水环境预警问题的相关探讨，从常规水质角度考虑的多，上升至水环境安全认识层面的少。

总体上，我国在流域水环境安全常态预警领域的理论、技术方法研究与实践仍处于起步阶段，尚未就水环境安全常态预警的内涵和特征形成统一认识，尚未从预警指标、预警阈值、预警模型与技术等方面建立一套理论与技术方法体系。对此，十分有必要系统性开展相关研究与典型示范，建立流域水环境安全常态预测预警技术，为流域水环境安全保障提供技术指导与支撑，为未来实施基于水环境安全的流域综合管理奠定基础。

9.3 累积性水环境风险管理技术需求

参考美国《风险评价技术框架》，累积性水环境风险预警分析主要包括 3 个主要阶段：一是计划、仔细研究并形成问题；二是问题分析；三是风险描述和预警评估。

1）第一阶段，问题识别与形成阶段。由风险管理、评估方法和其他利益方确定目标、范围以及关注要点。其成果产出是一个反映相关要素相互作用的概念模型和分析计划。

2）第二阶段，问题分析阶段。主要包括研究暴露特征，分析多种压力之间的相互作用，预测预警生态受体遭受的风险。在该阶段，需要分析许多复杂的技术问题，比如混合物毒性、压力源相互作用和物理条件改变等化学或非化学因素；需要借助模型等工具建立累积性风险压力与生态受体响应之间的关系。该阶段的核心成果产出是针对研究受体和多种压力源完成风险分析，实现预警功能。

3）第三阶段，风险描述阶段。风险描述是对暴露于人类活动各种压力之下的生态受体相关不利响应的综合判断和表达。由于人类活动的多样性、组合性和复杂性，以及水生态系统的系统性和复杂性，风险表征可通过建立预警评估指标体系，依靠实验研究和模型模拟计算工作获取数据，开展定性和定量的风险预警评估，表述不同时段的水环境安全风险。

9.4 研究思路与技术框架

围绕累积性环境风险的内涵与管理需求，从污染源的常态管理、流域水环境质量管理、累积性水环境风险评估和流域累积性水环境风险预警 4 个方面开展研究，初步建立累积性水环境风险管理技术体系，并在典型区域开展方法的实例验证工作。具体技术路线见

图 9-1。

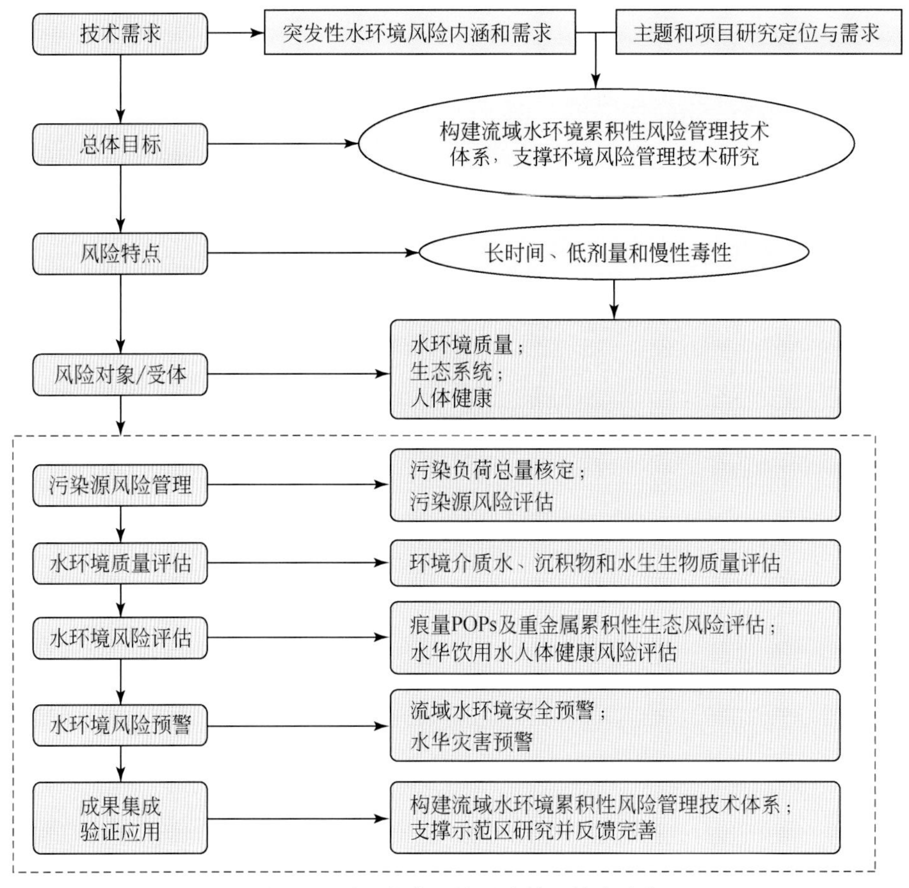

图 9-1　累积性水环境风险管理技术路线

第 10 章

流域水环境污染源管理技术研究

10.1 研究思路与技术框架

累积性环境风险是指人类开发活动中排放的微量污染物经过长期累积达到一定程度后，产生急剧生态系统退化或累积毒性效应，并最终危及人类健康。这种风险在短期内无明显表现，但对人类健康、生态安全却具有长远的影响。因此，对于影响环境质量与安全的污染源，本研究定义为累积性风险的“风险源”为多种压力和压力组合效应（非单一源）的常规排放。

对于累积性风险污染源的风险评估，主要是围绕涉及点源负荷核算与区域总量核定方法、流域非点源产汇污机理与负荷核算、河流污染物通量测算技术的流域污染负荷总量核定技术以及涉及点源综合毒性分级评价、废/污水毒性鉴定评价和点源污染生态风险评价的污染源风险评估技术展开，总体技术路线见图 10-1。

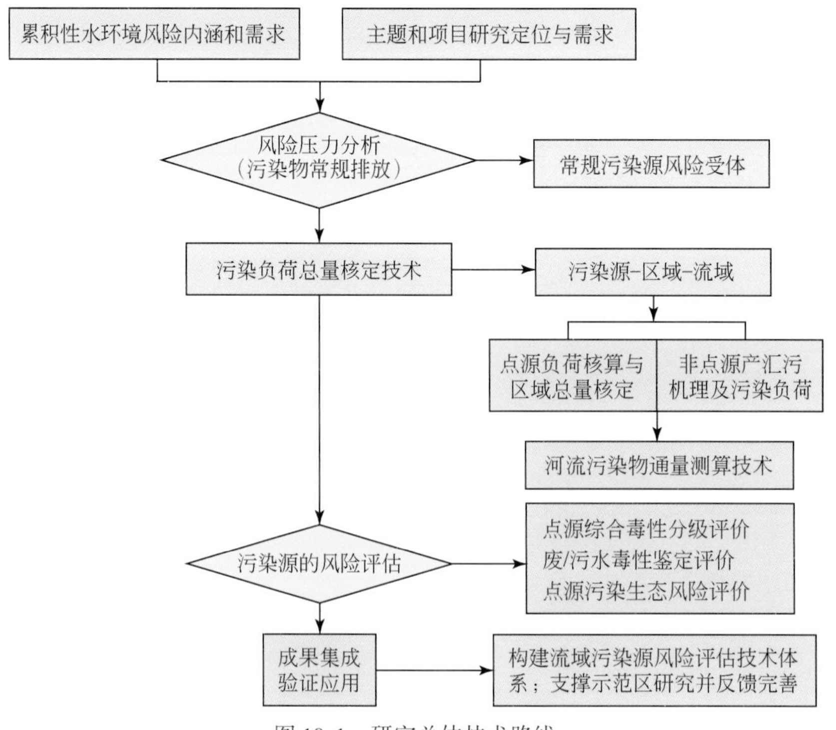

图 10-1　研究总体技术路线

采用理论分析、现场调查和监测、试验研究及环境模拟相结合的方法，充分利用环境科学、水文、地理、经济和管理等多学科交叉研究的优势，解决流域系统污染负荷的准确核定和现实污染源风险管理的科学问题。课题总体路线如图 10-1 所示。

10.2 流域水污染物总量核定技术研究

10.2.1 点源调查与污染负荷核算方法

(1) 工业污染源

根据工业污染源的数据基础和负荷核算方法的现状，提出以现有调查统计数据为基础，以数据校核、整合和指标完善为核心，通过区域供水和产值等宏观统计数据进行污染负荷估计的总量核定方法。工业污染源总量核定的技术流程如图 10-2 所示。

1）基础资料收集。需要收集的基础资料主要包括两个方面：一是环保部门已有的工业污染源调查统计数据；二是相关部门的供水和经济等宏观统计数据。

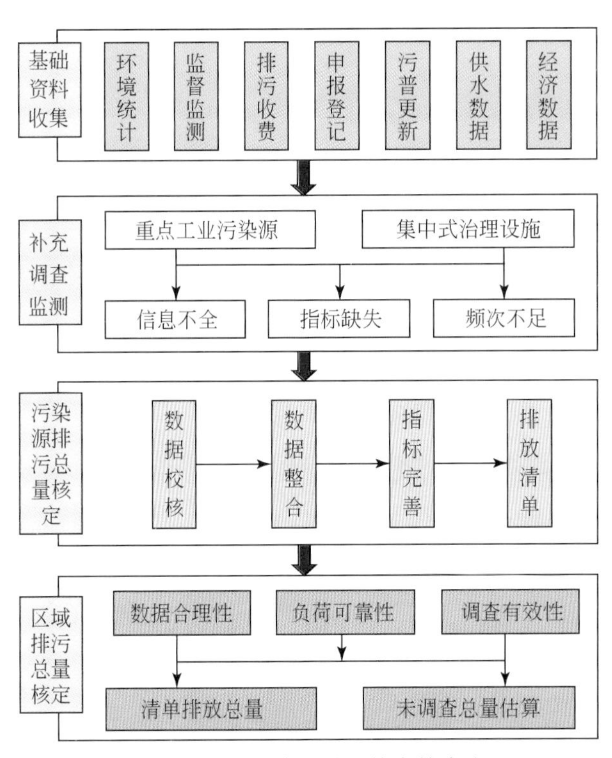

图 10-2 工业污染源总量核定技术流程

2）补充调查监测。在对基准年数据资料进行对比分析的基础上，根据不同来源数据的完整性、可靠性和差异性，合理确定工业污染源补充调查与监测的对象。

3）污染源排污总量核定。污染源的排污总量核定主要包括数据校核、数据整合和数据补遗等过程，最后编制形成工业污染源的排放清单。

数据校核主要是针对各种途径获得的污染源数据进行产排污相关信息与数据的校核，主要方法包括内部逻辑校验、供排水平衡分析、产排污系数校核、特征值分析和数据系统比较等。数据整合是在数据校核和可靠性分析的基础上，剔除明显错误或异常的数据后进行不同来源数据的整合。在无明显可靠性差异的情况下，数据引用的一般顺序为：监督性监测—环境统计—污染源普查更新—排污收费监测—排污申报登记—其他专项调查或研究数据。数据补遗是在数据校核和整合的基础上，对于因异常而被剔除的数据或原本缺失的废水和主要污染物排放总量数据，可根据情况采用补充调查监测、区域特征参数、经验排污系数和行业特征参数等方法进行总量核算和数据完善。

五日生化需氧量（BOD_5）、总氮（TN）和总磷（TP）排放的行业特征参数见表10-1。

表10-1　不同行业废水中BOD_5、COD_{Cr}、氨氮、TN和TP浓度特征参数

行业类别	BOD_5/COD_{Cr}		氨氮/TN		TP（mg/L）	
	产生	排放	产生	排放	产生	排放
电力与热力的生产和供应业	NA	NA	0.58	0.32	NA	0.88
电气机械及器材制造业	0.30	0.29	0.82	0.67	1.81	0.69
纺织服装、鞋和帽制造业	0.37	0.36	0.70	0.43	4.17	0.94
纺织业	0.29	0.25	0.46	0.29	2.93	0.45
非金属矿物制品业	0.54	0.24	0.65	0.58	0	0
废弃资源和废旧材料回收加工业	NA	NA	0.58	0.54	NA	NA
化学纤维制造业	0.34	0.33	0.25	0.17	3.34	1.01
化学原料及化学制品制造业	0.36	0.33	0.54	0.30	1.98	0.9
金属制品业	0.39	0.23	0.55	0.36	1.31	0.87
农副食品加工业	0.35	0.26	0.72	0.43	4.95	0.32
皮革、毛皮、羽毛（绒）及其制品业	0.37	0.24	0.36	0.28	10.0	3.47
食品制造业	0.28	0.28	0.26	0.18	4.88	2.53
塑料制品业	0.21	0.19	0.40	0.21	4.89	0.70
通信设备、计算机及其他电子设备制造业	0.24	0.18	0.52	0.22	0.68	0.45
通用设备制造业	0.16	0.14	0.52	0.33	2.53	0.34
医药制造业	0.46	0.40	0.33	0.15	1.14	0.34
饮料制造业	0.20	0.15	0.18	0.15	6.76	0.87
造纸及纸制品业	0.31	0.29	0.33	0.25	0.14	0.11
专用设备制造业	0.48	0.40	0.35	NA	0.78	0.19

注：NA（not available）指数据不可得。

4）区域排污总量核定。以区县级行政区为单位，根据水污染物排放清单数据，计算其工业污染源的废水排放系数和废水中主要污染物平均排放浓度，并通过区域一般工业用水总量统计数据对未调查污染源的废水和主要污染物排放总量做出估计，见式（10-1）和式(10-2)。

$$Q_{IN} = k_I Q_{FN} = k_I(Q_F - Q_{FI}) \tag{10-1}$$

$$P_{IN} = 0.01 C_I Q_{IN} \tag{10-2}$$

式中，Q_{IN}为区域未调查工业污染源的废水排放总量（万t/a）；P_{IN}为区域未调查工业污染源的主要污染物排放总量（t/a）；Q_F为区域一般工业新鲜用水总量统计数据（不含直流冷却用水量）（万t/a）；Q_{FI}和Q_{FN}分别为已调查和未调查一般工业污染源的新鲜用水总量(万t/a)；k_I为该区域的工业废水排放系数（t/t）；C_I为该区域工业废水中某种污染物的平均排放浓度(mg/L)。其中，k_I和C_I为反映区域工业行业特征分布和污染防治水平的特征参数。

（2）城镇生活污染源

城镇生活污染源是指在有相对完善排水系统的建制城镇，由居民生活、服务行业以及公共事业等日常活动导致的污染物产生和排放。考虑到现有污染源普查产排污系数的不足，并为了充分利用现有的城镇污水处理厂常规监测数据，本研究以城镇污水处理厂进水和市政直排口出水作为“汇污负荷”核算节点，提出了城镇综合生活污水产污、汇污和排污负荷的核算方法体系，并根据不同区域或城镇的基础数据资料情况给出了“汇污浓度监测法”“汇污总量监测法”“汇污浓度系数法”和“污普数据推算法”等负荷核算方法。不同数据资料条件下的推荐方法见表 10-2。

表 10-2　不同数据条件下城镇生活污染负荷核算的推荐方法

基础数据条件					推荐方法
综合用水量	污水处理厂	直排口总量	直排口水质	污染源普查	
—	—	√	√	—	汇污总量监测
√	√	×	—	—	汇污浓度监测
√	×	×	√	—	汇污浓度监测
√	×	×	×	—	汇污浓度系数
×	×	×	×	√	污普数据推算

注：“√”表示有此项数据；“×”表示无此项数据；“—”表示有或者无此项数据。

1）汇污浓度监测法。以城镇综合生活污水为核算对象，根据城镇居民常住人口数、城镇综合生活用水量以及城镇污水处理厂进水水质或典型市政直排口出水水质等资料，通过合理确定人均综合生活用水量、综合生活排水系数与综合生活污水汇污浓度等反映区域产污与汇污特征的参数，直接核算城镇生活汇污负荷总量。进而根据污水处理厂对城镇生活污染负荷的削减量，计算其排污负荷总量。汇污负荷核算方法见式（10-3）和式(10-4)：

$$Q_{MC} \approx Q_{MC} = 0.365 k_M q R \tag{10-3}$$

$$P_{MC} = 0.01 C_M Q_{MC} \tag{10-4}$$

式中，Q_{MC}和Q_{MC}分别为城镇综合生活污水产生和管网汇集的水量（万 t/a）；P_{MC}为城镇综合生活污水中主要污染物的管网汇集总量（t/a）；R 为城镇居民常住人口总数（万人）；q 为城镇人均综合生活用水量［L/(人·d)］；k_M为城镇综合生活排水系数，即综合生活污水量与综合生活用水量之比；C_M为城镇综合生活污水平均汇污浓度（mg/L）。

2）汇污总量监测法。根据区域内所有城镇污水处理厂进水和市政直排口出水的总量监测数据直接核算城镇生活汇污负荷总量，适用于城镇综合生活污水全部进入城镇污水处理厂或有能力开展全部市政直排口出水总量监测的城镇。汇污负荷核算方法见式（10-5）和式（10-6）：

$$Q_{MC} = \sum_{i=1}^{n} q_{Mi} - \sum_{j=1}^{m} q_{Ij} \tag{10-5}$$

$$P_{MC} = \sum_{i=1}^{n} p_{Mi} - \sum_{j=1}^{m} p_{Ij} \tag{10-6}$$

式中，Q_{MC}为城镇综合生活污水通过管网汇集的水量（万 t/a）；P_{MC}为城镇综合生活污水中主要水污染物通过管网汇集的总量（t/a）；q_{Mi}为根据第 i 个城镇污水处理厂进水或市政直排口出水在枯水期或无雨期水量监测数据核算的全年污/废水总量（万 t/a）；q_{Ij}为第j个排入市政管网系统工业污染源的全年废水总量（万 t/a）；p_{Mi}为根据第i个城镇污水处理厂进水或市政直排口出水在枯水期或无雨期总量监测数据核算的全年主要水污染物总量（t/a）；p_{Ij}为第j个排入市政管网系统工业污染源的全年主要水污染物总量（t/a）；i代表某个城镇污水处理厂或市政直排口；j代表某个排入市政管网系统的工业污染源。

3）汇污浓度系数法。参照第一次全国污染源普查城镇生活源产排污系数研究中的城镇分区分类方法，根据全国1400多家城镇污水处理厂的进水数据资料，采用总量平均方法计算了不同区域各类城镇的污水处理厂进出进水数据资料，即城镇综合生活污水汇污浓度。经数据校核分析与修正，并适当合并城镇类别，建立了我国五个区域四类城镇的综合生活污水分区分类汇污浓度系数。城镇综合生活污水分区分类汇污浓度系数见表10-3。

表10-3　城镇综合生活污水分区分类汇污浓度系数　（单位：mg/L）

地域分区	城镇分类	COD_{Cr}	BOD_5	氨氮	TN	TP
一区	Ⅰ类	390	165	43	55	5.2
	Ⅱ类	350	145	38	48	4.4
	Ⅲ类	290	120	30	37	3.5
	Ⅳ类	320	135	34	42	4.0
二区	Ⅰ类	280	115	26	34	3.6
	Ⅱ类	260	105	24	30	3.0
	Ⅲ类	225	90	20	26	2.6
	Ⅳ类	210	82	18	24	2.3
三区	Ⅰ类	210	80	20	28	2.9
	Ⅱ类	240	92	23	31	3.2
	Ⅲ类	265	100	25	34	3.5
	Ⅳ类	230	88	22	30	3.1
四区	Ⅰ类	270	110	25	35	3.7
	Ⅱ类	230	90	22	31	3.4
	Ⅲ类	210	82	20	28	3.1
	Ⅳ类	190	75	18	25	2.8
五区	Ⅰ类	415	185	44	54	4.5
	Ⅱ类	375	165	40	48	4.0
	Ⅲ类	320	140	36	44	3.6
	Ⅳ类	390	175	42	49	4.1

4）污普数据推算法。以污染源普查或其更新数据为基础，通过对市政管网系统主要污染物流达系数的近似估计，在产污负荷的基础上估算其汇污负荷。产污负荷核算方法见式（10-7）和式（10-8）。主要污染物在市政污水管网系统中的流达系数，见表10-4。

$$Q_{MG} = \frac{R}{R_{pc}}Q_{Mpc1} + \frac{C}{C_{pc}}Q_{Mpc2} + \frac{B}{B_{pc}}Q_{Mpc3} \tag{10-7}$$

$$P_{MG} = \frac{R}{R_{pc}}P_{Mpc1} + \frac{C}{C_{pc}}P_{Mpc2} + \frac{B}{B_{pc}}P_{Mpc3} \tag{10-8}$$

式中，Q_{MG}为城镇综合生活污水产生量（万 t/a）；P_{MG}为城镇综合生活污水中主要污染物产生量（t/a）；Q_{Mpc1}、Q_{Mpc2}和Q_{Mpc3}分别为近年城镇生活污染源普查或其更新系统中城镇居民生活、主要服务业和医院的污水排放量（万 t/a）；P_{Mpc1}、P_{Mpc2}和P_{Mpc3}分别为近年城镇生活污染源普查或其更新系统中城镇居民生活、主要服务业和医院的主要污染物排放量（t/a）；R和R_{pc}分别为基准年和污普统计年的城镇居民常住人口总数（万人）；C和C_{pc}分别为基准年和污普统计年的城镇居民消费水平（万元）；B和B_{pc}分别为基准年和污普统计年的卫生事业机构床位总数（万张）。

表 10-4　市政管网系统的主要污染物流达系数

污水处理厂或市政直排口污水量 Q/(万 t/d)	COD 和氨氮流达系数	TN 和 TP 流达系数
$Q \geq 50$	0.70	0.85
$10 \leq Q < 50$	0.75	0.88
$1 \leq Q < 10$	0.80	0.90
$Q < 1$	0.90	0.95

（3）集约化畜禽养殖污染源

1）污染负荷核算方法。废水排放量一般可通过用水量乘以排水系数获得，干捡或垫草垫料清粪方式的排水系数可取 0.5；水冲清粪方式的排水系数可取 0.7。对于无法获得实际用水量的养殖场/区，可采用表 10-5 中的废水排放系数计算获得。

表 10-5　畜禽养殖业废水排放系数参考值［单位：L/(头或羽·d)］

畜禽种类	猪	牛	鸡	鸭鹅
水冲清粪	25	200	0.7	1.2
干捡或垫草垫料清粪	12.5	150	0.3	0.7

污染负荷排放量可通过式（10-9）获得：

$$W = 365 \times 10^{-4}(100 - \eta)\sum_{i=1}^{n} p_i(\alpha_f q_{if} c_{if} + \alpha_n q_{in} c_{in}) \tag{10-9}$$

式中，W为畜禽养殖污染源某种污染物的产生量（t/a）；p_i为第i种畜禽的养殖规模（头或羽）；q_{if}和q_{in}分别为第i种畜禽的粪便和尿液产生系数［kg/(头或羽)·d］；c_{if}和c_{in}分别为第i种畜禽粪便和尿液中某种污染物的平均含量（g/kg）；α_f和α_n分别为粪便和尿液中的污染物流失系数；η为废水处理设施对某种污染物的去除率；i为畜禽种类，分别代表牛、猪、鸡、鸭等。

2）负荷核算关键技术参数。排泄系数法目前被研究和应用得较多，但其对于污染物的流失率和废水的处理与利用的参数尚不规范，大多核算结果仅是“污染负荷排放潜力”。本研究在比较分析已有研究成果和各类技术参数的基础上，结合典型调查监测，给出了粪便和尿液中主要污染物流失率和不同类型废水处理工艺与综合利用方式的污染物削减率，分别见表 10-6 和表 10-7。

表 10-6　粪便和尿液中污染物的流失率（单位：%）

清粪工艺		垫草垫料	干捡清粪	水冲清粪
污染物流失率	粪便	6~8	10~15	30~40
	尿液	50		

表 10-7　畜禽养殖废水的主要污染物去除率　(单位:%)

废水处理方式	有机物	氨氮	TN 和 TP
生态处理	50	45	40
厌氧处理	65	40	30
厌氧+好氧处理	80	70	50
厌氧+好氧+生态处理	90	80	70
综合利用（鱼塘和农用等）	95	90	90

10.2.2　点源污染负荷入河总量核算方法

10.2.2.1　入河排污口调查

入河排污口是污染物从产生源头迁移至受纳水体的主要通道，是联系污染源和水环境的纽带。根据入河排污口的汇流特性，其一般可分为污染源直排口、市政排污口和支流汇入口 3 种类型。入河排污口调查包括源汇调查和总量监测两部分内容。由于不同区域水系和污染源分布情况存在较大差异，点源入河污染负荷总量核算应在源汇调查的基础上，采取总量监测与经验公式和流达率模型核算相结合的方式进行，一般原则与方法如下。

1）入河排污口源汇调查的重点是明确汇入的污染源和受纳水体，建立污染源与水环境之间对应关系。调查的主要内容包括排污口名称、入河位置（经纬度）、入河方式（直接入河、未防渗明渠入河与防渗明渠或暗管/涵入河）、入河距离（污染源至受纳水体的距离）、市政排污口服务人口数和受纳水体名称以及其水环境功能区等。

2）入河排污口总量监测应根据排污口的具体情况分季节进行。对于大部分生产过程季节变化不明显的工业污染源直排口，应选择适宜时间至少开展 2 期监测；对于市政排污口、集约化畜禽养殖直排口和少部分生产过程具有季节性特征的工业污染源直排口，应在夏季、冬季和春季或秋季至少开展 3 期监测。

3）入河排污口总量监测应每期监测两天，宜分别安排工作日和休息日，且前 5 日应无明显降雨；每天分 3 个以上时段取等比例混合样 1 个；监测指标主要包括废水量、COD_{Cr}、BOD_5、氨氮、TN 和 TP。

4）重点污染源直排口和主要市政排污口应以实际的总量监测数据为主进行入河污染负荷量的核算；其他排污口可以根据情况采用经验公式和流达率模型为主进行入河污染负荷量的核算。

10.2.2.2　入河系数经验公式和流达率模型

（1）入河系数经验公式方法

首先确定点源排放污染物输送入河管线/沟渠长度 L，排污管/渠的流速 U（由污水流量 Q 和面积 A 得出）平均溶解氧浓度等计算参数，再采用经验公式（10-10）计算点源入河系数 R_s，最终由点源入河系数和排放量核算出污染负荷入河总量：

$$\ln R_s = -K_i\theta_i^{(T-20)}\frac{\mathrm{DO}}{\mathrm{DO}+\mathrm{HS}_i}L/U \tag{10-10}$$

式中，R_s 为点源污染负荷入河系数；K_i 为第 i 种污染物的综合衰减系数；θ_i 为第 i 种污染物衰减的温度校正系数；T 为污/废水水温；DO 为污/废水溶解氧；HS_i 为水体的饱和溶解氧；L 为入河排污管/渠长度；U 为排污管/渠中污/废水流速。

（2）基于对流扩散方程的流达率模型

基于对流扩散方程的流达率模型与流达率经验估算方法相比较，最大的区别在于其将计算有压管流或明渠流的水动力控制方程和溶解氧平衡过程的引入，可以更为准确地计算其流量、流速、水位、压强和溶解氧浓度等影响污染物迁移、扩散和衰减的状态变量，并将污染物关键衰减转化的主要动力学过程作为源汇项引入水质迁移扩散控制方程，采用管网或河网水动力和水质变量的数值计算方法求解得出排污管/渠入河断面的污染物浓度和流量，由此核算出污染负荷入河总量。

10.2.3 非点源产汇污机理及污染负荷模型研究

10.2.3.1 非点源产汇污机理

（1）农业非点源污染机理实验

本研究设计了基于人工降雨技术和变坡径流钢槽的非点源污染机理研究平台（图10-3）。该平台由人工模拟降雨系统、大型可变坡土槽系统、土壤水分监测系统、雨量/流量/泥沙监测系统（雨量筒与电子堰口）、水样收集系统、液压工作站及控制系统等组成；以降雨—入渗—地表径流—土壤侵蚀—养分流失为主线，系统分析典型土壤类型在不同下垫面等条件下土壤溶质随地表径流迁移转化的特征与内在机制，研究田间尺度的面源污染机理过程，为模拟分析土壤溶质随地表径流迁移特征及优化水土养分流失控制措施提供理论基础与方法支撑。

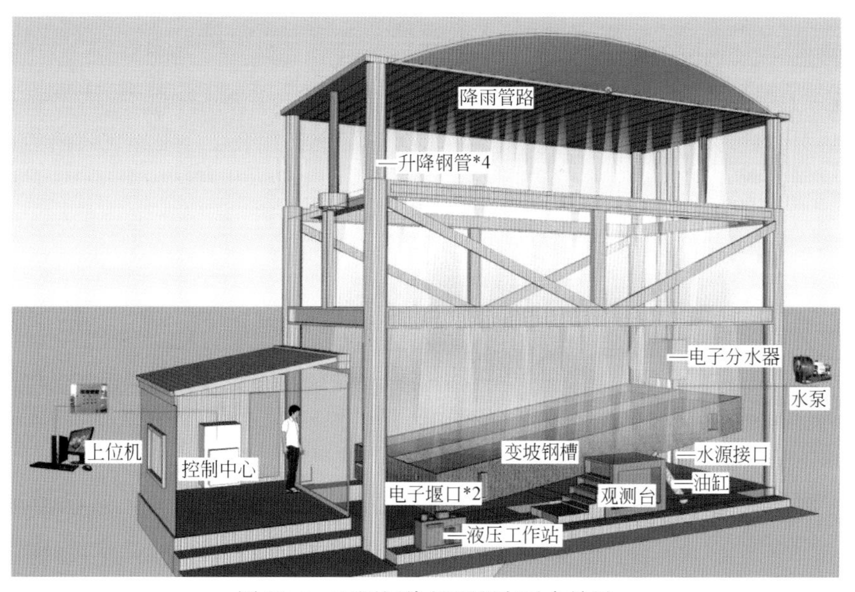

图 10-3　面源污染机理研究平台效果

设定雨强条件下，坡面产流从无到有，在某一时段后趋于稳定，见图 10-4。其中在

65mm/h 雨强条件下，在 6min［图 10-4（a）序号 1 位置］后开始有明显的坡面产流，22min［图 10-4（a）序号 4 位置］后坡面产流趋于稳定，稳定后的流量在 0.000 147m^3/s左右。120mm/h 雨强条件下，在 4min［图 10-4（b）序号 1 位置］后开始有明显的坡面产流，15min［图 10-4（b）序号 3 位置］后坡面产流趋于稳定，稳定后的流量在 0.000 28m^3/s 左右。

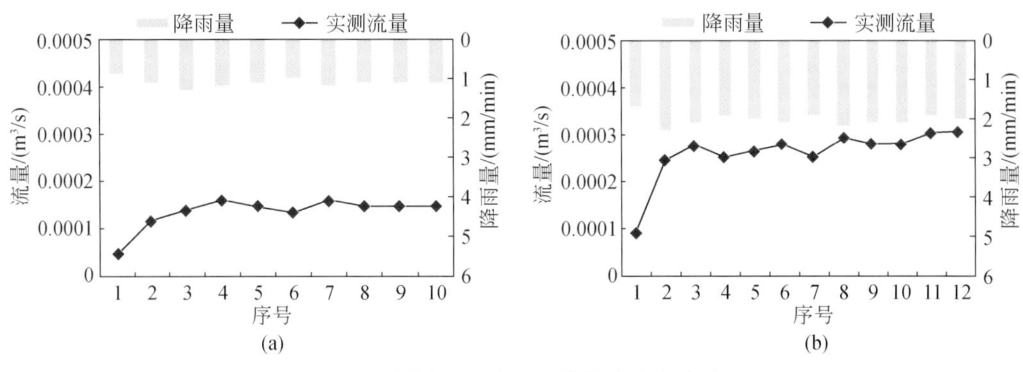

图 10-4　不同降雨强度下土槽的产流变化过程

设定雨强条件下，坡面产流引起的硝态氮的浓度从无到有，在某一时段达到峰值之后开始减小，见图 10-5。65mm/h 雨强条件下，坡面产流水样中硝态氮浓度在 22min［图 10-5（a）中序号 4 位置］后达到峰值 3.50mg/L；从图 10-5（a）中可以看出，在流量趋于稳定时刻硝态氮浓度出现峰值。120mm/h 雨强条件下，坡面产流水样中硝态氮浓度在 20min［图 10-5（b）中序号 4 位置］后达到峰值 4.39mg/L；图 10-5（b）中可以看出，流量趋于稳定的下一时段出现峰值。

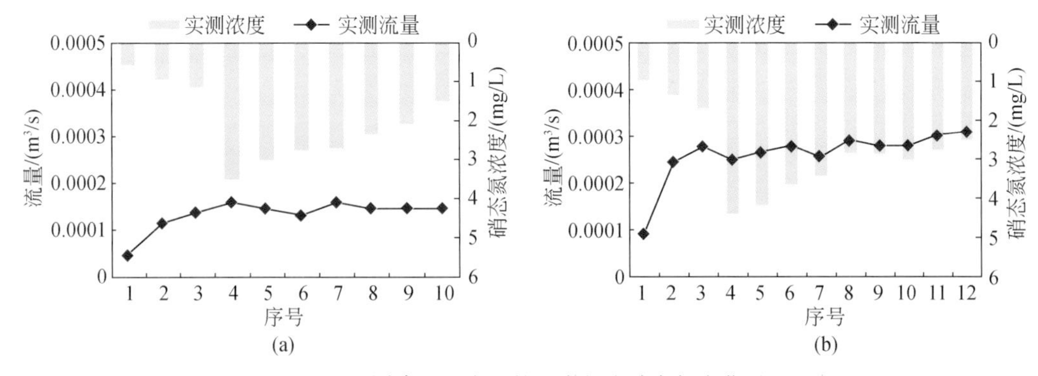

图 10-5　不同降雨强度下的地表径流硝态氮变化过程

（2）城区非点源污染产生特征

以广州市城区新河浦社区为例，选取居住区、马路和草地 3 种典型排水区作为监测对象，进行了多场降雨径流监测。通过对监测结果进行数据分析，发现居住区和马路的降雨径流存在较明显的初期冲刷效应，而总悬浮物（total suspended solids，TSS）和 COD 的相关性不明显的原因可能是因为影响下垫面的因素众多且机理复杂；草地的降雨径流 TSS 与 BOD、氨氮和 COD 有较好相关性，而与 TN 和 TP 相关性不明显，其原因可能是施肥的结果。图 10-6 和图 10-7 分别为居住区和道路降雨径流过程中 TSS 和 COD 相关过程线。

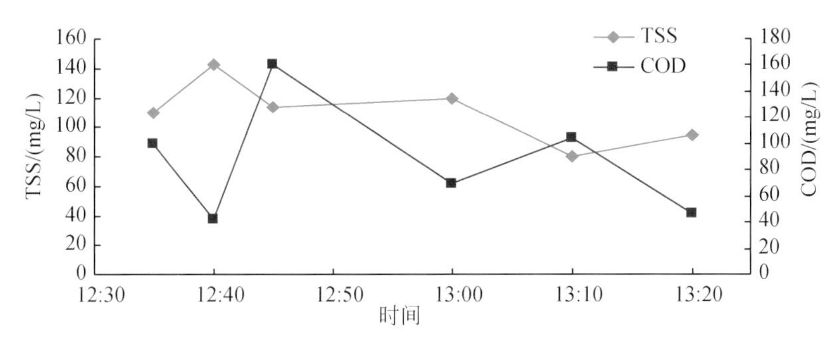

图 10-6　居住区 2010 年 7 月 28 日次降雨的 TSS 和 COD 相关图

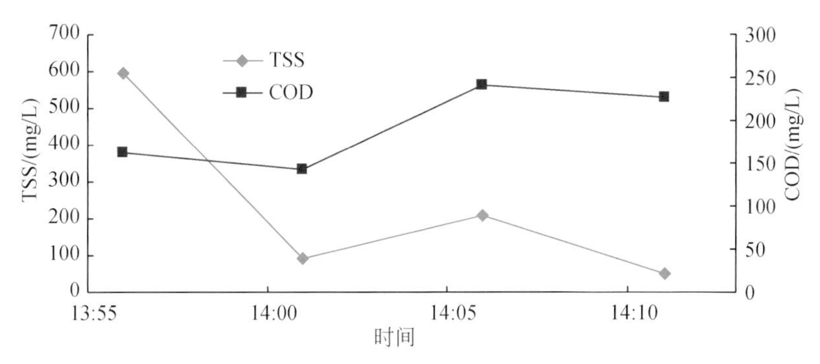

图 10-7　2010 年 7 月 22 日次降雨马路 TSS 和 COD 相关图

10.2.3.2　非点源负荷核算通用方法

城市非点源污染负荷的定量核算方法主要有三大类（表 10-8）：一是通过进行水量水质同步观测直接进行估算的平均浓度法。该方法在对有限次的典型降雨径流的监测的基础上，得到多次监测径流的平均浓度，并认为它就是全年降雨径流的平均浓度，再乘以全年径流总量即得到年降雨径流污染负荷。二是在对水量水质进行同步监测的基础上，分析监测所得到的数据，建立污染负荷与影响因素之间的关系或各污染物负荷间的相关关系，间接得到年降雨径流的污染负荷。三是基于污染物的产生和排放过程的机理性方法，该方法以污染物产生和排放的过程作为研究对象，建立合适的累积和冲刷模型来对径流污染负荷进行定量模拟。

表 10-8　城市非点源污染负荷核算的主要方法

核算方法	内　　容
平均浓度方法	典型降雨径流监测法
统计分析方法	华盛顿政府委员会方法；计算年污染负荷的美国国家环境保护局模型；Johnes 输出系数模型；监测降雨比例估算法；公路路面径流污染负荷模型；累积-冲刷模型；成都市径流污染的概念性模型
机理性方法	SWMM 模型；STORM 模型；MOUSE 模型；MIKE-11 及 MIKE-21 模型；日本土研模型；DR3M-QUAL 模型

农业非点源污染负荷的定量核算方法主要有两大类：一类是不考虑污染物迁移过程，通过对受纳水体的水质分析，依据各影响因子得出非点源污染物输出量的统计模型。统计模型不涉及污染物迁移的具体过程和机理，但能利用不多的数据简便地计算出流域出口处

的污染物负荷量，具有较强的实用性。另一类是模拟非点源污染物迁移过程，估算污染物输出量的机理模型。机理模型能较为准确地预测出流域内不同节点及其出口处的流量和水质，但对基础数据和技术手段等要求较高。本研究基于流域实际资料情况和技术条件，将上述两类污染负荷核算方法整合为监测调查条件下核算（有足够多的水量水质同步监测和调查资料）、有限资料条件下估算（水量水质同步监测有困难或资料不充足）和资料允许条件下预测（利用机理模型进行模拟）三类方法（表10-9）。

表10-9 农业非点源污染负荷核算的主要方法

核算方法	内容	
监测调查条件下非点源污染负荷核算方法	监测调查研究方法；PLOAD模型计算法	
	监测条件下的输出系数法	考虑降雨径流的输出系数法；考虑入河系数的输出系数法
	氮磷负荷模型	流域吸附态氮磷负荷模型；流域溶解态氮磷负荷模型
有限资料条件下非点源污染负荷估算方法	污染分割法；平均浓度法；相关关系法；降雨量差值法；基于已有成果的输出系数法	
农业非点源污染负荷数学模型	WEPP模型；ANSWERS模型；AGNPS模型；AnnAGNPS模型；EPIC模型；GLEAMS模型；HSPF模型；CREAMS模型	

10.2.3.3 机理模型方法的应用与验证

在典型监测和径流小区试验的基础上，选用成熟先进的机理模型，在条件具备的典型研究区开展机理模型的应用与验证，研究城市径流和农业径流非点源污染物流失、迁移和转化的机理及产汇污过程，分别建立以暴雨洪水管理模型（storm water management model，SWMM）和流域水文水质模拟软件（hydrological simulation program-fortran，HSPF）模型为代表的城市非品源污染模型和农业非品源污染模型。

（1）基于SWMM的城市非点源污染负荷核算模型

1）模型构建与参数率定。SWMM模型能够计算降雨地表产流、地表汇流、管网水动力传输和水质传输，可以模拟完整的城市降雨径流和污染物运动过程，如对单场暴雨或者连续暴雨产生的降雨径流进行动态模拟，进而解决与城市暴雨径流相关的水量与水质问题。SWMM模型由若干“块”组成，主要分为计算模块和服务模块。计算模块包括径流、输送、扩展输送和储存/处理模块；服务模块包括执行、降雨、温度、绘图、统计和联合模块。每一个模块有独立功能，每一模块的计算结果又被存放在储存设备中供其他模块取用。

通过对新河浦社区的地形高程和管网流向分析，初步确定出一个相对较为闭合的排水区域（图10-8）。研究区域总面积为12.27 hm^2。在划分子流域的时候主要是考虑发生在子流域上的降雨从何处汇入排水管网，即一个汇入点所控制的范围就是子流域。图10-9和图10-10为研究区域概化后的结果。

SWMM模型参数见表10-10~表10-12。考虑到汇流区漫流宽度是冲刷函数的一个乘数因子，故各子流域的汇流区漫流宽度通过采用子流域的面积与汇流区流长作商得到，其中汇流区流长为87.48m。

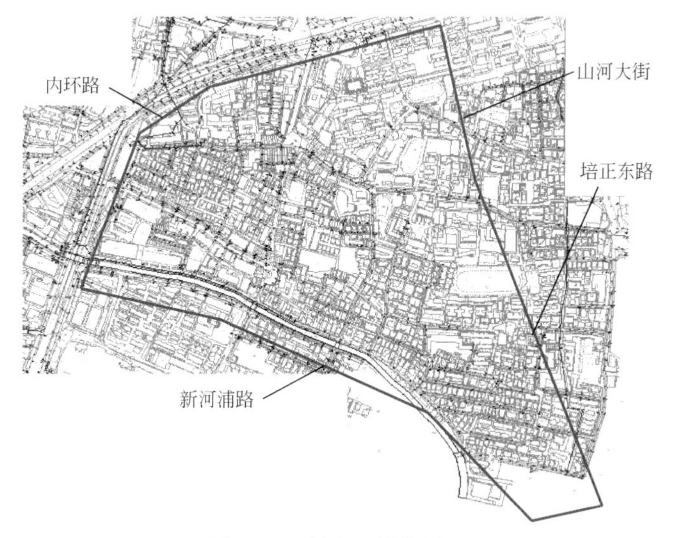

图 10-8　研究区域范围

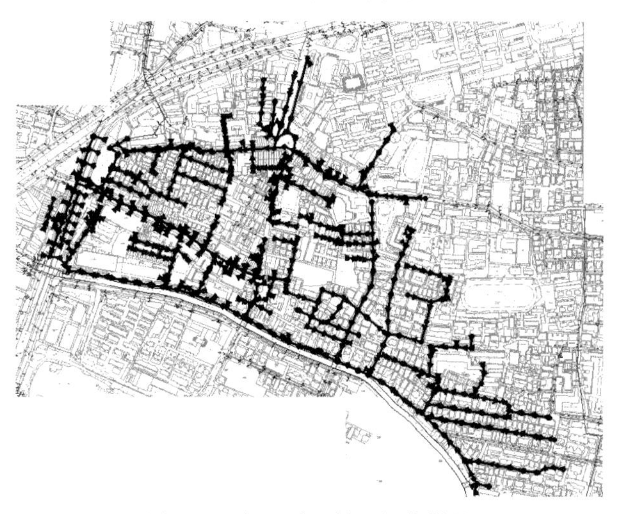

图 10-9　新河浦区管网概化结果

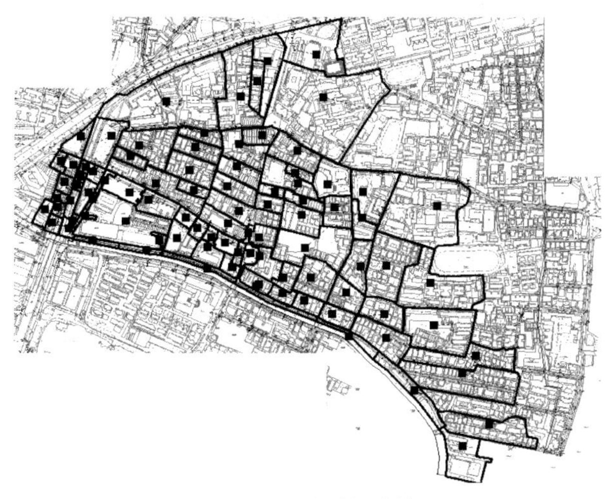

图 10-10　子流域划分结果

注：图中黑线为子流域的分水线，方形黑点为子流域的中心，在模型中代表子流域。

表 10-10 相关水动力参数

参数	数值	参数	数值
不透水区曼宁系数	0.013	不透水区无洼不透水面积比例/%	25
透水区曼宁系数	0.24	最大下渗率/(mm/h)	72.39
不透水区洼蓄深/mm	1.5	最小下渗率/(mm/h)	3.61
透水区洼蓄深/mm	2.5	渗透衰减系数/d	8.46

表 10-11 Buildup 函数参数率定

土地类型	参数	TSS	COD	TN	TP	BOD	氨氮
居住区	最大累积量/(kg/hm^2)	180	60	7.5	0.3	10	2
	半饱和累积时间/d	7	7	7	7	7	7
马路	最大累积量/(kg/hm^2)	230	110	5	0.2	16	2
	半饱和累积时间/d	4	4	4	4	4	4
绿地	最大累积量/(kg/hm^2)	100	40	10	1	20	1.8
	半饱和累积时间/d	20	20	20	20	20	20

表 10-12 Washoff 函数参数率定

土地类型	参数	TSS	COD	TN	TP	BOD	氨氮
居住区	冲刷系数	0.008	0.005	0.004	0.015	0.002	0.004
	冲刷指数	1.8	1.7	1.5	1.8	1.7	1.5
	清扫去除率/%	70	70	70	70	70	70
马路	冲刷系数	0.008	0.007	0.002	0.008	0.003	0.002
	冲刷指数	1.8	1.8	1.4	1.6	1.7	1.5
	清扫去除率/%	70	70	70	70	70	70
绿地	冲刷系数	0.03	0.03	0.007	0.042	0.008	0.008
	冲刷指数	1.2	1.2	1.2	1.2	1.2	1.2
	清扫去除率/%	—	—	—	—	—	—

2）城市非点源污染负荷验证。用经过场次降雨率定后的模型模拟 2010 年 9 月的新河浦区降雨径流污染负荷。在新河浦社区雨污分流排水管网出口，监测降雨产流后的流量和水质浓度，开展了 5 场具有代表性的次降雨径流和水质同步监测。每场降雨在产流开始的第 1 小时内每 5 ~ 10min 测流量并取水样，之后每 20 ~ 60min 测流量取水样。通过监测的次降雨径流比和污染负荷推求并估算未监测的次降雨污染负荷，得出新河浦社区 2010 年 9 月的监测污染负荷。结果见表 10-13。

表 10-13　模型月负荷量模拟结果相对误差

水质指标	TSS	COD	BOD	TN	TP	氨氮
实测月污染负荷/kg	1411.40	189.78	21.59	36.48	3.74	8.97
模拟月污染负荷/kg	954.11	236.09	27.96	22.69	2.19	5.87
相对误差/%	-32.4	24.4	29.5	-37.8	-41.4	-34.6

由表 10-13 可以看出，6 项污染负荷指标的相对误差基本在 40% 以内，具有较好的模拟精度，能够用于模拟城市非点源污染负荷。

(2) 基于 HSPF 的农业非点源污染负荷核算模型

HSPF 由美国环保局于 1980 年研制，集水文、水力和水质模拟于一体，能对透水地面、不透水地面以及河流水库的水文和水质过程进行模拟，对流域非点源污染的模拟效果尤其突出。HSPF 模型模拟需要详细地逐时输入数据。本研究收集了潭江流域自然地理及水文气象等数据，并利用 BASINS4.0 及 ArcGis 建立数据库，主要包括数据采集、地图投影、DEM 数据处理、河网水系图、土壤分类图、土地利用分类图和气象属性数据等，为模拟计算进行输入数据准备。

基础数据准备完毕后，将 GIS 数据（DEM 图、土地利用图和水系图）移植到 BASINS 系统中，为 BASINS 跳转到 HSPF 做准备。

在确定模型的结构和输入数据后，需要对模型进行校准和验证工作。通常需将所使用的实测资料分为两部分，即一部分用于模型参数率定，另一部分用于模型验证。综合分析所收集到的水文水质资料后，决定采用泗合水小流域进行率定模型及验证，再应用到潭江圣堂断面控制流域上。

1）模型参数率定。HSPF 模型调参的一般顺序是：首先调参使模拟水量符合实测资料，然后进行输沙量率定，最后对水中污染物质的模拟结果进行调参率定。先率定年径流量以及月径流过程，再率定场次洪水（结果见图 10-11）。得到 2010 年的径流总量相对误差为-1.04%，Nash 确定性系数为 0.913。可见月径流的率定效果较好。

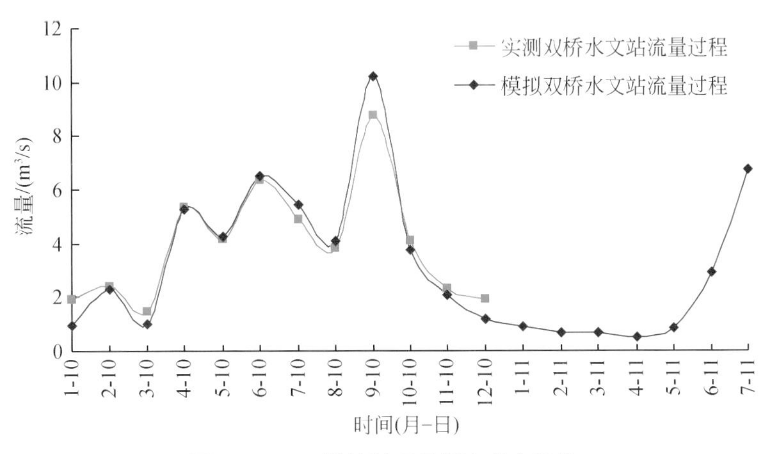

图 10-11　双桥站断面月径流率定结果

综合考虑场次监测的序列长度以及所处雨季时间位置等因素，取 5～7 月 5 场次暴雨水质监测的第一场和最后一场用于模型的率定。考虑到第一场监测是久旱之后的暴雨，且可能存在采样及监测误差，以7月19日的监测率定为主导。其他3场作为验证，验证以6月29日为主要分析对象，5月22日及7月12日由于监测序列长度过短，模拟误差也较大。结果见表10-14。

表10-14 泗合水流域模型率定情况

水质指标	模拟与实测对比	率定期		验证期		
		7月19日	5月16日	6月29日	5月22日	7月12日
流量/m^3	模拟	212.10	94.70	398.30	152.60	49.60
	实测	212.00	117.82	383.10	90.28	78.20
	相对误差	0.05	-19.62	3.97	69.03	-36.57
氨氮/(mg/L)	模拟	1.22	1.52	4.05	5.79	1.31
	实测	1.73	2.96	1.98	1.47	1.34
	相对误差	-29.36	-48.74	103.91	293.09	-1.71
TN/(mg/L)	模拟	2.61	3.75	7.11	8.54	4.64
	实测	3.10	5.40	5.08	3.54	2.93
	相对误差	-15.91	-30.52	40.14	141.00	58.16
TP/(mg/L)	模拟	—	0.38	0.25	0.26	0.35
	实测	—	0.36	0.26	0.34	0.45
	相对误差	—	5.73	-4.31	-23.33	-23.05
SS/(mg/L)	模拟	100.27	257.95	356.43	170.88	7.19
	实测	163.03	131.37	287.08	47.16	82.62
	相对误差	-38.50	96.36	24.16	262.35	-91.29
BOD/(mg/L)	模拟	3.15	4.07	7.02	4.54	6.71
	实测	4.70	3.82	3.63	2.66	2.58
	相对误差	-32.95	6.65	93.42	70.77	160.68

从表10-14可看出，场次水质过程的校验结果，在监测历时较长的7月19日、5月16日和6月29日这3次同步观测中模拟结果尚可，但在监测序列长度过短的5月22日及7月12日模拟误差则较大。参考国内他人研究成果及公开文献，可发现场次模拟的率定及验证效果一般都不理想。

2）模型验证。应用率定后模型模拟2010年的非点源污染过程，利用流域报告可得到COD、BOD、TN、TP和氨氮5种主要污染物在双桥断面的年污染负荷，见表10-15。

表10-15 泗合水小流域污染物负荷模拟值

水质指标	COD	BOD	TN	TP	氨氮
模拟年污染负荷/t	290.85	93.79	152.64	6.95	26.11

断面流量资料利用泗合水小流域双桥水文站2010年的日流量监测数据，水质数据采用现场取样实验室分析的方式获取，每月取1次日常非降雨的水样和1次降雨后第二天的

水样。采用瞬时浓度流量加权平均 $\sum_{i=1}^{n} C_i Q_i / \sum_{i=1}^{n} Q_i$ 与月流量平均 $\overline{Q}$ 计算每个月的污染负荷通量，再累加得到年污染负荷结果，见表 10-16。

表 10-16　泗合水流域的非点源污染负荷实测 2010 年污染物通量监测结果

水质指标	COD	BOD	TN	TP	氨氮
实测年污染负荷/t	385.74	78.95	236.65	5.58	37.35

由表 10-15 和表 10-16 可以得到负荷量相对误差，结果见表 10-17。

表 10-17　泗合水小流域污染负荷误差分析

水质指标	COD	BOD	TN	TP	氨氮
实测年污染负荷/t	385.74	78.95	236.65	5.58	37.35
模拟年污染负荷/t	290.85	93.79	152.64	6.95	26.11
相对误差/%	-24.6	18.8	-35.5	24.6	-30.1

由表 10-17 可以看出，5 项污染物负荷的相对误差基本在 35% 以内，具有较好的模拟精度，能够用于验证农业非点源污染负荷。

10.2.3.4　流域非点源污染核算系统

在非点源污染核算通用方法的基础上，开发了流域非点源污染负荷核算系统。该系统提供了包括农业非点源污染负荷、城市非点源污染负荷和流域非点源污染负荷的各种常见核算方法，研究者可根据研究区域的具体状况和掌握资料的实际情况进行自主选择。该系统共集成 13 种计算模型：氮磷负荷模型、PLOAD、输出系数法、公路路面径流污染负荷模型、USEPA 模型、城市地表污染物累积量估算、成都市径流污染的概念性模型、SWMM 模型、华盛顿政府委员会方法、散养畜禽养殖污染核算、溶解态氮磷年负荷模型、负荷相加法和污染分割法。系统主界面见图 10-12。

图 10-12　流域非点源污染负荷核算系统主界面

10.2.4 河流污染物时段通量估算方法不确定性分析

首先根据年内逐日流量和污染物浓度数据，采用式（10-11）计算污染物年通量的参考值（由于采样频率很高，可认为是年通量的真实值），并分析反映流量、污染物浓度和通量的随时间变化的特征因子（具体指标及含义见表10-18）；其次将逐日流量和悬浮颗粒物监测数据重新筛选抽样构造，形成不同监测频次的多组监测数据抽样样本，并采用根据分时段通量和时段平均浓度与时段水量之积2类估算方法构造出多种时段通量的计算公式（各方法特点见表10-19）；最后根据式（10-12）获得不同通量估算方法和监测频次的通量估算误差，由此分析集水面积、监测频次和常用通量计算方法对污染物年通量估算不确定性的影响：

$$\mathrm{Flux}_{\mathrm{ref}} = \sum_{i=1}^{365} Q_{\mathrm{d}} C_{\mathrm{d}} \times 0.0864 \tag{10-11}$$

式中，$\mathrm{Flux}_{\mathrm{ref}}$为参考污染物通量（t/a）；$Q_{\mathrm{d}}$ 和 C_{d} 分别为逐日的流量和污染物浓度数据，单位分别为 $\mathrm{m^3/s}$ 和 mg/L。

$$\delta = \left(\frac{\mathrm{Flux}_{\mathrm{act}} - \mathrm{Flux}_{\mathrm{ref}}}{\mathrm{Flux}_{\mathrm{ref}}}\right) \times 100 \tag{10-12}$$

式中，δ 为通量估算相对误差；$\mathrm{Flux}_{\mathrm{act}}$为估算污染物通量（t/a）。

表 10-18 研究物质通量随时间变化的特征因子

序号	特征因子	说明
1	Cs_{90}、Cs_{50}和Cs_{10}	分别为年内所有逐日污染物浓度监测结果的0.9分位数、中位数和0.1分位数，单位为mg/L
2	Vw_2	将年内所有逐日流量监测结果排序后，2%时间内的水体通量占全年通量的比例，单位为%
3	Ms_2	将年内所有逐日污染物浓度监测结果排序后，2%时间内的污染物通量占全年通量的比例，单位为%
4	Tw_{50}	将年内所有逐日流量监测结果排序后，水体通量累加达全年通量的50%时，占全年总时间的比例，单位为%
5	Ts_{50}	将年内所有逐日污染物浓度监测结果排序后，污染物通量累加达全年通量的50%时，占全年总时间的比例，单位为%
6	a 和 b	分别为将逐日流量和污染物浓度监测结果分别用流域面积和浓度中位数均一化后，流量与污染物浓度的乘幂拟合结果和相关系数
7	R	流量与污染物浓度分别除以集水面积和中位数均一化后的相关系数

表 10-19 各类时段通量计算方法介绍

序号	计算公式	方法特点及公式符号含义
1	$\mathrm{Flux}_{\mathrm{act}} = K\left(\sum_{i=1}^{n} \frac{C_i}{n}\right)\left(\sum_{i=1}^{n} \frac{Q_i}{n}\right)$	瞬时浓度 C_i 平均与瞬时流量 Q_i 平均之积，n 代表估算时间段内的样品数量，K 为估算时间段转换系数
2	$\mathrm{Flux}_{\mathrm{act}} = K\sum_{i=1}^{n} \frac{C_i Q_i}{n}$	瞬时通量 $C_i Q_i$ 平均

续表

序号	计算公式	方法特点及公式符号含义
3	$\text{Flux}_{\text{act}} = K\frac{\sum_{i=1}^{n} C_i Q_i}{\sum_{i=1}^{n} Q_i}\bar{Q}$	瞬时浓度流量加权平均 $\sum_{i=1}^{n} C_i Q_i / \sum_{i=1}^{n} Q_i$ 与时段流量平均 $\bar{Q}$ 之积
4	$\text{Flux}_{\text{act}} = K\sum_{i=1}^{n} C_i \overline{Q_{i,\ i-1}}$	瞬时浓度 C_i 与相邻两个瞬时流量平均 $\overline{Q_{i,i-1}}$ 之积
5	$\text{Flux}_{\text{act}} = K\left(\sum_{i=1}^{n} \frac{C_i}{n}\right)\bar{Q}$	瞬时浓度算数平均 $\sum_{i=1}^{n} \frac{C_i}{n}$ 与时段流量平均 $\bar{Q}$ 之积

10.3 流域水污染源风险评价技术研究

10.3.1 废/污水综合毒性评估技术研究

10.3.1.1 成组生物毒性测试方法的建立

(1) 成组生物毒性测试技术筛选原则

不同的受试生物对不同类型的行业废水的敏感性存在一定的差异。因此，选择和建立合适的生物毒性测试技术，有利于准确表征废/污水的生物毒性。本研究根据国内外有关研究成果，确立了典型生物毒性测试技术的筛选原则。

1）受试生物不少于3种营养级别（包括生产者、消费者和分解者），测试方法应有标准方法（如国家标准和ISO标准等）。

2）测试技术具有较强灵敏性。测试结果应能反映废/污水对生物的急性毒性、慢性毒性或遗传毒性。

3）供试生物易获得和培养。

4）实验方法费用低、易操作且省时。

(2) 行业废水对不同生物急性毒性的敏感性差异

将所有的行业废水样品对同一种生物的毒性进行统计分析，用变异系数 *CV* 表示该物种对所有行业废水的毒性的敏感性差异指标，不同生物对所有行业废水毒性的敏感性差异比较如图10-13。可以看出，不同受试生物对各种行业废水的毒性的敏感性差异的大小排序为：斑马鱼（*D. rerio*）>小型溞（*C. dubia*）>大型溞（*D. magna*）>浮萍（*Lemna*）>绿藻（*Alga*）>发光细菌（*E. coli*）。

(3) 生物毒性测试技术和经济指标比较

典型生物毒性测试技术和经济指标比较见表10-20。我国在生物毒性检测技术方面起步较慢，目前仅部分生物毒性检测方法被列入标准或指南，包括溞类、鱼类和发光细菌的急性试验技术、藻类生长抑制试验、发芽/根生长毒性试验、细菌回复突变试验、SOS/umu遗传毒性试验及微核试验等。从列入标准或规范的测试技术来看，我国对废污水生物

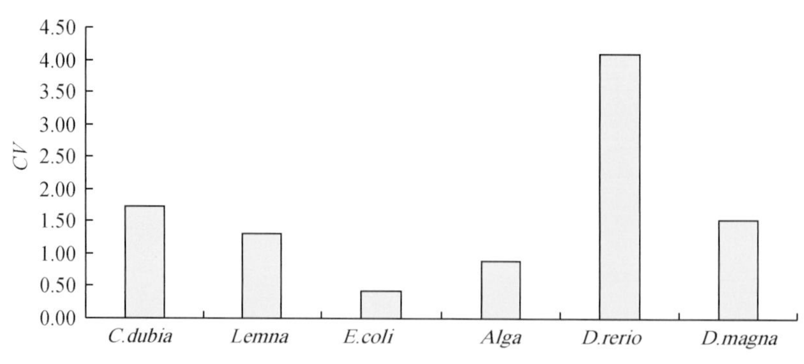

图 10-13　不同生物对各种行业废水生物急性毒性的敏感性差异

毒性的关注程度大小排序为：急性毒性（遗传毒性）>慢性毒性（内分泌干扰毒性）。从费用-效率角度考虑，溞类运动抑制/致死试验、发光细菌急性毒性试验和鱼类急性毒性试验的费用-效率要优于藻类生长抑制试验；微核试验要优于细菌回复突变试验和 SOS/umu 遗传毒性试验。尽管小型溞对典型行业废水毒性敏感性要稍优于大型溞，但大型溞是毒性试验使用最广的一种，国际标准 ISO6341 和我国国家标准都把大型溞作为准试验动物，因此我们在使用过程中倾向于选择大型溞。

表 10-20　典型生物毒性测试技术和经济指标比较

毒性指标	检测技术	计费标准/（元/组数据）	营养级别	测试时间
急性毒性	藻类生长抑制试验②	450 ~ 500	生产者	3 ~ 7 天
	溞类运动抑制/致死试验①	300 ~ 450	消费者	24 ~ 96 小时
	鱼类急性毒性试验①	400 ~ 500	消费者	24 ~ 96 小时
	发光细菌急性毒性试验①	40 ~ 50	分解者	15 ~ 30min
	发芽/根生长毒性试验②	—	生产者	5 ~ 7 天
慢性毒性	溞类慢性毒性（生命周期评价）试验③	—	消费者	21 天
	鱼类慢性毒性试验③	—	消费者	>30 天
遗传毒性	细菌回复突变试验②	2800 ~ 3000	分解者	1 ~ 2 小时
	SOS/umu 遗传毒性试验②	1500 ~ 1600		1 ~ 2 小时
	微核试验②	300 ~ 350	消费者	5 ~ 7 天
内分泌干扰性	双杂交酵母法③	—	分解者	3 ~ 4 小时
	鱼类内分泌干扰性试验③	—	消费者	

注：①我国已建立标准；②我国已建立指南或规范；③未列入标准、指南或规范。

（4）成组生物毒性测试技术的构成

根据成组生物毒性测试技术筛选原则，结合不同行业排水对各种受试生物的急性毒性、遗传毒性测试结果和生物毒性测试技术的经济技术指标，确定了一套适于废/污水生物毒性测试的成组生物毒性测试技术，包括大型溞类急性毒性试验、斑马鱼急性毒性试验、发光细菌急性毒性试验和蚕豆根尖微核毒性试验。

10.3.1.2 废/污水综合生物毒性评价技术研究

废/污水综合生物毒性评价技术主要包括两大类型：单一生物毒性指标评价法和多指标生物毒性评价法。不同的评价方法，在评价结果上存在一定的差异。探讨适于废/污水生物毒性评价技术的方法，对污染源的管理具有重要意义。本研究利用建立的成组生物毒性测试技术，研究辽河、太湖以及潭江流域典型区域（辽阳、常州和江门）纺织印染、化工、电子电镀、造纸与食品等行业及城市污水处理厂排水的生物毒性，探讨适于表征废/污水综合生物毒性的评价技术。

(1) 综合生物毒性评价方法

从现有的废水综合毒性评价方法来看，主要有 PEEP（potential exotoxic effect probe，潜在毒性效应指数）指数法、稀释效应平均比率法和预测毒性指数法。预测毒性指数法只是将各种污染物的毒性指数进行叠加，并没有考虑到不同污染物之间的相关关系，如拮抗和协同效应等，计算结果与实际检测结果往往存在较大的差异，只能提供一个方向性的指引，适用于在没有生物毒性检测条件下对污染源的综合生物毒性进行评估。稀释效应平均比率法不仅能将不同生物毒性测试结果进行统一，且给出了综合生物毒性的风险级别。但这一方法仅针对废水对生物的急性毒性，而没有考虑废水的遗传毒性等，其评价结果存在一定的片面性。PEEP 指数法的优点在于其具有很好的包容性，能将不同类型的检测结果如废水的急性毒性、慢性毒性和遗传毒性等进行统一，且计算简单，结果易于解释，具有很强的可操作性。为使计算结果更直接反映典型行业排水的生物毒性，本研究将采用修改后的 PEEP 指数法对典型行业排水的综合生物毒性进行研究，其计算公式见式（10-13）至式（10-15）；结合 Christian 等的研究成果，提出将废/污水综合生物毒性按 PEEP 指数值进行毒性等级划分（表 10-21）。

$$\mathrm{PEEP}=\log\left[1+n\left(\sum_{i=1}^{N}T_i/N\right)Q\right] \tag{10-13}$$

$$\mathrm{TC}=\sqrt{\mathrm{LOEC}_i\times\mathrm{NOEC}_i} \tag{10-14}$$

$$T_i=100\%/TC \tag{10-15}$$

式中，TC 为有害物质 i 的阈值（%）；LOEC_i为有害物质 i 的最小影响浓度（%）；NOEC_i 为有害物质 i 的最大无作用浓度（%）；T_i为有害物质 i 的毒性单位（TU）；n 为各生物测定结果的阳性结果测定数；N 为参与评价的生物毒性指标数；Q 为排水量（m^3/h）。

表 10-21 废水综合毒性分级评价标准

PEEP 指数	毒性级别	毒性等级
>5.0	剧毒	5
4.0～5.0	高毒	4
3.0～4.0	中毒	3
2.0～3.0	低毒	2
0～2.0	微毒	1

(2) 评价结果与分析

典型行业废/污水综合生物毒性分级评价结果见图 10-14～图 10-19。总体来看，电镀行业排水综合生物毒性最强，PEEP 值范围为 2.14 ~ 5.73，平均 PEEP 值达 4.09，其中 5 级（剧毒）废水占 16.7%，4 级（高毒）废水占 50%，3 级（中毒）废水占 22.2%，2 级（低毒）废水仅占 11.1%。其次为化工行业排放废水，PEEP 值范围为 2.72 ~ 5.4，平

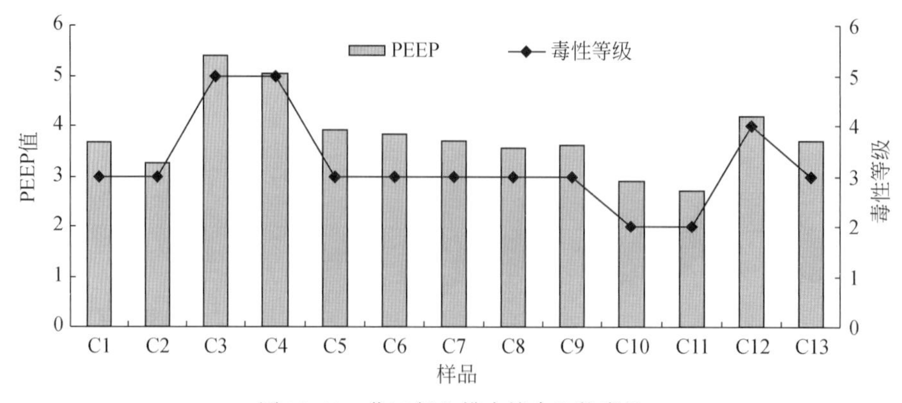

图 10-14　化工行业排水综合生物毒性

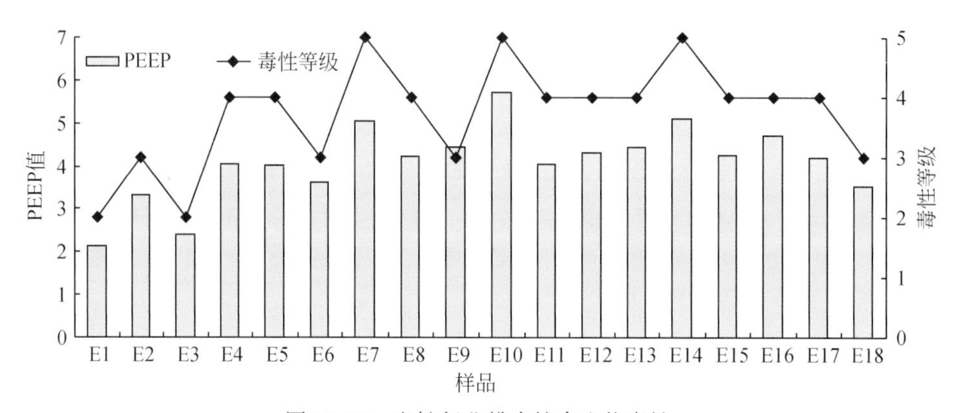

图 10-15　电镀行业排水综合生物毒性

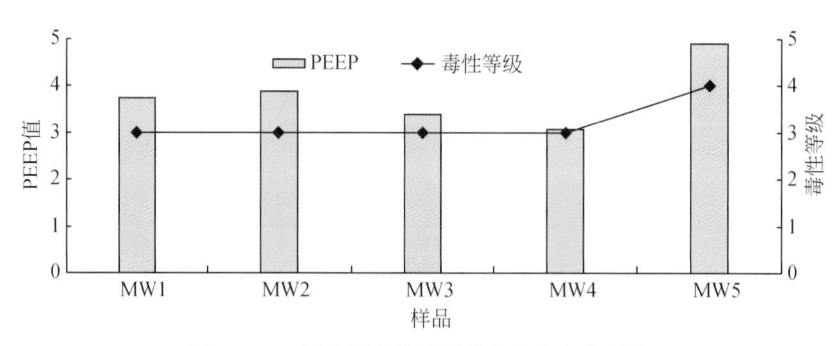

图 10-16　城市污水处理厂排水综合生物毒性

均 PEEP 值为 3.81，其中 5 级废水占 15.4%，4 级废水占 7.7%，3 级占 61.5%。城市污水处理厂排水 PEEP 值范围为 3.04 ~ 4.91，平均 PEEP 值为 3.8；4 级污水占 20%，3 级污水占 80%。纺织印染行业排水平均 PEEP 值为 3.3，4 级废水占 17.6%，3 级废水占 47.1%。造纸废水 PEEP 值范围为 2.25 ~ 4.35，平均 PEEP 值为 3.1，4 级废水占 25.0%，

3 级废水占 25.0%。食品行业排水综合生物毒性最低，PEEP 值范围为 1.02 ~2.16，平均 PEEP 值为 1.67，所采废水样品中的综合生物毒性级别均属微毒或低毒。

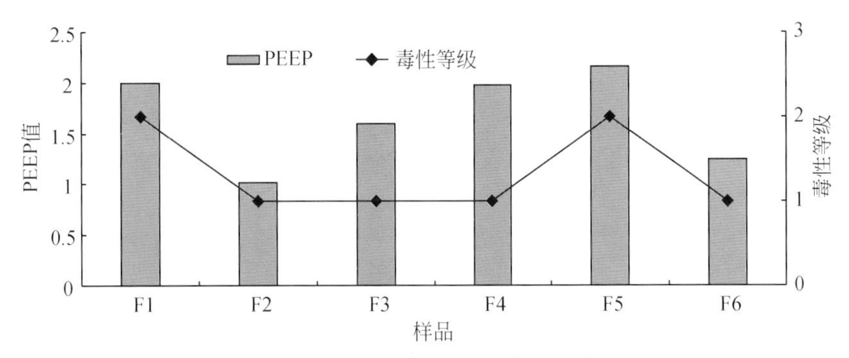

图 10-17　食品行业排水综合生物毒性

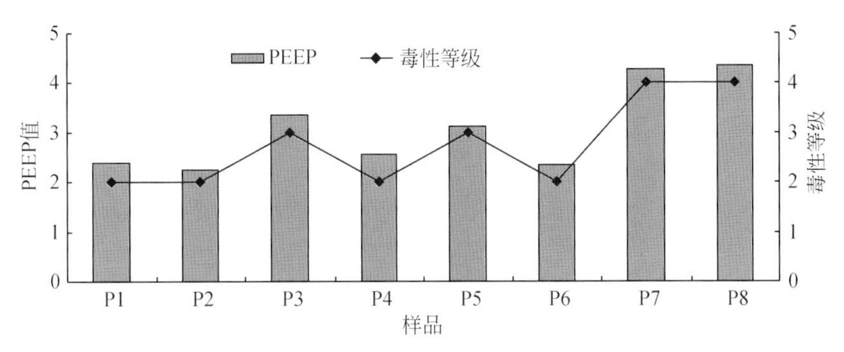

图 10-18　造纸行业排水综合生物毒性

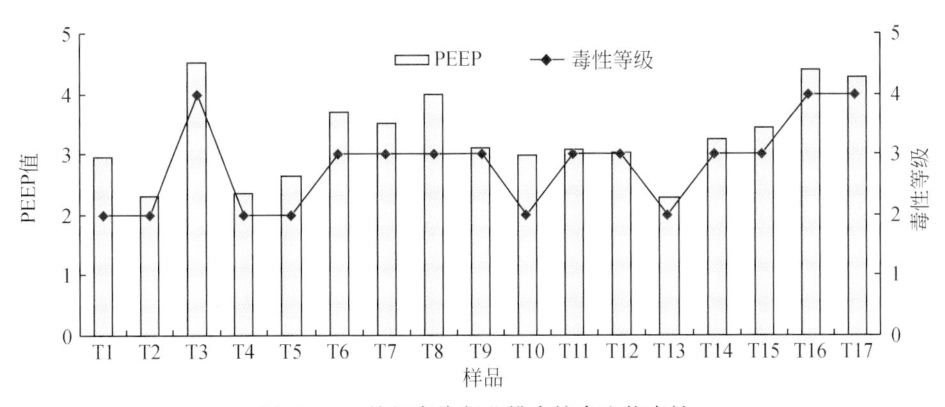

图 10-19　纺织印染行业排水综合生物毒性

根据电镀废水的理化分析结果，电镀行业排水中普遍含有铬、铜、铅、锌、镍等有毒有害污染物，有些还含有剧毒的氰化物，这些毒害污染物对水生生物的危害程度较大。城市污水处理厂排水的各项理化指标都没有超出排放标准范围，但其排水量很大，其产生的毒性效应风险也就相对较高。尽管纺织印染废水与造纸废水的平均 PEEP 值低于电镀、化工废水与城市污水处理厂污水，但其均值均大于 3.0，整体生物毒性仍处于较高水平。食品行业废水的理化指标均在排放标准允许范围内，且可生化性强，因而其综合生物毒性处于较低水平。

从废/污水的综合毒性评价结果可以看出，对于典型行业排水而言，尽管大部分都达到国家污染物排放标准或地方污染物排放标准的要求，但排放废水中仍具有较高的综合生物毒性，说明只采用常规的理化指标去监控废/污水的排放是不全面、不充分的，只有将理化指标监测与综合生物毒性检测相结合，才能准确反映废水的实际污染程度和毒性大小，最终实现废水安全达标排放的目的。

10.3.1.3 行业排水综合生物毒性与污染物的关系

表 10-22 为典型行业排水污染物浓度和 COD 排放总量与排水的综合生物毒性之间的相关系数。从表中可以看出，食品行业废水综合生物毒性与悬浮物（SS）浓度呈负相关关系，与氨氮、COD 和 BOD_5浓度呈正相关关系，说明 COD 和氨氮是影响食品行业废水毒性的主要因素，有毒有害物质易被生物降解。城市污水处理厂排水综合生物毒性与 COD 浓度呈现较好正相关关系，与 BOD_5和氨氮浓度呈现一定的正相关关系，说明 COD 是影响城市污水处理厂综合生物毒性的主要因素，氨氮并不是造成其综合生物毒性的主要原因；城市污水综合生物毒性与 BOD_5浓度间的相关系数表明，城市污水中存在一些未被检出的难降解毒害污染物。

表 10-22 典型行业排水污染物与生物毒性指标间相关关系

行业	COD	SS	氨氮	氰化物	总铜	总镍	BOD_5	硫化物
电镀	0.12	-0.19	0.46	0.57	0.41	0.49		-0.19
城市污水	0.72	-0.78	0.19		0.47		0.48	
造纸	0.58	0.56					0.28	0.23
纺织印染	0.40	0.02	-0.1				-0.50	0.15
化工	0.15	0.27	0.15				-0.13	0.02
食品	0.62	-0.29	0.47				0.33	0.02

造纸行业废水综合生物毒性与 COD、SS 和硫化物浓度均呈正相关关系，表明 COD、SS 和硫化物都是造成造纸废水综合生物毒性的因素；但造纸废水综合生物毒性与 BOD_5浓度间的相关系数较低，说明造纸废水中同样存在一些影响其毒性的未知污染物。纺织印染行业废水综合生物毒性与 COD 浓度间的相关系数为 0.40，但与 BOD_5浓度的相关系数为 -0.50，说明废水中存在较多能被强氧化剂氧化，但难于生物降解且未被检出的毒害污染物。电镀行业废水与氰化物、总铜和总镍浓度呈现较好的正相关关系，而与 COD 浓度的相关关系较差，说明氰化物、总铜和总镍是影响电镀废水生物毒性的重要因素，然后是 COD。这也说明了电镀行业废水的毒性来源并不完全取决于以上检测指标，可能还与一些未列入常规检测的指标的毒害污染物相关。

典型行业排水综合生物毒性与污染物浓度的相关关系表明，废水的生物毒性不完全取决于现有排放标准中需要检测的常规污染物和特征污染物，可能还与一些未列入检测指标的毒害污染物相关。这一结果同样证明了仅依靠理化手段监控废/污水安全排放的局限性。

10.3.2 污/废水毒性鉴定评价体系

针对我国流域水环境污染物控制与风险评价技术方面的不足，借鉴并改进现有的生物毒性甄别评价技术，结合化学分析方法，通过不同处理甄别致毒污染物类型，通过进一步分析（添加、去除和相关分析等）确证导致污染源生态毒性的关键毒害污染物，从而建立关键污染物源解析技术，并在此基础上筛选出典型流域优控污染物清单。

10.3.2.1 毒性鉴定评价方法体系

废水毒性鉴定评价是指利用一系列模式生物，采用标准化测试方法，以存活和生长发育等作为测试终点，判断废水综合毒性，通过毒性测试与物理化学处理相结合，确定废水有毒物质成分。发达国家或地区已先后建立了毒性鉴定评价方法，制定了废水排放的毒性标准。其中，美国环境保护局（USEPA）的毒性鉴定评价（toxicity identification evaluation，TIE）方法最为突出。欧盟也发展了另一种毒性鉴定评价方法，即效应导向分析（effect-directed analysis，EDA）方法。效应导向分析主要针对废水有机提取物，采用分级分馏与快速毒性测试相结合来甄别各种致毒物质。

废水毒性鉴定评价涵盖了三大类污染物，即挥发性物质、金属和有机物。TIE 方法主要针对挥发性物质或气体（氨与氯等）、金属和非极性有机物，多采用活体生物毒性测试，而 EDA 方法在有机物鉴定方面有优势，多采用快速毒性测试。因此，我们建议在实际应用过程中，结合 TIE 和 EDA 两种方法，将废水毒性鉴定评价体系分为物化表征、基本毒性表征和致毒物质鉴定评价 3 部分，提出开展废水毒性鉴定评价方法体系的建议，如图 10-20 所示。

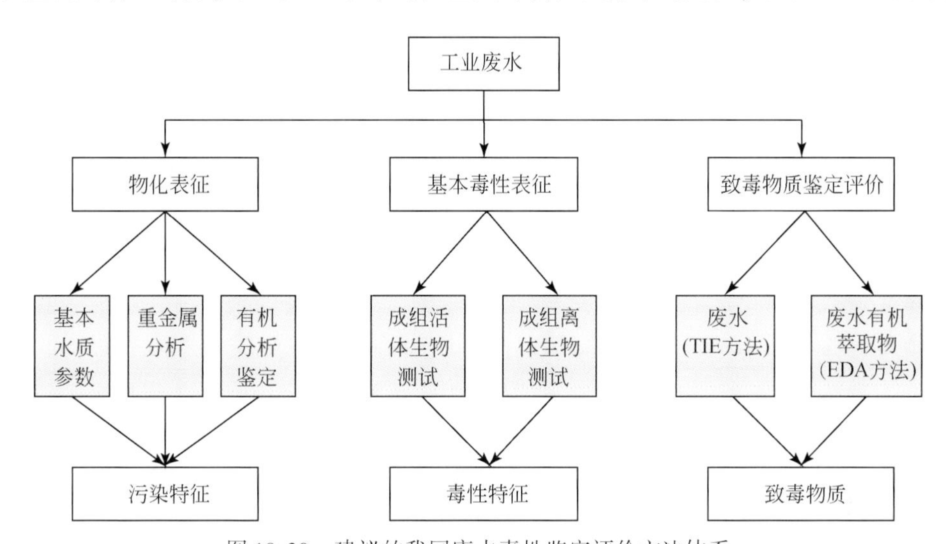

图 10-20 建议的我国废水毒性鉴定评价方法体系

10.3.2.2 推荐的毒性鉴别评价程序

废水的 TIE 方法采用成组活体生物测试，分别采用曝气方法去除挥发性物质，沸石吸附 NH_3 和 $Na_2S_2O_3$ 除 Cl_2，通过这三部分可判断致毒的挥发性物质或气体；采用 EDTA 螯合金属离子或采用阳离子交换树脂吸附金属离子，可判断致毒的金属离子；采用 C18 和 HLB 单个或相结合的方式进行固相萃取，可判断有机致毒物质。有机提取物的 EDA 方法采用分级毒性快速测试，以 YES/YAS 方法鉴定内分泌干扰物、以 umu/SOS 方法鉴定遗传毒性物质，以 EROD 酶方法鉴定二噁英及类二噁英化合物，采用发光菌和微藻方法测试基本毒性。

10.3.2.3 流域污染物清单

针对国内外优控污染物筛选方法的发展现状和特征，提出了基于废水毒性鉴定技术的流域优控污染物筛选方法，其技术路线如图 10-21。相比国内现有流域优控污染物筛选方法，本方法可以从污染源排放的废水的毒性出发，识别典型行业废水的关键毒性物质，并结合水质监测结果，得出流域优控污染物清单。因此该方法不仅能反映流域水质特征，而且能动态反映污染源行业布局及其变化特征。

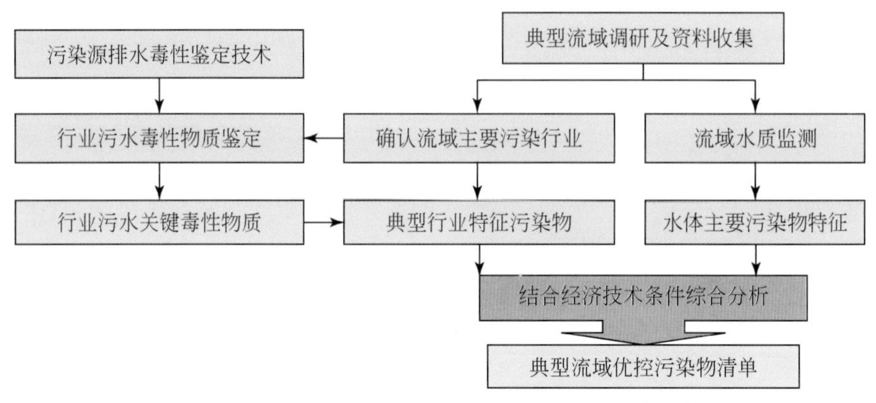

图 10-21 基于关键污染物源解析技术的流域优控污染物筛选方法

在流域优控污染物筛选方法建立的基础上，在课题的典型研究区域——潭江和太子河（辽阳段）流域进行了应用，并初步筛选出了潭江和太子河（辽阳段）流域的优控污染物清单。

通过 2009 年和 2010 年潭江和太子河（辽阳段）典型断面水质采样监测，得出潭江主要超标或者接近水质三级标准的污染物为 COD、氨氮、TN 和 TP；太子河（辽阳段）主要超标或者接近水质三级标准的污染物为 COD、氨氮、TN、石油类、粪大肠杆菌和阴离子表面活性剂。通过图 10-21 的评价方法，并剔除目前我国已经停止生产、使用和流通的"六六六"等污染物，增加流域水体中污染较重的常规污染物，得出潭江和太子河（辽阳段）流域优控污染物清单（表 10-23）。

表 10-23 潭江和太子河（辽阳段）流域优控污染物清单

污染物类型	太子河（辽阳段）流域优控污染物清单	潭江流域优控污染物清单
常规污染物	COD、氨氮、TN、石油类、粪大肠杆菌和阴离子表面活性剂	COD、氨氮、TN 和 TP
重金属	铜、锌、镍、六价铬、镉、砷、汞和铅	铜、锌、镍、六价铬、镉、砷、汞、铅和锰
无机化合物	氰化物	氰化物
有机污染物	多环芳烃、邻苯二甲酸酯和六氯苯	多环芳烃、苯胺、邻苯二甲酸酯、多氯联苯、多溴联苯醚和六氯苯
新型污染物	壬基酚、双酚 A 和壬基酚聚氧乙烯醚	壬基酚、双酚 A、壬基酚聚氧乙烯醚和辛基酚聚氧乙烯醚

结果表明，太子河辽阳段的优控污染物是农业或生活源产生的常规污染物以及金属制品和化工产业产生的工业污染物共同作用的结果；而潭江流域的优控污染物绝大多数是工业污染源作用的结果。

10.3.3 点源生态风险评价技术研究

10.3.3.1 风险系数评价方法的建立

为了达到生态毒性减排的目的，发达国家如英国、美国和德国等从19世纪初期就开始推动全废水毒性测试技术。废水毒性测试结果不仅用于检测和评价废水的综合毒性效应，而且用于废/污水排放到纳污水体导致的生态风险评价，并作为化学特征污染物监控的补充手段应用到污水的风险管理和控制中。根据发达国家的管理经验以及相关文献资料，提出了以下基于废/污水生态毒性的废水生态风险评价技术体系。其方法适用范围、测试技术和评价过程都与基于特征污染物监测的评价方法有一定差别。

污染源生态风险评价等级由生态风险系数公式算出：

$$\text{风险系数}=\frac{\text{废/污水预测环境浓度}}{\text{废/污水生物毒性的预测无效应浓度/100}}$$

其中，废/污水预测环境浓度是指废/污水团排入纳污水体后经稀释和扩散后在纳污水体环境中的实际浓度；废/污水生物毒性的预测无效应浓度是指废水毒性测试时响应与对照控制组没有显著差别所对应的废/污水最高浓度。

风险评价分为初步评价及再评价两个阶段，即首先用较为简单的稀释和扩散方式计算废水预测环境浓度及风险系数，然后在风险系数基础上进行风险分级。如果某些污染源分级结果为极高风险或者某些污染源分级结果为高风险且附近具有生态敏感点或生活用水取水口，则利用二维或三维水质模型计算废水在混合阶段的稀释浓度及风险系数。如果再评价中风险系数仍然大于1，则需要鉴别出废水中的关键毒性物质，并对这些关键毒性物质进行消减，达到毒性减排的目的。

10.3.3.2 风险系数法评价过程及结果

(1) 典型行业废水的无可见效应浓度

过去的研究已经建立了基于多种受试生物的毒性测试技术，并且采集了辽河及潭江流域污水处理厂、造纸、电镀、化工、纺织印染和食品等多个行业的多家企业的排水样品，并对其进行了生物毒性测试。将基于不同生物物种（绿藻、大型溞和斑马鱼等）的毒性测试结果进行统计分析，分析不同浓度梯度废/污水的生物毒性测试结果差异，确定废/污水样品的无效应浓度，并筛选出最为敏感的生物毒性测试结果作为污染源排水的无效应浓度。

从总体结果来看，食品废水基本对受试生物影响较小，其敏感生物的无效应浓度都大于100%，即废水不稀释时也对大型溞、斑马鱼及蚕豆根尖没有不良效应。市政废水的无效应浓度尽管较大，但是其废水对大型溞都具有一定的不良效应。其他行业包括化工、电子电镀、纺织印染和造纸的敏感生物无效应浓度较低，表明其废水可能造成一定的生态危害；同一行业中不同企业废水的无效应浓度数据差别较大。对不同受试生物来说，大型溞对大多数废水都比较敏感，但是也有少数企业废水中蚕豆根尖比较敏感，极少数企业废水中斑马鱼较为敏感。由于不同企业废水对不同物种的敏感性具有一定差异，因此在基于生物毒性的生态风险评价中使用多种生物进行毒性测试时，采用不同营养级物种是很有必要的。

(2) 典型行业废水的预测环境浓度

基于生物毒性的生态风险评价中的预测环境浓度是指废/污水团排入纳污水体后经稀释和扩散后在环境中的实际浓度。从点源排放出来的废/污水在实际环境中的稀释浓度不仅会由于生产过程以及企业污水处理过程而发生的废/污水排放流量变化而随时间变化，而且会由于河流流量的季节变化以及潮汐的日变化而随时间变化。因此，在评价过程中，需要采用废/污水排放流量的最大监测数据以及相应纳污水体监测断面流量的最小监测数据（只有数据缺乏时，才能使用平均流量数据），才能反映污染点源废/污水排放对纳污水体水生生物造成影响的最大可能性以保护水生生态系统健康。

预测环境浓度在点源排水生态风险评价的初步评价（风险分级）的计算建议使用简单的稀释公式（河流完全混合模式），这样相对比较简单，适合对污染源的风险进行初步分级和筛选。

预测环境浓度的计算方法参考《环境影响评价技术导则 地面水环境》。但是由于本规范中污水浓度是指污水在地表水中的稀释比（%），因此，污水浓度计算时排放污水中的浓度取值100%，纳污水体中的浓度取0；污水团假定为持久性污染物，不考虑其衰减系数。

当河流水文环境较为复杂，废/污水到达保护区域之前并没有发生完全混合，而且污染源初步生态风险评价结果为极高风险或者附近具有敏感区域的高风险时，推荐使用MIKE-31 和 Delft 3D 等专业水文水质三维模型进行模拟。

(3) 污染源生态风险系数评价过程及结果

风险评价的级别根据风险系数的结果分为4级（低风险、中等风险、高风险和极高风险），风险分级的标准见表10-24。

表10-24 风险系数分级标准

风险级别	低风险	中等风险	高风险	极高风险
风险系数	<0.01	0.01～0.1	0.1～1	>1

注：该分级标准是在借鉴英国EPA《直接毒性评价在污染防治中应用的技术指南》（*Guidance on the Use of Direct Toxicity Assessment in PPC Impact Assessments*）的分级方法基础上，对风险级别进一步细化的结果。

当风险系数大于1时，该污染源排水的预测环境浓度超过了排水的预测无效应浓度，污染源排水会对受纳水体中的敏感物种产生毒害效应，因此在本研究中定义风险系数大于1时污染源排水的风险为极高风险。这与英国EPA废水生态风险评价导则中的不可接受风险相对应。

当风险系数小于1时，英国EPA废水生态风险评价导则将其全部划分为不可接受风险。从本研究来看，风险系数小于1的一些污染源下游水生生物受到排放的废/污水污染影响。同时由于污染源排水毒性测试生物只有3种，不太可能涵盖所有的敏感物种，而且还有受纳水体的水文条件变化较大等因素，风险系数小于1时污染源排水仍然有可能造成一定的水生生态风险。因此，在本研究中将风险系数小于1时的污染源排水细分为3个风险等级：高风险、中等风险和低风险。根据英国EPA相关研究，当使用3种不同营养级物种作为废/污水毒性测试的受试物种时，得出的无可见效应浓度的不确定系数为100。因此，本研究将风险系数小于1/100即小于0.01的污染源排水的生态风险作为低风险，表明在该风险程度下污染源排水一般不会对纳污水体的水生生物造成风险或者风险可以忽略。而0.01~1，以10为倍数划分出0.1~1为高风险和0.01~0.1为中等风险，表明在这两种情况下需对污染源排水的毒性进行进一步观测。例如，对照排放口下游水生生态系统的健康状况，才能确定污染源排放是否真正对水生生物具有一定的风险。在污染源排放的废/污水的预测无效应浓度和预测环境浓度计算的基础上，对污染源排水的生态风险进行了初步评价，通过两者的比值得到污染源排水的生态风险系数，并确定污染源的生态风险级别。

从风险评价结果来看，风险系数较高即生态风险较高的企业为化工和电子电镀行业。从排水量和无效应浓度（即废水毒性）两方面来看，化工行业由于排水量和毒性都比较大，因此生态风险较高；而电子电镀一般排水量较小，但是其毒性较强，因此生态风险也比较高；食品行业风险最低，造纸行业次之；而污水处理行业风险并不是很低，这跟污水处理厂的排水量极大有关。总体上，大部分企业为低风险，部分企业为中等风险，高风险和极高风险的企业较少。

通过企业排放口下游河流断面大型溞的毒性（所有河流断面水样对斑马鱼并无毒性效应）测试结果（表10-25）可知，初次评价结果中具有极高风险的两家化工企业下游断面水体对大型溞均具有一定的毒性。这证明本研究采用的风险系数法能反映污染源排水对河流断面的生态毒害效应，在一定程度上表征废水的生态风险。

表10-25　河流断面水样的大型溞毒性测试结果

断面	断面1	断面2	断面3	断面4	断面5	断面6	断面7
上游污染源	E12	T15	E10	C7	E7	C3	C4
污染源风险系数	0.087 3	0.003 98	0.143	0.085	0.179	1.56	1.33
河流水样毒性测试结果（EC_{10} *）	0	0	0	0	0	66.4%	75.1%

* EC_{10}是指10%受试生物产生效应的废水稀释浓度。

第11章

流域水环境质量管理技术研究

环境质量，一般是指在一个具体的环境内，环境的总体或环境的某些要素对人群的生存和繁衍以及社会经济发展的适宜程度，是为反映人类的具体要求而形成的对环境评定的一种概念。到20世纪60年代，随着环境问题的出现，常用环境质量的好坏来表示环境遭受污染的程度。

质量评价是指按照一定的评价标准和评价方法对环境要素的优劣程度进行定性和定量描述、评定和预测。按照流域水环境要素的不同，水环境质量评价可以分为水质评价、沉积物质量评价和水生生物质量评价。流域水环境质量评价是以水质、沉积物及水生生物等监测资料为基础，经过数理统计得出统计量（特征数值）及环境的各种代表值，然后依据水质、沉积物和水生生物评价方法及分级分类标准进行评价。科学的水环境质量评价可以准确了解水体质量的过去、现在和将来发展趋势及其变化规律，可以了解和掌握影响本地区水体质量的主要污染因子和主要污染源，从而有针对性地制定水环境管理和水污染防治的措施与方案。因此，流域水环境质量评价能够为实施有效的水环境质量管理提供重要依据，是水环境质量管理的重要手段。

本研究在传统的水环境质量评价的基础上，构造了基于风险分级的流域水环境质量评价技术研究。研究内容主要包括基于风险分级的流域水质评价技术、基于风险分级的流域沉积物质量评价技术、流域水生生物质量评价技术及流域水环境质量综合评价技术。

11.1 研究思路与技术框架

结合流域水环境质量评价内涵与需求分析，基于风险分级的流域水环境质量评价技术的研究思路为：在传统水环境质量评价技术的基础上，从即水体、沉积物和水生生物3个环境要素，考虑水质和沉积物环境要素所具有的人体健康风险影响和污染物生物毒性风险影响，突出水生生物生物响应，建立基于风险分级的流域水环境质量评价技术方法。该技术研究思路如图11-1所示。

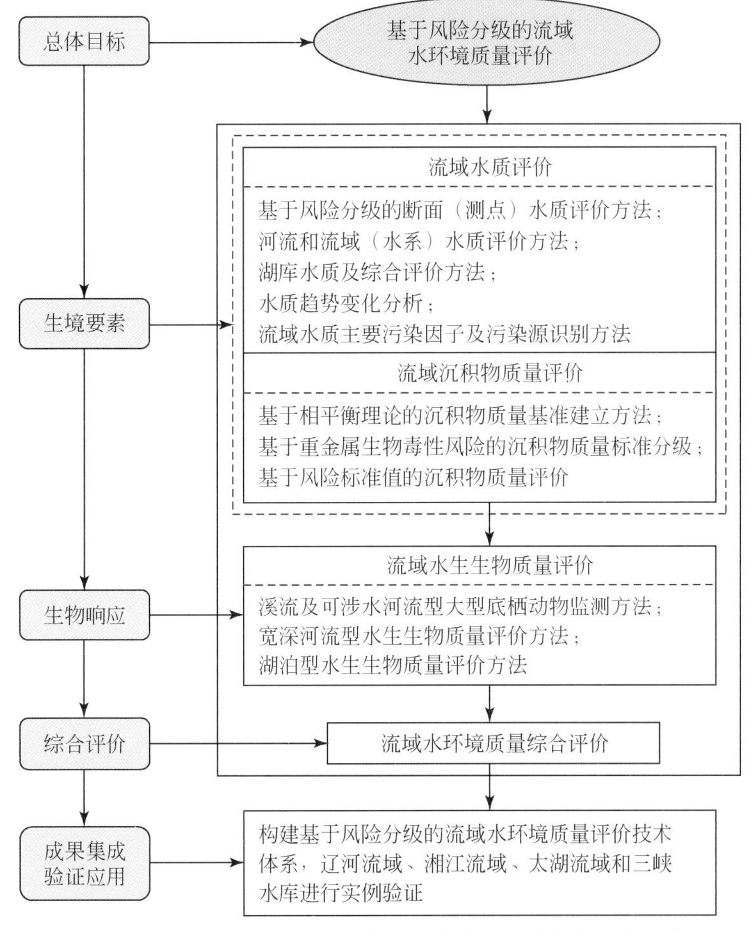

图 11-1　基于风险分级的流域水环境质量评价技术研究思路

11.2　流域水质评价技术研究及其案例分析

11.2.1　研究思路

本研究针对我国流域水质评价工作中存在的问题，在借鉴国外发达国家经验以及国内外水质评价技术研究成果的基础上，研究基于风险的断面或测点水质评价技术（包括评价指标的筛选技术、基于风险的水质评估方法、湖库水质综合评价方法以及最佳评价频次的确定方法）、河流及流域（水系）和湖库水质评价方法和水质变化趋势及污染来源识别方法等，分别以南方季节性河流湘江（湖南省段）、北方季节性河流浑河（辽宁省段）、河流型水库三峡库区（重庆辖区）以及湖泊型水体太湖（无锡水域）作为研究区，对上述方法的可行性进行验证和应用。此部分研究采用的技术路线见图 11-2。

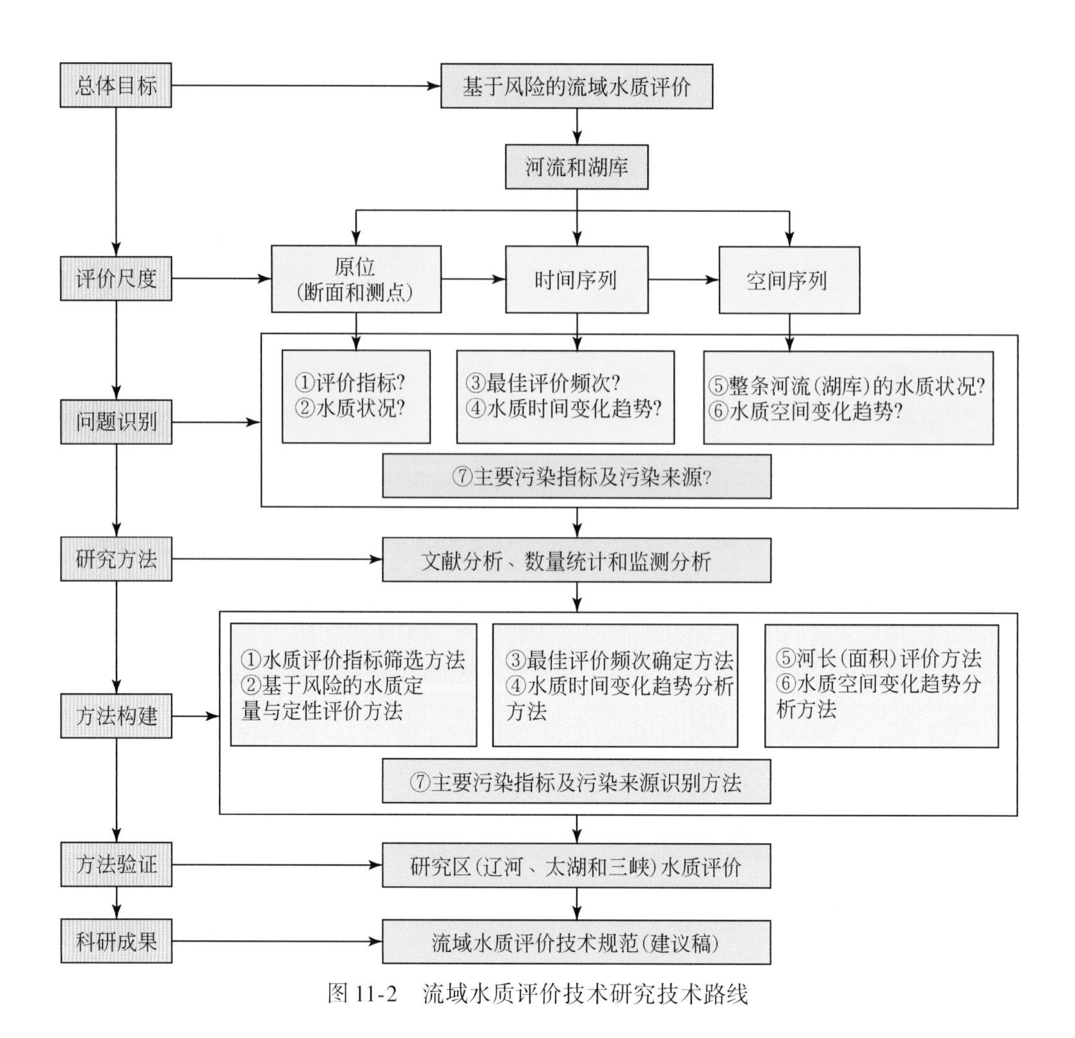

图 11-2　流域水质评价技术研究技术路线

11.2.2　基于风险评价的断面（测点）水质评价方法

11.2.2.1　评价指标的筛选方法研究

本研究提出了以超标率和污染分担率为依据的水质评价指标筛选方法，即根据全部指标在监测时间段内的超标率和污染分担率对其进行筛选。

超标率用于判断某项指标在监测时间段内的超标情况。超标率越高，说明该指标超标频次越高，属于重点管理对象。超标率的计算方法为某一监测时间段内某项指标超过GB 3838—2002 表 1 中某类标准限值的次数与该监测时间段内该指标的总监测次数的比值。标准限值的确定依据水体的使用功能而定，一般情况下，取Ⅲ类标准限值。

污染分担率用于表征某项指标对该水域污染贡献力的大小。污染分担率越大，说明该指标对水质污染贡献较大，是主要的污染指标。某一断面某项指标（pH 除外）的污染分担率计算公式为

$$K_{ij}=\frac{P_{ij}}{P_j}\times 100\% = \frac{P_{ij}}{\sum_{i=1}^{n}P_{ij}}\times 100\% \tag{11-1}$$

式中，$P_{ij}=\frac{C_{ij}}{C_{i0}}$，当为溶解氧时，$P_{ij}=\frac{C_{i0}}{C_{ij}}$；$K_{ij}$为 i 项指标在 j 断面中的污染分担率；P_j 为 j 断面水污染综合指数；P_{ij}为 j 断面 i 项指标的污染指数；C_{ij}为 j 断面 i 项指标的年平均值；C_{i0}为 i 项指标在 GB 3838—2002 表 1 中的某类标准限值，与计算超标率时选用的标准限值保持一致；n 为参与评价指标项数。

在计算某项指标的污染分担率时，通常首先求得监测时间段内所有断面该项指标的实际监测值的算术平均值，再根据上述公式计算该项指标的污染分担率。

分别计算出各项指标的超标率和污染分担率后，将污染分担率小于 5% 且监测时间段内均未超标的指标剔除，剩余指标即为筛选出的监测指标。对于 pH，一旦出现超标即被筛选为监测指标，不参与污染分担率计算。

11.2.2.2 断面（测点）水质评价方法

本研究提出了水污染指数（water pollution index，WPI）法。其具体计算方法为：依据水质类别与对应 WPI 值（表 11-1），用内插方法计算得出某一断面每个参加水质评价项目的 WPI 值，取最高 WPI 值作为该断面的 WPI 值。

表 11-1 水质类别与对应 WPI 值

水质类别	Ⅰ类	Ⅱ类	Ⅲ类	Ⅳ类	Ⅴ类	劣Ⅴ类
WPI 值	WPI=20	20<WPI≤40	40<WPI≤60	60<WPI≤80	80<WPI≤100	WPI>100

（1）未超过Ⅴ类水限值时指标 WPI 值计算方法

$$\mathrm{WPI}(i)=\mathrm{WPI}_l(i)+\frac{\mathrm{WPI}_h(i)-\mathrm{WPI}_l(i)}{C_h(i)-C_l(i)}[C(i)-C_l(i)];C_l(i)<C(i)\leq C_h(i) \tag{11-2}$$

式中，$C(i)$为第 i 个水质项目的监测浓度值；$C_l(i)$为第 i 个水质项目所在类别标准的下限浓度值；$C_h(i)$为第 i 个水质项目所在类别标准的上限浓度值；$\mathrm{WPI}_l(i)$为第 i 个水质项目所在类别标准下限浓度值所对应的指数值；$\mathrm{WPI}_h(i)$为第 i 个水质项目所在类别标准上限含量值所对应的指数值；$\mathrm{WPI}(i)$为第 i 个水质项目所对应的指数值。

此外，GB 3838—2002 中两个水质等级的标准值相同时，则按低分数值区间插值计算。pH（属于无量纲值）取评分值 20 分。溶解氧（DO）如果大于等于 7.5mg/L 时则取评分值 20 分；如果大于等于 2 且小于 7.5 时，计算公式为

$$\mathrm{WPI}(i)=\mathrm{WPI}_l(i)+\frac{\mathrm{WPI}_h(i)-\mathrm{WPI}_l(i)}{C_l(i)-C_h(i)}[C_l(i)-C(i)] \tag{11-3}$$

（2）超过Ⅴ类水限值的指标 WPI 值计算方法

$$\mathrm{WPI}(i)=100+\frac{C(i)-C_5(i)}{C_5(i)}\times 40 \tag{11-4}$$

式中，$C_5(i)$为第 i 项目 GB 3838—2002 中Ⅴ类标准浓度限值。

此外，当 pH<6 时，WPI(pH)= 100+6.67×(6-pH)；当 pH>9 时，WPI(pH)= 100+

8.0×(pH−9)。当 DO<2 时，$WPI(DO)=100+\frac{2.0-C(DO)}{2.0}\times 40$。

（3）断面 WPI 值的确定

$$WPI=\max\ [WPI(i)]$$

（4）主要污染指标的确定

根据各断面各项污染物的 WPI 值，可对该断面的主要污染指标进行筛选。筛选原则和方法：①水质为Ⅲ类或优于Ⅲ类的断面不做主要污染指标筛选；②对于水质劣于Ⅲ类的断面，从超过Ⅲ类标准限值的指标中取 WPI 值最大的前 3 个指标作为该断面的主要污染指标。

（5）断面水质定性评价

根据断面的 WPI 值，可对断面进行定性评价。WPI 值与水质定性评价分级的对应关系见表 11-2。

表 11-2　断面水环境质量定性评价

WPI 值	类别分级	定性评价	表征颜色
0<WPI≤40	Ⅰ或Ⅱ类	优	绿色
40<WPI≤60	Ⅲ类	良好	蓝色
60<WPI≤80	Ⅳ类	轻度污染	黄色
80<WPI≤100	Ⅴ类	中度污染	红色
WPI>100	劣Ⅴ类	重度污染	黑色

11.2.2.3　湖库测点水质综合评价方法

对于湖库水体来说，除进行水质评价外，还需进行富营养化状态评价。湖库测点水质评价的指标及评价方法参见断面（测点）水质评价方法；营养状态评价指标包括叶绿素 a（Chl-a）、TP、TN、透明度（SD）和高锰酸盐指数（COD_{Mn}）5 项，评价方法采用《地表水环境质量评价办法（试行）》（环办［2011］22 号）（简称“试行办法”）中的综合营养状态指数法（TLI）。本研究根据水质评价的 WPI 值和营养状态评价的 TLI 值，给出了湖库测点水质综合状态的分级评价依据，具体见表 11-3。

表 11-3　湖库测点水质综合状况评价分级依据

WPI 和 TLI 值	定性评价	表征颜色
0<WPI≤40，且 0<TLI≤30	优	绿色
40<WPI≤60，且 0<TLI≤50	良好	蓝色
60<WPI≤80，或 50<TLI≤60	轻度污染	黄色
80<WPI≤100，或 60<TLI≤70	中度污染	红色
WPI>100，或 TLI>70	重度污染	黑色

11.2.2.4　最佳评价频次的确定方法研究

根据最佳评价频次的定义，本研究拟采用比较法来确定某断面水质评价的最佳评价频次。

1）根据某断面各指标连续几年（至少5年）的月监测数据，分别按照每月、每2个月、每3个月、每4个月、每6个月和每年一次的评价频次，计算出不同评价频次下该断面连续几年的年均WPI值；

2）由于频次越高，评价结果反映的水质状况越真实。为此，假定每月评价一次时，该断面的WPI均值即为该断面的水质真实值，按照下式计算其他评价频次下断面WPI均值与真实值的偏差率：

$$a_i = \frac{\mathrm{WPI}_I - \mathrm{WPI}_1}{\mathrm{WPI}_1} \times 100\% \tag{11-5}$$

式中，i 表示评价频次；WPI_I 表示不同评价频次时的WPI均值；WPI_1 表示评价频次为每月一次时的WPI均值；当有更高的评价频次参与时，如每周一次或每半月一次，WPI_I 代表评价频次最高时的WPI均值；a_i 表示不同评价频次时的WPI均值偏差率。

3）规定±10%的偏差率为可接受最大偏差率。连续几年WPI均值偏差率均小于等于10%且评价周期最长的评价频次即确定为该断面最佳评价频次。

11.2.3 河流和流域（水系）水质评价方法

按照一定长度将河道划分成多个单元，在每个单元的起始点处设置模拟监测断面，采用一维水质模型对各模拟断面处主要污染指标的浓度进行计算，利用聚类分析法识别水质特征相似的断面，进而确定反映流域水质变化的代表性断面及代表的河长，最终在断面水质评价的基础上采用河长评价法对整条河流或流域（水系）进行评价。以湘江干流为例，采用河长评价法对该河流的水质进行评价，验证该方法的可行性。湘江干流水质定性评价结果见图11-3。由图可知，湘江干流92.7%的河段水质为优，其余河段水质为良好。

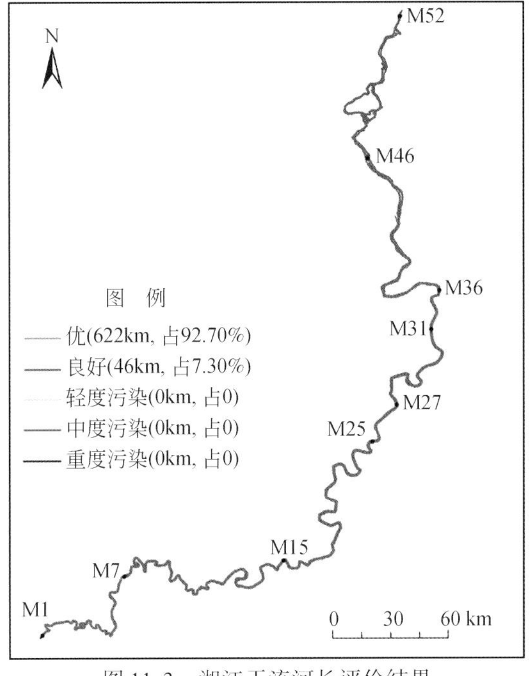

图11-3 湘江干流河长评价结果

11.2.4 湖库水质及综合评价方法研究

为准确反映整个湖库的水质状况，本研究拟采用面积评价法对湖库的水质状况进行评价。实现面积评价法要解决两个核心问题：一是如何分析湖库的水质空间异同性；二是如何确定水质相同湖区的面积。

具体的湖库水质评价方法：按照一定面积将湖库划分成若干个单元格，在每个单元格的中心位置设置模拟监测点位，采用克里金插值法对各模拟点位处主要污染指标的浓度进行计算，利用聚类分析法识别水质特征相似的点位，进而确定反映湖库水质变化的代表性点位及代表的面积，最终在点位水质评价的基础上采用面积评价法对整个湖库的水质进行评价。

湖库营养状态评价方法与水质评价方法的思路完全相同。单元格划分后，采用克里金插值法对各模拟点位处营养状态指标的浓度进行计算，利用聚类分析法识别营养状态相似的点位，进而确定反映湖库营养状态变化的代表性点位及代表的面积，最终在点位营养状态评价的基础上采用面积法对整个湖库的水质进行评价。

根据湖库水质评价和营养状态评价的结果，进行湖库水质综合评价。以太湖无锡水域为例，采用面积评价法对太湖无锡水域的水质、营养状态及水质综合状况进行评价，以验证该方法的可行性。

依据太湖无锡水域 8 个代表性点位 pH、DO、高锰酸盐指数、氨氮和 TP 的计算结果，采用 WPI 法进行水质评价，结果见图 11-4。可以看出，太湖无锡水域水质为良好的水域面积最大，占到 42. 69%；水质为轻度污染的水域面积次之，占到 39. 54%。

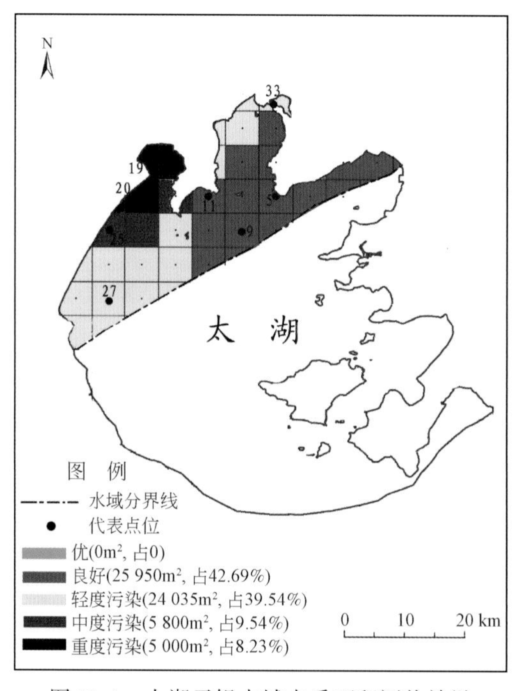

图 11-4 太湖无锡水域水质面积评价效果

案例 1

浑河水质评价

以浑河（辽宁省段）作为河流型水体的代表，采用本研究的流域水质评价方法，对该研究区的水质进行评价，并将评价结果与《地表水环境质量评价办法（试行）》（环办［2011］22号）（简称“试行办法”）的评价结果进行对比。

分别从评价指标、断面水质评价、干流水质评价、水质变化趋势及主要污染因子和污染来源识别等几个方面，对“试行办法”以及本研究的评价结果进行了对比，结果见表 11-2-1。

表 11-2-1　浑河干流“试行办法”与本研究评价结果对比

项目	试行办法	本研究
水质评价指标	GB 3838—2002 表 1 中除水温、TN 和粪大肠菌群外的 21 项指标	10 项：DO、COD_{Mn}、COD_{Cr}、BOD_5、氨氮、TP、氟化物、挥发酚、石油类和阴离子表面活性剂
断面水质评价结果	2009 年浑河干流阿及堡、戈布桥、七间房、东陵大桥、砂山、七台子以及于家房断面的水质类别分别为Ⅱ类、Ⅳ类、劣Ⅴ类、劣Ⅴ类、劣Ⅴ类、劣Ⅴ类和劣Ⅴ类	2009 年浑河干流阿及堡、戈布桥、七间房、东陵大桥、砂山、七台子以及于家房断面的 WPI 值分别为 26.39、60.09、107.38、114.78、158.90、237.46 和 221.86；水质类别分别为Ⅱ类、Ⅳ类、劣Ⅴ类、劣Ⅴ类、劣Ⅴ类、劣Ⅴ类和劣Ⅴ类
干流水质评价结果	2005～2009 年 5 年断面水质情况：浑河干流 8 个代表断面中水质为Ⅱ类的有 2 个，占 25%；水质为Ⅲ类的断面有 1 个，占 12.5%；水质为Ⅴ类的断面有 1 个，占 12.5%；水质为劣Ⅴ类的断面有 4 个，占 50%。水质整体处于重度污染状态	2005～2009 年 5 年浑河干流综合水质情况：水质为Ⅱ类的河长有 15km，占总评价河长的 6.58%；水质为Ⅲ类和Ⅴ类的河长均为 10km，均占 4.39%；水质为劣Ⅴ类的河长为 193km，占 84.64%
水质变化趋势分析	COD_{Cr}在七间房和七台子、氨氮在阿及堡和戈布桥及 TP 在戈布桥与七间房和东陵大桥断面呈现显著下降趋势	COD_{Cr}和氨氮在各断面均呈现显著下降趋势；WPI 值而言，东陵大桥、七台子和于家房断面在 2005～2010 年显著下降，其他断面无显著变化趋势，整体水质呈好转趋势
主要污染因子和污染来源识别	氨氮、TP、BOD、挥发酚和石油类	COD_{Mn}、COD_{Cr}、BOD_5、氨氮、TP 和石油类，主要来自于强烈人为活动影响下的城市化和密集农业活动带来的污染。7 个断面中，七台子断面受强烈人为活动影响下的城市化和密集农业活动的影响最为严重，其次是于家房和砂山断面；戈布桥、七间房及砂山断面受工业废水和生活污水排放的影响较为严重

1）根据超标率和污染分担率对浑河流域的水质评价指标进行了筛选。其结果表明，浑河流域、浑河干流及浑河支流的评价指标由21项分别减少到了12项、10项和10项。经验证，这些指标虽然在数量上明显减少，但不会影响水质评价结果。

2）基于断面的月监测数据，采用比较法对阿及堡、戈布桥、七间房、东陵大桥和砂山断面的最佳评价频次进行了研究。其结果表明，阿及堡断面的最佳评价频次为每月一次，戈布桥断面为两月一次，七间房、东陵大桥和砂山均为每年一次。

3）断面水质评价结果表明，浑河干流东陵大桥、砂山、七台子和于家房4个断面2005～2009年的水质均为劣Ⅴ类，处于重度污染状态。比较而言，七台子断面的水质最差；阿及堡断面的水质相对较好，2005年水质为Ⅳ类，2009年已达到Ⅱ类标准；浑河支流中清源河、苏子河和社河的水质相对较好，其他支流水质均为Ⅴ类或劣Ⅴ类，污染较为严重。

4）浑河干流河长评价法结果表明，浑河干流以劣Ⅴ类水体为主，水质为劣Ⅴ类的河段长度达到193km，占评价河段的84.64%；水质为Ⅱ类和Ⅲ类的河段长度仅占6.58%和4.39%。

5）分别采用聚类分析法和季节性肯德尔（Kendall）方法对浑河干流的时空变化趋势进行了分析。聚类分析法结果表明，浑河干流枯水期的水质与其他水期相比存在显著差异，COD_{Cr}、BOD_5和氨氮的含量冬季显著高于夏季；砂山、于家房和七台子断面的水质具有相似性，其他4个断面的水质具有相似性。季节性Kendall方法结果表明，COD_{Cr}和氨氮在各断面均呈现显著下降趋势；就WPI值而言，东陵大桥、七台子和于家房断面在2005～2010年显著下降，其他断面无显著变化趋势，整体水质呈好转趋势。

6）采用因子分析法对浑河干流的主要污染因子和污染来源进行了识别。其结果表明，浑河干流的主要污染因子是COD_{Mn}、COD_{Cr}、BOD_5、氨氮、TP和石油类，主要来自于强烈人为活动影响下的城市化和密集农业活动带来的污染。7个断面中，七台子断面受强烈人为活动影响下的城市化和密集农业活动的影响最为严重，其次是于家房和砂山断面；戈布桥、七间房及砂山断面受工业废水和生活污水排放的影响较为严重。

案例2

三峡库区水质评价

以三峡水库（重庆库区）作为河流型水库水体的代表，采用本研究研究的流域水质评价方法，对该研究区的水质进行评价，并将评价结果与“试行办法”的评价结果进行对比。

分别从评价指标、断面水质评价、干流水质评价、水质变化趋势及主要污染因子和污染来源识别等几个方面，对“试行办法”以及本研究的评价结果进行了对比，结果见表11-2-2。

表 11-2-2　三峡库区干流“试行办法”与本研究评价结果对比

项目	试行办法	本研究
水质评价指标	GB 3838—2002 表 1 中除水温、TN 和粪大肠菌群外的 21 项指标	10 项：DO、COD_{Mn}、COD_{Cr}、BOD_5、氨氮、TP、氟化物、汞、挥发酚和石油类
断面水质评价结果	2010 年三峡干流 12 个断面除麻柳嘴和大溪沟的水质分别为Ⅴ类和Ⅱ类外，其他断面均为Ⅲ类	2010 年三峡干流 12 个断面除麻柳嘴和大溪沟的水质分别为Ⅴ类和Ⅱ类外，其他断面均为Ⅲ类。水质为Ⅲ类的 10 个断面中，晒网坝断面的 WPI 值最高，为 47.18；鱼嘴和鸭嘴石断面的 WPI 值相对较低，为 40.07
干流水质评价结果	2006～2010 年 5 年断面水质情况：三峡库区干流 7 个代表断面水质等级均为Ⅱ类，评价结果均为优秀，断面优秀率达 100%。整体水质处于优秀状态	2006～2010 年 5 年三峡库区干流综合水质情况：三峡库区干流全长 650km 的水质全部达到优，河段整体评价结果为优秀
水质变化趋势分析	DO 含量在麻柳嘴和大溪沟断面呈显著上升趋势；TP 含量在晒网坝、麻柳嘴和朱沱断面显著上升；COD_{Cr}在晒网坝和扇沱断面显著上升	DO 含量在上游晒网坝断面呈显著下降趋势，到中游清溪场、麻柳嘴和鸭嘴石断面逐渐呈显著上升趋势；晒网坝、麻柳嘴、扇沱和寸滩断面的 TP 含量则极显著上升。12 个断面中，大桥、清溪场、麻柳嘴、鸭嘴石、扇沱和朱沱的 WPI 值极显著下降，晒网坝和鱼嘴断面 WPI 值显著下降，其余断面无显著性趋势，说明三峡干流水质整体处于维持或改善状态
主要污染因子和污染来源识别	TP	COD_{Mn}和汞的污染贡献较大，其次是 COD_{Cr}、TP 和氟化物，分别来自于化工与电子行业重工业活动以及含氟产品和磷肥厂等工业废水排污。干流 12 个断面中，寸滩和朱沱监测断面受 COD_{Mn}和汞的影响较大，苏家断面受 COD_{Cr}、TP 和氟化物的影响较大，鱼嘴和大桥断面受石油类和氨氮影响较大，而大溪沟受 BOD_5 和阴离子表面活性剂的影响较大

1）根据超标率和污染分担率对三峡库区的水质评价指标进行了筛选。其结果表明，三峡库区、三峡库区干流及三峡库区支流的评价指标由 21 项分别减少到了 12 项、10 项和 12 项。经验证，这些指标虽然在数量上明显减少，但不会影响水质评价结果。

2）基于断面的月监测数据，采用比较法对晒网坝、清溪场、麻柳嘴、寸滩、大溪沟和朱沱断面的最佳评价频次进行了研究。其结果表明，晒网坝和清溪场断面的最佳评价频次为 4 月一次；麻柳嘴断面的最佳评价频次为每年一次；寸滩和大溪沟分别为两月一次和 3 月一次；朱沱断面为每月一次。

3）断面水质评价结果表明，三峡干流除麻柳嘴断面外，其他断面连续5年的水质均为Ⅱ类或Ⅲ类，为优或良好状态。支流参与评价的70个监测断面中，交警大队和关塘口等8个断面的水质为劣Ⅴ类，老大桥等7个断面的水质为Ⅳ类，其他55个断面水质均为Ⅱ类或Ⅲ类。整体而言，位于三峡中上游支流的水质为优或良好状态，中游开始出现轻度污染，重度污染区域则主要分布在三峡中下游的支流地区。

4）三峡干流河长评价法结果表明，三峡库区干流全长650km的水质全部达到优，河段整体评价结果为优秀。

5）分别采用聚类分析法和季节性Kendall方法对三峡干流的时空变化趋势进行了分析。其结果表明，12个断面中，大桥、清溪场、麻柳嘴、鸭嘴石、扇沱和朱沱的WPI值极显著下降，晒网坝和鱼嘴断面WPI值显著下降，其余断面无显著性趋势，说明三峡干流水质整体处于维持或改善状态。

6）采用因子分析法对三峡干流的主要污染因子和污染来源进行了识别。结果表明，COD_{Mn}和汞的污染贡献较大，其次是COD_{Cr}、TP和氟化物，分别来自于化工与电子行业重工业活动以及含氟产品和磷肥厂等工业废水排污。干流12个断面中，寸滩和朱沱监测断面受COD_{Mn}和汞的影响较大，苏家断面受COD_{Cr}、TP和氟化物的影响较大，鱼嘴和大桥断面受石油类和氨氮影响较大，而大溪沟受BOD_5和阴离子表面活性剂的影响较大。

11.3 流域沉积物质量评价技术研究及其案例分析

11.3.1 研究思路

在文献调研、野外采样调查、室内分析实验及数理统计分析的基础上，对流域水环境沉积物理化性质、沉积物重金属含量及赋存形态分布特征进行调查研究，建立基于重金属生物急性与慢性毒性的沉积物重金属质量基准方法，确定沉积物质量标准分级，研究沉积物质量定性与定量评价方法，构建适合于我国流域的沉积物质量评价技术体系，并选择典型流域（辽河和太湖流域）对沉积物质量评价技术进行可行性验证。结果表明，该技术体系能较好地评价我国沉积物质量，建立的沉积物重金属质量基准和确定的沉积物质量标准，能为我国常规标准管理提供必要的理论依据和技术支撑。本研究的技术框架如图11-5所示。

11.3.2 基于相平衡分配法的沉积物重金属质量基准方法建立

依据相平衡分配法的基本假设，当与沉积物相处于平衡的水相中的化学物质浓度达到水质基准时，沉积物中化学物质的浓度即可视为该物质在沉积物中的质量基准（孟伟，2006；USEPA，2000）。建立沉积物质量基准的基本公式为

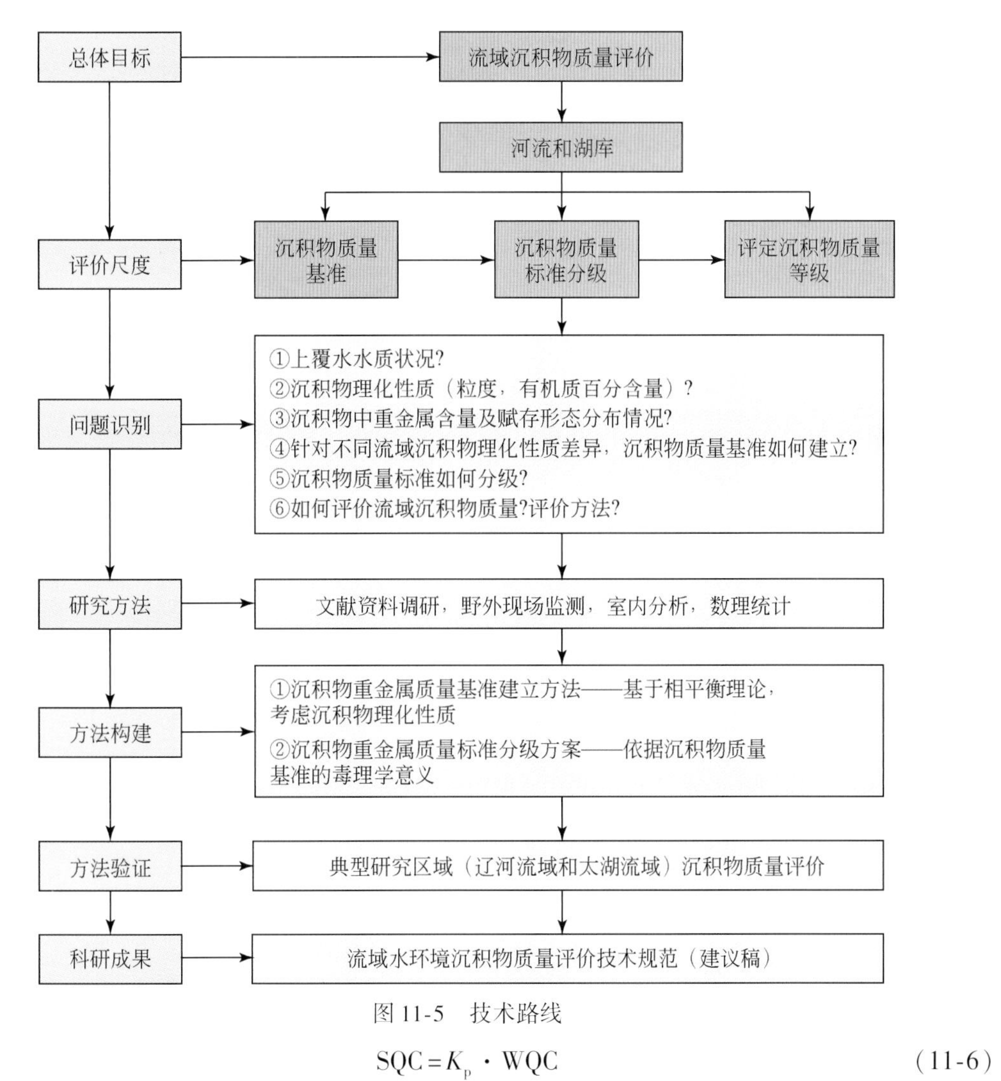

图 11-5　技术路线

$$\mathrm{SQC}=K_{\mathrm{p}}\cdot \mathrm{WQC} \tag{11-6}$$

式中，SQC 为化学物质的沉积物质量基准；WQC 为该化学物质的水质基准；K_{p} 为化学物质的沉积物/间隙水分配系数，$K_{\mathrm{p}}=C_{\mathrm{s}}/C_{i\mathrm{w}}$，$C_{\mathrm{s}}$ 为化学物质在沉积物相中具有生物有效性的质量浓度，$C_{i\mathrm{w}}$ 为该化学物质在间隙水相中的浓度。

（1）重金属相平衡模型的修正

考虑到沉积物中的残渣态重金属和酸可挥发性硫化物部分重金属一般不参与上述平衡分配，可以将式（11-6）修正为

$$\mathrm{SQC}=K_{\mathrm{p}}\cdot \mathrm{WQC}+[\mathrm{M}]_{\mathrm{R}}+[\mathrm{M}]_{\mathrm{AVS}} \tag{11-7}$$

式中，$[M]_{\mathrm{R}}$ 为沉积物中重金属残渣态含量；$[\mathrm{M}]_{\mathrm{AVS}}$ 为沉积物中与酸可挥发性硫化物（AVS）相结合的重金属含量（一般指镍、锌、镉、铅和铜 5 种重金属元素）。

（2）模型参数的确定

1）水质基准（WQC）确定。由于我国目前尚没有有关地表水环境污染物的水环境质量基准，因此本研究主要参考 USEPA 于 2002 年 11 月发布的美国保护水生生物和人体健康的水质基准，并依据其中的基准连续浓度（criterion continuous concentration，CCC）和基准最大浓度（criterion maxium concentration，CMC）分别确定研究区域的水质基准（WQC）。

2）$[M]_R$和$[M]_{AVS}$的确定。沉积物重金属残渣态含量$[M]_R$的确定参照欧盟推荐的方法 BCR[①] 顺序提取法确定，单位为 μg/g。为了避免当地背景值较大的残渣态重金属影响，在此忽略沉积物重金属质量基准公式中的$[M]_R$值。

采用水蒸气蒸馏-亚甲基蓝光度法监测 AVS 含量。本研究所选典型区域（辽河流域和太湖流域）内水体水深较浅，底部含氧条件较好，AVS 含量低于方法的检出限值，故在此忽略 AVS 在重金属吸附的影响。

3）重金属的沉积物—水界面平衡分配系数 K_p 的确定。重金属在沉积物-水界面的分配系数 K_p 的确定是相平衡模型法的核心。由于受到环境以及沉积物自身性质的影响，K_p 值有时也会随之发生变化。K_p 的主要影响因子有沉积物类型和有机质百分含量等。

为了简化研究，本研究根据实际调研情况将沉积物分为两类，一是以砂质为主的河流型沉积物，二是以黏土质为主的湖库型沉积物。由于水体受到人为污染影响严重，不同的河流、湖泊及水库等沉积物中（TOC）的百分含量差别较大。然而不同程度的 TOC 百分含量对 K_p 的影响较大。本研究采用统计学上曲线回归的方法分别对砂质为主的河流和黏土质为主的湖库沉积物的实测 K_p 值与 TOC 进行曲线回归，其中对数模型的拟合度较好（图 11-6）。故本研究选择对数模型建立实测 K_p-TOC 的曲线回归，K_p-TOC 关系公式为 $K_p=a+b\times\ln(\text{TOC})$，其中，$a$、$b$ 分别为拟合曲线的参数。不同的流域受到的人为污染程度不同，沉积物中有机质的百分含量不同。基于对数模型的曲线回归结果见表 11-4。

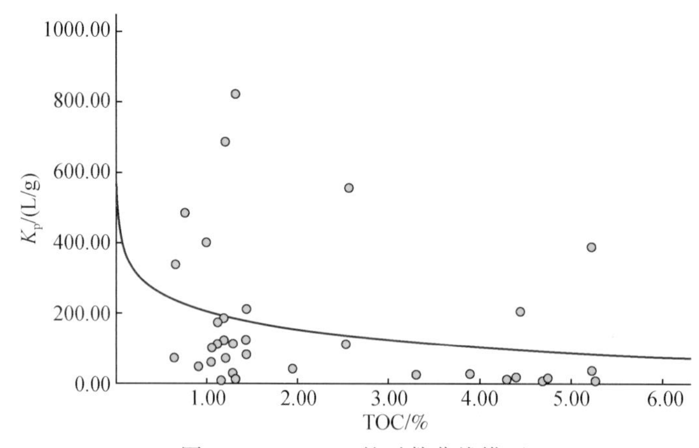

图 11-6　K_p-TOC 的对数曲线模型

表 11-4　基于对数模型的河流与湖库沉积物 K_p-TOC 的曲线回归结果

项目	河流砂质沉积物		湖泊黏土质沉积物	
	a	b	a	b
铜	13. 128	3. 405	12. 704	-0. 369
铅	46. 442	11. 169	203. 927	-72. 480
锌	57. 112	-20. 582	3. 666	13. 240
镉	8. 589	2. 559	35. 817	-10. 931
K_p 值计算公式	$K_p=a+b\times\ln(\text{TOC})$			

① 欧共体标准物质局（Community Bureau of Reference，BCR）提出了现在欧盟地区通用的 BCR 多级形态分类法。

(3) 流域水环境沉积物重金属质量基准值的确定

在 K_p 值和 WQC（基于 CCC）计算的基础上，沉积物中重金属质量基准值 SQC-Low 的计算公式为 SQC-Low = K_p×WQC（基于 CCC）。SQC-Low 的意义是指对应的沉积物中重金属浓度保护底栖生物不受慢性毒害的影响。

在 K_p 值和 WQC（基于 CMC）计算的基础上，沉积物中重金属质量基准值 SQC-High 的计算公式为 SQC-High = K_p×WQC（基于 CMC）。SQC-High 的意义是指沉积物中重金属浓度对水生生物不产生不良影响的最高浓度值，其对应的毒理学意义就是保护底栖生物不受急性毒害的影响。

依据 SQC-Low 和 SQC-High 对应的水生生物毒理学意义，SQC-Middle =（SQC-Low + SQC-High）×50%，用以对应对底栖生物产生了慢性毒性而未产生急性毒性的沉积物重金属浓度。

11.3.3 基于重金属生物毒性风险的沉积物分级标准确定

本研究根据 SQC-Low、SQC-Middle 和 SQC-High 对应的生物毒性风险影响大小将沉积物重金属质量标准分为 3 级，具体分级方案如表 11-5 所示。此标准对应的对象是指流域水环境沉积物中有效态的重金属含量。

表 11-5 基于重金属生物毒性风险的沉积物质量标准分级方案

项目	Ⅰ级	Ⅱ级	Ⅲ级
标准来源	SQC-Low	SQC-Middle	SQC-High
毒理学依据	沉积物中有效态重金属含量能够保护底栖生物不受慢性毒性风险的影响	沉积物中有效态重金属含量能够使底栖生物受中等慢性毒性风险而不受急性毒性风险的影响	沉积物中有效态重金属含量能够使底栖生物受急性毒性风险的影响
颜色识别	绿色	蓝色	红色

11.3.4 基于风险分级的沉积物质量评价方法——沉积物污染指数法（SPI 法）

考虑到目前各种在沉积物评价方法中常存在的问题，本研究提出了一种新的沉积物评价方法，即沉积物污染指数（sediment pollution index，SPI）法。该方法不仅吸收了单因子评价法以污染最严重的指标作为判断水质类别的思想，并且能够将沉积物污染状况进行量化。根据量化结果，不仅能够直观判断沉积物类别，更能反映沉积物的时空变化情况。

沉积物污染指数法（SPI 法）基于单因子评价法的评价原则，依据沉积物类别与 SPI 值对应表（表 11-6），用内插方法计算得出某一站点每个参加沉积物评价项目的 SPI 值，取最高 SPI 值作为该断面的 SPI 值。

表 11-6　沉积物类别与 SPI 值对应

沉积物类别	Ⅰ类	Ⅱ类	Ⅲ类	Ⅳ类
SPI 值	SPI=10	10<SPI≤20	20<SPI≤30	SPI>30

（1）未超过Ⅳ类沉积物限值时指标 SPI 值计算方法

$$\mathrm{SPI}(i)=\mathrm{SPI}_l(i)+\frac{\mathrm{SPI}_h(i)-\mathrm{SPI}_l(i)}{\mathrm{C}_h(i)\mathrm{C}_l(i)}[C(i)-C_l(i)];C_l(i)<C(i)\leqslant C_h(i) \qquad (11\text{-}8)$$

式中，$C(i)$为第 i 种重金属的有效态含量；$C_l(i)$为第 i 种重金属所在类别标准的下限含量值；$C_h(i)$为第 i 种重金属所在类别标准的上限含量值；$\mathrm{SPI}_l(i)$为第 i 种重金属所在类别标准下限含量值所对应的指数值；$\mathrm{SPI}_h(i)$为第 i 种重金属所在类别标准上限含量值所对应的指数值；$\mathrm{SPI}(i)$为第 i 种重金属所对应的指数值。

（2）超过Ⅳ类沉积物限值的指标 SPI 值计算方法

$$\mathrm{SPI}(i)=30+\frac{C(i)-C_4(i)}{C_4(i)}\times 20;\ C(i)>C_4(i)$$

式中，$C_4(i)$为第 i 种重金属的Ⅳ类标准含量限值。

（3）单点 SPI 的确定

$$\mathrm{SPI}=\max\ [\mathrm{SPI}\ (i)]$$

（4）单点沉积物质量定性评价

根据单点的 SPI 值，可对单点进行定性评价。SPI 值与沉积物定性评价分级的对应关系见表 11-7。

表 11-7　单个站点沉积物质量定性评价

SPI 值	类别分级	定性评价	表征颜色
0<SPI≤10	Ⅰ类	优	绿色
10<SPI≤20	Ⅱ类	中	黄色
20<SPI≤30	Ⅲ类	差	蓝色
SPI>30	Ⅳ类	很差	红色

11.3.5　基于风险分级的典型流域沉积物质量评价

（1）沉积物理化性质调查分析

1）河流型：辽河流域浑河和太子河。表层沉积物粒径较粗，以砂质粉砂类为主；有机质平均百分含量约为 2.9%，范围为 0.05%～9.66%。

2）水库型：辽河流域大伙房水库。表层沉积物粒径类型主要为粉砂质黏土；有机质百分含量为 4.02%～5.08%，平均含量约为 4.66%。

3）湖泊型：浅水型湖泊太湖流域。表层沉积物粒径较细，以黏土质粉砂为主；有机质含量为 0.64%～2.66%，平均含量约为 1.38%。

（2）沉积物重金属含量水平

1）河流型：辽河流域浑河和太子河。表层沉积物重金属含量水平分别如表 11-8 和表 11-9 所示。浑河沉积物铜、铅、锌和镉的平均含量为 113.00mg/kg、49.29mg/kg、

266.27mg/kg 和 2.72mg/kg，都超过了辽河水系沉积物重金属含量平均值。太子河表层沉积物中 4 种重金属元素（铜、铅、锌和镉）的含量与辽河水系沉积物均值相比，均在辽河均值以下。

表 11-8　浑河表层沉积物重金属元素含量统计　（单位：mg/kg）

项目	铜	锌	镉	铅
最大值	69.75	229.86	1.45	57.47
最小值	19.42	78.00	0.16	16.86
浑河均值	113.00	266.27	2.72	49.29
辽河水系沉积物平均值	39	172	1.1	51

表 11-9　太子河表层沉积物重金属含量　（单位：mg/kg）

项目	铜	锌	镉	铅
最小值	9.59	51.53	0.12	18.47
最大值	66.71	311.61	0.96	55.59
太子河均值	36.67	114.5	0.3	29.77
辽河水系沉积物平均值	39	172	1.1	51

2）水库型：辽河流域大伙房水库。表层沉积物 4 种重金属含量均高于辽宁省土壤元素背景值，元素锌和铅含量高于全国水系沉积物平均值而低于辽河水系沉积物平均值，镉和铜含量高于辽河水系沉积物平均值。同时，从表 11-10 还可以看出，大伙房水库表层沉积物中镉富集最为严重，约为辽宁省土壤背景值的 22 倍，约为全国水系沉积物均值的 9.2 倍，约为辽河水系沉积物平均值的 2.2 倍。

表 11-10　大伙房水库表层沉积物重金属元素含量统计　（单位：mg/kg）

项目	铜	锌	镉	铅
最大值	97.36	223.99	6.39	54.91
最小值	24.04	47.45	0.53	12.62
大伙房水库均值	65.20	137.49	2.38	36.69
辽宁省土壤背景值	19.8	63.5	0.108	21.4
辽河水系沉积物平均值	39	172	1.1	51
全国水系沉积物平均值	25.6	77.0	0.258	29.2

3）湖泊型：太湖流域。沉积物重金属含量如表 11-11 所示。通过对比可以发现，铅和镉的含量均超过了太湖沉积物的背景值。其中镉的富集情况最为严重，平均值超过太湖沉积物背景值的 3 倍多。铜和锌的平均含量小于背景值，富集程度相对较轻。这 4 种重金属在胥湖、东太湖和湖心区污染较轻，在湖区、竺山湾、梅梁湾和贡湖区等区域污染严重。这种空间分布特征主要与周边经济发展和人民生活关系密切。

表 11-11　太湖表层沉积物重金属元素含量　　　　（单位：mg/kg）

项目	铜	铅	锌	镉
最小值	14.03	29.20	32.50	0.20
最大值	39.22	74.48	111.06	2.88
平均值	22.24	38.27	57.35	0.45
太湖沉积物背景值	25.00	22.00	62.60	0.13

（3）沉积物重金属赋存形态的分布情况

1）河流型：辽河流域浑河和太子河。表层沉积物 4 种重金属（铜、铅、锌和镉）的次生相含量均大于原生相含量，说明辽河流域的这 4 种重金属均受到了人为影响。其中，镉主要存在形态为极易释放的弱酸溶解态，所占比例为 71%，环境危害性较强；铜的主要赋存形态是残渣态，所占比例为 38.6%，对环境危害小；锌有较大比例的可还原态存在（30%左右），这部分锌容易释放从而对环境产生影响；铅的主要赋存形态为可还原态和残渣态，不易释放，迁移性较弱，但具有潜在的生物有效性。就空间分布来看，辽河上游沉积物中重金属的次生相低于辽河中下游，人为输入的重金属主要在沉积物次生相中累积。

2）水库型：辽河流域大伙房水库。沉积物中，镉的主要赋存形态为弱酸溶解态及可还原态，两者之和占 75%以上，环境危害性强；铅在可还原态富集程度极高，占 60%～80%，潜在环境危害较强；锌以残渣态为主（48.94%），同时又以较大比例的弱酸溶解态存在，存在一定程度的环境危害；镉主要存在于可氧化态和残渣态中，环境影响较小。总体看来，元素镉、铅和铜以极高的比例赋存于沉积物次生相中，说明三者人为污染严重；锌次之，受人为污染较轻。

3）湖泊型：太湖流域。沉积物重金属镉以酸溶解态为主要的赋存形态，所占比例为 59.6%，具有极强的迁移性和生态危害。铅的赋存形态以可还原态为主，所占比例达到 58.8%，具有较强的潜在危害，但水溶性及迁移性较弱。铜的赋存形态以可还原态为主，具有较强的潜在危害，但迁移性较弱。锌的可还原态和可氧化态所占比例分别为 28.6%和 26.5%，潜在危害较弱。

（4）沉积物重金属质量基准建立

根据相平衡分配法理论和 USEPA 颁布的美国保护水生生物和人体健康的水质基准值，结合辽河流域浑河、太子河及大伙房水库和太湖流域的水质硬度与沉积物有机质百分含量及铜、铅、锌和镉的实测有效态含量等参数，进行辽河流域和太湖流域的沉积物质量基准值确定，结果见表 11-12～表 11-14。

表 11-12　浑河和太子河沉积物重金属质量基准

项目	铜	铅	锌	镉
K_p 值	17.45	60.63	30.97	11.84
CCC/（μg/L）	12.93	4.01	50	0.33
CMC/（μg/L）	20.15	102.78	168.66	3.06
SQC-Low/（μg/g）	225.53	242.68	1551.78	3.92
SQC-Middle/（μg/g）	288.48	3235.26	3393.20	20.05
SQC-High/（μg/g）	351.44	6227.83	5234.62	36.18

表 11-13　大伙房水库沉积物重金属质量基准

项目	铜	铅	锌	镉
K_p 值	12.15	95.21	23.526	19.42
CCC/(μg/L)	10.67	3.14	50	0.28
CMC/(μg/L)	16.31	80.71	139.45	2.46
SQC-Low/(μg/g)	129.69	299.50	1176.05	5.51
SQC-Middle/(μg/g)	163.92	3992.74	2228.08	26.64
SQC-High/(μg/g)	198.16	7685.99	3280.11	47.76

表 11-14　太湖流域水质基准

项目	铜	铅	锌	镉
K_p 值	12.58	180.73	7.90	32.32
CCC/(μg/L)	13.02	4.04	50	0.33
CMC/(μg/L)	20.31	103.72	169.87	3.08
SQC-Low/(μg/g)	163.91	729.82	396.52	10.77
SQC-Middle/(μg/g)	209.76	9729.46	871.84	55.17
SQC-High/(μg/g)	255.60	18729.11	1347.15	99.57

(5) 基于重金属生物毒性风险的沉积物标准分级

在辽河流域和太湖流域沉积物质量基准研究的基础上，进行沉积物质量标准分级，质量分级结果见表 11-15 ~ 表 11-17。

表 11-15　浑河和太子河沉积物质量标准分级　　(单位：μg/g)

项目	Ⅰ级 (SQC-Low)	Ⅱ级 (SQC-Middle)	Ⅲ级 (SQC-High)
铜	225.53	288.48	351.44
铅	242.68	3235.26	6227.83
锌	1551.78	3393.20	5234.62
镉	3.92	20.05	36.18
毒理学依据	沉积物中有效态重金属含量能够保护底栖生物不受慢性毒性风险的影响	沉积物有效态重金属含量能够使底栖生物受中等慢性毒性风险而不受急性毒性风险的影响	沉积物中有效态重金属含量能够使底栖生物受急性毒性风险的影响
颜色识别	绿色	蓝色	红色

表 11-16　大伙房水库沉积物质量标准分级　　(单位：μg/g)

项目	Ⅰ级	Ⅱ级	Ⅲ级
	(SQC-Low)	(SQC-Middle)	(SQC-High)
铜	129.69	163.92	198.16
铅	299.50	3992.74	7685.99
锌	1176.05	2228.08	3280.11
镉	5.51	26.64	47.76

表 11-17　太湖流域沉积物质量标准分级　　(单位：μg/g)

项目	Ⅰ级	Ⅱ级	Ⅲ级
	(SQC-Low)	(SQC-Middle)	(SQC-High)
铜	163.91	209.76	255.60
铅	729.82	9729.46	18729.11
锌	396.52	871.84	1347.15
镉	10.77	55.17	99.57

(6) 基于风险分级的沉积物质量评价结果

使用沉积物污染指数法对辽河流域和太湖流域沉积物质量进行评价，评价结果(图 11-7～图 11-9)：辽河流域浑河和太子河水环境沉积物质量大多数为“优”，但红透山铜矿附近站点沉积物质量较差；辽河流域大伙房水库浑河入流库首处沉积物质量为“中等”，库中和库尾经过缓慢沉降，沉积物质量变为“优”；太湖流域所有采样站点的评价结果均显示太湖沉积物质量为“优”，说明太湖沉积物重金属污染不严重。

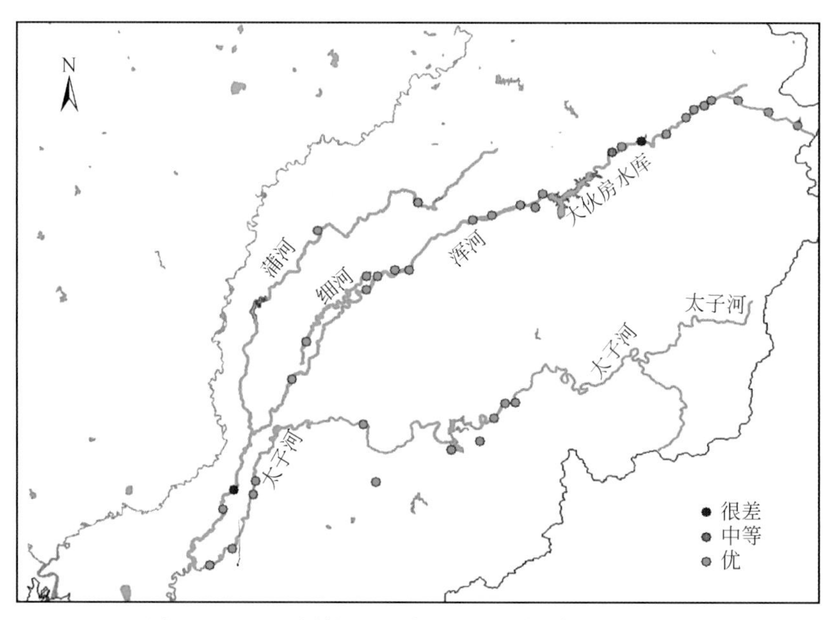

图 11-7　辽河流域浑河和太子河沉积物质量评价结果

图 11-8　辽河流域大伙房水库沉积物质量评价结果

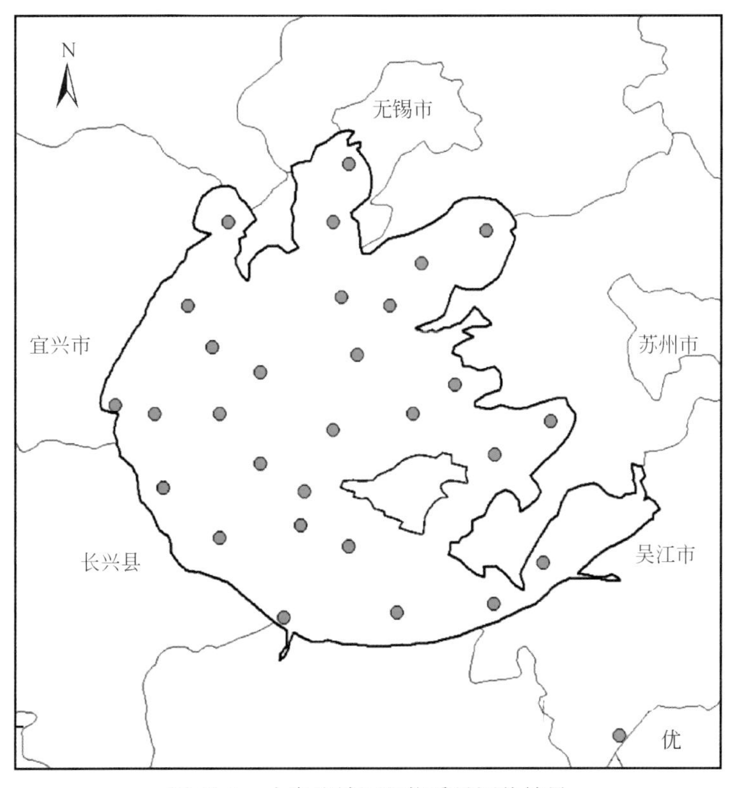

图 11-9　太湖流域沉积物质量评价结果

11.4 流域水生生物质量评价技术研究及其案例分析

目前，国内流域水生生物评价的研究，存在内容零散，研究方法单调的问题，采用的调查及分析方法有很大的分歧致使获取的数据缺乏可比性，难以有效地推进我国水生生物评价在流域水资源管理决策中的应用。因此，研究科学的合理且便于推广的流域水生生物的技术体系，是发展我国水生生物质量评价的重要前提，也是完善我国流域水环境质量评价的重要任务。

水生生物评价技术流程（图 11-10），主要参考了 USEPA 的“快速生物评价方案”（rapid bioassessment protocols，RBPs），同时吸收了英国的“河流无脊椎动物预测与分类系统”（river invertebrate prediction and classification system，RIVPACS）和欧盟的“水框架指令”（water framework directive，WFD）的相关概念与方法，用于研究位点的归类以及参照状态的确定。这里需要说明的是，在现阶段的初期研究中，一方面更为侧重监测方法的检验和生物评价指数的适用性分析；另一方面也是出于方法的适用性、可操作性和易推广性等因素的考虑，主要采用先验分类对评价位点进行归类，并以多参数法进行评价。

快速生物评价方案（RBPs）或其他多参数法的数据分析包括两步：① 筛选并校正参数，然后根据相似的位点类型集合成一个指标；② 评价位点的生物状态并判断是否受损。首先是开发过程，从本质上来说，这个过程描述了参照环境的特征，构成评价的基础。一旦完成这一步，并确定判断达到或未达到水生生物利用类型（受损）的阈值，实际的生物状态评价既可进一步推进，也可提高成本效益。建立参照环境（通过实际位点或其他方法）对于确定度量及指标阈值至关重要。这些阈值是开展评价的核心因素。可能需要在季节变化的基础上确立参照环境并生成阈值，以便适应全年的采样及评价。如果可以获得数据，特定或累积的胁迫因子以及生物状态之间的剂量/反应关系能够提供梯度反应的相关信息，可以成为确定受损阈值的有效方法。

另外，本研究提出了分级评价的概念。即流域水生生物评价可在几个不同的级别实施，由粗至细分别为 0 级、1 级、2 级和 3 级，每个级别的评价要素均包括生物组成及生境状态。分级评价为不同层次的机构提供规划、组织及实施流域水生生物评价的建议方法，各机构可根据评价目的、任务需求及实际情况考虑选择具体的评价级别。例如，大型底栖动物虽然只是生物评价的分支之一，但是考虑到它对流域水环境具有良好的指示作用，在许多情况下，权衡资金花费、人员以及工作量的效用关系后，通常只对该类群进行生物监测，并用于环境质量评价。

（1）0 级评价

0 级评价为初级筛查，先于其他各级评价，主要通过文献检索和咨询当地专家等方法汇集评价区域的相关历史信息，无须开展野外调查，其目的是为评价任务的规划及具体评估提供支持。0 级评价汇总的信息包括地区与地形参数分级、生境类型、流域土地利用类型、种群密度、污染物排放、水质参数（温度、DO、pH 和浊度）、生物类群数据及水体与底质特征。

（2）1 级评价

1 级评价为复杂程度最低的评价方法，在适宜的时期按照标准化方法一次性采集生物

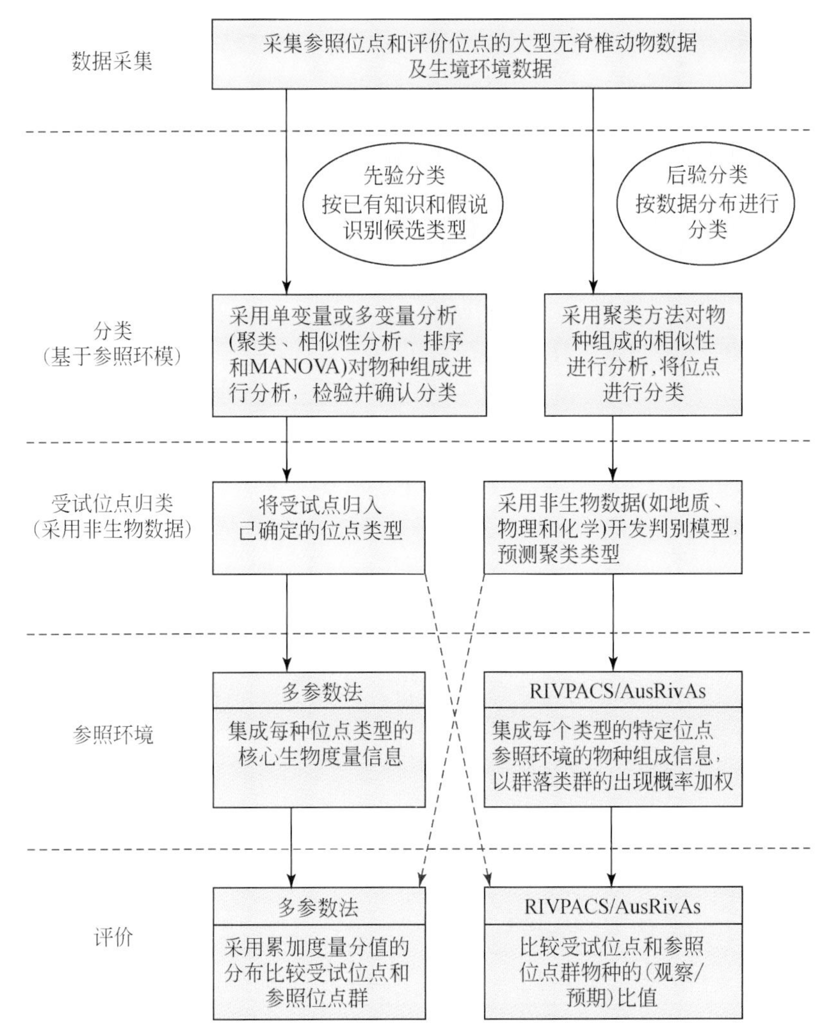

图 11-10　基于多参数法和多变量法的概念性流程（Barbour et al.，1999）

及生境数据。1 级评价的目的是在 0 级评价的基础上，展开筛查或调查获取进一步信息。1 级评价应获取基本的生物类群信息（着生藻类、大型底栖动物和鱼类等）、水体特征参数（温度、DO、pH、河流宽度和深度等）以及底质特征参数（颗粒大小、挥发性固体总量和沉积物毒性等）。评价机构可根据区域性特征及资源选择相关参数。

（3）2 级评价

2 级评价复杂程度较高，在评价位点按照标准的生物学方法多次采集数据，阐明其时间变化性及/或季节性。2 级评价可在 1 级评价的基础上，增加评价类群、水体特征参数（水体营养盐浓度）及底质特征参数（颗粒大小分类和有机碳总量）。2 级评价采集的数据可初步确立生物基准。

（4）3 级评价

3 级评价是最为精密的评价级别，需在评价区域选择多个位点按照标准化方法至少采集3种生物类群，阐明这些类群的季节变化，并增加诊断造成环境损害可能原因的必要研究。3级评价可根据需求及区域性差异，选择增加水体杀虫剂、重金属浓度检验、颗粒大小详细特征（筛分检验颗粒大小百分比组成）、酸挥发性硫化物及沉积物污染物浓度检验等评价内容。3级评价获取的数据可供监测机构构建数据库，支持资源管理，以便降低环境损害，确立并完善生物基准。

基于生物完整性理论，在辽河流域和太湖流域分别构建单类群及多类群生物完整性指数（index of biological integrity，IBI），并分析其评价的准确性和适用性。

案例1

河流类型流域水环境水生生物质量评价技术方法研究——以辽河为例

1. 单类群评价方法

本研究构建的辽河流域大型底栖动物生物完整性指数（B-IBI）由6个核心参数组成，包括种类总数、EPT①种类数、耐受性个体数、前3位优势种、HBI和Shannon多样性指数。评价结果显示，参照位点和受损位点的环境状态差异明显（图11-4-1）。

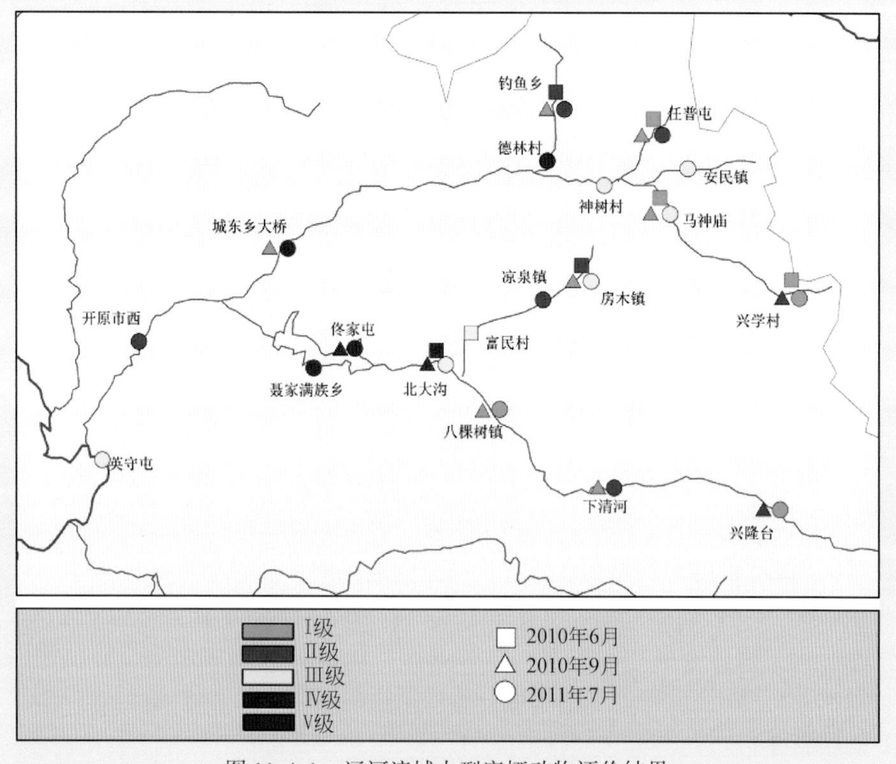

图11-4-1　辽河流域大型底栖动物评价结果

① 蜉蝣目（Ephemeroptera）、积翅目（Plecoptera）及毛翅目（Trichoptera）三目水栖昆虫的种类数之和。

各个位点的等级与参照位点和受损位点的划分基本相符，并且重复采集的位点，两次评价的结果基本一致。评价结果有较大差异的，可能是受到洪水事件或者其他人为干扰的影响。B-IBI 值与生境质量评分呈正相关关系，但是与其他污染相关的理化指标（电导率、pH 和 DO）相关性不显著，物理生境变化是决定调查区域内大型底栖动物群落结构的主要因素。

本研究构建的着生硅藻生物完整性指数（D-IBI）由 6 个核心参数组成，包括属丰富度、运动性硅藻、硅藻污染耐受指数 PTI、敏感性硅藻、Shannon 多样性指数和桥弯藻属/(桥弯藻属+舟形藻属)。D-IBI 可以将参照位点和受损位点区分开来（图 11-4-2），其分析结果与 B-IBI 较为一致。但是，与 B-IBI 分值仅与生境质量相关不同，D-IBI 分值还与电导率相关。这一结果，可能与大型底栖动物和硅藻的生活史以及环境压力响应特征有关。

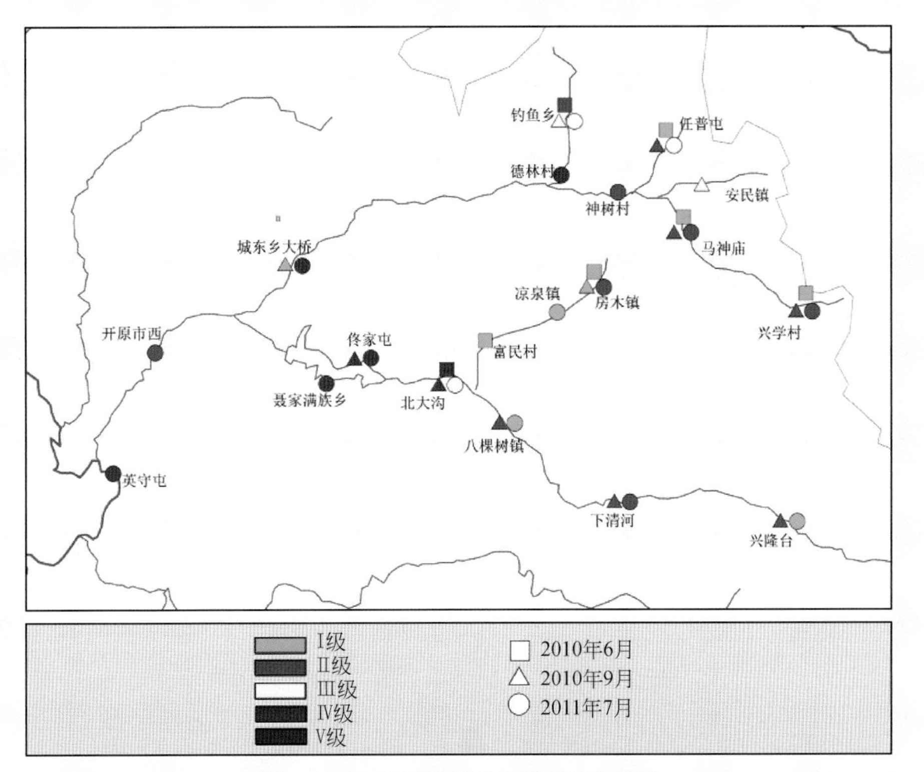

图 11-4-2　辽河流域着生硅藻评价结果

本研究构建的鱼类生物完整性指数（F-IBI）由 4 个核心参数组成，包括种类总数、Shannon 多样性指数、鲤科个体和敏感性鱼类。F-IBI 分值能够体现参照位点和受损位点的生物状态差异（图 11-4-3），但是对部分受损位点的辨识度不高，无法将其与参照位点区分开。F-IBI 与其他两个类群的 IBI 指数（B-IBI 和 D-IBI）评价结果不太一致，不具有相关性，这可能与生物类群特点有关。相关性分析显示，F-IBI 与生境质量评分呈显著正相关关系，说明仍具有一定适用性。

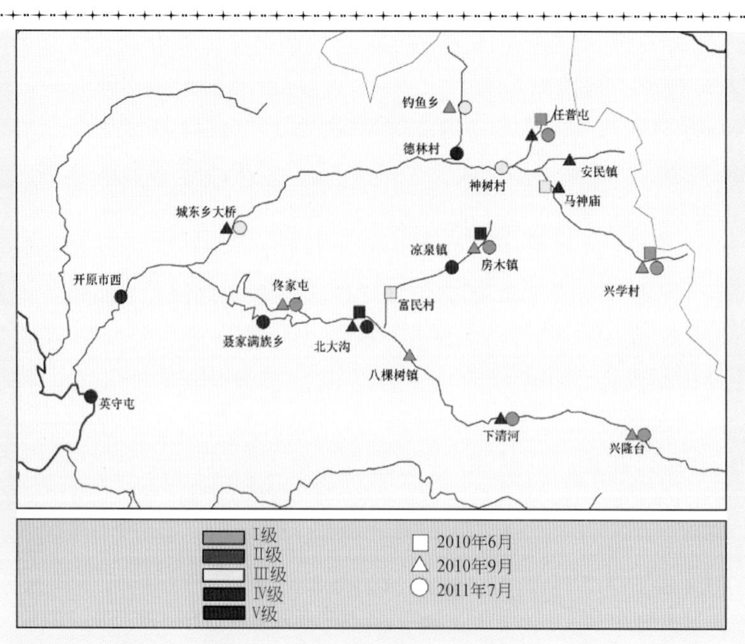

图 11-4-3　辽河流域鱼类评价结果

2. 多类群评价方法

本研究构建的多类群生物完整性指数（M-IBI）由 16 个核心参数组成，包括构建 3 个单类群 IBI 的所有核心参数。

M-IBI 整合了代表不同类群的核心参数，相对于单类群生物完整性指数，更能综合地体现河流生态系统的生物状态特征。M-IBI 可以极大地排除干扰，更为有效地将参照位点和受损位点区分开来（图 11-4-4），且与 3 个单类群 IBI（B-IBI、D-IBI 和

图 11-4-4　辽河流域多类群综合评价结果

F-IBI）均具有相关性。因此，其评价结果比单类群IBI更具有代表性。另外，M-IBI与生境质量评分具有正相关关系，但是与pH、DO和电导率没有相关性，说明生态系统整体的健康状态受生境质量影响较多。

以上结果可以初步说明，M-IBI是对水体内生物群落多样性和生境质量等的综合反映，对于本研究的调查区域具有一定的适用性，能够准确评价河流生态系统的健康状态，为水资源的管理决策提供数据基础。

案例2

湖泊类型流域水环境水生生物质量评价技术方法研究——以太湖为例

1. 单类群评价方法

本研究构建的大型底栖动物生物完整性指数（B-IBI）由6个核心参数组成，包括种类总数、软体动物种类数、Shannon多样性指数、前3位优势种、生物完整性（biotic integrity，BI）指数和直接收集者。B-IBI评价结果（图11-4-5）与水质综合污染指数呈显著负相关关系，说明本研究构建的B-IBI指数与实际情况相符，较为合理，利用底栖动物群落信息较好地反映出了水体环境健康状况。

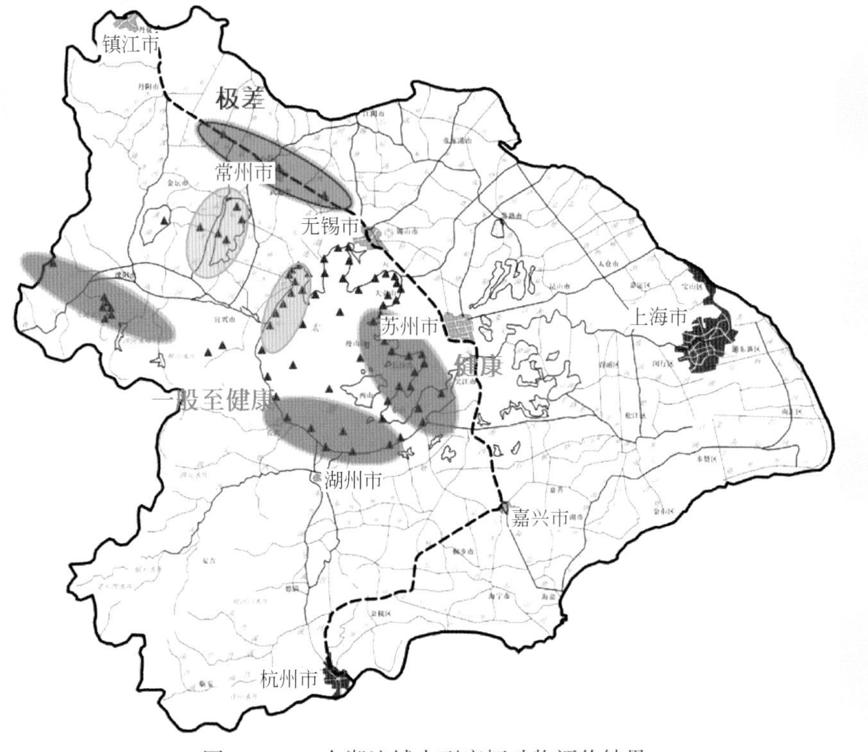

图11-4-5　太湖流域大型底栖动物评价结果

本研究构建的浮游植物生物完整性指数（P-IBI）由8个核心参数组成，包括蓝藻密度，硅藻种类数，Shannon多样性指数，前3位优势种，硅藻，非蓝、绿、硅藻（包括甲藻、裸藻、隐藻、金藻等），硅藻商和不可食藻类。P-IBI评价结果（图11-4-6）

与综合营养状态指数呈显著相关性，但与综合污染指数之间无明显关系。这说明 P-IBI 主要受太湖富营养化的影响，对富营养化具有一定指示作用，而对综合污染方面的指示并不明显。另外，P-IBI 与 B-IBI 之间也没有明显的相关关系，这说明底栖动物与浮游植物可能是对太湖生态系统不同胁迫效应的响应，对生态环境状况的指示重叠性较低。

本研究构建的太湖流域浮游动物生物完整性指数（Z-IBI）由 4 个核心参数组成，包括甲壳动物密度、轮虫/后生动物、哲水蚤/(剑水蚤+枝角类）和桡足类无节幼体/后生动物。Z-IBI 评价结果（图 11-4-7）与环境因子的关系，和浮游植物类似，说明 Z-IBI 可能对太湖富营养化具有较好的指示意义，在综合污染的指示方面相对较差。另外，Z-IBI 与 B-IBI 和 P-IBI 之间无明显相关性。

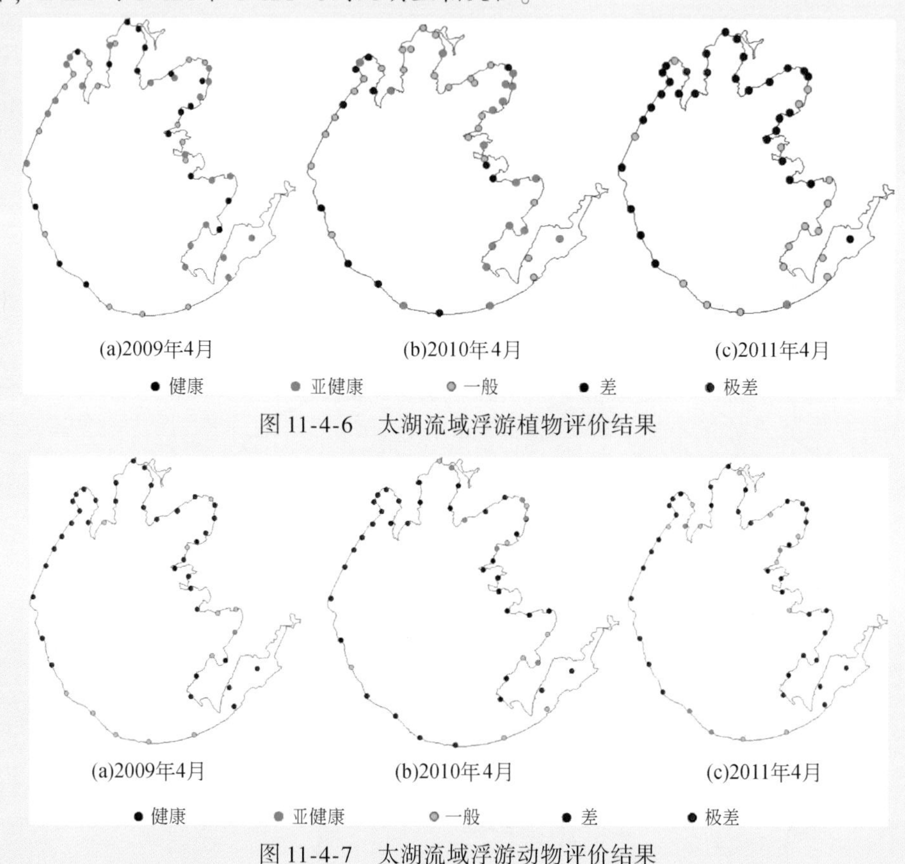

图 11-4-6　太湖流域浮游植物评价结果

图 11-4-7　太湖流域浮游动物评价结果

2. 多类群评价方法

本研究构建的太湖流域多类群生物完整性指数（M-IBI）由 18 个核心参数组成，包括构建 3 个单类群 IBI 的所有核心参数。M-IBI 评价结果（图 11-4-8）与综合污染指数和综合营养状态指数之间均存在显著的相关关系。相对单类群评价，与环境因子的相关关系较好，说明多类群评价体系能够整合单类群对污染响应的特异性，形成综合性指标体系，使得评价结果更能够反映出对污染胁迫的综合响应。

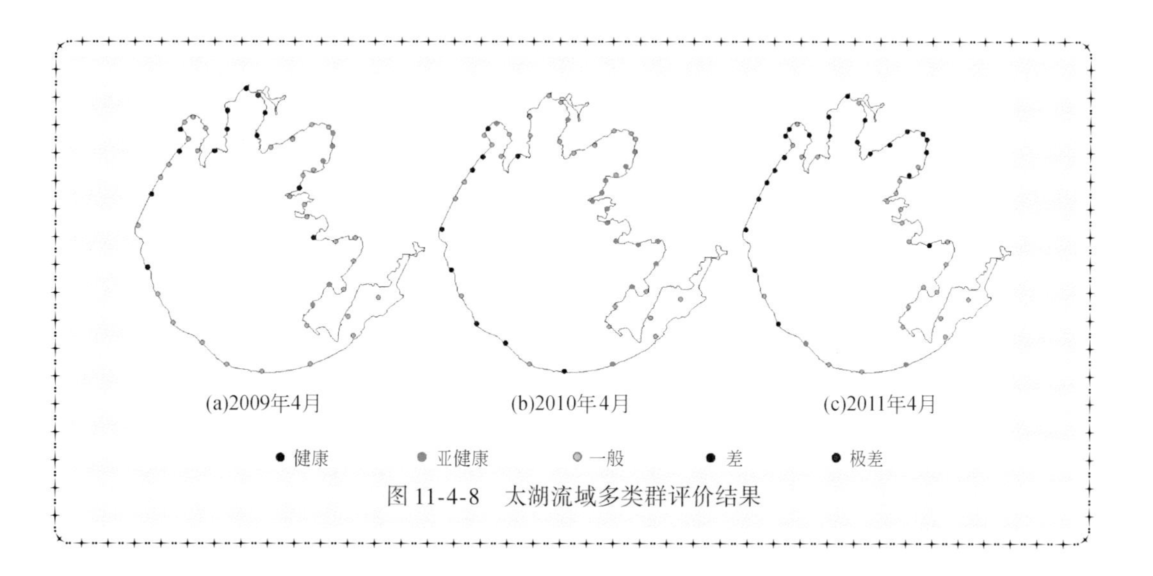

图 11-4-8　太湖流域多类群评价结果

11.5　小　　结

在传统水环境质量评价技术的基础上，从 3 个环境要素水体、沉积物和水生生物入手，考虑水质和沉积物环境要素所具有的人体健康风险影响和污染物生物毒性风险影响，以及水生生物对上述风险的响应，建立基于风险分级的流域水环境质量评价技术。

（1）基于风险评价的流域水质评价

本研究构建了基于风险评价的流域水质评价技术体系，包括水质评价指标筛选技术、断面（测点）水质评价技术、湖库水质综合评价技术、最佳评价频次确定技术、整个流域和河流（水系）水质评价技术、整个湖库水质和综合评价技术、水质时空变化趋势分析技术以及主要污染因子与污染来源识别技术等，以辽河流域、湘江流域和三峡水库为研究区域对上述方法的可行性进行验证。

实例验证结果表明，根据本研究的评价方法，评价指标数量明显减少，最佳评价频次得以明确，这在一定程度上提高了工作效率，避免了重复工作。水质评价结果不仅给出水质类别，还能给出定量评价结果，并补充了湖库水质综合评价方法以及污染来源识别，这使得水质评价结果提供的信息更加具体和全面；采用河长评价法和面积评价法对河流或湖库的水质进行评价，避免了因监测断面设置的合理性不足而导致的评价结果失真，使得评价结果更加真实和客观。

（2）基于风险分级的流域沉积物质量评价

本研究建立了基于风险分级的流域水环境沉积物质量评价技术体系。该体系主要包括基于相平衡分配模型理论的沉积物重金属质量基准建立方法、基于重金属生物毒性风险影响的沉积物质量标准分级方案以及基于风险标准值的沉积物质量评价方法，并选择北方季节性河流辽河和淡水湖泊太湖两个典型流域进行本技术体系的实例应用。首先，对典型流域沉积物理化性质、沉积物重金属含量及赋存形态分布特征进行调研，利用调研数据，通过沉积物重金属质量基准建立方法得到典型流域的沉积物重金属质量基准值（SQC-Low、SQC-Middle 和 SQC-High）。其次，依据 SQC-Low、SQC-Middle 和 SQC-High 对应的生物毒性风险大小进行典型流域沉积物重金属质量标准分级得到沉积物重金属质量标准。最后，采用两种沉积物质量评价方法（单因子评价法和SPI法）及沉积物质量标准值进行典型流域的沉积物质量评价。

评价结果显示，辽河流域浑河和太子河水环境沉积物质量大多数为“优”，但红透山铜矿附近站点沉积物质量较差；辽河流域大伙房水库浑河入流库首处沉积物质量为“中等”，库中和库尾经过缓慢沉降，沉积物质量变为“优”；太湖流域所有采样站点的评价结果均显示太湖沉积物质量为“优”，说明太湖沉积物重金属污染不严重。

（3）流域水生生物质量评价

本研究建立了规范的水生生物质量评价技术体系。结合河流环境特点和水生生物群落结构的时空变化规律，针对河流水生生物监测的频率、时间和站位布设提出相应的技术原则，并开展野外研究，建立规范的水生生物调查方法，填补了国内缺乏相应的水生生物监测技术的方法学研究。建立了流域水生生物评价方法。结合典型流域生态系统特点，针对不同生物类群和不同生态指标对环境污染的敏感程度存在显著差异这一问题，从科学性、可行性、有效性和经济性等方面，研究制定流域水生生物质量评价指标的筛选原则，建立能够有效识别生态系统状态以及环境压力的流域水生生物质量评价指标的筛选方法。基于生物完整性理论，构建了多类群评价方法，有效地将多个代表不同环境压力生物类群的评价结果整合起来，更加全面地反映生态环境状况。

第12章

流域累积性水环境风险评估技术研究

累积性风险是指多个压力因子在足够长的时间内作用于人体或环境，进而产生或即将产生的综合性不利影响。而累积性风险评估是对多个压力因子对人体健康或环境已经产生或将要产生的综合风险进行分析、表征以及量化表述的过程。

就累积性水环境风险而言，一般指众多有毒有害污染物长期作用于水环境，对水生态系统以及人体健康产生的综合性不利影响。本研究中根据受体的不同，将流域累积性水环境风险评估区分为累积性生态风险评估和累积性人体健康风险评估，并分别以流域水环境POPs累积性生态风险评估和湖泊水华累积性人体健康风险评估作为案例，对流域累积性水环境风险评估的内容加以介绍。

12.1 流域水环境POPs累积性生态风险评估技术研究

12.1.1 流域水环境POPs累积性生态风险评估技术方法框架

本研究借鉴USEPA发布的《生态风险评估框架》和《生态风险评估导则》，以及USEPA在切萨皮克湾（Cheseapeake Bay）开展生态风险评估的研究实例，结合我国的国情，初步构建流域水体累积性生态风险评估技术。本评估框架主要包括三步：①风险问题识别；②风险分析；③风险表征。

（1）风险问题识别

风险问题识别是生态风险评估的第一个阶段，也是整个评估的依托和基础，研究内容主要包括初步的暴露表征和效应表征研究。在本阶段主要收集整理科学数据以及当地相关管理部门面临的政策和管理问题，来阐述评估的可行性与范围和生态风险评估的目的。

本阶段研究成功与否有3个关键的因素：所研究生态系统的组成和结构；构建压力和评估终点之间的概念模型；制定分析计划。本阶段的主要目标是建立风险评估的目标并确定存在的问题以及制定一个分析数据和表征风险的计划。

1）研究生态系统组成和结构。通过标准生物采样方法进行水生生物采集并进行物种鉴定，明确该区域的优势物种，同时要调查该区域的敏感物种及需要特别保护的物种。

2）甄别风险污染物。对于已知需要评价的污染物可直接进行下一步的评价。而对于未确定的风险污染物需要根据其监测浓度、检出率、PBT（持久性、富集性和毒性）原则和使用情况，筛选需要进行风险评估污染物的优先次序并列清单。

（2）风险分析

“分析阶段”主要包括两项基本活动：暴露表征和生态效应表征。一般而言，暴露表征数据可以来自于现场监测数据，也可以是根据模型推导出的数据；生态效应表征的数据主要源于USEPA毒理数据库。

1）暴露表征。污染物的时空分布特征和规律的确定。在暴露表征过程当中会应用到很多技术。对于污染物暴露表征，经常会同时使用模型模拟数据和监测数据。另一个要考虑的重要因素是污染物同生物系统的作用时间，因为有机体生命阶段相关的压力作用时间和活动模式会极大地影响到不良效应的发生。

2）生态效应表征。这阶段将分析压力和问题形成期确定的评估与测量终点之间的关系，其主要目的是建立压力因子和受体之间的剂量—效应关系，确定胁迫因子的危害及临界效应浓度或阈值浓度。鉴于以单物种毒性测试数据为基础的物种敏感度分布曲线法（SSD 法）在生态风险评估及基准值的制定过程中都得到了广泛应用，本研究主要采用该方法进行风险污染物的生态效应阈值的计算，使用蒙特卡罗方法进行 SSD 曲线的构建与分析。

(3) 风险表征

“风险表征”是生态风险评估的最后阶段，是对暴露于各种压力下的有害生态效应的综合判断和表达，最后结果是得出风险污染物的风险水平或称为风险度，其表达方式有定性和定量两种。在表征方法上又分为点评估和概率评估，当数据和信息资料充足时，人们多以概率评估为主。

1）商值法。将实际监测或由模型估算出的环境暴露浓度（EEC 或 PEC）与表征该物质危害程度的毒性数据（预测的无效应浓度 PNEC）相比较，即用环境暴露浓度除以毒性终点值，从而计算得到风险商值（risk quotients，RQ）。比值大于 1 说明有风险，比值越大风险越大；比值小于 1 则安全，此时各种化学物的参考剂量和基准毒理值被广泛应用。

2）概率风险评价法。该方法是将每一个暴露浓度和毒性数据都作为独立的观测值，在此基础上考虑其概率统计意义。暴露浓度和物种敏感度都被认作来自概率分布的随机变量，二者结合产生了风险概率。常用的概率风险评价法（probabilistic ecological risk assessment，PERA）包括安全阈值法（the margin of safety，MOS10）和商值分布法（probability distribution curve）。

12.1.2 不确定性分析

使用任何一种生态风险技术均会产生一些不确定性。不确定性主要来源于以下几个方面。

1）暴露评估。实验室获得的监测数据存在系统误差和偶然误差；通过模型推导的暴露数据会因为各种参数的选择导致不确定性。

2）生态效应评估。在毒理数据的种间外推和从实验室数据外推到野外暴露等方面等都是产生不确定性的重要来源。

3）物种敏感性差异。这也是产生不确定性的一个原因，尤其是研究区域中优势物种、敏感物种或者需要特别保护的物种，它们对风险污染物不同的毒理响应是产生不确定性的一个重要因素。

12.2 太湖 POPs 累积性风险评估

12.2.1 太湖流域 POPs 累积性风险问题识别

研究通过收集整理太湖流域社会经济发展现状、产业布局及其自然背景、水文地质资料以及污染现状，充分了解太湖水体面临的复杂又紧迫的环境压力，以持久性、生物富集性和毒性为标准，筛选出太湖目前面临的重要压力因子；开展太湖水体生态组分调查，掌握太湖生态系统结构组成，了解太湖生态系统中优势物种、敏感物种以及需要特别保护的经济物种。

12.2.1.1 太湖水生态系统结构特征分析

研究人员于 2009 年和 2010 年开展了太湖水体生态系统组成和结构调查，并结合当地环境监测部门对太湖水生态系统调查结果以及相关文献研究报道结果，剖析了太湖水生态系统组成特征，筛选出太湖浮游植物、浮游动物和底栖生物中的优势物种、代表性物种以及特征性物种。

(1) 浮游植物

2009 年 5 月和 10 月两次对太湖的浮游植物进行调查，共监测出浮游植物 88 种，其中蓝藻门 24 种，绿藻门 34 种，硅藻门 16 种，隐藻门 3 种，甲藻门 5 种，裸藻门 5 种，黄藻门 1 种。太湖湖区分布较为广泛且终年可见的物种有蓝藻门的小席藻、普通念珠藻、微囊藻和针状纤维藻，绿藻门的小球藻和栅藻，硅藻门的小环藻、直链藻和脆杆藻，隐藻门的啮蚀隐藻和单尾蓝隐藻。从藻密度上看，太湖湖区蓝藻密度常年高于其他物种(图 12-1)。

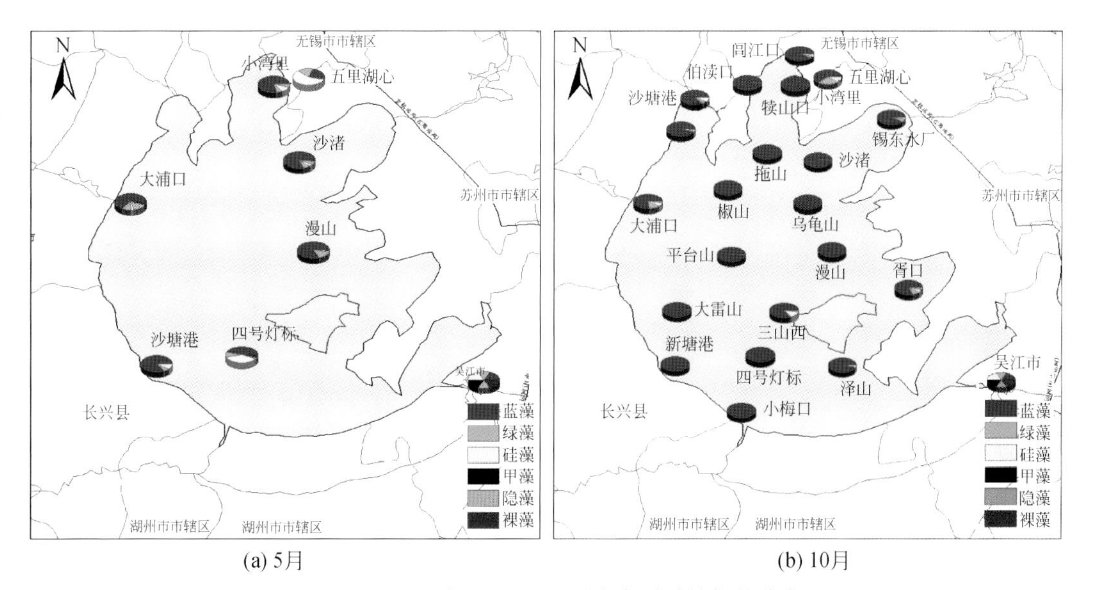

(a) 5月　　(b) 10月

图 12-1　2009 年 5 月和 10 月太湖浮游植物的分布

2010 年 4 月和 8 月两次对太湖的浮游植物进行调查，共监测出浮游植物 78 种，其中蓝藻门 21 种，绿藻门 34 种，硅藻门 12 种，隐藻门 3 种，甲藻门 4 种，裸藻门 4 种。太湖湖区分布较为广泛且终年可见的物种有蓝藻门的微小色球藻、普通念珠藻和微囊藻，绿藻门的小球藻、衣藻、栅藻和单棘四星藻；硅藻门的小环藻、直链藻、尖针杆藻和脆杆藻，隐藻门的啮蚀隐藻、卵形隐藻和单尾蓝隐藻。从藻密度上看，太湖湖区蓝藻的部分物种如普通微囊藻、念珠藻和颤藻以及硅藻门的直链藻是容易形成水华的主要物种（图 12-2）。

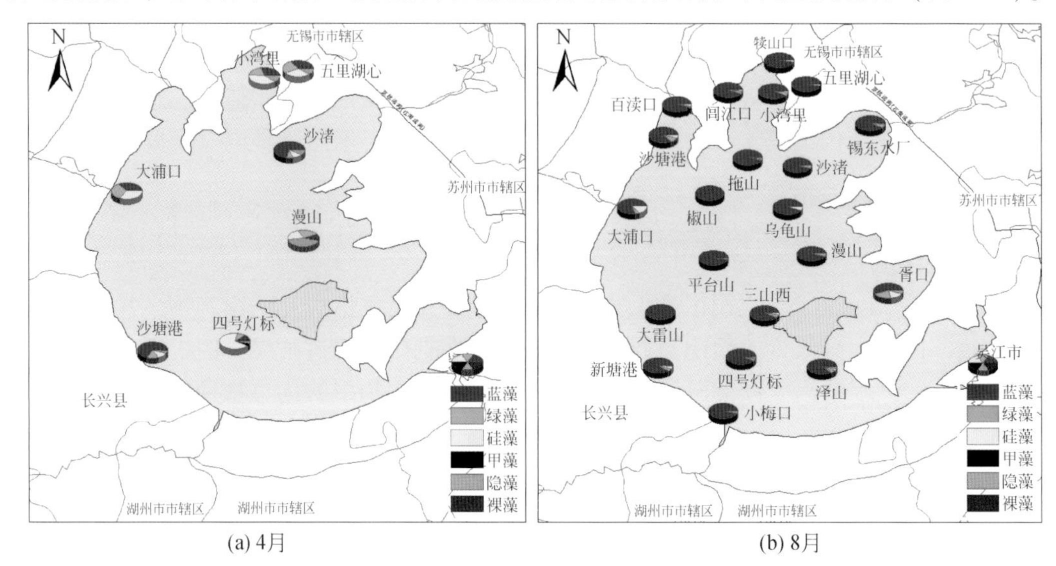

图 12-2 2010 年 4 月和 8 月太湖浮游植物的分布

（2）浮游动物

2009 年 4 月和 10 月两次调查共调查出浮游动物 14 种，其中原生动物门 8 种，轮虫动物门 2 种，枝角类 3 种，桡足类 1 种。在 4 月调查中，各断面分布广泛的包括萼花臂尾轮虫（*Brachionus calyciflorus*）、简弧象鼻溞（*Bosmina coregoni*）、长额象鼻溞（*osmina longirostris*）以及桡足类的中华剑水蚤（*Limnoithona sinensis*），另外，桡足类的无节幼体在太湖各断面广泛分布。10 月各监测断面浮游动物物种数量较为单一，优势种为剪形臂尾轮虫（*Brachionus forficula*）、长额象鼻溞（*Bosmina longirostris*）、中华剑水蚤（*Limnoithona sinensis*）以及桡足类的无节幼体。

2010 年 4 月和 10 月两次调查共发现浮游动物 25 种，其中原生动物 14 种，轮虫动物门 4 种，枝角类 6 种，桡足类 1 种。4 月各监测断面广泛分布的浮游动物包括绿急游虫（*Strombidium viride*）、萼花臂尾轮虫（*Brachionus calyciflorus*）、剪形臂尾轮虫（*Brachionus forficula*）、长额象鼻溞（*Bosmina longirostris*）、桡足类的中华剑水蚤（*Limnoithona sinensis*）以及桡足类无节幼体。10 月各监测断面发现的浮游动物种类数较少，其中有轮虫动物门的萼花臂尾轮虫（*Brachionus calyciflorus*）和剪形臂尾轮虫（*Brachionus forficula*）、枝角类的长额象鼻溞（*Bosmina longirostris*）和简弧象鼻溞（*Bosmina coregoni*）及桡足类的中华剑水蚤（*Limnoithona sinensis*）和无节幼体。

（3）底栖生物

2009 年 4 月和 10 月两次调查太湖大型底栖动物，共调查出底栖动物 9 种/属，其中环节动物3种、软体动物4种以及部分摇蚊幼虫和钩虾。在各断面广泛分布的大型底栖动物包括霍甫水丝蚓（*Limnodrilus hoffmeisteri*）、苏氏尾鳃蚓（*Branchiura sowerbyi*）、河蚬（*Bellamya aeruginosa*）和铜锈环棱螺（*Bellamya aeruginosa*）。4月底栖动物调查中，大浦口生物密度最高，达到了1776个/m^2，沙渚断面底栖动物密度为416个/m^2；此外，新塘港站位也达到了240个/m^2，居于各断面底栖动物密度的第三位。10月调查中，底栖动物密度居于前3位的分别为大浦口、新塘港和漫山站位，底栖动物密度分别为944个/m^2、416个/m^2和336个/m^2。

2010年4月和8月太湖大型底栖动物，两次调查共调查出底栖动物8种/属，其中环节动物2种、软体动物5种以及部分摇蚊幼虫。在各断面广泛分布的大型底栖动物包括霍甫水丝蚓（*Limnodrilus hoffmeisteri*）、苏氏尾鳃蚓（*Branchiura sowerbyi*）、河蚬（*Bellamya aeruginosa*），其中又以河蚬的分布区域范围最大。4月底栖动物调查中，大浦口生物密度最高，达到了1072个/m^2，小湾里断面底栖动物密度为704个/m^2；五里湖心站位也达到了368个/m^2，居于各断面底栖动物密度的第三位；此外，新塘港、四号灯标和漫山底栖动物的密度也分别达到了336个/m^2、320个/m^2和272个/m^2。10月调查中，底栖动物密度居于前3位的站位分别为大浦口、小湾里和五里湖心，底栖动物密度分别为6288个/m^2、640个/m^2和528个/m^2，其中对底栖动物密度起重要作用的是霍甫水丝蚓。

通过对2008～2010年太湖底栖动物调查的数据进行初步分析，太湖大型底栖动物物种组成较为单调，太湖各站位均有广泛分布的物种仅有河蚬、霍甫水丝蚓和苏氏尾鳃蚓，其中霍甫水丝蚓是指示底质污染的重要指示生物之一，显示太湖污染仍不容乐观。

12.2.1.2 太湖典型POPs识别和筛选

（1）太湖野生鱼虾中有机污染物的初步筛查

研究人员在太湖水域采集了大量野生鱼虾样品，首先通过全二维气相色谱/飞行时间质谱定性筛查鱼肉组织分布的较高含量的有机污染物，初步筛选出太湖鱼虾组织中富集的有机污染物。从图12-3中可以看出，通过全二维色谱分离，可以得到成千上万个色谱峰。将得到的GC×GC数据经LECO公司的软件进行自动处理，自动识别信噪比大于30的峰。再通过对检索结果进行人工核对进行二次筛查，重点筛查含氯或含溴化合物。第三步筛查，对峰表中剩余化合物相似度（similarity）大于850的化合物直接判定为正检出，而对于那些相似度较小的化合物，手动调取该化合物的全扫描质谱信息后进行深度分析。判断依据有3个：一是峰纯度要高；二是分子与离子或主碎片峰同位素比例分布符合含氯或含溴化合物的碎裂方式；三是主碎片峰有明显脱氯或脱溴质谱。

通过全二维气相色谱/飞行时间质谱联用仪（GCXGC-TOF/MS）分析，在太湖鱼虾样品中定性筛查PCBs、PBDEs、PAHs和DDTs及其主要降解转化产物，其中PAHs和DDTs是太湖鱼虾样品中广泛检出且含量较高的污染物。

（2）生物富集

在全二维气相色谱/飞行时间质谱定性筛查研究（图12-4）基础上，课题组在太湖水域中采集鱼和虾等样品共计299份，分析了鱼虾样品可食用组分中PAHs和OCPs的含量水平及分布规律。研究表明，鱼虾样品中PAHs的总浓度为288.6～9498.7 ng/g·dw，与国内其他地区野生食用鱼类相比，属于中等污染水平；在样品中检出了18种OCPs分布，

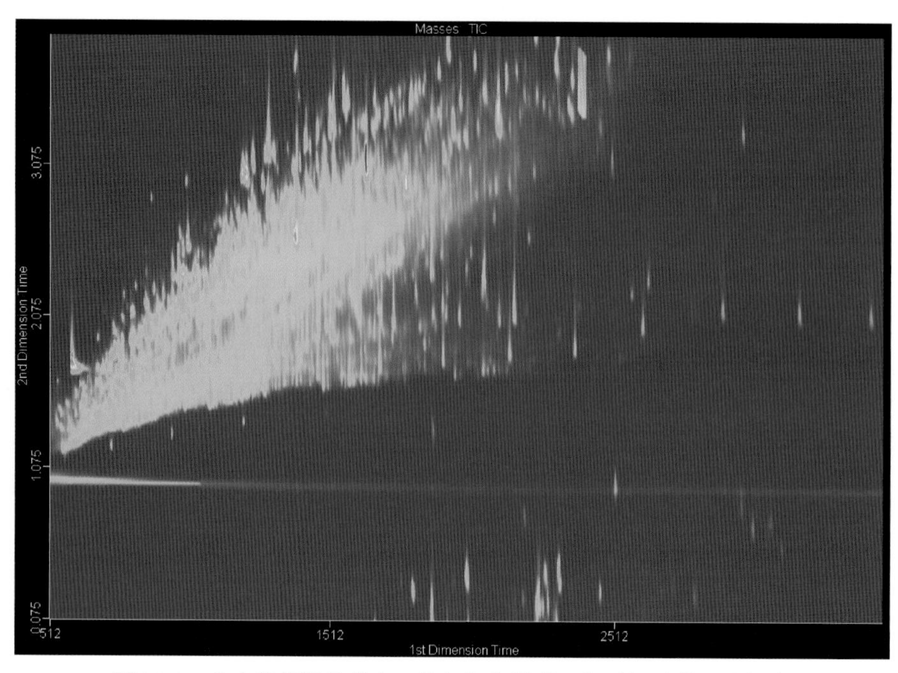

图 12-3　鱼肉抽提样品的全二维气相色谱联飞行时间质谱二维轮廓

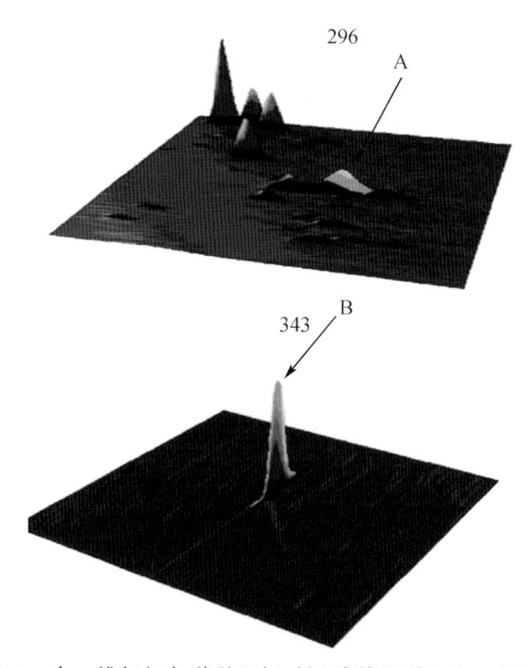

图 12-4　全二维气相色谱联飞行时间质谱鉴别出的一个污染物

DDTs 是最主要的 OCPs，含量范围为 38.6 ~ 1769.2ng/g 脂肪，占 OCPs 总量的 80% 以上。研究结果再次证明太湖水域中 PAHs 和 DDTs 的分布与生物富集。

（3）生物放大作用

本研究中，根据鱼虾食用组织中 N 同位素界定鱼虾的营养级别，然后根据不同营养级别鱼虾食用组织中 PAHs 和 DDTs 含量水平计算了两类污染物的生物放大因子（TMF）。研究结果表明（表 12-1），PAHs 和 DDTs 均具有较显著的生物放大效应，再一次证明了 PAHs 和 DDTs 在食物链中的富集和放大作用。

表 12-1　几种典型 POPs 生物放大因子

PAHs	TMF	DDTs	TMF
苊	1.35	p，p'-DDE	1.96
芴	1.28	p，p'-DDD	1.68
菲	1.27	p，p'-DDT	1.62
蒽	1.35		
荧蒽	1.20		
苯并 [b] 荧蒽	1.20		
苯并 [a] 芘	1.47		
茚苯 [1，2，3-cd] 芘	1.90		
二苯并 [a，h] 蒽	1.42		

（4）持久性

PAHs 多具有高的熔点、沸点和 $\log K_{ow}$ 以及较低的蒸气压和水溶解度，在全世界广泛分布。由于 PAHs 特殊而稳定的环状结构，在环境中难降解，难被微生物利用，但是对微生物的生长具有抑制作用。在环境中的半衰期少则两月，多则达数年。环境介质中 DDTs 残留期很长。例如，土壤表层 DDT 降解 50% 需要 16 ~ 20d，降解 90% 需要 1.5 ~ 2.0a；而与土壤结合的 DDT 降解 50% 需要 5 ~ 8a，降解 90% 则需要 25 ~ 40a。在厌氧条件下，DDT 主要降解为 DDD；在有氧条件下，DDT 可降解为 DDE，而 DDE 较原型化合物具有更强的持久性。

（5）毒性效应

由于 PAHs 特殊而稳定的环状结构，在环境中难降解，难被微生物利用。但其对微生物的生长具有抑制作用，能抑制发光细菌的发光反应，随着环数的增加，毒性效应逐渐增强；也能显著抑制浮游植物的生长；诱导鱼类 CYP1A 基因表达。同时，PAHs 还能干扰鱼类的激素受体，干扰激素的生物合成，降低激素的新陈代谢；也能减少卵黄蛋白原的合成，降低鱼类性腺和卵成熟度，从而显著影响鱼类的生殖成功率。此外，PAHs 具有强的致癌、致畸和致突变作用。DDTs（包括 DDT、DDD 和 DDE）是农业污染的主要指示剂，其中 DDE 和 DDD 是 DDT 最重要的环境代谢产物，可导致鸟类卵壳变薄和孵化率下降。

12.2.2　太湖流域 POPs 累积性风险分析

12.2.2.1　太湖流域 POPs 暴露表征

本研究选择太湖的梅梁湾、贡湖和胥口作为代表性研究区域（图 12-5），于 2009 年和 2011 年春季、夏季和秋季分别采集了表层水样品，分析了表层水中 PAHs 含量水平，基于 2 年 6 次的监测数据，开展太湖水体中 PAHs 的暴露表征研究。

（1）太湖流域 PAHs 暴露表征

1）2009 年分析结果。2009 年 6 月，仅在胥口采集了 10 个表层水样品，开展初步的

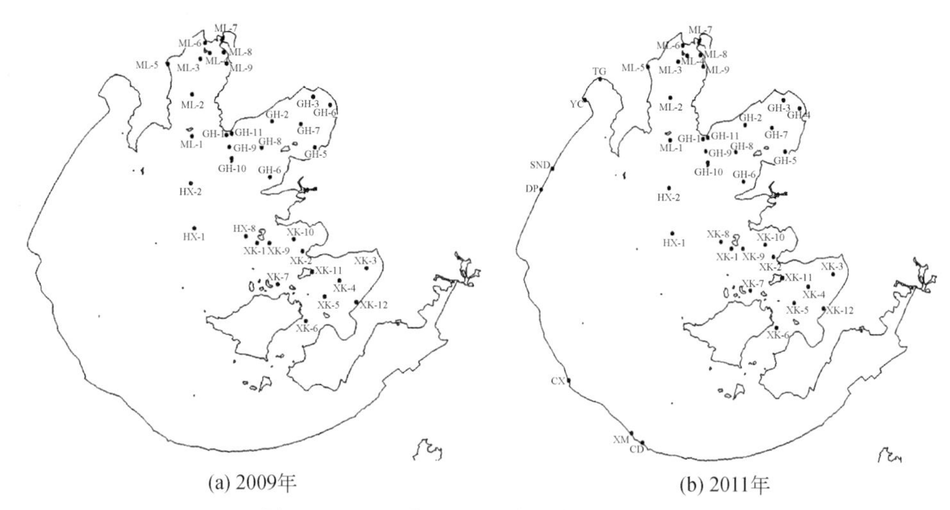

图 12-5 2009 年和 2011 年太湖采样点分布

PAHs 含量水平和分布特征研究；在所有的样品中，(15PAHs) 含量为 42.9～81.8ng/L。8 月共采集样品 34 个，其中梅梁湾 9 个样品中 PAHs 含量为 53.1～134.2 ng/L（均值为 119.2 ng/L），贡湖 11 个样品中 PAHs 含量为 71.3～112.1 ng/L（均值 89.5 ng/L），胥口湾 12 个样品中 PAHs 含量 37.7～75.1 ng/L（均值 55.2 ng/L）；另外，在 2 个湖心对照样品中也检出 PAHs 分布（52.2 ng/L 和 57.2 ng/L）。11 月共采集 34 个表层水样品，其中梅梁湾 9 个表层水样品中 PAHs 含量为 92.4～395.0 ng/L（均值 148.6 ng/L），贡湖样品中 PAHs 含量为 47.6～132.3 ng/L（均值 98.8 ng/L），胥口表层水中 PAHs 为 58.3～136.0 ng/L（均值 81.8 ng/L），2 个湖心对照样品中 PAHs 为 75.7 ng/L 和 100.2 ng/L。从空间分布看，梅梁湾含量水平最高，其次是贡湖，胥口湾污染较轻。从季节变化特点看，枯水期（11 月）含量水平最高（图 12-6）。

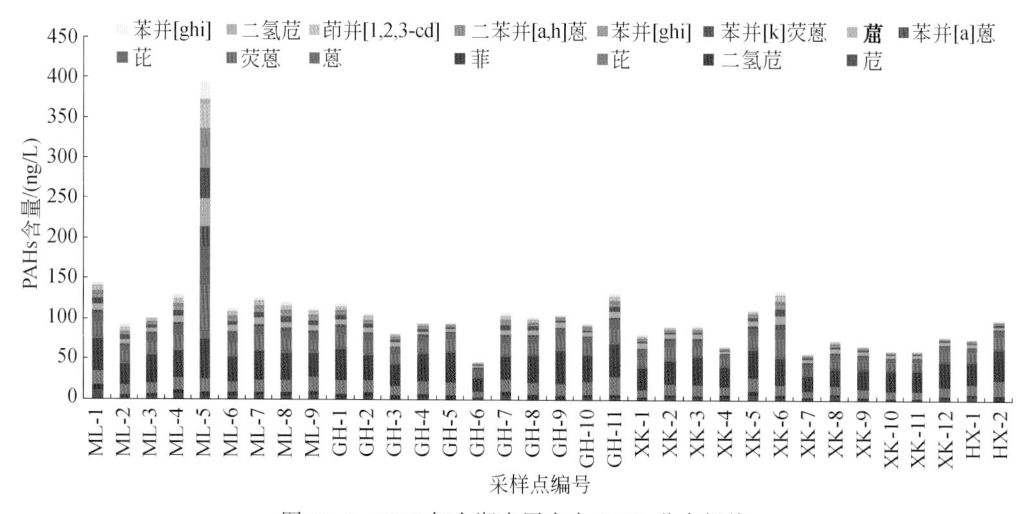

图 12-6 2009 年太湖表层水中 PAHs 分布规律

2）2011 年分析结果。2011 年 5 月共在全湖设定采样点 41 个（图 12-7），在所有样品中均检测出 PAHs 分布，含量范围为 7.2～267.1 ng/L。其中，梅梁湾 9 个样品中 PAHs 含

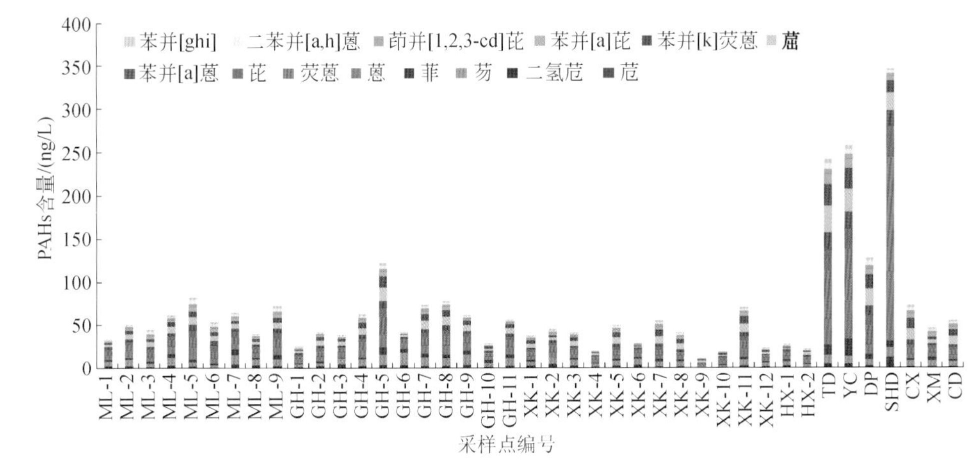

图 12-7　2011 年太湖表层水中 PAHs 分布规律

量为 25. 0 ~ 50. 3 ng/L（均值 33. 4ng/L）；贡湖 11 个样品中 PAHs 含量为 17. 8 ~ 73. 5 ng/L（均值为 37. 2 ng/L）；胥口湾 12 个样品中 PAHs 为 7. 2 ~ 42. 6 ng/L（均值为 22. 3ng/L）；西部入湖区 7 个样品中均检测出较高含量的 PAHs（26. 6 ~ 267. 1ng/L），均值为 106. 4ng/L。8 月共采集样品 41 个，PAHs 含量为 14. 7 ~ 163. 0 ng/L。其中，梅梁湾 9 个表层水样品中 PAHs 含量 31. 0 ~ 75. 0 ng/L（均值 50. 5 为 ng/L），贡湖 11 个样品中 PAHs 含量为26. 8 ~ 58. 1 ng/L（均值 41. 4ng/L），胥口湾 12 个样品中 PAHs 为 14. 6 ~ 40. 8 ng/L（均值 41. 0 为 ng/L），在西部入湖口 7 个表层水样品中 PAHs 含量为 0. 10 ~ 0. 27 ng/L（均值90. 1 ng/L）。10 月采集的 41 个样品中 PAHs 含量为 14. 6 ~ 195. 8 ng/L。其中，梅梁湾 9 个样品中 PAHs 为 30. 5 ~ 45. 9 ng/L（均值 34. 7ng/L），贡湖 11 个样品中 PAHs 19. 3 ~ 41. 2 ng/L（均值 28. 9 ng/L），胥口湾 12 个样品中 PAHs 为 14. 6 ~ 40. 8 ng/L（均值 24. 3 ng/L）,西部入湖口 7 个表层水样品中 PAHs 含量为 39. 9 ~ 195. 8 ng/L（均值为 111. 4 ng/L），湖心两个对照样品中 PAHs 含量为 31. 9 ng/L 和 33. 5 ng/L。从空间分布看，大致来说，西部入湖口表层水污染显著高于其他湖区，其次是梅梁湾和贡湖，胥口污染相对更轻。从时间分布特征看，除西部入湖口 11 月要高于其他两个采样季节，另外 3 个湖区（梅梁湾、贡湖和胥口）均呈现相似的特征；8 月浓度最高，大约与此季节水温稍高有一定的关系。

（2）太湖流域 DDTs 暴露表征

1）2009 年分析结果。2009 年 6 月在胥口湾共采集 6 个表层水样品，所有样品中均测出 DDTs 分布，其含量范围 0. 05 ~ 0. 99ng/L，其中主要组分为 DDE（0. 05 ~ 0. 13 ng/L）。8 月共采集样品 34 个，所有样品中均检测出 DDT、DDD 和 DDE。其中，梅梁湾 9 个样品中 DDTs 含量为 0. 14 ~ 0. 65 ng/L（均值为 0. 36 ng/L），贡湖 11 个样品中 DDTs 含量为 0. 15 ~ 0. 53 ng/L（均值 0. 25 ng/L），胥口湾 12 个样品中 DDTs 含量 0. 07 ~ 0. 18 ng/L（均值 0. 12 ng/L），在两个湖心样品中也检出 DDTs 分布（0. 07 ng/L 和 0. 24 ng/L）。从空间分布看，梅梁湾含量水平最高，其次是贡湖，胥口湾污染较轻。从季节变化特点看，3 个采样季节中 DDTs 含量水平没有显著差异。

2）2011 年分析结果。2011 年 5 月共在全湖设定采样点 41 个，在所有样品中均检测出 DDTs 分布，含量范围为 0. 20 ~ 2. 58 ng/L（图 12-8）。其中，梅梁湾 9 个样品中 DDTs 含量为0.22~1.11 ng/L（均值0.53 ng/L）；贡湖11个样品中DDTs含量为0.20~1.14 ng/L（均值为0.61 ng/L）；胥口湾12个样品中DDTs为0.22~0.43 ng/L（均值为0.30 ng/L）；西部入湖区7个样品中均检测出较高含量的DDTs（0.31~2.58 ng/L），均值为1.05 ng/L。8月共采集样品41个，DDTs含量为0.02~0.36 ng/L（图12-9）。其中，梅梁湾9个表层水样品中DDTs含量为0.14~0.36 ng/L（均值为0.22 ng/L），贡湖11个样品中DDTs含量为0.02~0.14 ng/L（均值0.10 ng/L），胥口湾12个样品中DDTs为0.04~0.11 ng/L（均值为0.09 ng/L），在西部入湖口7个表层水样品中DDTs含量为0.10~0.27 ng/L（均值0.16 ng/L）。10月采集的41个样品中DDTs含量为未检出~0.22 ng/L。其中，梅梁湾9个样品中DDTs为0.04~0.09 ng/L（均值0.06 ng/L），贡湖11个样品中DDTs为0.01~0.10 ng/L（均值0.06 ng/L），胥口湾12个样品中DDTs为LOD~0.05 ng/L（均值0.03 ng/L），西部入湖口7个表层水样品中DDTs含量为0.01~0.22 ng/L（均值为0.10 ng/L）。从空间分布看，DDTs含量最高的是西部入湖区（8月最高浓度出现在梅梁湾），其次为梅梁湾和贡湖，含量最低的是胥口湾。从季节变化特点看，各湖区均呈现类似的分布特点，即春季表层水中DDTs最高，其次是夏季，秋季含量最低。

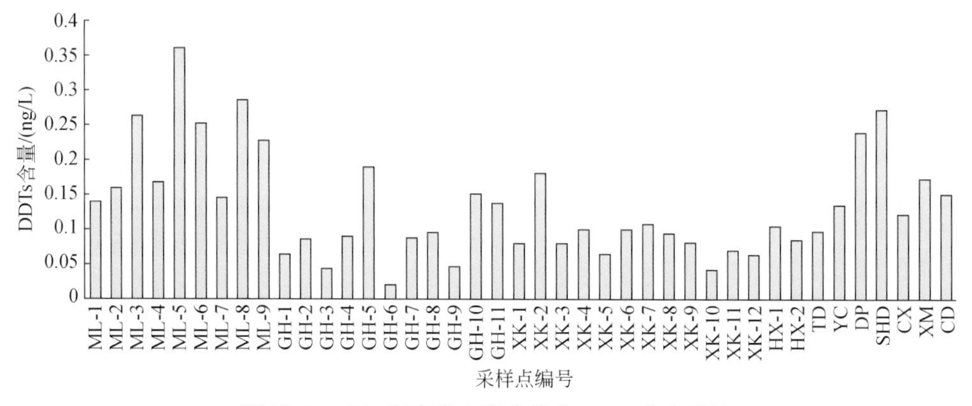

图12-8　2011年春季太湖水体中DDTs分布规律

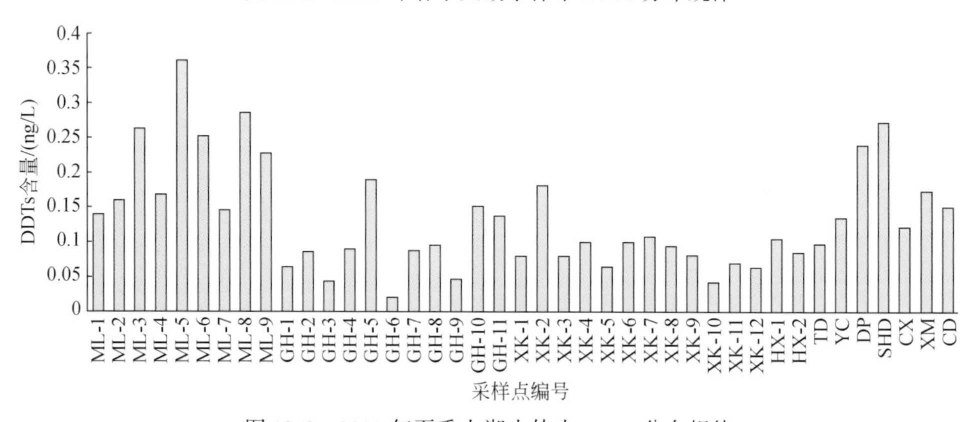

图12-9　2011年夏季太湖水体中DDTs分布规律

从图中可以看出，春季水体中DDTs含量显著高于夏季含量。而春季是浮游植物生长发育的高峰季节，也是受环境污染影响较为敏感的一个关键时期。春季还是浮游动物生命周期的一个关键时期，也是各种鱼种在水体中产卵和孵化时节。这些鱼种的早期生命阶段也许会对水体中DDTs直接的影响较为敏感，同时还会受到其以之为食物的生物（浮游植物和浮游动物）被损害后导致的间接影响。此时环境水体中 DDTs 的污染负载对各种食物的生长发育影响较大。

12.2.2.2 太湖流域 POPs 生态效应

本风险评估中所涉及的毒理效应数据来自美国毒理数据库（Aquatox）。评价终点选择能反映种群、群落或生态系统整体效应水平变化的存活率、死亡率、繁殖率和生长率等。毒性数据筛选和整理的准则综合考虑了目前文献上关于基准或阈值计算时毒性数据的质量评估和整理标准。毒性数据一般选择慢性毒性数据，如果某个物种没有可用的慢性毒性数据最大无影响浓度（NOEC），但有最低有影响浓度（LOEC）和最大可接受毒物浓度（MATC）时，选择 LOEC 和 MATC 的几何平均值作为 NOEC；当只有 LOEC 时选择 LOEC 的一半作为 NOEC，当没有 LOEC 和 NOEC 但有可用的半致死浓度（LC_{50}）或半效应浓度（EC_{50}）时，选择其急性毒性数据的 LC_{50}或 EC_{50}，通过一个急慢性比率（ACR）100 来获得慢性毒性数据。利用所获得的毒性数据构建污染物的 SSD 曲线。

（1）PAHs 生态效应

根据上述毒性数据的筛选原则，对太湖水体的多环芳烃的毒性数据进行筛查。基于可利用的毒性数据，只有 8 种多环芳烃可以进行生态风险评估。这 8 种多环芳烃分别是苯并［a］芘、芴（Flu）、苊（Ace）、菲（Phe）、蒽（Ant）、荧蒽（Flua）、芘（Pyr）和䓛（Chr）。整理后的 8 种多环芳烃的毒性数据如表 12-2 所示。

对于 $\sum PAH_8$共同作用的生态风险，在本研究中采用等效浓度的概念。根据不同化合物的毒性数据，将其他化合物在水相中暴露浓度折算成苯并［a］芘的等效浓度，通过加和得到 $\sum PAH_8$的总等效浓度，再按照单一污染物的生态风险评估方法进行评估，按下式进行等效浓度的转换。

$$C_{等效} = C_i \times \frac{NOEC_{B[a]P}}{NOEC_i} \tag{12-1}$$

式中，$C_{等效}$为与浓度为 C_i的第 i 种化合物毒性相当的苯并［a］芘的浓度（ng/L），即等效浓度；$NOEC_i$表示第 i 种化合物的无观察效应浓度（ng/L）；$NOEC_{B[a]P}$为苯并［a］芘的无观察效应浓度（ng/L）；C_i为第 i 种化合物的暴露浓度（ng/L）。本研究中，将 2009 年及 2011 年共 6 季样品中 8 种 PAHs 换算为苯并［a］芘等效浓度，然后进行苯并［a］芘环境分布曲线（ECD）的构建。

表 12-2 8 种 PAHs 对水生生物的慢性毒性数据

化合物	物种数	数据组成		整理后多环芳烃对水生生物的 NOEC/（ng/L）		
		EC_{50}或 LC_{50}	NOEC 或 LOEC	范围	均值	标准差
苯并［a］芘	16	11	5	10.2～5 000 000	547 871	1 368 177
苊	23	15	8	2 200～1 880 000	190 343	437 683
芴	15	11	4	5 427～24 500 000	2 049 236	6 520 382
菲	36	19	17	29.3～10 000 000	822 766	2 480 930
蒽	34	28	6	12～668 000	114 258	160 451
荧蒽	60	24	26	37.2～4 260 000	111 466	554 199
芘	13	9	4	991～1 440 000	144 142	390 958
䓛	5	5	0	684.9～30 000	17 337	12 120

此次研究共检测了美国 EPA 公布的 15 种优控 PAHs，受到毒理数据缺失的限制，只将 7 种 PAHs（芴、苊、菲、蒽、荧蒽、芘和䓛）换算为了苯并［a］芘的等效浓度，其余 8 种暂未加以考虑。

采用美国毒理数据库毒理数据，构建了苯并［a］芘的 SSD 曲线，并计算出 SSD 曲线对应的 SSD_{10}，其相应曲线参数列于表 12-3 中。

表 12-3　苯并［a］芘的效应阈值 SSD_{10}

化合物	数据分布模式	参数值	SSD_{10}（HC_{10}，ng/L）
苯并［a］芘	Logistic	a：108.02，xc：10.95，k：0.28	17.23

（2）DDTs 生态效应

根据上述毒性数据的筛选原则，筛选到的有机氯农药 DDT 及其代谢产物 DDE 和 DDD 的毒性数据整理见表 12-4 和表 12-5。从表中可以看出，数据库中直接关于 DDT 对各种水生生物的慢性毒性数据较少，而 LC_{50} 或 EC_{50} 较丰富，因此整理后的 NOEC 值基本上都来源于 LC_{50} 或 EC_{50} 与 100 的比值。

表 12-4　DDT 对水生生物的毒性数据

化合物	物种数	数据组成		整理后 DDT 对水生生物的 NOEC/(μg/L)		
		EC_{50} 或 LC_{50}	NOEC 或 LOEC	范围	均值	标准差
全部物种	255	232	23	0.001 67 ~ 110 000	2 364.85	14 886.80
藻类	15	12	3	9.00 ~ 15 000	1 387.93	3 784.57
脊椎动物	109	97	12	0.003 2 ~ 110 000	5 307.69	22 446.35
鱼类	102	91	11	0.003 2 ~ 110 000	4 587.17	20 690.75
两栖类	7	6	1	3.77 ~ 110 000	15 806.75	41 535.56
无脊椎动物	131	123	8	0.001 67 ~ 1 000	28.08	122.04
甲壳类	48	46	2	0.001 67 ~ 400	16.85	68.64
昆虫类	50	50	0	0.01 ~ 850.03	23.13	121.94
其他无脊椎动物	33	27	6	0.046 ~ 1 000	51.93	173.20

表 12-5　DDD 和 DDE 对水生生物的毒性数据

化合物	物种数	数据组成		整理后 DDD 和 DDE 对水生生物的 NOEC/(μg/L)		
		EC_{50} 或 LC_{50}	NOEC 或 LOEC	范围	均值	标准差
DDE	17	12	5	0.003 ~ 1231.73	86.76	296.85
DDD	29	28	1	0.0027 ~ 500	22.96	93.52

对整理后的毒性数据的分配模式用 crystal ball 自带的数据拟合软件包对数据进行自动拟合，检验其分布，在 50% 的置信度下，得到最优的数据分配模式。利用得到的数据分配模式，根据 crystal ball 直接计算物种敏感分布曲线上 10 % 处所对应的浓度，记作 HC_{10}。

整理后各组慢性生物毒性数据的物种敏感度分布曲线（SSD）如图 12-10 所示。从图可以看出无脊椎动物对 DDT 比脊椎动物敏感，对不同营养级的生物物种对 DDT 的敏感性进行比较可以看出，甲壳类最敏感，其次是昆虫类和鱼类，最不敏感的生物是藻类。因此在 DDT 的暴露下，甲壳类生物最易受到危害。表 12-5 列出了 DDT 的代谢产物 DDE 和 DDD 的毒性数据，毒性数据量分别为 17 个和 29 个。由于其可获得的急慢性毒性数据较少，没有把它们对不同水生生物的毒性数据进行分类。通过构建 SSD 曲线，计算出 DDT、DDE 和 DDD 累积概率 90% 对应的暴露浓度分别为 13.7ng/L、9.4 ng/L 和 9.96 ng/L。

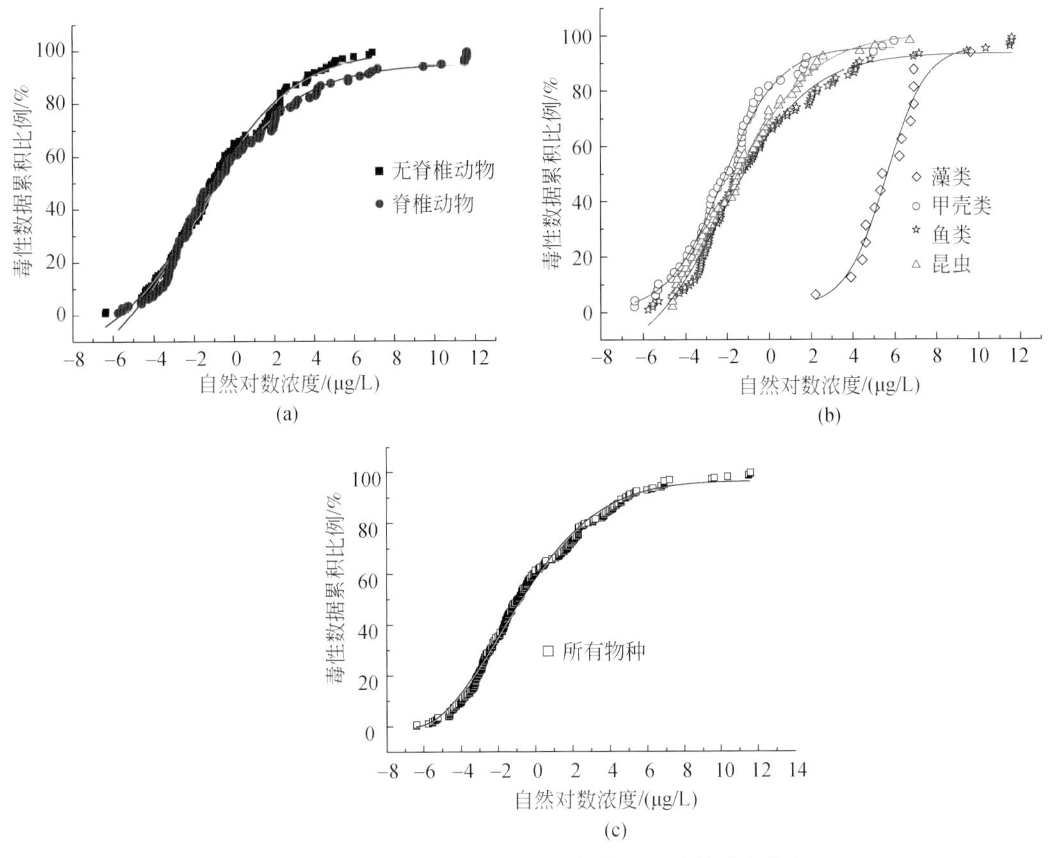

图 12-10 各组生物对 DDT 毒性数据的物种敏感度分布

12.2.3 太湖流域 POPs 风险表征

在本研究中，选择安全阈值法（MOS_{10}法）评估水体 PAHs 污染所致的生态风险，计算公式如下：

$$MOS_{10} = ECD_{90}/SSD_{10} \tag{12-2}$$

式中，MOS_{10}表示安全阈值；SSD_{10}为 SSD 曲线中累积百分数为 10% 对应的毒性数据；ECD_{90}为环境浓度分布线中累积百分数为 90% 对应的暴露浓度。

MOS_{10}小于 1，表明暴露浓度和毒性数据没有重叠或重叠程度低，该化合物对水生生物不具有潜在风险或潜在风险较小；MOS_{10}越小，其风险越小。MOS_{10}大于 1，表明暴露浓度和毒性数据有重叠，该化合物对水生生物具有潜在风险；MOS_{10}越大，暴露浓度和毒性数据的重叠程度越高，其风险也越大。

12.2.3.1 PAHs 生态风险表征

表 12-6 中列出了各采样季节中表层水 PAHs 的 ECD_{90}以及对应的 MOS_{10}。从表中可以看出，MOS_{10}显著大于 1，说明这些采样点均面临着较高的生态风险。

表 12-6 不同采样季节 ΣPAH_8的 ECD_{90}和安全阈值 MOS_{10}

项目	2009 年 6 月	2009 年 8 月	2009 年 11 月	2011 年 5 月	2011 年 8 月	2011 年 10 月
ECD_{90}/(ng/L)	68.96	114.43	107.55	56.72	70.83	50.63
MOS_{10}/(ng/L)	4.00	6.64	6.24	3.29	4.11	2.94

其中 2009 年 3 次采样计算的 MOS_{10}分别为 4.00，6.64 和 6.24，2011 年 3 次采计算的 MOS_{10}分别为 3.29、4.11 和 2.94，说明总的ΣPAH_8对水生生物存在一定的风险。

图 12-11 列出了 2009 年太湖 3 季采样中ΣPAH_8的苯并［a］芘的等效浓度及毒性数据的累积分布曲线。图 12-12 列出了 2011 年太湖 3 季采样时ΣPAH_8的苯并［a］芘等效浓度及毒性数据的累积分布曲线。从图中可以直观看出，ΣPAH_8的 ECD 和 SSD 曲线具有一定程度的重叠，全部采样点中 8 种 PAHs 等效浓度均超出了 SSD_{10}。

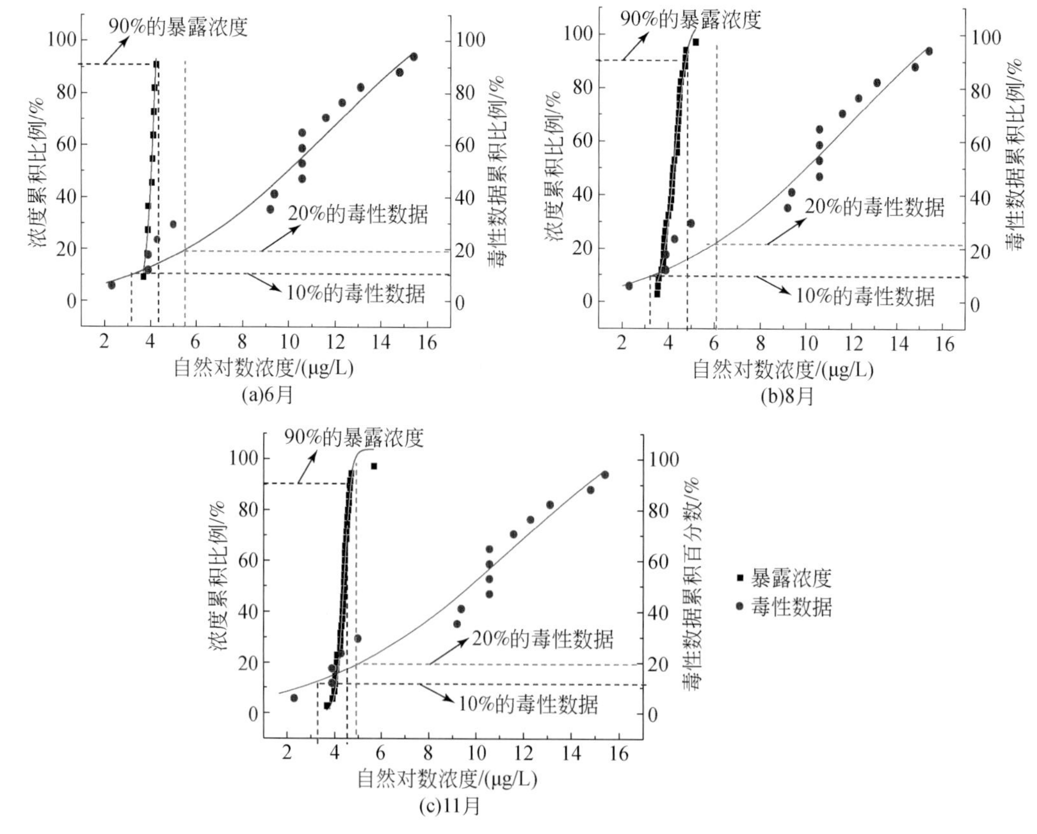

图 12-11 2009 年太湖地区 ΣPAH_8不同季节暴露浓度和毒性数据的累积分布曲线

从图 12-12 中可以直观看出，2011 年 6 月样品中，接近 80% 的采样点水相中 8 种 PAHs 等效浓度高于 SSD10，揭示出这些采样点中 PAHs 的潜在风险；而 8 月样品中则有超过 90%

采样点面临着 PAHs 风险；10 月的监测结果显示，约 90% 采样点面临着 PAHs 风险。

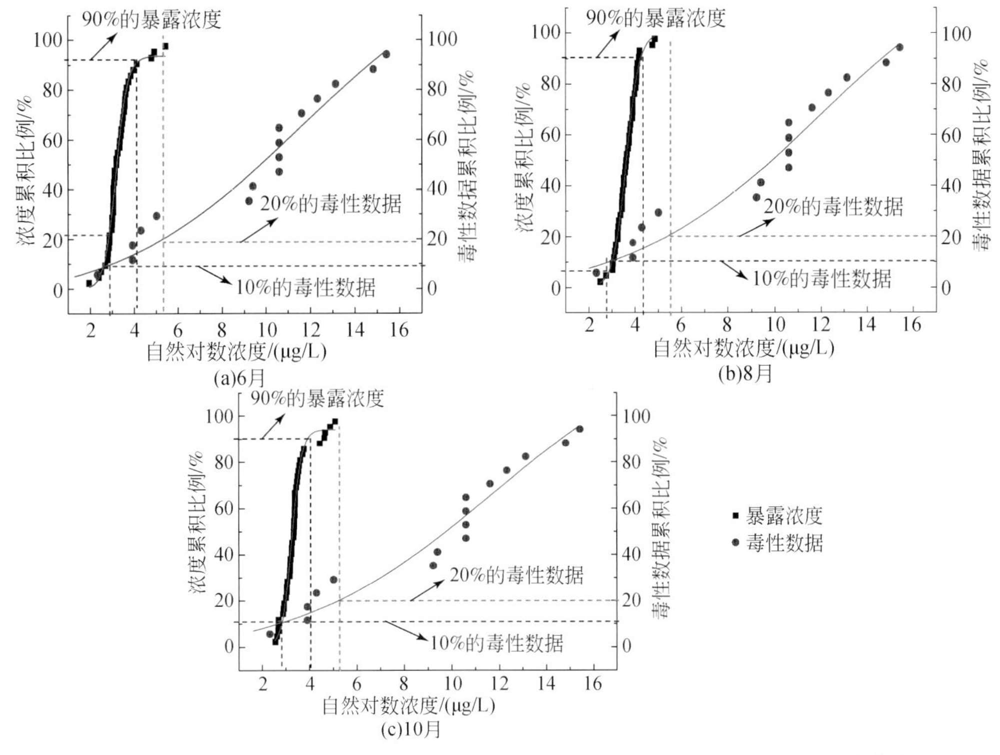

图 12-12　2011 年太湖地区 $\sum PAH_8$ 不同季节暴露浓度和毒性数据的累积分布曲线

12.2.3.2　DDTs 生态风险表征

对于太湖表层水中 DDTs 污染，采用多种污染物风险值加合的方式开展评估，即分别构建各化合物的 SSD 曲线和对应的 ECD 曲线，分别计算各化合物对应的 MOS_{10}。由于部分采样点中，某些化合物监测数据小于检测限，则取检测限的一半来构建 ECD。表 12-7 中列出了 2009 年及 2011 年不同季节表层水 DDTs 浓度分布曲线对应的 ECD_{90} 值。

表 12-7　不同年份不同季节下计算的 3 种化合物的 ECD_{90}

ECD_{90}	2009 年 6 月	2009 年 8 月	2009 年 11 月	2011 年 5 月	2011 年 8 月	2011 年 10 月
DDT	0. 000 364	0. 000 117	0. 000 086 4	0. 000 116	0. 000 045	—
DDE	0. 000 132	0. 000 243	0. 000 249	0. 000 566	0. 000 195	0. 000 096 9
DDD	—	0. 000 121	0. 000 111	0. 000 499	0. 000 035 4	0. 000 022 8
合计	0. 000 496	0. 000 481	0. 000 446 4	0. 001 181	0. 000 275 4	0. 000 119 7

注：由于大多数监测数据都在检测限以下，所以无法构建 ECD 分布曲线。

图 12-13 示出了 2009 年度 3 季表层水中 DDT 的环境浓度和毒性数据的累积分布曲线。从图中可以直观看出，DDT 的 ECD 和 SSD 曲线没有重叠，并且相距较远，说明 DDT 在太湖地区对水生生物的风险较小，甚至没有风险。

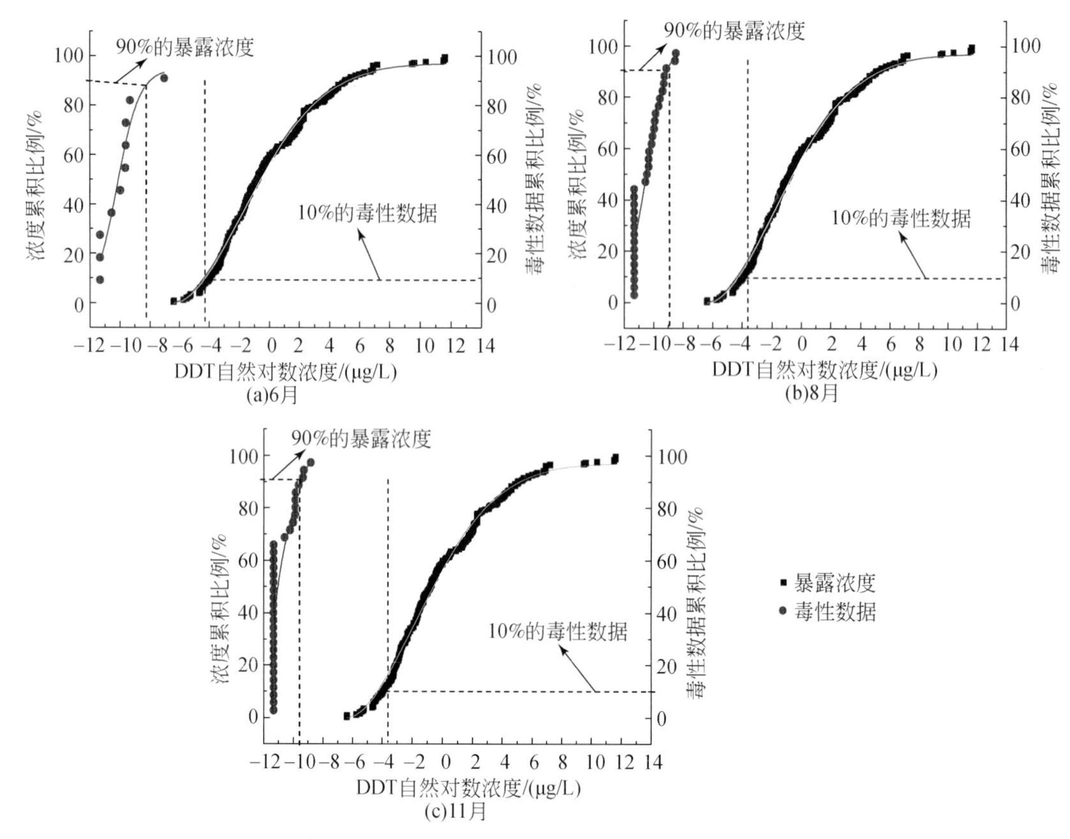

图 12-13　2009 年太湖地区 DDT 不同季节暴露浓度和毒性数据的累积分布曲线

图 12-14 和图 12-15 分别列出了 2009 年度 3 季表层水中 DDE 和 DDD 两种化合物的环境浓度和毒性数据的累积分布曲线。从图中可以直观看出，DDE 和 DDD 的 ECD 和 SSD 曲线没有重叠，并且相距较远，说明 DDE 和 DDD 在太湖地区对水生生物的风险较小。

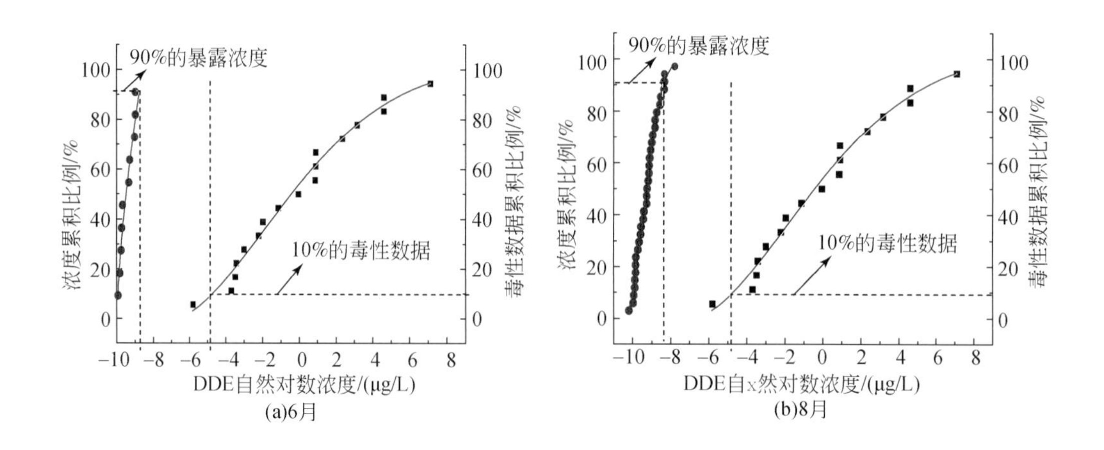

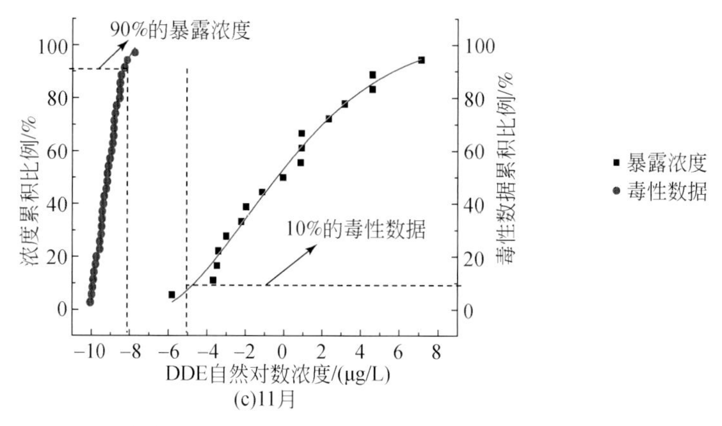

图 12-14　2009 年太湖地区 DDE 不同季节暴露浓度和毒性数据的累积分布曲线

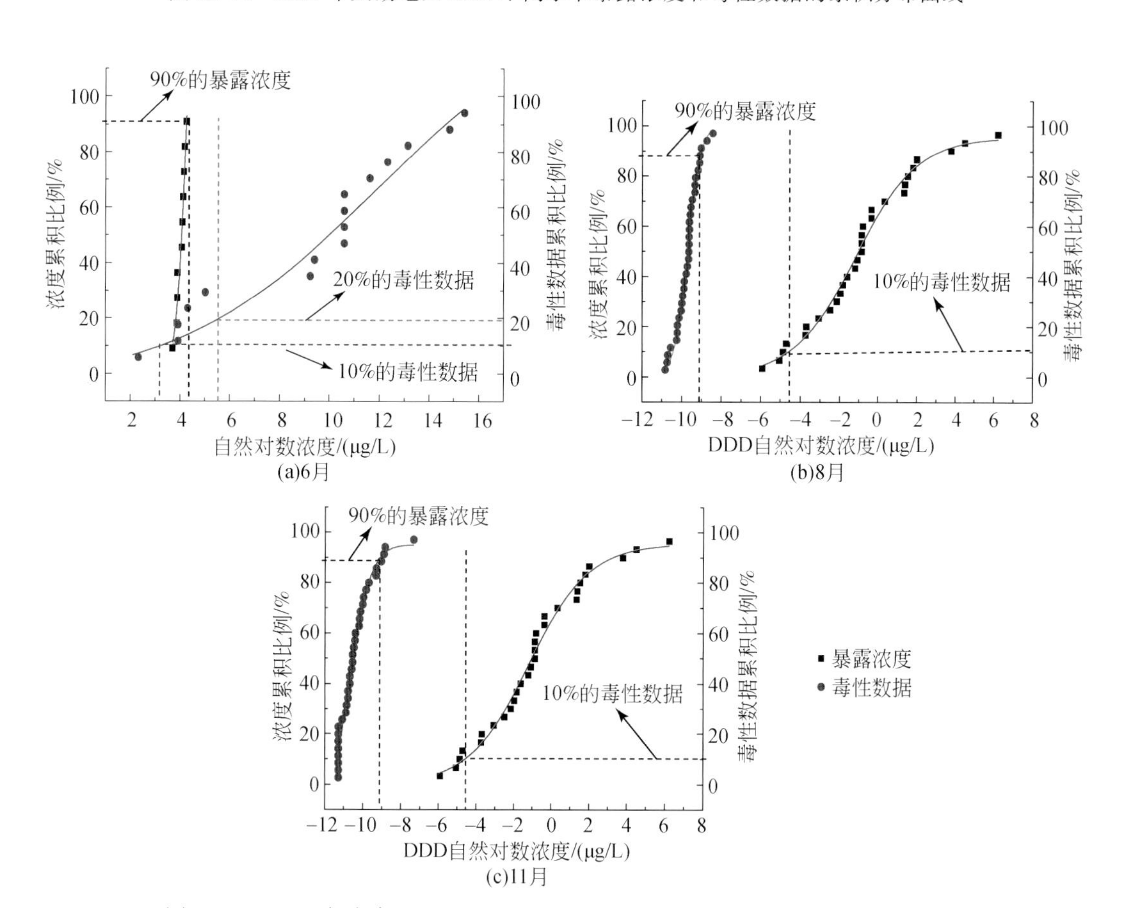

图 12-15　2009 年太湖地区 DDD 不同季节暴露浓度和毒性数据的累积分布曲线

12.3　湖泊水华累积性风险人体健康风险评估

近年来，大量生活和工业污染物排入水体，造成我国主要地表水源地氮、磷及有机物严重污染，富营养化问题突出，“水华”污染事件时有发生。在饮用水源地水华暴发时，如何正确有效地评价饮用水源水华具有的人体健康风险，已成为环境管理者和环境科研者需要共同面对的课题。因此，本研究以保护人体健康为目的，通过识别饮用水源地“水华”存在的人体健康危害，结合水处理过程对特征污染物的影响，采用人体健康风险评估模型，客观有效地评估饮用水源地“水华”的人体健康风险。

12.3.1 技术方法框架

人体健康风险评估的研究起步于20世纪30年代，经过近一个世纪的发展，目前已经形成了一系列有关于健康风险评估的技术性文件、准则和指南（USEPA，1986，1989，1996）。其中具有里程碑意义的文件是1983年美国国家科学院（NAS）出版的健康风险评估红皮书《联邦政府的风险评价：管理程序》（NRC，1983）。该报告将健康风险评估分为4个步骤即危害鉴定、“剂量-效应”评估、暴露评估和风险表征，并对各部分作了明确的定义。本研究以人体健康风险评估技术作为基本的框架，主要开展以下研究工作：饮用水源地水华人体健康危害识别，微囊藻毒素（MC-LR）和氯化消毒副产物（DBPs）的“剂量-效应”关系研究，微囊藻毒素（MCs）和DBPs的人体暴露评价，水华健康风险表征及预警阈值研究。其主要的研究路线如图12-16所示。

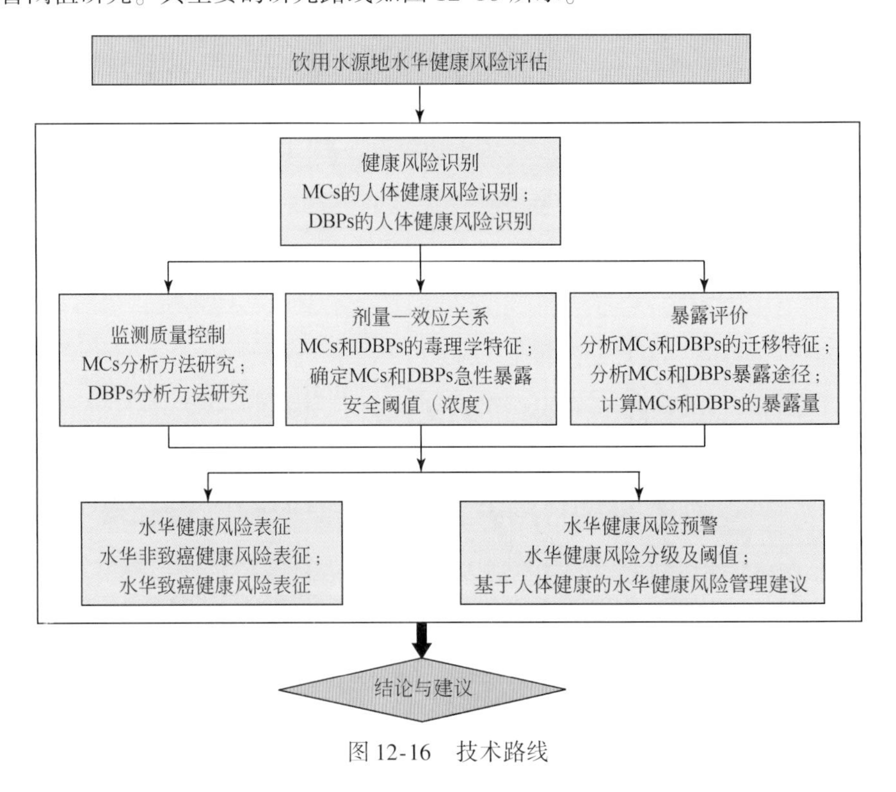

图12-16 技术路线

12.3.2 水华的人体健康危害识别

12.3.2.1 微囊藻毒素的理化特性分析

微囊藻毒素（MCs）是由蓝藻中的微囊藻属（*Microcystis*）、鱼腥藻属（*Anabaena*）、颤藻属（*Oscillatoria*）及念珠藻属（*Nostoc*）分泌的次生代谢产物，是一种细胞内毒素。目前已知的有65种微囊藻毒素变型。由于MCs具有较强的水溶性，使其受到许多环境研究者的关注。目前USEPA主要关注其中4种藻毒素即MC-LR、RR、LA和YR①，其中MC-LR最受重视。

12.3.2.2 微囊藻毒素在水体中的迁移转化

MCs产生并存在于藻细胞内，并随着藻体的衰老、死亡和破裂过程而释放进入周围水体中。藻体生长的不同时期，细胞内外MCs浓度的变化情况如下：对数生长期MCs主要存在于细胞内，且随时间的延长而逐渐升高；对数生长期后期，细胞内外MCs含量均达到最大值；最大生长期阶段，MCs总量继续增加，但大量的MCs开始出现于细胞外环境中；进入稳定期后，细胞内外毒素均开始下降；进入死亡自溶阶段，大部分的MCs释放到水体中（唐承佳，2010）。

MCs在水中的自然降解过程缓慢，仅有少量能被水体悬浮微粒吸附沉淀。张维昊等（2001）指出，滇池水体中微囊毒素的光化学降解，可能是自然水体中藻毒素降低的主要原因。除此之外，微生物、生物积累和悬浮颗粒物吸附也是MCs维持低浓度的原因（唐承佳，2010）。暴发水华的水体中，蓝藻细胞通过与黏土共沉淀或被水生动物捕食后随其颗粒排泄物沉淀等途径进入沉积物，这部分MCs在沉积物中的积累水平和迁移转化及其对环境的影响，也是MCs环境归趋的重要部分。金丽娜（2002）在MCs提取液中加入滇池底泥5~7日后，MCs完全降解。生物降解也是水体中MCs转化的主要途径之一（Feitz，1999）。虽然MCs具有多肽结构，但一般的蛋白质水解酶对它不起任何作用，且不易被真核生物和细菌肽酶分解；然而MCs分子的ADDA基团（3-氨基-9-甲氨基-2，6，8-三甲基-10-苯基-4，6-二烯酸）具有不饱和双键，使得MCs能被天然水体中某些特殊细菌降解（Duy，2000）。

12.3.2.3 微囊藻毒素在水体中的分布

较多研究表明，MCs在世界范围内的天然水体中都被检测出。研究者对德国米格尔（Muggelsee）湖不同季节的MCs的浓度进行测定，结果表明，夏秋季节Muggelsee湖的MCs最高为3 μg/L（Welker，1999）。同时，拉脱维亚的里加（Riga）河和柏林的河流，微囊藻毒素的含量为0.14~119 μg/L（Foremme，2000）。巴西的巴拉那河2个水源地水体中MCs含量高达6.38 μg/L和10 μg/L（Hirooka，1999）。在我国台湾，某些水库和湖沼中，每克干重藻体含有MCs为0.11~10.06 μg（Lee，1998）。

我国主要的地表水体中（滇池、太湖、武汉东湖、黄河郑州段、江苏昆山水源水和江苏海门）均检测到MCs（张维昊，2001；穆丽娜，2000；陈艳，2002；张志红，2003；冯小刚，2006）。2000年5月至2001年4月，滇池蓝藻水华污染水体中MCs的平均浓度为0.8 μg/L。1999年8月与10月，太湖MCs最大平均浓度达54.9 μg/L与13.08μg/L，其中梅园水厂、小湾单水厂、充山水厂和沙诸水厂水源水中全年最大MCs浓度分别为54.9μg/L、4.9μg/L、2.2μg/L和1.9μg/L。2002年6月至10月淀山湖6个不同采样点的

① L、R、Y分别代表亮氨酸、精氨酸、酪氨酸。

MC-LR 浓度为 0.044 ~ 0.136 μg/L。2000 年 10 月江西鄱阳湖微囊藻毒素平均浓度为 0.89 μg/L（徐海滨，2003）。

12.3.2.4 微囊藻毒素的人体健康危害

饮用水源地水华暴发时，天然水体中的 MCs 含量多在 0.1 ~ 10 μg/L 范围内，细胞内毒素则会高出几个数量级。突发的大面积水华发生后，蓝藻腐烂可能使局部区域水体中藻毒素浓度达到 mg/L 数量级，严重威胁到饮用水源安全（唐承佳，2010）。MCs 对人类健康构成严重威胁（Codd，1999）。MCs 所引起的人类急性和慢性中毒事件时有报道。近三十年来，约有 10 000 人由于饮用或直接接触 MCs 污染的水而造成急性中毒，其中 100 多人死亡。人类因饮用受 MCs 污染的水、取食受 MCs 污染的水产品或蓝藻食物以及通过血液肾透析导致肝衰竭。

MCs 对人体健康的影响分为直接型和间接型。直接型主要包括饮用水途径和皮肤接触。由于 MCs 可在水生脊椎动物（鱼类等）和无脊椎动物（软体动物与浮游动物等）体内富集（Williams，1997；Bury，1998；Amorim，1999；Fischer，2000），因此，MCs 可以通过食物链的方式间接影响人体的健康。MCs 作为一类肝毒素主要作用于肝细胞和肝巨噬细胞，诱导肝巨噬细胞中白细胞介素 I 的产生，强烈抑制肝细胞中蛋白磷酸酶的活性。较多研究表明，MCs 对人类造成健康危害主要是通过导致人体患肝病引起（陈艳，2002；Fischer，2000；Falconer，1991；卫国荣，2002；陈华，2002）。

一千多年前，我国就发生过人体食用有毒藻体出现死亡的案例。1878 年，出现第一例关于动物食用含毒藻体死亡的案例。在随后的时间里，我国报道了大量动物饮用藻体污染的水体，导致出现病症最终死亡的案例。从 19 世纪 80 年代后，人们开展了大量关于藻毒素的研究工作。1996 年，在巴西 Cauaru 市一所血液透析医院的肾透析治疗中，由于受 MCs 污染的水被误用作透析用水，结果导致 116 人中毒，52 人死亡。中国海门县的流行病学调查结果显示，以含有 MCs 水体为饮用水的人群其肝炎和肝癌的发病率，在统计学上明显高于以饮用不含 MCs 深井水的人群。该研究结果证实 MCs 有很强致癌和致肝炎作用（Ueno，1996）。人们直接接触有毒水华也会发生皮肤和眼睛过敏、发烧以及机制型肠胃炎等（Carmichael，2001）。有调查结果表明，饮用藻类污染水库水的人群其血清 γ-谷氨酰转肽酶活性增高。长期使用受 MCs 污染的饮用水，可能与人群原发性肝癌和大肠癌的发病率上升有关（陈艳，2002；Zhou，2002）。表 12-8 列举了多年来与 MCs 相关的人类疾病。

表 12-8 微囊藻引起的人类疾病

年份	暴露途径	国家	中毒症状	参考文献
1975	饮水	美国	急性肠胃炎	Hindman，1975；Gorham，1988
1992	饮水	澳大利亚	发烧、恶心和呕吐	Falconer，2001
1996	饮水	中国	肝炎和肝癌	Ueno，1996
1989	直接接触	英国	头痛、恶心和呕吐、腹泻等	Codd，2000；Codd，2004
1995	直接接触	澳大利亚	肠胃炎、头痛、恶心、呕吐和腹泻等	Falconer，2004
1996	直接接触	英国	皮疹和发烧	Codd，2000；Codd，2004
1974	肾透析	美国	皮疹、呕吐、颤抖和肌肉疼痛等	Hindman，1975；Gorham，1988；Dietrich，2004
1996	肾透析	巴西	恶心、恶吐、视觉模糊和肝衰竭等	Ueno，1996

12.3.2.5 水体中微囊藻毒素的标准限值

由于水体中的藻毒素对人类具有潜在的危害，研究者提出了饮用水中藻毒素的浓度限制标准（Duy，2000）（表12-9）。目前，针对饮用水中MCs的安全限值，国际上仍未建立统一的标准。目前，国内外水质标准中一般只规定了MC-LR的标准限值。因此，基本上所有国家都以MC-LR的含量作为MCs的安全标准。

表12-9 饮用水中蓝藻毒素的最高允许含量 （单位：μg/L）

蓝藻毒素	婴儿	儿童	成人
MCs	0.20	0.29	0.88
MC-LR	0.07	0.11	0.32
鱼腥藻毒素-a	2.72	4.08	12.24
Cylindrospermopsin	0.11	0.16	0.48

资料来源：Duy，2000；朱光灿，2003。

国际上没有统一的饮用水体中MCs的安全限值，各国饮水中的MCs标准一般都为MC-LR的含量。WHO针对成人暴露特征，推荐饮水中的MC-LR标准为1.0 μg/L。加拿大规定饮水中的MCs的上限标准值为0.5 μg/L。2001年，我国颁布的《生活饮用水卫生规范》将MC-LR列入为推荐检测项目。表12-10列举了不同国家和国际组织所规定的水体中MC-LR的安全限值（冯小刚，2006）。

表12-10 不同国家对于水体中MC-LR的标准限值 （单位：μg/L）

中国	加拿大	英国	澳大利亚	WHO
1.0	1.5	1.0	1.0	1.0

12.3.3 MCs和DBPs的“剂量—效应”关系

12.3.3.1 MCs的毒理学特征分析

由于MCs具有健康危害大及在环境中存在时间长等特点，使其受到人们的普遍关注。目前，研究者们已经开展了大量MCs经不同暴露途径的动物实验，其研究结果见表12-11。

Fawell等（1993）的研究表明小鼠经口暴露MCs的LD_{50}为25～250 μg/kg。大量的研究表明，经口暴露MCs将明显地促进体内肝细胞的损伤。Yoshida等（1997）研究了小鼠暴露纯MC-LR的致死率，并采用（Spearman-Kaber）方法计算得MC-LR的LD_{50}值为65.46 μg/kg。Falconer等（1994）进行的一项为期1年的研究结果表明，随着MCs暴露剂量的增加，致死率也明显增加，变化规律如图12-17所示。

表 12-11　MC-LR 的“剂量—效应”关系

供试动物	平均暴露剂量 /[μg/(kg · d)]	暴露方式	NOAEL	LOAEL	参考资料
急性暴露					
大鼠	500，1580，5000	一次性填喂	ND	5 000	(Fawell et al.，1993)
小鼠	500，1580，5000	一次性填喂	ND	1 580	(Fawell et al.，1993)
小鼠	8000，1000，12500	一次性填喂	ND	12 500	(Yoshida et al.，1997)
小鼠	500	一次性填喂	ND	500	(Ito et al.，1997)
短期暴露					
小鼠	0，50，150	每日经饮用水途径暴露，持续 28 天	ND	50	(Heinze et al.，1999)
亚慢性暴露					
小鼠	0，40，200，1000	每日填喂，持续 13 周	40	200	(Fawell et al.，1993)
慢性暴露					
小鼠	0.3	每日经饮用水途径暴露，持续 18 周	3	ND	(Ueno et al.，1996)

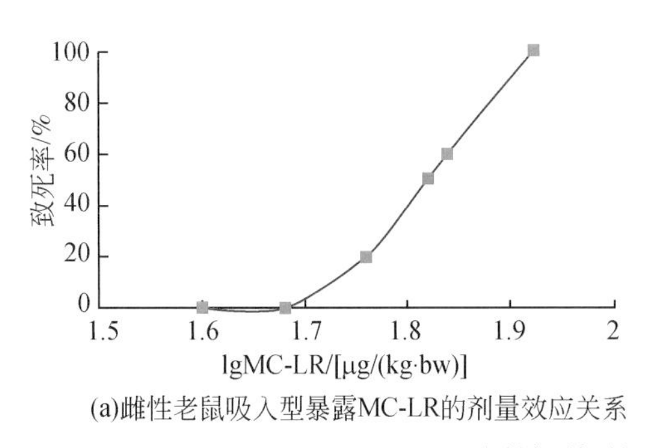

(a)雌性老鼠吸入型暴露MC-LR的剂量效应关系

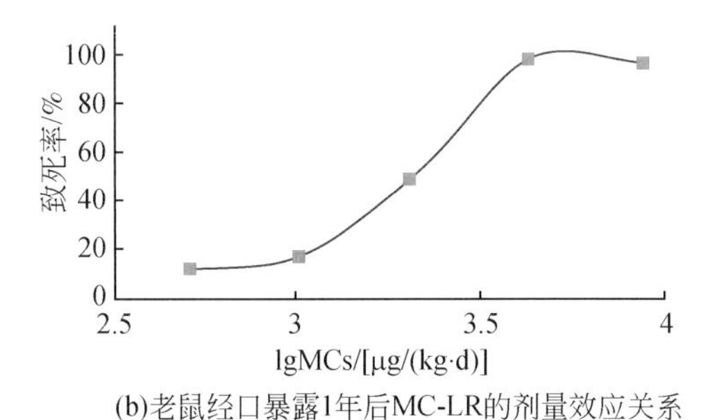

(b)老鼠经口暴露1年后MC-LR的剂量效应关系

图 12-17　不同暴露场景下 MCs 与致死率之间的关系

Pilotto 等（1997）进行了一项 1029 人参与的流行病学调查工作。该项目的调查内容为人体暴露 MCs 污染水体之后，分别在第 2 天和 7 天胃肠道及皮肤出现不良反应的情况。调查结果表明，2 天后，未暴露组与暴露组之间不存在差异。经 7 天暴露后，暴露组明显出现胃肠道及皮肤不良反应，并且随着暴露水体中藻密度和 MCs 浓度的增加不良反应越明显。Pilotto 等（1999）在一项澳大利亚生态研究中，评估了微囊藻暴露与出生婴儿死亡率之间的关系。该研究收集了 156 个乡镇的饮用水源水的微囊藻监测数据。调查了 1992 ~ 1994 年婴儿的出生情况。结果表明，不同妊娠时期的婴儿存在一定的差异，母亲经 MCs 暴露和未暴露的婴儿在体重方面存在明显的差异。随着微囊藻细胞的增加，婴儿出生体重随之降低。最高暴露水平时，婴儿出生正常率为 1.41%。

Zhou 等（2002）研究了中国海宁市人体暴露 MCs 污染水体之后大肠癌发生的概率的情况。在该研究中随机选择 10 个不同类型的饮用水源，调查结果表明，大肠癌的发生率为每年 8.37/10 000。图 12-18 为大肠癌发病率与水体中 MCs 浓度的关系。该调查结果为证明大肠癌与 MCs 暴露之间存在一定关系奠定了基础。同时，人们也进行了大量关于饮用水源中 MCs 与肝癌发生率之间相关性分析的流行病调查。Fleming 等（2002）开展了一项关于大肠癌发生率与暴露水厂出水之间关系的研究，研究结果表明大肠癌发生率与 MCs 暴露量之间不存在明显的相关性。

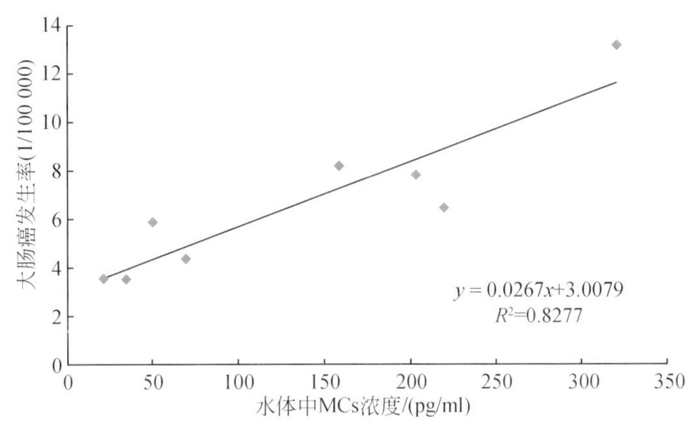

图 12-18 大肠癌发生率与水体中 MCs 浓度的关系

资料来源：Zhou，2002。

12.3.3.2 DBPs 的毒理学特征分析

目前已发现的 DBPs 多达数百种。关于 DBPs 的流行病学研究表明，经饮水途径暴露 DBPs 可导致新生儿童体重减轻与出生缺陷，并增加膀胱癌和直肠癌的发病率。当水中有溴化物存在时，可产生比三氯甲烷毒性更强的三溴甲烷、二溴一氯甲烷和一溴二氯甲烷，含溴消毒副产物能引起大鼠肠肿瘤、肝肿瘤和肾肿瘤的发生。氯化消毒副产物的致癌风险主要由 HAAs [包括一氯乙酸（MCAA）、二氯乙酸（DCAA）、三氯乙酸（TCAA）、一溴乙酸（MBAA）和二溴乙酸（DBAA）] 致癌风险构成，占其总致癌风险的 91.9 %。

12.3.4 MCs 和 DBPs 的暴露评价

12.3.4.1 人体对 MC-LR 和 DBPs 的暴露途径

（1）MC-LR 的暴露途径

人体对水体中 MC-LR 的暴露方式主要包括饮水和皮肤接触这两种途径。暴露来源主要包括饮用水源和食用受 MC-LR 污染的水生生物（鱼和虾等）。本研究的对象是饮用水源地水华暴发时，人体经饮水途径对水体中污染物短期暴露给人体造成的健康风险大小。按照污染物急性暴露风险评价的原则，污染物急性暴露时只需关心人体经饮用水途径对水体中 MC-LR 的暴露量，而忽略人体因食用受 MC-LR 污染的水生生物的健康危害。

（2）DBPs 的暴露途径

人体对 DBPs 暴露途径主要包括摄入途径（饮水和食用受 DBPs 污染的食品）、皮肤接触方式（娱乐用水和淋浴等）及吸入式（吸入受 DBPs 污染的气体）。由于本研究水华污染事件是一个短时间的污染事件，对人体造成的健康风险主要为急性暴露，并且本研究主要关注饮用水源地水华污染后对人体造成的最大可接受健康风险大小。因此，本研究主要关心人体短时间内经饮用水途径对 DBPs 的暴露，而有别于进行 DBPs 的慢性暴露（除进行饮用水途径的暴露评价外，还需要考虑人体经吸入式和皮肤接触式 DBPs 的暴露量）。

12.3.4.2 暴露量计算模型

污染物暴露量的计算，应是根据污染物在不同介质中的浓度、分布、生物检测数据及其迁移转化规律等参数，利用数学模型进行估算。因此，人体经饮用水途径对 MC-LR 和 DBPs 暴露量为

$$D_i = \frac{C_i \times W_i \times \mathrm{GI}_i}{\mathrm{BW}} \tag{12-3}$$

式中，D_i 为人体经饮用水途径对水体中污染物的日均暴露量 [μg/(kg · d)]；W_i 为月均饮水量，L/d；C_i 为水体中污染物的浓度（μg/L)；GI_i 为肠胃道吸收因子（%)；BW 为暴露人体体重（kg)。

本研究参照人体健康风险评价中参数设置方法，确定水华期水体中 MC-LR 和 DBPs 的暴露量计算参数。各参数选择情况如下：成人日均饮用水量取 2 L/d，儿童日均饮用水量取 1 L/d；当水体中污染物为非致癌物时，肠胃道吸收因子取 0.001，当污染物为致癌物时取值为 0.01；成人体重取 60 kg，儿童体重取 10 kg（李丽娜，2007)。

12.3.4.3 MC-LR 和 DBPs 的暴露量

根据不同水体氯化后水体中 MC-LR 和 DBPs 的测定数据，依据 6.2.3 节所建立的水体中污染物暴露量的计算模型，确定不同水样的人群暴露剂量。

成人对三氯甲烷、一溴二氯甲烷、二溴一氯甲烷、三溴甲烷、一氯乙酸、二氯乙酸和三氯乙酸的日均暴露量分别为 $5.29\times10^{-5}\sim1.50\times10^{-3}$ μg/(kg · d)、$3.71\times10^{-5}\sim5.24\times10^{-3}$ μg/(kg · d)、$3.77\times10^{-5}\sim5.55\times10^{-3}$ μg/(kg · d)、$5.43\times10^{-6}\sim4.52\times10^{-4}$ μg/(kg · d)、$6.29\times10^{-6}\sim3.39\times10^{-3}$ μg/(kg · d)、$4.29\times10^{-6}\sim2.44\times10^{-3}$ μg/(kg · d) 和 $3.00\times10^{-5}\sim8.13\times10^{-4}$ μg/(kg · d)。儿童对三氯甲烷、一溴二氯甲烷、二溴一氯甲烷、三溴甲烷、一氯乙酸、二氯乙酸和三氯乙酸的日均暴露量分别为 $1.85\times10^{-4}\sim5.25\times10^{-3}$ μg/(kg · d)、$1.30\times10^{-4}\sim1.83\times10^{-2}$ μg/(kg · d)、$1.32\times10^{-4}\sim1.94\times10^{-2}$ μg/(kg · d)、$1.90\times10^{-5}\sim1.58\times10^{-3}$ μg/(kg · d)、$2.20\times10^{-5}\sim1.19\times10^{-2}$ μg/(kg · d)、$1.50\times10^{-5}\sim8.53\times10^{-3}$ μg/(kg · d) 和 $1.05\times10^{-4}\sim2.85\times10^{-3}$ μg/(kg · d)。

12.3.5 水华健康风险表征

12.3.5.1 水华健康风险表征方法

目前健康风险评价一般认为非致癌物是有阈值污染物。有阈值污染物在低于实验确定的阈剂量时，对人体而言不存在风险度。对有阈值污染物来讲，是通过确定其阈剂量并规定相应的安全系数值，以计算非致癌物可接受的浓度。而无阈值污染物的风险表征相对于有阈值污染物而言要复杂很多。非致癌物不是以检出率或病死率来表达其风险度，而是以暴露人群中出现不良反应及其严重程度来表达其风险大小。目前，非致癌物的定量评定数学模式尚未被普遍认可，评价还处于定性阶段，而且假设多数非致癌物质是有阈值的。对于致癌毒物则是通过“剂量—效应”关系建立安全浓度（李丽娜，2007；田裘学，1997)。

（1）水华非致癌风险表征方法

水体中污染物非致癌效应以风险指数表示，即进行人体对污染物的暴露量与毒性（或安全阈值）比较（毛小苓和刘阳生，2003）。由于水华污染事件持续时间较短，给人体造成的危害也是短时间的，一般在 10 天之内。因此，进行水华健康风险评价时，应关注水华污染时，水体中健康风险物质造成的短期风险。可不采用慢性暴露评价，以年风险的方式表达污染物对人体的健康风险。基于以上考虑，本研究采用式（6-12）来表征水华造成的非致癌人体健康风险。

（2）水华致癌健康风险表征方法

目前致癌物健康风险表征时，一般采用致癌物致癌斜率因子与污染物人体暴露量，按照一定的风险表征模型进行计算。常用的化学致癌物健康风险表征模型如下（曾光明等，1998；李丽娜，2007；潘自强，1991；高继军等，2004）：

$$R_c = \sum_{i=1}^{k} R_{ig}^{c} \tag{12-4}$$

$$R_{ig}^{c} = [1 - \exp(-D_{ig}q_{ig})]/W \tag{12-5}$$

式中，R_c 为致癌物健康风险；R_{ig}^{c} 为化学致癌物 i 经暴露途径的平均个人年致癌风险（a）；D_{ig} 为化学致癌物 i 在暴露途径下的单位体重日均暴露剂量［mg/(kg · d)］；q_{ig} 为化学致癌物 i 的致癌强度系数［mg/(kg · d)］；W 为暴露人群的体重。

12.3.5.2　水华健康风险表征

风险表征的目的，是表示经不同途径人体暴露污染物后产生不利健康风险的大小情况及不确定性分析。风险表征包括同行关于风险危害及暴露情况的评价信息及其他不确定性的分析信息（Paustenbach et al.，1997）。饮用水源受水华污染时，水体中存在的对人体健康危害物质主要包括 MC-LR 和 DBPs 类物质，既有致癌物也有非致癌物。因此，应分别评价水体中污染物的致癌风险和非致癌风险。

目前，MC-LR 的毒理学特征表明 MC-LR 经饮用水途径暴露并不显示出致癌效应，因此，WHO、加拿大、英国和澳大利亚在制定水体中 MC-LR 的安全限值时，均将 MC-LR 归入非致癌类。根据美国对人体有害物质信息库（integrated risk information system，IRIS）数据库的信息表明，DBPs 中的三氯甲烷、一溴二氯甲烷、二溴一氯甲烷、三溴甲烷、一氯乙酸、二氯乙酸和三氯乙酸经饮用水暴露时，既存在非致癌风险也存在致癌健康风险。基于以上考虑，本研究依据水体中 MC-LR、三氯甲烷、一溴二氯甲烷、二溴一氯甲烷、三溴甲烷、一氯乙酸、二氯乙酸和三氯乙酸的浓度，表征不同水华污染情况下水体的非致癌健康风险；依据水体中三氯甲烷、一溴二氯甲烷、二溴一氯甲烷、三溴甲烷、一氯乙酸、二氯乙酸和三氯乙酸的浓度，表征不同水华污染情况下水体的致癌健康风险。

（1）水华非致癌健康风险表征

不同特征污染物的非致癌健康风险值分布如图 12-19 所示。图 12-19 中结果显示，随着水体中叶绿素浓度的增加，各特征污染风险值均呈上升的趋势。各污染物的健康风险值变化范围如下：MC-LR 的非致癌风险值为 0.078 ~ 2.770；三氯甲烷的非致癌风险值为 0.045 ~ 0.150；一溴二氯甲烷的非致癌风险值为 0.006 ~ 0.260；二溴一氯甲烷的非致癌风险值为0.009～0.278；三溴甲烷的非致癌风险值为0.003～0.019；一氯乙酸的非致癌风险值为0.008～0.638；二氯乙酸的非致癌风险值为0.001～0.609；三氯乙酸的非致癌风险值为0.001～0.024。

不同特征污染物的非致癌风险结果表明，以 $R_a=1$ 作为最大可接受水平时，除 MC-LR 造成的非致癌健康风险存在高于该风险的情况外，其他污染物的非致癌风险均低于1，属于可接受的范围之内。这一结果表明，水华造成的非致癌风险主要来源于人体对 MC-LR 的暴露。

本研究采用将水体中不同污染物的风险值进行加和的方式，以表征水华非致癌健康风险。图12-20为水华非致癌风险值随水体中叶绿素浓度变化的情况。如图12-20所示，水

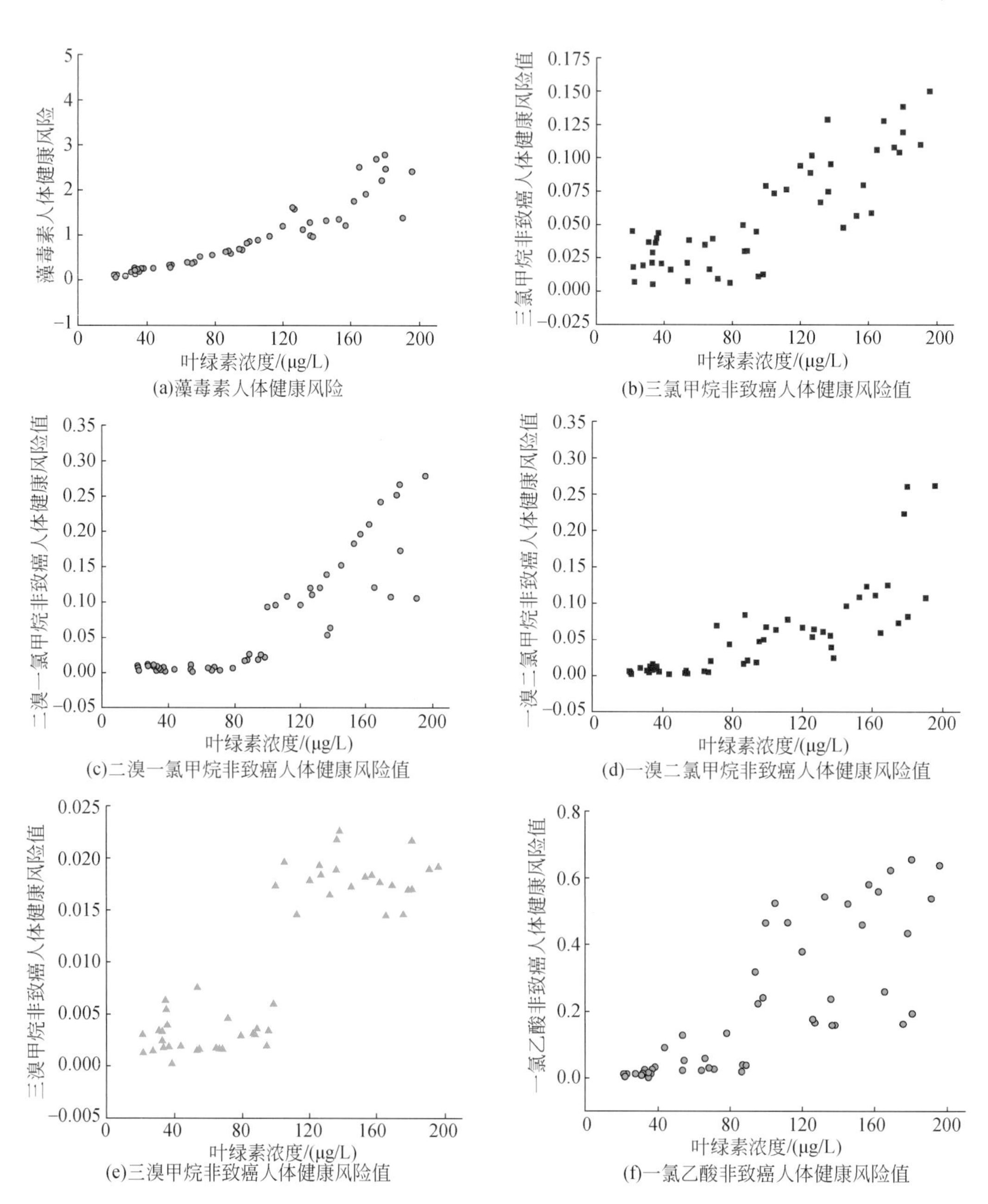

(a)藻毒素人体健康风险

(b)三氯甲烷非致癌人体健康风险值

(c)二溴一氯甲烷非致癌人体健康风险值

(d)一溴二氯甲烷非致癌人体健康风险值

(e)三溴甲烷非致癌人体健康风险值

(f)一氯乙酸非致癌人体健康风险值

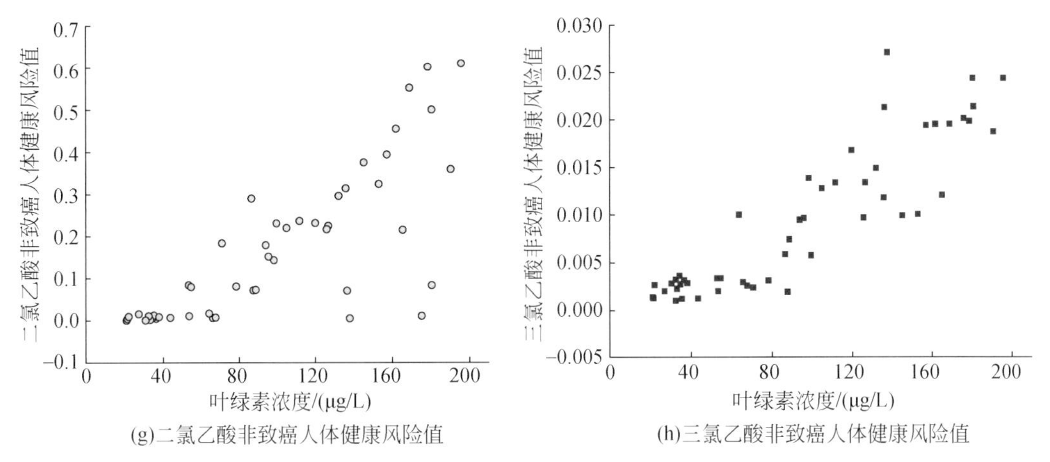

(g)二氯乙酸非致癌人体健康风险值　　(h)三氯乙酸非致癌人体健康风险值

图 12-19　MC-LR 及 DBPs 的非致癌健康风险

华总非致癌人体健康风险值为 0.17～4.39。随着水体叶绿素浓度的增加，水华非致癌人体健康风险值呈逐渐增加的趋势。当叶绿素低于 80 μg/L 时，非致癌风险值低于 1，表明在此叶绿素范围之内，水华造成的人体健康危害属于可以接受水平内，人们短期内暴露这一水华污染水平的水体不会对人体造成健康危害。当叶绿素浓度为 80～120 μg/L 时，不同水样的风险值为 1～2。当叶绿素浓度逐渐增加时，除个别情况外，水体的非致癌风险呈逐渐增加的趋势，最高风险值达 4.39。这一风险值水平的水体已经严重地威胁到人体的健康，应采取有效的措施避免人体对水体的暴露。

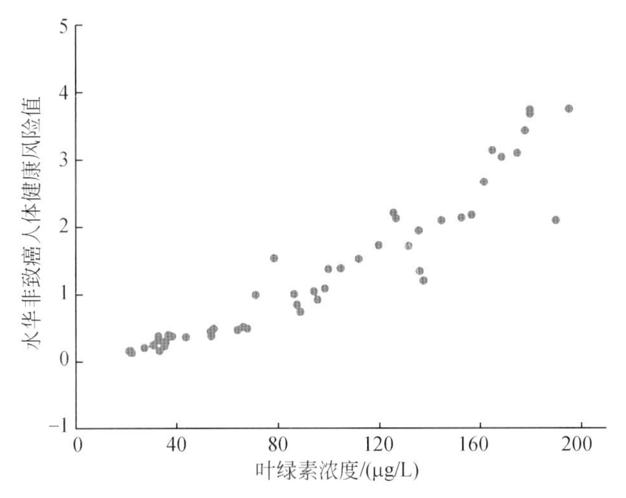

图 12-20　水华非致癌人体健康风险分布

(2) 水华致癌健康风险表征

不同特征污染物的致癌风险结果如图 12-21 所示。在本研究所选取的水华污染范围之内，三氯甲烷致癌风险水平为 $9.15\times10^{-7}\sim3.22\times10^{-6}$/a；一溴二氯甲烷的致癌风险水平为 $7.87\times10^{-6}\sim3.25\times10^{-4}$/a；二溴一氯甲烷的致癌风险水平为 $3.17\times10^{-6}\sim4.66\times10^{-4}$/a；三溴甲烷的致癌风险水平为 $4.29\times10^{-8}\sim3.04\times10^{-6}$/a；二氯乙酸的致癌风险水平为 1.77×

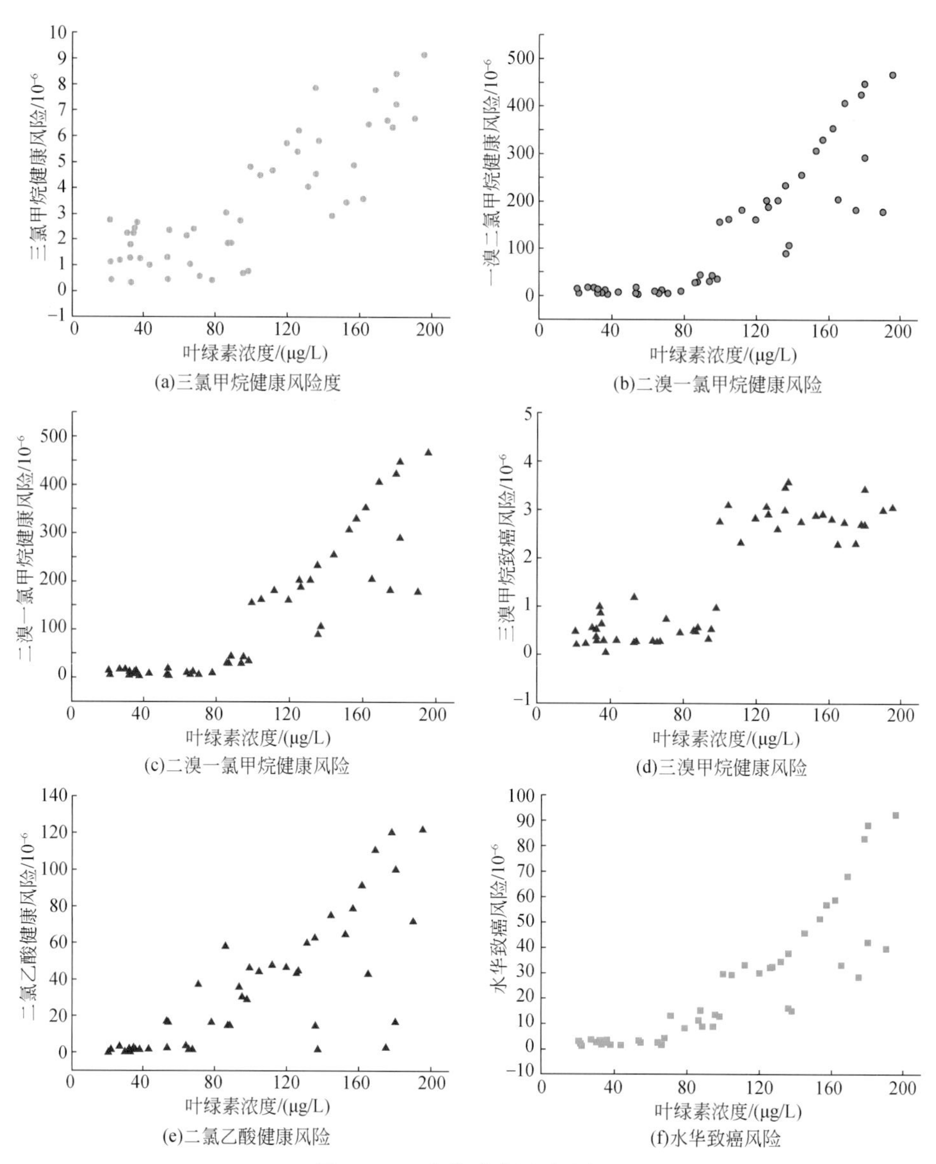

图 12-21　水华致癌风险表征

10^{-6} ~1.22×10^{-4}/a；水华致癌总风险水平为1.26×10^{-5} ~9.25×10^{-4}/a。

目前国际社会风险评价机构推荐：社会公众成员最大可接受风险水平为10^{-5} ~10^{-6}/a，而可忽略的风险水平为10^{-7} ~10^{-8}/a。提出这些水平的依据是通过与常见危害水平、最低死亡率比较或附加的平均寿命缩短比较得出的。我国学者李丽娜等（2007）认为，就目前水平而言，推荐10^{-8}/a为可忽略水平不现实，10^{-5} ~10^{-4}/a较为合理。

不同特征污染物的致癌风险变化规律表明，以10^{-6} ~10^{-5}/a作为人体可接受的风险水平时，三氯甲烷和三溴甲烷造成的人体健康风险属于可接受的风险水平范围内。而一溴二氯甲烷、二溴一氯甲烷和二氯乙酸对人体形成的健康风险已经超过了人体可接受的健康风险，最高风险已经达10^{-4}/a。对水华致癌总风险与叶绿素的分析可知［图4-21（f）］，当水体叶绿素浓度低于80 μg/L时，除1个水样的健康风险值高于10^{-5}/a外，其余水样的人体致癌风险水平均低于 $10^{-5}/a$。

(3) 不确定性分析

环境风险管理中，风险管理者除需了解风险评价结果外，还需要了解风险评估数据来源的方式和可靠程度，以便更准确地进行风险管理。因此，完成健康风险评价之后，风险评价者需要对健康风险评价结果的不确定性进行评价分析，并将其与风险评价结果一起用于指导风险管理（王永杰等，2003）。

饮用水源地水华健康风险评价的不确定性主要包括以下 4 个方面。①健康危害识别的不确定性。饮用水源地水华发生时，水体中除包括 MCs 和 DBPs 之外，还存在大量未被检测出或未被认识的健康风险物质。这些物质存在的健康危害可能比本研究分析的两类物质的健康风险还高。同时，污染物的健康风险识别，需要建立在对水体中 MCs 和 DBPs 的特性、迁移转化规律和毒理学特征已经开展大量基础性研究的基础上。而目前，人们对于 MCs 和 DBPs 的研究仍不够充分，从而对污染物具有的健康危害的认识存在一定的不确定性。②“剂量-效应”评价的不确定性。本研究开展的水华健康风险，主要考虑水华造成的急性健康风险。虽然已经多方面收集了水体中已有污染物在经饮用水途径急性暴露时的“剂量-效应”关系，但是由于现有研究较为薄弱，因此，污染物急性暴露时“剂量-效应”的量化结果也存在一定的不确定性。③暴露评价的不确定性。暴露评价的不确定性主要来源于暴露模型选择的不确定性及参数选择的不确定性。进行水华暴露评价的不确定性来源，主要为对水华暴露持续时间、暴露人群及暴露方式评价的不确定性。④水华健康风险表征也存在一定的不确定性。由于不同人体对同一污染物的暴露敏感程度不一致，因此，相同水华污染水平对不同人群的健康风险也是不相同的。

第 13 章

流域累积性水环境风险预警技术研究

13.1 研究思路与技术框架

结合累积性水环境风险预警内涵与需求分析，本章“流域累积性水环境风险预警技术研究”的技术思路：在与预警相关基础信息采集和流域水生态分区等研究成果衔接基础上，借鉴国外《累积型风险评价技术框架》，从累积性风险预警内涵和需求出发，基于水环境、生物群落和生物个体 3 个层面的生态受体，着眼于累积性风险问题识别/形成、问题分析和问题描述等步骤，实施流域累积性水环境风险预警研究；研究构建流域尺度、生物群落尺度和生物个体尺度水环境预警模型等关键技术；凝练集成流域累积性水环境风险（分级）预警技术体系，在示范区开展验证应用，支撑示范区累积性风险管理（图 13-1）。

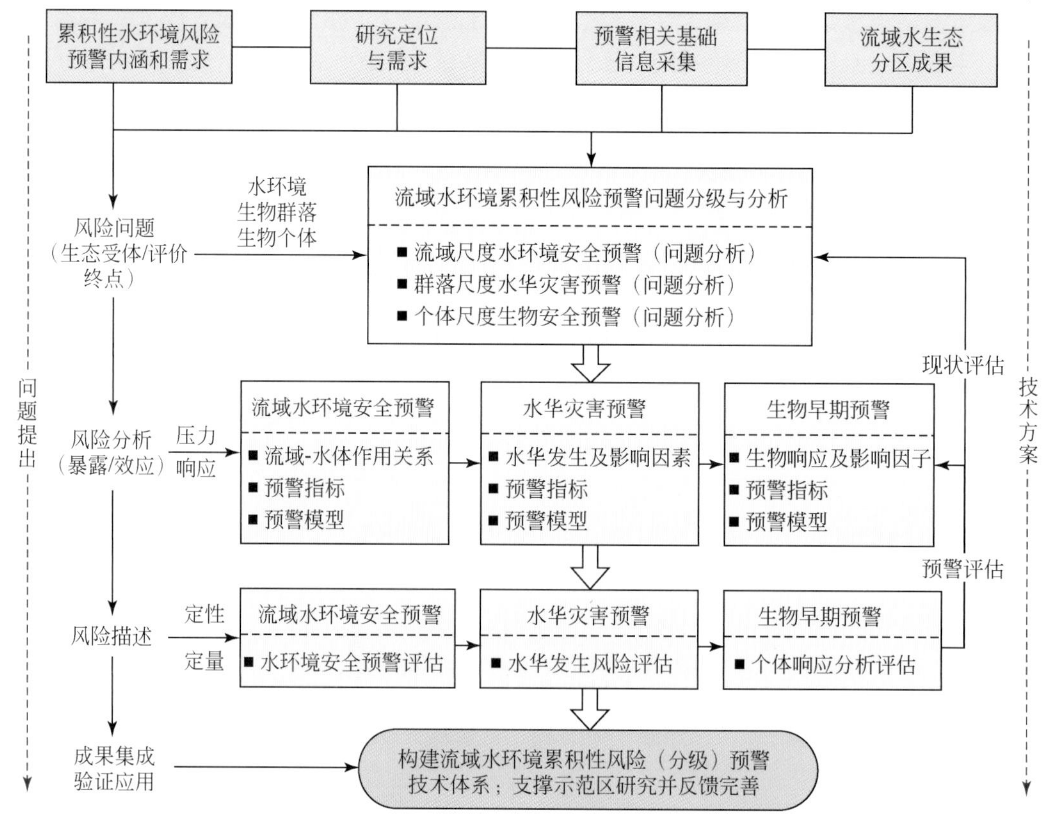

图 13-1　流域累积性水环境风险预警研究技术思路

13.2 流域水环境生物早期预警技术研究

13.2.1 基于生理特征的生物预警技术研究

13.2.1.1 预警指标选择

为了揭示野生生物在复合污染条件下产生的生物效应，建立以生物标志物预警流域水环境污染的生态风险，以生物压力响应基因——热休克蛋白（heat shock protein，*HSPs*）、抗氧化系统［包括超氧化物歧化酶（superoxide dismutase，*SOD*）、过氧化氢酶（catalase，*CAT*）、谷胱甘肽硫转移酶（glutathione S- transferase，*GST*）和谷胱甘肽过氧化物酶（glutathione peroxidase，*GPx*）响应］、重金属污染标志物——金属硫蛋白（metallothionein，*MT*）、雌激素类污染物的标志物——卵黄蛋白原（vitellogenin，*Vtg*）、多环芳烃类物质的标志物——细胞色素 P-450 1A（cytochrome P450 1A，*CYP1A*）、机体胁迫指示标志物——β-转化生长因子（transforming growth factor-beta，*TGF-beta*）等不同生物标志物对野生鲫鱼进行分析，以期从分子水平上建立水环境污染与生态风险生物早期预警技术。

1）热休克蛋白（*HSPs*）。是生物体受到外源胁迫或压力响应的一般性标志物。诱导机制为：进入生物体的外源因子如有机物激活热休克转录因子（*HSF*），*HSF* 释放到细胞质中，形成三聚体，迁移到细胞核内，与位于 *HSP* 基因启动子区域的热休克单元（*HSE*）结合，激活 *HSPs* 基因的表达和转录过程。这种诱导效应在环境背景值甚至更低水平时即能发生，使 *HSPs* 具备了作为环境污染预警指标的潜力。

2）抗氧化酶。抗氧化防御系统是生物体内重要的活性氧清除系统。当暴露于可产生氧化还原循环的污染物（重金属等）时，机体内将产生超氧阴离子（O_2^-）、羟基（OH）、单线态氧（$^1O_2$）和过氧化氢（H_2O_2）等活性氧。在污染暴露初期或浓度较低时，生物体内的抗氧化防御系统受到激活，能有效清除活性氧，防止其造成的氧化损伤。但是，当体内污染物含量随暴露时间延长而积累到一定程度时，活性氧产生速度超出抗氧化防御系统的清除能力，就会对机体造成氧化胁迫，引起脂质过氧化、DNA 链断裂、碱基核糖基氧化、酶蛋白胶联以至细胞死亡或癌变。目前应用较多的抗氧化酶包括超氧化物歧化酶（*SOD*）、过氧化氢酶（*CAT*）、谷胱甘肽（*GSH*）、谷胱甘肽过氧化酶（*GPx*）、谷胱甘肽转硫酶（*GST*）和谷胱甘肽还原酶（*GR*）等。

3）金属硫蛋白。金属硫蛋白可作为监测水环境重金属污染的一种有效生物标志物。生物体内的金属响应单元——金属转录因子（*MTF*-1）受到金属离子激活，发生变构，进入细胞核，可对效应基因进行调控，促使 *MT* 基因表达。*MT* 不仅能指示污染物的毒性效应，而且它的产生是对污染物暴露的早期反应。因此 *MT* 可作为污染物暴露和毒性效应早期预警的生物标志物。

4）*CYP1A*。生物体内的混合功能氧化酶（*MFO*）系统，可以催化生物体中内源和外源的脂溶性底物的降解过程，促使脂溶性物质转化为水溶性物质，从而有利于生物体的吸收与排泄。在正常环境中，生物体内混合功能氧化酶的活性相对较低，但在外源某些特定的化学污染物的诱导下，它的活性异常增高。将生物体内的混合功能氧化酶活性作为环境中 PAHs、PCBs 和二噁英类污染物的监测已在环境中广泛使用。混合功能氧化酶体系是由多种酶构成的多酶系统，其中以细胞色素 P-450 依赖性单加氧酶等为代表。研究结果表明，环境中的某些特定污染物，如 PCBs、PAHs 和二噁英对鱼类中的细胞色素 P-450（主要是 *CYP1A*）依赖性单加氧酶活性具有很强的诱导能力，与该细胞色素结合的 EROD 由于易于检测，已成为检测这类污染物的有效标志物。

5）卵黄蛋白原（*Vtg*）。*Vtg* 是卵生脊椎动物特有的一种蛋白。对鱼类而言，正常情况下雌鱼体内 17β-雌二醇水平升高，刺激肝细胞 Vtg 基因开始大量表达，然后合成和分泌 *Vtg*，经血液运输到卵巢，分解成卵黄磷蛋白和卵黄高磷蛋白，被卵母细胞吸收，以作为胚胎发育的前期内源性营养物质。对于幼鱼和雄鱼来说，虽然肝组织具有表达 *Vtg* 的基因，体内过低的雌激素水平不能刺激肝细胞产生 *Vtg*。但是如果将雄鱼暴露在雌激素或类雌激素的条件下（ng/L ~ μg/L），就会诱导雄鱼异常产生 *Vtg*。实验证明，短期高浓度和长期低浓度的雌激素暴露都可诱导鱼类产生 *Vtg*。后者是因为一些亲脂性的雌激素或类雌激素物质在生物体内的代谢时间较长，因此长时间的雌激素物质累积而达到能够诱导 *Vtg* 的浓度水平。因此，*Vtg* 作为一个指示环境内分泌干扰物污染的生物标志物，是生物体对环境内分泌干扰物污染做出的一个综合反映，非常适合用于监测内分泌干扰物质在低浓度下的长期暴露生物效应.

13.2.1.2 预警方法建立

为了客观全面监控预警浑河流域水环境质量安全，分别于 2011 年 7 月（夏季）和 10 月（秋季）在浑河上下游采取处于不同发育时期的野生鲫鱼。由于浑河流域在冬季结冰，无法开展相关调查，因此本研究中未对春季和冬季野生鲫鱼的各种标志物情况进行采样分析（图 13-2）。

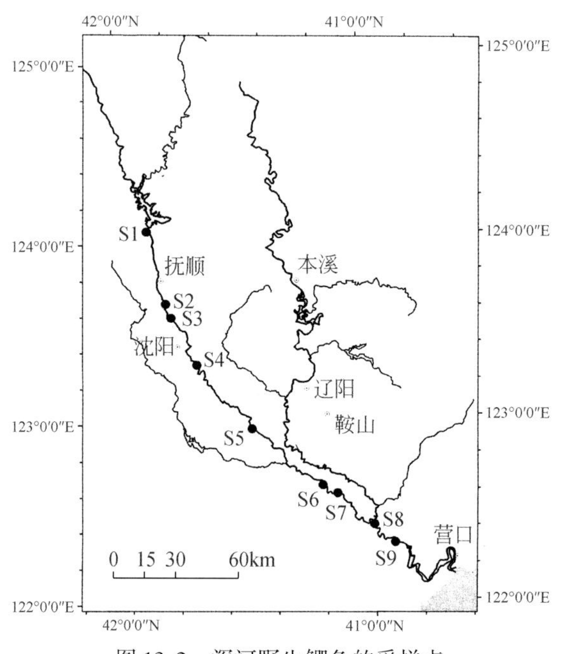

图 13-2 浑河野生鲫鱼的采样点

由于鲫鱼不属于模式生物，当前对于鲫鱼的分子生物信息学的背景信息了解还非常有限。为此，首先通过 NCBI 数据库①查询已经发表的其他生物目标基因碱基/氨基酸和序列，然后利用 Bioedit 7.0 和 Premier Primer 5.0 软件比对，筛选不同生物同一基因的氨基酸保守序列；以此为基础，筛查基因碱基的保守序列。根据保守的碱基序列，设计兼并引物扩增鲫鱼的目标基因（表 13-1）。或通过 CODEHOP② 在线设计兼并引物（表 13-2），在目标基因不同的 Block 区选择合适的上下游引物进行目标基因扩增。

表 13-1　鲫鱼目标基因的兼并引物序列

基因名称	兼并引物（5′→3′）	预期目的片段/bp
HSP30	F：TGGCC（a，g）GAG（a，g）TC（c，a）（g，c）A（t，c）CTCTT R：AGCAGGT（c，g）AC（c，t）G（c，t）CTCAGGATTC	300
HSP60	F：CAAAGGGTCG（a，c）AC（a，c）GT（t，c）ATC R：GGAGATCTTCTTCTC（g，a）CTCAG	500
HSP70	F：GACTT（t，c）TA（t，c）ACS（g，c）TCCATCAC R：GTTGAA（a，g）GC（a，g）TA（a，t，g）GACTCCA	750
HSP90	F：AT（c，t）GC（c，t）CAGCT（g，c）ATGTC（c，t）CT R：TT（g，t）G（a，t）GATGTC（g，a）TC（g，a）GGGTT	750
GST	F：TACTTCAATGGCAGAGG（C，G）AA（A，G）ATGGA（A，G） R：TGGAGGTTTCCTAGCGCTGCC（A，T，C）GG（T，C）	550
GPx	F：CTGCAA（t，c）CAGTT（t，c）GG（a，c）CATC R：GGT（g，c）AGGAA（g，a）（c，t）TTCTGCTGTA	300
CAT	F：GA（a，g）ATG（g，t）C（a，g，c）CA（c，t）TT（c，t）GAC（a，c）G R：AA（g，c）A（g，a）（g，a）（g，a）AA（g，a）GACACCTG（a，g）TG	350
SOD	F：T（TA）（TC）GGAGA（CT）AA（CT）AC（ACG）AA（CT）GG R：CC（CA）A（AG）（AG）TC（GA）TC（CGAT）（GT）C（CT）TTCTC	230
AchE	F：G（a，t，g）GC（t，a，c）（c，t）T（t，c）GG（a，t）TT（c，t）CT（c，t）GC R：AA（a，g）TT（c，a，g）G（t，c）CCAGT（a，g）T（c，t）TCA	600
CYP1A	F：TC（c，g，t）GTGGC（c，t）AA（c，t）GT（a，g，c，t）ATCTG R：CA（g，c）CG（c，t）TTGTG（c，t）TTCAT（g，t）GT	850
MT	F：CGGGATCCATGGA（c，t）CC（c，t）TG（c，t）GA（a，g，t）TGC（g，t）C（c，t）AA R：GGAATTCTT（a，g）CACAC（a，g）CAGCC（a，t）CA（a，g）GC（a，g）CA	150
Vtg	F：GATTCCCATCAAGTTTGA（a，c，g）TA R：（a，g）AACTTCTCCTTGATGAAT（t，c）T	800
RPL-7	F：CACAAGGA（a，g）TA（t，c）A（a，g）GCAG（a，c）T R：GGTC（t，c）TCCCTGTT（t，g）CC（a，t，g）GC	450
β-actin	F：CAGGG（t，c）GT（g，c）ATGGT（t，g）GG（t，c，g）AT R：（t，g）GTTGGC（t，c）TTGGG（g，a）TT（g，c）AG	200

① http://www.ncbi.nlm.nih.gov。

② bioinformatics.weizmann.ac.il/blocks/ codehop.html。

PCR 反应体系：1 μl cDNA，10 × PCR Buffer（10 mmol/L Tris-HCl，pH 8.3；50 mmol/L KCl；1.5 mmol/L $MgCl_2$），0.25 mmol/L dNTPs，0.5 μl 引物（20pmol/L）。

PCR 反应条件：

Step 1：95℃变性 30s，一个循环；

Step 2：95℃30 s，55℃ 60 s，72℃ 30s，35 个循环；

Step 3：72℃延伸 6 min，1 个循环。

PCR 产物用 1.2% 琼脂糖凝胶进行电泳，GelRed 染色。借助紫外灯观察，根据设计引物目的条带的大小筛选扩增所得的基因目的条带。将显示的目的条带切胶、纯化及回收，TA 克隆后测定目标条带序列。

利用上述兼并引物，以鲫鱼肝组织 cDNA 为模板扩增，分离了目标片段。经测序获得碱基序列，并根据三联体密码子翻译成对应的氨基酸。通过 BLAST① 在线比对确认为目标基因，并将所得序列提交至 NCBI 数据库（表 13-3）。经与 NCBI 数据库登记的其他物种相关基因序列的比对，本研究扩增获得了鲫鱼 *MT*、*CAT*、*GPx*、*SOD*、*GST*、*Vtg*、*CYP*、*HSP*30、*HSP*60、*HSP*70、*HSP*90、*TGF* 和 *RPL-7* 基因的部分序列。

表 13-2　鲫鱼基因的实时定量引物

基因名称	正向	反向	片段大小/bp
MT	CCAAGACTGGAGCTTGCAACT	GGCAGCAAGAACAGCAACTCT	90
CAT	AGCCAAAGTGTTCGAGCATGT	TCACCAGCCACAGTGGAAAA	65
GPx	GCCCACCCTCTGTTTGTGTT	GGGATCCCCCATCAAGGA	78
SOD	TCCGCACTACAACCCTCATAATC	ACAGGGTCACCATTTTATCCACA	88
GST	AGCAGGTGCCTTTGGTGGA	GTCGATCATAGCCCGTTCTTTAA	94
Vtg	GATGATGCTCCTCTTAAGTTTGTTCAG	ATGGCCTCAGTATTCTCCAAGGT	79
CYP	CGTATCTCGAGGCCTTCATC	CGACGGATCTTTCCACAGTT	159
*HSP*30	AGAGGAACTGCAGGAGCTGA	TAGTGTCCAGCGTCAAAGCA	88
*HSP*60	TGCTGGCGGTGGAAGAAGT	GTAAGGAGAAATGTAGCCACGGTC	89
*HSP*70	TTTTACACGGTCCATCACCA	GCTCCTTGCCGTTGAAGTAG	177
*HSP*90	AACACAACGATGACGAGCAG	CCGATGAACTGGGAGTGTTT	150
TGF	AGTCAAATGTCTGATAAGTGGCTGTC	TGGAAACGGCTTCTGAGGATTA	94
RPL-7	GTCTCCGCCAGATCTTCAAC	GGCAGTTGTCTGTCAGTGGA	94

定量 PCR 反应条件：95℃，10 min，一个循环；95°C，15 s，60℃，60s，40 个循环。在最后一个循环结束后做熔解曲线，验证 PCR 反应质量。

按照上述方法，提取浑河鲫鱼肝组织总 RNA 并逆转录成 cDNA，应用建立好的实时定量 PCR 方法进行目标基因定量。

① http://www.ncbi.nlm.nih.gov/BLAST。

表 13-3　鲫鱼各目标基因的 NCBI 序列号

基因名称	序列号（NCBI No.）
β-actin	JN006052
HSP30	JN006053
HSP60	JN006054
HSP70	JN006055
HSP90	JN006056
Vtg	JQ776511
AChE	JQ776512
CAT	JQ776513
CYP1A	JQ776514
GPx	JQ776515
GST	JQ776516
RPL-7	JQ776517
SOD	JQ776518
TGF-beta	JQ776519

经对各目标基因定量引物的筛选和优化，确定表 13-2 中的定量引物，并最终确定了各定量引物的扩增效率和定量曲线（表 13-4）。从表 13-4 中可以看出，鲫鱼各目标基因的定量引物扩增效率为 93.5% ~110%，满足定量引物的质量要求（90% ~110%）。同时根据 Ct 值与 cDNA 浓度之间建立定量曲线方程，其相关系数为 0.994 ~ 1.00，满足定量要求。

表 13-4　鲫鱼目标基因的扩增效率与定量曲线

基因名称	扩增效率/%	定量方程	R^2
MT	101	$Y=3.300x+16.130$	0.995
CAT	104	$Y=3.237x+17.737$	0.996
GPX	110	$Y=3.103x+17.315$	0.995
SOD	107	$Y=3.171x+17.692$	0.995
GST	96.7	$Y=3.399X+16.982$	1.00
Vtg	99.3	$Y=3.338x+18.675$	0.999
TGF	103	$Y=3.262x+17.418$	0.994
CYP	93.5	$Y=3.488x+22.998$	0.998
HSP30	99.5	$Y=3.335x+14.916$	0.999
HSP60	94.4	$Y=3.464x+12.430$	0.999
HSP70	96.8	$Y=3.402x+15.837$	0.998
HSP90	95.8	$Y=3.426x+17.545$	0.997
RPL-7	98.2	$Y=3.365x+19.957$	0.997

13.2.1.3 浑河生物早期预警案例应用

在分析鲫鱼肝组织各目标基因表达水平的基础上，利用生物综合响应（integrated biomarker response，IBR）方法对浑河水环境质量进行了评估。

根据上述测定浑河各点野生鲫鱼肝组织各生物标志物基因表达的相对水平，计算各点鲫鱼生物综合响应IBR值。为了便于比较和观察，将各点计算所得IBR值转换成雷达图的形式（图13-3）。由图13-3可以看出，对照点（S1）所得IBR值最低，为2.32。各点IBR值大小顺序为S3（2997.57）>S4（2546.64）>S8（453.95）>S6（324.26）>S5（207.55）>S9（42.65）>S7（29.25）>S1（5.26）>S2（2.36）。由此可以看出，S1（对照点，5.26）与S2点（2.36）的生物综合响应相近，均处于较低水平。从地理位置上看，S1点位于大伙房水库下游缓流区，调查发现该区域几乎没有受到人为污染；而S2点处于抚顺城区下游，接受了部分来自抚顺城市的排污。从生物综合响应来看，这两点水环境质量未对生物造成明显影响。S3点（2297.57）位于浑河沈阳段上游，该处生物综合响应值为本调查中的最高值，反映出该处水环境对生物健康造成明显影响，说明该处存在未知来源的污染排放。S4点（2546.64）处于浑河沈阳段下游。据调查得知，该点上游附近存在着两个较大的排污口，这些排污口排出的废水对浑河沈阳段水环境质量造成影响，并对水生态健康形成潜在风险。S8点（423.95）也具有较高的IBR值，并且明显高于其上游S7点（29.25）。该点位于浑河与太子河的交汇处下游的混合区，说明除了来自浑河的污染对野生鱼类健康造成影响外，来自太子河的污染对野生鱼类健康影响也不容忽视；通过鱼类的综合生物响应反映出该点水质较上游有所下降。从图13-4可以看出，对生物IBR值贡献最大的标志物分别是*SOD*（2.99%～98.84%）、*CAT*（1.88%～68.13%）、*Vtg*（0.14%～28.65%）、*CYP1A*（0.02%～16.77%）、*HSP70*（0.02%～27.81%）、*TGF*（0.05%～24.26%）和*MT*（0.014%～10.10%），但各点不同标志物对IBR值的相对贡献率不同，这也反映了各点水质污染程度和污染物类型不同。

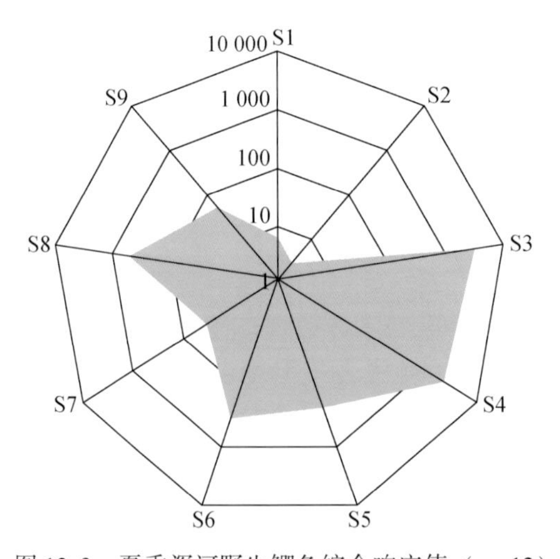

图13-3 夏季浑河野生鲫鱼综合响应值（$n=12$）

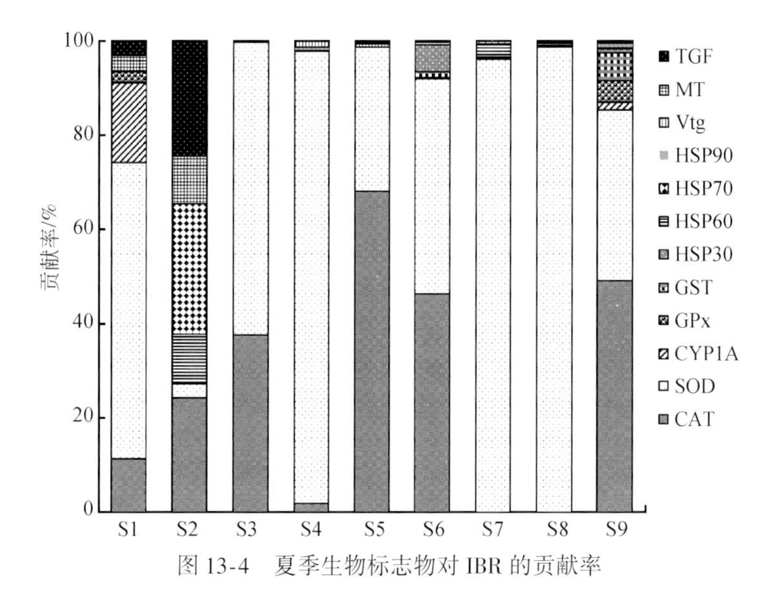

图 13-4　夏季生物标志物对 IBR 的贡献率

对于秋季样品（图 13-5），各点 IBR 值大小顺序为 S3（20.59）> S5（16.63）> S8（8.65）> S7（4.60）> S6（4.43）> S4（4.37）> S1（3.87）> S9（2.24）。其中，S1 点和 S9 点的 IBR 值较低，说明这两个点的生物受到环境污染的影响较小，这与夏季一致。S3 点的生物综合响应值最高，说明该点生物栖息环境对生物健康产生了影响。这与夏季生物的综合响应趋势一致，说明该点有来自附近或者上游的污染物源排放。S5 点生物具有较高 IBR 值，这可能与该点接受了来自上游沈阳城市污水排放有关。对于各点 IBR 值，不同标志物基因对其贡献率不同（图 13-6）。但综合来看，各点 *CAT*（0～57.30%）、*SOD*（0～59.48%）、*CYP1A*（0～31.74%）、*GPx*（1.03%～52.64%）、*GST*（0～21.08%）和 *HSP*70（0～14.21%）的贡献率较大。这说明环境污染物对生物代谢和应激具有较强的诱导作用。另外，从各点 IBR 值可以看出各点秋季 IBR 值均显著低于夏季。这说明该时期生物受到环境污染的影响程度明显降低。对此，我们推测：浑河流域夏季雨量偏多，降雨过

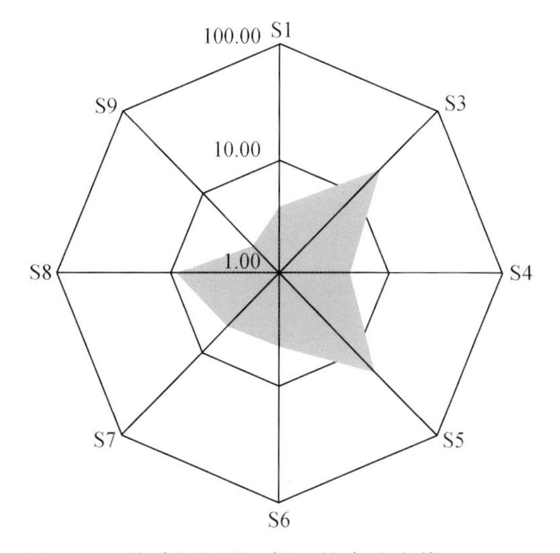

图 13-5　秋季浑河野生鲫鱼综合响应值（$n=11$）

程导致整个流域的面源污染最终汇集在浑河水环境中，因此对栖息的生物产生了较大的影响；而秋季雨量明显偏少，很难形成有效地表径流，面源污染对水环境影响有限，而河道中的污染更多来于点源如污水处理厂排放的污染物。这也说明，与点源相比，面源对水环境的影响更为明显。因此，控制面源污染是当前亟待解决的环境问题，是改善和提高水环境质量和降低水环境水生态风险的关键。

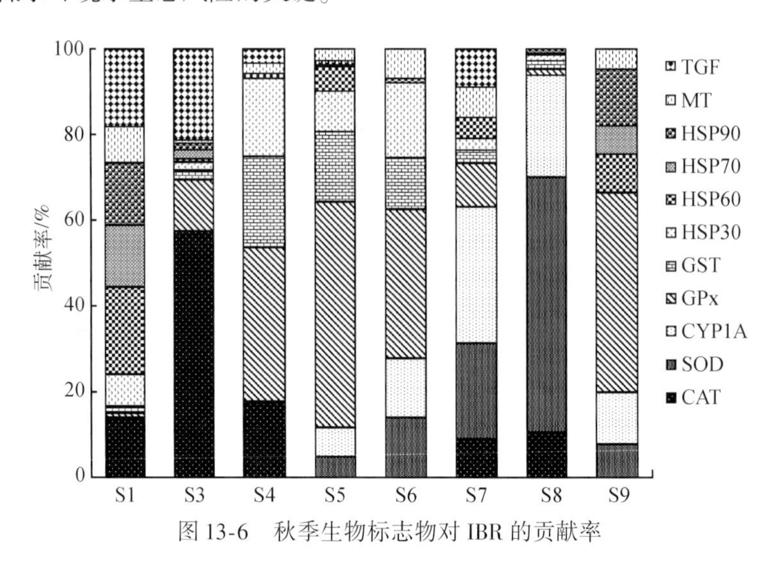

图 13-6　秋季生物标志物对 IBR 的贡献率

同时，从同时期的水质指标来看，夏季 S1 ~ S9 点的水温除 S1 点处较低外（17.5℃），其他各点为 24.8 ~ 29.6℃；而秋季上下游水温则没有明显变化，为 9.4 ~ 12.5℃。对于 pH，S1 ~ S9 点均处于弱碱性水体，并且没有季节性变化（夏季为 7.11 ~ 8.06，秋季为 7.31 ~ 8.33）。对于总溶解性固定（TDS），S1 点较低（夏季为 0.15 mg/L，秋季为 0.24 mg/L）即水质透明度较好；而 S2 ~ S9 点均较 S1 点稍高，为 0.33 ~ 0.41 mg/L（夏季）和 0.51 ~ 0.66 mg/L（秋季）。对于电导率，上游 S1 点较低（夏季为 0.19 mS/m，秋季为 0.26 mS/m）；下游各点为 0.51 ~ 0.65 mS/m，均高于 S1 点。同样，下游各点盐度也均较上游 S1 点稍高。对于溶解氧（DO），上游 S1 点较低（夏季为 4.47 mg/L，秋季为 9.13 mg/L）；夏季下游 S2 ~ S5 点均高于 S1 点，分别是 6.16 mg/L、5.58 mg/L、8.85 mg/L 和 6.28 mg/L，而 S6 ~ S9 点的则低于 S1 点，分别是 2.92 mg/L、2.78 mg/L、2.35 mg/L 和 3.02 mg/L；秋季只有 S2 和 S9 点与 S1 点相近，分别为 9.78 mg/L 和 9.80 mg/L，其余各点均低于 S1 点，尤其是 S4 点（3.21 mg/L）更是显著低于 S1 点。对于各点溶解性有机碳（DOC），夏季 S6 ~ S9 点明显高于上游 S1 ~ S5 点，其中最高为 5.00 mg/L（S6 点）；秋季各点均高于夏季各点。对于 NH_4-N，S2 ~ S9 点均明显高于对照点 S1（0.19 mg/L），尤其是 S2 点、S4 点、S6 点、S7 点、S8 点和 S9 点。同样，下游各点活性磷酸盐（PO_4^{3-}）也明显高于上游对照点（0.03 mg/L）。在秋季水样中也发现了相似的趋势。对于水质的化学耗氧量（COD_{Mn}），尽管下游上下游变化不明显，但下游各点也均高于上游对照点 S1（2.72mg/L）；秋季上下游 COD_{Mn} 没有明显变化。同时，考虑到鲫鱼的栖息环境与沉积物密切相关，我们对各采样点沉积物的理化特征也进行了分析。采样点上下游沉积物 pH 没有明显变化，均处于弱碱性（pH = 7.11 ~ 8.50）环境；但下游各点（S5 ~ S9）沉积物的阳离子交换量（837.96 ~ 1468.33 cmol/kg）明显低于上游 S1 ~ S4（1601.34 ~ 5778.96

cmol/kg)，反映了下游沉积物的缓冲能力明显下降。另外，下游各点（S5 ~ S9）沉积物的有机碳（0.40% ~1.29 %）也明显低于上游各点的（2.06% ~3.38 %）。

由上可以看出，与上游 S1 点相比，尽管下游水质指标发生了一定变化，但并不能反映水质变化的后果以及对水生生态的潜在影响。而与化学指标相比，生物标志物是生物体对水环境的一种综合响应，是以生物效应客观真实反映水环境质量综合变化。并且，在反映水质综合效应的同时，还可以从环境风险角度提供早期警示信息，为环境管理者的预先判断提供依据。因此，生物学效应不仅能够反映污染物的生物可利用性和污染物对生物的特殊作用途径，还可以为污染物的生态风险提供评价手段和方法。根据所测得的生物学效应变化，可以有效补充水质分析结果，同时也可以在更高层次上为研究水环境风险提供理论支撑，为环境管理提供科学依据。考虑到当前的环境管理是以化学污染物减排为目标的政策导向，目前来看，生物监测还不能完全取代化学监测。但在某些条件下，可以通过生物学效应监测来指导化学监测，从而能够在减少大量的化学分析工作的同时对水质和水生态风险进行预警。

13.2.2 基于个体行为的生物预警技术研究

13.2.2.1 预警指标选择

生物个体行为监测预警技术是在已有的生物早期监测系统基础上，开展的适用性研究。课题在前期基础上对预警生物和预警指标进行本土化生物选择和条件优化。

1）对于单细胞藻类，分别以小球藻、衣藻和栅藻作为研究藻种，以藻液光密度值、叶绿素含量、光合效能值和藻细胞体积为监测指标进行重金属毒性研究。依据测定结果进行统计分析，建立不同污染物浓度与藻类生长和叶绿素荧光特性间的关系。

2）对于鱼类，以草鱼（幼鱼）、稀有鮈鲫和斑马鱼 3 种鱼类作为研究对象，以呼吸频率和呼吸强度作为预警指标建立鱼类在线预警系统。

13.2.2.2 预警方法建立

(1) 重金属污染单胞藻预警监控

以小球藻、衣藻和栅藻作为测试藻种，采用等对数方法配置不同浓度的 Hg^{2+}、Cu^{2+}、Cd^{2+}、Zn^{2+}溶液，利用藻类在线监测系统研究重金属急性毒性效应。系统在线监测间隔时间分别设置为 0.5h、1h 和 2h，监测时间分别为 3h、6h 和 12h。利用藻类在线监测系统的（A-Tox）软件自动记录的数据进行分析。

藻类在线水体生态毒性监测系统研究 Cu^{2+} 对 3 种绿藻毒性效应结果表明：基于 Probit 模型对 Cu^{2+}浓度和藻类光合效率抑制率进行统计分析得出，不同反应时间下 Cu^{2+}对 3 种藻光合影响的 EC_{50} 和 EC_5 值表明，小球藻对 Cu^{2+}最为敏感，其次是衣藻，最后是栅藻。以达到抑制率 5% 时的 EC_5 为标准，当反应时间为 1h，Cu^{2+}对蛋白核小球藻毒性作用的 EC_5 值小于我国地表水环境质量标准（Ⅱ ~ Ⅴ级）中规定的 Cu^{2+}的浓度标准（1.0 mg/L）；当反应时间为 2h，Cu^{2+}对蛋白核小球藻和莱茵衣藻毒性作用的 EC5 值小于我国地表水环境质量标准（Ⅱ ~ Ⅴ级）中规定的 Cu^{2+}的浓度标准（1.0 mg/L）。如果以检测 1.0mg/L 的 Cu^{2+}为标准，以蛋白核小球藻为测试生物时，反应时间为0.5h的抑制率为4%，反应时间为1h的抑制率为10%，反应时间为2h的抑制率为25%；以莱茵衣藻为测试生物时，反应时间为0.5h时检测不到抑制率，反应时间为1h的抑制率为2%，反应时间为2h的抑制率为9%；以斜生栅藻为测试生物时，反应时间为0.5h时检测不到抑制率，反应时间为1h的抑制率为2%，反应时间为2h的抑制率为4%。因此，在监测水环境中Cu^{2+}污染时，蛋白核小球藻是最适测试藻种，监测系统参数设置为反应时间0.5h和报警值4%。

藻类在线水体生态毒性监测系统研究Hg^{2+}对3种绿藻毒性效应结果表明：小球藻对Hg^{2+}最为敏感，其次是衣藻，最后是栅藻。Hg^{2+}对小球藻的0.5h EC_{50}为29.91mg/L，1h EC_{50}为23.39mg/L，2h EC_{50}为20.87 mg/L。对监测结果分析发现，对小球藻光合作用产生抑制作用的最低浓度值远大于我国地表水环境质量标准（Ⅱ～Ⅴ级）中规定的Hg^{2+}的浓度标准（0.000 05～0.001mg/L）。因此，藻类在线监测系统不适于地表水质量分级监测，但可用于Hg^{2+}的突发污染事故。在监测水环境中Hg^{2+}突发性污染事故时，可选取敏感藻类小球藻作为藻类在线水体毒性监测系统的测试藻类。例如，以达到抑制率5%时的EC_5为检测极限，不同反应时间的检测限值：0.5h为12.74mg/L，1h为10.86mg/L，2h为7.81mg/L。为及时预警Hg^{2+}突发性污染事故，建议系统设置为反应时间0.5h和抑制率4%（对应的Hg^{2+}浓度检测限为12.06mg/L）。

藻类在线水体生态毒性监测系统研究Cd^{2+}对3种绿藻毒性效应结果表明：小球藻对Cd^{2+}最为敏感，其次是栅藻，最后是衣藻。基于Probit模型对Cd^{2+}浓度和藻类光合效率抑制率进行统计分析得出，Cd^{2+}对小球藻的0.5h EC_{50}为132.59 mg/L，1h EC_{50}为121.25mg/L，2h EC_{50}为67.27mg/L。从监测结果分析发现，对小球藻光合作用产生抑制作用的最低浓度值远大于我国地表水环境质量标准（Ⅴ级）中规定的Cd^{2+}的浓度标准（0.001～0.01mg/L）。因此，藻类在线监测系统不适于地表水质量分级监测，但可用于Cd^{2+}的突发污染事故。在监测水环境中Cd^{2+}突发性污染事故时，可选取敏感藻类小球藻作为藻类在线水体毒性监测系统的测试藻类。例如，以达到抑制率5%时的EC_5为检测极限，不同反应时间的检测限值：0.5h为24.73mg/L，1h为13.8mg/L，2h为8.2mg/L。为及时预警Cd^{2+}突发性污染事故，建议系统设置为反应时间0.5h和抑制率4%（对应的Cd^{2+}浓度检测限为22.20mg/L）。

藻类在线水体生态毒性监测系统研究Zn^{2+}对3种绿藻毒性效应结果表明：小球藻对Zn^{2+}最为敏感，其次是衣藻，最后是栅藻。Zn^{2+}对小球藻的0.5h EC_{50}为449.90mg/L，1h EC_{50}为208.52mg/L，2h EC_{50}为81.11mg/L。从监测结果分析发现，对小球藻光合作用产生抑制作用的最低浓度值远大于我国地表水环境质量标准（Ⅱ～Ⅴ级）中规定的Zn^{2+}的浓度标准（1.0～2.0mg/L）。因此，藻类在线监测系统不适于地表水质量标准监测，但用于Zn^{2+}的突发污染事故预警。在监测水环境中Zn^{2+}突发性污染事故时，可选取敏感藻类小球藻作为藻类在线水体毒性监测系统的测试藻类。例如，以达到抑制率5%时的EC_5为检测极限，不同反应时间的检测限值：0.5h为32.01mg/L，1h为37.79mg/L，2h为14.46mg/L。为及时预警Zn^{2+}突发性污染事故，建议系统设置为反应时间0.5h和抑制率4%（对应的Zn^{2+}浓度检测限为27mg/L）

因此，利用藻类在线水体生态毒性监测系统在线监测水体重金属突发性污染事故时，最适测试藻类是蛋白核小球藻，系统报警设置为反应时间0.5h和报警抑制率4%。依据报警抑制率值对应的重金属浓度来判断，小球藻对Cu^{2+}最敏感，其次是Hg^{2+}，再次是Cd^{2+}，

最后是 Zn^{2+}。

（2）重金属污染鱼类行为预警

实验仪器为鱼类早期预警系统（BIO-SENSOR7008，美国生物监测公司 BMI），主要包括4部分：呼吸监测传感器（bio-sensor）、信号过滤放大器（bio-amp）、计算机数据处理和显示系统及自动报警与水质采样器。当鱼呼吸时，其神经肌肉活动的总和产生微伏的生物电信号，其中最强的就是呼吸信号。这个信号被呼吸室的电极接收，然后被送到信号过滤放大器。经过过滤和放大的信号被传送到计算机上，由计算机根据预设统计算法判断是否发生了异常反应，在超出阈值范围的情况下发出警报信号。自动采样器同步采集水样，再通过理化分析，确定水质变化情况。

鱼类呼吸反应实验系统统计算法使用移动平均法（moving average），设定评估间隔为8min，设定统计计算的样本为6个，报警标准偏差阈值系数为3，报警鱼数量为6条。

通过三种鱼类呼吸行为对不同类型污染物胁迫的响应研究（表13-5），分析呼吸指标（呼吸频率和呼吸强度）对有毒污染物的响应变化，发现对不同类型不同浓度污染物鱼类呼吸反应也不一致。随着暴露浓度的增加，对 Hg^{2+} 和 Cu^{2+}，斑马鱼和草鱼的呼吸频率（VF）和呼吸强度（VA）均显著升高，而对 Hg^{2+}，稀有鮈鲫的 VF 则先升高然后降低；Hg^{2+} 和 Cu^{2+} 对鱼类呼吸行为刺激作用显著，Zn^{2+} 和 Pb^{2+} 则对几种鱼类的 VF 和 VA 有显著的抑制作用，对 Cd^{2+} 鱼类 VF 和 VA 则是先升高然后随着时间的推移而减缓，见表13-5。

表13-5　三种鱼类呼吸行为对重金属胁迫的响应

重金属污染物	斑马鱼		草鱼		稀有鮈鲫	
	VF	VA	VF	VA	VF	VA
Hg^{2+}	↗	↗	↗	↗	↗↘	↗
Cu^{2+}	↗	↗	↗	↗	↗	↗
Cd^{2+}	↗↘	↗↘	↗↘	↗	↗	↗↘
Zn^{2+}	↘	↘	↘	↘	↘	↘
Pb^{2+}	↘	→	↘↗	→	↘↗	→

三种鱼的呼吸行为对 Hg^{2+}、Cu^{2+} 胁迫在0.4～0.8u浓度时变化明显，尤其是在 Zn^{2+} 的0.05u浓度时呼吸频率即出现了明显的下降（表13-6）。结果显示了斑马鱼、稀有鮈鲫和草鱼的呼吸频率与呼吸强度对除 Pb^{2+} 外的其他4种重金属污染物胁迫反应敏感，是较好的呼吸行为预警指标。

表13-6　三种鱼类呼吸行为变化响应值

重金属污染物	斑马鱼［呼吸反应变化值（u）/对应浓度（mg/L）］		草鱼［呼吸反应变化值（u）/对应浓度（mg/L）］		稀有鮈鲫［呼吸反应变化值（u）/对应浓度（mg/L）］	
	VF	VA	VF	VA	VF	VA
Hg^{2+}	0.4/0.056	0.4/0.056	0.4/0.090	0.2/0.045	0.4/0.040	0.2/0.020
Cu^{2+}	0.4/0.070	0.4/0.070	0.4/0.037	0.2/0.018	0.4/0.048	0.4/0.048
Cd^{2+}	0.8/5.198	0.8/5.198	0.1/1.847	0.4/7.388	0.4/2.143	0.4/2.143
Zn^{2+}	0.05/2.224	0.1/4.448	0.05/1.569	0.1/3.137	0.05/0.637	0.1/1.274
Pb^{2+}	1/116.430	—	0.8/95.736	1/119.67	0.8/89.552	—

依据鱼类急性毒性实验和呼吸行为反应实验结果，相比较而言，稀有鮈鲫是一种非常好的预警指示鱼类，其次是草鱼幼鱼和斑马鱼。但由于稀有鮈鲫目前还无法大批量生产，在来源上受到限制；而符合规格的草鱼幼鱼具有较强的季节性，无法全年提供合适规格的实验鱼。结合预警鱼类的规格要求、易得性、分布情况及驯养条件，初步筛选斑马鱼作为预警实验主要对象。

进一步对斑马鱼预警重金属的响应阈值研究结果：Hg^{2+}、Cu^{2+}、Cd^{2+}、Zn^{2+}和Pb^{2+}5种重金属污染物对斑马鱼的呼吸参数的预警浓度分别为0.08mg/L、0.08mg/L、4.8mg/L、7.5mg/L和10.5mg/L，预警浓度低于96h LC_{50}值，约为安全浓度的2～9倍。预警反应时间分别为40mg/L、32mg/L、30mg/L、24mg/L和24min。斑马鱼对Hg^{2+}和Cu^{2+}的预警浓度最低，对Pb^{2+}的预警浓度较高；但对斑马鱼96h LC_{50}而言，对Zn^{2+}对斑马鱼呼吸反应最为敏感，其次为Cu^{2+}及Hg^{2+}。

案例

三峡库区生物预警案例应用

研究人员在三峡水库支流的香溪河秭归段进行了生物早期在线预警的测试与应用。香溪河作为三峡水库重要支流，自三峡库区蓄水以来，其河水流速滞缓，水质持续恶化，对库区环境和长江水质造成直接影响。研究表明，与蓄水前的历史数据相比，三峡水库蓄水后，香溪河库湾溶解态铜、铅和镉的浓度都呈升高趋势，也显著高于长江干流其他水域，表明香溪河水体存在重金属污染的影响。在这里开展现场测试工作，对整个三峡库区尤其是支流和库湾的生物监测预警工作具有重要的示范意义，有利于建立具有普遍推广意义的生物早期预警技术示范体系。监测时间是2011年6月10日～7月10日。

用计量泵将储水箱的水或采集的废污水泵入支管进入鱼类呼吸监测室，流量约100 ml/min。水从监测室底部进入，经过监测室后从顶端的溢流口进入排水管，然后排出。计算机每分钟从水质分析仪收集水温、pH、溶氧和电导率数据。实验斑马鱼在水体中适应14d后置于8个监测室中，每个监测室放1尾鱼，在控制水体条件下进行4d的呼吸反应数据收集（空白实验）。用计量泵将香溪河水持续加入监测室，系统自动记录斑马鱼呼吸反应信号的变化，主要包括VF和VA，记录频次为1次/min。

实验鱼在水生态研究所实验室暂养后被运送至测试现场。待其适应持续的光照条件，以消除鱼类呼吸模式下的昼夜差异。选择用于呼吸测试的鱼全长2.5～6cm，呼吸和身体运动产生的电子信号通过固定在监测室两边的电极监控。电信号被放大和过滤，输入电脑进行分析。每个输入通道独自用高增益差分输入放大器放大。放入监测室后，每条鱼的信号都要被检查，信号低于0.1Hz的鱼都要被替换。用计算机监测的呼吸参数包括VF和VA（平均信号高度）。通过测试鱼的替换可以完成持续的生物监测。在监测过程中，如果8条鱼中的6条表现出与基础反应有统计学差异，说明产生了异常反应，系统报警。

图 13-2-1 为三峡水库生物早期预警系统示范预警结果。在三峡水库预警示范在线监测时间共 35d，前 3d 为调试适应阶段，正式监测时间为 32d。其中，有 1 条鱼警告的时间为 1d，有 2 条鱼警告的时间为 5d，有 3 条鱼警告的时间为 6d，有 4 条鱼警告的时间为 1d，有 5 条鱼警告的时间为 2d，6 条鱼警告的时间为 3d，7 条鱼警告的时间为 3d，8 条鱼全部发出警告的时间为 3d，所有鱼都正常的时间为 8d。按照超过 6 条鱼警告即发出报警信号的原则，在持续监测 32d 时间里，共有 9 次发出报警信号。而 9 次报警除前两次外，全部来自排污口的水样。分析系统发生报警信号时的鱼类呼吸反应状况，7d 8 条鱼的 VF 和 VA 均显著升高；14d，VF 升高，VA 则降低；21d、22d、27d、29d 和 30d，VF 和 VA 均显著升高；31d，VF 降低，VA 则升高。

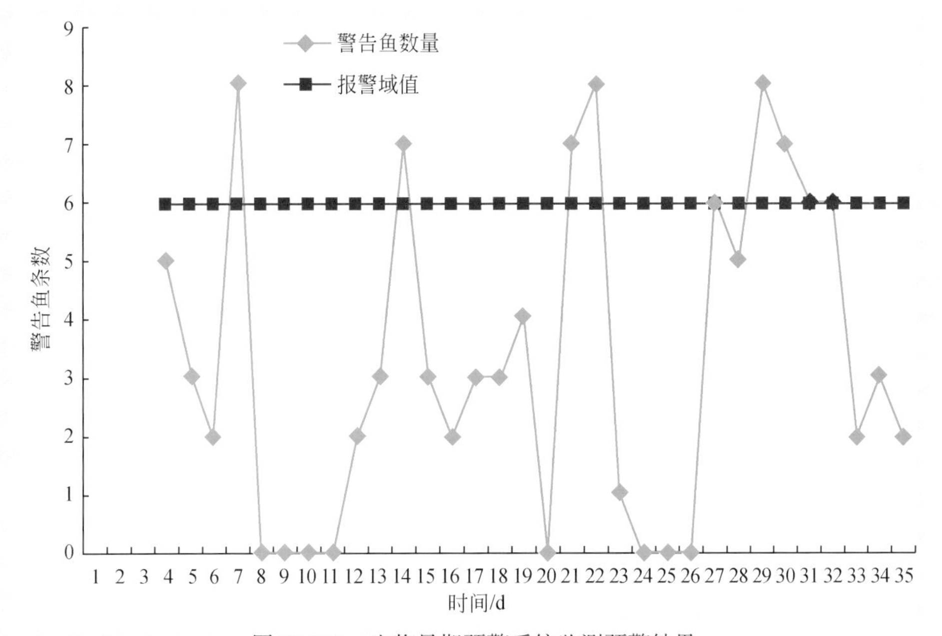

图 13-2-1　生物早期预警系统监测预警结果

表 13-2-1　香溪河预警监测基本理化指标结果

编号	时间	天气	水温/℃	pH	Cond/(μS/cm)	DO/(mg/L)	Turb/NTU	是否报警
1	2011 年 6 月 8 日	晴	23.4	7.8	172	8.5	19	否
2	2011 年 6 月 9 日	晴	23.9	7.6	176	7.9	23	否
3	2011 年 6 月 10 日	阴	23.7	7.9	183	8.3	21	否
4	2011 年 6 月 11 日	小雨	23.4	7.8	171	8.6	22	否
5	2011 年 6 月 12 日	大雨	23.6	8.1	169	8.4	27	否
6	2011 年 6 月 13 日	暴雨	23.3	7.8	175	7.7	24	否

续表

编号	时间	天气	水温/℃	pH	Cond/(μS/cm)	DO/(mg/L)	Turb/NTU	是否报警
7	2011年6月14日	暴雨	23.1	7.2	181	9.5	24	是
8	2011年6月15日	晴	23.7	7.6	178	8.9	17	否
9	2011年6月16日	晴	23.7	7.9	176	9.2	14	否
10	2011年6月17日	晴转暴雨	24.1	7.7	178	10.4	15	否
11	2011年6月18日	暴雨	23.5	7.3	180	6.6	23	否
12	2011年6月19日	晴	23.8	7.3	180	6.6	16	否
13	2011年6月20日	晴	23.8	7.2	181	7.4	24	否
14	2011年6月21日	晴	24.2	7.1	179	7.7	19	是
15	2011年6月22日	晴	24.1	7.2	189	8.4	33	否
16	2011年6月23日	晴转暴雨	23.9	7.8	196	7.9	20	否
17	2011年6月24日	晴	23.8	7.1	182	7.8	43	否
18	2011年6月25日	晴	23.9	7.1	175	8.2	27	否
19	2011年6月26日	阵雨	23.7	7.1	170	8.0	39	否
20	2011年6月27日	阵雨	23.6	7.1	178	8.3	34	否
21	2011年6月28日	晴	23.9	7.4	183	8.4	28	是
22	2011年6月29日	晴	24.6	7.9	245	7.2	29	是
23	2011年6月30日	晴	24.2	7.2	179	8.2	36	否
24	2011年7月1日	晴	24.1	7.8	177	8.7	28	否
25	2011年7月2日	晴	23.9	7.4	172	8.2	29	否
26	2011年7月3日	晴	24.3	7.3	179	8.3	29	否
27	2011年7月4日	晴	24.5	7.9	456	4.9	28	是
28	2011年7月5日	晴	24.6	6.5	578	4.2	38	否
29	2011年7月6日	晴	25.7	6.9	398	5.2	27	是
30	2011年7月7日	暴雨	24.8	6.8	342	3.2	34	是
31	2011年7月8日	晴	25.1	9.5	368	5.9	29	是
32	2011年7月9日	晴	24.9	6.8	451	5.4	44	是
33	2011年7月10日	晴	25.4	7.3	176	8.5	22	否
34	2011年7月11日	晴	25	7.8	173	8.1	34	否
35	2011年7月12日	阵雨	25.1	7.4	176	7.9	33	否

表 13-2-2 三峡水库香溪河水质状况及生物早期预警系统预警情况

水样	时间	警告鱼条数	水质/(mg/L)												
			氨氮	TP	磷酸盐	硝酸盐	亚硝酸盐	TN	Chl-a	铜	锌	铅	镉	汞	砷
河水	6 月 11 日	5	0. 105	0. 067	0. 006	1. 3	0. 016	1. 563	12. 51	0. 003	0. 01	nd	nd	0. 00284	nd
河水	6 月 14 日	8	0. 183	0. 052	0. 018	1. 98	0. 005	2. 365	1. 87	0. 004	0. 01	0. 043	nd	0. 00168	nd
河水	6 月 16 日	0	0. 201	0. 054	0. 009	1. 45	0. 016	1. 856	50. 4	0. 005	0. 006	0. 048	nd	0. 00358	nd
河水	6 月 18 日	0	0. 317	0. 055	0. 033	1. 92	0. 014	2. 302	12. 86	0. 004	0. 004	0. 027	nd	0. 01002	nd
河水	6 月 21 日	7	0. 115	0. 077	0. 032	1. 93	0. 013	3. 084	13. 73	0. 003	0. 002	0. 032	nd	0. 00155	nd
河水	6 月 23 日	2	0. 35	0. 046	0. 016	1. 58	0. 008	1. 955	18. 76	0. 004	nd	0. 048	nd	0. 0012	nd
河水	6 月 27 日	0	0. 032	0. 04	0. 021	1. 97	0. 007	2. 052	9. 84	0. 005	nd	0. 054	nd	0. 00142	0. 0007
刘草坡排污口	6 月 28 日	7	4. 289	4. 294	2. 105	17. 52	0. 887	28. 47	1. 54	0. 009	nd	0. 118	nd	0. 00196	0. 001
峡口排污口	6 月 29 日	8	0. 095	0. 113	0. 04	1. 71	0. 031	1. 848	40. 14	0. 008	nd	nd	nd	0. 00101	nd
河水	7 月 3 日	1	0. 601	0. 04	0. 019	1. 27	0. 01	2. 225	20. 41	0. 008	nd	0. 032	nd	0. 00164	nd
农田污水	7 月 4 日	6	2. 947	0. 971	0. 327	7. 49	0. 346	14. 742	2. 49	0. 012	0. 03	0. 043	0. 0005	0. 00152	0. 0004
河水	7 月 5 日	5	0. 494	0. 024	0. 003	2. 7	0. 032	12. 653	0. 6	0. 004	nd	0. 032	0. 002	0. 00097	nd
昭君镇上排污口	7 月 6 日	8	10. 482	1. 1	0. 4	2. 59	1. 647	16. 025	4. 97	0. 011	nd	0. 076	0. 0003	0. 00137	0. 00008
昭君镇下排污口	7 月 7 日	7	0. 616	0. 546	0. 225	1. 7	0. 083	2. 645	2. 61	0. 004	nd	0. 075	0. 0005	0. 00205	nd
香溪水泥厂	7 月 8 日	6	1. 833	4. 051	2. 355	15. 57	0. 002	23. 558	5. 62	0. 018	nd	0. 096	nd	0. 00342	0. 013
刘草坡排污口	7 月 9 日	6	0. 427	0. 068	0. 026	2. 4	0. 003	3. 087	1. 52	0. 015	nd	0. 059	0. 0009	0. 00438	nd

注:黄色表示系统报警;红色表示超过地表水环境质量标准Ⅲ类标准或渔业水质标准; nd 表示未检出。

从水质分析情况看（表13-2-1和表13-2-2），香溪河TN和汞含量超标，氨氮、TP、铜和铅部分时段超标，而镉和锌等重金属含量均符合地表水环境质量标准。水体物理参数中，排污口水样具有较低的DO及较高的电导率和浊度，个别水样pH超标。

预警系统报警原因，其中，第7天和第14天时，监测的水样为监测断面抽取的河水，水体化学指标TN和汞浓度升高，均来自上游污水的排放；第21天，报警水样来自香溪河上游兴发集团刘草坡排污口，化学指标中TN、TP、氨氮、亚硝酸盐、铅和汞均超标；第22天，来自峡口排污口排放的污水，叶绿素浓度显著超标；第27天，来自农田面源污染的影响，主要表现为TN、TP、氨氮、亚硝酸盐和铜含量显著超标；第29天，来自昭君镇排污水样，主要化学指标TN、TP、氨氮、亚硝酸盐、铜和铅等均超标；第30天，同样受昭君镇污水影响，TN、TP、氨氮、亚硝酸盐、铅和汞均超标；第31天，受到香溪水泥厂排污的影响，TN、TP、氨氮、铜、铅和汞超标；第32天，受到刘草坡化工厂排污口污水影响，TN、铜、铅和汞超标（表13-2-3）。

表13-2-3　三峡水库香溪河生物早期预警系统示范预警原因

序号	时间	警告鱼条数	VF变化	VA变化	原因分析	化学指标
1	6月8～10日	—	—	—		
2	6月11日	5	↑	↓		
3	6月12日	3	↓	↓		
4	6月13日	2	↓	↓		
5	6月14日	8	↑	↑		TN升高，汞升高
6	6月15日	0	→	→		
7	6月16日	0	→	→		
8	6月17日	0	→	→		
9	6月18日	0	→	→		
10	6月19日	2	↓	↑		
11	6月20日	3	↑	↑		
12	6月21日	7	↑	↓		TN升高，汞升高
13	6月22日	3	↓	↑		
14	6月23日	2	↓	↓		
15	6月24日	3	↓	↑		
16	6月25日	3	↑	↑		
17	6月26日	4	↓	↑		
18	6月27日	0	→	→		

续表

序号	时间	警告鱼条数	VF变化	VA变化	原因分析	化学指标
19	6月28日	7	↑	↑	兴发集团刘草坡排污口	TN、TP、氨氮、亚硝酸盐、铅和汞升高
20	6月29日	8	↑	↑	峡口排污口	叶绿素升高
21	6月30日	1	↑	↑		
22	7月1日	0	→	→		
23	7月2日	0	→	→		
24	7月3日	0	→	→		
25	7月4日	6	↑	↑	农田面源污染污水	TN、TP、氨氮、亚硝酸盐和铜升高
26	7月5日	5	↑	↓		
27	7月6日	8	↑	↑	昭君镇上游排污口	TN、TP、氨氮、亚硝酸盐、铜和铅升高
28	7月7日	7	↑	↑	昭君镇下游排污口	TN、TP、氨氮、亚硝酸盐、铅和汞升高
29	7月8日	6	↓	↑	葛洲坝香溪水泥厂	TN、TP、氨氮、铜、铅和汞升高
30	7月9日	6	↑	↑	刘草坡化工厂排污口	TN、铜、铅和汞升高
31	7月10日	2	↑	↓		
32	7月11日	3	↑	↓		
33	7月12日	2	↑	↓		

注：↑为上升；↓为下降；→为不变。

对比预警系统预警情况和水质分析结果，现场测试预警时重金属含量均在实验室获得的预警浓度阈值以下，报警主要由水体氮、磷和DO等引起。虽然水体汞含量超标，但监测结果显示报警情况并非完全由汞超标引起。由于未进行甲基汞的毒性实验和分析，报警原因有待进一步的求证。而干流沿线的废污水排放口水样均出现报警情况，说明香溪河干流存在点面源污染的环境风险。

三峡水库野外现场预警监测试验表明，以鱼类为传感生物的生物预警方法能较好地预警水环境的潜在生态风险，包括生活污水、养殖废水和工业污水等点源污染以及雨水径流的农业面源污染。利用鱼类作为传感生物的预警系统能在不同阈值范围内有效报警，起到良好的预警效果，能为对企业偷排和突发性污染事故等作出快速响应提供保障。

13.3 水华预警预测技术研究

13.3.1 基于机理模型的水华预警模拟技术研究

水华现象实质为以浮游植物为主的浮游生物在一定环境条件下的暴发性生长。依据该生态机理，基于基本的浅水湖泊二维水动力和物质输移的基本方程，将浮游植物生态学机理中较为成熟的动力学方程耦合到物质输移方程的源汇项，构建了综合考虑水动力条件、气象条件、营养盐条件和底泥影响及浮游植物生态动力学的蓝藻生消耦合模型。

13.3.1.1 浅水湖泊水动力学模型

应用二维非恒定流浅水方程组描述太湖梅梁湾重污染区风生流与吞吐流协同作用下的浅水湖泊水动力特征。采用有限体积法及黎曼近似解对方程组进行数值求解，一方面保证了数值模拟的精度，另一方面使方程能模拟包括恒定、非恒定或急流和缓流的水流水质状态。

有限体积黎曼近似解法，通过有限体积法的积分离散并利用通量的坐标旋转不变性，把二维问题转化为一系列局部的一维问题进行求解。首先根据计算区域的天然地形采用任意三角形组成的无结构网格剖分计算区域。然后逐时段地用有限体积法对每一单元建立水量、动量和浓度平衡，确保其守恒性，用黎曼近似解计算跨单元的水量和动量的法向数值通量，从而模拟出太湖梅梁湖湖区的水流过程。

（1）模型基本方程

二维浅水方程和对流—扩散方程的守恒形式可表达为

$$\frac{\partial h}{\partial t}+\frac{\partial(hu)}{\partial x}+\frac{\partial(hv)}{\partial y}=0 \tag{13-1}$$

$$\frac{\partial(hu)}{\partial t}+\frac{\partial(hu^2+gh^2/2)}{\partial x}+\frac{\partial(huv)}{\partial y}=gh(s_{0x}-s_{fx}) \tag{13-2}$$

$$\frac{\partial(hv)}{\partial t}+\frac{\partial(huv)}{\partial x}+\frac{\partial(hv^2+gh^2/2)}{\partial y}=gh(s_{0y}-s_{fy}) \tag{13-3}$$

式中，h 为水深；u 和 v 分别为 x 和 y 方向垂线平均水平流速分量；g 为重力加速度；s_{0x} 和 s_{fx} 分别为 x 向的水底底坡和摩阻坡度；s_{0y} 和 s_{fy} 分别为 y 向的水底底坡和摩阻坡度。

（2）定解条件

1）初始条件：

$$\begin{cases} u(t,\ h)\big|_{t=t_0}=u_0 \\ v(t,\ h)\big|_{t=t_0}=v_0 \end{cases}$$

式中，u_0 和 v_0 分别为初始流速在 x 和 y 上的分量；计算时取流速 $u_0=0$ 和 $v_0=0$；初始水位 h_0，可以根据实测资料给定。

2）边界条件。对太湖梅梁湖湖区各入湖河流边界处采用水位或流量过程控制方法。

13.3.1.2 污染物扩散及水质变化模型

将污染物扩散模型、污染物衰减模型和溶解氧（DO）模型等污染物进程模型与水动力模型耦合求解，得到水动力-水质一体化模型。

（1）污染物扩散模型

梅梁湖污染物扩散应用二维对流-扩散方程描述：

$$\frac{\partial(hC_i)}{\partial t}+\frac{\partial(huC_i)}{\partial x}+\frac{\partial(hvC_i)}{\partial y}=\frac{\partial}{\partial x}\left(D_x h\frac{\partial C_i}{\partial x}\right)+\frac{\partial}{\partial y}\left(D_y h\frac{\partial C_i}{\partial y}\right)-k_{C_i}hC_i+S_i \tag{13-4}$$

式中，C_i 为污染物（COD、BOD、NH_4-N、DO、TP 和 TN）的垂线平均浓度；D_x、D_y 分别为 x 方向、y 方向的扩散系数；k_{C_i}是各污染物综合降阶系数；S_i为各污染物源汇项。

1）初始条件：初始的污染物浓度 C_0，采用实测数据代入。

2）水质边界。①开边界。太湖梅梁湖湖区各入湖河流边界处污染物随着水流进出该边界，在入流边界给定污染物浓度过程 $C_i(t)$，而在出流边界处给以污染物浓度梯度 $d(C_i)/d_n$；②点源污染。如果梅梁湖周边地区有相关的工业废水和生活污水，通常给出污水排放速率（kg/s）。

（2）水质变化过程及模型

梅梁湖污染物在运移扩散的同时自身还存在诸多变化过程。其中，衰减污染物模型、温度模型和 DO 模型为应用较多的水质变化过程计算过程模式。

1）衰减模型。TP、TN 及高锰酸盐污染物为耗氧有机物，它们的移动过程中会伴随着发生衰减变化。选择衰减模型描述梅梁湖污染物的衰减：

$$\frac{\partial C}{\partial t}=-KC \tag{13-5}$$

式中，K 为衰减率（1/s）；C 为污染物浓度（kg/m^3）。

2）DO 模型。梅梁湖水体中 DO 的主要来源：①大气复氧；②光合作用；③支流与污水中的 DO。水体内部 DO 汇：①碳化废弃物的氧化耗氧；②氧化废弃物的氧化耗氧；③底泥耗氧；④水生植物呼吸作用耗氧。这可以总结为一个平衡式：$V\frac{dC}{dt}$ = 大气复氧+（光合作用-呼吸作用）-氧化-生物耗氧-泥沙耗氧 ± 氧的迁移（进入或移出该段）。

大气复氧以下列公式表示：

$$\frac{dDO}{dt}=K_{air}(DO_S-DO) \tag{13-6}$$

其中，

$$DOS=1.43[(10.291-0.2809T+0.006\,009T^2-0.000\,063\,2T^3)-0.607S(0.1161-0.003\,922T+0.000\,063\,1T^2)] \tag{13-7}$$

式中，DO 为溶解氧浓度（mg/L）；DO_S 为饱和溶解氧浓度（mg/L），与水体的温度与盐度有关，T 为水面温度（℃）；S 为水体的盐度（%）；K_{air}为降解率（1/h），表示成与水的深度和流速的函数，$K_{air}=5.33v^{0.67}h^{-1.85}$（$h\leqslant 2.12$m），$K_{air}=3.93v^{0.5}h^{-1.5}$[$h>2.12$m，且 $v<(1.68h^{0.3689}-1.433)$m/s]，$K_{air}=5.02v^{0.969}h^{-1.673}(1/h)$，其中 V 为流速(m/s)，h 为水深(m)。

3）生物耗氧量模型。最终生物耗氧量 BOD_u，用 5 日生化需氧量 BOD_5 表示，即用 5d

以上的污染物降解的耗氧量表示。

$$BOD_u = \frac{BOD_5}{1-[(1-\alpha)\exp(-5K_f)+\alpha\exp(-5K_s)]} \tag{13-8}$$

式中，α 为快慢 BOD 的比例；K_f为快 BOD 的反应率；K_s为慢 BOD 的反应率。

13.3.1.3 蓝藻生消耦合模型

（1）基本方程

1）浮游植物动力学的基本方程：

$$S_{K4j} = (G_{p1j} - D_{p1j} - K_{s4j})C_{4j} \tag{13-9}$$

式中，G_{p1j} 为温度、太阳辐射和营养盐浓度影响下藻类生长率的影响项；D_{p1j} 为藻类消亡影响项，包括藻类自身死亡和被浮游动物捕食等；K_{s4j} 为沉降对藻类生长率的影响项；C_{4j} 为藻类生物量。

A. G_{p1j}影响项的计算公式为

$$G_{p1j} = k_{1c}X_{RTj}X_{RIj}X_{RNj} \tag{13-10}$$

式中，k_{1c} 为 20℃时藻类最大增长速率 $1/D$；X_{RTj} 为温度对藻类生长率的影响项；X_{RIj} 为太阳辐射对藻类生长率的影响项；X_{RNj} 为营养盐浓度对藻类生长率的影响项：

$$X_{RTj} = \theta_{1c}{}^{T-20} \tag{13-11}$$

$$X_{RIj} = \frac{e}{K_eD}\left[\exp\left\{-\frac{I_o}{I_s}\exp(-K_eD)\right\} - \exp\left(-\frac{I_o}{I_s}\right)\right] \tag{13-12}$$

式中，θ_{1c} 为温度系数；e 为自然对底数；I_o 为白天水面下平均入射光强；I_s 为浮游植物饱和光强；K_e 为光照衰减系数，通过藻类浮游植物的衰减系数 k_{eshd} 来计算，表达式为

$$k_{eshd} = 0.0088P_{chl} + 0.054P_{chl}^{0.67} \tag{13-13}$$

式中，P_{chl} 为浮游植物叶绿素的浓度。

$$X_{RNj} = \min\left[\frac{DIN}{K_{mN}+DIN}, \frac{DIP}{K_{mP}+DIP}\right] \tag{13-14}$$

式中，DIN 为溶解态氮；DIP 为溶解态磷；K_{mN} 为氮半饱和常量；K_{mP} 为磷半饱和常量。

B. D_{p1j}影响项的计算公式为

$$D_{p1j} = K_{1R}(T) + K_{1D} + K_{1G}Z(t) \tag{13-15}$$

式中，K_{1D} 为藻类死亡率；K_{1G} 为浮游植物被每单位浮游动物的捕食率；$Z(t)$ 为浮游动物中吞食浮游植物的数量；$K_{1R}(T)$ 为浮游植物内在呼吸速率，表达式为

$$K_{1R}(T) = K_{1R}(20℃)\theta_{1R}^{(T-20)} \tag{13-16}$$

式中，K_{1R}（20℃）为浮游植物在 20℃时的内在呼吸速率；θ_{1R} 为温度系数。

二维浅水动力学和物质输运的基本方程式。可通过向量形式表达：

$$\frac{\partial q}{\partial t} + \frac{\partial f(q)}{\partial x} + \frac{\partial g(q)}{\partial y} = b(q) \tag{13-17}$$

式中，$q=\{h, hu, hv, hc_i\}^T$，为守恒物理量；$f(q)=\{hu, hu^2+gh^2/2, huv, huc_i\}^T$，为 x 向通量；$g(q)=\{hv, huv, hv^2+gh^2/2, hvc_i\}^T$ 为 y 向通量；$b(q)=\{b_1, b_2, b_3, b_4\}^T$，这里 $b_1=0$，$b_2=gh(s_{ox}-s_{fx})+s_{wx}$，$b_3=gh(s_{oy}-s_{fy})+s_{wy}$，$b_4=\nabla[D_i\nabla(hC_i)]+S_i/A$（$\nabla$为梯度算子，$\nabla\cdot\nabla=\nabla^2$是 Laplace 算子）。

有限体积法从物理规律出发，每一离散方程都是某物理量的守恒表达式，推导过程物理概念清晰，并可以保证离散方程的守恒特性。本研究采用了无结构网格进行区域离散（图 13-7），耦合方程的求解采用了有限体积法，并在此框架下应用通量向量分裂格式计算各跨单元边界的数值通量，进而求得方程的数值解，使得模型既适应了梅梁湖水域边界曲折的特点，又能使模型具有较高的计算效率和计算精度（图 13-8）。

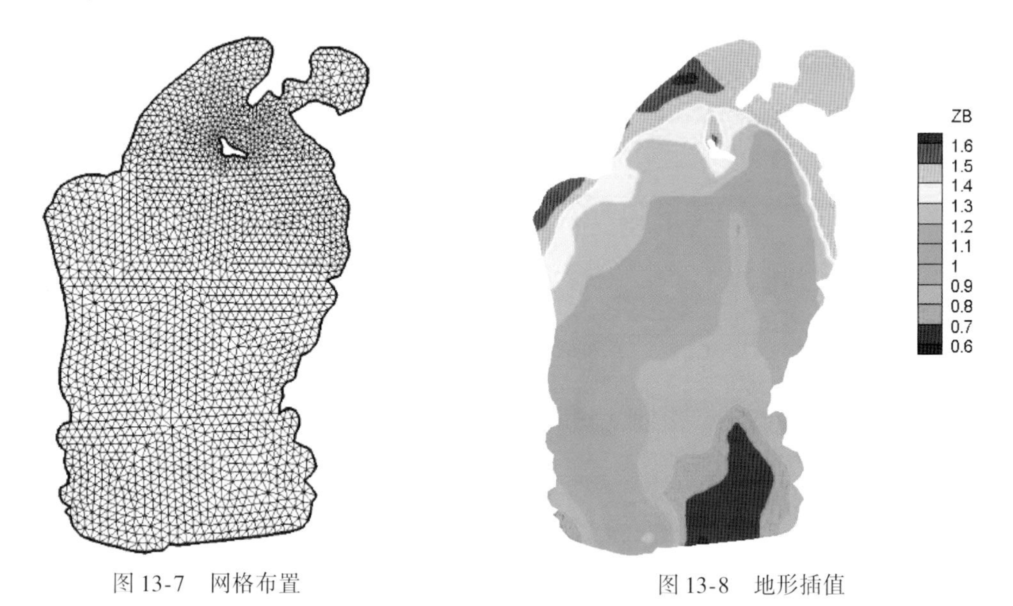

图 13-7　网格布置　　　　图 13-8　地形插值

（2）模型构建及计算

梅梁湖蓝藻预测预警模型为浅水湖泊二维生态系统动力学模型。浮游植物的种类繁多，监测资料缺乏对各种不同浮游植物的具体监测数据，而 Chl-a 是藻类重要的组成成分之一，所有的藻类都含有 Chl-a，因此，在模拟过程中将 Chl-a 的浓度作为浮游植物的表征因子。在无详细的同期水动力与水质因子监测资料的前提下，以构建的大太湖模型应用 2000 年 5 ~8 月引调水实验数据进行参数率定。针对蓝藻预测，应用 2010 年 12 月 9 日到 2011 年 1 月 24 日梅梁湖加密监测的 Chl-a 浓度数据进行验证。

1）计算时段。考虑实际调水时间，模拟计算时段 3000h，考虑计算稳定性和精度的需要，时间步长设置为 6s。

2）边界条件。在模型应用的简化中将每月中旬的测量值作为该月的月平均值，因此可以将 2011 年 5 月 4 日至 2011 年 6 月 27 日太湖环湖出入湖河流实测的月平均流量和污染负荷量的月平均浓度作为水量和水质的边界条件。

3）初始条件。各计算域内单元初始水位取为 2. 91m，单元内水体流速初始值设为 0. 00m/s，各单元初始污染物浓度根据太湖的水功能划分情况参照地表水环境质量标准给定。

4）气象条件。监测预报期间，太湖的主导风向为东南风，平均风速为 3. 6m/s，风阻系数为 0. 0026，空气密度为 0. 001 29g/cm^3。

（3）模型率定验证分析

1）模型水动力与水质率定结果。由于模型模拟了梅梁湖2011年5月4日~6月27日的水位变化，见图13-9。模拟时间很长，不能一一监测每个时间段的水质指标，因此以2011年7月11~17日梅梁湖湖区各水质监测点每日监测一次的TN和TP的浓度监测值为模型验证的标准。为便于分析，将这些测点处的TN和TP的计算浓度值绘成曲线图（图13-10），并将其与实测浓度值进行对比。

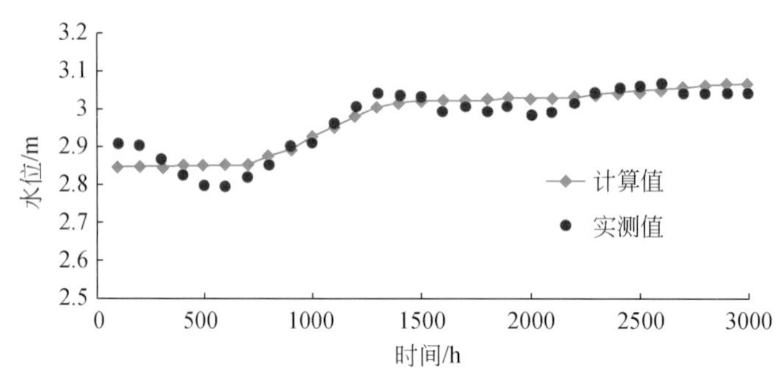

图13-9　太湖水位实测值与计算值对比结果

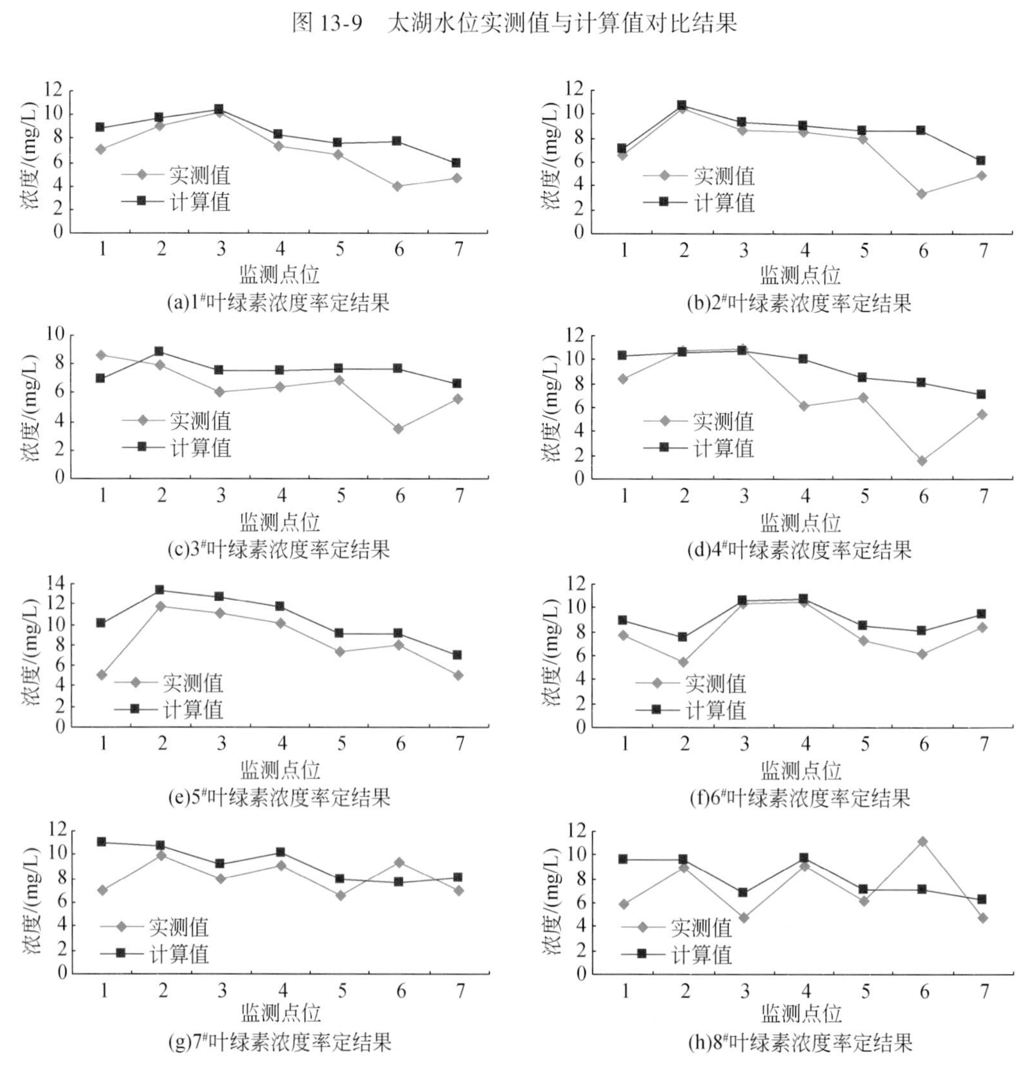

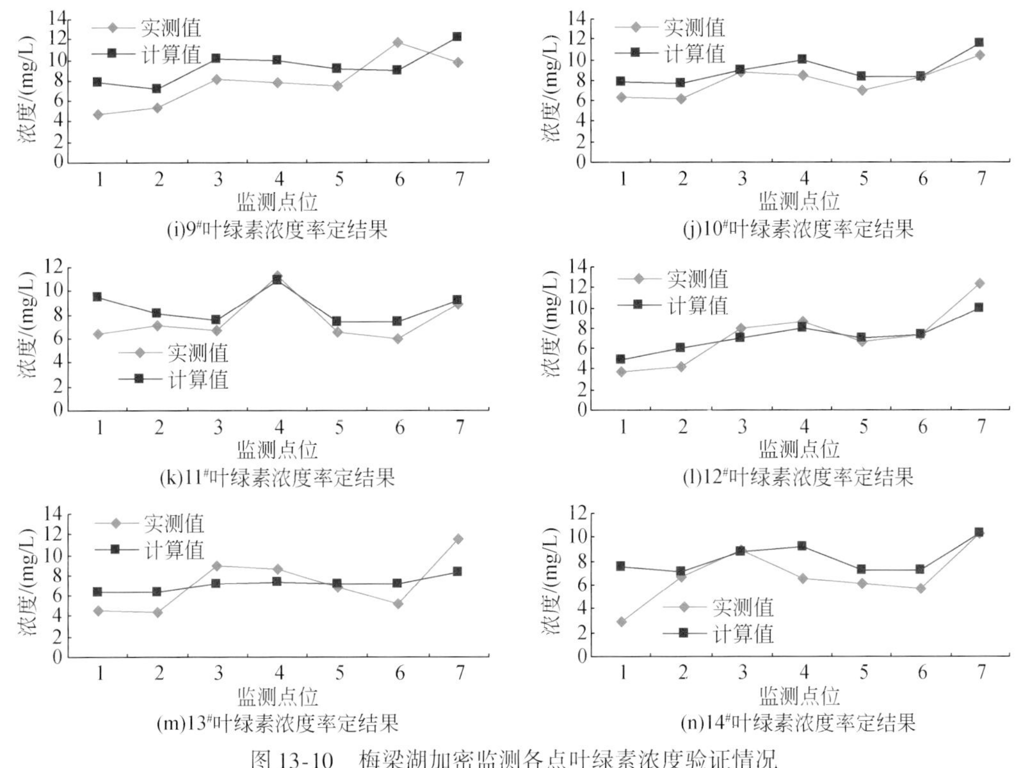

图 13-10　梅梁湖加密监测各点叶绿素浓度验证情况

利用该模型模拟计算的太湖 TN 和 TP 浓度的变化过程与 TN 和 TP 的实际变化过程基本相符。数值模拟所得的 TN 和 TP 浓度与实测的 TN 和 TP 浓度之间的相对误差统计结果见表 13-7。

表 13-7　大模型 TN 和 TP 浓度计算值与实测值误差统计

编号	测点名称	相对误差/%	
		TN	TP
1	闾江口	28.97	27.16
2	梅园	20.51	13.75
3	拖山	28.20	18.32
4	五里湖	23.62	21.95
5	小湾里	22.95	21.95

从表 13-7 中可以看出，该模型对 TN 和 TP 浓度变化的计算值与实测值之间的平均相对误差大部分都控制在 20% ~30%，表明该模型对类似于太湖的大型浅水湖泊的水质模拟具有较高的精度，模型中各种参数的选择是较为合理的。参数率定结果见表 13-8。

表 13-8　模型主要参数率定结果

参数名称	符号	数值	单位
20℃大气复氧系数	K_2	0.2	1/d
20℃还原系数	K_D	0.18	1/d
20℃硝化率	K_{12}	0.13	1/d
20℃浮游植物呼吸率	K_{1R}	0.125	1/d
有机碳分解率	K_{DS}	0.0004	1/d
底泥孔隙水的弥散系数	E_{DIF}	0.0002	m^2/d
有机物沉降率	V_{SC}	0.024	m/d
反硝化率	K_{2D}	0.091	1/d
浮游植物分解率	K_{PZD}	0.02	1/d
有机颗粒悬浮速率	V_{R3}	0.1	m/d
浮游植物死亡率	K_{1D}	0.02	1/d
20℃有机氮的矿化率	K_{71}	0.064	1/d
20℃最大增长率	K_{1C}	2.0	1/d
有机氮分解率	K_{OND}	0.0034	1/d
20℃有机磷的矿化率	K_{83}	0.013	1/d
有机磷分解率	K_{OPD}	0.0031	1/d
曼宁粗糙系数	n	0.026	无
x 方向的扩散系数	D_{ix}	0.6	m^2/s
y 方向的扩散系数	D_{iy}	0.6	m^2/s

2）梅梁湖模型叶绿素率定与验证。应用模型率定的水动力和水质相关参数进行梅梁湖模型叶绿素浓度验证。模型计算以叶绿素浓度为主，简化各项计算条件。叶绿素初始场根据初始时刻监测点实测数据插值形成，边界条件对应监测间隔时段取监测点的平均值。各计算点的验证结果如图 13-10 所示，各时刻叶绿素浓度场图见图 13-11，计算值与实测值的相对误差见表 13-9。

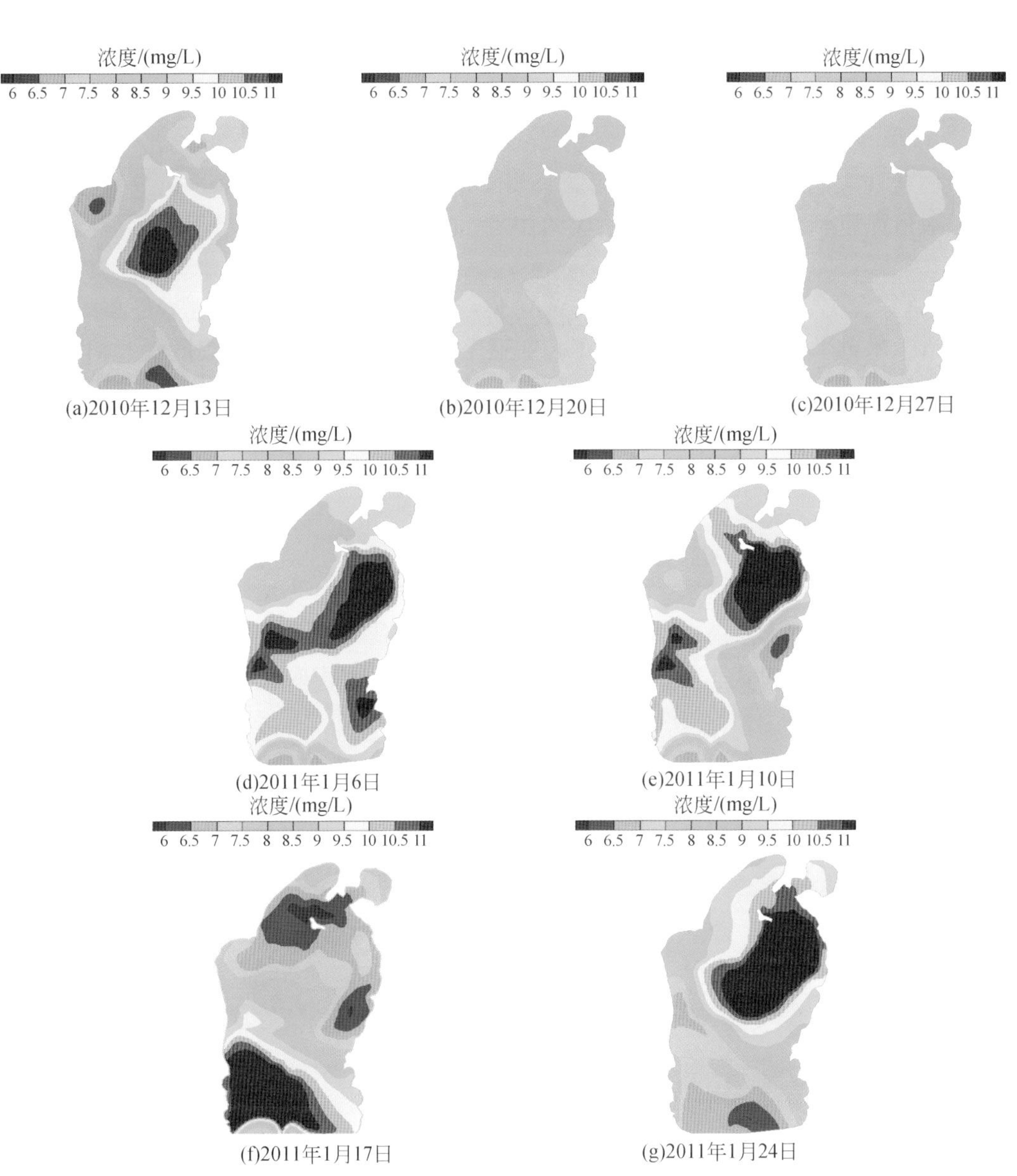

图 13-11　梅梁湖加密监测验证计算叶绿素浓度场

表 13-9　叶绿素浓度计算值与实测值误差统计

测点编号	相对误差/%						
	12 月 13 日	12 月 20 日	12 月 27 日	1 月 6 日	1 月 10 日	1 月 17 日	1 月 24 日
1#	20.90	7.79	3.44	11.38	20.90	49.61	21.40
2#	7.80	2.51	7.45	7.80	7.30	61.81	19.93
3#	-24.10	10.94	20.32	15.90	10.04	54.31	15.92
4#	19.00	-0.28	-1.58	39.60	20.00	81.44	23.62
5#	49.15	11.21	12.46	13.68	20.31	12.95	28.06
6#	14.25	28.67	2.83	3.61	14.25	24.03	10.83

续表

测点编号	相对误差/%						
	12月13日	12月20日	12月27日	1月6日	1月10日	1月17日	1月24日
7#	36.88	7.30	14.04	11.22	18.03	-21.92	13.47
8#	38.80	7.96	29.72	6.28	14.21	-56.64	25.63
9#	40.43	26.49	19.80	22.08	17.04	-31.55	20.69
10#	19.75	18.85	1.01	14.49	15.66	-0.85	9.72
11#	32.42	11.58	11.38	-4.24	11.32	18.48	3.37
12#	45.40	38.31	-14.78	-23.39	5.31	-6.32	-76.22
13#	29.58	30.82	-25.70	-19.02	2.68	28.08	-39.09
14#	59.84	5.63	-3.09	28.03	15.63	20.72	-0.29

13.3.2 基于遥感反演的水华预警预测技术研究

迄今为止，我国的绝大部分湖泊或水库都不同程度地发生了富营养化现象。水质下降，生态系统被破坏，湖泊富营养化已成为严重的环境问题。目前，国内外有害藻华的预警和预报技术主要是针对有害藻华的发生和运动进行监测和预测，运用卫星遥感监测技术可对湖库中有害藻华的运动较成功地进行预测预警。

研究以太湖流域为主要研究对象，选取2009年、2010年和2011年太湖流域所有蓝藻暴发期的影像，数据源为HJ-1A/B多光谱影像及MODISL1B 1000m/250m中分辨率影像，对影像进行几何校正、大气校正、云层检测和太湖湖区矢量裁切等预处理，利用蓝藻水华对不同波段的敏感特性，构建合适的模型从遥感影像上提取蓝藻信息。结合ENVI 4.5软件和C#汇编语言，编写了HJ-1A/B多光谱影像及MODISL1B的1000m/250m中分辨率遥感影像蓝藻批处理程序，使对遥感影像的预处理及蓝藻信息提取进行了自动化实现。

搜集了太湖周边共15个气象站点的水温、日照、降雨量以及风速等气象数据，对其进行插值分析，并采用WRFV 3.1数值模式，以（NECP）气象场作为背景场，耦合地形和水汽之间的交换等物理过程，对太湖湖面中高时空分布的风速和风向等进行模拟。最后将风场的模拟结果与遥感影像的监测结果进行比对验证。

通过开展太湖流域地表温度与地表类型的关系分析和波浪与湖流对水体中营养盐、光及有效辐射的影响等研究，在进行SWAN和FVCOM模式耦合的底泥再悬浮及藻类生长输移模拟的基础上，构建了太湖蓝藻水华遥感监测及预警模型，快速获得太湖蓝藻水华空间分布信息，为太湖大尺度蓝藻水华动态监控与预警提供了技术手段。

13.3.2.1 卫星遥感数据与预处理

本研究共搜集了2009年、2010年和2011年所有蓝藻暴发时期包括HJ-1A/B和MODISL1B和250m空间分辨率和1000m空间分辨率共78景影像。分别对遥感数据进行辐射订正、大气校正和几何纠正。影像日期如下。

1）2009 年的 6 月 3 ~ 5 日，7 月 2 ~ 4 日，7 月 19 ~ 21 日，8 月 17 ~ 19 日，9 月 10 ~ 11 日，10 月 14 ~ 15 日，10 月 17 ~ 18 日，10 月 20 ~ 24 日，11 月 5 ~ 6 日。

2）2010 年的 8 月 1 ~ 4 日，8 月 12 ~ 15 日，8 月 18 ~ 20 日，9 月 6 ~ 9 日，10 月 4 ~ 6 日，10 月 15 ~ 17 日，10 月 30 至 11 月 1 日，11 月 6 ~ 10 日，11 月 25 ~ 27 日，12 月 20 ~ 23 日。

3）2011 年的 9 月 3 ~ 4 日，9 月 14 ~ 16 日，9 月 23 ~ 24 日，11 月 11 ~ 13 日，11 月 20 ~ 21 日，11 月 24 ~ 27 日。

13.3.2.2 遥感反演模型的建立

(1) 叶绿素浓度模型计算

藻类属低等浮游植物，细胞中含有叶绿素，其光谱特征和陆地植被是类似的，即在可见光波长范围内存在绿色光谱反射峰；在红外波段，因为藻类细胞结构特点也存在着强烈的反射峰。有研究表明，叶绿素浓度实测值和波段反射率的比值 RIR/RR 呈现明显的线性关系。波谱响应分析也表明，近红外通道对藻类信息反应明显。在蓝藻水华区域，近红外波段反射率为高值，与背景水面的低值形成明显对比。因此，估算太湖的叶绿素浓度能够更准确地提取蓝藻水华信息。

对于不同湖泊叶绿素含量进行遥感监测时，常用的方法是对近红外与红波段的反射率比值、红波段和蓝波段的反射率比值及 660 ~ 680nm 和 685 ~ 715nm 附近波段的各种组合进行试验，找出最佳的反演波段组合。MODIS 的 1 和 2 波段分别属于红光波段和近红外波段，波长范围分别为 0.620 ~ 0.670μm 和 0.841 ~ 0.876μm；HJ-1A/B 数据 3 和 4 波段分别属于红光波段和近红外波段，波长范围分别为 0.63 ~ 0.69μm 和 0.76 ~ 0.90μm。本研究共尝试建立了一些叶绿素浓度反演模型，见表 13-10。

表 13-10　叶绿素浓度反演模型

序号	模型	因变量	Person 系数	拟合度 R^2
1	[Chl-a] $=-1649x+823.945x^2+834.425$	R_{682}	0.89	0.81
2	[Chl-a] $=7785.838x+329335x^2+29.066$	R_{682}	0.91	0.84
3	[Chl-a] $=82.773x-613.877x^2+2.822$	R_{693}	0.93	0.87
4	[Chl-a] $=21.075x+3436.034x^2+0.619$	R_{686}	0.92	0.88
5	[Chl-a] $=292.772x+4684.906x^2+3.28$	R_{633}	0.92	0.85
6	[Chl-a] $=79.386x-16.092$	R_{IR}/R_R	0.90	0.86

经多种模型的比较验证发现，所建立的反演模型的拟合度均达到了 0.8 以上，均能满足叶绿素浓度反演的要求。其中，模型 1 至模型 5 均为二次方模型，模型 6 为线性模型。就拟合精度而言，模型 6 不是最优模型，但就稳定性和普适性而言，模型 6 要优于其他的模型。本研究中数据源有两种，相比而言，模型 6 的适应性要好。因此，本研究中叶绿素的浓度（μg/L）将采用模型 6 即 [Chl-a] = 79.386 ×（RIR/RR）− 16.092 进行计算，MODISL1B 数据比值为 B2/B1，HJ-1A/B 数据比值为 B4/B3。提取结果如图 13-12 所示。

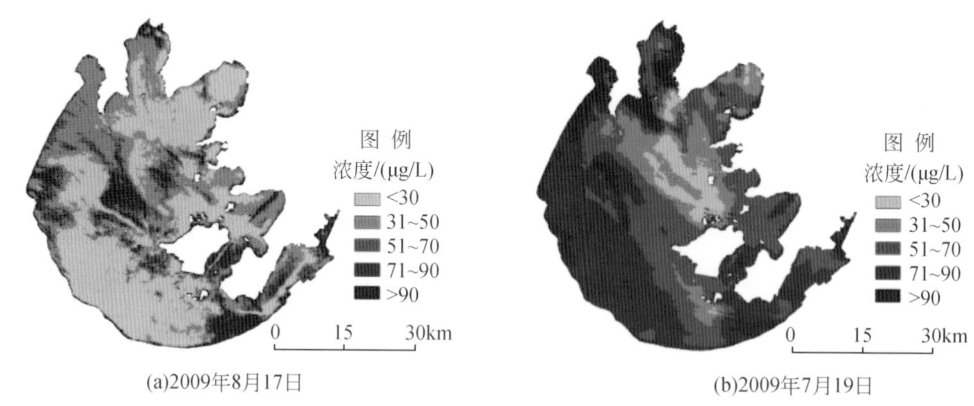

图 13-12　叶绿素浓度图（左为 HJ-1A/B 数 L1B 数据，右为 MODIS）

（2）蓝藻水华的识别与提取

由于部分浑浊水体近红外波段反射率相对较高，蓝藻水华光谱易与高浑浊水体混淆。通过各类典型地物 ETM 的光谱特征可以发现，浑浊水体的 DN 值从红光波段到近红外波段逐渐降低，而蓝藻正好相反。因此本研究也尝试利用 B4/B3 提取蓝藻，剔除高悬浮水体。

采用 B4/B3 大于 1 时发现，由于低浓度蓝藻没有完全覆盖水面，包含有水体信息，近红外波段反射率较低，导致有些蓝藻比值小于 1，对完全提取蓝藻造成了一定障碍。B4/B3 大于 0.9 时，某些高悬浮水体近红外反射率较高，还是被误识别为蓝藻水华。因此，采用此方法仍然存在着扩大或者减小蓝藻信息的问题。

MODIS 影像中，近红外波段（B2）与环境卫星多光谱影像的第四波段（B4）一样，是区分蓝藻水华与浑浊和清洁水体最好的波段。由于两种影像近红外波段的光谱分辨率设置的不一样，本研究也尝试了利用 ENVI4.8 Mask 工具，建立阈值，提取蓝藻水华，如图 13-13 和图 13-14 所示。

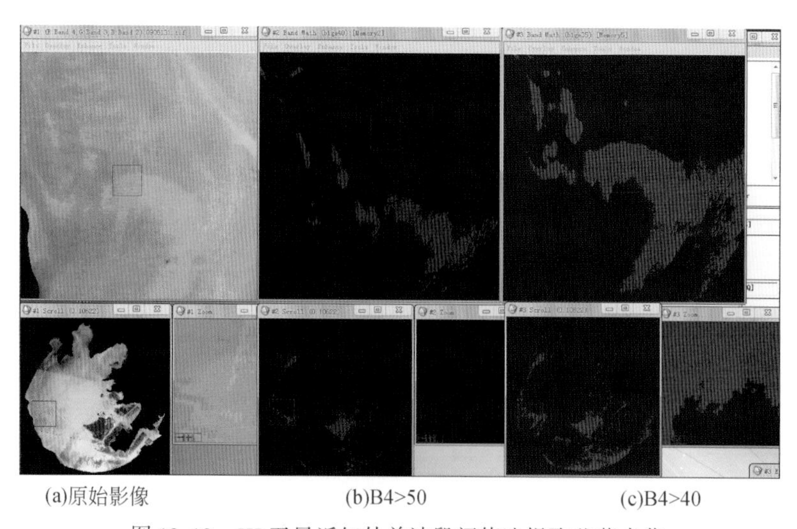

图 13-13　HJ 卫星近红外单波段阈值法提取蓝藻水华

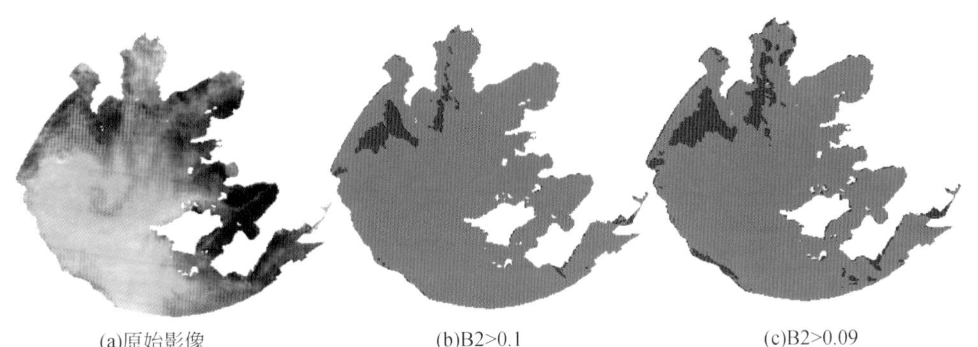

(a)原始影像　　(b)B2>0.1　　(c)B2>0.09

图 13-14　近红外单波段阈值法提取蓝藻水华

与上述环境卫星蓝藻水华信息提取方法一样，部分浑浊水体近红外波段反射率相对较高，蓝藻水华光谱易与高浑浊水体混淆，仅使用单波段容易扩大或者减小蓝藻信息。同时，由于蓝藻水华在近红外波段高反射，可见光波段低反射，而水体恰好相反，可见光波段反射率较高，而在近红外波段强吸收。因此，本研究同样尝试了利用近红外与可见光波段比值，区分蓝藻水华和其他水体，从而提取蓝藻。近红外波段与可见光波段比值，通常利用近红外波段（B2）与红光波段（B1）二者比值（B2/B1）区分蓝藻水华和水体。但同样由于高浑浊水体的缘故，B2/B1 也不好区分低浓度蓝藻和高浑浊水体（图 13-15 和图 13-16）。另外，从原始影像上不难发现，对湖心区的低浓度蓝藻，两种方法设定不同阈值都没有提取出来。

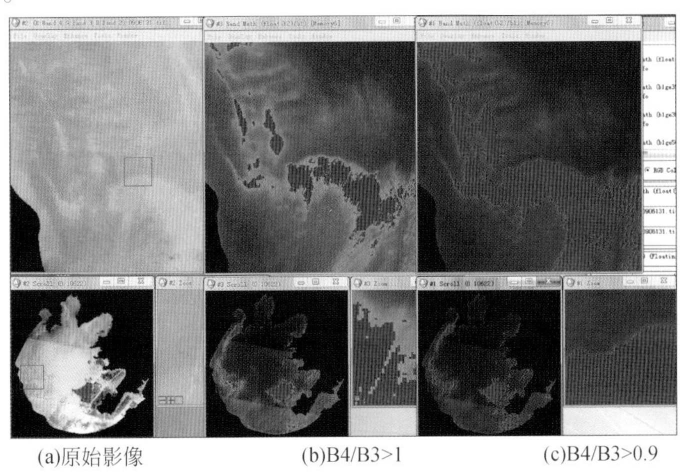

(a)原始影像　　(b)B4/B3>1　　(c)B4/B3>0.9

图 13-15　近红外波段与红光波段比值法提取蓝藻水华

(a)原始影像　　(b)B2/B1>1　　(c)B2/B1>0.9

图 13-16　MODIS 近红外波段与红光波段比值法提取蓝藻水华

通过以上各种实验和尝试，可知无论单波段还是波段比值，提取蓝藻水华都存在着问题，导致低浓度蓝藻信息提取不完全，或者与高悬浮水体混淆。再者，比值法提取蓝藻信息的阈值很难设定，不同的影像阈值也需要随之变动。对于本研究长时间序列的大量遥感影像蓝藻信息提取，需要一个统一的标准。

MODIS 的 1 和 2 波段分别属于红光波段和近红外波段，波长范围分别为 0.620 ~ 0.670μm 和 0.841 ~ 0.876μm。王得玉等研究表明，叶绿素浓度实测值和 MODIS 的 1 和 2 波段反射率的比值（r2/r1）呈现明显的线性关系，相关系数 R^2 达到 0.8147。波谱响应分析也表明，MODIS 卫星的第二个通道对藻类信息反应明显，蓝藻水华区域为高值，与背景水面的低值形成明显对比。

蓝藻水华暴发，水体中叶绿素浓度显著增加。蓝藻叶绿素浓度与 440nm 和 680nm 吸收系数呈正相关关系，水体可见光波段 440nm 和 680nm 反射率减小，吸收峰增加；蓝藻水体叶绿素浓度与位于 700nm 附近的反射峰高度呈正相关关系；同时，近红外波段具有明显的植被特征"陡坡效应"，反射率升高。影像本身 DN 值或者反射率值受天气等影响，不同的影像差别较大。相对而言，叶绿素浓度可以作为一个统一的标准对长时间序列的影像进行蓝藻水华信息的提取。因此，本研究参照了段洪涛等的太湖蓝藻水华监测方法，尝试根据太湖叶绿素浓度，找出区分蓝藻水华与水体的叶绿素浓度临界值，提取太湖蓝藻水华信息。

经过多次试验和反复比对验证，叶绿素大于 68μg/L 时，蓝藻水华信息提取较完全，基本上能够满足剔除高悬浮水体和提取低浓度蓝藻水华信息的要求（图 13-17 和图 13-18）。

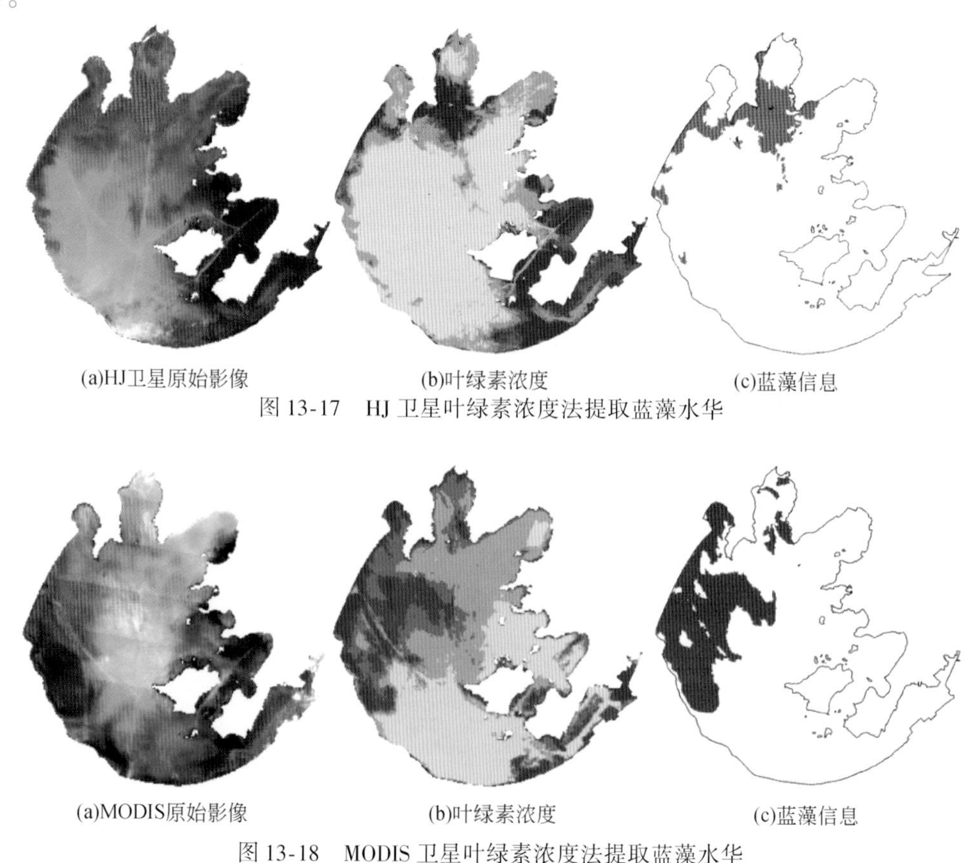

图 13-17　HJ 卫星叶绿素浓度法提取蓝藻水华

图 13-18　MODIS 卫星叶绿素浓度法提取蓝藻水华

13.3.2.3 太湖近三年蓝藻暴发时空变化分析

（1）近三年蓝藻暴发区域分布

依据2009～2011年81期遥感影像资料，获得3年来蓝藻水华空间分布统计结果见图13-19。

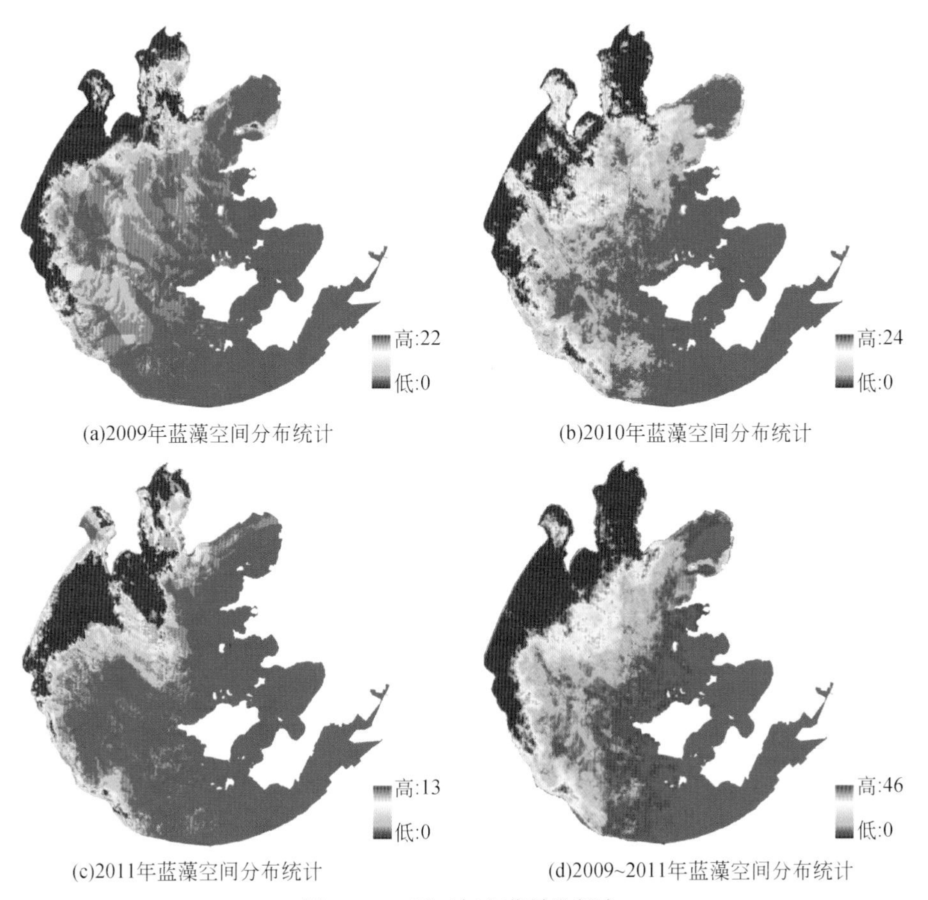

图13-19　近三年蓝藻暴发频次

从以上统计结果看，北部的竺山湖、梅梁湖、西部沿岸、南部沿岸部分区域以及湖心区西北角，都是蓝藻水华的高发区域；贡湖经过多年的治理，蓝藻水华暴发频次很低或几乎没有水华暴发；东太湖为水草等水生植被生长区，未曾有蓝藻水华出现过；西山岛的西北侧，蓝藻水华大规模暴发时，会从湖心漂移至此。从各个年份的蓝藻水华空间分布统计图来看，太湖蓝藻水华暴发频次的空间分布，由西北向东南方向递减。这与太湖北部水流平缓，流动性极差有关。太湖西北部行政区域属无锡宜兴市，宜兴市在太湖治理上还得付诸巨大的努力。

（2）近三年蓝藻暴发面积变化

太湖2009～2011年3年期间，从已有遥感影像数据获得太湖蓝藻水华暴发面积统计结果见图13-20～图13-22。

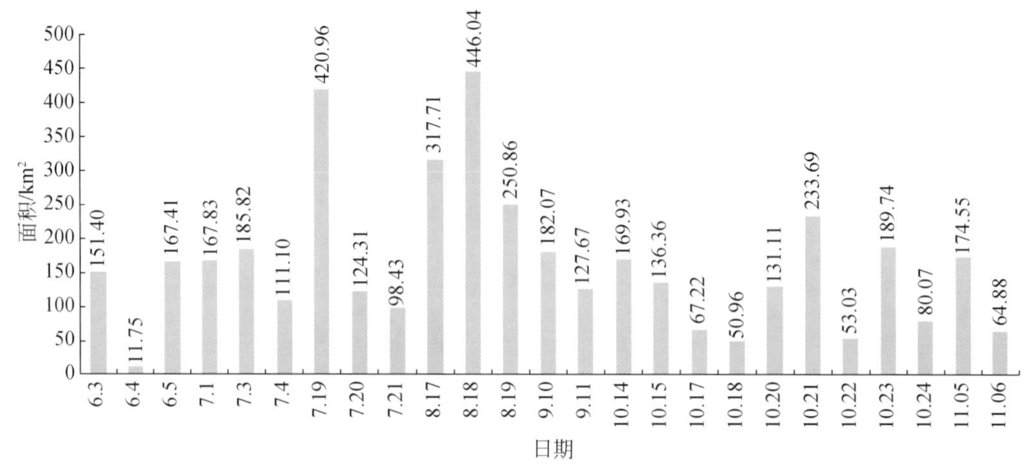

图 13-20　2009 年太湖蓝藻水华面积统计

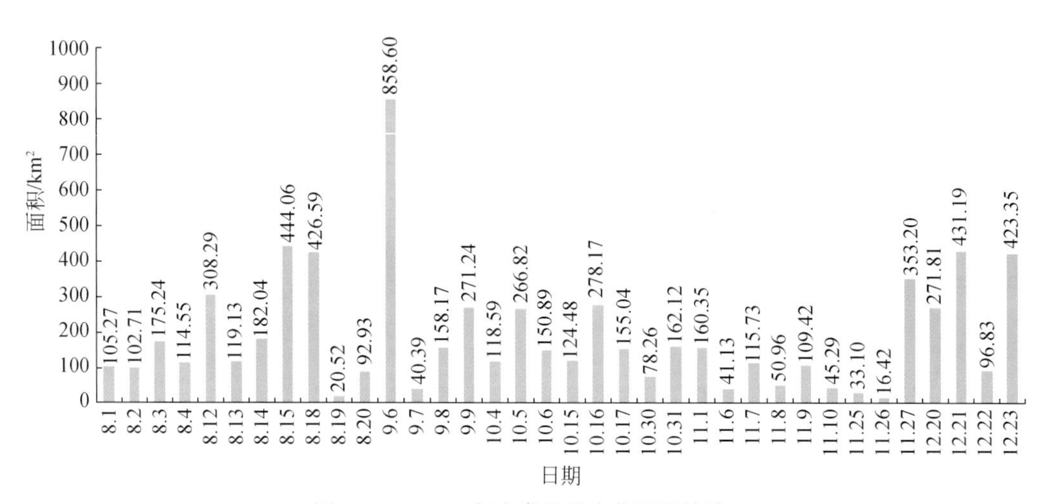

图 13-21　2010 年太湖蓝藻水华面积统计

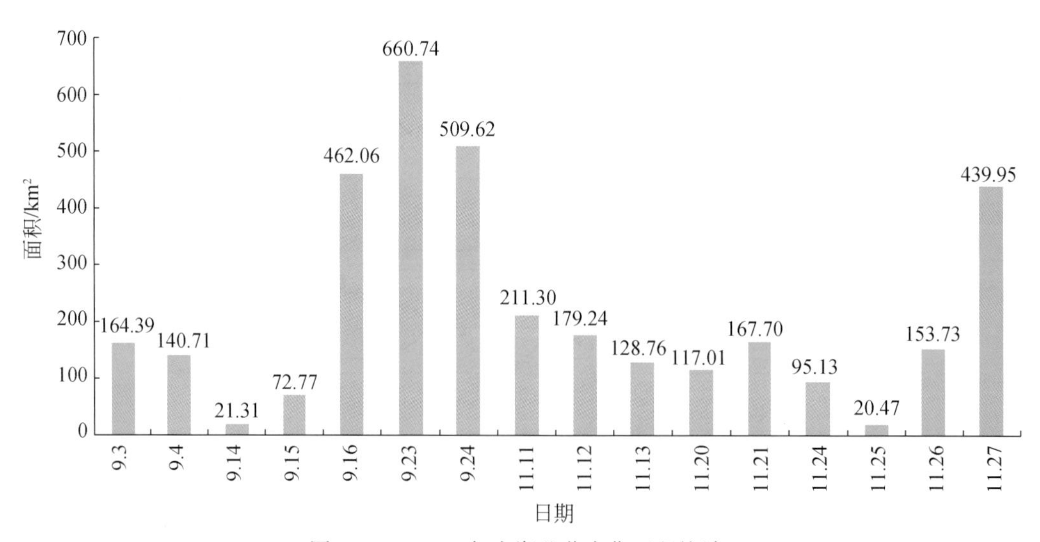

图 13-22　2011 年太湖蓝藻水华面积统计

本研究依据苏州市发布的蓝藻水华暴发规模统计资料，将面积在150km^{2}以下划分为轻度蓝藻水华，150～400km^{2}视为中度蓝藻水华，400km^{2}以上为重度蓝藻水华。由以上数据统计可知，在本研究的数据范围内，2009年的25次蓝藻水华中，有12次轻度蓝藻水华，11次中度蓝藻水华，2次重度蓝藻水华，面积最大为446.04km^2；2010年36次蓝藻水华中，18次轻度蓝藻水华，13次中度蓝藻水华，5次重度蓝藻水华，其中规模最大的一次暴发面积达到858.60km^2，蓝藻水华覆盖了将近整个湖区的一半；2011年7次轻度蓝藻水华，5次中度蓝藻水华，4次重度蓝藻水华，面积最大达到660.74km^2。2009～2011年，轻度蓝藻水华占各年份总次数的比例都是最大的，2009年48%，2010年50%，2011年44%。总体而言，太湖暴发的蓝藻水华多为轻度蓝藻水华，中度蓝藻水华暴发次数在逐年下降，重度蓝藻水华暴发次数在逐年增加。

13.3.3 基于长序列监测数据统计分析的水华预警预测技术研究

除了机理模型以及遥感反演等方法，利用水华发生区域长序列环境监测数据，通过多元回归、人工神经网络等统计分析方法，建立水华预警指标与环境因子的响应关系模型。本研究以三峡水库支流为例，研究了基于监测数据统计分析的水华预警预测模型技术。

13.3.3.1 因子分值-多元线性回归水华预警模型

由于三峡支流大宁河水华暴发藻种多样及各库湾水环境条件和藻类种群不同，因此如果能够用可以反映原资料的大部分信息的少数几个综合因子来描述许多指标或因素之间的联系，将会使问题简单化且大大提高预警模型的预测精确度。

(1) 模型参数的获取

监测指标包括透明度（SD）、水温（WT）、pH、电导率（TDS）、悬浮物（SS）、DO、高锰酸盐指数（COD_{Mn}）、TN、总溶解态氮（TDN）、TP和总溶解态磷（TDP）11个水质理化因子及水体表面流速（V）与叶绿素。由于这些原始自变量单位各不相同，因此通过自变量的相关矩阵获得特征值以及各变量负荷，每个因子的系数（coefficient）都表示相应变量的贡献百分比，也就是第i个原有变量在第k个因子变量上的负荷。

本研究中将Chl-a作为主要因变量，在因子分析获得自变量因子得分的基础上，采用多元线性回归方法，排除掉得分较小的因子（与叶绿素浓度相关性不明显的参数），构建叶绿素预测模型。

$$\log[\text{Chl-a}] = a+b_1s_1+b_2s_2+\cdots+b_ks_k$$

式中，a为常数；b_k为在第k个因子变量中因子得分的回归系数；s_k为第k个因子变量的得分值。

(2) 水华预测模型的构建

选取上述11个水质理化因子和水体表层流速V作为模型因变量。表13-11为因子特征值和方差贡献表。从表中可以看出前7个主因子已经解释了总体信息的89.9%。表13-12为因子分析中原有自变量在7个主成分中的负荷，所有的12个自变量都包含在这7个因子中，TP和TDP在PC1上有明显负荷；TN和TDN在PC2上有明显负荷；WT和TDS在PC3上有明显负荷；pH和DO在PC4上有明显负荷；SS和COD_{Mn}在PC5上有明显负荷；SD 在 PC6 上有明显负荷；V 在 PC7 上有明显负荷。

表 13-11　因子特征值和方差贡献率

	PC1	PC2	PC3	PC4	PC5	PC6	PC7	PC8	PC9	PC10	PC11	PC12
特征值	3.371	2.288	1.554	1.179	0.976	0.777	0.640	0.392	0.372	0.204	0.180	0.067
方差贡献率	0.281	0.472	0.601	0.699	0.781	0.845	0.899	0.931	0.962	0.979	0.994	1.000

表 13-12　子负荷和公共因子方差

自变量	因子载荷矩阵							公共因子方差
	PC1	PC2	PC3	PC4	PC5	PC6	PC7	
SD	—	—	-0.210	—	-0.193	0.901	0.113	0.909
WT	—	—	0.937	—	0.163	—	-0.110	0.922
pH	—	-0.213	0.347	0.830	—	0.130	—	0.888
TDS	—	-0.241	-0.772	—	—	0.413	—	0.842
SS	—	0.207	0.121	-0.178	0.863	—	-0.173	0.870
DO	-0.110	0.159	-0.172	0.869	—	-0.148	-0.154	0.877
COD_{Mn}	0.252	0.191	—	0.348	0.690	-0.337	—	0.812
TN	0.339	0.838	0.179	—	0.117	—	—	0.866
TDN	0.176	0.905	—	—	0.216	—	—	0.900
TP	0.925	0.252	—	—	0.148	—	—	0.955
TDP	0.953	0.194	—	—	—	—	—	0.956
V	—	—	—	-0.167	-0.158	—	0.959	0.986

我们选择这 7 个因子的分值（score values）作为自变量进行多元线性回归。其中 Score2 与叶绿素没有明显相关性，因此该分值在叶绿素预测模型中可以忽略不计。在 Score2 中主要包括 TN 和 TDN 两个水质指标，因此模型的预测回归模型为 log［Chl-a］= 0.583+0.038×（Score1）+0.090×（Score3）+0.098×（Score4）+ 0.082×（Score5）- 0.099×（Score6）-0.271×（Score7）。

（3）模型的验证

采用 2011 年监测数据对模型进行验证，在大宁河大昌站、双龙和龙门分别选取 6 个监测数据（共计 18 个），采用所构建模型分别加以验证，结果见表 13-13。由表可见，模型的预测误差在 4.5%～51.9%，虽然存在一定误差，但能够较好地预测叶绿素浓度的峰值时间点和发展趋势。模型中的原始自变量经因子分析获得因子得分，再以能代表大多数原始变量信息的因子得分作为自变量进行多元线性回归后，有 6 个分值与叶绿素浓度明显相关，R^2=0.773，最终只有原始变量 TN 和 DTN 被忽略不计。

表 13-13　模型验证结果

编号	叶绿素观察值/(μg/L)	叶绿素模型预测值/(μg/L)	预测偏差/%
1	1.41	1.86	31.9
2	1.54	2.12	37.7
3	3.18	2.71	-14.8

续表

编号	叶绿素观察值 /(μg/L)	叶绿素模型预测值 /(μg/L)	预测偏差 /%
4	12.45	10.12	-18.7
5	5.51	6.28	14.0
6	11.87	10.83	-8.8
7	1.64	2.17	32.3
8	1.06	1.61	51.9
9	1.64	1.33	-18.9
10	2.12	1.66	-21.7
11	2.19	2.57	17.4
12	4.25	4.85	14.1
13	4.34	4.59	5.8
14	2.23	2.14	-4.0
15	3.29	2.95	-10.3
16	3.77	3.58	-5.0
17	4.35	3.27	-24.8
18	1.54	1.61	4.5

13.3.3.2 人工神经网络的水华预警模型

人工神经网络是一种模拟人脑的神经网络原理，能自适应地响应环境信息，自治地演化出运算能力的非程序化计算模式，具有较强的适应能力、学习能力和真正的多输入对输出系统的特点，比较适用于能够获得大量监测数据的三峡支流水华预警。研究人员在三峡水库香溪河安装的水质实时监测系统，水质实时监测主要包括叶绿素、电导率、水文、DO 含量、浊度、氧化还原电位和 pH 等指标，监测的气象指标包括风速、气温、相对湿度、气压和降雨等，获得的监测数据量足够满足人工神经网络模型（artificial neural network，ANN）驯化的需要。

（1）模型参数选取及标准化

根据长期跟踪监测和资料调研结果，水体中的水质因子和水文气象条件等参数均能够影响藻类水华的动态。因此本预警模型基于气象数据（降雨量与日照时数）、水文数据（香溪河入库流量与水库水位）和水质因子（水温、透明度、pH、DO、氨氮、硝酸盐氮、磷酸盐与可溶性硅），利用人工神经网络技术构建了实时（0 天）和提前 7 天的藻类水华暴发预警模型。由于不同指标之间存在量纲的差异，本研究中所有的指标均通过除监测期间最大值的方法标准化。

（2）模型优化

本研究中选用回归神经网络（recurrent artificial neural network），网络的结构示意图见图 13-23。所选用的回归神经网络由模型输入层、隐含层、输出层和时滞反馈模块组成。这种神经网络能够利用过去的“经验”（时滞反馈模）模型的输入，提高模型预测的精度。模型的输入层神经元数目与所选的模型输入参数一致，模型输出层为水体叶绿素浓度。模型隐含层神经元数为 2 ~ 15，并通过平均平方差（mean square error）的方法优化确定最优的隐含层神经元数目。通过优化，隐含层神经元的数目为5。根据0～7天的训练数据，分别优化用于实时（0天）和提前7天水华预警的人工神经网络各层神经元的权重值。

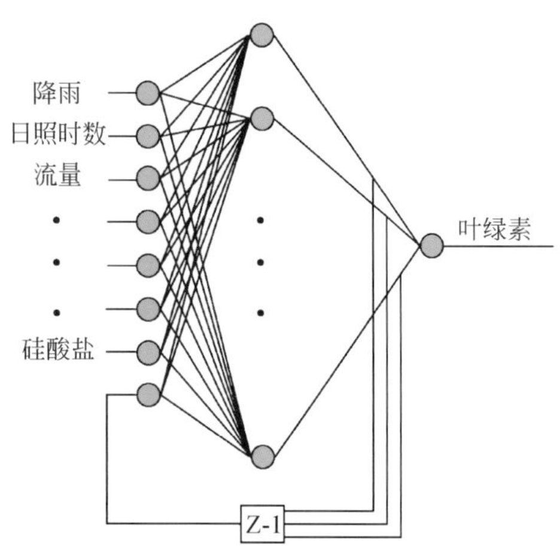

图13-23 回归神经网络示意

（3）模型训练与验证

在实时预警模型中（图13-24），基于训练数据（0.5m）和模型验证数据（2.0m）的模型预测结果很好地预测了库湾的藻类动态。统计分析表明实际观测到的叶绿素浓度与训练数据和验证数据的R^2分别为0.85和0.89。在7天提前预测模型中（图13-25），基于训练数据和非训练数据的模型预测结果和实际观测结果的R^2分别为0.68和0.66。

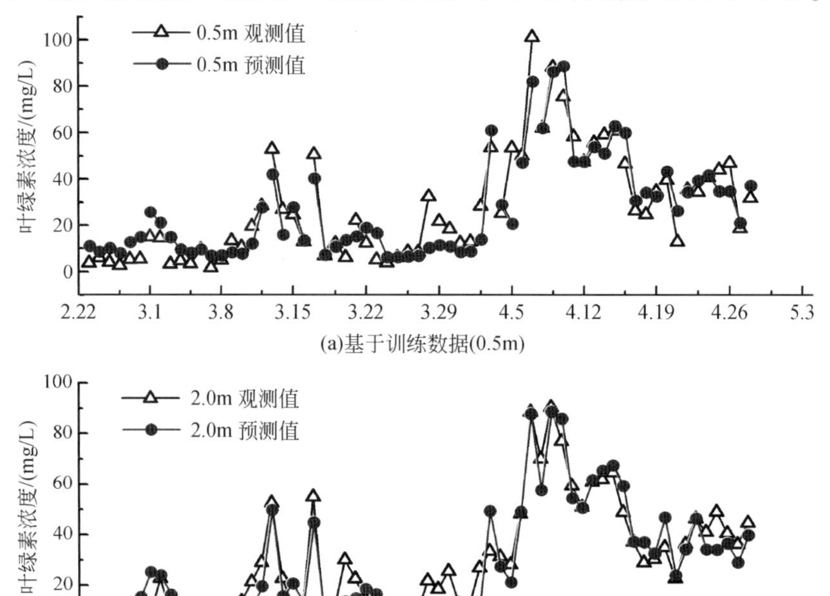

图13-24 基于人工神经网络香溪河库湾实时藻类动态预测

注：模型训练数据为水层0.5m处；模型验证为水层2.0m处。

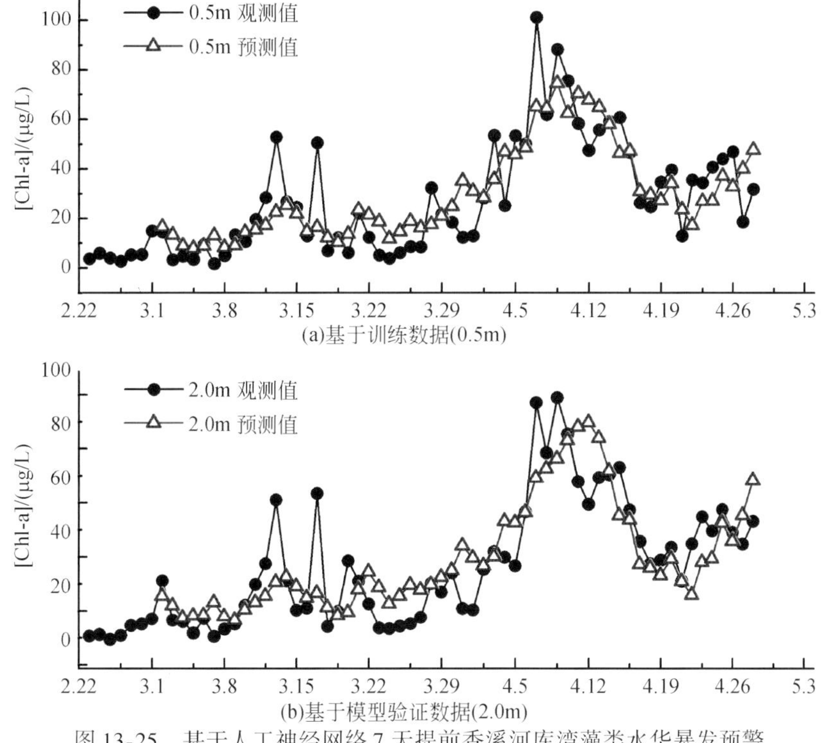

图 13-25　基于人工神经网络 7 天提前香溪河库湾藻类水华暴发预警

注：模型训练数据为水层 0.5m 处；模型验证为水层 2.0m 处。

13.3.3.3　决策树—分段性回归水华预警模型

决策树方法将整个空间分为不同区间，对不同区间采用线性多元统计回归方法进行预测，整个过程可以看作是非线性预测的线性化过程。图 13-26（a）所示决策树上每个分支都是一个多变量线性回归分析结果，因此可以预测连续的输出变量。尽管在每个分支上是线性关系，但整体上属于非线性回归关系。因此，我们采用决策树—分段性回归方法构建洋河水库水华预警模型。

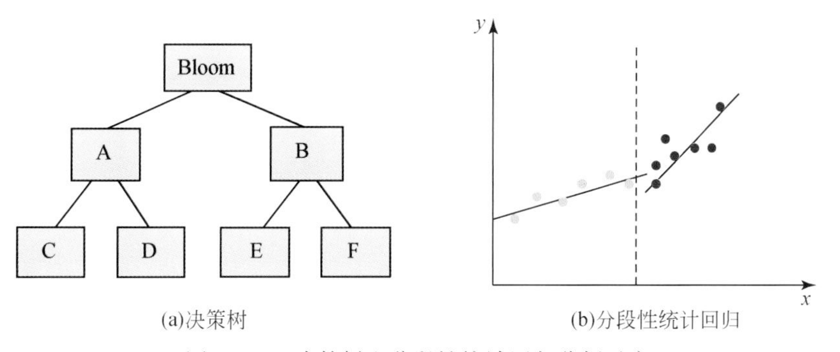

图 13-26　决策树和分段性统计回归分析示意

(1) 决策树水华分类结果

模型输出以叶绿素浓度作为洋河水库水华暴发的指示指标，选择 2010 年监测数据中与 Chl-a 明显相关的指标 T、SD、DO、pH、TP 和 COD_{Mn} 为模型输入指标。

分类结果发现 SD 是预测水华是否暴发的第一分类标准，其次为 T 和 pH，最后为 TP。然后应用 SPSS 20.0，构建洋河水库水华影响要素分段区间的预测规则体系。

1）规则 1：SD>2.0m，T<20，Bloom=N；回归方程为 lg[Chl-a] $=-0.503+1.269\times T_i-0.676\times SD$，$R^2=0.999$。

2）规则 2：1.0<SD<2.0m，T>20，Bloom=N；回归方程为 lg[Chl-a] $=1.758-0.797\times T_i-0.154\times SD$，$R^2=0.627$。

3）规则 3：SD<1.0m，T>20，pH>9.0，Bloom=Y；回归方程为 lg[Chl-a] $=-2.359-1.892\times T_i+1.642\times SD+5.125\times pH_i$，$R^2=0.481$。

4）规则 4：SD<1.0m，T>20，TP>0.05，Bloom=Y；回归方程为 lg[Chl-a] $=-13.115+8.879\times T_i+0.156\times SD+2.622\times TP_i$，$R^2=0.971$。

（2）模型验证

对于决策树预测水华暴发时机的成功率采用下式计算：

$$S = \frac{M}{N} \tag{13-18}$$

式中，S 为预测成功率；M 为预测成功次数；N 为预测样本数。

对于回归方法预测水华暴发强度的准确率采用均方根误差（RMS）计算：

$$\mathrm{RMS} = \sqrt{\frac{1}{N}\sum_{i=1}^{N}(x_i - y_i)^2} \tag{13-19}$$

式中，N 为预测样本数；x_i 为 Chl-a 观察值；y_i 为模型预测值。

应用 2011 年洋河水库监测数据对模型预测效果进行验证，并根据上述方程式计算水华暴发预测成功率。经过检验，采取以上规则，训练集和验证集成功率及其均方根误差结果见表 13-14。根据洋河水库水华暴发 Chl-a 浓度水平，验证过程中以［Chl-a］>30μg/L 为水华发生标准，［Chl-a］>70μg/L 为水华暴发严重期。

表 13-14　模型的验证

水华发生标准 /（μg/L）	样本数 /个	预测水华发生成功率 S/%	预测水华暴发强度误差 RMS
<30	14	100	5.49
>30	11	90.91	23.487
其中>70	6	66.67	27.973

从模型验证表可以看出：模型对预测水华是否发生的成功率较高，尤其是对于小于 30μg/L 的情况，预测成功率达 100%；但对水华暴发强度预测误差较大。

根据决策树分类模型和分段性回归法将影响水华暴发的因素进行优选，并对优选出的因素取值范围进行区间的划分，寻找各区间的局部回归模型，这样的模型对于处理限制因素发生变化时水华预测结果更为准确，且结构简单，输入输出关系明显，结果易于解释。本研究中选择了经相关分析与 Chl-a 明显相关的 6 个变量作为输入参数，但最终仅 4 个参数入选。这些参数很容易测定，也是监测站的常规监测数据。因此，决策树—分段性回归模型是一种简洁实用的水华预测技术。

13.3.3.4 水华预警模型方法的优缺点比较

根据水华预测模型本身特征及其验证结果，比较了本研究中使用的3种水华预警模型的优点、缺点及其适用的水库类型，结果见表13-15。

表13-15 4种水华预测模型优缺点比较

方法	优点	缺点	适用水库类型
因子分值-多元线性回归模型	通过相关分析将原始监测数据分组，每组代表一个基本结构，从而得到少数几个综合因子来描述各变量间的联系，使问题简单化，提高了回归模型预测的精确度；解决了直接采用线性回归过程中各变量间的共线性问题；明确给出因变量和自变量间定量关系	线性回归法受统计数据的影响很大，个别统计值的不准确都会直接影响到预测稳定性，容错能力较弱；不能适应环境因子的动态变化问题，随着时间的推移，需要不断完善和修正，否则预测精度将越来越差	能够全面地监测水华的生消过程，且在实际工作中需要明确水华关键影响因素以及叶绿素与环境因子间的定性定量关系的水体，比较适用该方法，如三峡支流（针对每个库湾）以及中小型水库等
人工神经网络模型	具有良好的自适应、自组织以及很强的学习功能；能够解决生态系统不同因子间的非线性问题，建立起简单而又切实可行的非线性的动力学系统；神经网络是对若干基本特征的抽象和模拟，有着很强的容错能力，即局部神经元损坏后也不会影响全局的活动	是一种“黑箱”操作方式，不能给出输入变量和输出变量之间的定量关系；需要大量监测数据用于模型的驯化和校正，否则预测精度较差	如果只是以预测水华暴发为目的，而不关心各因素之间的关系的话，一般富营养化水库都能够适用；对于水华影响因素复杂且不确定的水库（如三峡水库）尤其适用
决策树-分段性多元回归模型	能够将原始监测数据生成可以理解的规则；可以清晰地显示哪些数据比较重要；计算量相对来说不是很大	对连续性的数据比较难预测；当类别太多时，错误可能就会增加得比较快；各种监测数据之间具高度的非线性和不确定性，对水华暴发强度的预测误差较大	水华暴发藻种单一、富营养化特征在年际间变化不明显且四季分明的中小型水库，如洋河水库

13.4 流域层面水环境安全预警技术研究

13.4.1 流域水环境安全预警模型方法研究

（1）综合预警模型框架

流域水环境安全预警模型是流域水环境安全预警实现的核心工具。综合考虑社会经济、土地利用、负荷排放和水质水动力等要素的耦合作用，建立了基于S-L-L-W的水环境预警综合模型框架。

框架核心模块：①社会经济与资源利用模型模块（S，social-economics part）；②土地利用预测模型模块（L，land use part）；③流域面源污染负荷模拟模块（L，load part）；

④流域水环境水动力水质模拟模块（W，water quality part）。

结合典型流域的社会经济、土地利用、面源污染以及水动力水质的数据，分别调整、完善和建立各个子模块，开展各模块的参数率定和验证；在各模块数据衔接和集成的基础上，共同实现流域水环境安全预测预警。

（2）社会经济模拟

国内外社会经济模拟相关模型主要包括投入产出模型、多目标规划模型、灰色系统预测模型和系统动力学仿真模型。在综合分析筛选的基础上，本研究采用系统动力学仿真（system dynamics，SD）模型对流域社会经济情况进行模拟。这是一种定性和定量相结合的仿真技术，可在宏观与微观层次上对复杂的多层次多部门的大系统进行综合研究，能够较好实现建模人员、决策者和专家群众的三结合，从而为选择最优或满意的决策提供有力的依据。

（3）土地利用预测

国内外土地利用相关模型主要包括灰色系统预测模型、系统动力学预测模型、神经网络预测模型、回归预测方法、元胞自动机（CA）、马尔可夫（Markov）预测模型和元胞自动机扩展模型等。在综合分析筛选的基础上，本研究主要基于RS和GIS技术，以IDRISI为软件平台，构建CA-Markov复合模型，对流域土地利用情况进行模拟。其演化规则能够模拟土地利用系统的演化过程，可反映土地利用类型元胞之间的自组织性，能够较好适应复杂系统，模拟土地利用空间变化。

（4）面源污染模拟

目前面源污染相关模型主要包括SWMM模型、STORM模型、CREAMS模型、GLEAMS模型、HSPF模型、ANSWERS、AGNPS模型、AnnAGNPS模型以及SWAT模型等。在综合分析筛选的基础上，本研究推荐采用SWAT（Soil and Water Assessment Tool）模型对流域面源污染情况进行模拟。该模型源代码公开，便于集成和改进，是目前应用最为广泛的非点源模型之一；考虑了汇流汇沙过程并结合GIS开发水土保持模块，使应用更加便利；划分水文响应单元（HRUs）的方法比较科学，模拟值与实测值拟合效果好；不适用于单一事件的洪水过程模拟，在应用时需要对模型数据库部分进行修改。

（5）水动力水质模拟

目前国外水动力水质模型主要包括QURAL2模型、EFDC模拟平台、WASP模型、MIKE系列模拟平台、GenScn平台、MMS平台以及BASINS平台。在综合分析筛选的基础上，本研究主要采用EFDC模型对流域水动力水质情况进行模拟。该模型源代码公开，具有极强的问题适应能力；可以用于零维、一维、二维和三维水环境模拟；能够解决水动力、水质和沉积物模型的耦合问题；普适性好，鲁棒性强，用户界面友好。

案例

三峡水库小江流域案例研究

1. 小江流域水环境安全预警评估

（1）评估指标体系核定

基于备选指标优选分析，经过调整优化，结合三峡水库小江流域特征，构建小江流域水环境安全预警评估指标体系。该体系涉及警源、警兆、警情和警策4个目标方案，六项评估要素和七项评估指标。其中，评估要素包含社会经济、污染负荷、资源约束、生态健康、服务功能和污染治理，评估指标包含人均GDP、单位土地面积的污染负荷、人均耕地面积、消落带开发强度、生态健康综合指数、水功能区达标率和环保投入占GDP比重。

（2）评估标准核定

针对小江流域的实际情况，在流域水环境安全预警评估标准研究的基础上，采用所推荐的加权几何平均值法数学模式的标准体系需求，以“很安全水平”作为理想的目标状态，确定小江流域水环境安全预警评估判定标准值：人均GDP 1万元，相对资源承载超载率10%，单位面积COD入库负荷3200kg/（km^2·a），单位面积TN入库负荷600 kg/（km^2·a），单位面积TP入库负荷50 kg/（km^2·a），消落带开发强度10%，生态健康综合指数EHCI 80，水功能区达标率100%，环保投入占GDP比重1%，工业废水稳定达标率100%。小江流域水环境安全预警评价指标以该评分标准为基础进行归一化评分。

（3）评价因子权重

采用层次分析法（AHP）进行权重赋值。通过邀请专家两两比较构造判断矩阵，进而计算层次单排序及总排序，检验判断矩阵一致性及群组决策一致性，最后采用加权几何平均综合排序向量法计算得到各评价因子相对于目标层（小江流域水环境安全）的权重。计算得到小江流域水环境安全评价指标体系各因子最终权重：人均GDP的为0.075，相对资源承载超载率的为0.075，单位面积COD负荷的为0.0525，单位面积TN负荷的为0.0525，单位面积TP负荷的为0.07，消落带开发强度的为0.175，生态健康综合指数的为0.075，水功能区达标率的为0.075，环保投入占GDP比重的为0.175，工业废水稳定达标率的为0.175。

（4）评价结果

依据指标归一化评分值和因子权重，采用如下公式计算小江流域水环境安全综合指数。

$$\mathrm{ESI}=\prod_{i=1}^{n}\left(B_i^{w_i}\right) \tag{13-4-1}$$

式中，ESI为水环境安全综合指数；B_i为第i个方案的值，w_i为其权重。

计算结果：小江流域水环境安全预警评估综合评分ESI为3.27，处于基本安全水平，预警级别为黄色预警（表13-4-1）。

2. 小江流域社会经济模拟预测

（1）小江流域模型构建

模型空间边界确定为小江流域，流域面积5172.5km^2。时间边界为2005～2025年，仿真步长为1年。其中2005～2009年为历史检验年份，2009年为预测基准年，2010～2025为预测年限。根据小江流域环境社会经济系统特点及研究目的，将系统划分为3个子系统，分别为人口、经济和污染子系统。利用系统动力学软件，设计系统流程图，包含90个变量，如图13-4-1所示。

表13-4-1 小江流域水环境安全预警综合评估结果表征

	预警级别	很安全	安全	基本安全	不安全	很不安全
评价标准	等级划分	一级	二级	三级	四级	五级
	水环境安全指数ESI	5.0	4.0~5.0	3.0~4.0	2.0~3.0	1.0~2.0
	状态颜色标识					
结果	三峡ESI指数			3.27		
	状态标识					

模型选用2005~2009年数据进行历史有效性检验，绝大部分模拟值误差低于5%，最大误差不超过10%，确定本研究所构建的系统动力学（SD）模型是合理且有效的。模型的参数灵敏度分析显示，所选参数对系统的影响都比较小，适合于真实系统的仿真模拟和政策分析。

（2）小江流域预测情景设计

小江流域位于三峡库区腹心地带，是库区淹没面积最大、消落面积最广的支流。三峡工程的运行导致库区支流水质状况下降，支流水体营养化问题突出，2010年63.3%库区支流呈富营养状态。小江作为三峡水库典型支流，同样存在水华频发现象，而氮磷负荷居高不下是造成水华现象频发的根本原因之一。小江流域存在的焦点问题：①工业发展速度、城市化率和消费水平的逐年提高；②城镇污水处理厂及垃圾填埋场建设和运行滞后，管网不配套；③小江流域作为大量移民安置区域，移民就地后靠集中建设加快，乡镇企业发展迅速，生产技术水平较低，经营粗放，资源及能源消耗较大，造成环境污染加重并持续蔓延；④农业产业结构及耕作制度不合理，水土流失严重，农药化肥的过量使用又同时引起农田径流氮和磷流失严重。

根据研究对象存在的主要焦点问题，加之灵敏度分析，确定环境系统对人口因素和经济因素较为敏感，为政策调控方案制定中需注意的因子。本着科学性、整体性、动态性及可行性的原则，构建小江流域未来发展的三种代表性情景。

1）情景一为自然增长模式。反映政策不发生重大变化情况下系统的发展趋势和状态。该模式下所有决策变量都保持系统惯性发展情况下的取值，主要利用模型对系统进行发展趋势预测。

2）情景二为经济人口调控模式。考虑到自然增长模式下GDP高速增长将带来严重的环境污染并进一步限制经济增长，情景二以大力发展第三产业、有效控制人口规模和城镇化步伐为前提。通过调整工业增长速度，大力发展污染低、经济效益高的产业，推行清洁生产，实现对污染排放总量的控制；利用环境保护带来的优势发展旅游业，推进产业结构优化。设计3个阶段工业增长速率分别为10.5%、9.5%和8.5%；人口增长速率分别为7‰、6‰和5.5‰；城镇化率分别为45%、50%和55%。

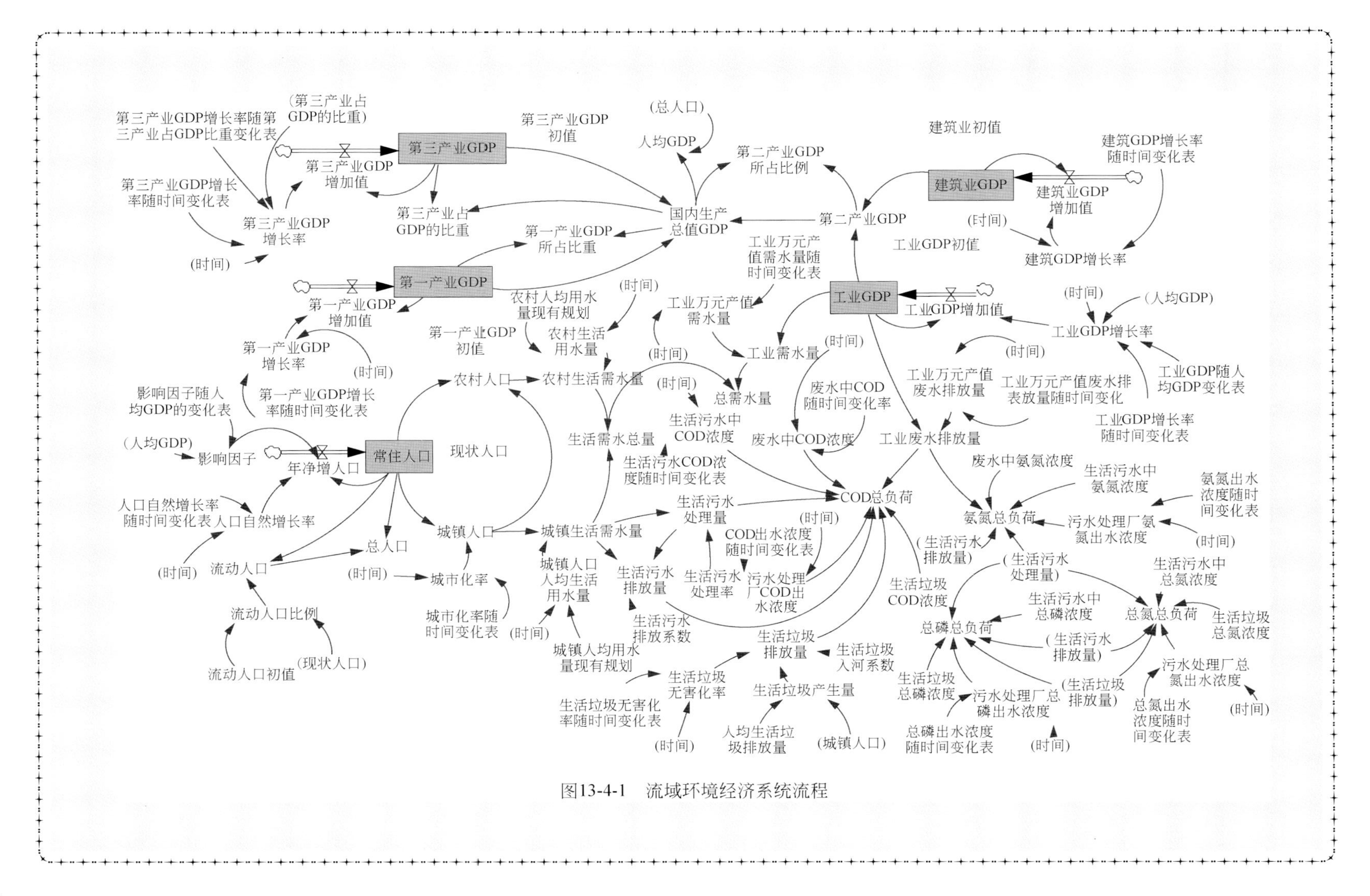

图13-4-1 流域环境经济系统流程

3）情景三为环境保护模式。随着经济发展和科技进步，流域内城镇生活污水和生活垃圾无害化处理程度将不断提高。据此，在情景二的基础上提出以环境保护为前提的模拟情景。针对城镇化率提高带来的新增污染问题，依靠经济发展和科技进步，新建城镇污水和垃圾处理设施，以实现对新增污染的有效控制；加大二级和三级管网建设，对现有污水处理厂进行扩建和工艺改造，有效提高其脱氮除磷能力。设计2015年出水水质全面达到城镇污水处理厂一级B标准（COD 60mg/L，氨氮8 mg/L，TN 20 mg/L，TP 1 mg/L），2025年达到一级A标准（COD 50mg/L，氨氮5 mg/L，TN 15 mg/L，TP 0.5 mg/L）。

（3）小江流域预测结果分析

研究中，实现了小江流域三种情景下的社会经济模拟预测。

情景一下，人口、需水量和各产业GDP均实现高速增长且逐年攀升。到2025年，流域内的总人口、国内生产总值、水资源需求和各污染负荷（COD、氨氮、TN和TP）排放量将持续增长。

情景二下，国内生产总值虽然较情景一有所下降，但仍能实现小江流域经济发展目标，经济年均增速保持在12%以上，流域内第一、第二和第三产业比重调整至8.9∶33.0∶58.1，整个流域内产业结构日趋合理；小江流域人口结构在很大程度上实现了优化，其中城镇人口达到117万人，城镇化率提高至55%，承载能力得到有效提高；对小江流域污染负荷得到一定控制，COD和氨氮负荷较情景一分别下降了7.9%和25%。该模式下放慢工业发展速度和调整产业结构不会制约小江流域经济发展，且能有效降低污染物负荷，缓解对小江流域敏感水体造成的压力。

情景三模拟结果显示，随着污染治理率的提高，污染负荷得到有效控制并大幅消减。该模式下实现了人口控制、产业结构调整和污染治理的三重目标，即环境—社会—经济协调发展。图13-4-2给出了TN和TP负荷相较于情景二的变化情况。可以看到，随着污染治理率的大幅度升高，污染负荷得到了有效的控制，实现了大幅度消减。其中，TN负荷下降了37.2%，TP负荷下降了79.4%。这对预防水华及富营养化现象产生具有重要意义。

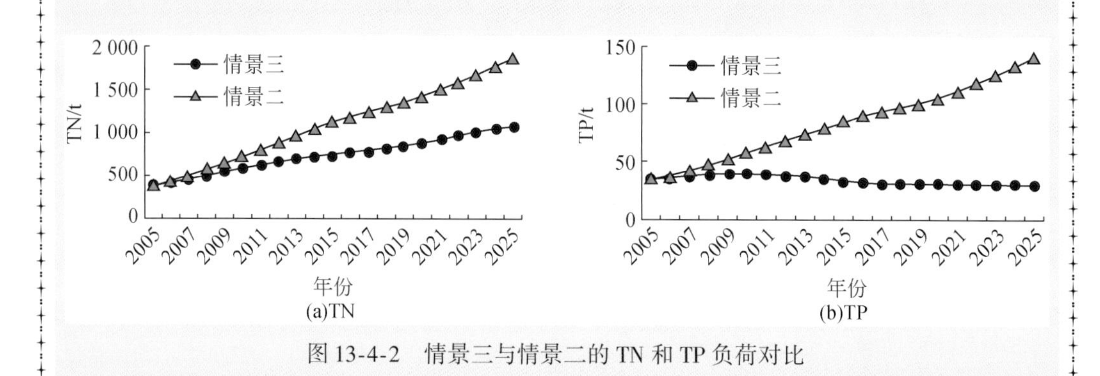

图13-4-2　情景三与情景二的TN和TP负荷对比

3. 小江流域土地利用预测

（1）小江流域土地利用动态分析

1995 ~2010 年，小江流域土地利用变化较大，主要表现为以下特点：旱地和林地所占面积比重占优势地位，其中旱地呈下降趋势，林地呈上升趋势；水域和建筑用地占流域总面积比例较小，但增长幅度较大，15 年间共分别增加了 5794hm^2 和 1682 hm^2，分别增长为原来的 5.55 倍和 3.32 倍；草地和水田均有所退化，减少率为 3.37% 和 4.24%。总的来说，小江流域建设用地增加而其他用地减少的变化过程，充分反映了人口变化和经济社会发展对土地利用结构变化的强烈驱动作用。土地利用动态度可以直观地反映土地利用类型变化的速度，易于通过类型间的比较反映变化的类型差异。1995 ~2000 年的综合土地利用动态度为 0.17%，2000 ~2005 年的综合土地利用动态度为 0.34%，2005 ~2010 年的综合土地利用动态度为 9.09%，可以看出，15 年来小江流域综合土地利用动态度不断增加。在所有子流域中，综合利用动态度较大的区域主要为东河流域、开县汉丰湖及其周边区域和渠马渡口以下的小江云阳段周边区域。

（2）小江流域预测情景设定及预测分析

基于 2005 年和 2010 年小江流域土地利用数据，可模拟分析研究区未来演变的土地利用状况。结合三峡工程蓄水的实施情况，对小江流域土地利用动态变化的模拟分为三种情景。情景一和情景二基于土地利用变化的历史规律，根据土地利用变化的情景进行的预测。其中，情景一使用 Markov 模型输出的条件概率图像作为元胞转变规则；情景二则采用多标准评价模块（multi-criteria evaluation，MCE）模块定义的元胞的转变规则。情景三是在 Markov 情景的基础上，根据 2010 年以后三峡工程蓄水情况，对转移面积矩阵进行适当修改并结合小江流域相关的政策进行预测。

研究中实现了三种情景的模拟预测。由于情景一和情景二完全基于小江流域土地利用的历史变化规律进行情景模拟，实际上是一种发展趋势的模拟，对于非趋势性变化事物模拟并不是理想的方法，研究结果与实际认识有所偏差。情景三中考虑了小江流域的水域和建设用地会因人为因素随时间呈现某种变化趋势的非平稳过程，为推荐情景。例如，考虑到 2010 年 10 月，三峡水库已完成 175m 试验性蓄水，水域面积变化的动态度会比往年度降低；此外，小江流域所在县城的区域发展规划对城镇的扩张有一定的影响等。据此以情景三为例，阐述土地利用预测结果。

在情景三中，基于三峡水库已完成 175m 蓄水，假设 2015 年和 2020 年河渠和滩地相对于 2010 年保持不变（不考虑同一年份不同季节水域面积的变化），即河渠和滩地不会转化为其他土地利用类型，其他土地利用类型也不会转化为河渠和滩地。建成区的面积与根据人口规划计算出的面积一致。据此，对基于 Markov 模块得到的 2015 年和 2020 年小江流域预测土地利用转移面积矩阵进行人工调整。另一方面，为了优化小江流域土地利用空间格局，将坡地大于 25°作为水田和旱地的限制因子，坡度大于 15°作为建设用地扩展的限制因子，对由 MCE 定义的转化规则进行补充。然后以 2010 年土地利用现状为模拟初始年，利用 CA-Markov 模块，输入调整后的转移面积矩阵以及MCE模块新定义的转变规则，模拟小江流域2015年和2020年的土地利用情景（图13-4-3）。

模拟结果表明，在情景三中由于未有其他土地利用类型转化为河渠和滩地，因此情景三的预测结果中水田、旱地、林地和草地的面积比情景二的预测结果略大。而城镇扩展面积由于规划对城镇扩张的指导作用，与情景二相比有所减少。在流域河渠和滩地面积不变的情况下，坑塘面积保持历史发展趋势有所增加，因此流域水域面积有所增加。但相对于情景二的预测，水域面积上升的幅度较小，动态度较低；水田、旱地、林地和草地的减少幅度变小；水田、旱地和草地的减少速度呈增加趋势，林地的减少速度略微下降。

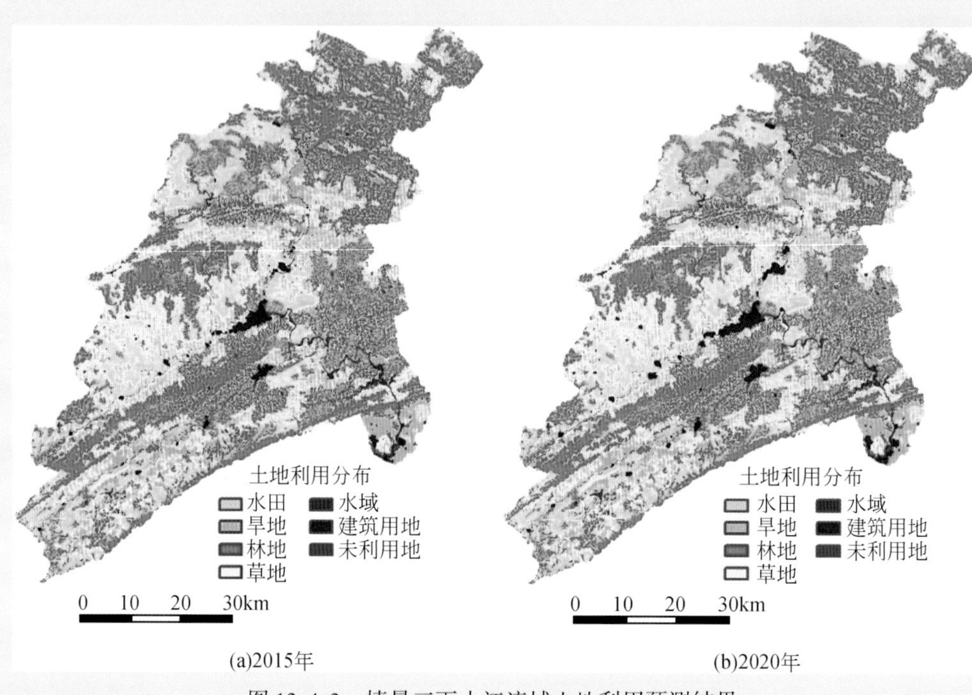

图13-4-3　情景三下小江流域土地利用预测结果

4. 小江流域面源污染模拟预测

(1) 子流域划分与模拟

以小江流域的东河、南河和浦里河3条支流为单位分别进行子流域的划分并建立SWAT模型。根据各支流上的站点分布情况，选取各个测站不同时间段的观测数据分别对模型进行校准和验证。其中，东河支流上选取的水文测站为温泉站，水质测站为津关断面；浦里河的水文测站为余家站，水质测站为赵家大桥断面；南河支流因无水文测站，研究中采用了参数移植的方法，将其模型在东河与浦里河流域已经率定的参数转移到南河流域计算中，水质参数则是根据南河流域石龙船断面的监测数据率定而来。

模型选择的率定期年限为2002~2006年共5年，模型选择的验证期为2007~2008年共计24个月的数据。以东河为例，从模型率定结果来看，月尺度模拟值与实际监测值匹配结果良好，Nash效率系数的值可达到96%，说明模型模拟参数可以有效反应月时间尺度下流域的径流现状。日尺度模拟与实际监测值匹配结果较好，Nash效率系数为70%。从模拟验证结果来看，月尺度模拟值与实际监测值匹配结果良好，Nash效率系数的值可达到99%，说明模型的参数在上述流域的月尺度模拟中匹配性很好，而在日尺度模拟中表现较好。

根据子流域划分的参数值，建立小江流域全流域SWAT模型，应用SWAT模型自带的burn in功能，用前期3个子流域划分好的水系引导小江整个流域的河道生成，汇流阈值设为3500，出口点与点源排放口严格按照3个子流域原来的位置进行设置，细化划分成70个子流域。

(2) 面源负荷情景预测分析

基于SWAT模型小江流域面源负荷情景模拟主要根据土地利用预测的三种情景进行设置，对三种土地利用情景开展面源负荷模拟的对接。情景建立过程中保持降雨和土壤等基本数据不变，切换土地利用类型，根据之前工作中的SWAT经验参数值，设置与土地利用相关的模型参数，以保证模型的精准模拟。

研究中，实现了小江流域3种土地利用预测情景下的面源污染模拟。此处，同样以情景三（土地利用预测推荐情景）为例进行阐述。

情景三根据土地利用预测情景三中的土地利用状况，经过土地利用重分类获得与SWAT模型相匹配的土地利用类型。

小江流域土地利用预测情景三下，2015年与2020年面源负荷相对2010年土地利用状况下各用地类型面源污染负荷的变化如下：受水田、林地、草地和灌木林面积减少的影响，到2020年上述4种用地的TN污染负荷分别减少了21.64%、73.31%、16.93%和23.78%，TP污染负荷分别减少了16.16%、70.52%、15.23%和14.26%；到2020年，园地的非点源TN和TP污染分别增长了约10.96倍和11.10倍；从整个流域的非点源污染来看，TN的污染呈减少趋势，TP的污染呈增大的趋势（图13-4-4和图13-4-5）。总体看来，研究区的非点源污染中，水田与旱地的贡献最大，其次为草地。TN污染的减少，主要是由于水田与草地的减少；TP污染的增加，主要是由于果园面积的增加。

5. 小江流域水动力水质模拟预测

本节主要采用环境流体动力学（environmental fluid dynamics code，EFDC）模型，对小江流域内河流的水动力水质进行模拟验证。

小江流域主要河流为东河、南河、普里河和小江（亦称澎溪河）干流。如图13-4-6所示，2010年，在原开县汉丰街道段乌杨村至木桥村间构筑成了一座水位调节坝，从而新形成一座175m水位线下流域面积为16.6km^{2}的汉丰湖。考虑到汉丰湖的特殊性，研究中小江流域模拟区域分为水位调节坝上游的汉丰湖及其上游区域和水位调节坝下游的汉丰湖下游区域两个部分，分别进行模型构建和验证。模型构建以研究区主要点源和面源时空分布调查为基础。

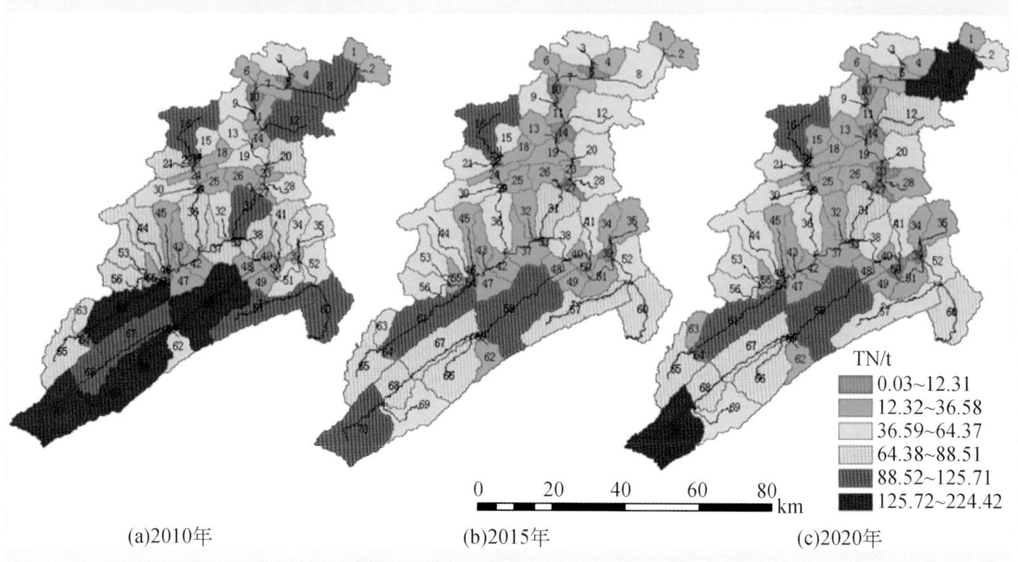

图 13-4-4　情景三下小江流域各子流域 TN 负荷空间分布

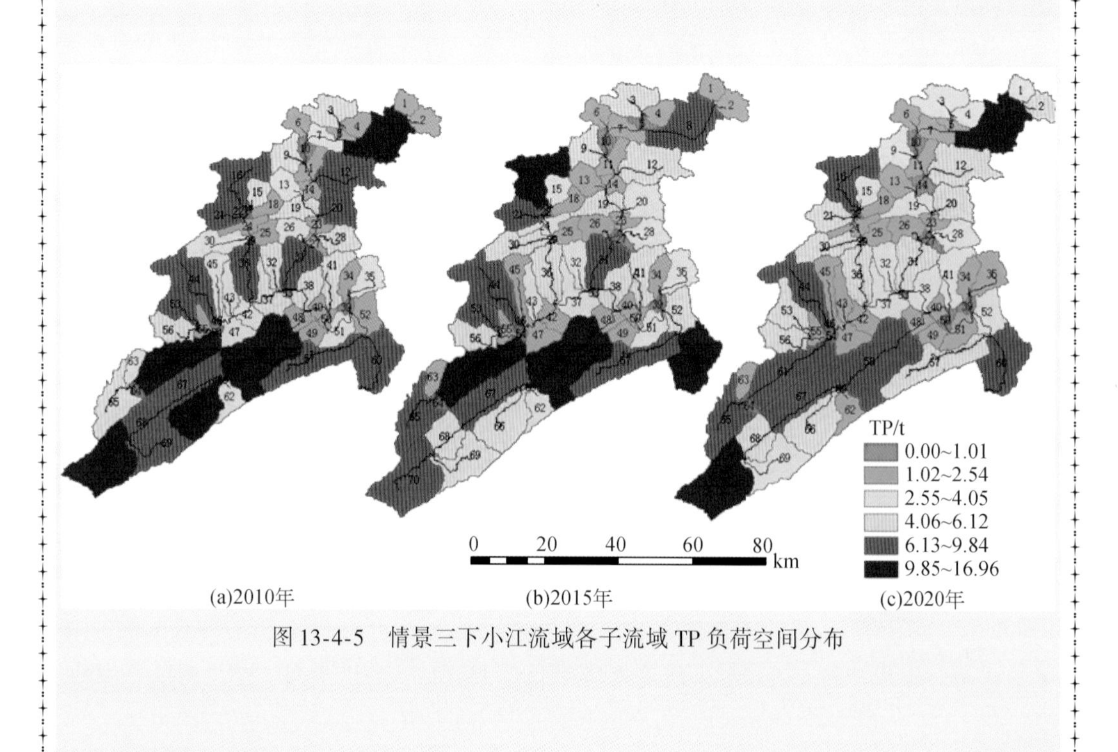

图 13-4-5　情景三下小江流域各子流域 TP 负荷空间分布

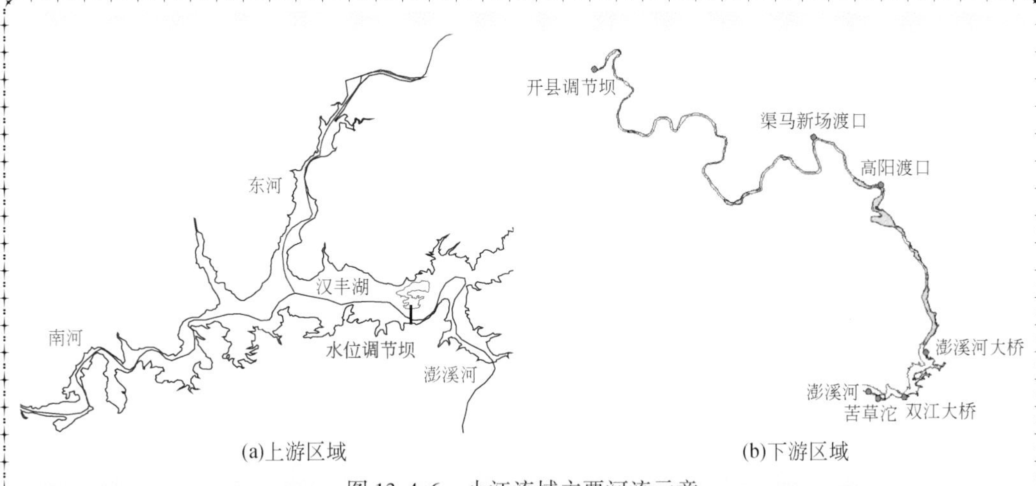

图 13-4-6　小江流域主要河流示意

(1) 模型构建与验证

对小江流域水下地形等空间数据进行处理，生成模型网格。对网格生成区域进行细微调整，保证生成网格的正交性，并最终生成 EFDC 模型所需网格。本研究中调节坝上游汉丰湖区域 175m 高程以下有效网格数目为 23 006 个，空间步长平均约为 40m；调节坝下游小江流域 175m 高程以下有效网格数目为 11 965 个，空间步长平均约为 50m。

模型的水动力边界条件中，上游采用 SWAT 模型模拟所得 2008 年每日来水流量为边界条件，下游苦草沱以实测的万县站水位和巫山站水位插值得到苦草沱的水位边界。水质边界条件中，上游采用 2008 年实测水质数据为入流浓度，并以 SWAT 模型模拟所得小江 2008 年的面源排放数据和 SD 模型模拟所得小江的点源排放数据为污染负荷输入，下游以苦草沱实测水质数据为边界条件。

模型对多个主要监测断面进行了模拟结果和实测数据的验证，以乌杨大坝断面和渠马渡口断面为例。模拟结果表明：模型能较好地模拟上游汉丰湖流域的 COD_{Mn}、TN 和氨氮浓度，对 TP 的模拟效果一般；总体看来，模型可用于流域内的水动力水质预测。

(2) S-L-L-W 模块集成对接与情景设计

1）S-L-L-W 模块集成对接。根据流域水环境安全预警模型方法，流域水环境安全预警模型框架包括社会经济与资源利用模型模块（social-economics part）、土地利用预测模型模块（land use part）、流域面源污染负荷模拟模块（load part）及流域水环境水质水动力模拟模块（water quality part）4 个核心模块。模块之间的衔接如图 13-4-7 所示。

2）预警情景细化设计。本节根据 SWAT 模型模拟的面源负荷和入河流量以及 SD 模型模拟的点源负荷来模拟小江流域的水动力水质情况。根据不同面源情景和不同点源情景，本节主要对 6 种组合方案下的小江水质进行模拟（表 13-4-2）。其中，方案一、方案二和方案三主要反映面源最优情景下，不同社会经济发展模式对水体水质影响；方案四、方案五和方案六主要反映社会经济发展模式最优情景下，不同土地利用空间格局对水体水质影响。

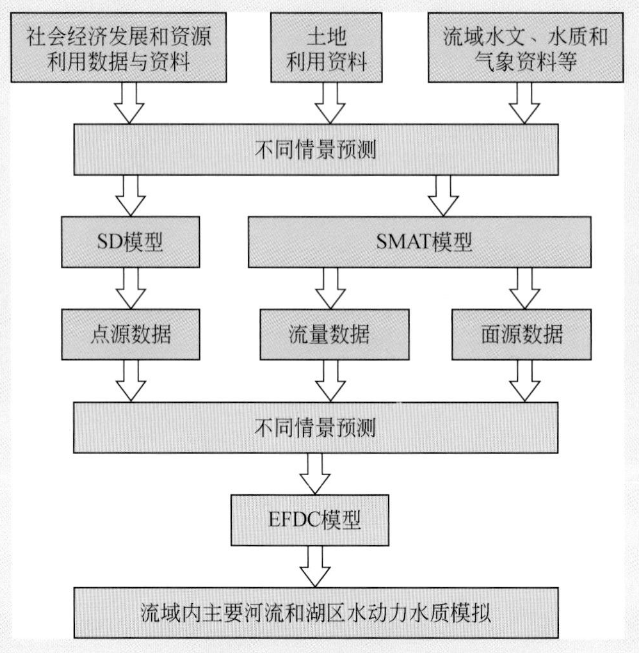

图 13-4-7　小江流域水环境预警模型各模块衔接示意

表 13-4-2　面源点源六种组合方案

	方案一	方案二	方案三	方案四	方案五	方案六
面源	面源预测情景三			面源预测情景一	面源预测情景二	面源预测情景三
点源	点源预测情景一	点源预测情景二	点源预测情景三	点源预测情景三		

注：面源预测情景三为面源最优情景；点源预测情景三为点源最优情景。

(3) 情景方案预测结果及分析

选取津关、乌扬大坝和渠口 3 个断面，分别代表小江上游来水、小江汉丰湖坝前和小江汉丰湖坝下的水质断面，对未来 6 种情景方案条件下小江流域水质状况进行说明。

1) 方案一、方案二和方案三。本节给出在面源排放最优情景下，不同社会经济发展模式 (点源变化) 条件下各断面的水质模拟结果。

津关断面模拟结果表明，汉丰湖上游东河来水水质在 3 种方案模式下变化不大，总体上方案三最好而方案一最差。方案三中的发展模式可以使得水质基本维持在现状；而方案一和方案二都会使得水质有一定程度恶化，其中方案一对水质的影响最大。

乌杨大坝断面（图13-4-8）模拟结果表明，方案一模式和方案二模式下的水质变化趋势一致，方案三模式下水质基本维持现状。方案三模式下，断面处年平均 COD_{Mn} 浓度经历先升高后减小的过程，在2015年达到最高3.32mg/L，增幅为19%，2025年之后又降为2.9mg/L，总体看来，COD_{Mn}浓度维持在一个较平稳的状态；TN有较小的持续上升趋势，2025年相对2010年的增幅为50%；氨氮和TP基本为持平状态。从乌杨大坝断面水质结果可以看出，方案三的发展模式最优。

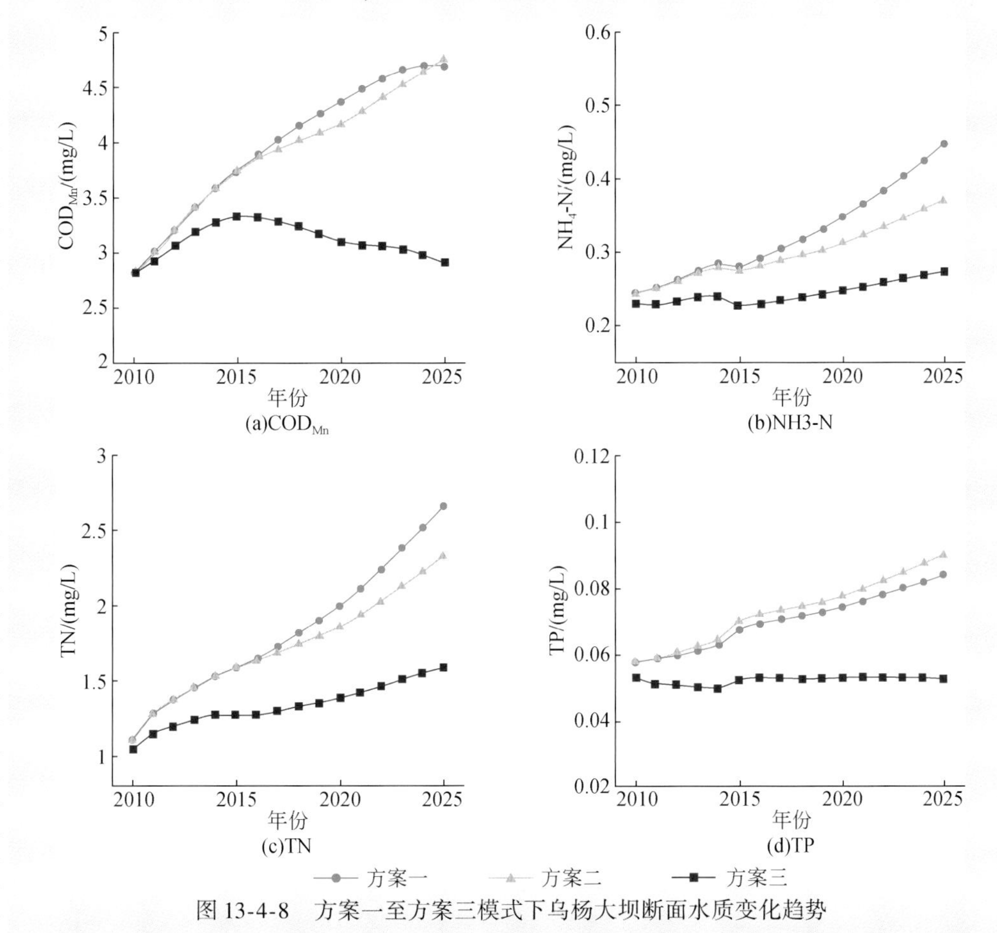

图13-4-8　方案一至方案三模式下乌杨大坝断面水质变化趋势

渠口断面模拟结果显示，方案一模式下水质最差。方案一模式下，该断面处 COD_{Mn}浓度为2.6～4.4mg/L，氨氮浓度为0.22～0.45mg/L。该断面是上游调节坝来水、普里河来水和开州港精细化工园物流园水体汇入混合处，水质受影响因素最多。但水质模拟结果范围和趋势与乌杨大坝类似，稍有改善，从一定程度上说明对该断面水质影响最大的是乌杨大坝来水。

2）方案四、方案五和方案六。本节主要是给出在点源排放最优情景下，不同土地利用状况（面源变化）条件下各断面的水质模拟结果。

津关断面模拟结果显示，3种土地利用情景变化下模拟所得水质结果基本重合。结果表明，土地利用情景的变化对处于上游的津关断面几乎没有影响。

乌杨大坝断面模拟结果如图13-4-9所示。可以发现，方案五和方案六模拟结果基本一致，而方案四和前两者有较大区别。三种方案下断面年平均COD_{Mn}浓度都是经历先上升后下降的过程，在2016年达到峰值3.3mg/L，最后在2025年又降至和2010年相仿的水平。方案四模拟所得水质比方案五和方案六有较大改善，说明土地利用情景变化对乌杨大坝断面的水质有一定影响，且土地利用情景一条件下该断面水质最好。

渠口断面模拟显示，渠口断面模拟结果和乌杨大坝模拟结果趋势一致。

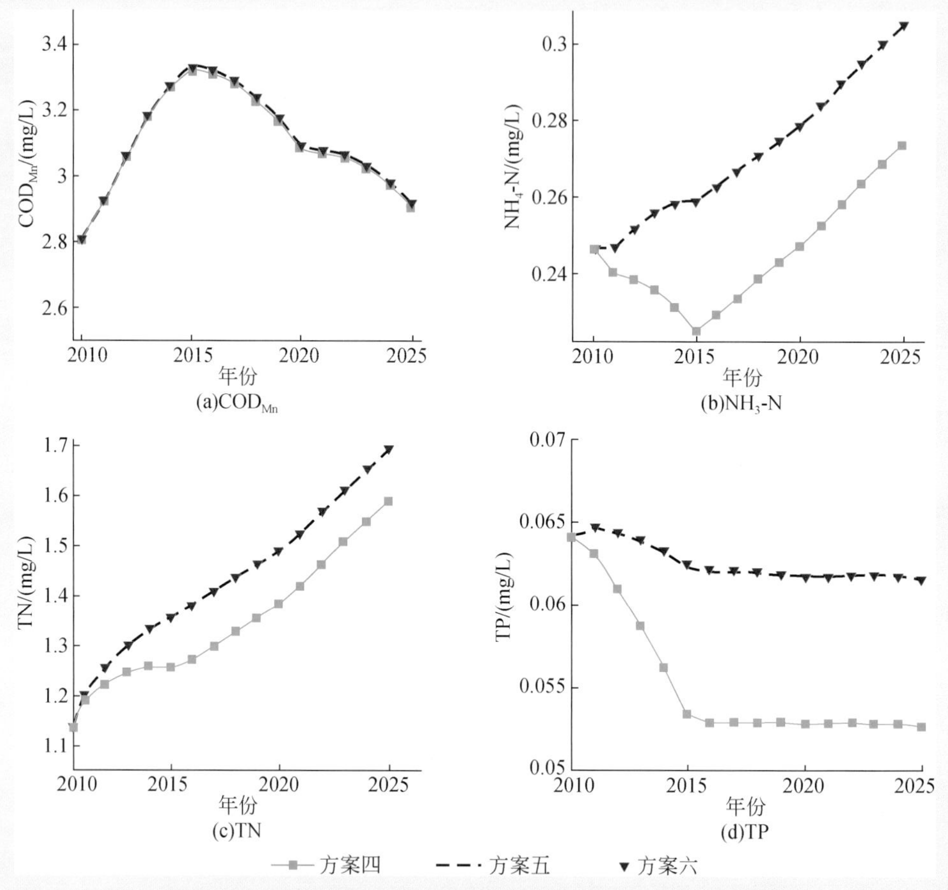

图13-4-9 方案四至方案六模式下乌杨大坝断面水质变化趋势

13.4.2.6 不同情景方案水环境安全预警评估

(1) 方案一、方案二和方案三

方案一、方案二和方案三是面源排放最优情景下，不同社会经济发展模式（自然增长模式、经济人口调控模式和协调发展模式）模拟预测结果。对比分析方案一、方案二和方案三的预警评估结果显示，方案三相比于方案一和方案二而言，其水环境安全指数值较高。究其原因，方案三情景下，流域社会经济发展过程中污染物得到了较好的控制，从而使得该模式下水环境状况相对更安全，亦进一步验证小江流域社会经济模拟章节所提出的结论——情景三协调发展模式是最佳社会经济发展模式。

方案三预警评估结果：2015 年小江流域水环境安全综合评分 ESI 为 3.55，处于基本安全水平；2020 年小江流域水环境安全综合评分 ESI 为 3.87；2025 年小江流域水环境安全综合评分 ESI 为 4.22（图 13-4-10）。

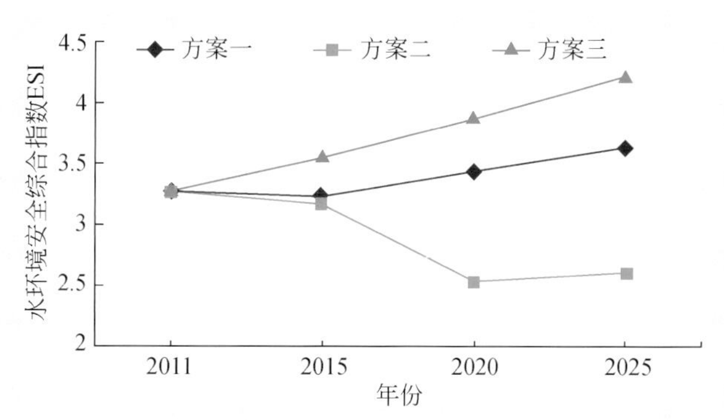

图 13-4-10　小江流域水环境安全预警评估结果（面源排放最优情景下）

（2）方案四、方案五和方案六

方案四、方案五和方案六是点源排放最优情景下，不同土地利用状况（面源变化）的模拟预测结果。对比分析方案一、方案二和方案三的预警评估结果显示，在这三种土地利用模式下，小江流域水环境安全级别均为基本安全，差别不大。需采取有效的水环境安全保障措施，进一步维护和改善水环境安全。

方案六预警评估结果：2015 年小江流域水环境安全综合评分 ESI 为 3.28，处于基本安全水平；2020 年小江流域水环境安全综合评分 ESI 为 3.51；2025 年小江流域水环境安全综合评分 ESI 为 3.78（图 13-4-11）。

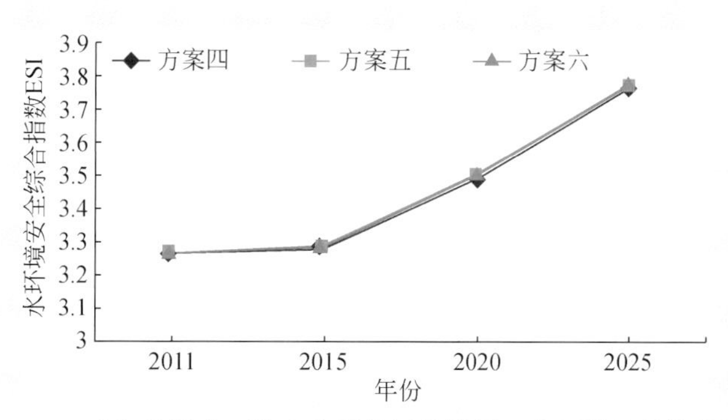

图 13-4-11　小江流域水环境安全预警评估结果（点源排放最优情景下）

第14章

结论与建议

14.1 结　　论

14.1.1 流域污染源风险管理技术

针对我国污染源调查统计不全面、负荷核算方法不完善以及总量数据与水环境质量之间相互脱节的现象，一方面，通过现有方法改进和集成，完善了工业、城镇生活与集约化畜禽养殖等不同类型点源的负荷核算方法，建立了城市、农业、农村生活与散养畜禽等非点源负荷核算的实用方法集；另一方面，研究了点源污染物入河总量核算方法，建立了河流污染物通量核算的不确定性分析方法，从而可通过污染源排放负荷与环境水体纳污负荷之间的总量平衡分析与不确定性分析，核定区域/流域的水污染负荷总量，形成了基于水环境响应的流域水污染负荷总量核定技术。

针对传统的特征污染物化学监控评价方法难以反映废/污水整体的综合毒性和风险、未考虑到污染物之间的相互作用、新型痕量毒害污染物缺乏相关标准监管及流域特征污染物识别滞后等问题，在成组生物毒性测试方法研究的基础上，优化了废/污水综合生物毒性评价的PEEP指数方法；集成美国TIE（毒性鉴别评价技术）和欧盟EDA（效应导向分析）两种方法的优点，提出由物化表征、基本毒性表征和致毒物质鉴定评价三部分组成的废/污水毒性鉴别体系；提出基于生物毒性测试、评价与鉴别的污染源风险系数评价方法，从而形成了流域水污染源风险评价技术体系。

14.1.2 流域水环境质量评价技术

(1) 基于风险评价的流域水质评价

本研究构建了基于风险评价的流域水质评价技术体系，包括水质评价指标筛选技术、断面（测点）水质评价技术、湖库水质综合评价技术、最佳评价频次确定技术、整个流域与河流（水系）水质评价技术、整个湖库水质及综合评价技术、水质时空变化趋势分析技术和主要污染因子与污染来源识别技术等，以辽河流域、湘江流域和三峡水库为研究区域对上述方法的可行性进行验证。

实例验证结果表明，根据本研究研究的评价方法，评价指标数量明显减少，最佳评价频次得以明确，这在一定程度上提高了工作效率，避免了重复工作；水质评价结果不仅给出水质类别，还能给出定量评价结果，并补充了湖库水质综合评价方法以及污染来源识别，这使得水质评价结果提供的信息更加具体和全面；采用河长评价法和面积评价法对河流或湖库的水质进行评价，避免了因监测断面设置的合理性不足而导致的评价结果失真，使得评价结果更加真实、客观。

（2）基于风险分级的流域沉积物质量评价

本研究建立了完善的基于风险分级的流域水环境沉积物质量评价技术体系。该体系主要包括基于相平衡分配模型理论的沉积物重金属质量基准建立方法、基于重金属生物毒性风险影响的沉积物质量标准分级方案以及基于风险标准值的沉积物质量评价方法，并选择北方季节性河流辽河和淡水湖泊太湖两个典型流域进行本技术体系的实例应用。首先对典型流域沉积物理化性质和沉积物重金属含量及赋存形态分布特征进行调研，利用调研数据，通过沉积物重金属质量基准建立方法得到典型流域的沉积物重金属质量基准值（SQC-Low、SQC-Middle 和 SQC-High），然后依据 SQC-Low、SQC-Middle 和 SQC-High 对应的生物毒性风险大小进行典型流域沉积物重金属质量标准分级得到沉积物重金属质量标准，最后采用 2 种沉积物质量评价方法（单因子评价法与 SPI 法）和沉积物质量标准值进行典型流域的沉积物质量评价。

评价结果：辽河流域浑河和太子河水环境沉积物质量大多数为“优”，但红透山铜矿附近站点沉积物质量较差；辽河流域大伙房水库浑河入流库首处沉积物质量为“中等”，库中和库尾经过缓慢沉降，沉积物质量变为“优”；太湖流域所有采样站点的评价结果均显示太湖沉积物质量为“优”，说明太湖沉积物重金属污染不严重。

（3）流域水生生物质量评价

本研究建立了规范的水生生物质量评价技术体系。该方法结合河流环境特点和水生生物群落结构的时空变化规律，针对河流水生生物监测的频率、时间和站位布设提出相应的技术原则，并开展野外研究，建立规范的水生生物调查方法，填补了国内缺乏相应的水生生物监测技术的方法学研究；建立了流域水生生物评价方法，结合典型流域生态系统特点，针对不同生物类群和不同生态指标对环境污染的敏感程度存在显著差异这一问题，从科学性、可行性、有效性和经济性等方面，研究制定流域水生生物质量评价指标的筛选原则，建立能够有效识别生态系统状态以及环境压力的流域水生生物质量评价指标的筛选方法；基于生物完整性理论，构建了多类群评价方法，有效地将多个代表不同环境压力生物类群的评价结果整合起来，更加全面地反映生态环境状况。

14.1.3 流域累积性水环境风险评估技术

本研究借鉴 USEPA 生态风险发布的《生态风险评估框架》和《生态风险评估导则》，构建了适合我国国情的累积性生态风险评估技术框架，包括特征流域单元风险污染物识别和筛选技术、风险污染物累计生态效应阈值推导和风险表征技术以及不确定性分析；并利用建立的框架开展了太湖地区水体 POPs 累积性生态风险评估研究，研究结果证明，太湖水体面临较强的 PAHs 生态风险，但是 DDTs 风险轻微。

初步建立湖泊水华累积性风险人体健康风险评估技术方法框架，开展饮用水源地水华人体健康危害识别、藻毒素（MC-LR）和消毒副产物（DBPs）的“剂量-效应”关系研究、MCs 和 DBPs 的人体暴露评价和水华健康风险表征及预警阈值研究，进而建立了健康风险评价方法。结果表明，水体中污染物急性与慢性健康风险评价的差异在于污染物暴露终点不同、饮用水占暴露来源的比例不同和暴露敏感群体不同。在本研究所选择的水华污染程度范围内，水华总非致癌人体健康风险值为0.17～4.39，并随着水体Chl-a浓度的增加，水华非致癌人体健康风险值呈逐渐增加的趋势，最高可达4.39；水华致癌总风险级别为每年1.26×10^{-5}～9.25×10^{-4}；根据不同水华污染程度水体具有的人体健康风险，将水华健康风险级别分为3个不同风险级别即无风险级、低风险级和高风险级。当水体中Chl-a浓度低于80 μg/L时，为无风险级；为80～120 μg/L时，为低风险级；高于120 μg/L时，为高风险级。

14.1.4 流域水环境风险预警技术

从累积性风险预警内涵和需求出发，针对水环境、生物群落和生物个体3个层面的生态受体，着眼于累积性风险问题识别/形成、问题分析和问题描述等步骤，实施流域累积性水环境风险预警分级研究；研究构建流域尺度、生物群落尺度和生物个体尺度水环境预警模型等关键技术；凝练集成流域累积性水环境风险（分级）预警技术体系，在示范区开展验证应用，支撑示范区累积性风险管理。

1）分别针对环境微量污染物的低剂量和长期暴露的污染特征，建立以生物分子标志物监控预警水环境质量的技术方法；针对环境突发污染事故的高剂量和短时间暴露的污染特征，建立以生物行为在线监控预警水环境突发污染的技术方法。

2）从机理模型、遥感反演以及长序列监测数据统计分析3个方面开展了水华预警技术研究，并针对太湖和三峡等典型水华发生区域开展了实例验证工作。

3）综合考虑社会经济、土地利用、负荷排放和水动力水质等要素的耦合作用，研究建立了基于S-L-L-W的水环境预警综合模型框架；逐一确立了社会经济（S）、土地利用（L）、污染负荷（L）和水质水动力（W）等单项模块；采用SD、CA-MARKOV、SWAT和EFDC等模型联用实现模拟和集成。以三峡水库小江流域为例进行了示范，详细阐明了案例研究情况，研究成果为案例区水环境风险管理提供支撑。

14.2 建　　议

14.2.1 流域累积性水环境风险评估技术研究

1）建议重点调查污染源头，从源头找到流域水环境水污染事故发生的原因和条件，完善总量控制的环境管理政策，从而做好“预防为主”的充分准备，开展流域累积性水环境风险评估技术。

2）流域水生态系统状况存在一定的季节性差异和年际差异，建议本研究所构建的流域累积性水环境生态风险评估技术归一化处理，监测数据实时更新，及时有效地进行累积性生态风险评估，避免时域差异性造成的评估误差。

3）由于我国南北差异较大，湖泊和水库爆发的水华特征及影响因素繁冗复杂，建议在野外调查采样布点和采样频率根据具体情况而制定相应的调查方法，从而为湖泊水华累积性环境风险评估提供可靠的分析数据。

14.2.2 基于风险分级的流域水环境质量评价技术体系

1）建议更加明确地区分常规污染物与有毒有害污染物进行研究。因为两类污染物的污染性质差异性较大，风险大小也不相同，区分两类污染物进行流域水环境质量风险评估技术研究提高研究结果的准确性。

2）我国水环境特征多种多样，流域特征复杂多变，如何更好地解决流域水质评价、流域沉积物评价和流域水生生物评价在各个流域区域差异性问题，是一个技术难点，还需要进一步研究。

3）建议加强流域水环境质量综合评估评价方法研究，增强其在我国全国范围内河流的可行性、应用性，以促进我国环境标准管理和环境控制工作的进步。

14.2.3 流域水环境安全预警技术

本研究的预警综合模型（S-L-L-W）涉及社会经济、土地利用、污染负荷和水质水动力等多类要素，涵盖多个模型模块，每个模型模块的构建、验证及模拟工作量均较大；预警综合模型各个模块属于松散型耦合，各模块运转的数据要求和时空尺度均有差异，模块之间的衔接仍然耗时耗力，尚无法实现各个预警模块之间的无缝快速集成衔接。因而，整个预警综合模型的工作周期长，运转计算时间和人力成本高，距离业务化和快速化的要求仍有较大差距。因而需要进一步优化模块选择，完善相关技术环节。

下　篇

流域水环境风险管理信息平台构建技术及流域应用示范

第15章 流域水环境风险管理信息平台构建技术研究

15.1 平台构建共性需求

15.1.1 流域水环境风险评估与预警业务需求分析

依据全生命周期管理的思想，通过对流域水环境风险评估与预警管理业务的过程分解，明确支持各个过程的业务系统的功能需求。可以将流域水环境风险评估与预警管理分解为5个业务系统：污染源管理系统、水环境质量管理系统、水环境风险评估系统、水环境预警系统和综合调度指挥系统。

1）污染源管理系统。主要功能包括污染源基本情况管理，手动监测数据和自动监测数据的采集，对采集到的污染源数据进行核查后根据某一专题生成统计结果表和专题图等。界面展示是基于GIS实现图形化操作，可以在图上直接修改污染源的属性信息。利用污染源管理系统，实时监控污染源的排放情况，对排放异常企业提出警示。可以实现企业污染源的基本信息和生产状况管理，定期监测污染源企业的排放情况。

2）水环境质量管理系统。水环境质量管理要求对所属地区的国控、省控、市控和县控监测点、断面、入河排污口等进行定期和不定期的水环境质量监测，而后将监测得到的数据上报国家及有关部门；定期发布水环境质量监测月报、季报、半年报和年报。在突发情况下，还需要对污染突发事故地点相关水域实施密集实时监测，为有关部门提供决策支持；此外，还需要配合国家和各级监测站完成各种临时性监测任务。因此，水环境质量管理系统主要包括对监测点和断面管理，手动监测数据采集和自动监测数据采集，查询统计以及水质评价等。界面展示是结合GIS，图形化操作，直接修改监测点和断面信息，采集手动及自动监测数据，根据某一评价标准做水质评价，输出查询统计结果、水环境质量效果图和定制的专题图。

3）水环境风险评估系统。按照不同流域类型的生态功能区、水环境敏感目标区域和敏感时段等不同需求，将整个流域划设置监测断面和监测项目，同时将通过网络实时发送临测数据到水环境风险评估预警平台的处理终端。系统通过风险评估模型对监测数据进行分析模拟和计算，从而得出几天内水质变化的趋势情况，分析水环境风险等级，并根据需求输出不同形式的评估结果及效果图。

4）水环境预警系统。流域水环境预警系统是综合利用水环境质量各种历史和实时监测数据、流域水文数据、气候数据、基础地理空间数据以及有关的社会经济数据等，应用流域水环境预测模型，对流域近期和中长期水环境质量情况进行预测，判断水环境质量改变对自然生态，社会生产和居民生活用水需求产生的影响，一旦发现将会对其产生不利影响，流域水环境预警系统根据潜在影响大小，发出相应级别的预警警报。

5）综合调度指挥系统。综合调度指挥是编制应急方案，管理应急资源和应急专家，根据突发事故污染类型、等级、位置和影响的范围生成应急方案，设置应急值守以及应急调度和模拟演练等，提供应急知识库查询，在污染事故发生时能正确地处理污染事故，为决策层提供科学依据。

15.1.2 平台构建共性技术需求分析

通过对流域水环境风险评估与预警业务的需求分析，以及辽河、三峡和太湖 3 个示范流域所建平台的功能和建设过程进行调研，对平台构建过程中的共性技术进行了归纳，主要体现在流域水环境数据集成与共享、模型集成与共享、应用集成和标准规范 4 个方面。

(1) 环境数据集成与共享需求

1）现有基础数据和环境专题数据分析。对现有的各类基础数据和环境专题数据（不同比例尺的基础地理数据，不同来源的水文、污染源、风险源和水质数据等各类环境专题数据以及环境监测数据）进行整理（分类整理、格式转换和投影变换等处理），形成统一的空间参照系。

2）流域水环境数据整理需求。数据整理的内容包括环境统计数据库、污普数据库和污染源监测数据库。这几类数据分别存放在 Access 数据库、SQL server 和 My SQL 数据库中。对数据表和字段进行整理，作为设计流域水环境风险评估与预警数据库的依据。

3）数据建库需求。在数据整理分类基础上，采用 Power Designer 数据库设计工具，进行流域水环境风险评估与预警数据库设计，包含 8 个数据库即基础地理数据库、遥感影像数据库、水环境质量数据库、污染源普查数据库、污染源监测数据库、环境统计数据库、每日气象观测数据库和每日水文观测数据库。通过建立数据库，为流域水环境风险评估与预警模型及流域水环境风险评估与预警平台提供数据支持。

4）数据共享需求。在流域水环境风险评估与预警数据库基础上，建立其元数据库及数据共享平台。通过元数据信息对流域水环境数据集进行全面描述，共享平台对流域水环境信息进行管理、编目、发布和查询，为流域水环境风险评估与预警模型及预警平台提供元数据服务及数据支持。

(2) 环境模型集成与管理需求

有效的水环境管理的前提是对流域水环境污染当前的态势有一个明确的清楚的了解，并对将来可能的水环境质量发展趋势做出准确的判断和预测，从而有的放矢地采取相应对策。目前，我国已经建立了较为完善的国家、省、市和县 4 级地面水环境监测网络，拥有 2300 多个监测站，取得了大量的环境监测数据，可以为我国水环境质量评估提供了数据基础。这些海量环境监测数据已经开始利用网络传输等信息化方式进行上报统计。但是由于缺乏更为先进的信息化管理技术和手段，已有水环境监测数据只能采用传统常规的统计分析方法，将大量监测点位所获取的原始水环境监测数据总结成为较为宏观的水环境综合性指标，只能为国家水环境管理提供简单的状态信息。在这一过程中，原始详细的水环境监测数据得不到更为有效的利用，也无法通过进一步分析处理计算为国家提供更为有价值的水环境发展趋势信息以及风险管理与预警决策信息，特别是在出现突发性水污染事件时，更难以提供及时有效的应对控制决策信息。

（3）应用系统集成需求

随着环境信息化程度的提高及地理信息系统的广泛应用，我国各行业部门和各行政区域已经建设了一些水环境信息平台。由于这些平台大多只从各自行业或区域出发，所建立的信息系统存在信息孤岛和环境信息重复建设问题。传统的数据格式转换方式、直接数据访问方式和数据互操作方式已不能满足各种平台应用环境之间的集成共享。

如何充分利用现有的水环境信息系统，解决现有应用系统各自为政的问题，实现水环境风险评估预警平台与现有水环境信息系统的有机集成，构建一个具有伸缩性、易于扩展及便于对流程进行维护的水环境业务化平台，充分发挥信息系统平台在共享、重用、集成和扩展等方面的优势，是本研究的主要目标之一。

SOA 是解决软件系统构件化过程中长期存在的复杂度和相关度问题的最新方法。采用 SOA 体系，将流域水环境风险评估和预警的各项相关业务作为链接服务或可重复业务任务进行集成，将服务组合为各种业务化应用子系统（水环境评价、风险评估、预警和应急辅助决策等子系统），可大幅度提高已建各种水环境信息系统的共享、重用、集成和可扩展性，从而在降低成本的基础上，实现预警平台信息系统与现有水环境信息系统的高效集成。

（4）标准规范需求

利用先进的信息化技术构建国际一流的水环境风险评估与预警平台是水环境管理创新的手段和基础，然而，要建立业务化运行的国家—省—市—县 4 级水环境风险评估与预警平台，支撑平台数据集成与共享、平台模型集成与管理以及面向业务化应用的系统集成，需要支撑平台运行的标准规范体系。

15.1.3 总体研究思路

（1）环境数据集成与共享研究

在数据分类整理基础上，进行数据库结构设计。数据库结构包括流域水环境风险评估与预警平台元数据库以及样例数据库设计。样例数据库设计主要针对基础地理数据、污染源监测数据、环境统计数据和污染源普查数据进行详细设计。其他数据如遥感影像和环境专题类数据则通过元数据库进行描述，即实体数据仍以原始文件或数据库方式存在，在元数据库中建立数据分类及编码，描述其元数据信息。

面向流域水环境数据集成需求，研发两个中间件，即流域水环境数据适配器以及水文气象数据抓取中间件，解决目前部门之间数据不共享问题。

流域水环境风险评估与预警数据共享平台面向水环境部门或其他部门、科研单位及个人提供污染源、水质、环境统计、基础地理数据、遥感影像和水文气象等各类异构数据的元数据服务。

流域水环境风险评估与预警数据共享平台基于（J2EE）框架实现，研究 J2EE 框架技术，并在此基础上进行功能设计。实现的功能包括数据目录服务，元数据查询、上传和审核等服务，GIS 地图服务及数据统计等服务。通过该平台可以获取流域水环境空间数据集及环境属性数据集的全面描述信息，用户可以上传所持有数据的元数据信息并对自己的元数据信息进行管理。

（2）环境模型集成与管理研究

以实现平台模型集成与管理技术的各项关键技术为主要研究内容，并对提高模型执行效率等技术进行探讨，分析保障集成与共享技术平台顺利运行的管理与机制，研究配套的平台模型集成系统与管理技术平台运行机制。

（3）应用系统集成研究

面向业务化应用的系统集成技术研究以流域水环境质量管理为核心目标，以实现业务化应用系统建设为贯穿本研究研究的主线，以技术集成和管理集成为创新点，依托成熟实用的技术方法，利用统一通用的技术成果及紧密互动的组织方式，为示范流域平台构建提供有效的支撑；采用由技术调研、设计到模拟环境研究，再由原型开发、测试到运行应用完善的研究流程，将研究获取的共性理论和技术成果转化为可实际运行应用的管理手段，最终形成流域水环境风险评估与预警领域的核心资产库和应用支撑平台。

研究支持业务化应用开发与运行的应用支撑平台，提供基于应用支撑平台和领域资产库的系统开发指南，并依据流域水环境风险全生命周期管理的思想，通过分析典型的业务过程，将流域水环境风险评估与预警管理分解为5个业务系统即污染源管理系统、水环境质量管理系统、水环境风险评估系统、水环境预警系统和综合调度指挥系统。最后，基于应用系统开发指南进行这5个业务系统的参考实现，并在示范区进行应用（图15-1）。

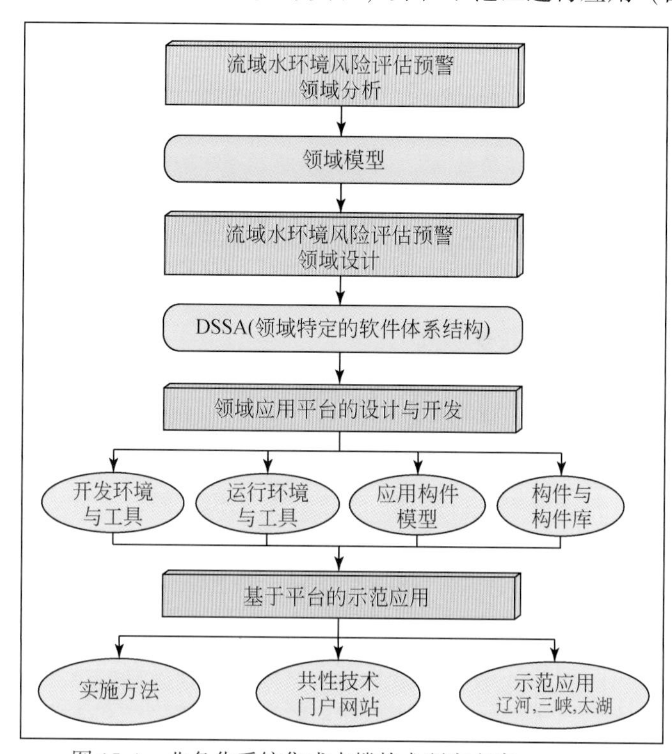

图15-1　业务化系统集成支撑技术研究方案

15.1.4　平台构建技术方法

水环境风险评估与预警平台构建技术是环境管理技术创新的手段，是避免环境信息异构化的需要，是推动水环境科学发展的需要。以“依托现有基础条件、兼容已建信息平台、符合技术发展趋势”为原则；平台体系结构设计将以符合软件规范、提高工作效率、界面友好及便于软件实现为指导思想；充分考虑我国水环境监测数据现状和已有水环境信息平台的建设情况，服务于跨区域和跨部门的政府管理、科学研究和公众信息需求；研究设计基于水生态分区的流域水环境风险评估及预警平台架构体系。

(1) 领域工程方法

领域工程方法是在对管理决策需求进行充分调研的基础上，经过领域分析、领域设计和领域实现等关键步骤，识别领域共性和个性，构建领域模型，完成领域软件体系结构（DSSA）和构件详细设计，然后基于领域模型、DSSA、领域构件集、通用构件集、样例数据库和业务模型库，形成领域核心资产；研发支持业务化应用与运行的应用支撑平台，提供基于应用支撑平台和领域资产库的系统开发指南。

(2) 领域分析

根据对流域水环境领域应用的需求共性和变化性的深入分析，使用特征建模方法，特别是使用整体部分关系（whole part association，WPA）作为组织特征的基本方式，采用部分相对整体的可选性以及维度和值的机制表现特征的变化性，使用由逻辑命题及逻辑运算符构成的公式记录特征间存在的约束关系，使用服务层和功能层作为特征模型的主体部分，案例部分和质量需求部分作为必要的补充部分，从而形成流域水环境领域模型。

利用领域的共性、变化性和特征分析结果，形成如下的领域功能分析（图 15-2）。

(3) 领域设计

在领域设计阶段，针对流域水环境应用系统通用的业务功能和特殊性，建立刻画共性和变化性的特定领域软件体系结构 DSSA，并进行面向流域水环境的领域构件设计。在流域水环境领域中，应用逻辑相对比较稳定，而界面则变化比较大，而且每个具体的业务应用系统使用的数据库也不统一。因此本研究选择多层结构（主要分为表示层、应用层、应用支撑层和数据层等），使得应用逻辑层独立出来，与表示层和数据库的实现分离。

针对流域水环境领域信息化建设的信息共享、工作协同、应用快速搭建、数据综合分析利用、业务优化以及安全保密体系完善等需求，典型的 3 层结构不能提供足够的支撑作用。因此，需要采用构件化思想引入支撑平台技术，并结合领域特征，提炼一组通用构件和业务构件，为整个流域水环境领域应用提供协作消息、数据交换、数据访问、数据管理、表单管理、报表管理、业务流程管理、授权控制、安全审计、门户定制和系统配置等开发环境工具和运行环境工具。

根据流域水环境相关业务呈量大、面广和多样的特点，相关数据呈海量、分散和异构的特点，网络计算环境开放、动态和多变的特性，大型网络应用的高效运行、快速开发和灵活部署的需求，软件体系采用多层结构，包括基础设施层、信息资源层、应用服务层、应用层和表示层。DSSA 设计及其实现，也对国产基础软件提出了安全性、可靠性与可用性、可伸缩性和兼容性等诸多要求。

为满足流域水环境领域软件快速开发、重构及可管理性等方面的需求，基于领域模型，本研究提出流域水环境领域软件体系结构（图 15-3）。

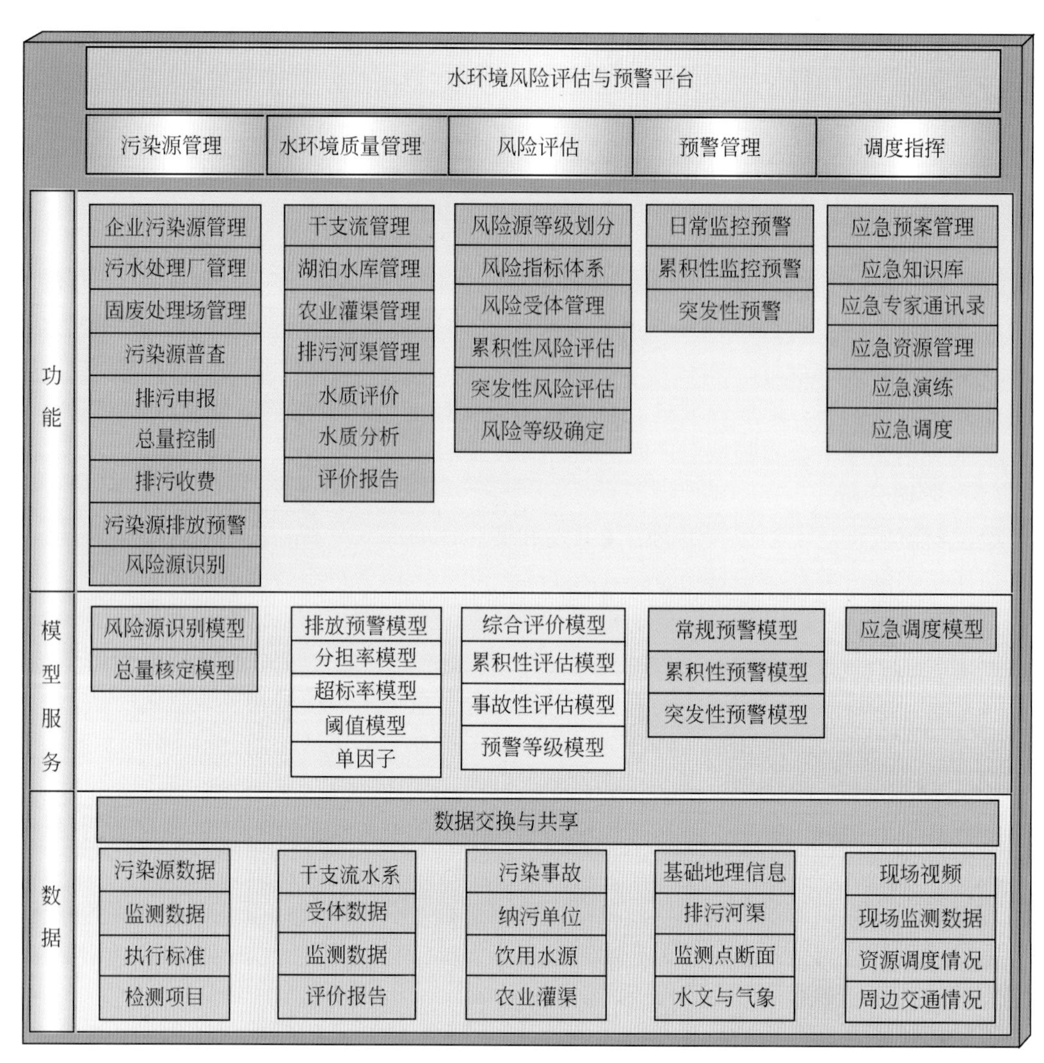

图 15-2　领域功能分析

1）基础设施层。基础设施层包括数据库和操作系统软件。

2）信息资源层。信息资源层包含元数据、目录体系、声音影像、各类文档、污染源数据、水质监测数据、基础地理数据、社会经济数据及其他相关数据。其中，元数据库存放的是定制信息，用来描述业务数据库表的结构等；基础地理数据，包含遥感、（DEM）、水文和气象等数据。

3）应用服务层。应用服务层主要是由系统中各个子模块所需的共享服务组成，独立于特定的业务应用，支持多个不同业务的实施。典型的服务包括模型服务、GIS 服务、工作流服务和数据集成服务等。

4）应用层。应用层主要指采用可重用的集成框架，基于服务器端提供的各种服务，开发完成 5 个系统即流域水环境污染源管理系统、流域水环境质量管理系统、流域水环境风险评估系统、流域水环境预警系统及流域水环境管理综合调度指挥系统。

5）表示层。表示层的主要组成部分是环境信息综合服务门户。它是面向公众的综合信息门户，可根据用户权限，对环境信息进行管理，发布和共享公开水环境综合信息。

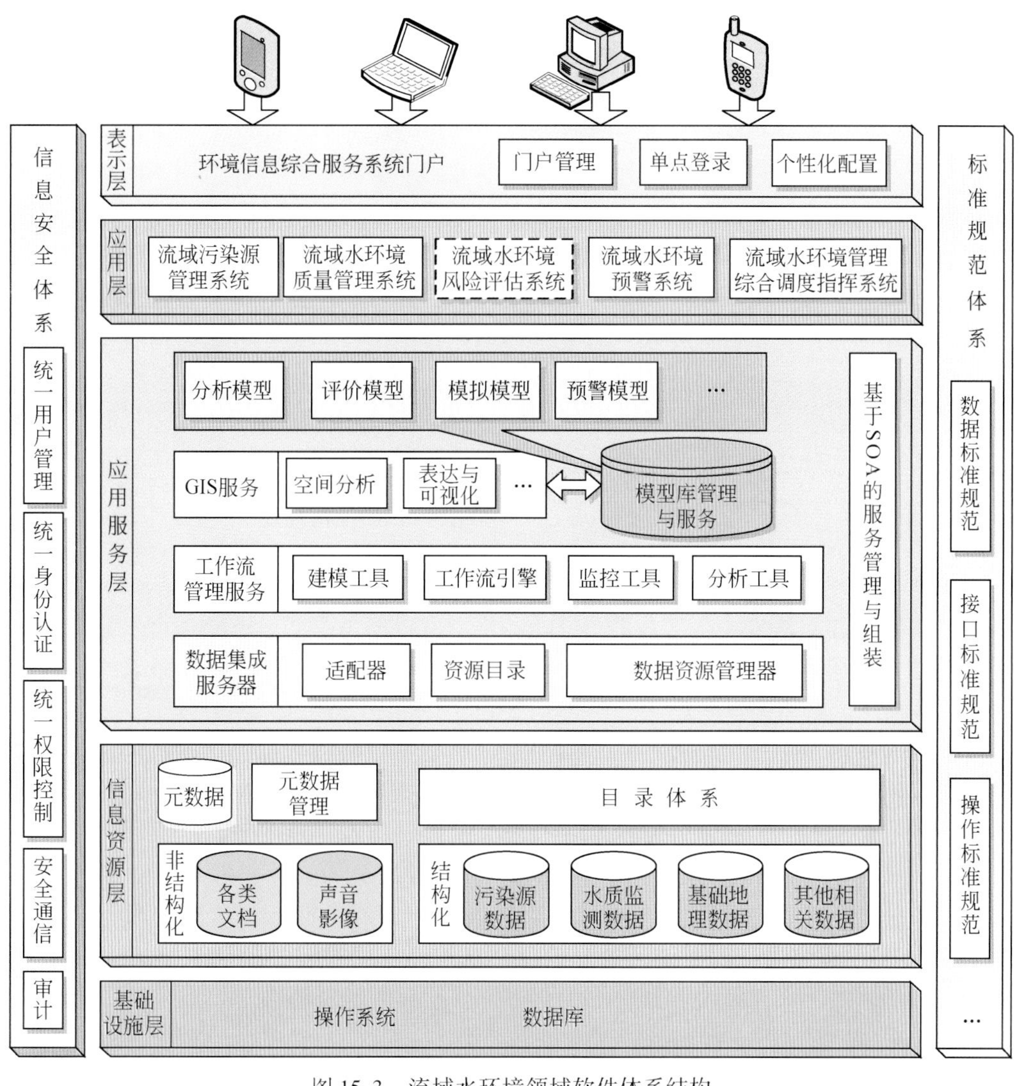

图 15-3　流域水环境领域软件体系结构

6）安全服务。安全问题是信息系统建设中的关键问题。系统的安全体系必须至少从安全评估、安全策略、安全功能及其实现和安全管理等几个环节加以规范化及实施。

7）信息标准。信息标准的目的是用来保证不同系统之间相互操作，从而降低支持和开发成本；同时，也要保证业务应用的灵活性和可选择性。

（4）领域实现

基于上述的面向流域水环境的 DSSA，开展构件提取，从现有的系统中利用软件工程技术提取 DSSA 和构件。同时，对现有构件进行修改与封装，形成需要实现的构件。

构件模型是构件的本质特征及构件间关系的抽象描述，它将构件组装所关心的构件类型、构件形态和表示方法加以标准化，使关心和使用构件的外部环境能够在一致的概念模型下观察和使用构件。领域构件模型要求国产中间件支持业界主流的构件标准，同时具备 IDE 支持和管理功能以及集群功能等特性。

15.2 平台数据集成与共享技术研究

基于平台数据集成和共享技术需求，针对流域水环境数据的多源、分散和异构的特点，在分析水环境数据来源、格式及存储方法的基础上，研究不同部门、不同类型和不同格式现有水环境数据的集成及共享方式，开展平台跨界污染的处理接口研究，重点研究多源数据融合中的元数据技术、(XML) 技术和中间件技术，开发一系列的数据集成中间件，尽量在少改造现有各类应用系统及数据库的前提下，充分利用现有各类水环境数据服务于水环境风险评估与预警平台的要求；研究水环境元数据及各类专题数据建库技术，建立流域水环境元数据库，基于元数据库及目录服务技术，构建流域数据集成平台框架，实现分布异构数据之间的整合及共享，为流域水环境风险评估与预警平台提供必需的数据支撑，实现流域和国家水环境信息的有效集成及共享。

15.2.1 平台数据体系与样例数据库

在数据需求调研基础上，结合平台各业务系统对数据需求，并综合考虑与现有数据的兼容性及将来数据体系扩展性，课题组经过现有数据分析及整理，建立了适合平台的数据分类体系。

从平台业务系统需求及环境管理角度分析，可将平台所需数据归为四大类，即基础地理数据、环境专题数据、决策支持数据及社会经济数据，每大类数据又细分若干亚类及具体的数据项；并分析了数据所在部门、平台所需数据精度及可能的数据集成方法。

从数据管理和存储角度考虑，流域水环境数据可以分为空间数据和非空间数据（属性数据）。空间数据为包含位置信息的数据，如基础地理数据、自然环境数据和污染源数据等；属性数据为常规的不包含空间信息的数据，如一些社会经济数据和政策法规数据等。

1）平台数据库设计。在平台数据分类体系及数据特点分析的基础上，课题组综合研究了现有相关数据标准及现有运行的业务系统数据库设计情况，结合平台业务功能需求，开展了服务于平台建设的数据库设计与样例数据库建设工作。研究过程首先制定了数据库设计原则，进行了数据库设计，并建立了相应样例数据库。

2）平台元数据库设计。流域水环境风险评估与预警元数据库，描述所包含的各类空间与非空间数据库及数据表的元数据元素，包括数据库的标识、内容、数据质量、空间参照、数据分发和负责单位等信息；定义了数据源所包含的数据集系列和要素与要素属性的元数据规范以及环境数据的监测对象、在线监测情况和统计信息等。适用于对环境空间数据集及环境属性数据集进行全面描述，包括环境信息元数据库建立、管理、编目、发布和查询；用于环境部门内部发布及与其他部门之间数据共享；环境部门及其他部门、行业、机构或个人共享数据。

15.2.2 多源数据适配器研发

平台中基本也是最重要的数据为污染源数据管理。风险源数据也是从污染源数据按照一定方法提取出来的。但由于实际环境管理中不同管理部门对污染源信息需求侧重点不同，导致目前环保系统同一个污染源具有3套数据（污染源普查数据、环境统计数据和污染源监测数据）、3个来源及3套数据库系统。平台需要根据风险评估预警模型需求从3类数据库中抽取所需数据，并按照平台污染源数据库设计需求进行存储；即需要在平台数据库和目前运行的3个业务系统之间建立数据管道，实现数据之间的映射、访问和读取等操作，从而解决污染源数据存在的一数多源问题。

系统主要为政府相关部门提供流域水环境信息查询服务。因此在设计时要求适配器操作简单，功能实用。在不改变环保各部门业务系统现有数据的存储及模式的情况下，可以统一、透明及高效地访问和操作分布在不同硬件平台、操作系统和网络协议下的异构数据库的数据资源，快速地将多源数据转化为平台所需信息资源。

多源数据适配器研发主要用于解决环保系统内部多套污染源数据之间访问及选取的问题。由于污染源数据是平台建设中最核心数据之一，如何从多套污染源数据中选择符合平台需求的数据是本研究需要解决的一个难点问题。本研究针对环保系统内部目前使用污染源数据的三套系统（污染源普查系统、环境统计系统及污染源监测系统）中数据库数据结构进行了详细分析（见附件数据分析研究报告），掌握了各类数据库中污染源信息的主要内容、表之间关系及字段映射关系，在此基础上研发了数据访问适配器，建立了平台数据库与三个异构数据库之间的数据访问通道，实现了平台数据库与3个异构数据库之间的连接、访问、查询和数据转存等功能，解决了1数多源数据访问及管理问题，为平台建设奠定了数据基础。

15.2.3 数据访问中间件

调研表明，平台运行对水文和气象数据具有较高要求。通过实地调研及座谈，课题组基本了解了水利及气象部门数据管理及共享状况。大部分水利及气象数据存储在业务部门的数据库中，由于安全性等原因，与数据适配器研制不同，在管理层面很难实现平台数据库与水利和气象业务数据库之间的直接访问和数据读取，给平台数据获取带来了一点问题。为解决这一问题，课题组研发了水文和气象数据访问中间件来实时从网络抓取水利和气象部门发布的权威数据，并按照平台数据库设计要求，转存到数据库中，服务于平台模型及系统运行需求。

15.2.4 流域水环境风险评估预警数据共享平台建设

流域水环境风险评估与预警数据共享平台建设主要服务流域内部（如辽河、太湖和三峡水库等）及跨流域数据共享的需求，重点解决环保部门内部数据共享问题，跨部门数据主要通过数据访问中间件进行集成共享。

基础地理及环境专题数据的获取及更新对流域水环境风险评估与预警平台的业务化运行具有重要意义。基础地理数据是平台建设和运行的基础，环境专题数据是平台业务功能实现的保障。目前我国环境管理由于尚未成立面向流域管理的专门的环境管理机构，流域基础地理数据和环境专题数据散落在不同单位内，对于跨行政区域（省、市及县）的流域问题更加突出。流域水环境风险评估与预警平台建设将流域作为一个完整的单元进行考虑，需要将散落在各单位和部门的数据集中到平台数据库中为平台业务功能服务。

平台建设中涉及涉密与非涉密数据。涉密数据包括基础地理数据及一些环境专题数据，这些数据不宜公开共享，在数据集成与共享模式上应采用基于认证的安全共享。该部分数据共享方式采用传统的基础元数据的分级共享方式，普通用户可以访问数据目录，但不能获取实体数据；经过认证和授权的单位经安全认证后可以共享和交换数据。

对于非涉密数据，如比例尺小于 1∶100 万的基础地理数据和一些遥感影像数据及国家公开发布的环境统计数据等，为实现数据共享，平台采用基于 SOA 架构的地图服务和数据服务形式发布，满足不同类型用户需求；同时也将其他部门地图和数据服务聚合到共享平台中，服务于平台运行数据需求。

15.3 平台模型集成与管理技术研究

以流域水环境风险评估与预警标准规范、数据集成与共享技术的研究成果为支撑，以实现平台模型集成与管理技术的各项关键技术为研究内容，并对提高模型执行效率等技术进行探讨，对相关模型进行标准化封装，构建模型元数据库和模型库系统，建立模型共享门户，为业务化应用系统集成提供方法库和模型库。

15.3.1 平台模型管理技术方法

(1) 流域水环境模型描述方法

在模型的具体描述语言选取上，采用 XML 技术，对水环境流域风险评估预警模型进行描述。在流域水环境模型分类编码的基础上，采用一种支持多领域可扩展的模型描述方法来描述流域水环境模型。该方法支持自定义分类模式，对模型描述属性进行灵活扩展，包括 3 个部分即基本模型（basic model）、分类（classification）和接口（interface）。

(2) 流域水环境模型的结构和封装技术

流域水环境质量风险评估及预警的模型需要对外共享和提供服务，所以在实现流域水环境模型封装过程中要实现模型重用和共享的最大化。这需要对多流域水模型进行封装，具体的封装技术采用构件技术和 Web services 技术。

(3) 流域水环境模型与数据库集成技术

流域水环境模型中模型种类众多，不同模型所需要的数据源也各不相同，其格式也不一样。例如，既有属性数据如监测数据，也有空间数据，既有自然环境数据也有社会经济数据、污染源数据和质量管理数据。

在具体实施路线上，根据不同模型的数据需求，应用构件和 Web services 技术，开展模型库中数据管理构件的开发研究（具体包括污染源管理、质量管理及风险评估和预警等多个模型数据管理构件开发研究），形成服务于水环境模型的数据管理构件，实现服务于模型的数据定位、查询和服务以及模型有效快速地和数据库接口。

(4) 流域水环境模型与 GIS 集成技术

针对水环境模型的空间特性，根据不同水环境模型的简单与复杂程度，根据集成的粒度，研究单一水环境模型与GIS集成及模型库系统与GIS集成两个层次的集成技术。在单一模型层次，对比较简单的模型如点源污染源负荷核定模型和水环境质量评价模型等，开展基于Web services技术的模型与GIS集成研究，研究模型的Web services实现技术和GIS的Web services实现技术，实现在Web环境下的水环境模型与GIS的集成；针对复杂的水环境模型如水文学模型和复杂的水质模型等，研究基于数据交换的GIS与水环境模型的集成技术，确定GIS与模型的数据接口技术，实现C/S模式下的水环境模型与GIS的集成。在模型库层次，研究基于Web services技术的模型库与GIS技术的集成，实现在Web环境下GIS与多模型的组合。

（5）流域水环境模型的管理技术

随着流域水环境模型中模型种类不断增加，规模不断扩大，其复杂性日益增加，流域水环境模型的语义也变得越来越复杂。因此，需要根据流域水环境模型的描述语言，对流域水环境模型管理技术进行研究，支持模型库的各种维护操作。通过友好的界面，利用流域水环境模型的管理中间件实现可视化模型的录入、编辑和修改功能，将应用中的多个模型按照性质、用途和适用条件等属性进行分类管理和维护；同时提供模型注册服务，为新模型的增加提供一个注册平台。

（6）流域水环境多模型的复合技术

流域水环境风险评估预警模型涉及水文水动力模型、水质评价模型、水环境风险评估模型和水环境预警模型等大量不同种类的数学模型。在应用于不同水体和不同水文条件进行模拟预测时，同类水环境模型又有许多具体不同类型的模式，模型参数也有很大不同。另外，水环境风险评估预警往往还需要几种不同类型的模型相互调用，需要多次组合和反馈才可得到最后的评估和预警结果。

根据水环境模型的特点，在比较基于Web services技术的模型库构建技术和基于数据库的模型库构建技术的基础上，选择Web services模型库的构建方式，实现模型的选择、建立、拼接和组合，实现各类模型之间的关联关系及模型更新和调整，实现各类模型之间的复合，实现模型的高效管理。

15.3.2 平台模型库集成

（1）模型分类体系

在制定数据模型分类与编码时，首先，按照水环境风险评估与预警需求，在综合国内外文献和实地调研基础上，完成了“流域水环境风险评估与预警模型研究报告”，将模型分为六大类，即空间分析类、污染源管理模型类、质量管理模型类、风险评估模型类、预警模型类和风险控制对策类。具体的模型包括地表水环境质量评价、沉积物质量评价、水生生物质量评价、水环境质量综合评价、污染物扩散模拟与预测模型、湖泊水质的水质扩散模型、一维水体污染扩散模型、二维水体污染扩散模型和污染源负荷核算模型等。

（2）模型元数据规范和模型数据接口规范

模型元数据规范是模型集成和共享的核心。在借鉴地理模型元数据基础上，结合流域水环境模型特点，采用UML、XML schema和数据字典等多种方法，描述模型元数据，规定了流域水环境风险评估与预警模型的标识信息、建模原理信息、参照系信息、运行条件信息、分发信息及其他有关特征，从而有助于流域水环境风险评估与预警模型的编目、全面描述和组织管理，也可用于信息交换网站的模型信息服务。

(3) 模型集成与共享服务平台

在模型分类体系研究、模型元数据规范制定及模型集成和共享关键技术基础上，基于国内外综述和调研以及应用示范，建立了模型元数据库，采用模型封装技术，封装了33个通用模型，建立了基于Web services的模型库；并基于SOA架构，构建了流域水环境模型（通用）集成和共享的服务平台，该平台具有模型注册、管理、存储、检索、发布和服务以及在线运行等功能，为构建业务化应用系统提供模型和方法支持。

15.4 面向业务化应用的系统集成技术研究

15.4.1 集成技术思路

本研究应用领域工程方法，采取由技术调研设计到模拟环境研究，再由原型开发测试到运行应用完善的研究流程，将研究获取的共性理论和技术成果转化为可实际运行应用的管理手段，最终形成流域水环境风险评估与预警领域的核心资产库和应用支撑平台。

业务化系统集成支撑技术主要技术框架如图15-4所示。其中，应用支撑平台及基础构件和工具实现了系统的运行环境支持，流域水环境风险评估与预警平台包括了领域构件库以及数据共享和模型管理两个主要平台系统，为应用系统的开发提供了支持。在应用支撑平台和流域水环境风险评估与预警平台的基础上，研究实现了5个主要业务系统。

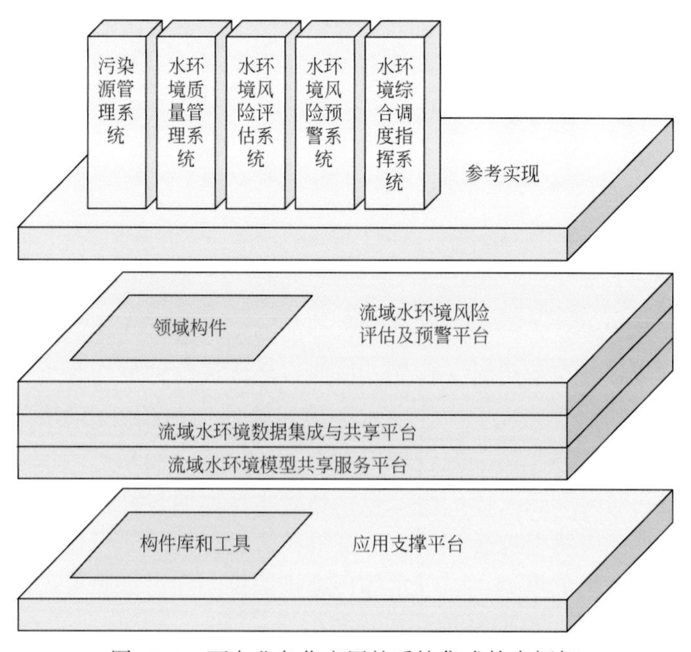

图15-4 面向业务化应用的系统集成技术框架

15.4.2 应用支撑平台

应用支撑平台采用领域应用框架的思想进行构造，提供系统基础运行环境、构件库管理、公共服务、企业信息化系统基础平台和功能访问入口与导航。业务功能按照标准接口，在公共服务基础上实现业务需求，并进行相应的配置，应用支撑平台就可以将功能加载到系统中，提供给用户使用。这种构造模式可以降低系统的耦合度，提高系统的可扩展能力，节省业务功能开发成本。

应用支撑平台提供的核心服务：实时智能监控平台；数据集成与整合平台；统一用户管理平台；企业信息门户平台。

应用支撑平台建立在硬件网络层和系统软件层之上，直接向具体的应用软件系统提供服务。一方面它以基础的技术架构平台为基础，另一方面又是对技术架构平台的扩展。由于封装了构建应用软件需要解决的诸多如应用服务器和门户中间件等在内的公共和底层服务，并且提供可重用基础构件和业务构件，因此可以实现快速构建应用系统的目标。

应用支撑平台的结构主要分为5层。

1）基础运行环境。基础运行环境为具体的应用软件系统屏蔽底层的硬件环境、系统软件服务和信息资源的处理，从而方便具体应用对底层服务的访问。

2）构件库。构件库提供可重用的业务构件和基础构件。其中提供的业务构件包括公共业务类构件、污染源类构件、水环境质量类构件、风险评估类构件、预警类构件、应急类构件和GIS服务类构件；基础构件包括趋势分析工具、报警管理工具、报表/表单工具和数据整合工具等。

3）业务逻辑支撑。业务逻辑层主要用于支撑具体应用系统中在开发工具和目录管理等方面与具体业务逻辑相关的服务。

4）表现层支撑。表现层能够支撑具体应用系统的门户和实时智能监控平台。

5）企业信息化系统基础平台。企业信息化系统基础平台可统一用户管理。

应用支撑平台建设方式主要是购买成熟的中间件产品，同时根据业务系统开发的需求对其进行相应的配置或定制开发。

（1）实时智能监控平台

实时监控平台的目标是通过事件驱动的数据处理来支持无处不在的实时决策。实时监控平台的总体架构如图15-4所示，其中体现了实时监控应用在平台上从开发到运行的过程。数据接口适配器主要是保证不同类型数据源中的数据都能够在实时监控平台中体现；消息通信中间件保证基于Web的客户端能够实时获取数据。

（2）数据集成与整合平台

数据异构表现为同数据库同表结构、同数据库不同表结构、不同数据库同表结构和不同数据库不同表结构。针对流程工业生产过程中多种异构数据库之间存在不能有效共享和不一致性的缺陷，利用通用的接口技术将多种异构数据库的数据进行了整合。

（3）统一用户管理平台

基于目录服务的统一用户管理平台将为用户构建一个综合的应用集成平台，有效地解决应用整合和用户统一管理的问题，并实现高效的单点登录机制，为未来信息化的高速发展打下良好的基础。为了对各应用系统的用户进行集中管理，统一用户管理平台必须先对第三方应用系统进行验证。这就要求第三方应用必须在统一用户管理平台中进行注册和管理，只有在注册成功后才可以对系统的用户及应用权限进行集中管理。为了保证系统在注册过程中的安全性，降低数据泄露的风险，统一用户管理平台对验证信息须进行数据加密。

（4）信息门户平台

监控应用与生产息息相关，利用门户技术向使用单位提供用户管理集中、界面统一及风格一致的一体化平台，从而实现对分散的信息源和应用系统的集中管理与统一访问控制。监控门户能够作为使用单位门户的一部分通过 Web part 或者 Portlet 技术与使用单位门户进行无缝整合。

15.4.3 可复用软件资产库

应用系统支撑平台中包含众多基础构件，如数据管理构件、查询统计构件、报表管理构件、日志管理构件和门户管理构件等。开发构件需要遵循构件接口规范要求，只有严格按照规范开发的构件才能做到无缝地集成。具体构件开发规范见《领域构件模型规约》。

（1）基础构件集

表 15-1 列出了应用支撑平台的基础构件。这些基础构件是开发相应应用功能的基础，实现了数据访问、数据表示、信息维护和流程监控等基本功能。

表 15-1 应用支撑平台构件

构件类	构件名称	说明
表示构件类	视图构件包	包括列表、树形、网格和容器等
	导航构件包	包括菜单、工具栏和状态栏等
	图形显示构件包	包括直方图、柱形图、饼图和曲线等
数据访问构件类	数据对象定制构件	包括数据对象和数据对象属性等数据对象信息的定制
	数据对象管理构件	提供对数据对象的分类、查询和检索等功能
	数据访问层构件	在已定制的数据对象的基础之上，提供对数据对象的封装，为上层用户提供访问接口
	数据导入导出构件	对系统中所管理的信息按已定格式导出或将已导出的数据导入到系统中
信息维护构件类	维护模板定制构件	包括定制维护界面的内容和风格等
	维护模板运行构件	包括将维护模板加载为 Web 页面或 Winform 形式，并支持修改、删除和保存等操作
	维护模板管理构件	包括对维护模板的分类、查询、增加、删除和修改等管理操作
信息安全构件类	单点登录构件	
	基于角色的访问控制构件	
	信息安全通道构件	

续表

构件类	构件名称	说明
异常处理构件类	异常处理定制构件	通过定制支持多种形式的异常处理，如异常严重性的级别划分、异常信息的记录和异常信息的发制等
系统维护构件类	数据字典构件	系统预制常用及领域特定数据字典，并支持根据用户的需求定制数据字典
	组织机构编码构件	根据领域内组织机构编码规则，自动生成组织机构编码；并根据组织机构编码，生成组织机构目录树
流程监控构件类	流程图组态构件	包括流程行业图例等
	趋势曲线构件	包括曲线图例等
报表构件类	报表定制构件	包括统计报表、表格、名册和表单的定制
	报表管理构件	包括对报表的分类、查询、检索、增加、删除和修改等管理操作
	报表运行构件	包括报表数据的加载、计算和校核
	报表输出构件	将报表输出为 Word 和 Excel 等指定格式

（2）领域专用构件集

基于实际需求和定义的构件模型，流域水环境领域 3 大类业务构件为 GIS 操作构件类、业务构件类和模型构件类（表 15-2）。

表 15-2　领域构件

构件类	构件名称	说明
GIS 操作构件类	要素维护构件	地图上的要素查询、增、删和改等管理操作
业务构件类	污染源类构件	污染源基本信息、排污口、生产情况、排放标准和监测设备等
	水环境质量类构件	干支流、断面监测点、纳污单位和监测数据维护
	风险评估构件	突发事故评估和累积评估等
	预警类构件	日常预警、中长期预警和突发性等
	应急类构件	应急预案、应急资源和知识库等
模型构件类	流域水环境质量评价模型构件	分类分级、污染负荷总量核定和风险源识别等模型
	流域水环境风险模型构件	单因子法、综合指数法、WPI 法、累积性风险评估和突发性风险评估等模型
	流域水环境预警模型构件	污染源排放预警、累积性水污染预警、事故型预警和应急调度等模型

（3）报表工具

报表工具可以根据用户需要，方便、灵活、易用及可视化地设计报表，支持报表库操作，对用户常用报表可灵活定制模版，方便地进行报表库模板的增加、删除、修改和重用。报表工具应支持数据的统计、分析和挖掘，支持可视化和复杂的查询条件定义，支持计算式、校核式及基于业务需求和逻辑规则的约束性条件设置。定义报表时，应利用元数据管理组件，支持从不同信息集中选择任意数量的信息项作为报表输出项的数据来源，也应支持直接输入 SQL 语句，各输出项既可自动从数据源中提取数据也可手工填写；支持复杂的排版格式，提供可视化的报表定制功能，包括字体格式、段落格式和页面格式，支持单元格与内容排版的互相适应；支持自动插页和合并打印，可以用二维或三维图形及表格等方式展现数据分析结果，满足应用系统业务中对特殊内容的特殊输出要求。

(4) 数据分析工具

数据分析工具将生产实时数据、数据提取、分析工具、组合管理和管理信息等多种功能应用融为一体，为值班调度人员和领导决策人员提供了综合性的分析方案，高度融合的功能组合可使用户避免打开多个应用系统，既节约了客户的资讯成本又方便最终用户的使用，使用户在实时变化的现场环境中处理数据。

数据分析工具具有人性化的界面设计、统一的操作风格、完全兼容常用软件的操作习惯、灵活的用户自定义板块、强大的命令管理和不同功能之间的任意切换、信息之间的相互关联、导航式的功能设计及与数据库的完美结合等特点，极大方便最终用户使用。

数据分析工具既支持报表格式的任意定制，又支持常用大型数据库和开放式数据库连接（ODBC）作为报表数据源；用户实现报表的设计和显示、系统配置和管理及系统任务定制和系统运行监控；采用模板形式统一管理和保存用户设计的报表；采用完善的权限管理模式，既保证用户在任意客户端上能进行报表设计和查询，又保证系统数据信息的安全。

(5) 日志工具

日志机制提供统一的错误处理机制以及错误内容的定制过程。在应用程序中添加日志记录总的来说基于三个目的：监视代码中变量的变化情况，周期性的记录到文件中供其他应用进行统计分析工作；跟踪代码运行时轨迹，作为日后审计的依据；担当集成开发环境中的调试器的作用，向文件或控制台打印代码的调试信息。系统开发者可以使用日志来分析和检查系统内部运行的流程和逻辑；维护管理者可以使用日志来检索和回顾系统使用人员对系统进行的操作。

日志工具包括日志的记录范围、日志的数据格式和接口方法及日志配置等。

15.4.4 流域水环境风险评估及预警平台参考实现

在应用支撑平台和可复用软件资产库的基础上，依托流域水环境数据库、数据访问适配器、访问中间件、数据共享平台以及流域水环境风险评估与预警模型库，设计和开发流域水环境风险评估与预警平台的参考实现，主要包括通用管理模块以及污染源管理系统、水环境质量管理系统、水环境风险评估系统、水环境预警系统和综合调度指挥系统等应用系统。

(1) 通用管理模块

流域水环境风险评估及预警平台的通用管理模块主要包括系统管理模块、数据管理模块、空间数据操作模块、查询分析模块、统计分析模块和打印输出模块（图 15-5）。

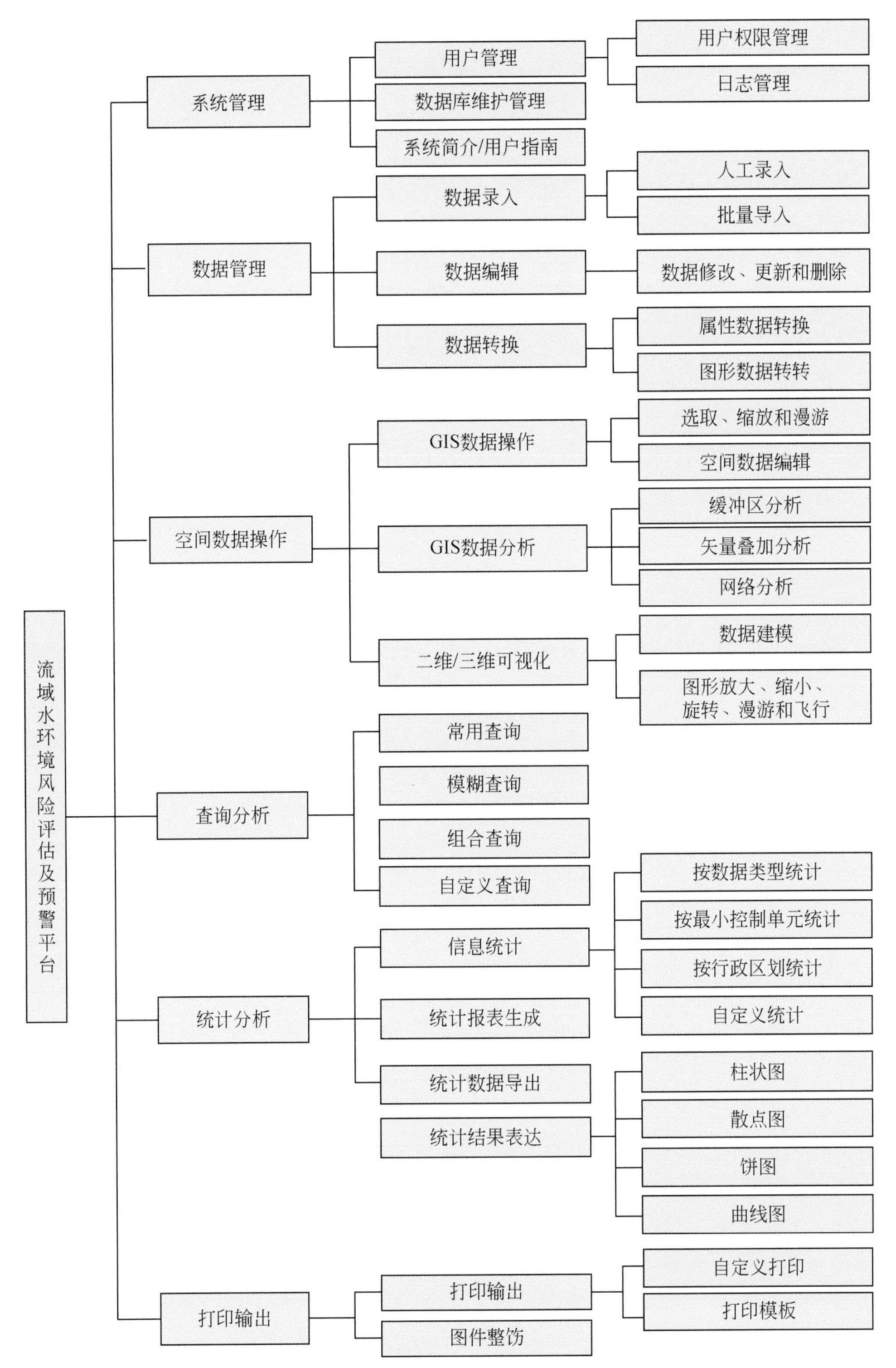

图 15-5 流域水环境风险评估及预警平台通用模块

1）系统管理模块。主要用于系统用户管理及数据库维护，包括用户权限管理、用户登录认证、系统日志管理、数据库维护管理、数据库备份管理、流域水环境概况、系统简介和用户指南等多项系统管理功能。

2）数据管理模块。主要用于系统各类数据的输入、编辑及导出功能。包括污染源数据、风险评估指标体系、流域水环境预警指标体系、流域自然数据和流域社会经济数据等各种专题与基础数据的手工录入、批量导入、修改、更新、删除及格式转换等功能。

3）空间数据操作模块。基于 GIS 的二次开发组件，实现污染源空间数据、水环境质量数据、风险评估及区划数据和预警分析及结果数据等各类空间数据的选取、放大、缩小与漫游，实现相关数据的 DEM 分析、缓冲区分析、叠加分析、网络分析和三维可视化等功能。

4）查询分析模块。实现图形和属性的关联查询，即污染源、水环境质量和基础地理信息等数据库中的数据可以通过属性表（输入关键字）进行查询，也可以直接通过鼠标等工具直接在图形上进行选择查询，查询结果图形和属性数据是相互关联的。主要包括常用信息查询（预算定制好菜单）、模糊查询（类似百度搜索）、组合查询及自定义查询（可以查询流域水环境数据库中所有内容）等信息查询功能。

5）统计分析模块。主要实现流域水环境污染源信息、污染源排放信息、水环境质量信息、流域水环境风险区划信息和流域水环境预警等信息的统计及数据报表生成功能；包括按照数据类型进行统计、按照最小控制单元进行统计、按照行政区划进行统计及自定义统计等多种统计方式。按照预先定义好的统计报表格式生成统计报表，统计结果可以以多种形式进行表达，包括柱状图、散点图、饼图、曲线图和各种专题图，并可以导出为常用的 MS Excel，MS Access 等数据格式。

6）打印输出模块。主要实现流域水环境污染源信息、水环境质量信息、风险区划信息和预警信息等各类信息的输出功能，包括图形信息及属性信息的打印输出、图形打印模板制订、图形打印模板的导入导出和打印信息输出为其他常用格式（图片格式和 PDF 格式）等功能。

在对各业务系统进行仔细调研的基础上，开展业务系统的详细功能设计，基于数据集成中间件、数据库建设及模型库建设成果，在工作流技术、可视化技术及门户集成技术的支持下，采用合适的开发环境及开发工具，完成流域水环境风险评估及预警平台的设计及开发工作，实现各业务系统的核心业务功能。

（2）污染源管理系统

污染源管理系统主要实现流域水污染源管理功能，包括流域水污染源排污信息管理功能及污染源负荷核定。应用工作流技术，针对流域不同的污染源，集成污染源污染负荷核定技术中间件，实现污染源管理的定量化分析及展示。

实现水质和污染源现状评价功能。通过不同时段污染源排放评价，可以指出水体的污染负荷量、主要污染物和污染位置及发展趋势。

（3）水环境质量管理系统

针对不同类别水系的特点，可以进行水系基础知识、河段、断面和纳污单位等信息的维护，并对断面进行水质监测。在水质监测数据的基础上可以完成水质量管理相关的各种评价，如单因子法、综合指数法和 WPI 法等。

包括流域水环境趋势分析、流域水环境评价、实现流域水环境质量评价有指数评价法、单因子超标倍数法、模糊综合评判法、灰色评价法、神经网络法和主成分分析法等多种方法，用户可根据实际情况选取适当水质评价方法。

（4）水环境风险评估系统

基于流域污染源风险管理信息，实现流域级水环境风险评估工作，并将风险等级分配到流域最小生态单元，根据风险评估模型及流域社会经济数据和基础地理信息数据等多种数据，评价污染源潜在危险造成的损失，包括生态影响、环境健康及其他相关损失。实现基于流域生态功能分区的风险评估及管理。

根据各种风险评估模型，开展流域水环境潜在影响及危害模拟，模拟不同条件下污染源对流域同一地区不同区段的影响范围，基于 GIS 等可视化工具直观表达和显示影响范围的空间分布。

（5）水环境预警系统

该系统实现流域水环境预警功能。依据实时监测监控数据，结合历史统计数据，利用相关专业的专家系统、各类流域水环境资源数据库、风险评估及预警模型库等知识系统，提供突发性事故危险源和风险源预警功能。

结合流域突发性水环境事故的理化性质、事故现场的环境信息、地理信息和社会经济信息，根据预警模型计算结果，初步确定预警等级，生成突发性事故基本情况报告。按照系统业务流转关系，基于工作流技术，实现预警信息的自动业务流转，将预警信息及时通过各种方式（包括网络、电话、短信和 E-mail 等）及时流转到预警指挥调度中心。

（6）综合调度指挥系统

在应急处置方案确定的基础上，基于 GIS 支持下的应急调度功能，综合调度包括环保、交通、卫生、公安、水利、林业和教育等各部门在内的职能机构，实现水情、应急人员、车辆、装备、人员和通信等的统一指挥及调度，基于 GIS 的空间分析功能，实现应急车辆最优路径选择及人员最佳疏散通道等功能模块。

实现应急现场数据采集模块，实现流域水环境突发事故及累积性事故现场照片、录像和录音等多种格式数据的实时采集、传输及管理，为指挥调度中心提供直观的现场第一手资料，从而为最终决策提供服务。

基于流域水环境预警应急预案库及流域水污染控制与治理技术库，生成若干初步的事故应急处置方案，经过环境专家会商及决策后，最终确定预警等级、预警范围、预警时间和重点预警对象，同时制订和调取相应预警预案，确定详细处置方案，为政府决策提供科学及时的信息。

15.5　应用开发指南和标准规范

15.5.1　基于领域工程的核心资产建立过程

本研究采用领域工程方法，在对示范流域进行充分调研的基础上，经过领域分析、领域设计和领域实现等关键步骤，识别领域共性和个性，构建领域模型，完成领域软件体系结构（DSSA）和构件详细设计，然后基于领域模型、DSSA、领域构件集、通用构件集、样例数据库和业务模型库，形成领域核心资产。

污染源管理系统、水环境质量管理系统、水环境风险评估系统、水环境预警系统和综合调度指挥系统 5 个业务系统的开发是基于应用支撑平台和领域核心资产库进行，要经过需求分析、系统配置和集成测试等阶段，对于一些新需求，还需要进行定制设计和定制开发，过程如图 15-6 所示。

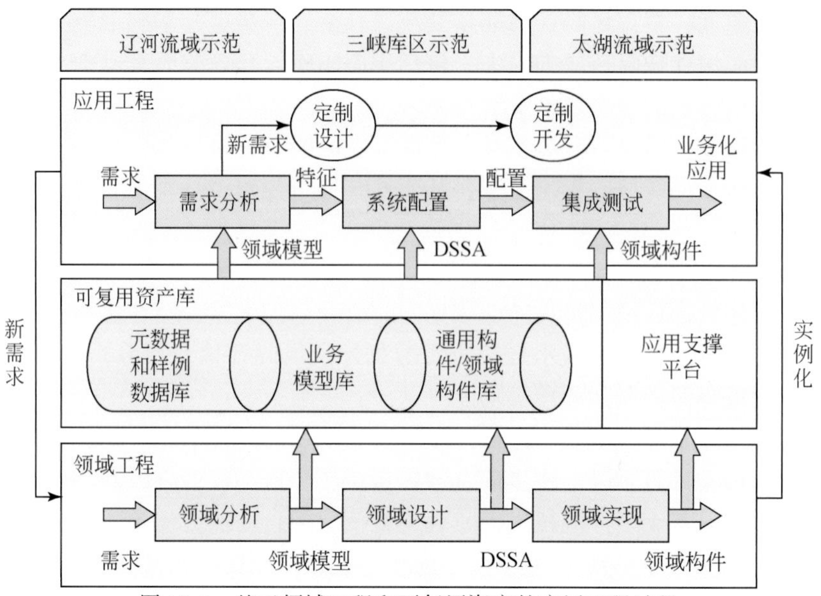

图 15-6　基于领域工程和可复用资产的应用工程过程

基于以上，应用系统的构造存在若干核心问题。首先，要明晰应用系统的开发层次和扩展机制，然后，进行基于支撑平台、可复用资产库的应用配置、针对个性需求的新应用插件式开发，最后是以数据为中心的纵横向应用集成。

15.5.2　基于支撑平台的应用配置

(1) 基于变化点控制的功能配置

在领域的理解与应用的基础上，在系统设计时就充分考虑了系统的变化性及业务的差异化，根据系统实施经验将业务的差异总结为变化点。通过变化点的配置实现系统的灵活性、适应性与扩展性。

(2) 基于元数据模型的系统定制

当在某个领域而不是单个系统的范围内考虑问题时，就会发现系统的一些特性是领域中所有系统共同具有的，一些特征是领域中部分系统具有的，而其他特性只是个别系统具有的。所有系统都具有的特性是该领域中的本质特性，体现为该领域中的系统共性；而只是部分系统和个别系统具有的特性则体现为领域中系统的变化性。对共性和变化性范围的确定和相互关系的处理决定了一个平台灵活性和适应性。在对领域的分析后，根据领域的共性产生了数据描述规则，即元数据模型。

15.5.3　基于支撑平台的应用集成

(1) 基于支撑平台的功能集成

应用支撑平台下的应用系统功能模块均以插件的方式集成到平台的运行环境中，各功能模块又以独立的压缩包方式进行发布。所以基于平台的应用集成非常简便，只需要将每个功能模块按预定的位置存放在运行环境下即可。同时，平台提供自动化的发布和集成机制，只需要通过集成工具，指定所需功能模块的版本，即可自动从应用支撑平台的版本仓库中下载到所需要组件和组件的依赖，整个过程自动完成，不需要人工干预，确保了集成效果。

(2) 以数据为中心的应用集成

流域水环境数据集成共享平台是应用支撑平台的核心组成部分，提供一整套规范的、高效的、安全的数据交换机制，解决数据采集、更新、汇总、分发和一致性等数据交换问题。各业务系统使用集成共享平台进行数据交换，实现了纵向和横向的数据整合。

数据集成共享平台是一个信息流控制中心。其主要作用就是负责把报文送交给指定的适配器，或根据需要向某个适配器索取报文。报文是规范的 XML 文档，包含数据和对数据进行操作的信息。适配器之间并不直接通信，而是通过数据集成共享平台作为中介进行联系。适配器可以在开发应用程序时就集成到程序内部，也可以对已有的应用程序挂接一个新增的适配器，选择何种方式取决于应用程序的开发者。

15.5.4 支持应用的标准规范

为了支持面向业务化应用的系统集成技术，需要定义一系列标准规范。在环境信息化标准体系框架下，综合文献调研，充分借鉴国内外在数据模型集成共享、应用系统集成、平台运行与安全方面的研究成果和经验，根据水环境流域统一管理的需求、水环境数据现状以及水环境风险评估预警平台总体架构与功能需求，在已经颁布的相关环境信息标准规范基础上，从指导性标准、通用性技术标准和重点领域的专用标准 3 个方面补充研究制定了流域水环境风险评估与预警平台标准体系框架，并撰写形成了平台标准体系报告，从而支撑指导示范流域平台建设。标准规范体系由总体标准、应用标准、信息资源标准、应用支撑标准、信息安全标准和管理标准 6 个部分组成。标准规范体系建设旨在有目的、有目标、有计划和有步骤地建立起联系紧密、相互协调、层次分明、构成合理、相互支持及满足需求的标准体系并贯彻实施，以支持流域水环境风险评估与预警平台的合理构建。

流域水环境风险评估与预警平台标准规范具体包括以下几方面。

1）平台运行安全技术规范。本规范对流域水环境风险评估与预警平台运行体系结构（运行逻辑层次和运行模式）、平台运行的基础条件（物理安全和网络安全）及系统运行安全（系统安全管理、数据安全管理、磁盘监控与管理、网络安全运行和运行规章制度）等内容进行了详细的规定，为配合“流域水环境风险评估与预警平台构建共性技术研究”项目乃至水专项中相关信息系统建设，保障信息系统建设上下级之间标准一致、系统互联互通及实现平台全面稳定运行提供科学的技术指导。

2）流域水环境通用目录共享体系。本规范提出了流域水环境通用数据目录共享体系的技术总体架构，规定了流域水环境目录内容服务系统的组成以及系统内部各部分之间的关系，适用于流域水环境通用数据目录共享体系的规划和设计。该规范基于业务梳理和业务数据整理，统一规范水环境交换数据的标识、分类以及水环境数据资源统一描述，为实现流域和国家水环境信息的有效共享与快速交换奠定基础。

3）流域水环境数据交换体系。本规范提出了流域水环境通用数据交换体系的总体技术架构，规定了流域水环境通用数据交换体系技术支撑环境的组成，适用于规划和设计流域水环境通用数据交换体系。该规范基于业务梳理和业务数据整理，统一规范水环境交换数据的标识、分类以及水环境数据资源统一描述，为实现流域和国家水环境信息的有效共享与快速交换奠定基础。

4）流域水环境业务（平台信息）系统集成技术规范。本规范规定了流域水环境业务系统中的业务流程描述协议和业务流程化等业务流程描述要求，适用于流域水环境业务系统。该规范是为满足复杂多变的业务流程活动的要求，基于服务的和基于业务流程描述，开展流域水环境业务系统集成，将应用系统的业务逻辑与业务流程逻辑分离，使业务流程的改变不会引起应用系统的改变，实现松耦合的应用集成。

5）流域水环境元数据标准。本标准规定流域水环境风险评估与预警模型元数据的内容，包括流域水环境风险评估与预警模型的分类标识信息、适用范围、模型质量、模型性能、参数类型、运行条件、建模原理、求解方法、集成模式及其他有关特征。

6）流域水环境模型元数据规范。本标准规定流域水环境风险评估与预警模型元数据的内容，包括流域水环境风险评估与预警模型的分类标识信息、适用范围、模型质量、模型性能、参数类型、运行条件、建模原理、求解方法、集成模式及其他有关特征。本标准可用于对流域水环境风险评估与预警模型数据集的全面描述、数据集编目及信息交换网络服务，实施对象可以是数据集、数据集系列、要素实体及属性。

7）流域水环境模型数据接口规范。本规范的目的是提供一个通用的流域水环境风险评估与预警模型数据接口描述框架。按此框架，可以形象化地表达模型的输入与输出数据要求及模型与数据源之间的数据交换关系。本规范的实施将有利于模型与数据源之间数据交换的实现，有利于模型与模型之间的连接处理，提高模型与数据源的价值。

8）流域水环境数据管理规范。本数据管理规范依据全国环境系统数据监测及管理标准制定完成，规定了流域水环境管理数据、数据管理指标和数据管理方法等内容，适用于全国环境系统水环境信息资源的共享。

第 16 章

三峡库区水环境风险评估与预警平台构建与应用示范

16.1 平台业务需求分析

16.1.1 三峡库区水环境概况

(1) 三峡库区概况

三峡工程是集防洪、发电和航运等综合功能的一项特大型水利工程，坝址位于宜昌市三斗坪。三峡水库正常蓄水位 175m，总库容 393 亿 m^3，回水末端至重庆江津花红堡，总长 667km 和均宽 1100m，是典型的河道型水库。库区内江河纵横，水系发达，仅重庆市境内流域面积大于 1000 km^2的河流就有 36 条。嘉陵江和乌江是库区最大的两条支流，香溪河是湖北省境内最大支流。径流量丰富，出库多年平均径流量 4292 亿 m^3；年径流量主要集中在汛期。

(2) 三峡库区水污染负荷特征

三峡库区的污染负荷 70% ~80% 来自于面源。尤其是 TP，主要来自农田面源负荷。特别是农村生产与生活引起的面源污染，已经开始取代点源污染，逐渐成为了水体污染的重要因素。生活污水的排放也成为污染物排放的重要因素。目前除因洪水灾害导致的水污染事故外，面源污染物尚未造成突出的水污染问题，但影响水体的背景浓度，其大量的氮和磷等营养物质是造成水体富营养化的主要污染源。面源不仅控制三峡库区主要污染物的通量变化，而且对水库下游的水质状况也起主导作用；同时面源也控制库区点源的治理程度。

三峡库区的点源污染排放主要位于重庆辖区。2010 年，三峡库区城镇生活和工业废水排放量为 12.57 亿 t；其中工业废水排放量为 3.6 亿 t，城镇生活污水排放量为 8.97 亿 t。COD 的排放量为 27.2 万 t，其中工业部分为 9.48 万 t，生活部分为 17.72 万 t。氨氮的排放量为 3.01 万 t；工业部分为 0.65 万 t，生活部分为 2.35 万 t。生活污水的排放量、COD 排放量和氨氮排放量都高于工业排放量。2009 年，统计三峡库区湖北辖区的 COD 排放量和氨氮排放量，其中，COD 排放量中，工业、生活和农业排放量分别占 11.34%、23.30% 和 65.35%，农业面源污染的排放量占 COD 排放的主要部分；氨氮排放量中，工业、生活和农业排放量分别占 15.38%、50.76% 和 33.85%，生活污水排放量和农业面源污水排放量占主要部分。

(3) 三峡水库水环境质量特征

1）空间变化规律。以 2010 年监测数据为依据，分别对湖北辖区和重庆辖区内的监测断面进行了空间变化规律分析。

总体来说，2010 年，三峡水库库区的所有监控断面中，库区及上游主要干流和一级支流的水质状况总体较好。重庆辖区内以龙河、龙溪河和渠溪河等支流的高锰酸盐指数较高，应当对该断面水质保护加以重视；而梅溪河和大宁河等支流的高锰酸盐指数较低，污染较轻；以渠溪河和澎溪河等支流的 BOD_5 值较高，而嘉陵江、神女溪和大溪河等支流的 BOD_5 值较低。

2）时间变化规律。重庆辖区内的三峡库区 BOD_5 和高锰酸盐指数变化极小，2009 年 BOD_5 指数稍有降低，但 2010 年又上升至原水平。湖北境内流域 BOD_5 的数据也出现了波动性，其最大值出现在 2006 年，其次是 2005 年，2009 ~ 2010 年数据较为稳定，数值较小；TN 的数据变化类似于 BOD_5 的变化趋势，其最大值出现在 2005 年，之后数据下降较多，数值比较稳定、有降低趋势；高锰酸钾指数则类似于 BOD_5，最大值出现在 2006 年（7.08 mg/L），其次是 2005 年，2009 ~ 2010 年数据较为稳定（2.07 ~ 2.25mg/L）。

3）水体营养状况分析。三峡库区规划区的支流水质相对较差，库区部分支流水华频发，威胁饮水安全。污染支流成为影响流域水环境安全的重要因素，重庆市和四川省等地尤为明显。2010 年库区 56 条次级河流超Ⅲ类水体断面比例达 28.8%，且成库后库区支流回水区中段高锰酸盐指数浓度显著上升，有机污染加重。支流水体富营养化问题突出，63.3% 库区支流呈富营养状态。支流回水区水华频发且日趋严重，影响库区集镇人口饮水安全。2004 ~ 2009 年，三峡库区发生“水华”共 84 次，覆盖库区 21 条一级支流。

16.1.2 风险管理需求

（1）保证三峡库区水环境安全的国家战略

长江是我国唯一具有全国意义的水源，也是我国区域供水安全的最后一道防线。三峡工程是开发和治理长江的关键性工程，是中国最大的水利枢纽工程，也是我国南北水资源调配控制枢纽。举世瞩目的三峡工程能否正常运行，三峡库区及其上游水环境能否保持良好状态，已不仅仅是国家经济和社会能否顺利良性发展的关键，更是国家和地区安全和稳定与否的关键，具有极其重要的战略地位。《三峡库区及其上游水污染防治规划》（2001 ~ 2010 年）和最新《国务院关于推进重庆统筹城乡改革发展若干意见》提出的规划目标为“三峡库区长江干流水质达到Ⅱ类”。针对三峡库区环境监测手段落后、信息共享水平差和监督管理必要设施不足等问题，必须加强水环境与生态监测体系建设。主要包括“在库区、影响区和上游区 29 个国控断面建设水质自动监测站，对占排污负荷 65% 以上的重点污染源安装在线监测监控系统；建设 39 个地级以上城市环境信息处理系统和水污染应急系统”；规划建立以“遥感和地面观测站相结合及多部门信息共享的生态监测网络系统”。对保障三峡库区水质安全和三峡工程综合效益的发挥起着举足轻重的作用，对国家的经济建设和长治久安意义重大，是重大的国家战略和国家需求。

（2）地方政府实施库区水污染控制和水环境监管需求

近年来库区流域内突发水环境事故较多，给饮用水源安全带了巨大威胁，但相应的水环境预警能力却十分薄弱。从地方政府对库区水环境安全管理需求出发，水环境质量监控预警要求迫切。但因条件限制，三峡库区的水污染事故的“预防、预警、应急”三位一体的管理体系尚未建立，有待于强化和完善一个基于流域系统的水污染事故应急预警机制和技术体系，以便在宏观的流域尺度上对水环境安全管理、预警和应急进行有效处置。

(3) 提升三峡库区水环境风险预警决策支撑的技术能力

目前，我国已经初步建立了较为完善的环境监测体系，取得了大量的环境监测数据，但信息化手段仍滞后。跨多个行政区，与水环境关联的气象、水文、水质和监测等数据分属于不同职能部门及数个行政省（直辖市），各部门之间的信息共享平台尚未建立。这种分散式的信息管理状况，无法适应大型水库全流域综合管理需求。由于三峡库区流域面积大，关联水系多，传统监测技术和监测网络体系无法掌握全面水质状况，也无法适应新的水环境问题；水质预测预警还缺乏比较完备的体系和手段，包括水质实时监控网络系统、水污染事件预警预报模型、水环境监测信息处理平台和信息共享机制等均有欠缺；面对可能存在的水污染风险的威胁，跨区域应急预案体系、事故报告体系、应急监测与预警监控体系及辅助决策支持体系等尚未建立；难以建立应对突发水污染事件的联动机制，亟须建立水环境质量监控预警的综合管理平台，以提升库区环境管理水平。

16.1.3 平台业务需求分析

(1) 三峡库区水环境日常管理需求

三峡库区水环境风险评估与预警平台是在现有的重庆市环境信息系统的基础上开发建设，整合现有的水环境基础数据库，按照统一的标准接口，动态展示重大污染源在线监测和水环境质量监测的实时动态监测值、状态及超标报警等数据，满足日常水环境监控预警管理需求。

(2) 三峡库区水污染事故环境风险评估需求

三峡库区水环境风险评估与预警平台针对敏感目标的保护需要，实现三峡库区水环境风险源的预防管理的业务需求。

突发性流域水环境风险来自于流域污染源。在流域水污染源普查的基础上，需要对风险源进行识别；在流域污染源管理的基础上，构建流域水污染风险源数据库；按风险源类别进行重大风险源、较大风险源和一般风险源分类管理。

实时的地表水环境质量和饮用水源的预警监控，结合常规的地表水质监测、评价分析及污染源排放情况，确定水环境质量分布及趋势。

(3) 三峡库区水环境监控预警需求

在现有污染源监督性监测和水环境质量例行监测网络的基础上，根据流域水污染风险源分布及重要饮用水源的分布，强化重大风险污染源在线监测（控）的实时监测；调整优化水质预警监控断面，补充监测指标和调整监测频次，构建固定监测、移动监测、自动监测和不定期加密监测相结合的监控网络，实现对流域水环境的立体式实时动态的监控。

(4) 三峡库区水污染事故应急处置需求

围绕突发性事故的预警和处置等开展集成与示范。突发性水环境事件应急处置的目的是为了及时合理处置可能发生的各类重大和特大水环境污染事故，维护社会稳定，保障公众生命健康和财产安全。突发环境应急指挥系统将大量重点风险源和其中的危险品的信息、地图信息、各类事件处理方法、环境质量分析、环境模型推演和相关专家信息等资料整合为一体，并以电子地图为载体实现有效的管理和展示；系统通过快速查找正确的处理方法和相应的专家、快速有效地分配应急资源、提供有效的应急通讯和及时应急监测及在最短的时间内提出处理方案等功能实现对环境应急事件的快速响应，实现应急接警、事故甄别、启动预案和应急指挥等功能。

16.1.4 平台用户

“十一五”期间，三峡库区水环境风险评估及预警平台的示范工程建设围绕重庆市辖区展开，三峡库区水环境风险评估及预警示范研究成果和系统平台应用于重庆市环保部门及区县环保局日常管理决策，主要用户是重庆市环境监察总队、污防处、监测处和环境监测中心等部门及区县环保局。重庆市环境监察总队是平台的直接用户。在日常的环境应急管理工作中，通过平台进行预防阶段的水环境风险源识别和评估，按照接警、甄别、启动预案和指挥调度进行应急事件的辅助科学决策和规范处置流程。重庆市环境监测中心是平台环境信息采集单位，负责日常的水环境质量监测、评价和预警，应急事件时的环境监测及环境态势分析，为现场应急指挥提供辅助决策支持。重庆市环境信息中心是本平台日常维护管理单位，为确保平台为重庆市环保局各部门提供良好的决策支撑服务。

16.2 平台设计

16.2.1 平台设计原则

三峡库区水环境风险评估及预警平台的应用架构以面向业务的流程化需求为理念，针对平台建设目标，依据“一个体系、一张网、一张图、一个表和一个流程”的“五个一”建设思路，以基础数据为支撑，以软件工程、决策支持、模拟仿真与GIS等信息化技术为手段，全面实现动态监测、一体化管理、综合分析和信息发布等功能，并初步实现业务化运行应用验证。

1）一个体系。针对三峡库区水环境安全监管需求，构建业务化运行的联动机制，形成各级主管部分、业务监管部门和应急现场调度等多方联动，在预警平台、事故应急处置平台和信息发布平台的联动配合下，形成系统化的风险评估—预测预警—应急指挥的完整体系。

2）一张网。优化和完善现有的广域网及局域网运行环境，集成有线和无线多种传输技术，利用VPDN/ADSL、CDMA、GPRS及3G技术构建现场通信传输网络系统，包括监测站网、传输网络和控制网络等，实现网络覆盖三峡库区水环境。

3）一张图。利用GIS技术对空间数据、图形图像及地物的电子地图展示和空间趋势分析，实现风险评估与监测预警的可视化。加之良好的操作性、可扩展性和交互性，形成“电子沙盘”形式的展示、分析与交互，成为三峡库区水环境风险评估与监测预警示范平台的重要特色。

4）一个表。通过空间数据、属性数据、模型和专题数据构成一体化存储与综合分析，实现应急预案的智能化生成。通过平台调用数据资源，将应急指挥人员、监测人员、处置人员、救援队伍和专家等信息集成自动生成一个调度表，并运用标准化的处置和监测等方案模块自动生成应急方案。

5）一个流程。形成流域水环境风险评估与预警信息化、标准化的应急指挥流程，具体为监测预警信息采集——数据管理——水环境风险评估与预警平台展示与分析——应急指挥系统多方实时联动——水环境风险预测信息发布与反馈的信息化、标准化。

16.2.2 总体架构设计

针对现有的重庆市环境质量监控平台、重大污染源在线监测及业务审批系统等存在系统离散和数据异构，并且还未建立起统一的预警监控的管理机制状况，结合水环境风险评估及预警功能完善的需要，以联邦体系架构（federal enterprise architecture，FEA）为基础，以面向服务架构（service oriented architecture，SOA）和模块化设计为支撑，提出如图16-1所示的水环境风险评估及预警平台系统架构。

平台主要关注与环保部门现有的业务系统进行集成，同时通过标准化的开放的接口，形成一个可配置、可扩展和可运行的三峡库区水环境风险评估和预警平台。三峡库区水环境风险评估及预警平台采用面向SOA框架设计，资源层提供包括污染源数据、水文气象数据、环境质量数据、模型数据和GIS空间数据等在内的数据对象；协议层提供各种模型、服务协议和数据交互的接口设计规范；中间层提供水环境模型封装系统，并且按照三峡库区水环境风险评估及预警示范平台的风险评估、监控预警、模拟预测和应急指挥等应用需求，提供包括相关业务应用的设计规范，实现与重庆市现有业务系统的整合。平台的功能层次如图16-2所示。

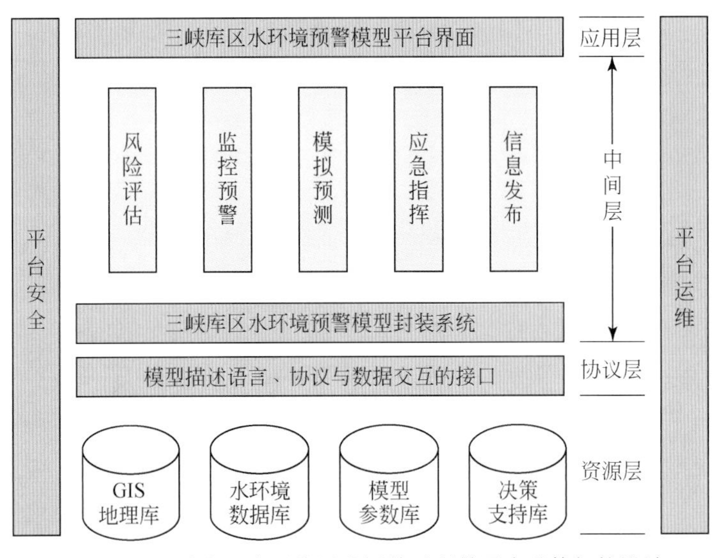

图16-1　三峡库区水环境风险评估及预警平台总体架构设计

（1）网络架构设计

根据流域水环境风险预警平台构建成果共性技术以及三峡库区水环境风险评估及预警平台示范的系统总体架构设计，网络架构设计依托环保部信息化统计与能力建设及重庆市环保局现有的网络服务平台，利用VPDN/ADSL、CDMA、GPRS及3G技术构建现场通信传输网络；优化、完善现有的广域网及局域网运行环境，集成有线和无线多种传输技术，使得网络在带宽、安全性和兼容性等方面满足平台建设的要求，支撑环保部和地方数据传输共享；从而构建集扩展性、兼容性和安全性为一体的全面支撑预测预警体系数据网络传

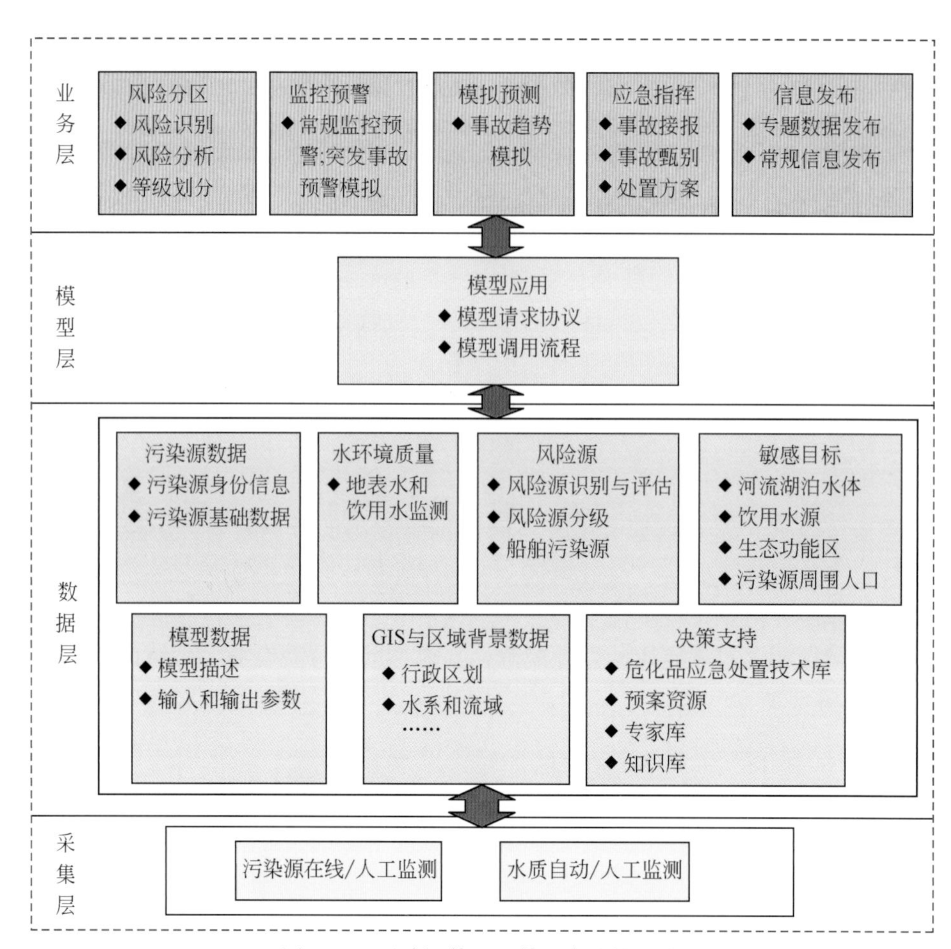

图 16-2　风险评估及预警平台功能层次

输平台。

核心骨干网采用高端高性能交换机作为平台的核心交换，两台核心交换通过 trunk 万兆接口互连，采用 VPN 协议的可靠性配置与核心路由器互联。核心路由之间通过千兆互联，与分支机构采用 SDH 专线和 MPLS-VPN 专线做广域网的互连冗余结构，SDH 和 MPLS 广域网链路可根据实际费用去选择。分支机构核心交换和路由的互联与平台核心交换和路由结构相同，只是设备性能要求较低。使用 OSPF 路由协议，并将核心的路由全部动态发布到 Area0 区。

数据中心网络的设计包含了研发和公共应用服务两大部分。两个区域的数据都是安全性要求高。采用带防火墙业务板的高端交换作为核心交换平台，核心交换全冗余交叉互联，既保证了可靠性也保证了安全性。

汇聚层网络的设计涵盖了平台所有汇聚接入的网络情况，汇聚交换同样采用双链路双机冗余与核心和接入交换分别互联，保证了网络的高可靠性和数据交换性能。汇聚和接入交换启用 802. IX 协议对用户网络接入进行认证和控制（图 16-3）。

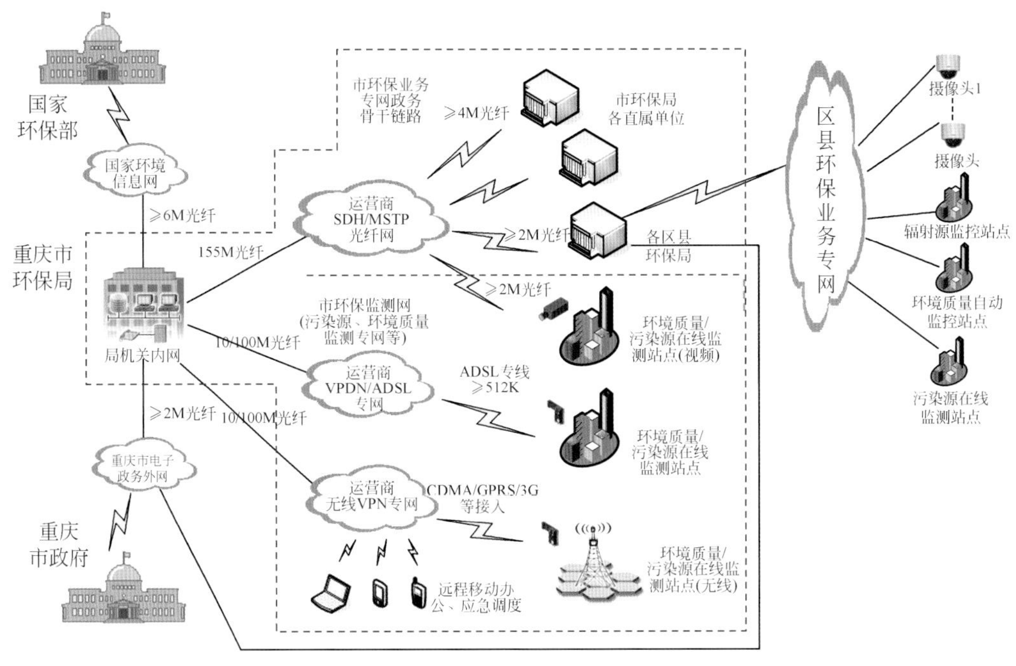

图 16-3　网络总体构架现状拓扑

(2) 数据架构设计

根据三峡库区水环境风险评估及预警示范平台对数据的要求，对系统平台数据资源进行分析，包括基础地理空间信息数据、环境质量数据、风险源数据、敏感目标数据、模型参数数据以及决策支持数据，如图 16-4 所示。

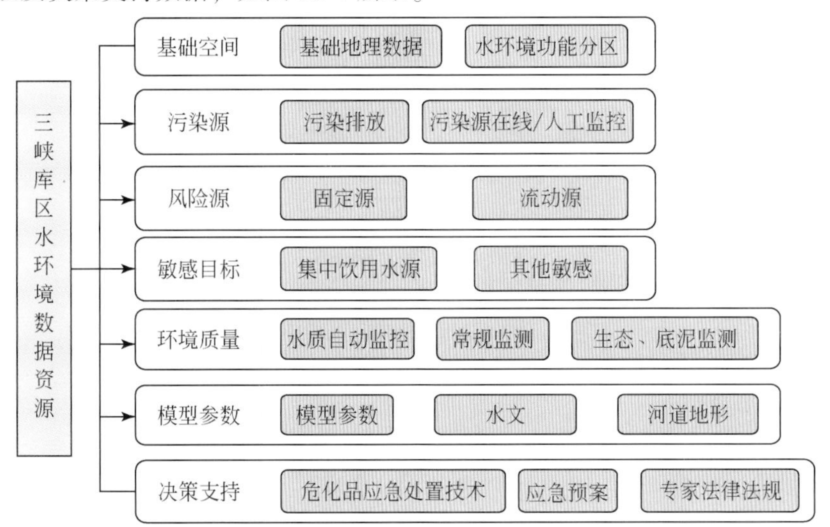

图 16-4　数据资源分析框架

(3) 应用架构设计

平台业务应用管理的标准化，能提高应用管理的灵活性、可扩展性及有效性。为实现三峡库区风险评估与预警平台业务应用的动态管理，提出了基于面向服务（SOA）的三峡库区水环境风险评估和预警平台的应用架构（图 16-5）。

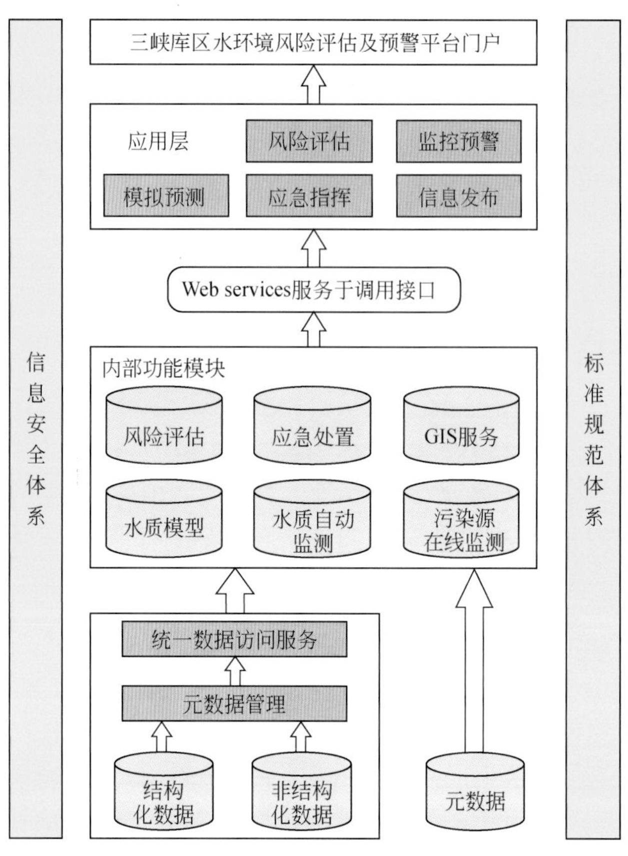

图 16-5　基于面向服务（SOA）框架的平台应用架构设计

根据数据的来源属性特点，数据的更新方式也有所不同。公共基础数据，靠建立公共数据库与外部共享、专项调查，数据通过加工录入导入进行更新。业务成果数据，通过系统升级形成专题数据库自动更新。业务过程数据，就靠业务系统运行自动更新。通过系统开发，建立各业务子系统的成果数据库。通过业务管理系统升级来丰富和增补专题数据库，进而丰富主数据库。

按照“数据依赖于业务产生，独立于业务存储”的原则，针对业务需求，建立数据目录体系和编码体系，实现数据与图形叠加，建立数据更新机制，使数据体系具有实时性、规范性、有效性、安全性、开放性和可扩展性，为风险评估、监控预警、预测模拟、应急指挥和信息发布 5 类应用提供服务。

16.2.3　三峡库区水环境基础数据库设计

16.2.3.1　三峡库区水环境风险评估及预警数据库设计

三峡库区水环境风险评估及预警平台数据库的总体设计目标是建立采集、管理、维护、分发和应用，包括库区基础地理数据和水环境实时监测以及风险预测相关数据在内的数据库系统。平台数据库的构建满足实时性、规范性、有效性、安全性、开放性和可扩展性。

(1) 标准规范

在数据层，本研究将通过定义规范的可扩展的数据接口，以松耦合的形式对重庆市环保局已有系统的数据和通过其他子课题实施所产生的数据进行整合并为服务层提供高效灵活的数据服务。

1）元数据。元数据主要对整个数据层存储的数据进行元数据描述，其主要目的是对数据进行统一命名和规范描述，使服务层能够根据其需要对数据进行便捷的访问。

2）数据转换接口。根据模型调用的需求，将数据库中的原始数据自动转换为模型调用所需要的数据格式。

(2) 数据目录体系

1）基础空间数据目录。三峡库区水环境风险评估及预警平台基础地理数据主要采用重庆市政务地理信息共享服务平台，通过 GIS 服务聚合的方式将基础地理数据和三峡库区水环境专题数据进行集成，主要包括行政区划图、公路与铁路交通线、卫星影像图、地形图和三维图的基础地图服务（web map service，WMS）。

2）专题空间数据目录。三峡库区水环境专题空间数据目录如表 16-1 所示。

表 16-1 专题空间数据目录

数据分类	序号	数据目录
水质监测	1	地表水监测站位
	2	水质自动监测站位
	3	饮用水源监测站位
污染源	4	工业污染源分布
	5	厂区平面图（厂区边界、排放口和治理设施等）
	6	污水处理厂
	7	工业园区
风险源	8	固定风险源
	9	移动风险源（跨江大桥）
敏感目标	10	饮用水源地
	11	饮用水源保护区
	12	敏感目标（人口集中区、学校和医院）
	13	自然保护区
	14	水环境功能区划
模型参数库	15	河道边界网格
	16	水文监测站点
	17	气象观测站点

3）三峡库区水环境专题数据表目录。三峡库区水环境专题数据表目录如表 16-2 所示。

表 16-2 专题数据

序号	数据库名称	表名
1	水环境水质监测	水质自动监测站
		地表水监测断面
2	污染源	国控污染源在线监控
		污染源普查及更新调查
3	风险源	企业基本信息表
		企业化学物质情况表
		企业环境风险防范措施
		企业环境应急处置及救援资源表
		企业环境风险单元监控情况
4	敏感目标	饮用水源表（同空间数据）
5	水质模型库	模型库
		模型参数库
		水文水动力参数库
6	应急资源库	应急技术库
		预案表
		处置机构库
		专家库

16.2.3.2 三峡库区水环境基础数据库

（1）基础地理空间信息数据库

本平台采用重庆市政务地理信息共享服务平台的行政区划图、卫星影像图、地形图和三维影像图，以标准的 GIS 服务接口，在开发端服务聚合的方式集成调用，预留 GIS 输入输出接口。

1）数据库标准。基础数据采用国家统一的西安 80 地理坐标系统，库区数据比例尺 1∶5 万；城区局部比例尺 1∶1 万。

2）数据库数量。三峡库区流域基础地理空间数据包括自然环境、社会经济、环境质量和污染源：库区区县区划、乡镇区划及地名（区县驻地、乡镇驻地和行政村）；库区人口（组成和数量）及经济（产业结构）；库区交通（高速公路、国道、县道、省道和铁路）；地形地貌（流域 DEM 图）；土地利用（土地利用图）；土壤类型（土壤类型图）；河流水系（河网信息和河道地形图）；水文数据（水文站点、水位和流量）；气象数据（降水、气温和辐射等各类要素）；水环境功能区划。

（2）敏感目标数据库

三峡库区内可能受水环境事故危害的敏感目标类型，主要包括重要的河流湖泊水体、集中式饮用水源及重要的生态功能区（珍稀鱼类保护区及水产养殖区）以及重大风险源周边的人口集中区、学校与医院等的空间位置和影响人群等。

对重庆市集中式饮用水源进行了专项调查，共完成了重庆市 993 个乡镇级以上饮用水源地及保护区数据调查，其中 81 个为城市级的饮用水源地，为环境污染事故的敏感目标分析等科学决策提供了快速准确的信息。结合重庆市主城区创建国家环境模范城市等专项，补充完善重大风险源周边的敏感目标如学校、医院和人口集中区等数据。

（3）水环境质量数据库

三峡库区水环境质量数据库主要包括三峡库区自动（定点）监测、手工（定点）监测和移动巡测数据库。

1）自动监测数据库。三峡库区自动监测共设8个断面，各个断面各项水质指标的连续监测浓度值为平台数据提供支撑。该数据库主要集成各区县、各个断面、经度、纬度和监测指标等基本信息。监测的指标信息主要包括监测时间、水质5参数（pH、温度、DO、浊度和电导率）、氨氮、高锰酸盐指数、TP和TN等。

2）手工监测数据库。三峡库区“三江”共有水质监测断面35个（其中重庆32个，湖北3个），新增10个监测断面进行补充监测（其中重庆9个，湖北1个）。监测断面的基本属性：省市名称、断面名称、断面编号、所在区县、经度、纬度、所在河流、断面属性、断面级别、断面规划、监测项目、监测频率（次/年）和监测时间。监测指标为GB 3838—2002表1的24项及流量、电导率、水位、透明度、Chl-a、流速和亚硝酸盐等。监测频次为每月一次，每月10日前采样，并在库区水位上升和回落期间进行不定期加密监测。

3）移动巡测数据库。三峡库区干流共设置33个断面。数据库基本信息包括点位名称、经纬度坐标、监测时间及监测坐标。监测指标包括水温、pH、电导率、浊度、DO、高锰酸盐指数、TP、TN、氨氮、铜、铅、六价铬、铁、锰、砷、汞、悬浮物、挥发酚、石油类和Chl-a共20项。监测频次为每年两次。

（4）污染源排放数据库

1）重点污染源数据库。三峡库区重点废水污染源共有1760家。工业污染源信息库包括污染源名称、地址、岸别、生产主要产品产量、主要辅助材料、废水排放去向、日排废水量、日排放主要污染物数量、废水排放规律、废水监测方式及主要污染物浓度范围等。

2）污染源在线监测数据库。主要包括重点工业污染源和城市污水处理厂的排污口常规指标的连续监测浓度值和废（污）水流量数据以及各类指标的达标信息。已建成三峡库区98家（72家国控重点污染源和26家其他污染源）重点污染源的在线监测数据库。数据库主要内容包括企业名称、企业编码、企业所属行政区划、经度、纬度、类型和排入江系等基本信息以及污染物排放及污染物监测信息等。监测的指标信息主要包括监测时间、流量和COD、氨氮等。

（5）水环境风险源数据库

1）风险源识别与评估的基础数据。筛选第一次全国污染源普查及更新调查的污染源名录中可能对水环境造成污染事故的风险源，参照环境风险导则中涉及的主要污染源及其在生产、运输、使用和销售等环节的临界污染物量为阈值，数据主要包括影响水环境污染危险品所在的区县、编码、经度、纬度、流入的流域、品名、数量及危险品的物理化学特性，应按照流域进行调查。依据建立的三峡库区水环境污染风险源分级标准体系，对库区水环境污染风险源进行分级，明确库区水环境污染的主要风险源和主要污染物，确定三峡库区主要水环境污染物在水体中的背景含量。调查的部分风险源企业属于污染源企业名录，应统一按照遵循重庆市环保局现有的污染源企业的编码。

2）风险源分级评价数据。对每个识别出的环境风险源，根据其危害特性，进行事件预测，分门别类说明每种可能发生的突发环境事件及其对环境可能造成的后果和危害程度。同时，明确三峡库区内可能受水环境事故危害的敏感目标类型，明确不同类型敏感目标的数量和空间地理位置，对敏感目标的脆弱性进行分析评估；明确三峡库区水环境污染的主要敏感目标，确定出重大、较大和一般风险源。

3）流动风险源基础数据。主要是船舶污染源。信息库包括不同类型船舶数量、发动机功率、年运行天数、船员人数、年客运量（长途和短途）、含油废水、生活污水日排放量、废水污水处理情况、污染物浓度范围及日排放污染物量等。根据近年来三峡库区水污染事件的特点，交通事故引发的水体污染事件从数量和程度上都有上升趋势。因此，跨江的大桥也作为一个潜在的流动风险源类型。

（6）模型参数数据库

1）参数经验数据和案例参数数据。模型参数主要包含污染物降解系数、干流蓄水前后扩散系数和支流蓄水后扩散系数等参数库。

2）三峡水库突发性水环境风险预测的模型库。在突发性水环境风险预测模型的基础上，根据库区已发生和潜在的突发性水环境事故的典型污染物分析，建立包括可溶/不可溶、降解/不降解、沉积/不沉积、挥发/不挥发、油类以及重金属等污染物的水质模拟模型库。

3）断面划分、网格生成和河道地形高程提取。整个库区及主要支流的一维断面划分，并利用实测地形资料，提取河道断面地形高程值；根据库区不同区域的重要性和敏感程度的不同，在库区生成网格疏密程度不一的非正交三维模型网格，利用实测地形资料或地形图插值河道网格节点的地形高程值，并与系统平台基础空间数据集成。

（7）决策支持数据库

1）危化品应急处置技术库。根据第7章调查成果，确定三峡库区危险化学品水污染物质范围。根据危险化学品的物理化学性质，筛选并建立了13类重金属、13类致色物质、非金属氧化物类7种、9类酸碱盐类物质、71种有机污染物和7类油类物质共计120种物质的应急技术措施数据库，包括污染物理化特征、毒理学参数和环境行为等参数在陆地和水体中应急处置方案、消除潜在风险方法、应急措施的二次污染的处理方案，给出事故发生的特点产生最优应急处置方案。构建典型污染物应急处置案例技术库，包括危险化学品的分类体系和分类处置（陆地和水体）实施方法库，针对污染事故的环境条件和地理地质条件，典型事故水污染应急物理和化学控制的工程实施方案库。

2）预案资源。三峡库区水环境的预案资源包括国家、重庆市、区县以及行业特点《三峡库区重庆流域污染和生态破坏重特大突发环境事件应急预案》，企业级的应急预案等。历史的或整理规范的应急预案进入系统作为可以启用的应急方案，同时也可以供相关人员参考学习。预案类型包括部门预案和企业预案等。预案管理主要分处理的危化品、预案标题、制订时间和预案状态等几个方面，使得预案可以从不同角度进行查询。

3）专家资源。国家、市和区县相应的水环境风险评估及应急处置的专家，建立专家库资源。应急专家库包括水环境监测和水环境治理等领域的专家及熟悉本地区污染防范特点的资深人员等。

4）应急处置机构及相关人员。在应急事故发生后，能快速调集相关的应急监察、应急监测及相关人员，最短时间内抵达事故现场展开救援与监测。

5）知识库。包括法律法规、标准规范、危化品标识、危化品理化特性、燃烧爆炸危险性、毒性危害、应急物资的包装与储运、急救和防护措施等。

(8) 水库运行数据库

入库水文站水位、流量，库区控制断面水位，坝前出库流量、水位等水文数据。水温、气温、光照、降水、蒸发等气象数据。

16.2.4 平台系统功能设计

16.2.4.1 风险评估功能设计

针对日常的环境风险预防监督与事故环境风险管理需求，在科学研究基础上借助已有空间数据，利用GIS的空间分析功能进行风险区划分，将水环境管理提高到风险管理水平，建立风险源识别与评估技术体系，按流域、园区和企业等层次划分风险分区，对特定水域潜在风险进行评价，形成直观的专题图效果，便于监管部门对不同风险区域不同风险源进行信息化管理。

在固定源管理方面，通过实际监测数据，将基于地理空间标注和动态管理库区企业的基本信息、排放情况、风险单元信息、监管信息和周边敏感点等数据，按照风险源属性、敏感目标及管控水平特征，建立库区风险源分级体系；在涉及交通事故引发环境风险方面，对跨江大桥及下游饮用水源地进行了分级标注，辅助对风险源进行管理，通过信息化手段与实际监测手段结合对风险评估进行数字化管理。

16.2.4.2 预警监控功能设计

预警监控功能包括三峡库区日常的水环境监测、污染源排放及水环境预警监控网络等管理需求。水环境质量的监控主要包括日常的地表水质自动监测、饮用水源自动监测子系统及国控污染源在线监测子系统的预警监控。

1）水质自动监控。可按照国控断面、省界断面、三江断面和饮用水监测断面等进行水质状况和超标情况的统计分析和查询。在部分站点如长江朱沱入境和乌江入境等断面安装了视频监控，可对水面的异常漂浮物和水体颜色等进行预警监控。

2）污染源在线监测子系统。通过示范的已安装的污染源在线监测数据，设定阈值进行主要污染物排放的超标报警。

3）三峡库区水环境监测布点优化及水质评价。水质监测包括水质人工定点监测和自动在线监测网络。通过重大污染源在线监控，分析实时污染源排放是否正常，对三峡水库水质和饮用水源造成的污染情况。

16.2.4.3 模拟预测功能设计

模拟预测主要是针对事故型的水污染事件进行模拟预测。平台与模型的集成采用B/S+C/S的架构，通过标准的数据和模型接口的集成方式来实现。为统一计算和模拟成果展示，三峡库区主要河道地形统一划分网格编号并分别存储于模型和三峡库区水环境风险预警模型中。在平台上调用已封装的水环境模型，输出的参数包括网格编号、时间、浓度和水流流速，以专题可视化形式在平台上显示模拟预测的结果，辅助水污染事件的应急处置决策。

16.2.4.4 应急指挥功能设计

应急指挥功能设计围绕应急接警、智能甄别、启动预案和现场指挥4大模块进行。

(1) 应急接警

通过与12369系统进行信息集成，接收12369举报投诉系统发来的报警信息，记录事故的接报内容，包括事故时间和地点等信息，及时对突发性环境污染事故响应（图16-6）。如事故为固定风险源，则可以在企业信息库中选择相应企业，同时事故单位基本信息将自动填充至相应字段。如事故为移动风险源，需要添加移动风险源的经纬度信息。经纬度信息可通过点击地图图标在地图上进行搜寻，找到相应位置后获取位置经纬度信息并将自动添加到经纬度字段中。

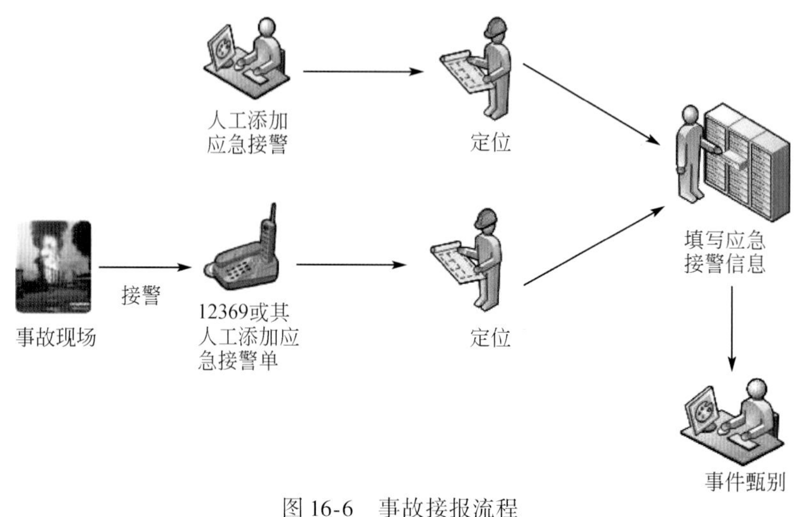

图16-6　事故接报流程

(2) 智能甄别

根据收集到的信息情报资料和情况变化监测，对预测到可能发生事件的发生地点、规模、性质、影响因素、辐射范围、危急程度以及可能引发的后果等因素进行综合评估后，在一定范围内采取适当的方式预先发布事件威胁的警告并提醒相关人员采取相应级别的预警行动（图16-7），从而最大限度地防范事件的发生和发展，最大限度地减少突发环境事件的人员伤亡和危害。对不同级别的事件以不同颜色显示，预警级别由低到高，颜色依次为蓝色、黄色、橙色和红色。根据事态的发展情况和采取措施的效果，预警颜色可以升级、降级或解除。

(3) 启动预案

通过平台快速查找相应的专家、正确处理方法和分配应急设备，提供有效的应急通信和及时应急监测，在最短的时间内启动应急处理方案，实现对环境应急事件的快速响应（图16-8）。完备预案包括以下几方面的内容。

1）相关人员列表。实现应急预案的智能化生成，即根据本次应急事故的基本信息，将应急指挥人员、监测人员、处置人员、救援队伍和专家等所有本次应急相关人员的基本信息自动生成一个调度表。

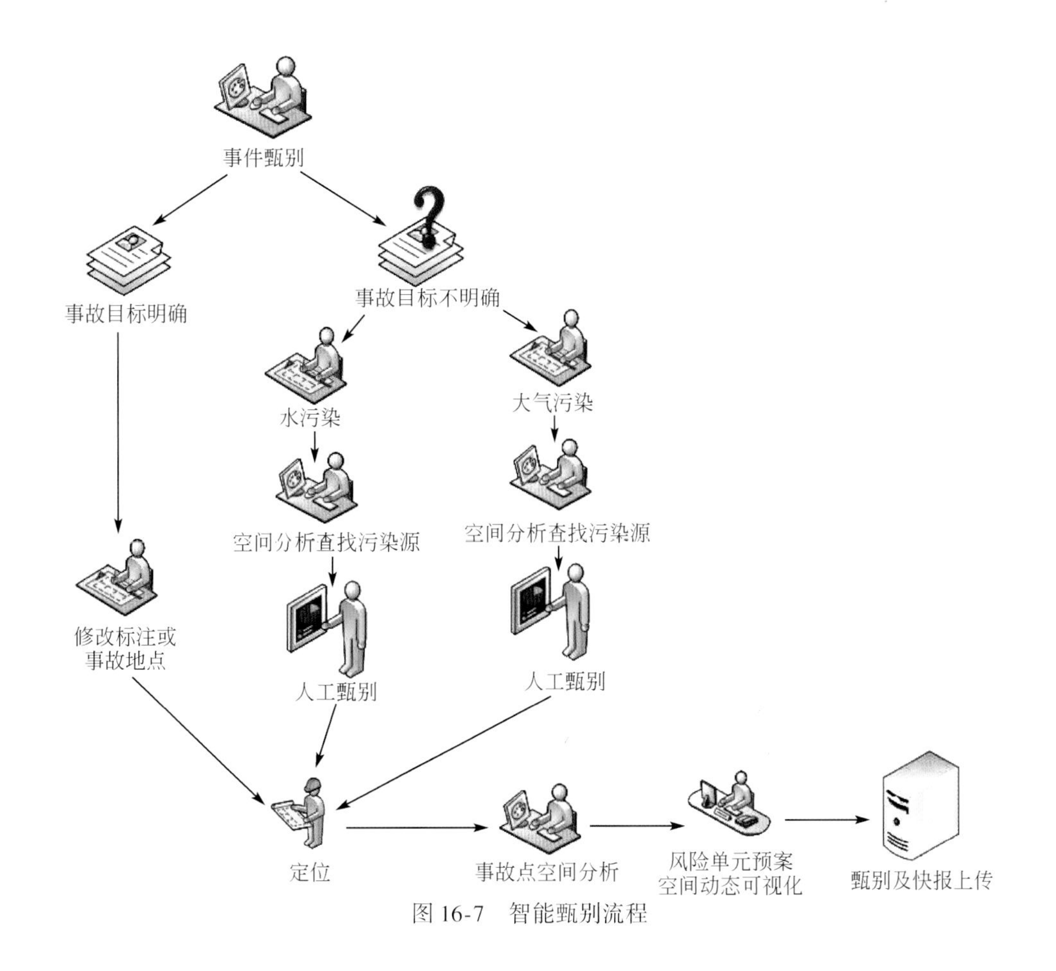

图 16-7　智能甄别流程

2）应急方案。包括监测方案、抢险方案、救援方案和事故善后处理方案 4 部分。方案以自动生成为主，也可根据实际情况进行手动更改。通过点击应急预案，可根据企业信息或者危化品信息调用企业应急预案或者相应的事故处置应急预案。①监测方案。根据发生事故的危险品自动生成，包括现场监测方法、水污染布点原则、监测仪器设备、侵入途径和防护措施等。同时，系统可自动显示距离事故地点最近的应急监测车辆位置信息，计算到达事故地点的最短路径，并在地图上进行显示，地图信息可进行图片截取并保存。②抢险方案。根据事故发生地点信息、危化品和事故类型等信息自动调用相应数据形成抢险方案，包括在地图上标识出距离事故地点最近的抢险队伍和救援队伍位置信息，计算到达事故地点的最短路径，并在地图上进行显示，地图信息可进行图片截取并保存。抢险方案内容包括抢险队伍赶赴事故现场的路径信息、危化品基本信息、各项防护措施、泄漏应急处置措施、爆炸火灾应急处理措施、抢险仪器设备、废弃物的收集处理措施、现场保护与清洗措施、固废或废水的处理处理措施和其他注意事项等。③救援方案。根据事故发生地点信息、模型分析结果、敏感点位和应急预案等数据自动生成救援方案，包括自动计算敏感点位的人群疏散撤离路径和救援队伍赶赴事故现场的路径等。路径信息可以在地图上自动绘制和标注，相应地图信息可进行图片截取并保存。救援方案包括隔离区设置注意事项、隔离距离、疏散区设置注意事项、疏散时注意事项、疏散距离和疏散区地图信息等。④事故善后处理方案。根据事故类型和危化品进行自动生成，包括水体和土壤恢复治理措

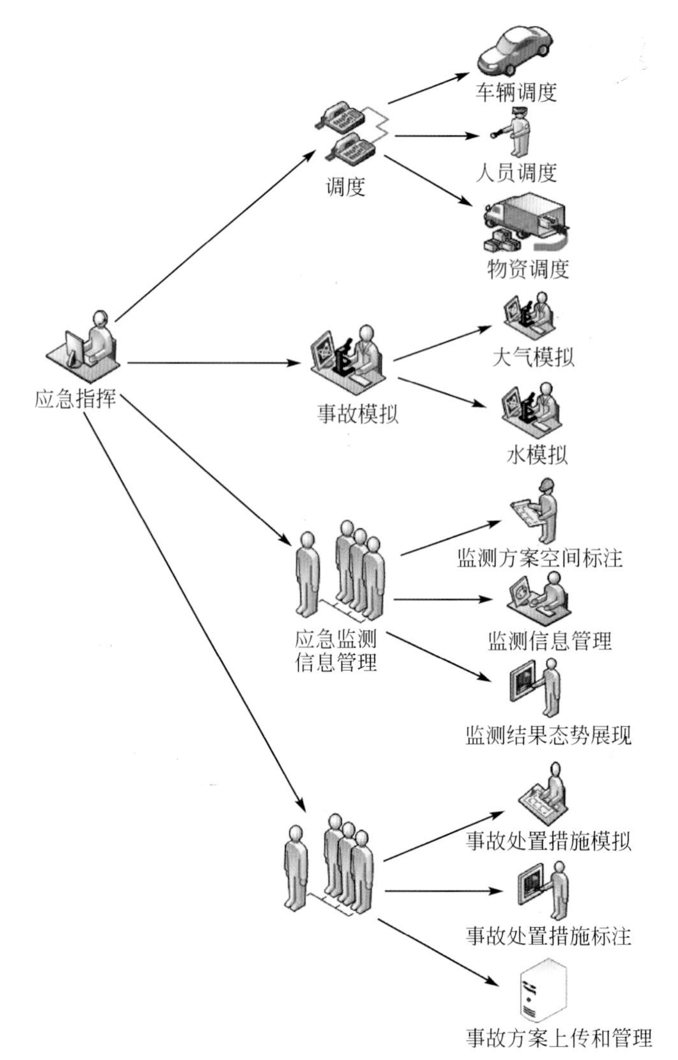

图 16-8　应急指挥联动

施、跟踪监测措施、环境恢复措施和储存注意事项等。

（4）现场指挥

1）“一源一事一案”。针对重大环境风险源企业内部的每个风险单元的每种环境事件类型制定一个方案，完整的风险源应急处置方案应明确该方案是针对哪种事故引发的哪种污染事件编制的。

2）应急物质资源。说明处置本种突发事件所需要涉及的企业自身可以调用的应急物质资源的规格、数量、相对位置和管网连接等情况，并将应急物质资源分布情况绘制在一张图上。应急物质资源主要包括应急设施、设备和物资，如与该环境风险源配套的围堰、事故应急池、废水处理装置、喷淋吸收系统、污染物收集系统、吸附消解物资和应急人员个人防护用品等。

3）处置人员及分工。列出在该种事故条件下需要动用的现场处置人员。根据处置要求进行分工，明确职责，并附上相关负责人联系方式。

4）处置流程及步骤。按顺序说明处置本种突发事件所必需的处置步骤。每个步骤应明确实施人员并绘制框架流程图。

5）具体处置措施。根据处置流程及步骤，提出实现每一个处置步骤所需要的具体措施，要突出可操作性以指导每位处置人员的行动，主要涵盖应急报告、现场隔离、排险措施、污染处置和撤离等。①应急报告。分情况明确事件发生过程中企业内部和企业对外进行报告的条件、程序、内容和时间要求。②现场隔离。事件现场隔离区的划定方法及隔离措施。③排险措施。一是生产工艺控制措施，说明在事件发生的条件下，通过调整生产工艺和控制生产设备以切断或减少危险物品和污染物的方法和操作，如紧急停车的程序和操作。二是发生事故设施设备的控险、排险、堵漏和输转措施，说明在事件发生的条件下，动用工程抢险方法对事故设施设备实施控险、排险的方法和操作，如泄漏点堵漏、物料转移和控制燃烧等。④污染处置。应急过程中对泄漏物及污染物的收集、封堵、转移和处理措施以及应急设施和污染治理设施的相应操作。⑤撤离。需说明事件现场人员撤离的条件、方式、方法、地点和清点程序。

16.2.4.5 信息发布功能设计

随着社会网络化和信息化的飞速发展，基于互联网的信息发布系统的出现为全社会提供更好的信息宣传与展示手段。三峡库区水环境风险评估与预警平台针对用户提出的需求，将三峡库区某些河流区域或断面的相应水质信息和污染事故的应急处置等相关信息发布到重庆市环保局政府公众网站，让民众及时了解对应区域的水质变化情况以及水环境事故的处理情况。

三峡库区水环境风险评估与预警信息发布方式根据系统服务对象和信息分布种类主要分为两类。一类通过三峡库区水环境风险评估与预警示范信息发布平台对内发布，一类通过接口连接到环保政务网对公众进行发布。对内发布的主要为环境专题数据和专题图，如各种监测数据和模型模拟数据等保密信息；对外主要为有关三峡库区水环境的各类新闻报道、政策标准及其他信息等。

16.2.5 平台系统安全设计

信息安全是管理、章程、制度和技术手段以及各种系统的结合，涉及安全组织、安全技术和安全管理等方面，在层次结构上包括网络安全、系统安全、数据安全和应用安全等，是为保障信息系统的保密性、可用性、完整性、可控性和抗抵赖性而设计的技术支持体系。需要具有防火墙、VPN、IPS/IDS、内容过滤和网络行为管理等完善的功能模块：①系统安全整体模型。②物理和环境安全。③安全备份。④应用安全。

16.2.6 平台运维体系设计

三峡库区水环境风险评估及预警平台运维体系设计针对各个应用系统的软件与硬件、网络及系统服务，进行整体的IT组织的完整性设计，制订运行维护流程和保障制度：①系统运行维护体系的组成与结构。②系统运行维护制度。③运行维护计划。④系统运行维护流程。

16.3 水环境预警监控体系构建

16.3.1 三峡库区水环境监控系统设计

三峡库区水环境监控系统的设计主要是在现有水质自动监测和污染源在线监测系统的基础上，开展水环境监控体系研究。通过分析现有的污染源的空间分布和污染物排放特征，确定库区污染源重点监控对象；结合三峡库区水环境管理目标，优化污染源监控网络布点，构建库区水污染源监控布点网络及监控指标体系；针对三峡库区水环境污染特征，选取了重点行业和重点区域构建三峡库区重点污染源监控网络体系示范。分析三峡库区的水环境质量评估现状及时空变化规律，结合污染源空间分布特点，确定库区水环境质量手工检测网络；按照流域水功能区划和风险分区要求，结合现有库区水质自动监测站的设置，优化库区水环境质量监测网络布点，构建了库区水环境质量监测网络体系。为国家及地方管理部门对大型水库水环境的实时动态监测提供了基础信息，为三峡库区水环境风险预警平台提供了实时的科学的数据源。

三峡库区水环境监控系统在总体上分为采集层、网络传输层、服务层和应用层 4 个逻辑层次（图 16-9）。其中，采集层主要负责采集三峡库区水环境相关风险数据进行监控，将异构数据通过统一的数据规范与安全保护协议进行收集。网络传输层通过内部数据接口和外部数据接口及其相应的专网、VPN、移动通信和自组织网络对海量数据进行快速、可靠和安全的传输。服务层通过模型中间件、GIS 服务和 SOA 架构服务等为应用层的各种应

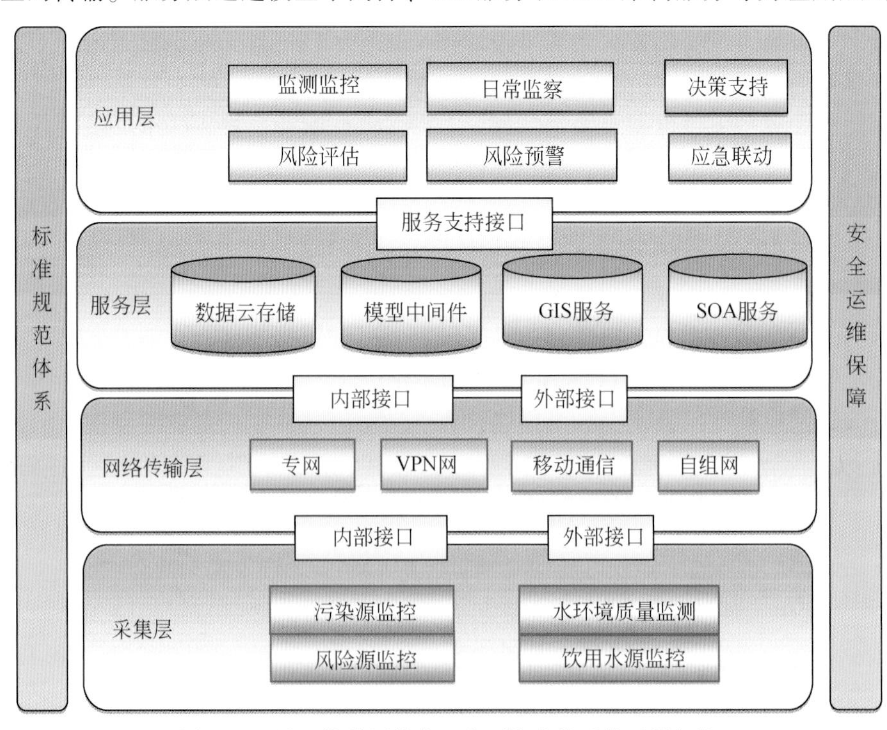

图 16-9　基于物联网的库区水环境监控系统逻辑架构

用实体进行服务支撑。应用层对环境数据进行针对性分析、应用和管理，实现包括风险源监督与管理、风险评估与预警及应急联动和相应的决策支持等业务应用，为三峡库区水环境风险监控预警平台提供全方位安全保护和提供扩展支持。

三峡库区水环境风险监控系统的网络架构，通过各种网络接入部署在各个监控对象中的传感器节点，在外网和内网直接通过防火墙进行必要的安全隔离，确保敏感数据安全（图16-10）。环保相关内部数据在环保专用网络中共享，保证数据的畅通和安全。

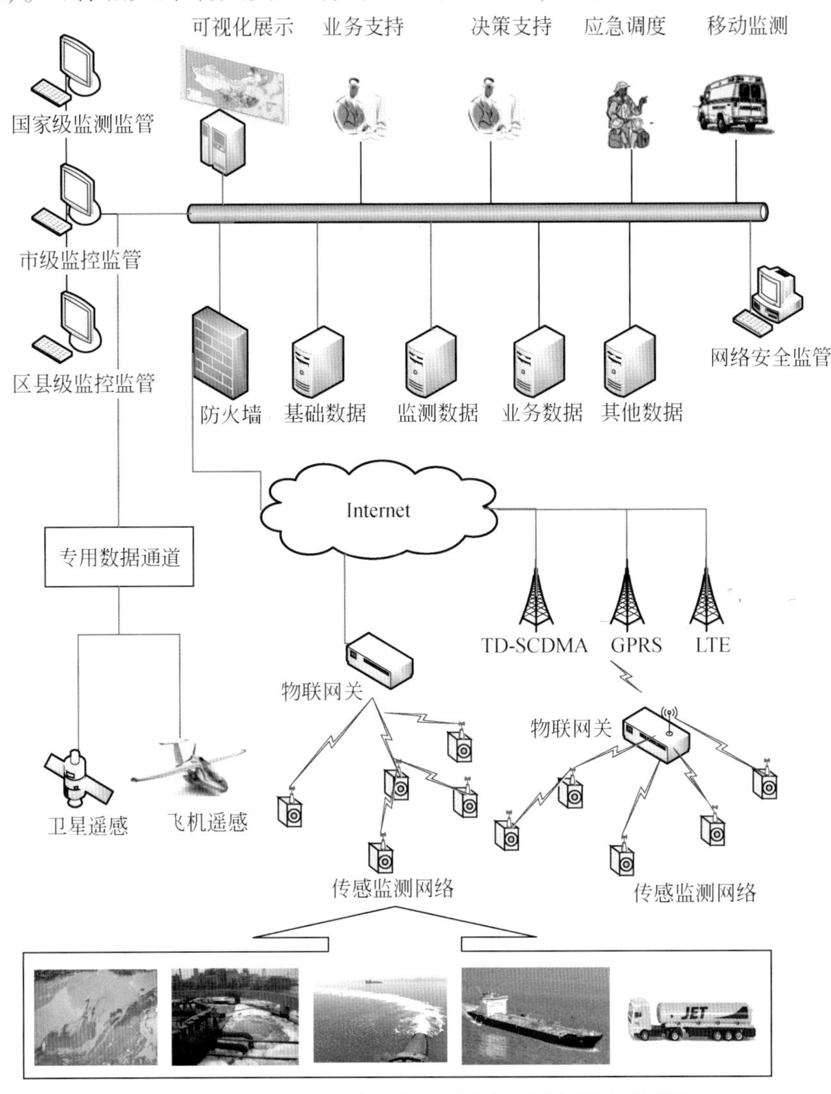

图16-10　三峡库区水环境风险监控预警网络架构设计

16.3.2　三峡库区水污染源预警监控系统建设

16.3.2.1　库区重点风险污染源监控布点

（1）重点监控工业污染源

采用累积污染负荷法对三峡库区重点污染源进行筛选。鉴于累计污染负荷法存在的考虑不全的情况，首先根据控制污染因子对水体的影响程度选用不同的累计污染负荷，再结合污染源的基本情况、空间分布和污染物排放去向等，对水体影响大的污染源纳入的原则进行筛选。

按照上述筛选原则，对三峡库区1760家废水污染源进行筛选，最终选出重点监控污染源273家，占三峡库区废水污染源总数的15.5%。

从区域分布来看，以重庆段为主，有261家，占三峡库区重点监控污染源总数的95.6%。在重庆段261家重点监控污染源中，排前5位的区有涪陵区、万州区、九龙坡区、沙坪坝区和江津区，共有137家，占重庆段重点监控污染源总数的52.5%。

从行业分布来看，重点监控污染源涉及煤炭开采及洗选业和农副食品加工业等25个行业大类。其中，农副食品加工业最多，为81家，占三峡库区重点监控污染源总数的29.7%；其次是化学原料及化学制品制造业和金属制品业，这2个行业的重点监控污染源均大于20家，共130家，占三峡库区重点监控污染源总数的47.6%。

库区273家重点监控污染源各类污染物排放总量为23 233.30t，占库区工业各类污染物排放总量的68.0%，主要以COD为主。其中，COD排放量为21 385.35t，占库区工业COD排放总量的68.3%；氨氮排放量为1840.03t，占库区工业氨氮排放总量的75.8%；特征污染物挥发酚排放量为2.25t，占库区工业挥发酚排放总量的97.4%；特征污染物氰化物排放量为764kg，占库区工业氰化物排放总量的90.6%；重金属砷排放量为119.51t，占库区工业砷排放总量的84%；重金属六价铬排放量2187.50kg，占库区工业六价铬排放总量的85.5%；重金属铅排放量为220.59kg，占库区工业铅排放总量的96.2%；重金属镉和汞排放量分别为17.99kg和0.07kg，均占100%（表16-3）。

表16-3 库区重点监控污染源各类污染物排放情况

项目	工业排放总量	重点监控源排放量	所占的百分比
COD	31 324.78t/a	21 385.35t/a	68.27
氨氮	2 428.83t/a	1 840.03t/a	75.76
挥发酚	2.31t/a	2.25t/a	97.40
氰化物	843kg/a	764kg/a	90.63
砷	1 422.35kg/a	119.51kg/a	8.40
总铬	2 746.37kg/a	2 367.14kg/a	86.19
六价铬	2 558.01kg/a	2 187.50kg/a	85.52
铅	229.05kg/a	220.29kg/a	96.18
镉	17.99kg/a	17.99kg/a	100.00
汞	0.07kg/a	0.07kg/a	100.00
合计	34 173.46t/a	23 233.30t/a	67.99

1）COD。库区COD重点监控污染源共有181家，占库区废水污染源总数的10.4%；其产值共计744.83亿元，占库区工业总产值的18.3%；COD排放量为19975.25万t，占库区COD排放总量的65.1%。

从行业分布来看，COD重点监控污染源涉及农副食品加工业、化学原料及化学制品制造业等20个行业大类。其中农副食品加工业的COD重点监控污染源数最多，为78家，占库区COD重点监控污染源总数的43.1%。

从区域分布来看，COD 重点监控污染源主要分布在涪陵区、江津区、万州区、丰都县、沙坪坝区和九龙坡区。其中涪陵区最多，为 41 家，占库区 COD 重点监控污染源总数的 22.7%。这 6 个区县的 COD 重点监控污染源数共计 115 家，占库区 COD 重点监控污染源总数的 63.5%。

从流域分布来看，库区 COD 重点监控污染源主要分布在金沙江流域，为 150 家，占库区 COD 重点监控污染源总数的 82.9%；其 COD 排放量为 1.75 万 t，占库区重点企业 COD 排放总量的 87.5%。在金沙江流域中，COD 重点监控污染源分布在金沙江干流以及龙溪河、御临河、龙河、綦江和梅溪河等支流流域，以金沙江干流为主，详见表 16-4。

表 16-4　主要流域 COD 重点排污企业分布情况统计

大流域名称	干流和主要支流流域	企业		COD	
		数量/家	占比/%	排放量/t	占比/%
金沙江流域	金沙江干流	116	77.33	13 706.01	78.40
	綦江河支流	3	2.00	1 001.79	5.73
	御临河（大洪河）支流	3	2.00	175.40	1.00
	龙溪河（高滩河）支流	4	2.67	431.59	2.47
	龙河支流	5	3.33	616.75	3.53
	黄金河（干井沟）支流	2	1.33	213.70	1.22
	小江（东河、彭溪河）支流	7	4.67	536.96	3.07
	梅溪河支流	4	2.67	496.66	2.84
	大溪河（五马河）支流	1	0.67	56.42	0.32
	大宁河支流	1	0.67	60.12	0.34
	边鱼溪（巫峡）支流	4	2.67	186.46	1.07
	小计	150	82.87	17 481.86	87.52
嘉陵江流域	嘉陵江干流	13	54.17	1 155.46	55.82
	梁滩河支流	9	37.50	802.11	38.75
	后河支流	2	8.33	112.40	5.43
	小计	24	13.26	2 069.97	10.36
乌江流域	乌江干流	7	3.87	423.42	2.12
总计		181	100	19 975.25	100

2）氨氮。库区氨氮重点监控污染源共有 41 家，占库区废水污染源总数的 2.3%；其产值共计 355.36 亿元，占库区工业总产值的 8.7%；氨氮排放量为 1545.09t，占库区氨氮排放总量的 65.1%。

从行业分布来看，氨氮重点监控污染源涉及农副食品加工业、化学原料及化学制品制造业等 11 个行业大类。主要集中在化学原料及化学制品制造业，为 12 家，占全市氨氮重点监控污染源总数的 29.3%。

从区域分布来看，氨氮重点监控污染源涉及库区 23 个区县中的丰都县和涪陵区等 13 个，分布较为平衡。其中，万州区最多，为 7 家，占库区氨氮重点监控污染源总数的 17.1%；其次是沙坪坝区。这两个区县的氨氮重点监控污染源数共计 13 家，占库区氨氮重点监控污染源总数的31.7%。

从流域分布来看，库区氨氮重点监控污染源主要分布在金沙江流域，为30家，约占库区氨氮重点监控污染源总数的73.2%；氨氮排放量为1357.84t，占库区氨氮排放总量的87.9%。在金沙江流域中，氨氮重点监控污染源分布在金沙江干流以及龙河和綦江等支流流域，以金沙江干流为主，详见表16-5。

表16-5 主要流域氨氮重点排污企业分布情况统计

大流域名称	干流和主要支流流域	企业		氨氮	
		数量/家	占比/%	排放量/t	占比/%
金沙江流域	金沙江干流	26	86.67	1 292.89	95.22
	綦江河支流	1	3.33	22.51	1.66
	龙河支流	3	10.00	42.44	3.13
	小计	30	73.17	1 357.84	87.88
嘉陵江流域	嘉陵江干流	5	50.00	59.80	39.19
	梁滩河支流	4	40.00	50.55	33.13
	后河支流	1	10.00	42.24	27.68
	小计	10	24.39	152.59	9.88
乌江流域	乌江干流	1	2.44	34.66	2.24
总计		41	100	1 545.09	100

（2）重点监控污水处理厂

按照上述筛选原则，对库区近83家污水处理厂进行筛选，最终选出重点监控污水处理厂68家。从区域分布来看，重点监控污水处理厂主要以重庆段为主，为57家，占83.8%。从类型分布来看，重点监控污水处理厂主要以城镇污水处理厂为主。其中，城镇污水处理厂61家，工业园区处理厂3家（均为重庆段），工业集中处理设施4家（均为重庆段），分别占89.7%、4.4%和5.9%。

重庆段重点监控污水处理厂57家，占库区重庆段城市污水处理厂总数的79.2%；其设计污水处理能力为194.04万t/d，占库区重庆段城市污水处理厂设计污水处理总能力的98.6%；污水处理量为57 293.14万t，占库区重庆段城市污水处理厂污水处理总量的99.1%。

16.3.2.2 库区重点污染源监控指标体系

从三峡库区主要污染源一般污染物及特征污染物的排放情况统计分析以及长寿化工园区特征污染物补充监测结果分析看，不同污染源排放的特征污染物存在着很大的差异。因此不可能建立一套统一的污染源监测指标体系来对三峡库区重点污染源进行监控及预警，而是要针对不同类别的污染源，设计差异性的监控指标。

为构建三峡库区重点污染源监控指标体系，把三峡库区涉及25个行业类别的273家重点监控污染源，按特征污染物排放差异分为采矿业、食品制造加工业、造纸及纺织业、化学与医药及塑料制造业、非金属制品加工业、金属制品加工业、设备制造业和电力及石油加工业8大类。

根据三峡库区重点污染源特征污染物的排放情况以及长寿化工园区特征污染物补充监

测结果，8 大类工业污染源重点监控指标见表 16-6。

表 16-6　重点污染源分类指标体系设计

行业分类	行业大类	行业代码	企业数	设计监控指标
采矿业	煤炭开采和洗选业	06	10	pH、COD、悬浮物、硫化物、石油类和砷
	非金属矿采选业	10	2	
食品制造加工业	农副食品加工业	13	81	pH、COD、BOD_5、悬浮物、氨氮、硝酸盐氮、动植物油和粪大肠菌群
	食品制造业	14	10	
	饮料制造业	15	18	
	烟草制品业	16	1	
造纸及纺织业	纺织业	17	15	pH、COD、BOD_5、悬浮物、挥发酚、色度、氨氮、硫化物、六价铬、铜、苯胺类、甲醛和可吸附有机卤化物（AOX）
	木材加工及木、竹、藤、棕和草制品业	20	1	
	造纸及纸制品业	22	15	
化学、医药及塑料制造业	化学原料及化学制品制造业	26	28	pH、COD、BOD_5、悬浮物、挥发酚、石油类、色度、氰化物、氟化物、总有机碳、油类、苯系物、苯并芘、铜、铅、锌、镉、镍、铬和砷
	塑料制品业	30	1	
	医药制造业	27	12	
	化学纤维制造业	28	1	
非金属制品加工业	工艺品及其他制造业	42	2	pH、COD、悬浮物、石油类、挥发酚、氰化物、氟化物、铜、铅、锌、镉、镍、铬、汞和砷
	非金属矿物制品业	31	6	
金属制品加工业	黑色金属冶炼及压延加工业	32	7	pH、COD、悬浮物、氰化物、硫化物、铜、铅、锌、镉、镍、铬、锰、汞、砷、六价铬和铍
	有色金属冶炼及压延加工业	33	4	
	金属制品业	34	21	
设备制造业	通用设备制造业	35	9	pH、COD、悬浮物、氰化物、石油类、氟化物、苯系物、铜、铅、锌、镉、镍、铬和汞
	专用设备制造业	36	4	
	交通运输设备制造业	37	16	
	电气机械及器材制造业	39	1	
	通信设备、计算机及其他电子设备制造业	40	2	
电力及石油加工业	电力和热力的生产和供应业	44	3	pH、COD、BOD_5、悬浮物、硫化物、挥发酚、油类、总有机碳和多环芳烃
	石油加工、炼焦及核燃料加工业	25	3	

16.3.2.3　库区污染源监控网络

构建三峡库区污染源监控网络的目的主要是为了掌握和评价库区水污染物排放状况及其变化趋势，预警潜在环境风险，为库区水环境管理提供服务。污染源监控网络构建包括重点监控污染源的筛选、监控指标体系建设、监控方式或数据采集及传输方式等。

构建三峡库区重点污染源监控网络体系可以以重点行业或重点区域为对象来构建。

（1）以重点行业为基础构建网络体系

在此前行业分类优化的基础上，结合不同污染因子的监测方式，以省级环境监测站为基本节点，构建三峡库区污染源监控网络体系（图 16-11）。由图 16-16 可见，8 类行业按其污染因子分为在线自动监测和手工监测，并经由各自辖区的分中心将自动和手工数据汇总审核，再通过光纤或 ADSL 专线上传至三峡库区污染源监控中心。

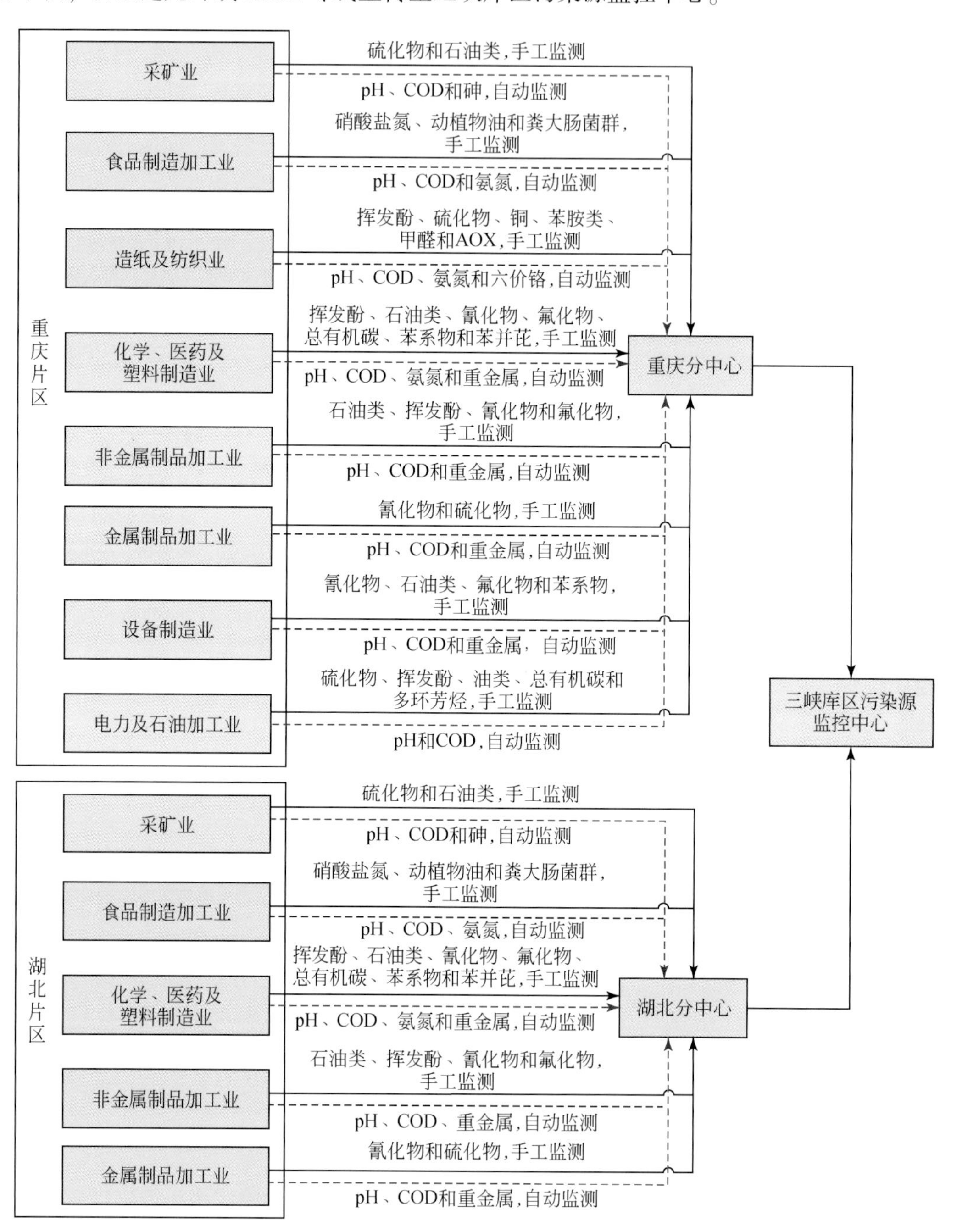

图 16-11　三峡库区污染源监控网络（以重点行业为基础构建）示意图

目前，筛选出的 341 家重点监控污染源和污水处理厂已有 100 余家安装了在线监测设备，并通过比对验收与环保部门联网。剩余的200多家污染源预计在“十二五”期间将陆续安装在线监控设备，实现重点监控企业自动监测全覆盖。在线自动监测项目除流量、pH、COD和氨氮等常规项目以外，部分重金属排放企业还将增加对重金属的在线监测；并通过VPN路由器，经VPN加密隧道上传数据，与环保局监控中心联网，以保证对污染源的实时监控。

手工监测则针对自动监测能力以外的行业特征项目，如挥发酚、六价铬、氰化物和苯系物等，采用日常人工抽测的方式，对在线无法监控的项目进行补充性监测。监测频次一般为2月1次；对于手工监测超标的项目，进行每月1次的监测，实现监测项目全覆盖。传输方式则是市站将审核通过的污染源监测数据，通过环保专网将数据上传至分中心，分中心汇总审核后再上传。

（2）以重点区域为基础构建网络体系

在重点监控区域划分及片区重点监控特征污染物筛选的基础上，结合不同污染因子的监测方式，以各片区所在地环境监测站为基本节点，构建三峡库区污染源监控网络体系（图16-12）。

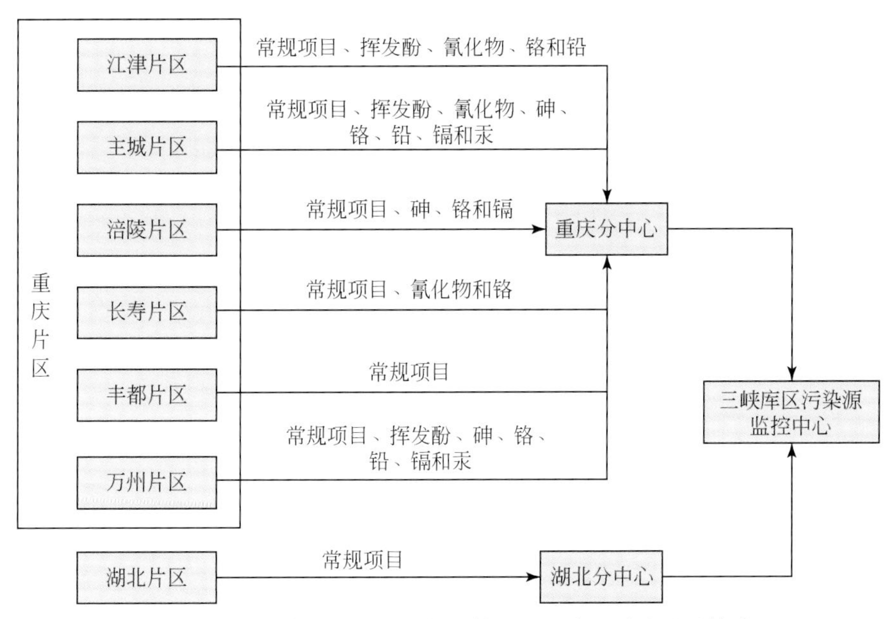

图16-12　三峡库区污染源监控网络（以重点区域为基础构建）

16.3.3　三峡库区水环境质量预警监控

16.3.3.1　库区水质预警监控优化布点

根据各种数理统计方法对“三江”监测断面优化，并结合敏感目标饮用水源地的分析，最终确定三峡库区“三江”监测断面：长江设朱沱、兰家沱、江津大桥、铜罐驿、丰收坝、和尚山、寸滩、鱼嘴、扇沱、鸭嘴石、红光桥、清溪场、珍溪、大桥、高家镇、白公祠、武陵、桐园、晒网坝、苦草沱、白帝城、大溪、红石梁、培石、巫峡口、黄蜡石、老归州和银杏沱28个断面，嘉陵江设利泽、东渡口、北温泉、嘉悦大桥、梁沱和大溪沟6

个断面，乌江设万木、鹿角、锣鹰、麻柳嘴和小石溪5个断面。三峡库区“三江”监测断面优化前后对比情况见表16-7。

表16-7　三峡库区“三江”监测断面优化前后对比

河流	优化前断面	优化后断面	优化后与优化前比新增断面	优化后与优化前比减少断面
长江	朱沱、江津大桥、丰收坝、鱼洞车渡、九渡口、和尚山、黄桷渡、寸滩、鱼嘴、扇沱、鸭嘴石、红光桥、清溪场、大桥、白公祠、苏家、桐园、晒网坝、苦草沱、白帝城、红石梁、培石、巫峡口、黄蜡石和银杏沱25个	朱沱、兰家沱、江津大桥、铜罐驿、丰收坝、和尚山、寸滩、鱼嘴、扇沱、鸭嘴石、红光桥、清溪场、珍溪、大桥、高家镇、白公祠、武陵、桐园、晒网坝、苦草沱、白帝城、大溪、红石梁、培石、巫峡口、黄蜡石、老归州和银杏沱28个	兰家沱、铜罐驿、珍溪、高家镇、武陵、大溪和老归州7个	鱼洞车渡、九渡口、黄桷渡和苏家4个
嘉陵江	利泽、东渡口、北温泉、梁沱、高家花园和大溪沟6个	利泽、东渡口、北温泉、嘉悦大桥、梁沱和大溪沟6个	嘉悦大桥1个	高家花园1个
乌江	万木、鹿角、锣鹰和麻柳嘴4个	万木、鹿角、锣鹰、麻柳嘴和小石溪5个	小石溪1个	无

16.3.3.2　库区地表水环境质量监控指标选择

(1) 手工监测指标选择

由于三峡库区不同的水环境功能区对不同的项目要求不同，工业园布局和排放污染物不同，库区地表水中许多污染物浓度长期处于极低的水平，同时受库区经济与技术条件的限制，没有必要也不可能实现所有的基本项目全部进行监测。因此应当结合库区的实际情况，重点监控大型城市饮用水源地、各支流入库断面以及工业园区断面。在监测指标筛选上，重点监测污染物分担率较高的指标，污染物浓度变化大的指标，对于污染物浓度处于较低水平且长期变化不明显的指标可减少监测。考虑到三峡库区具有河流和湖库的特征，需监测TN、TP、高锰酸盐指数、透明度和Chl-a等富营养化指标。

将监测网络布点优化断面的结论，进一步按照断面的重要性分类，分为重点监控断面和一般监控断面（表16-8）。

表16-8　三峡库区各监测断面分类

断面分类		断面名称
重点监控断面	大型城市饮用水源地	江津大桥、和尚山、桐园、丰收坝、寸滩、红光桥、东渡口、北温泉、梁沱、高家花园和大溪沟
	大工业园区	江津大桥、寸滩、扇沱、清溪场和晒网坝
	入库断面	江津大桥、锣鹰、北温泉及其他支流入库断面
一般监控断面	其他	朱沱、兰家沱、铜罐驿、鱼洞车渡、九渡口、鱼嘴、鸭嘴石、珍溪、大桥、高家镇、白公祠、武陵、苦草沱、白帝城、大溪、红石梁、培石、巫峡口、黄蜡石、老归州、银杏沱、利泽、嘉悦大桥、万木、鹿角、麻柳嘴和小石溪

1）重点监控断面监测指标。大型城市饮用水源地主要监测指标：pH、DO、氨氮、石油类、高锰酸盐指数、BOD_5、COD、汞、六价铬、铅、挥发酚、氰化物、氟化物、粪大肠菌群、TN、TP、Chl-a、透明度以及GB 3838—2002中表3规定的指标。

对库区影响较大的工业园区监测指标分别介绍如下。

A. 长寿化工园区。pH、DO、氨氮、石油类、高锰酸盐指数、COD、六价铬、TN、TP、Chl-a、透明度、氰化物、挥发酚、甲醛、苯、甲苯和氯苯。

B. 晏家工业园区。pH、氨氮、石油类、COD、高锰酸盐指数、TN、TP、Chl-a、透明度、氰化物、重金属和油类。

C. 重庆市渝东经济技术开发区：pH、氨氮、石油类、COD、高锰酸盐指数、TN、TP、Chl-a、透明度、氰化物、重金属和AOX等。

D. 万州工业园区。pH、氨氮、石油类、COD、高锰酸盐指数、TN、TP、Chl-a、透明度、氰化物、重金属、AOX、苯胺类和二氧化氯等。

E. 江津工业园区德感工业园。pH、氨氮、石油类、COD、高锰酸盐指数、TN、TP、Chl-a、透明度，氰化物、重金属、苯胺类和二氧化氯等。

F. 涪陵李渡工业园区。pH、氨氮、石油类、COD、高锰酸盐指数、TN、TP、Chl-a、透明度，重金属、苯胺类和二氧化氯等。

各支流入库断面监测指标：pH、DO、氨氮、石油类、高锰酸盐指数、BOD_5、COD、汞、铅、锰、挥发酚、氰化物、阴离子表面活性剂、粪大肠菌群、TN、TP、Chl-a和透明度。

2）一般监控断面监测指标。pH、DO、氨氮、石油类、COD、高锰酸盐指数、BOD_5、TN、TP、Chl-a、透明度以及其他超《地表水环境质量标准》（GB 3838—2002）Ⅱ类水质标准限值的指标。

（2）自动监测指标选择

1）三江入境（入库）断面。水质五参数、氨氮、高锰酸盐指数、TP、TN、铅、汞、砷、镉和六价铬。

2）城市饮用水源地。水质五参数、氨氮、高锰酸盐指数、TP、TN、铅、汞、砷、镉、六价铬、铜、锌、铁、锰和生物毒性。

3）一级支流回水区。水质五参数、氨氮、高锰酸盐指数、TP、TN、Chl-a和蓝绿藻。

16.3.3.3 库区水环境质量监控频率确定

将“三江”7个自动监测站的主要污染物高锰酸盐指数、氨氮、TP和TN时域分析及小波分析综合在一起应用在自动水质主要污染物时间序列分析中。在确定5~10月多个监测断面污染物变化剧烈的基础上，结合小波分析得到的时间序列的多尺度变化特征，将隐含在水质时间序列中的10天的变化周期震荡清楚地表现出来。

可以将水质自动监测时间序列的分析结果推广到日常手工监测中，即每年的5~10月相应地增加采样次数（5~10月每月3次，均匀采样），能较好地反映三峡库区水质的变化规律，更能准确掌握其水质的变化情况。由于1~4月和10~12月水质数据变化不明显，仍按照现有的采样频次（每月1次，上旬采样）进行。

16.3.3.4　库区水环境质量预警监控网络构建

(1) 水环境质量监测网络构建

根据对现有手工监测断面的优化结果、监测指标筛选和监测频次的分析，确定三峡库区水环境质量手工监测网络，结合现有库区水质自动监测站的设置构建库区水环境质量监测网络体系（图 16-13）。首先根据监测断面的分类，确定各断面的监测项目和频次，再根据手工监测和自动监测数据的获取路径构建数据传输路径，因地域的限制设立重庆和湖北两个分中心，最终所有水环境监测数据统一在三峡库区水环境质量监控中心平台下。三峡库区水环境布设的各类断面具体监测要求见表 16-9。

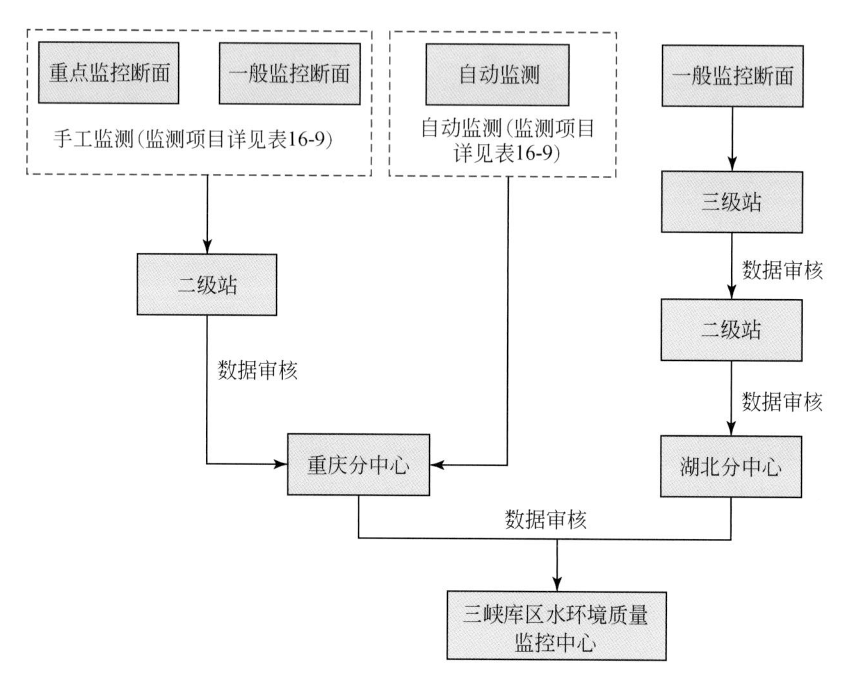

图 16-13　三峡库区水环境质量监测网络体系

(2) 监测数据采集与传输

随着先进通信技术的迅速发展，数据采集及网络传输方式越来越便捷。下面以重庆分中心数据采集及网络传输方式为例进行说明。

三峡库区水环境质量自动监测数据通过 VPN 加密、光纤和 3G 等方式直接传送到分中心，待分中心对数据进行审核后，再上传至三峡库区水环境监控中心。手工监测数据的网络传输分为两种方式：一是某些可以现场监测的项目如 pH 和电导率等，可通过 PDA 或者实验室管理系统客户端，利用 3G 网络直接传送至区县二级监测站的实验室管理系统，待数据审核后，通过 VPN 加密网络或者环保专网上传至分中心；二是需要实验室分析的监测项目，通过实验室管理系统质控数据后，再通过 VPN 加密网络或者环保专网上传至分中心（图 16-14）。

表 16-9　三峡库区各监测断面监测项目及监测频次

<table>
<tr><th colspan="2">断面分类</th><th>断面名称</th><th>监测项目</th><th>监测频次</th></tr>
<tr><td rowspan="3">手工重点监测断面</td><td>大型城市饮用水源地</td><td>江津大桥、和尚山、桐园、丰收坝、寸滩、红光桥、东渡口、北温泉、梁沱和大溪沟</td><td>pH、DO、氨氮、石油类、高锰酸盐指数、BOD_5、COD、汞、六价铬、铅、挥发酚、氰化物、氟化物、粪大肠菌群、TN、TP、Chl-a、透明度以及 GB 3838—2002 中表 3 规定的指标</td><td rowspan="3">5～10 月每月监测 3 次；1～4 月和 10～12 月每月监测 1 次</td></tr>
<tr><td>大工业园区</td><td>江津大桥、寸滩、扇沱、清溪场和晒网坝</td><td>pH、DO、氨氮、石油类、高锰酸盐指数、COD、六价铬、TN、TP、Chl-a、透明度、氰化物、挥发酚以及园区的其他特征污染物</td></tr>
<tr><td>入库断面</td><td>江津大桥、锣鹰、北温泉及其他支流入库断面</td><td>pH、DO、氨氮、石油类、高锰酸盐指数、BOD_5、COD、汞、铅、锰、挥发酚、氰化物、阴离子表面活性剂、粪大肠菌群、TN、TP、Chl-a 和透明度</td></tr>
<tr><td>手工一般监测断面</td><td>其他</td><td>朱沱、兰家沱、铜罐驿、鱼嘴、鸭嘴石、珍溪、大桥、高家镇、白公祠、武陵、苦草沱、白帝城、大溪、红石梁、培石、巫峡口、黄蜡石、老归州、银杏沱、利泽、嘉悦大桥、万木、鹿角、麻柳嘴和小石溪</td><td>pH、DO、氨氮、石油类、COD、高锰酸盐指数、BOD_5、TN、TP、Chl-a、透明度以及其他超《地表水环境质量标准》（GB 3838—2002）Ⅱ类水质标准限值的指标</td><td>每月监测 1 次</td></tr>
<tr><td rowspan="2">自动监测断面</td><td>入境（入库）断面</td><td>朱沱、金子、北温泉和万木</td><td>水质五参数、氨氮、高锰酸盐指数、TP、TN、铅、汞、砷、镉和六价铬</td><td rowspan="2">每 4 小时监测 1 次</td></tr>
<tr><td>重要饮用水源地</td><td>和尚山、丰收坝、北温泉、梁沱和大溪沟</td><td>水质五参数、氨氮、高锰酸盐指数、TP、TN、铅、汞、砷、镉、六价铬、铜、锌、铁、锰和生物毒性</td></tr>
</table>

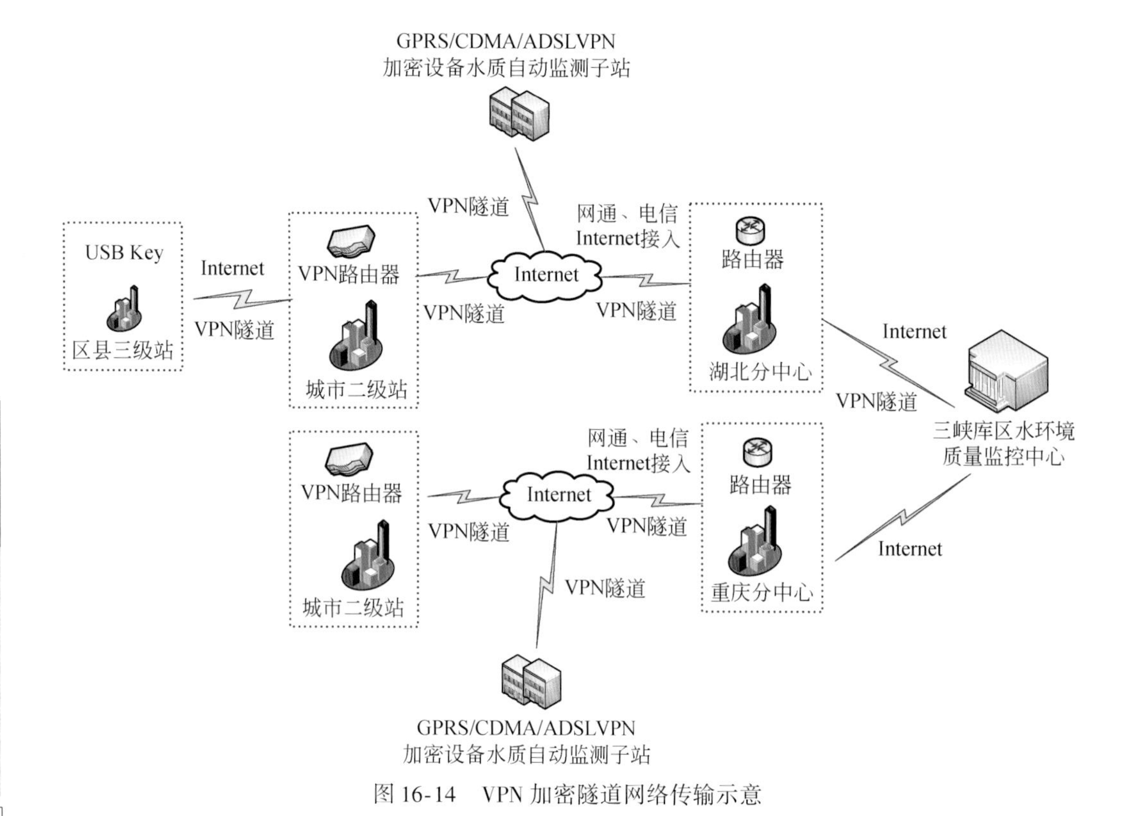

图 16-14　VPN 加密隧道网络传输示意

16.4　平台功能实现

三峡库区水环境风险评估与预警平台软件系统按照“一个体系、一张网、一张图、一个表和一个流程”的“五个一”设计思想，基于监测基础数据库的建立，以模型分析、仿真与 GIS 等为技术手段，整合流域水环境预警共性技术与三峡库区示范各个子课题调查分析数据及水质模型研究成果，开发了数据、模型和应用系统三大接口，完成了三峡库区水环境风险评估预警平台的需求分析和平台设计；构建了集水环境风险评估、监控预警、突发性应急指挥、预测预警及信息发布于一体的三峡库区水环境风险评估与预警平台；完成了三峡库区各个监测段水质变化趋势准确预警。三峡库区水环境风险评估与预警平台首先在三峡库区重庆辖区进行示范，平台具有风险源识别、预警监控、快速模拟与趋势预测、应急指挥与处理处置及信息发布五大功能，可实施市—县两级一体的统一调度模式。

16.4.1　风险评估

风险评估功能模块主要是针对日常的环境风险预防监督与事故环境风险管理需求。通过调查，确定了三峡库区固定风险源主要有化工厂、污水处理厂和油码头三类。移动风险源主要包括船舶运输移动源和陆地运输移动源，可能导致危险化学品运输泄漏的主要原因有储罐破裂、进料太满和阀门故障三类。在此基础上，选取水环境风险评估研究中风险物质量、敏感目标和管控措施三大类 26 项指标量化风险物质，重点选取储存、管道、清污分流、事故应急池和应急预案等风险防控措施作为工业企业水环境风险隐患排查识别指标，筛选出三峡库区重庆辖区重大、较大和一般的环境风险源企业及重点和一般的敏感目标集中式饮用水源。结合工业企业水环境风险的受体敏感目标，构建了三峡库区水环境风险源识别和评估子系统（图 16-15）。

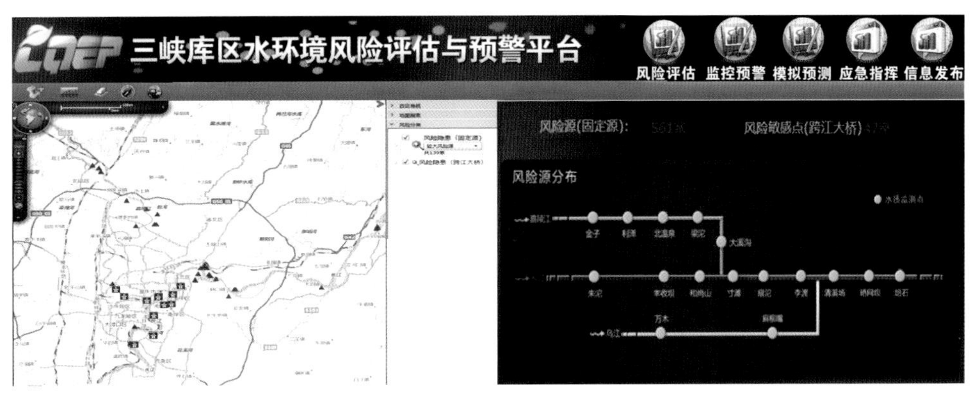

图 16-15　三峡库区水环境风险评估及预警平台——风险评估模块

三峡库区水环境风险评估与预警平台按照风险源属性、敏感目标及管控水平的特征，并按流域、园区和企业等层次划分了风险分区。在固定源管理方面，基于地理空间标注和动态管理了企业的基本信息、排放情况、风险单元信息、监管信息和周边敏感点等数据，建立了库区风险源分级体系；在涉及交通事故引发环境风险方面，对跨江大桥及下游饮用水源地进行了分级标注，辅助对风险源进行管理。

16.4.2　预警监控

研究结合重庆市地方现有环境监测网络，利用模糊聚类和物元法分析库区“三江”干流水质，并利用最佳综合关联函数和次之综合关联函数，绘制了“三江”干流断面聚类分析方，优化并设置了三峡库区“三江”干流沿程水质（金子、万木、朱沱、寸滩、清溪场和巫峡口）和主要支流水华（菜子坝、东平坝、龙门、葡萄坝、龙头山、倒车坝、磨拐子、寂静、白帝镇和高阳湖）的自动监测站位。形成干流上游监测入库污染负荷为主，中下游以监测水质变化为主，以及辅以实时动态更新的信息化传输和覆盖全库区干支流的水环境实时监控的网络。

监控预警集成基于构建的水环境实时监测网络，由污染源动态监控、水质动态监控、生物早期预警和预警报告通知四部分组成（图 16-16），集成环境质量子系统包括 9 个自动监测站和 152 个废水监测站的重点污染源在线监控动态数据。污染源动态监控可实时反映流域内重点排污企业的排放状况；水质动态监控可动态把握流域各断面的水质情况，预警预报重大或流域性污染事故。示范平台将 3 种监控手段有机整合，实现了单点监控与流域预警，以及数据采集与数据分析的结合，为环境综合管理提供了重要依据。

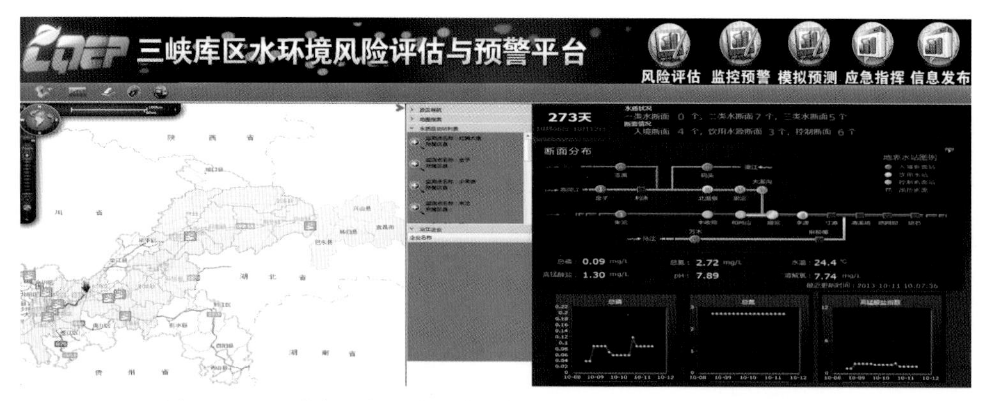

图 16-16　三峡库区水环境风险评估及预警平台——预警监控模块

16.4.3　模拟预测

平台运用三峡库区大尺度模型与三峡水库突发事件的局部精细模型的自动识别、转化以及针对突发事故的模型类型、网格、初边值条件和糙率数等模型库和参数库的生成技术，构建了从朱沱至坝前超过650km内968个断面的大尺度一维模型，构建了库区重点河段的一维河网水动力学和主要库湾/河口的二维网格耦合模型，库区突发性环境风险的预测的水质模型库和参数库。同时，预警平台紧密依托库区污染源普查数据，结合企业申报、现场核准、动态更新和协同共享等手段，建立污染排放清单、河道地形和水文参数等数据库。开发了一套三峡水库突发性水环境风险预测模型软件（图16-17），能够实现三峡水库一维和二维水动力模型条件设置、不同河段和不同断面的各种水动力参数设定及地形与河段和水工建筑等可视化表达的功能。

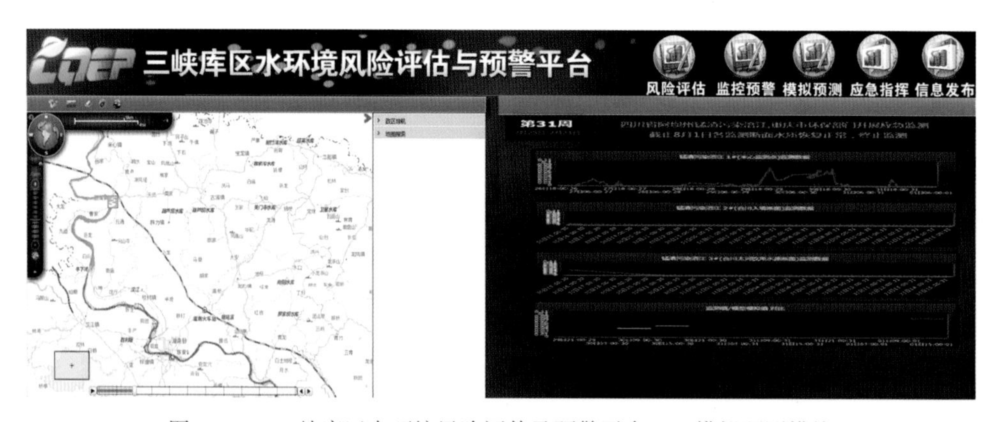

图 16-17　三峡库区水环境风险评估及预警平台——模拟预测模块

在模型系统中，通过污染物特性自动选择模型，形成了一维、二维和三维的单一或复合嵌套的智能化水质模型体系，可模拟不同水文条件下库区的突发污染物的对流扩散和漂移过程，并能快速定量地得出污染物的影响范围、发展趋势、到达下游敏感点的时间和浓度变化过程信息。同时，在事故发生时输入事发位置和有毒有害物质的量等信息，即可通过水质模型模拟污染趋势，应急指挥决策提供了科学依据。

16.4.4 应急指挥

应急指挥以“一个流程”为指导贯穿始终，规范应急处置行为；以“一张表”综合调度人员、车辆、专家、物资和专业队伍等相关资源，提升了调度效率；通过处置方案辅助生成和监测数据实时展现等智能化功能，使得应急指挥过程中可以获得大量的信息支持。其中，按照风险物质存储和生产量筛选出三峡库区主要风险物质如氨水、甲醛、液氯和硝酸铵等，并集成120种典型污染物的处置技术，其中包括13类重金属、13类致色物质、9类酸碱盐类物质、71种有机污染物和8类油类物质的应急处置技术措施，完成构建三峡库区污染物处置案例应急技术平台（图16-18）。

图16-18　三峡库区水环境风险评估及预警平台——应急指挥模块

16.4.5 信息发布

信息发布是指将示范平台与重庆市环保官方网站对接，实现应急事件第一时间权威信息发布，充分利用电子媒体及时、开放和互动等优势，主动引导舆论。

16.5 平台业务化运行

研发的三峡库区水环境风险评估及预警平台验证应用和业务化运行示范10余次。研究成果在环保部与重庆市政府2010年次生突发环境应急联合演练和“7.26”四川省阿坝州锰渣污染涪江等水污染事件中得到了很好的示范应用，初步实现三峡库区水环境风险预警平台的业务化运行及应用示范；平台软件通过了国家信息中心软件评测中心的验收测试，示范工程顺利通过了国家水专项办的第三方评估。

16.5.1 日常运行维护

三峡库区水环境动态数据更新主要通过两种方式实现。一是建立外部数据服务的共享机制。例如，基础地理信息数据由地方规划测绘部门通过数据服务共享，并建立共享的长效机制。二是在水环境业务监管工作中不断地动态更新。例如，系统平台集成的水环境风险源与敏感目标、水环境质量自动监控及重点污染源在线监测系统等数据由各专门的业务采集系统更新，并在业务过程中实现动态更新。

案例 1

环保部和重庆市政府 2010 年次生突发环境事件联合演练

2010 年 12 月 16 日，环保部和重庆市政府 2010 年次生突发环境事件联合演练在重庆成功举行，得到了各方面的高度评价。环保系统中，主要由重庆市环境监察总队、长寿区环境监察支队及重庆市环境保护信息中心参加此次演练。演练分别模拟了在重庆长寿化工有限责任公司先后发生的"生产事故引发氯气泄漏"和"山体滑坡造成二甲苯罐区泄漏燃烧并流入龙溪河"两次突发环境污染事件。作为一个以水环境污染应急决策为主的平台，三峡库区水环境风险评估与预警示范平台主要在"山体滑坡造成二甲苯罐区泄漏燃烧并流入龙溪河"的模拟事件中提供了定位、查询和模型预测等方面的帮助。在演练中平台应急指挥模块将电子地图定位到长化厂，并迅速锁定发生危险的风险单元。同时，在该模块的支持下，值班长在电子地图上查询到了长化厂的风险源基本信息、图片、预案、存储物和周边敏感点的情况，能够及时与长寿区环境监察支队的应急人员沟通，协助他们掌握现场情况，为应急工作的开展赢得了宝贵的时间。在应急处置的过程中，还能随时查看风险单元及周边的属性信息，提高了处置的准确性和效率。当长寿化工的二甲苯罐区发生泄漏，二甲苯流入龙溪河中后，应急人员在平台模型输入框中输入流速和泄漏量等参数，通过二维水质模型的计算，迅速得出污染团由龙溪河进入长江的变化情况及到达下游饮用水源点的时间，为污染事故的处置方案制定提供了依据。最终，通过环保和消防等各部门紧密配合，运用平台模拟预测等功能进行支撑，使事故得到了妥善解决，此次演练圆满结束。

案例 2

"7.26"四川阿坝锰渣涪江污染事件

2011 年 7 月 26 日，四川阿坝一电解锰厂受降雨影响，尾矿渣流入涪江，造成绵阳停止饮用水源供水。重庆市环保局高度重视，立即启动环境应急预案对涪江入境断面采取每 2h 加密监测，并且将监测所得值在平台中实时展现，通过渲染得到涪江锰含量变化趋势图，以此严密监控水质变化（图 16-5-1）；同时与四川省环保厅取得联系了解污染情况，并书面致函要求及时将有关情况实时通报。最终，在重庆市环保局严密监测和与四川省环保厅的配合中，涪江污染事件没有对重庆市造成重大影响。截至 2011 年 8 月 9 日 8 时，涪江川—渝交界断面水质连续 15 天达标，重庆市涪江和嘉陵江沿线各自来水厂取水和供水一切正常。

本次事件中，平台的监控预警功能实时反映了涪江川—渝交界断面锰含量的变化，为涪江重庆段污染物的控制提供了帮助，也为应急事故的指挥决策提供了科学的依据（图16-5-2）。事故处置后不久，原重庆市组织部部长陈存根到环保局视察工作，了解到平台在处置涪江污染事故的过程中发挥的作用，给予了好评。

图16-5-1　涪江污染事件水质变化过程

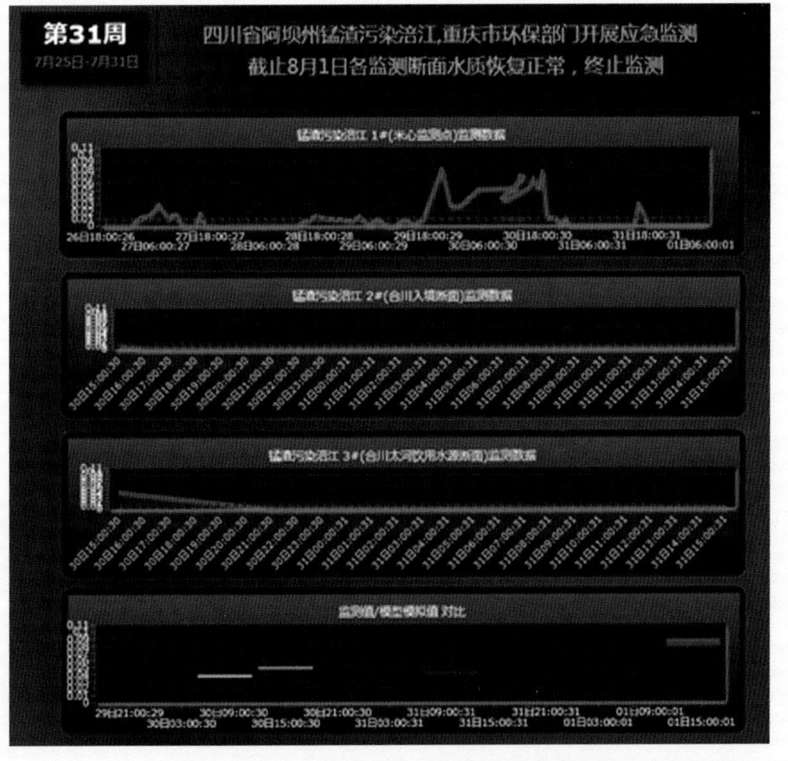

图16-5-2　涪江污染事件水质监测曲线图

案例 3

“3.1”沙坪坝凤凰溪水污染事件

2012 年 3 月 1 日中午 12 时，嘉陵江支流凤凰溪发现大量黑色油污，严重威胁下游饮用水源安全。为了尽快找出肇事企业，沙坪坝区环境监察支队在重庆市环保局的有力指导下，利用平台水缓冲分析，向上游追溯产品或原料中含有油类物质的企业，在污染物发现点周边 100 多家企业中找到 7 家可疑企业，之后再通过现场的排查，最终锁定重庆×××有限公司为排放油类污染物的污染源。

利用平台功能，为此次事故处置争取了时间，使得事件应急处置取得阶段性胜利。

1）事发地自动定位。输入事发地“69 中”，自动定位到事发地（图 16-5-3 和图 16-5-4）。

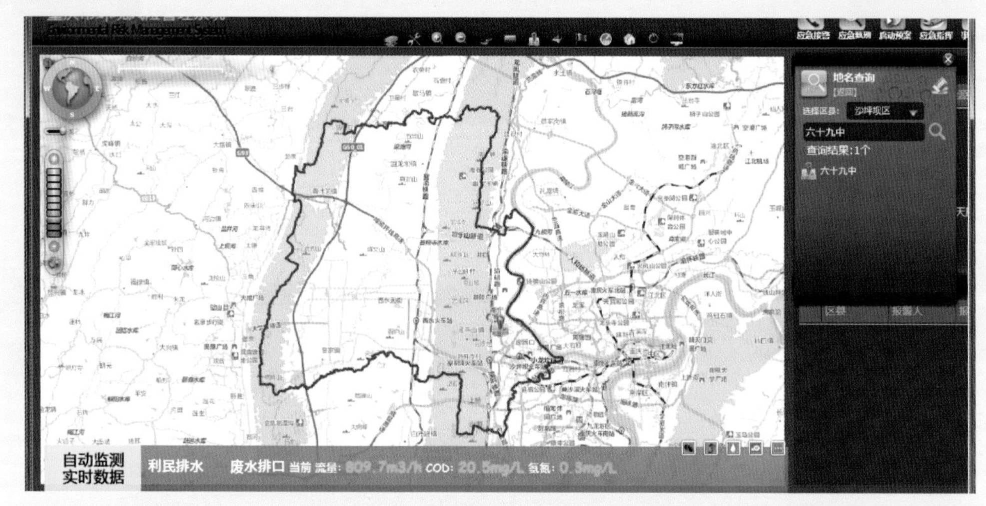

图 16-5-3　事发地自动查询定位界面

图 16-5-4　事发地自动查新定位及周边情况

2）敏感目标查询。从事发地向下游的水体中自动查找最近的饮用水源，输入当时的流速，可计算出下游的敏感目标影响的人数及污染团可能到达饮用水源取水口等敏感目标的时间（图16-5-5和图16-5-6）。

3）不明源的智能甄别。通过输入特征污染物的颜色和状态等感官特征的描述，系统可自动搜索相关的污染源企业及其分布，实现智能搜索和排查（图16-5-7）。

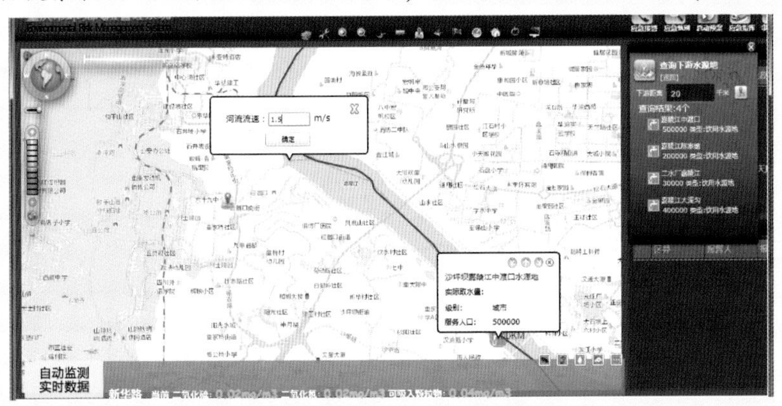

图16-5-5　可能影响的敏感目标查询

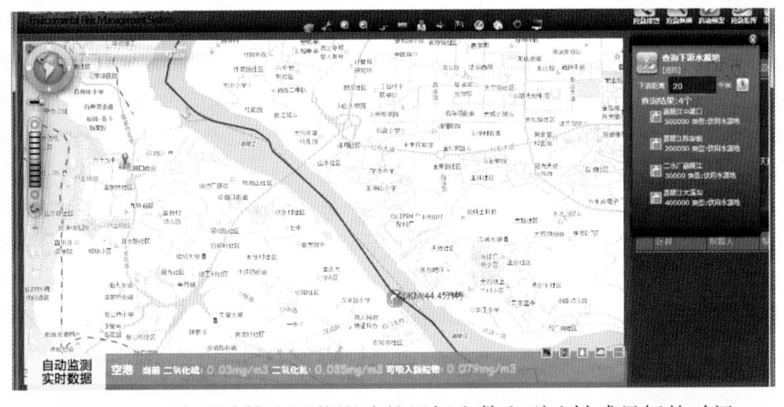

图16-5-6　快速计算出可能影响的目标人数和到达敏感目标的时间

图16-5-7　沙坪坝凤凰溪水污染事件平台排查界面

第16章　三峡库区水环境风险评估与预警平台构建与应用示范

案例 4

“4. 25”大足区非法倾倒污染事件

2012 年 4 月 25 日，大足县中敖镇麻杨河水体呈现红色，经监测部门监测，发现只有锰超标 5 ~7 倍。为了缩小范围，锁定排污企业，在系统中对污染点周边 2km 范围内原辅料及产品中含有锰的企业进行了排查，发现并无符合条件的企业，初步确定为非法倾倒事件。后期经过沿江搜索，最终发现了非法倾倒点，确认了非法倾倒造成河流污染的假设。确认事件性质和倾倒点后，处置和监测部门在第一时间采取了筑坝和向河中投放处理剂等方法，最终将污染控制在了麻杨河范围内，没有对下游的濑溪河主河道造成危害。

在该事件中，系统为明确事件性质提供了帮助，为后期处理赢得了时间。

1）事发地准确定位。通过定位查询，定位到事发地麻杨河下游即为濑溪河；查询敏感目标，下游约 10km 处为大足区的饮用水源取水口（图 16-5-8）。

图 16-5-8　事发地自动定位及可能影响敏感目标查询

2）特征污染物的来源排查（图 16-5-9）。

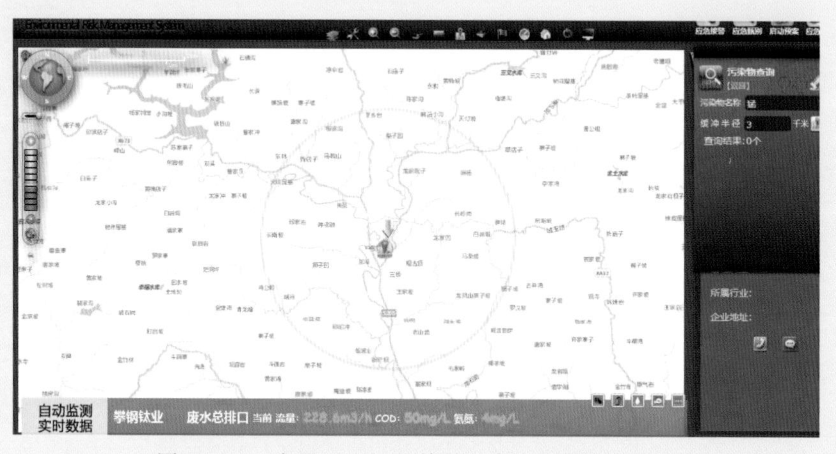

图 16-5-9　大足区“锰”特征污染物来源排查界面

3）应急处置技术查询（图 16-5-10）。

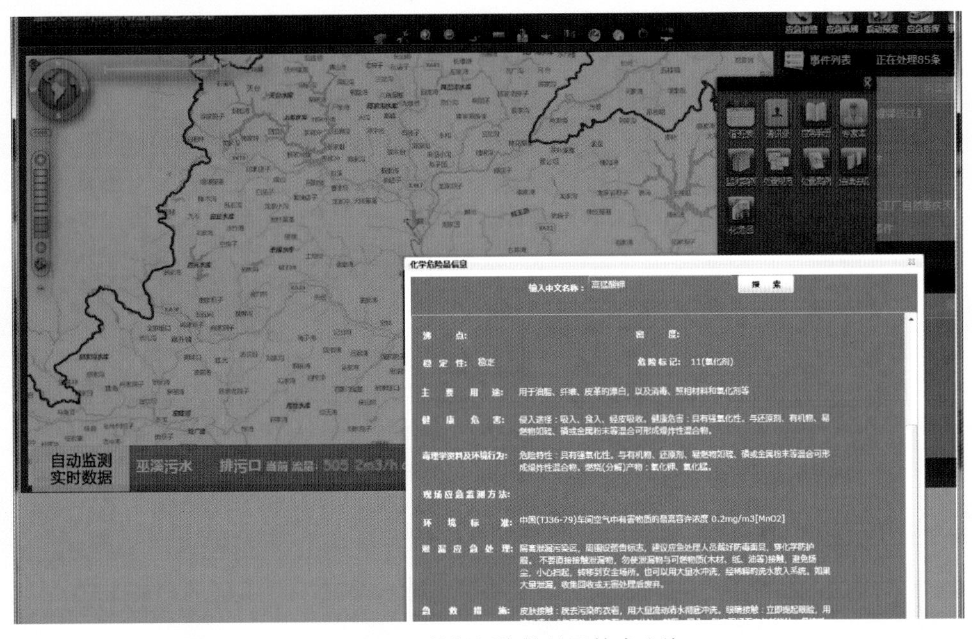

图 16-5-10　特征污染物处置技术查询

16.5.2　日常环境应急管理与决策业务化运行

平台在支撑重庆市日常环境应急管理与决策上主要体现在以下几个方面。

1）风险分区。按长江、嘉陵江和乌江流域中的监测断面将河流周边 2km 范围以颜色区分划分为高、中和低 3 种风险区域，可以实现对不同等级区域的针对性管理。

2）风险分类。风险源分为固定源和跨江大桥（移动源）两类。针对固定源，平台支持 88 个重大风险源的风险单元及应急设施位置展示以及查询相关属性数据。针对移动源，平台标注了 42 座跨江大桥的位置并确定了大桥的危险级别，方便对高危险级别区域进行重点管控。

3）水环境质量自动监测超标预警。可实时获取各断面的 TP 和高锰酸盐等指标的监测值，绘制最近 1 天的变化曲线。利用监测站点和水环境质量模块的功能，可随时掌握监测元素的变化，对超标情况能立即反应。

4）污染源在线监测报警信息提示。报警信息模块作为一个小弹出框在地图的右下角出现，对某一项或多项监测值超标的断面进行报警，及时提醒采取必要措施。

16.5.3　系统研发与建设经验

三峡库区预警平台建设成功的核心是紧密结合应用。为推动三峡库区水环境风险评估与预警示范平台的成功建设，我们结合业务需求，按“平战结合”的思想，着力构建了三峡库区水环境风险评估与预警示范平台。主要体现在以下两方面。

(1)“平时”——“以用促建、以用促管”

三峡库区风险评估与预警示范平台与12369投诉处理系统集成为一体，以用促建。在日常投诉处理中使用平台调度人员和车辆，在应用中不断完善平台功能。

近年来，污染源自动监测数据还支撑了电厂脱硫电价核算和污水处理厂处理费核算等多项业务应用。通过以用促管，促进了企业责任意识的提升，倒逼和推动了业务管理的创新与完善。

(2)“战时”——应急指挥“看得到、分析准、响应快”

“看得到”是指参与应急处置的各方均能及时掌握事件的全面信息，查看现场处置态势、应急处置资源分布、实时监测数据及趋势预测情况等。

“分析准”是指准确分析污染态势变化。一是准确把握污染物对水质影响的变化情况及现状；二是准确预测污染团移动的速度和到达敏感目标的时间。

“响应快”指可以全面掌握可调度的资源情况。按照规范化的流程快速发布指令，综合调度，及时响应，从接警到出警的时间由原有的30min以上缩短为10min以内。

第17章

太湖流域水环境风险评估与预警平台构建与应用示范

17.1 平台业务需求分析

17.1.1 太湖流域水环境概况

17.1.1.1 流域特点分析

太湖流域位于长江下游河口段的南侧，以太湖为中心，北滨长江，东部及东南临海，西部与西南部以茅山山脉为界岭，和秦淮河、水阳江及钱塘江流域相邻，地跨江浙沪皖3省1直辖市。太湖流域总面积36 985 km^2；其中，江苏占52.6%，浙江占32.8%，上海占14%，安徽占0.6%；主体部分位于江浙沪2省1直辖市境内。

太湖位于长江的下游30°55′40″～31°32′58″N，119°52′32″～120°36′10″E；湖面面积2338 km^2，南北长68.5 km，东西平均宽56 km，湖岸线长405 km；湖泊平均水深1.9 m，最大水深2.6 m，湖泊容积4.76 km^3，是一个典型的大型浅水湖泊。

太湖流域在地形地势、水文水环境和社会经济方面均具有其鲜明的特点。

(1) 地形周高中低，以平原为主

太湖流域四周高中间低，成碟形，太湖居中。整个流域地势总体上西高东低，南北略高，中部为低洼。大致以丹阳—溧阳—宜兴—湖州—杭州一线为界分平原与山地丘陵两大部分。东部为太湖平原，是全流域的主体，面积约占流域总面积的75%；西侧为山地丘陵，面积约占总面积的25%。

(2) 河流纵横交错、水流流向不定

太湖流域是我国著名的水网地区，境内河流纵横交错。全流域河道总长度有12万km，河道密度达3.2km/km^2，在广大平原区构成网络状水系，称为“江南水网”。平原水网区由于地势平缓，河道水流流速普遍缓慢，水体交换速率低，导致河道水体的污染物消解能力低下，大量污染物在河道及湖泊等水体中不断积累，流域水环境风险水平逐年增高。

(3) 湖荡星罗棋布，承担多种生态功能且相对敏感脆弱

太湖流域湖泊众多，现有水面面积在0.5 km^2以上的大小湖泊共有189个，水面总面积3158.97 km^2，湖泊面积占流域面积的比率为8.5%。太湖流域湖泊集中分布在流域中部和东部。以太湖为中心，东北有阳澄湖群，东有淀泖湖群，南为菱湖湖群，西是洮滆湖群。其中面积在40 km^2以上的大型和中型湖泊有太湖、滆湖、阳澄湖、长荡湖（洮湖）、淀山湖和澄湖6个，合计面积为2886.6 km^2，占全流域湖荡总面积的86%。

太湖流域的湖荡具有调蓄纳洪、提供工农业和饮用水源及改善生态环境等多种功能，对流域生态安全的维护具有重要意义。但这些湖泊地处平原地区，水深较浅，水体交换周期长。近年来湖泊生态系统结构受损严重，水体自净能力低下，对外界干扰的抵抗能力薄弱，属于流域生态敏感区，相对其他地区的湖泊，更容易出现水华暴发和水体污染等水环境问题，对当地饮用水安全造成严重威胁。

（4）城镇（人口）密集，经济发达，污染负荷不断增加

太湖流域包括上海市，江苏省的苏州、无锡、常州和镇江 4 个地级市，浙江省的杭州、嘉兴和湖州 3 个地级市，共有 30 县（市）。流域内有 500 万人口以上特大城市 1 座，100 万～500 万人口的大城市 1 座，50 万～100 万人口城市 3 座，20 万～50 万人口城市 9 座。目前，流域内共有人口 3600 多万，约占全国总人口 2.9%；人口密度在 1000 人/km^2 以上，城市化率达 49%。太湖流域是全国经济最为发达的地区之一，以占全国不到 0.4% 的土地面积及 2.9% 的人口，创造了约占全国 13% 的国内生产总值和 19% 的财政收入。

（5）地跨多个行政区，跨界水污染事故和纠纷突出

太湖流域涉及上海、江苏和浙江等多个省级行政区，包括苏州、无锡、常州、杭州、嘉兴和湖州等多个省辖市，现行环境管理模式依然以“条块分割、各自为政方式”为主，缺乏有效的流域管理机制。隶属于水利部的太湖管理局的职责不能涵盖流域水环境治理的主要方面，难以成为太湖流域水环境保护的权威管理机构。流域水环境的保护要求以流域为整体综合治理，而现行管理体制不适应流域水环境保护的客观要求。省（直辖市）交界处的水污染防治处于边缘化状态，成为水环境管理的薄弱环节，跨界水污染事件和纠纷时常发生。

17.1.1.2 存在主要问题及原因分析

太湖流域地处长江三角洲经济发达地区，水环境科研水平在全国处于领先地位。但与流域面临的严重水环境问题相比，其依然存在很大的滞后，很难应对未来水环境严峻形势发展变化需求，难以承担国家重点流域污染防治和水环境质量改善决策的技术支撑。

（1）累积性生态风险水平不断提高，危及流域水生态安全

累积性生态风险水平不断提高是太湖流域当前面临的主要问题。根据太湖流域各省市国民经济和社会发展“十一五”规划，在今后几年中，全流域的国内生产总值年均增长率仍将高于全国平均水平，城市工业、村镇工业、现代效益农业和集约化规模化养殖业的快速发展以及因流域居民生活水平提高而造成的生活污水排放量的增加，对水生态系统产生巨大压力。与此同时，流域内的湖滨湿地和河滨湿地等自然生态系统则不断受到破坏，流域生态系统抵御外界干扰冲击的能力不断降低，生态日益脆弱。两种因素的共同作用，导致太湖流域的累积性风险水平不断升高，水质恶化，水体富营养化加剧；蓝藻水华暴发趋于频繁，覆盖范围越来越大，严重危害流域水生态安全。

（2）尚未掌握流域水质变化、湖泊富营养化对流域人类活动的响应关系，对水环境风险难以实现超前预防和控制

太湖流域的水环境问题已经得到各级政府的高度重视，从国家到地方，都投入了大量的资金和技术开展污染治理，但效果并不理想。太湖流域面积达到 36 000 多平方千米。环境影响因素和环境质量也是动态变化的，必须根据变化的情况选择水污染控制和治理的重点，合理安排污染控制和治理的资源。这就要求对流域开展准确的风险评估，分析流域水质变化对人类活动的响应关系，确定流域环境问题的核心和关键点，以风险评估的结果为依据，指导流域水环境管理工作，将有限的资金投入到最关键的区域和领域，使有限的资金发挥最大的效益。

(3) 缺乏流域层面的水环境风险管理系统，水环境风险管理尤其是跨界管理能力薄弱

太湖流域的水环境风险管理涉及江苏、浙江和上海等多个省（直辖市），跨行政区水体上下游之间的环境风险管理一直是困扰各省（直辖市）水环境管理的难题之一。从全流域层面对跨行政区的水环境风险实施有效管理与协调已成为亟待解决的主要问题。

流域内各省（直辖市）和市的监管系统自成体系，缺乏全流域的综合管理和处置系统；缺少流域内行政区之间、水系两岸之间及上游与下游之间协调互动关系。不同行政区之间，水环境风险信息缺乏有效的交换共享渠道，严重制约了流域水环境风险管理水平的提高。太湖流域迫切需要建立流域层次的水环境风险管理系统，为不同的行政区之间、水系两岸之间及上下游之间提供有效的水环境风险信息交换渠道，建立流域内部协调互动的关系，提高流域总体和跨行政区的水环境风险管理和应急处置能力。

(4) 缺乏有效的风险预警技术和手段，水环境风险无法得到有效控制

太湖富营养化和水华暴发是太湖全流域生态环境问题的集中反映。这一问题的根源在于高强度的社会经济压力超过了流域生态系统的承载能力。由于缺乏有效的风险预警技术和机制，社会经济发展及污染排放失控，水质下降，湖泊富营养化加重，治理难度加大，进而导致生态失衡及湖体富营养化。

此外，太湖流域工业企业密度大，其中相当一部分属于化工和印染等高污染和高风险行业。近年来，经过多次产业结构调整，情况虽然有所改善，但问题尚未从根本上得到解决，污染事故的隐患依然存在。在地区产业结构短时期内难以根本改变的情况下，要有效降低环境风险，只有依靠高效的风险评估、预警与管理系统，搞清楚流域环境风险源分布情况，分析和预测事故发生的可能性大小及事故可能影响的范围和程度，才能及早采取防范和控制措施。

17.1.2 风险管理需求

(1) 流域水环境监管能力的提高需要高效的流域水环境风险评估和预警平台

为了加强区域和流域环境监管工作，环境保护部设立了华东、华南、西北、西南和东北五大区域环境保护督查中心。其中，华东督查中心的管理范围包括上海、江苏、浙江、安徽、福建、江西和山东六省一直辖市，覆盖整个太湖流域。该中心主要职责：监督地方对国家环境政策、法规和标准执行情况；承办跨省区域和流域重大环境纠纷的协调处理工作，参与重大和特大突发环境事件应急响应与处理的督查工作；督查重点污染源和国家审批建设项目“三同时”执行情况等。太湖流域作为华东地区的经济中心，一直是华东环境督查中心环境监管工作的重点。但由于缺乏有效的监控管理手段和能力，中心对流域的监管水平远远不能满足工作要求。太湖流域水环境风险评估和预警平台的建设，将大大提升国家、环境保护部和华东环境督查中心对全流域水环境的监控管理水平以及对流域突发性水环境事件的应急处置水平，为区域和流域的水环境管理提供良好示范，促进我国区域和流域的水环境监控能力和水平。

（2）频繁发生的水环境突发事件对流域水环境预测预警提出了迫切需求

进入20世纪90年代以来，太湖流域水环境突发事件时有发生。1991年7月太湖第一次暴发蓝藻水华事件，无锡市城区生产和生活用水发生困难，迫使无锡市116家工厂停产，直接经济损失1.6亿元；1998年和1999年全太湖达到富营养水平；2000年夏季发生了历史上最严重的水华事件，贡湖第一次蓝藻水华暴发；其后，2005年和2007年又相继发生水华暴发，暴发时间间隔越来越短，面积越来越大。其中2007年5月底以蓝藻暴发为诱因发生的太湖水危机，导致无锡市停水3天，引起国务院高度重视，在全国乃至国际上产生了很大影响。除此以外，企业和交通工具事故导致的突发性污染事故也时有发生；其影响范围虽然较小，但对周边地区的影响程度更大。除太湖以外，流域内星罗棋布的中小型湖荡也面临各种突发性和累积性环境风险的威胁。这些湖荡承担着为周边地区提供饮用水源的重要生态功能，一旦受到破坏，对周边地区影响同样巨大。

（3）跨界水环境管理水平的提升依赖于高效的流域水环境风险管理和处置系统

跨行政区尤其是跨省界行政区的环境监管一直是太湖流域水环境监管面临的主要难题。跨界水环境风险事故由于处置不当导致地区间矛盾激化的案例时有发生。例如，江苏吴江盛泽镇与浙江嘉兴的居民，近年来因河道污染频繁发生矛盾。蓝藻水华在影响太湖水质的同时，也对浙江省湖州市境内的河道水质产生了很大影响，导致江苏和浙江两省的环境责任纠纷。建立流域层面的跨行政区的水环境风险管理和处置系统是环保部和地方各级环保部门的迫切需求。这一系统的建立有助于解决太湖流域环境监管分工不明确及统一监控力度不足的现状；有利于科学分析边界水环境质量恶变的原因，作出合理的判断和仲裁，大幅度提高跨界水环境管理水平。

（4）流域生态安全的有效维护需要以流域风险分析和评估为基础

大规模的流域经济开发，流域生态系统的自我调节和自我恢复功能已大幅降低。这种情况在太湖流域尤其典型。目前，环太湖有大小出入河流215条；在主要出入湖河流中，几乎没有好于Ⅳ类的水体，大都是Ⅴ类和劣Ⅴ类水体。太湖湖区水体水质也从20世纪70年代的Ⅱ类水到80年代的Ⅲ类水变成90年代的Ⅳ类水及今天的Ⅴ类水，甚至出现局部劣Ⅴ类水。在整个苏南水网地区，已经很难找到Ⅲ类水质的河流。针对流域生态安全维护和生态修复，目前迫切需要解决的问题是确定流域生态风险状况，了解流域主要风险源和敏感区的分布状况。只有在此基础上，才能制定合理的流域生态安全维护措施和生态修复方案。

（5）流域污染总量减排目标的实现对高效的污染总量预测和监控系统提出需求

2008年，国务院正式批复的《太湖流域水环境综合治理总体方案》也明确提出了总量控制和浓度考核的污染控制管理要求；流域内的江苏和浙江等省份，更是提出了比国家总体要求更高的污染削减指标。而污染物减排控制目标的落实，在很大程度上取决于总量预测监控系统的建设。只有建立了完善的相对独立的流域水污染总量预测监控系统，才能对流域内污染物的排放实施有效监控，了解和掌握各省（直辖市）、市和县污染总量削减目标的落实情况，进而在现有目标总量控制的基础上，逐步实现环境质量总量和环境容量总量控制的目标。

17.1.3 平台业务需求分析

(1) 平台总体需求分析

构建太湖流域水环境风险数据库，研发太湖流域水环境风险评估系统、水环境风险预警系统和水环境风险管理系统，整合太湖流域现有环境信息系统，构建示范性的太湖重污染区、河网区、湖荡区及全流域的水环境风险评估和预测平台，为太湖流域水环境风险评估、预警和管理尤其是跨界水环境风险管理提供技术支持。

(2) 平台用户需求分析

系统主要用户涉及环境保护部华东环境保护督查中心、江苏省环保厅、浙江省嘉善县环保局和上海市环境保护局等环境保护管理部门，对于平台的功能需求分析如表17-1所示。

表17-1 平台用户功能需求分析

用户	功能需求分析
环境保护部华东环境保护督查中心	太湖流域水环境信息查询、重要风险源监管、流域跨界区风险评估、国控断面污染物通量预测和污染事故应急响应
江苏省环保厅	梅梁湖重污染区蓝藻水华监控预警
浙江省嘉善县环保局	嘉善典型平原河网示范区水污染物总量控制管理及累积风险预警
上海市环境保护局	典型湖荡区示范区水源地突发风险预测预报及应急响应

(3) 平台功能需求分析

1）太湖流域水环境污染源管理系统需求。太湖流域污染源具有流域性、区域型和分散性等特点，需要借助先进的地理信息系统将空间属性与信息属性相结合，将各类业务信息完整准确地定位与展示，以方便用户便捷查询和管理，为太湖流域环境管理提供直观高效的技术手段。具体需求如下。①对太湖流域相关的污染源进行管理，包括污染源基本信息、监测信息、排放情况以及治理情况，实现对污染数据进行编辑、浏览、查询、统计分析和导入导出等功能。②应用先进的地理信息系统技术和数据库管理技术，以地理信息处理为手段，将太湖流域的环境污染源的信息直观显示，并可进行空间分析、查询和统计汇总等功能。③在重点示范区开展污染源通量核算及总量控制示范。

2）太湖流域水环境质量管理系统需求。太湖流域水环境质量管理系统为太湖流域水环境管理与保护决策提供数据基础及评价依据。具体要求如下。①实现包括常规地面监测、遥感及野外站长期观测等各类环境要素的动态监测，满足太湖流域及重点示范区域水环境监控指标体系及水环境常规监测网络体系要求，按需要发布环境质量日报。②太湖流域及重点示范区水环境监测监控数据传输、通信与存储，满足业务数据共享和交换等要求，为风险评估和预警系统提供基础数据。

3）太湖流域水环境风险评估与预警系统需求。实现太湖流域水环境风险评估及区划工作，开展流域水环境潜在影响及危害模拟，模拟不同条件下污染源对流域同一地区不同区段的影响范围。①风险评估。将风险评估模型与水环境风险数据库系统和GIS系统相结合，构建太湖流域水环境风险动态评估系统。通过系统模型的整合处理，结合太湖流域水文水资源历史监测数据，对太湖流域水环境风险做出风险评估及风险等级划分的自动化。建立区域自然、社会及经济和生态环境、水资源及水质状况的动态数据库，提供动态更新和查询功能，建立太湖流域水环境风险源、风险区、非点源污染负荷估算方法、风险评估指标体系、区域水环境风险等级划分标准、湖泊蓝藻水化暴发等级标准及流域水环境风险评估模型库等流域水环境风险评估系统，为水环境风险预测和预警提供数据支持。②风险预测预警。实现突发性污染事件发展态势预测模拟及自动化预警预报。在突发性环境污染事故发生后，通过对突发水污染事故的跟踪监测、实时模拟和预报预警，了解和掌握污染事故造成污染扩散范围、迁移速度和影响程度等发展态势。在重点示范区事故发生区域实现预警预报自动化，根据预警阈值在预测污染物或蓝藻水华等警情超出阈值范围时自动预警并上报。

4）太湖流域水环境应急响应系统需求。当突发性水环境污染事故发生后，水环境应急响应系统辅助制定应急响应方案：结合污染发展态势，检索历史类似案例处置方法库以及应急预案库，优化制定应急处理方案；在处理处置突发性环境污染事故时，辅助管理部门全面协调应急救援工作，将突发风险危害程度降到最低。

17.2 平台设计

17.2.1 总体构架

17.2.1.1 设计目标与原则

（1）设计目标

针对太湖流域蓝藻暴发及饮用水源地和跨界蓄积污染等环境风险问题及管理迫切需求，分别选择太湖流域省际跨界区、梅梁湖蓝藻水华频发区、嘉善河网污染蓄积污染区及淀山湖饮用水源保护区为研究及应用示范区，研发了分别应用于蓝藻水华、湖荡饮用水源地及跨界蓄积污染风险预警的模型和预警系统；建成具有信息查询、风险评估、实时监控、趋势预测、应急处置和警情发布等多项功能为一体的太湖流域水环境风险评估预警平台——太湖流域水环境风险评估预警平台（1 个平台）集成太湖重污染区水环境风险评估预警系统、杭嘉湖河网区水环境风险评估预警系统和淀山湖湖荡区水环境风险评估预警系统（3 个系统）的四位一体模式平台。

（2）设计原则

太湖流域水环境风险评估预警平台为统一集成系统入口，在各子系统开发过程中，通过在数据服务层的数据集成和功能应用层的功能集成相结合，以统一的功能模块组成结构和调用方式，统一的界面风格，来达到平台和模型系统的无缝集成。集成的实施按照初期功能集成到终期功能与数据无缝集成，依次逐步过渡的原则进行。

17.2.1.2 总体框架设计

本系统平台设计总体架构采用微软推荐的分层式结构——三层架构，从下至上分别为数据访问层、业务逻辑层和表示层（图 17-1）。通过分解业务细节，将不同的功能代码分散开来，更利于系统的设计和开发；同时为可能的变更提供了更小的单元，有利于系统的维护和扩展。

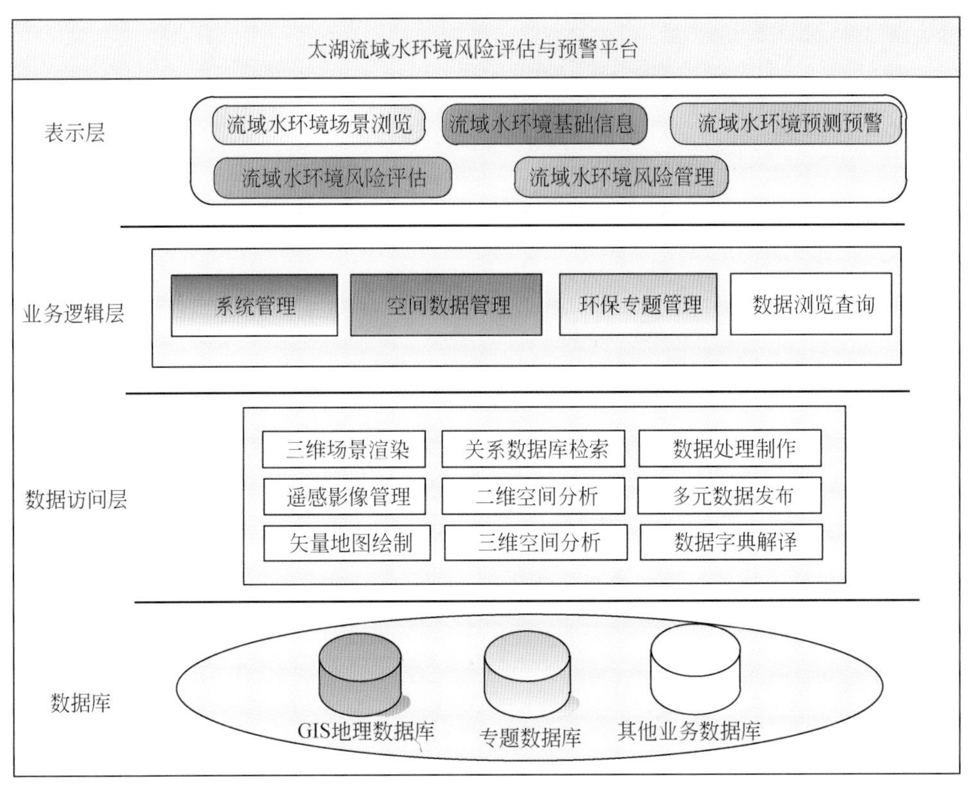

图 17-1 太湖流域水环境风险评估和预警平台

将系统总体的主要业务逻辑结构分为基础信息系统、预测预警系统、风险评估系统和风险管理系统，分别进行设计（图 17-2）。

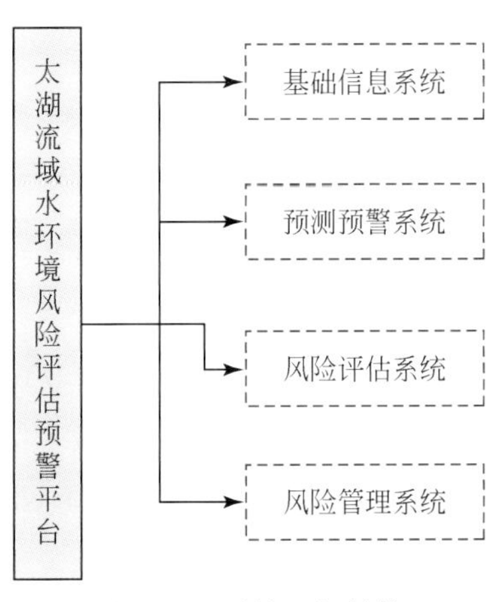

图 17-2 系统逻辑结构

17.2.1.3 开发手段、运行环境及拓扑结构设计

(1) 开发环境

选择国内自主开发，具有自主知识产权的先进三维 GIS 平台——EV-Globe 平台作为承载

三维模拟分析系统的支撑软件，并在此基础上构建应急指挥决策的基础支持平台（图 17-3）。

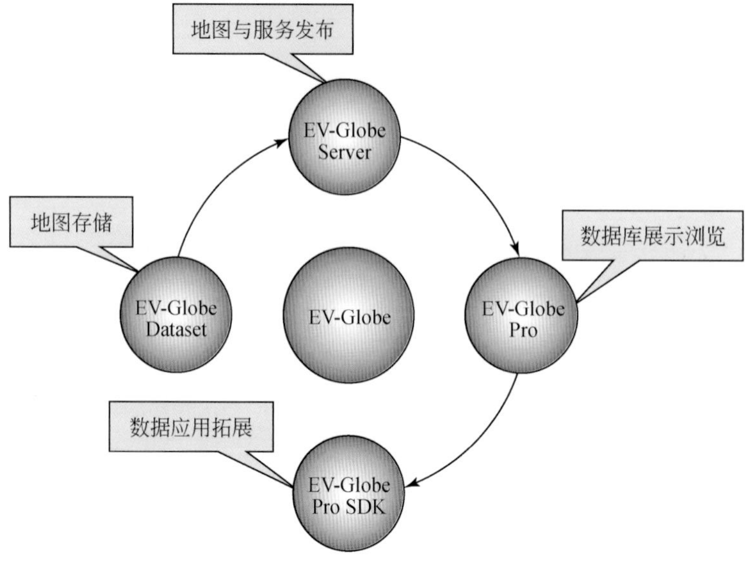

图 17-3　基础支持平台结构

系统结构方面，基础支持采用了基于服务的多层网络架构实现系统功能，将三维地图发布、分析运算服务、数据存储和客户端浏览等环节在物理环节上进行了隔离和部署，降低了服务器负载，保障了系统部署应用的安全性（图 17-4）。

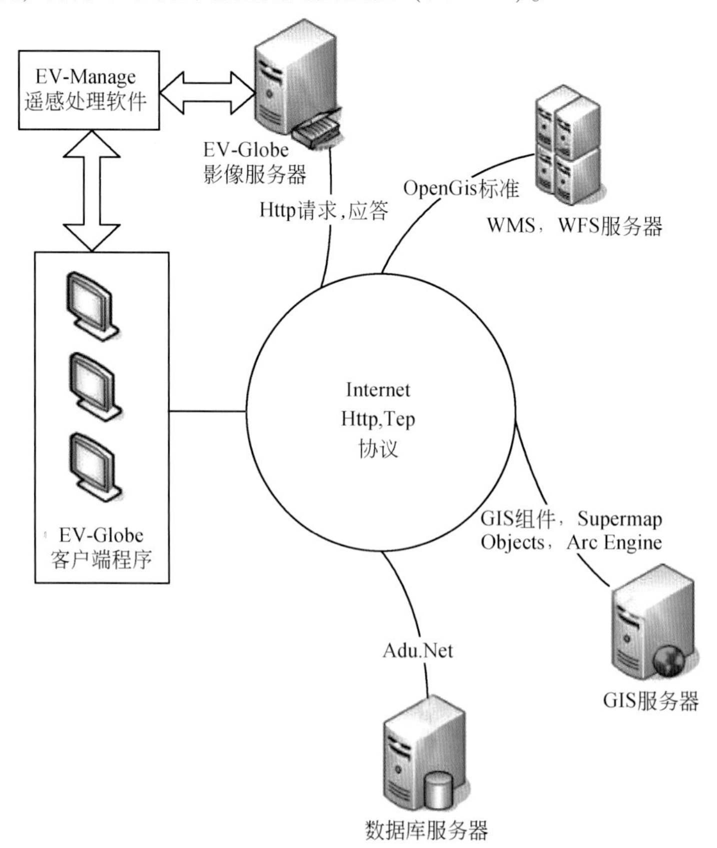

图 17-4　基础支持平台系统部署

同时，针对三维GIS平台数据库数据量大、数据格式繁多及用户交互频繁的特性，在客户端设立了数据缓冲机制。采用缓冲机制后，系统不仅实现了高效的在线地图访问，同时还能够实现在短时通讯中断的情况下数据浏览不受影响，从而提高系统应用效率和应用感受。

系统能够实现海量多源影像的无缝集成及管理能力。系统中包括专门用于存储海量遥感影像的影像服务器。在影像服务器中，通过瓦片金字塔技术对遥感影像进行结构优化，实现TB级影像数据的存储管理，而优化后的影像可以实现无缝镶嵌与快速浏览发布。

对于矢量数据，系统采用了地图查—看分离的存储技术，以金字塔模式对显示用地图数据进行优化并存储；以关系数据库模式对查询用地图数据进行存储。优化存储后，系统可以实现有效地增加对矢量数据的存储管理能力，并实现矢量数据与影像数据的无缝集成。

作为面向三维仿真环境下应用的GIS平台，系统提供了多种技术手段以提高三维环境的仿真渲染效率与渲染效果。

本系统在数据存储方面，支持以数据库、数据导入和数据字典关联等方式对各种数据进行支持，并以数据总线的方式对数据进行发布。而这种多格式数据的强大支持能力，不仅提升了系统的兼容性，更为系统在长期应用过程中的功能及内容拓展打下了良好基础。具体内容见表17-2。

表17-2 系统支持的数据格式

数据类型	数据格式	存储支持	导入支持	字典关联
影像数据	GEO TIF	√	√	
	EARDAS IMAGE	√	√	
地形数据	GEO TIF	√	√	
	EARDAS IMAGE	√	√	
矢量数据	ESRI SHAPE	√	√	√
	ESRI GDB	√	√	√
	MAPINFO MIF		√	
	超图SDX	√	√	√
	DXF	√	√	√
	DWG	√	√	√
三维数据	SKETCH UP		√	
	3DS MAX		√	
	KMZ	√		√

续表

数据类型	数据格式	存储支持	导入支持	字典关联
业务数据	SQL SERVER			√
	ORACLE			√
	ACCESS MDB			√
	XML	√		√

考虑到总平台和子平台间数据交换共享、模型计算、数据存储和信息展示的需求，本系统的软件体系结构采用 C/S 和 B/S 相结合的混合结构，系统平台基于 EV-Globe 与 Arcgis 开发平台，耦合 MIKE11、21 等预测预警模型，在 DEM、WebGIS 数据和遥感影像数据等多元复合空间数据信息环境的支持下，以 C#等高级语言进行二次开发，构建集风险评估、风险预测预警和风险管理为一体的流域风险预警系统。

（2）硬件部署

根据系统需求进行硬件部署设计。流域总平台设置 4 台服务器、1 台磁盘阵列、1 套大屏幕显示系统、1 套硬件防火墙系统和 1 台核心网络交换机。4 台服务器分工：一台高性能服务器，用于安装水环境预测预警系统，配置为 4 路、4CPU 和 16 核（每个 CPU4 核）；另外三台为普通双路和双 CPU（每个 CPU4 核）8 核处理器；分别用于安装 GIS 系统、数据库系统、平台门户系统和数据交换共享系统。示范平台的网络拓扑结构见图 17-5。

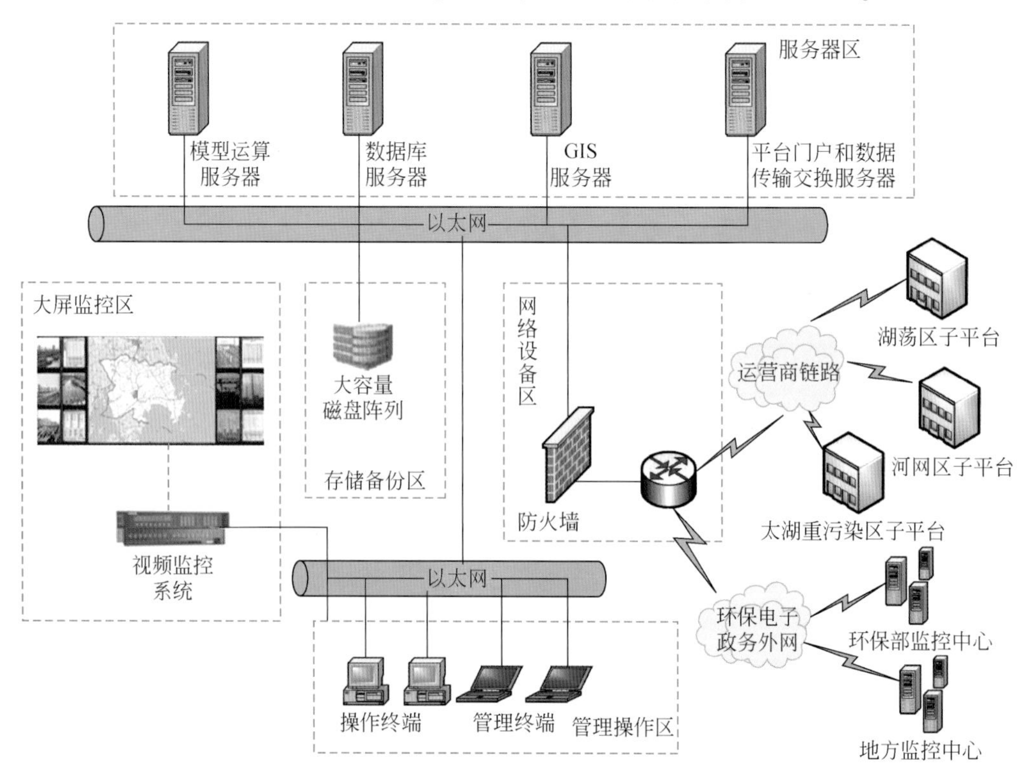

图 17-5　太湖全流域水环境风险评估和预警示范平台拓扑结构

17.2.2 数据库设计

(1) 数据库设计原则

坚持标准化的建设原则，贯彻国家相关标准，确定的技术体系和技术路线。基于国家和地方环境管理的统一要求，按照国家和地方环境管理的组织体系，结合现场业务调研成果，研究和建立适用于太湖流域水环境风险管理的数据库；建立水环境数据元技术规范，编制各类编码库，优化数据集成共享范围及粒度，保证数据的规范性、可靠性和有效性，为系统平台建设基础数据集成提供理论和技术支撑。根据行业标准及实际业务应用和各子系统需要，实现平台数据结构的规范化和统一化，完善各类基础数据库及专题数据库的设计工作，并据此优化各个异地示范区的异构数据库之间的数据通信同步引擎。

(2) 数据结构及类型

通过对太湖流域水环境信息数据的采集与转换，利用地理信息系统、可视化、虚拟现实、网络共享及数据分析与集成等技术，实现太湖流域地形、地物实体和流域水体等的可视化表达。

针对太湖区水环境信息的时空分布特征，数据库存储类对象主要包括以下内容。

1）系统基础信息数据，包括跨界区水系、地名、交通、居民地、水工建筑、各类水质监测站位置及河段水体功能区划等。具体包括太湖全流域5m间隔分辨率DEM、太湖流域0.5m分辨率遥感航片数据、1∶25万基础地名数据和太湖流域各类基础矢量专题图等。

2）水质、通量、风险源和环境基础数据，包括站点监测水质数据表（站名、站号、时间，COD、氨氮、TP、DO和叶绿素等监测因子的监测数据）等。

3）风险评估模块数据表，包括跨界区基本信息、断面水质和断面水质评分等数据。

4）风险预警模块数据，包括水质评价标准、通量预警标准和污染物质等数据。

5）风险应急管理数据，包括应急能力和应急预案等。

6）知识库，包括跨界区环境污染纠纷调解等案例。

7）规则库，包括跨界区责任认定、评估补偿和协调机制等专业规则库。

8）系统管理数据，包括系统用户、系统日志和审核记录等数据。

(3) 数据库表结构设计

综合考虑系统平台和各业务子系统间的数据交换共享、模型计算、数据存储及信息展示的需求，基于Oracle数据库，考虑各类信息数据、DEM、GIS数据和遥感影像数据等多元复合数据信息的集成需求，开展数据库表结构开发。

17.2.3 模型库设计

太湖流域风险预警模型集成了河网模型、湖泊生态动力学模型、湖荡模型和面源污染模型等，并在典型区域开展示范。各模型既能独立运行，又能相互耦合。依据太湖流域风险预警模型总体框架和局部细化的原则，集成已构建的各类预警模型，形成具备不同尺度模拟能力的模型库。

系统模型库主要包括以下类型模型。

1）大尺度全流域风险预警模型，包括太湖流域河网区与太湖湖体水动力水质模型及太湖湖体藻华暴发风险的遥感预测和预警模型。

2）重点区域局部小尺度风险预警模型，包括梅梁湖重污染区蓝藻预警模型、河网区水环境预警模型、突发性事故风险预测模型和湖西区一维与二维耦合生态动力学模型等。

流域大尺度模型与重点区域小尺度模型边界采用嵌套网格技术，大网模型与局部小尺度预测模型间相互嵌套及调用灵活。流域层面的大尺度预警模型为重点区域局部模型提供必要的边界条件，局部模型在重点区域细化和深化（图 17-6）。

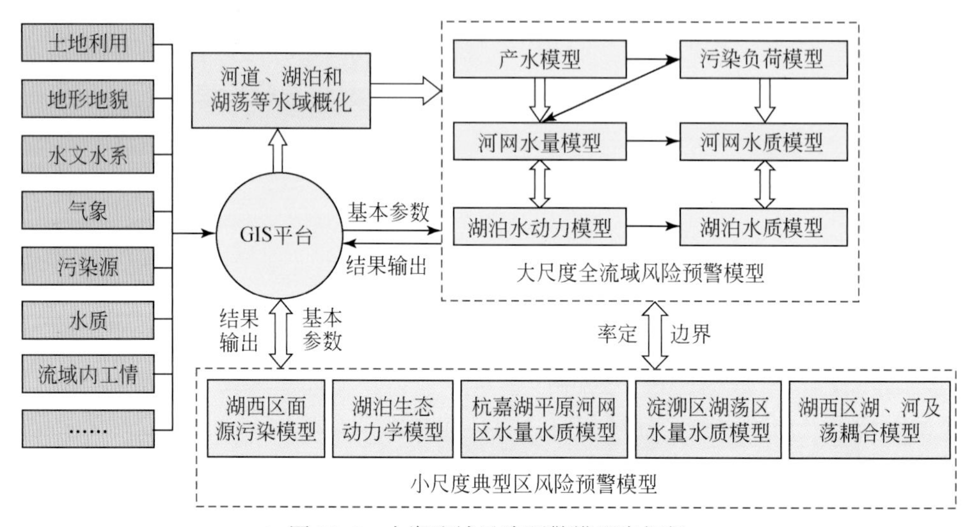

图 17-6　太湖流域风险预警模型库框架

17.2.4　应用系统设计

（1）太湖流域水环境污染源管理系统

基于地理信息系统，将流域重点污染源各类业务信息与空间信息相结合，为太湖流域环境管理提供直观高效的管理手段。

1）污染源基础信息管理。集成对太湖流域重点国控污染源的属性信息，并可动态更新。

2）污染源监测信息管理。对太湖流域重点国控污染源动态监控，在重点示范区域提供污染物通量核算功能及总量控制示范。

（2）太湖流域水环境质量管理系统

在地理信息系统的基础上实现水环境质量监控和评价统计等管理功能。

1）水环境质量基本信息。应用 GIS 技术集成断面信息、河段信息和功能区划等基础信息。

2）流域水环境质量评价。实现动态水质评价及水环境质量自动报表，了解不同水域水质的差别及各时期水质的动态变化趋势。

3）通量核算。对流域跨界区实现跨界河流通量核算。

（3）太湖流域水环境风险评估预警系统

在识别评估太湖全流域及重点示范区域风险源及风险区的基础上，实现风险评估功能，可动态实现风险评价及分级；基于GIS，集成耦合各类预警模型，构建风险预警系统，模拟累积风险和突发风险的动态变化过程。

根据太湖流域风险特征，分别构建太湖全流域风险评价及预警系统、湖荡水源地突发事故预警模型及预警预报系统、太湖重污染区水环境风险评估预警系统和平原河网区累积性风险评估与预警预报系统，实现流域各层面和各尺度风险等级评估以及风险预测预报功能（图17-7）。

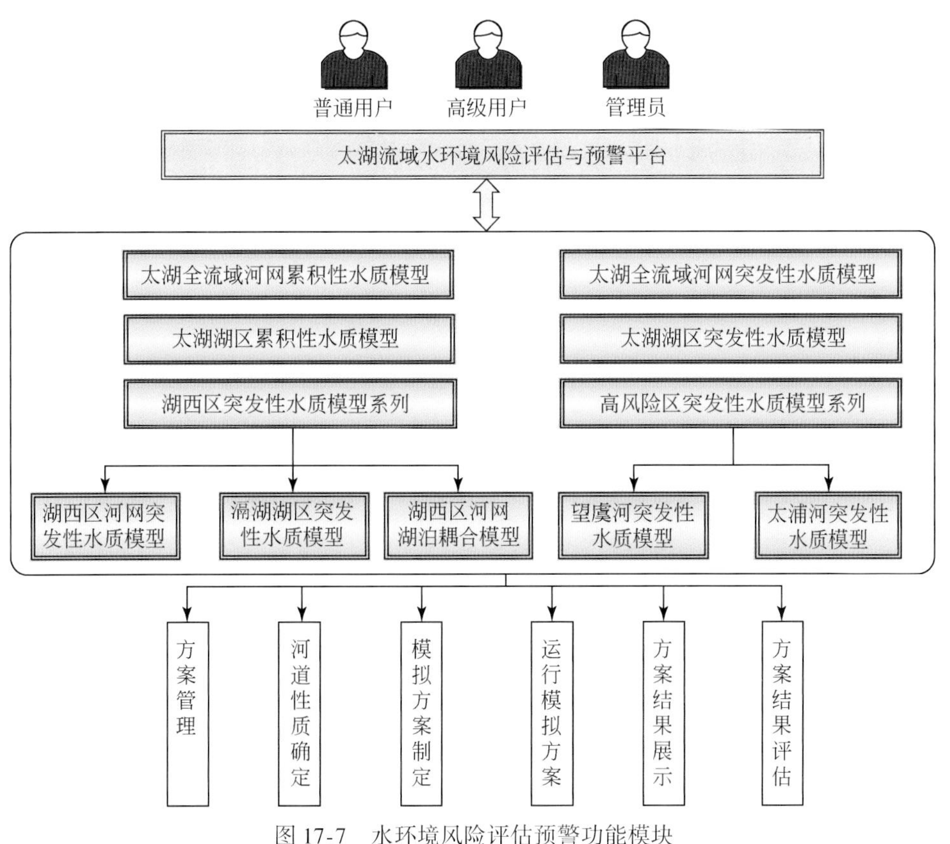

图17-7　水环境风险评估预警功能模块

1）太湖流域风险评价及预警系统。为流域层面国控断面污染物通量监控、跨界矛盾调处及宏观环境管理方案制定决策辅助支持。

2）太湖重污染区水环境风险评估预警系统。集成浅水湖泊蓝藻水华聚集动态模拟和预警技术，实现蓝藻水华空间聚集与动态变化监控和短期蓝藻水华暴发预测预警功能。

3）平原河网区累积性水环境风险评估与预警预报系统。实现污染物累积风险的实时预测和定量定性智能控制及污染物容量总量控制方案制订等功能，基于自动站监测实时监控与预警。

4）湖荡水源地突发事故预警模型及预警预报系统。实现淀山湖水源地突发性事故风险快速识别与评估、水源地污染事故污染物迁移转化途径预测与影响评估及水源地突发事故风险控制和应急响应与决策支持功能。

（4）太湖流域水环境应急响应系统

包括设计应急响应、应急救援指挥调度和应急预案库等模块。在突发水环境污染事故时，辅助应急指挥人员通过应急平台迅速调集调全相关信息数据进行有效的救援，为应急指挥调度提供保障（图 17-8）。

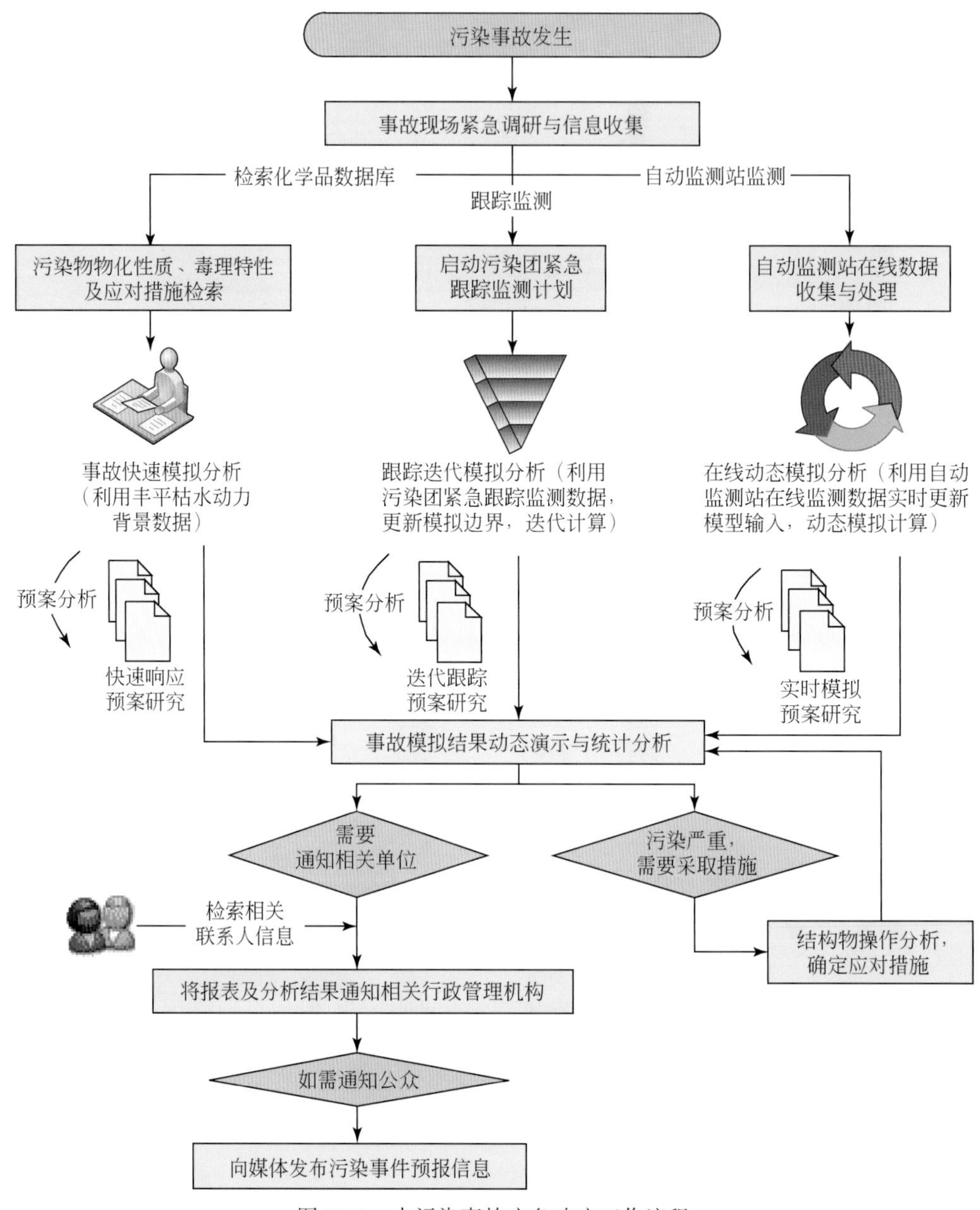

图 17-8　水污染事故应急响应工作流程

17.3 系统功能实现

17.3.1 太湖全流域水环境风险评估预警平台

17.3.1.1 污染源管理系统

太湖流域水环境污染源管理系统基于具有我国自主创新产权的 EV-Globe 三维模拟分析平台，融合了高清分辨率遥感影像和 ArcGIS 等技术，可针对不同类型的污染源进行快捷高效的查询、管理及数据更新等（图 17-9、图 17-10）。

图 17-9　太湖流域重点污染企业分布

无锡市协信压铸有限公司

基本信息

区域名称：	滨湖区	企业名称：	无锡市协信压铸有限公司
乡(镇)：	雪浪街道	行业类别：	钢铁铸件制造
经度：	120.304444	纬度：	31.556944
工业总产值：	1600	用水总量(吨)：	1650
重复用水量(吨)：	0	废水产生量(吨)：	1250
废水排放量(吨)：	1250	排水去向：	进入城市下水道（再入江河、湖、库）
受纳水体名称：	南运河	化学需氧里产生量：	0
化学需氧量排放量：	0	氨氮产生量：	0
氨氮排放量：	0	石油类产生量：	0
石油类产生量：	0		

图 17-10　重点污染企业基本信息窗口

17.3.1.2 水环境质量管理系统

水环境质量管理系统存储了太湖流域重要监测断面的信息，用户能够根据需要检索所需要的水环境质量信息（图 17-11 ~ 图 17-13）

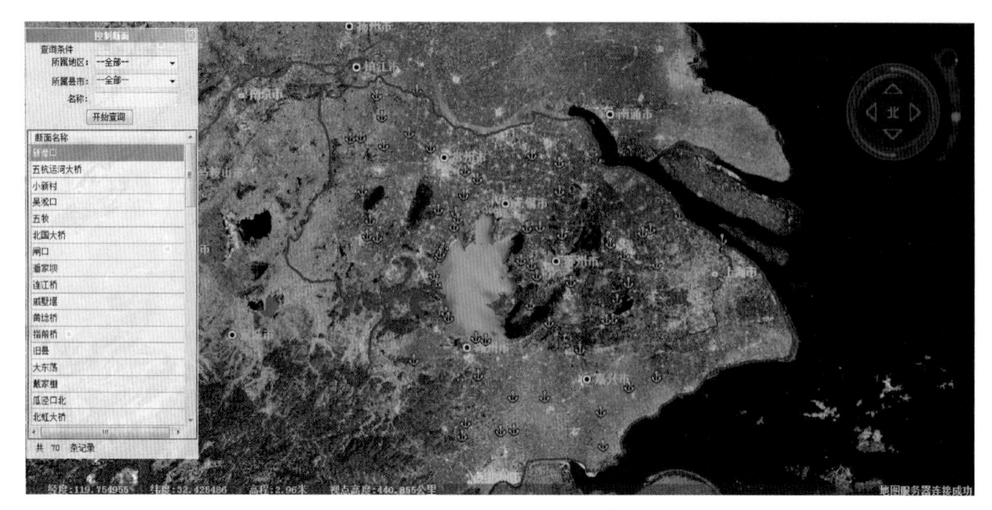

图 17-11 太湖流域控制断面分布

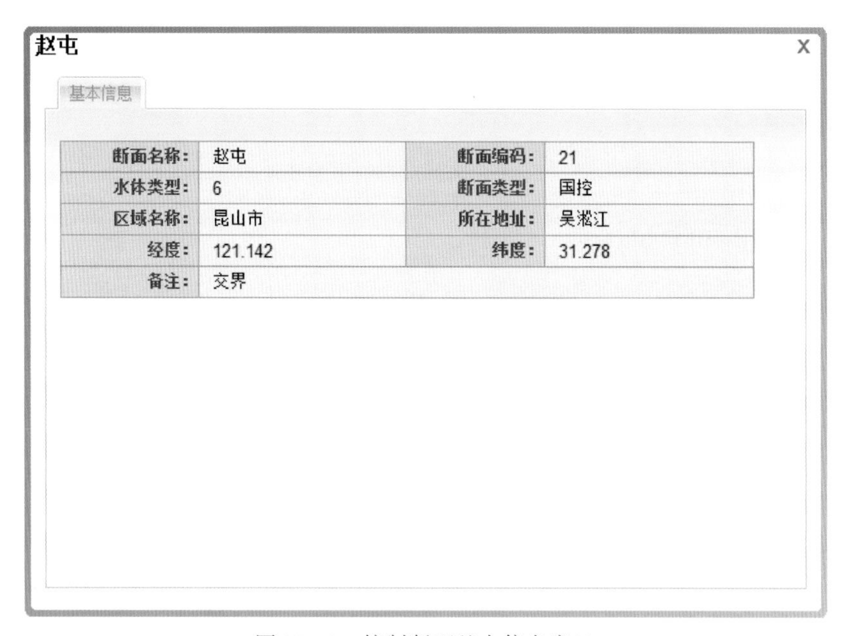

图 17-12 控制断面基本信息窗口

17.3.1.3 水环境风险评估系统

综合运用 GIS、网络和多媒体等最新技术手段，构建了包括太湖流域水质、水文、水资源和风险源等在内的水环境风险数据库，提供数据分析和检索功能，为水环境风险评估提供数据支持。在此基础上，应用水质和水生态预测技术，集成研发了流域风险源与流域

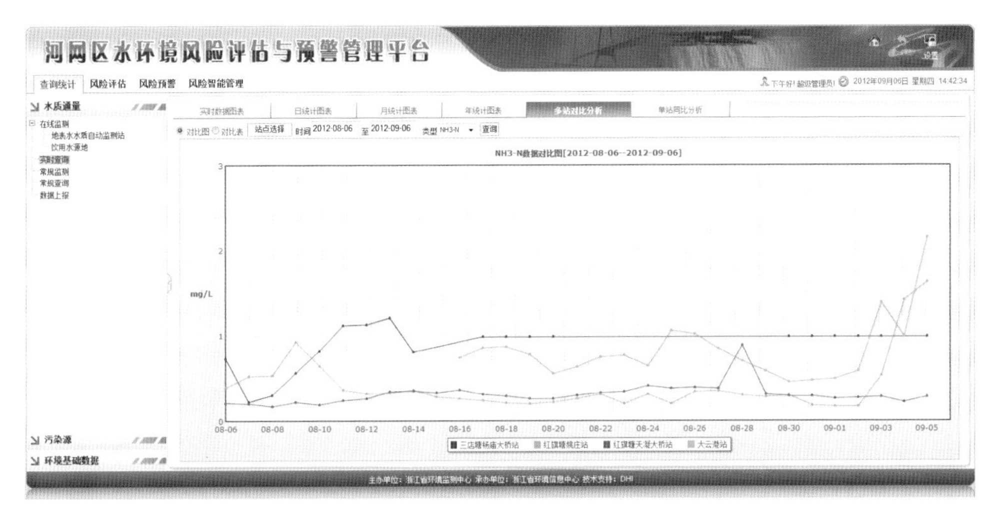

图 17-13　控制断面监测报表

风险敏感区动态识别技术，构建了太湖全流域水环境风险评估系统，为区域水环境风险源的自动化管理提供效率高和实用性强的运行环境。

基于系统集成耦合的点源风险评估模型，可实现对太湖全流域重点风险点源和跨界区风险等的动态评估（图 17-14 ~ 17-16）。

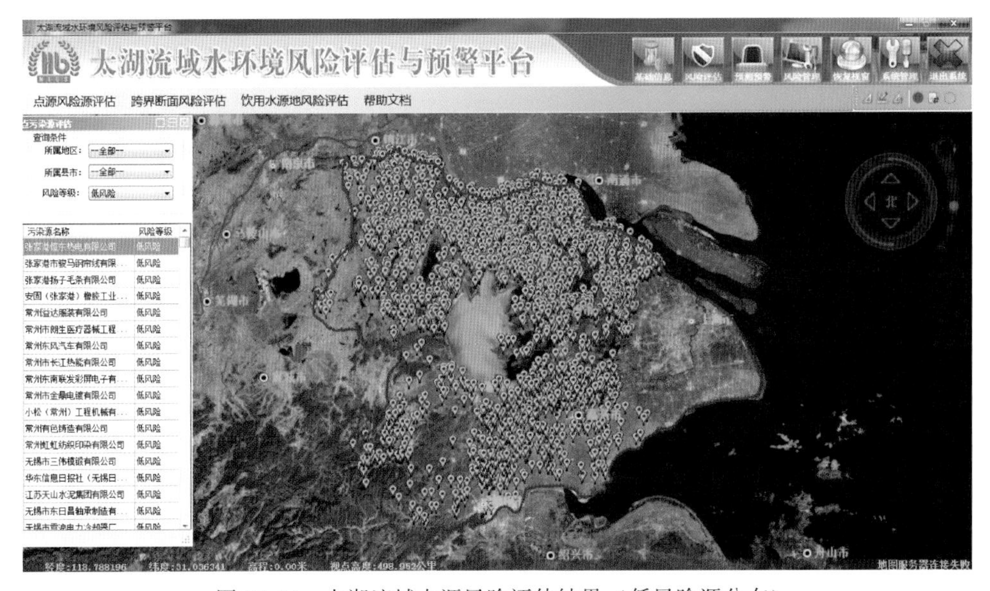

图 17-14　太湖流域点源风险评估结果（低风险源分布）

17.3.1.4　水环境风险预警系统

基于太湖流域河网模型、湖泊生态动力学模型、湖荡模型和面源污染模型进行系统耦合，构建起太湖流域不同尺度（全流域大尺度、重点区域局部尺度以及小流域小尺度）的风险预测预警模块，可对多种污染物的环境污染过程进行动态模拟；同时，在 GIS 平台上实现了风险预测和预警的自动化，可直观展示污染物的空间迁移扩散分布情况及风险发展

图 17-15　太湖流域跨界断面风险评估结果

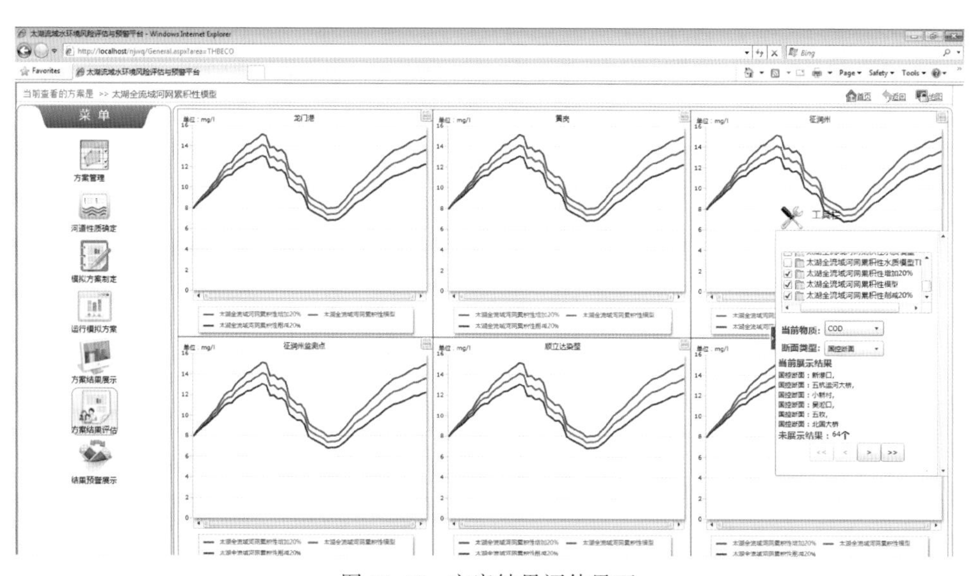

图 17-16　方案结果评估界面

态势（图 17-17），为决策者提供了完善及时的风险信息，为水环境风险管理提供了有力的技术支持。

（1）数据收集和模型准备（前处理）

技术人员应首先收集水污染事故发生现场信息，包括鉴别污染物质种类、标记事故发生位置和持续时间以及估算污染物泄漏量。接着，技术人员会查询污染物数据库，获得基本的模拟参数、风险标准和相应的应急反应措施。然后，技术人员应连接到水文自动监测站网下载实时水文气象数据，如气温、降水量、水位、流量和水库调度及泄流量信息。最后启动应急监测程序以追踪污染带的迁移过程，监测浓度和相应的水动力数据。

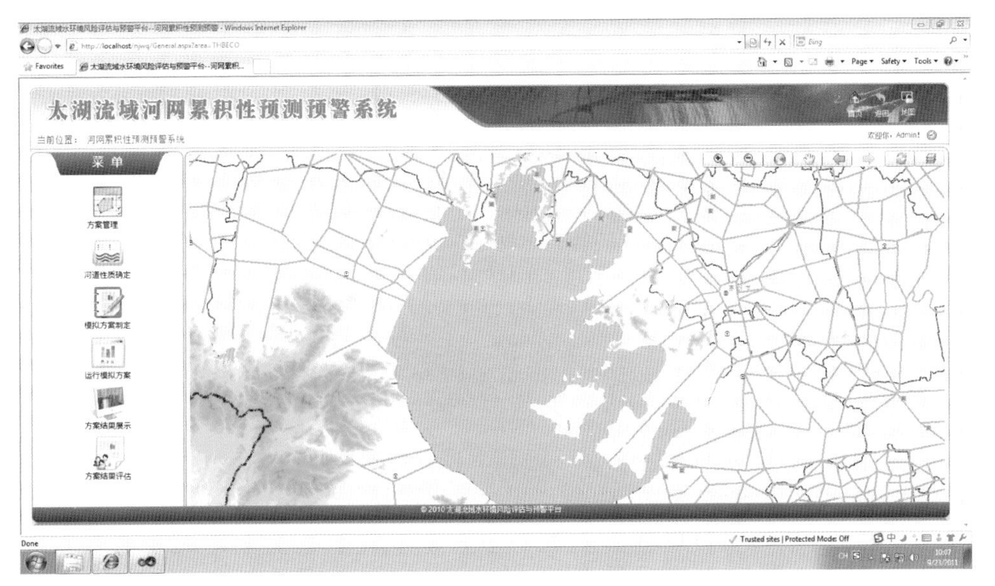

图 17-17　二维水质浓度分布的展示

(2) 事故模拟

系统根据不同的决策目标和可能获得的实时数据情况，提供了3种备选模拟方法。技术人员可以选择污染物质种类和模拟方法进行模拟。

采用第1种模拟方法可以对突发性水污染事故进行及时迅速的咨询和决策。决策者可以大致了解污染带的发生和迁移过程以及事故可能造成的后果。系统中存储了河网中完整的历史流量数据，制成河网中水动力状况的情景模板，分表代表典型丰水、平水和枯水季水动力条件。技术人员应提前准备好这些模板。当突发性水污染事故发生时，用户可以访问系统直接选择当前气象水动力条件对应的情景模板创建新的模型。用户也可以从实时数据库取得与当前气象水动力情形相似的一段时间的历史流量数据用以更新模型（图17-18）。

图 17-18　设置污染事故界面

(3) 应急响应方案模拟

系统把应急反应措施称为“方案”。用户可以访问系统创建一系列方案模拟。用户可以在用户界面设定水库调度方案，或在某一段河道修改污染物衰减系数以反应该河段的污染物治理清除状况。用户甚至可以通过快捷键打开 MIKE 引擎修改模型的任何设置。因此，用户可以及时比较和评价各应急反应措施（图 17-19）。

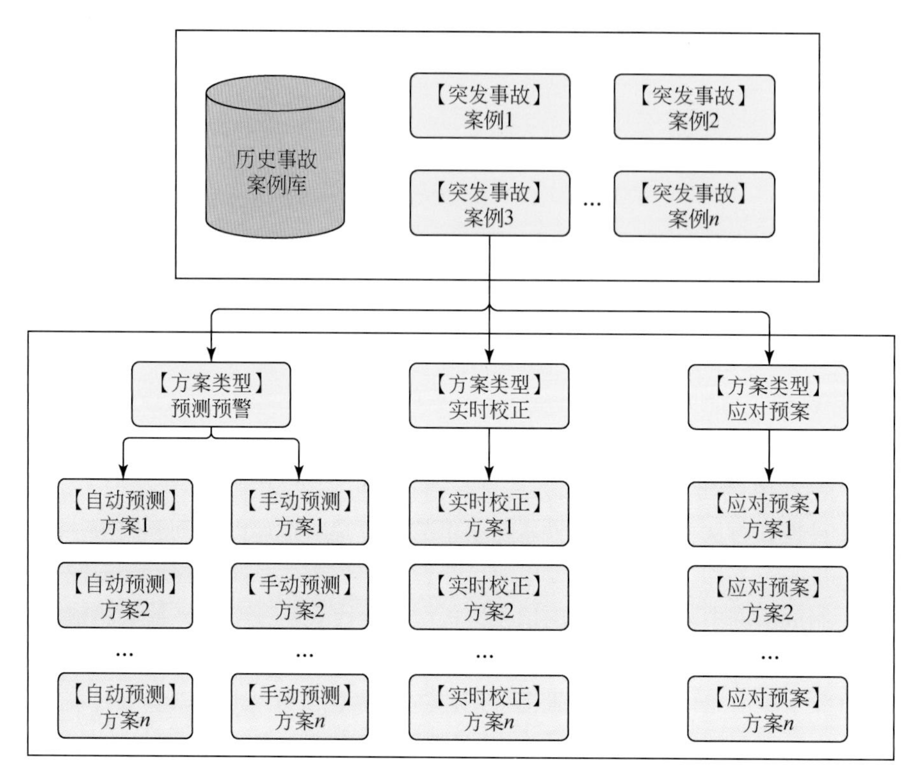

图 17-19　方案结构体系

(4) 可视化和信息发布（后处理）

在突发性水污染事故模拟和应急反应方案模拟后，在用户界面点击相应按钮可以产生描述模拟结果的动画过程。动画基于 GIS 地图展示于网页上。除了污染带的迁移过程，页面还会显示一些统计图表和预警信息。用户可以录制视频或编制污染带峰值浓度统计图表报告。这些报告通常关注一些重要地点，如取水口或省界等（图 17-20）。

系统会发布信息通知水污染事故发生地点下游的机构，并建议其应急响应措施和实施时间。他们可以访问网页获取具体的模拟结果展示、视频和预测报告。应急措施可以提前在部门间协调。

17.3.1.5　水环境应急响应系统

建立环境应急数据库是目前流域水环境风险应急指挥系统构建的一个重点，是系统运行的基础和核心，是整个系统较为关键的环节。环境应急数据库主要包括应急预案库、事故案例库、应急专家库和危险化学品库等。

图 17-20　GIS 地图上的污染团运移演示

应急预案指面对突发水环境事件的应急管理、指挥和救援计划等，它一般应建立在综合防灾规划上。其重要子系统包括：完善的应急组织管理指挥系统；强有力的应急工程救援保障体系；综合协调和应对自如的相互支持系统；充分备灾的保障供应体系；体现综合救援的应急队伍等。应急预案是一系列的文字规范和制度章程，需要根据数据库管理的要求进行整理。具体做法是对突发环境事件进行分类，对每一个类别划分事件的等级，根据事故的类别和等级调动不同的应急预案。预案主要规定了总指挥、副总指挥和各成员小组以及所有参与应急单位的分工和职责（图 17-21），使得针对具体的突发事件能够做到有的放矢、快而不乱和协调有序。

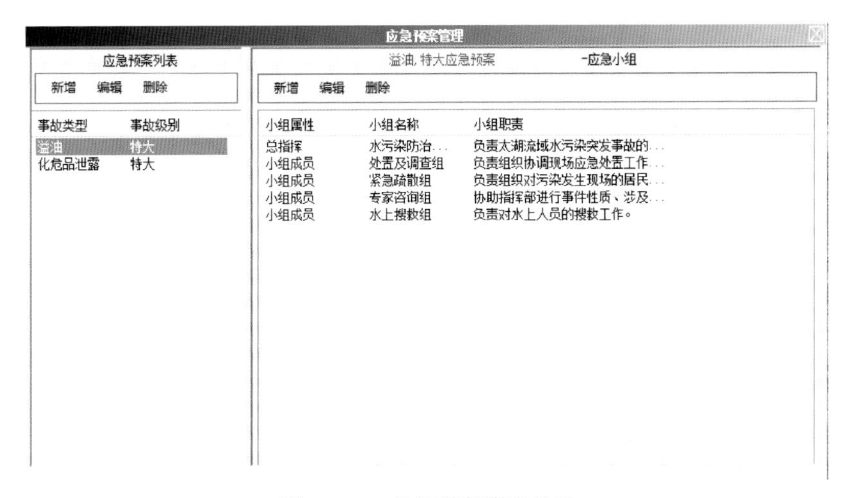

图 17-21　应急预案管理界面

事故案例库是历史上发生过的环境应急事故的备案，覆盖环境应急全生命周期中的各个环节，用结构化的方式记录了应急接警、事故上报、危化品泄漏模型分析预测结果、专家会商过程和会商结果、应急调度中各参与单位的职责和具体任务、参与单位到达现场以后的反馈记录及事故处理结束后的评价等（图 17-22）。案例库有助于历史环境应急事故的查询和统计分析；同时通过总结经验和教训，为环境应急事故的处理提供了可供参考的模块和解决方案。因此，事故案例库有很高的参考应用价值。

历史案例库

状态	事故	时间
已调度	装载苯酚...	7/10/2012 ...
已分析	装载苯酚...	7/18/2012 ...
已会商	油罐船相...	7/11/2012 ...
已评价	装载苯酚...	6/18/2012 ...
已评价	装载苯酚...	6/18/2012 ...
已评价	油罐船相...	6/18/2012 ...
已调度	装载苯酚...	6/26/2012 ...
已评价	装载苯酚...	6/26/2012 ...
已调度	装载苯酚...	6/27/2012 ...
已调度	装载苯酚...	7/9/2012 ...
已评价	装载苯酚...	7/10/2012 ...

图 17-22　事故历史案例库界面

建立环境应急专家库，组建专家组，确保在启动预警前和事件发生后相关环境专家能迅速到位，为指挥决策提供服务。建立环境应急数据库，建立健全各专业环境应急队伍，地区专业技术机构随时投入应急的后续支援和提供技术支援。专家库存储专家的基本信息和专业信息，主要包括专家姓名、性别、专业、职称、所属单位、联系方式和专家简介等信息。

危险化学品库存储了苯、液化气、汽油、甲醛、氨水、二氧化硫、硫化氢、农药和液氯等常见危险化学品的中文名称、英文名称、别名、性质、溶解性、稳定性和用途（图 17-23）。针对不同的危化品特性，应采取相适应的抢救措施。这种结构化的整理方案便于发生危化品泄漏或爆炸事故后及时搜索到相关危化品的物理和化学性质，为现场救助指挥提供第一手资料。

化危品库

中文名	英文名	别名	性质	溶解性	稳定性
二氯乙酸	Dichloroacet...	二氯醋酸	无色液体，有...	溶于水、乙醇...	稳定
二氯乙酸甲酯	methyl dichl...	二氯醋酸甲酯	无色液体，有...	微溶于水，溶...	稳定
乙硼烷	diborane; bo...	二硼烷	无色气体，有...	易溶于二硫化碳	稳定
二溴一氯甲烷	Dibromo-mono...	氯二溴甲烷	无色液体	难溶于水，溶...	
1，2-二溴乙烷	1，2-dibromo...	乙撑二溴	无色质重有甜...	微溶于水，可...	稳定
五氯化锑	Antimony pen...		黄棕色油状液...	溶于氯仿、四...	稳定
N，N-二乙基苯胺	N,N-diethyla...	二乙氨基苯	无色至黄色油...	溶于水，微溶...	稳定
(二)乙硫醚	diethyl sulfide	二乙基硫；二...	无色油状液体...	微溶于口，溶...	稳定
二亚乙基三胺	Diethylenetr...	二乙撑三胺；...	无色或黄色透...	溶于水、乙醇...	稳定
二乙烯酮	Diketene; Ac...	双乙烯酮；乙...	无色液体，有...	溶于水、多数...	稳定
二乙烯基醚	divinyl ethe...	乙烯基醚	无色液体，带...	不溶于水，可...	稳定
(二)乙硫醚	diethyl sulfide	二乙基硫；二...	无色油状液体...	微溶于口，溶...	稳定
乙酸异丙烯酯	Isopropenyl ...	醋酸异丙烯酯	无色、透明液体	可混溶于醇、...	稳定
乙酸异戊酯	isoamyl acet...	醋酸异戊酯；...	无色透明液体...	不溶于水，可...	稳定
N，N-二甲基...	N,N-Dimethyl...	二甲氨基环己烷	无色液体	微溶于水，可...	稳定
1，2-二甲基...	1,2-dimethyl...		无色液体	不溶于水，可...	稳定
1,1-二氟乙烷	1，1-difluor...	氟里昂-152	无色无臭气	不溶于水	稳定
二氟二溴甲烷	Difluorodibr...	二氟二溴甲烷	无色液体	不溶于水，溶...	稳定
甲硫醚	dimethyl sul...	二甲硫；二甲...	无色液体，有...	不溶于水，溶...	稳定

图 17-23　危险化学品库界面

太湖流域水环境风险评估与预测预警平台提供了突发性水环境事故应急演练的功能，能够模拟太湖流域突发性水污染事件的应急响应过程和处置流程，为开展突发性水环境事故应急处置的培训和演练提供信息平台，包括应急接警、预测预警、事故分析、应急调度和结果评价等功能（图 17-24）。

图 17-24　突发性水环境污染事件应急处置演练功能模块

系统在突发性污染事故应急处置中的应用基本流程如下。

（1）应急接警

环境事件应急决策支持功能面板上的“应急接警”按钮，弹出环境事故接警记录表单。环境事故接警记录表单要填写的信息包括事故的名称、类型、描述和位置及接警人姓名和接警时间（图 17-25）。

图 17-25　环境事故接警记录

点击环境事故接警记录中的“定位查看”按钮，系统可根据事故位置在三维地图窗口进行飞行定位操作，确定事故发生地并将事故地点用红色闪烁显示（图 17-26）。

图 17-26　污染事故发生地点定位

点击接警记录中的“化危品查看”按钮，弹出该化危品的基本信息窗口（图 17-27）。

异丙醇

基本信息

中文名：	异丙醇
英文名：	iso-Propyl alcohol；isopropanol；Dimethylcarbinol
别名：	二甲基甲醇
分子式：	C_3H_8O
熔点：	82.4
沸点：	-87.9
溶解性：	能与醇、醚、氯仿和水混溶。能溶解生物碱、橡胶、虫胶、松香、合成树脂等多种有机物和某些无机物，与水形成共沸物，不溶于盐溶液。
稳定性：	稳定
主要用途：	主要用于制药、化妆品、塑料、香料、涂料等。
健康危害：	接触高浓度蒸气出现头痛、倦睡、共济失调以及眼、鼻、喉刺激症状。口服可致恶心、呕吐、腹痛、腹泻、倦睡、昏迷甚至死亡。长期皮肤接触可致皮肤干燥、皲裂。
毒理学资料与环境行为：	急性毒性：LD505045mg/kg(大鼠经口)；12800mg/kg(兔经皮)；人吸入980mg/m×3～5分钟，眼鼻粘膜轻度刺激；人经口22.5ml头晕、面红，吸入2～3小时后头痛、恶心。
现场应急监测方法：	

图 17-27　化危品基本信息窗口

点击接警记录中的“确认”按钮，弹出“是否将警情上报给上级领导部门”的提示窗口；同时，环境事件应急决策支持面板中的“应急接警”按钮将会变为红色，表示对该环境事件已经接警。

点击警情上报提示框中的“确定”后，弹出环境事故上报窗口（图 17-28）。

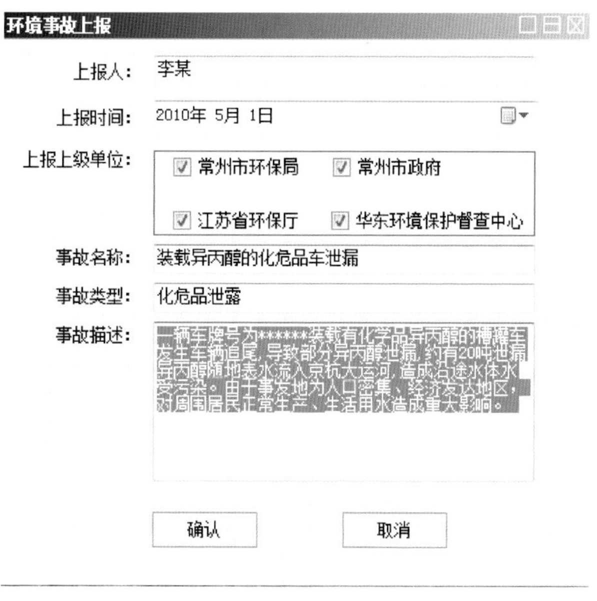

图 17-28　环境事故上报窗口

点击上报窗口中的“确认”后，环境事件应急决策支持面板中的“事故上报”按钮将会变为红色，表示对该环境事件已经上报。

（2）事故分析

点击环境事件应急决策支持面板上的“事故分析”按钮，弹出水质监测站分析窗口。点击该窗口上的“开始搜索最近监测站”按钮，将列表显示离事故地点最近的国控断面的最新监测数据；同时三维地图窗口飞行定位到该水质自测站所在的位置，水质自测站由图标变成三维模型显示（图 17-29）。

水质监测站分析

开始搜索最近监测站　　模型分析

最近监测站最新数据显示

最新时间	DO	COD	总磷	总氮
2010/1/25 0:00	2.80	7.61	0.69	
2010/3/12 0:00	3.20	9.63	0.30	
2010/4/8 0:00	3.16	3.73	0.66	5.20
2010/5/20 0:00	3.80	2.66	0.46	1.10
2010/6/21 0:00	3.63	2.58	0.26	3.10
2010/7/16 0:00	3.13			
2010/7/22 0:00		4.53	0.36	3.50
2010/8/21 0:00		1.97	0.15	2.40
2010/8/24 0:00	2.85			
2010/9/14 0:00	1.51			
2010/9/21 0:00		3.34	0.29	1.30
2010/10/21 0:00		2.54	0.28	4.70
2010/10/28 0:00	8.41			
2011/4/19 0:00	8.56			

分析完成

图 17-29　水质监测站分析窗口

点击水质监测站分析窗口中的“分析完成”按钮，环境事件应急决策支持面板中的事故分析按钮将会变为红色，表示对该环境事件已经分析完成。

（3）专家会商

点击环境事件应急决策支持面板上的“专家会商”按钮，弹出专家会商窗口。选择专家专业类别，点击“开始搜索”按钮，列表显示专家库里该领域的专家。选中提供支持决策的专家，在会商意见里填写专家意见。点击“意见提交”按钮，进行意见汇总。提交多位专家意见后，点击方案汇总按钮，弹出方案分析窗口。

点击方案分析窗口中的“断定标准”按钮，弹出太湖流域饮用水源突发污染事故等级判断标准窗口，进行事故等级勾选（图 17-30）。

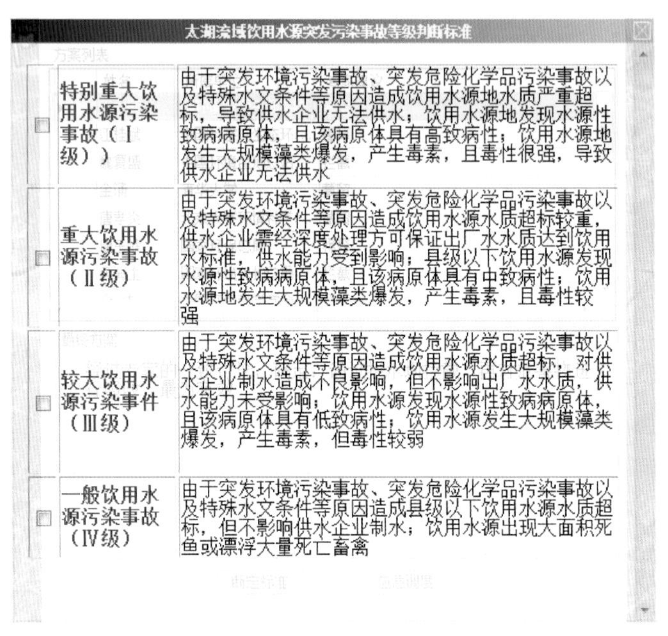

太湖流域饮用水源突发污染事故等级判断标准

	等级	判断标准
☐	特别重大饮用水源污染事故（Ⅰ级））	由于突发环境污染事故、突发危险化学品污染事故以及特殊水文条件等原因造成饮用水源地水质严重超标，导致供水企业无法供水；饮用水源地发现水源性致病病原体，且该病原体具有高致病性；饮用水源地发生大规模藻类爆发，产生毒素，且毒性很强，导致供水企业无法供水
☐	重大饮用水源污染事故（Ⅱ级）	由于突发环境污染事故、突发危险化学品污染事故以及特殊水文条件等原因造成饮用水源水质超标较重，供水企业需经深度处理方可保证出厂水水质达到饮用水标准，供水能力受到影响；县级以下饮用水源发现水源性致病病原体，且该病原体具有中致病性；饮用水源地发生大规模藻类爆发，产生毒素，且毒性较强
☐	较大饮用水源污染事件（Ⅲ级）	由于突发环境污染事故、突发危险化学品污染事故以及特殊水文条件等原因造成饮用水源水质超标，对供水企业制水造成不良影响，但不影响出厂水水质，供水能力未受影响；饮用水源发现水源性致病病原体，且该病原体具有低致病性；饮用水源发生大规模藻类爆发，产生毒素，但毒性较弱
☐	一般饮用水源污染事故（Ⅳ级）	由于突发环境污染事故、突发危险化学品污染事故以及特殊水文条件等原因造成县级以下饮用水源水质超标，但不影响供水企业制水；饮用水源出现大面积死鱼或漂浮大量死亡畜禽

图 17-30　太湖流域饮用水源突发污染事故等级判断标准窗口

（4）应急调度

事故分析完成后，可启动预案，进行预案调度。

点击事故分析面板上的“应急调度”按钮，环境事件应急决策支持面板中的“专家会商”按钮将会变为红色（图 17-24），表示对该环境事件已经会商完成；同时，弹出应急调度窗口。

应急调度面板中包括总指挥、副总指挥和各应急成员小组按钮。点击某成员小组按钮即弹出该成员小组的调度详情窗口，包括该小组成员的职责、单位的联系人及联系方式等信息。双击成员信息，将会弹出是否调度对话框。

成员单位调度成功后，会在调度列表里进行显示。

调度完所有单位后，点击应急调度面板上的“完成调度”按钮，环境事件应急决策支持面板中的应急调度按钮将会变为红色，表示对该环境事件已经调度完成。

（5）结果评价

应急调度结束后，点击环境事件应急决策支持面板上的“结果评价”按钮，选中相关领导，可记录其对此次环境事故的评价（图 17-31）。

评价完成以后，点击“完成评价”按钮，环境事件应急决策支持面板中的“结果评价”按钮将会变为红色，表示对该环境事件已经评价完成。

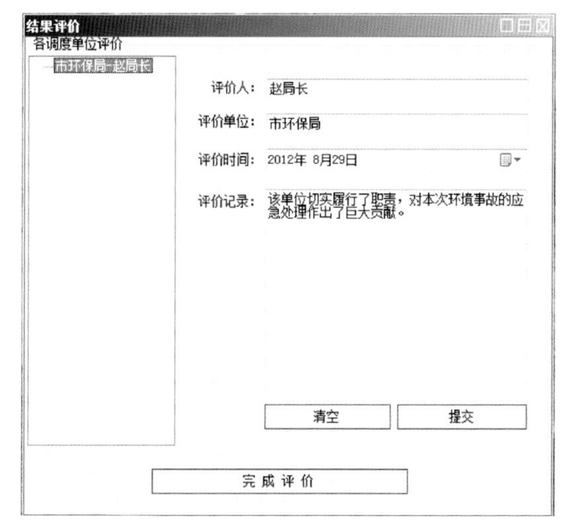

图 17-31　应急处置结果评价

（6）应急处置过程回顾

点击环境事件应急决策支持面板中的“详情查看”按钮，将会弹出该环境事件整个处理过程的详细信息（图 17-32），供管理部门作出评价。

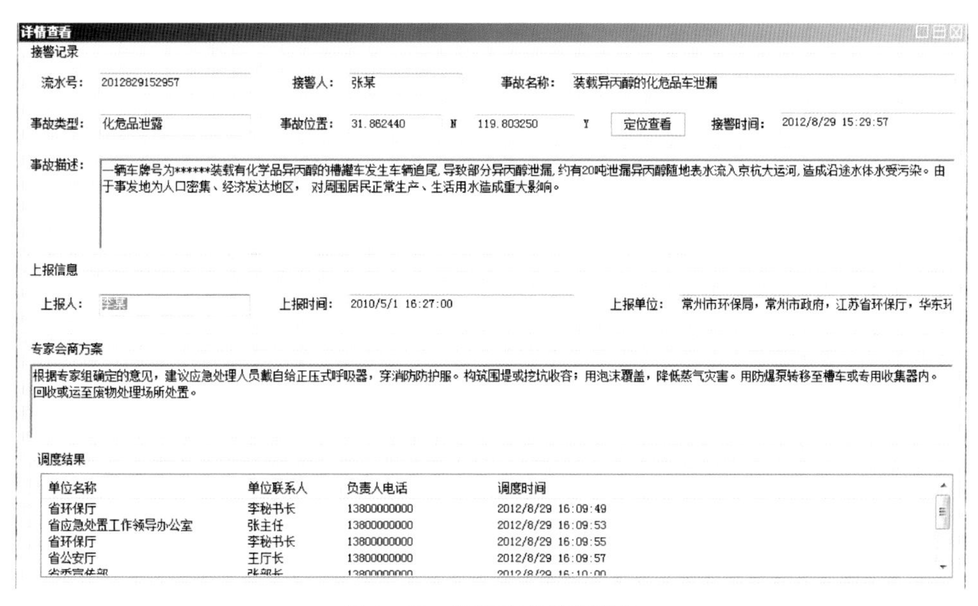

图 17-32　环境事件详细信息

17.3.2 太湖重污染区水环境风险评估预警平台

17.3.2.1 水环境质量管理系统

太湖重污染区水环境风险评估预警平台具备重污染区域水质和蓝藻水华实时监测能力。

水环境质量管理分为自动数据查询、遥感数据查询、手工数据查询和综合查询。

用户可获得监测断面实时上传的数据以及手工上传的遥感数据和各检测站的各项检测量的本地数据，并可根据日期的选择，选择相应指标查询相应的历史数据及变化曲线(图17-33)。

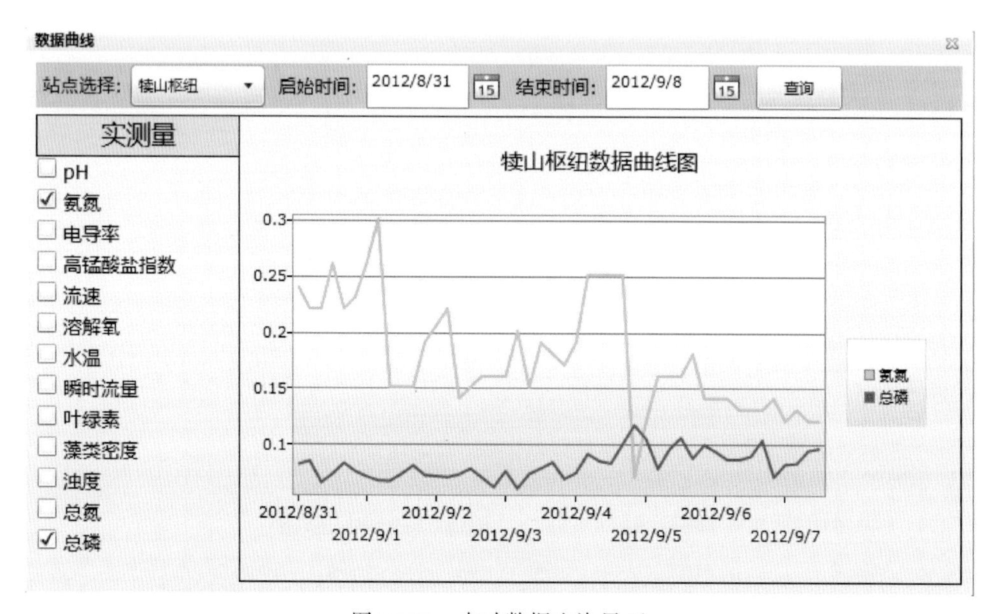

图17-33 自动数据查询界面

系统平台提供水环境质量和水污排放等相关标准及课题相关成果查询功能；可以通过系统平台直接点击查看，方便管理者和用户及时有效查阅相关资料。

17.3.2.2 水环境风险评估预警系统

根据梅梁湖水动力—水质一体化模型，通过各检测量数据值，对梅梁湖水质的7天变化做出预测，结合Web GIS专题图在平台上显示。

根据二维浅水动力-生耦合模型，通过各检测量数据值，对梅梁湖蓝藻生消进行及时预测，生成专题图。

系统可根据预警模型的预警阈值分别生成预警级别、特点及图例。

系统对实时监测数据，进行预警等级划分（趋势图中用不同颜色标注不同等级，白色为正常，黄色为不良状态，橙色为缓慢恶化，红色为迅速恶化）。选择不同的站点和日期范围，可查询特意时间段某个站点的数据曲线，并进行预警等级划分。

17.4 平台业务化运行

17.4.1 日常运行维护

17.4.1.1 太湖流域跨省界区累积性污染预测预警

(1) 预警阈值的确定

基于省界控制断面的污染源—水质响应关系，采用控制断面水质影响权重分析方法，根据本研究构建的影响各跨境控制断面水质的污染源所在区域（即断面水质影响区域）的计算体系，计算得出断面水质影响区域；在此基础上，整合所有断面水质影响区域，划分出影响省界控制断面水质的主要影响区域［称为控制区域，主要包括江苏的昆山市、太仓市和吴江市，浙江的湖州市（部分）、桐乡市、秀洲区、嘉善县和平湖市，上海的宝山县（部分）、嘉定区（部分）、青浦区（部分）、松江区（部分）和金山区（部分）］。根据建立的区域评估指标体系（3 级，15 个指标）对控制区域进行风险评估，确定风险度（表 17-3 ~ 表 17-5）。根据 2010 年调查数据，对跨省界 34 年断面的风险度进行了评估；将风险度与跨界断面近三年污染物平均通量进行组合，提出了太湖流域跨界区风险预警等级阈值，将其分别划分为高风险、中风险、低风险和极低风险，为流域跨界断面影响区域污染物通量风险预警提供了警情判定依据。

表 17-3 太湖流域跨界区水环境风险评估指标体系

指标		
一级指标	二级指标	因素
风险源	点源	主导行业
		污水排放量（m^3/d）
		污水水质复杂程度
		主导行业工艺水平
	面源	氮肥施用强度（kg/hm^2）
		磷肥施用强度（kg/hm^2）
		畜禽养殖数量（折算成猪，头）
		生活污水接管率（%）
水环境	控制断面	断面控制类别
		断面距离（km）
		断面水质（mg/L）
	河段	功能区划目标水质
	水量	流量（m^3/s）

表 17-4　太湖流域跨界区环境风险分级

综合评价值	$3.25<M\leqslant 4$	$2.5<M\leqslant 3.25$	$1.75<M\leqslant 2.5$	$1.0<M\leqslant 1.75$
跨界区风险等级	高风险区（Ⅰ级）	中风险区（Ⅱ级）	低风险区（Ⅲ级）	极低风险区（Ⅳ）

表 17-5　太湖流域跨界区风险预警等级阈值

交界断面水质影响区域（控制单元）的风险等级	COD 通量划分级别	预警级别
$3.25<M\leqslant 4$ 高风险区（Ⅰ级）	0～105	三级
	106～210	二级
	211～315	一级
	316～420	一级
$2.5<M\leqslant 3.25$ 中风险区（Ⅱ级）	0～105	四级
	106～210	三级
	211～315	二级
	316～420	一级
$1.75<M\leqslant 2.5$ 低风险区（Ⅲ级）	0～105	四级
	106～210	三级
	211～315	二级
	316～420	二级
$1.0<M\leqslant 1.75$ 极低风险区（Ⅳ级）	0～105	四级
	106～210	四级
	211～315	三级
	316～420	二级

（2）预警模型

通过太湖大尺度全流域风险预警模型（太湖流域一维河网模型），对 2010 年太湖流域 34 个跨省界断面的水质通量进行计算并输出结果。

（3）预警结果及系统展示

跨界区域内 2010 年太湖流域 34 个跨省界断面主要污染物通量统计见表 17-6。

表 17-6　2010 年太湖流域 34 个跨省界断面主要污染物通量统计（单位：kg/d）

序号	河流	断面名称	COD	氨氮	TP
1	浏河	娄陆大桥	22 669	3 126	353
2	盐铁塘	新星桥	2 713	311	3
3	吴淞江	吴淞港桥	60 633	6 039	222
4	大、小朱厍港	朱砂港大桥	40 231	4 597	388
5	急水港	周庄大桥	40 188	4 390	351

续表

序号	河流	断面名称	COD	氨氮	TP
6	千灯浦	千灯浦闸	16 613	1 809	151
7	太浦河	金泽	73 719	8 080	766
8	芦墟塘	陶庄枢纽	26 001	2 824	255
9	斜路港	章湾圩公路桥	18 994	1 635	153
10	南横塘	长村桥	4 391	361	29
11	长三港	文桥	25 838	1 956	133
12	大德塘	思源大桥	36 511	3 257	324
13	頔塘	南浔大桥	18 298	1 519	94
14	江南运河	北虹大桥	29 728	2 752	222
15	后市河	太平桥	42 067	3 468	363
16	双林港	双林桥	25 485	2 594	190
17	新塍塘北支	圣塘桥	15 580	1 163	004
18	新塍塘西支	洛东大桥	33 318	2 174	158
19	上塔庙港	乌桥	15 582	932	54
20	澜溪塘	卖鱼桥	27 552	1 392	67
21	鼓楼港	鼓楼桥	27 961	2 409	207
22	横泾港	太师桥	4 209	263	20
23	丁栅港	丁栅闸	33 558	3 739	378
24	大蒸塘	大蒸港桥	53 680	4 934	428
25	圵头港	大舜枢纽	41 037	4 556	455
26	枫泾塘	枫南大桥	31 286	2 371	204
27	清凉港	清凉大桥	83 155	6 806	598
28	嘉善塘	东海桥	22 204	1 660	137
29	黄姑塘	金丝娘桥	6 369	446	21
30	惠高泾	新风路桥	13 979	833	54
31	六里塘	六里塘桥	62 440	4 364	455
32	上海塘	青阳汇桥	172 462	12 315	988
33	俞汇塘	俞汇北大桥	11 595	1 145	120
34	太浦河	东蔡大桥	503 572	56 036	5 602

根据预测结果，结合风险模型及风险阈值，预警测站水质计算结果整合到系统中后，可在地图上直观的进行预警结果展示（图 17-34）。点击右上角的播放按钮，可以动态显示全年各站点的水质类别，并用不同颜色进行区分。通过日常的累积性污染预警结果展示，可以清晰准确地掌握跨界区水质变化情况。结合污染负荷数据，分析可能存在的水环境风险，提出合理有效的解决方案，为流域水环境管理提供基础。

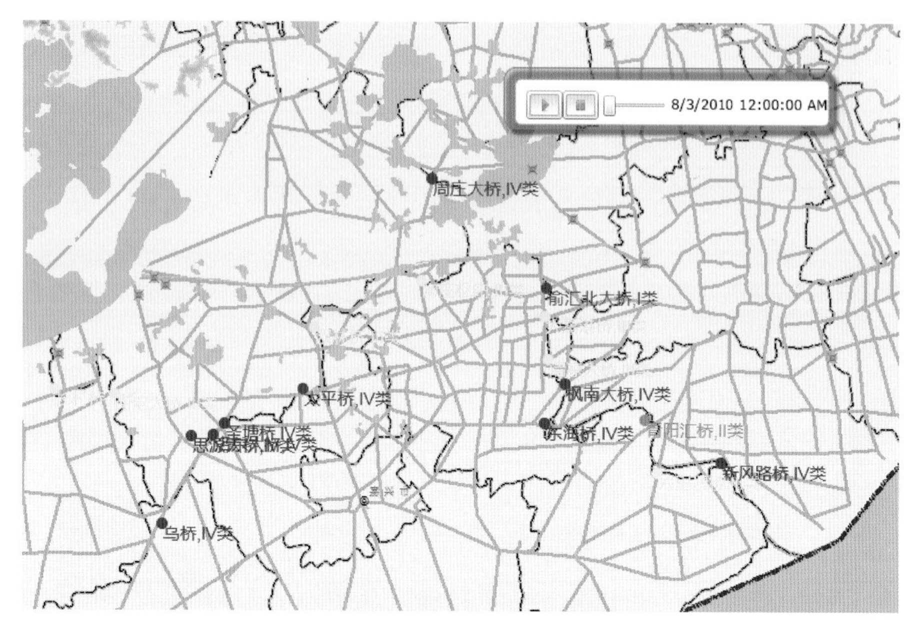

图 17-34　跨界区水质预警界面

17.4.1.2　梅梁湾水质预警及蓝藻水华预警预报

(1) 水质预警应用

1）背景情况。每年太湖进入枯水期（11 月至次年 3 月底）以后，由于水温开始下降，梅梁湖的蓝藻水华爆发频次明显减少，蓝藻水华出现大面积爆发的风险较小。同时，由于降水量减少，主要入湖河流水质相对较差，太湖水位偏低，湖体容量减少，藻类开始死亡，湖水中的污染物浓度时常升高，有可能影响到太湖主要饮用水源地水质。为确保太湖重污染区安全度过枯水期，根据江苏省政府加强枯水期太湖水污染防控保障供水安全工作现场会议精神及江苏省环保厅《关于进一步加强太湖流域枯水期水环境安全工作的紧急通知》（苏环办［2010］28 号）要求，沿湖及“引江济太”调水通道沿线相关市与县（市和区）环保部门启动了枯水期太湖流域水质应急监测工作；江苏省环境监测中心也利用太湖重污染区风险评估及预警平台对梅梁湖的水质状况进行预警，并选取 2011 年 12 月 23 日至 2012 年 3 月 28 日马山水厂水质自动站和梅梁湖水域所有自动站均值两组数据的实测值与预测值进行比较。

2）模型的演算。水质预报模型及相关算法已经在太湖重污染区水环境风险评估预警平台中实现，通过“水质模型”菜单，运行水质预报预警程序，结果如图 17-35 和图 17-36 所示。

图 17-35　水质模型运行结果

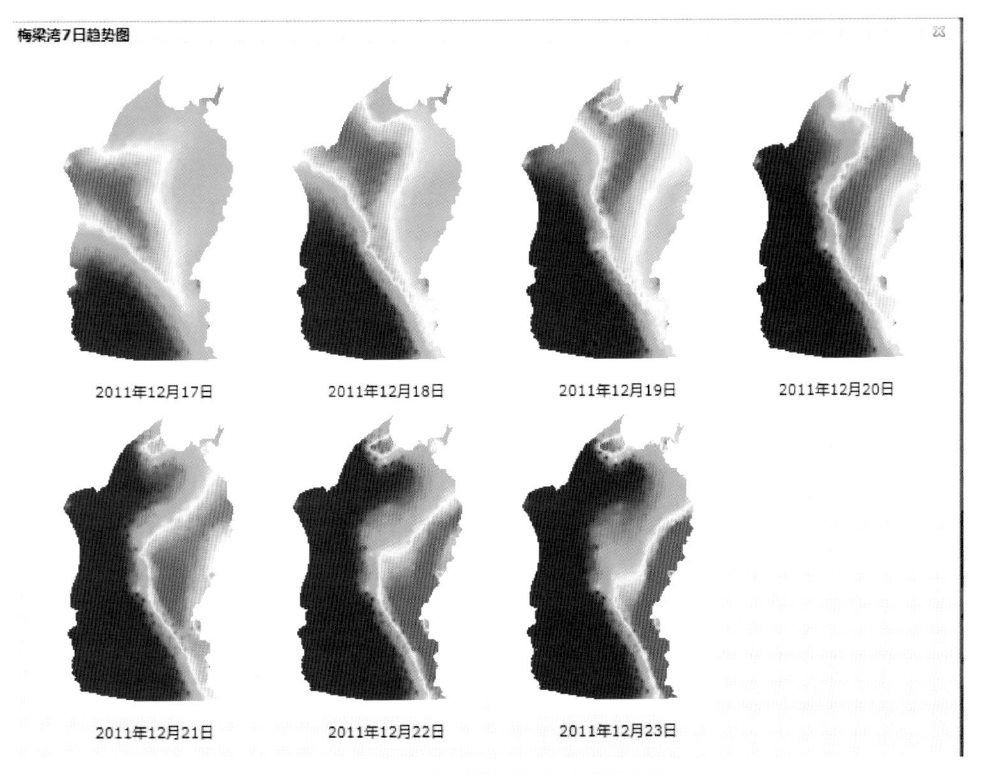

图 17-36　水质模型短期预报结果

3）预测结果。选取马山水厂水质自动站和梅梁湖水域在 2011 年 12 月 23 日至 2012 年 3 月 28 日预报值，并与随后的实测值比较分析，预报误差见表 17-7 和表 17-8。

表 17-7 马山水厂水质自动站水质预报与实测值误差分析

预报时间（年-月-日）	DO			高锰酸盐指数			氨氮			TN			TP		
	实测/(mg/L)	预报/(mg/L)	误差/%	实测/(mg/L)	预报/(mg/L)	误差/%	实测/(mg/L)	预报/(mg/L)	误差/%	实测/(mg/L)	预报/(mg/L)	误差/%	实测/(mg/L)	预报/(mg/L)	误差/%
2011-12-23	9.20	10.51	14.25	4.36	4.90	12.34	0.62	0.5	-18.94	4.20	4.42	5.24	0.037	0.045	20.86
2012-01-07	9.94	10.55	6.11	4.11	5.44	32.44	0.38	0.42	12.00	5.43	2.63	-51.55	0.055	0.053	-4.48
2012-01-11	9.78	10.41	6.49	4.05	3.51	-13.39	0.21	0.26	23.81	3.28	3.19	-2.71	0.043	0.046	7.18
2012-02-07	12.03	8.81	-26.75	4.41	5.70	29.27	0.21	0.34	64.52	3.61	3.1	-14.03	0.009	0.013	40.00
2012-02-10	12.29	8.68	-29.36	3.55	5.44	53.17	0.48	0.47	-1.05	3.58	3.11	-13.22	0.061	0.026	-57.38
2012-02-17	11.93	8.82	-26.05	5.34	5.39	1.01	0.25	0.22	-13.73	3.47	2.81	-19.03	0.060	0.035	-40.82
2012-02-22	11.25	8.79	-21.84	4.10	5.45	32.87	0.47	0.54	14.89	3.82	1.91	-49.99	0.035	0.035	2.43
2012-02-29	11.41	8.79	-22.97	3.89	5.34	37.36	0.49	0.39	-20.68	3.24	2.66	-17.84	0.042	0.036	-13.67
2012-03-03	11.27	8.74	-22.46	4.90	5.45	11.19	0.26	0.33	27.74	2.74	2.34	-14.61	0.036	0.027	-25.76
2012-03-07	11.38	9.21	-19.06	3.79	5.62	48.22	0.17	0.14	-17.65	2.07	3.28	58.14	0.025	0.032	28.40
2012-03-10	10.95	8.76	-19.99	4.70	5.38	14.54	0.29	0.21	-27.59	5.49	2.91	-47.03	0.045	0.027	-40.62
2012-03-22	7.94	9.56	20.45	3.70	3.99	7.96	0.31	0.39	26.83	5.70	3.36	-41.02	0.044	0.048	9.28
2012-03-24	10.06	9.82	-2.41	3.29	3.27	-0.73	0.31	0.55	80.33	3.68	3.27	-11.17	0.037	0.043	16.11
2012-03-28	10.06	9.65	-4.03	4.41	2.23	-49.44	0.23	0.21	-8.70	2.22	1.87	-15.86	0.049	0.028	-43.09
平均	10.68	9.36	17.30	4.19	4.79	27.27	0.33	0.36	25.60	3.75	2.92	25.82	0.041	0.035	16.81

表 17-8 梅梁湖水质预报与实测值误差分析

预报时间（年-月-日）	DO			高锰酸盐指数			氨氮			TN			TP		
	实测/(mg/L)	预报/(mg/L)	误差/%	实测/(mg/L)	预报/(mg/L)	误差/%	实测/(mg/L)	预报/(mg/L)	误差/%	实测/(mg/L)	预报/(mg/L)	误差/%	实测/(mg/L)	预报/(mg/L)	误差/%
2011-12-23	10.20	9.59	-5.97	4.48	5.19	15.79	0.42	0.45	7.98	4.03	3.52	-12.61	0.049	0.037	-25.59
2012-01-07	10.63	9.61	-9.61	4.57	5.60	22.41	0.46	0.39	-14.29	3.49	2.40	-31.30	0.051	0.046	-9.06
2012-01-11	10.40	9.54	-8.28	4.22	4.57	8.07	0.28	0.34	19.30	2.40	3.67	52.67	0.043	0.042	-2.65
2012-02-07	11.56	8.74	-24.46	4.65	5.47	17.50	0.35	0.41	16.83	3.04	3.18	4.53	0.027	0.022	-18.39
2012-02-10	11.88	8.62	-27.43	3.80	5.12	34.73	0.41	0.42	1.82	2.97	3.29	10.84	0.063	0.029	-55.06
2012-02-17	11.67	8.75	-25.04	4.27	5.05	18.20	0.28	0.34	20.35	3.01	2.99	-0.73	0.053	0.0307	-41.72
2012-02-22	8.88	9.33	5.05	4.24	5.34	25.93	0.37	0.485	31.67	2.52	1.98	-21.52	0.038	0.035	-9.27
2012-02-29	9.08	9.32	2.59	4.05	5.24	29.16	0.40	0.37	-8.07	2.53	2.79	9.87	0.046	0.035	-24.33
2012-03-03	8.92	9.20	3.16	4.55	5.35	17.59	0.31	0.425	39.34	2.57	2.46	-4.29	0.039	0.0314	-19.48
2012-03-07	8.93	9.45	5.75	3.91	5.40	37.97	0.22	0.335	50.56	2.69	3.31	22.70	0.035	0.0376	8.14
2012-03-10	8.88	9.00	1.24	4.45	5.49	23.31	0.32	0.27	-16.92	4.58	3.05	-33.53	0.048	0.034	-28.22
2012-03-22	7.40	9.46	27.83	4.07	2.00	-50.89	0.32	0.44	36.47	4.67	3.46	-25.96	0.036	0.052	43.77
2012-03-24	8.45	9.66	14.21	3.80	3.22	-15.46	0.31	0.52	69.57	4.01	3.33	-17.05	0.035	0.046	32.95
2012-03-28	8.71	9.73	11.68	4.40	2.39	-45.84	0.25	0.29	14.00	3.48	2.73	-21.48	0.042	0.040	-4.42
平均	9.69	9.28	28.08	4.25	4.67	22.08	0.34	0.39	34.86	3.28	3.01	51.73	0.040	0.040	27.48

①预警结果。根据预警平台预测结果，整个枯水期梅梁湖及马山水厂各主要水质指标均为正常状态，未达到预警阈值。梅梁湖枯水期期间水质保持平稳，这与实测结果基本一致。

②预测值与实测值误差。按水质预测模型所确定的允许相对误差评判标准，马山站和梅梁湖水域各污染物预报合格率见表 17-9。

表 17-9　预报合格率统计　　（单位:%）

项目	DO	高锰酸盐指数	氨氮	TN	TP
马山站	84.62	53.85	69.23	61.54	53.85
梅梁湖平均	84.62	61.54	69.23	76.92	53.85

可见，作为主要预警指标的 DO 预报合格率较高，达 84.62%；其余高锰酸盐指数、氨氮、TN 和 TP 预报合格率均偏低。分析其原因，主要有以下两点。

①太湖重污染区水环境风险评估预警平台系统于 2011 年 11 月下旬安装调试。系统测试运行初期，用于预报的基本数据不稳定或出现异常数据（极大或极小数）导致预报偏差。

②实际预报应用时，实时监测站点数较模型调参和验证阶段用的数据站点数少是导致预报合格率偏低的另一原因。

（2）蓝藻水华预警应用

1）背景情况。近年 4～10 月期间，由于气温、水文和气象等条件的综合作用，使得太湖蓝藻大量产生并向太湖北部湖区集聚，导致太湖重污染区梅梁湖水质下降，并威胁沙渚等水源地的供水安全。2007 年 5 月 28 日太湖蓝藻暴发引发无锡饮用水危机后，党中央、国务院、流域内各省政府均高度重视太湖水污染防治工作。江苏省政府在《防控太湖蓝藻暴发确保安全度夏实施方案》中明确提出由省市环保部门负责组织协调环境应急监测工作，会同水利、交通、卫生和气象等部门共同开展相关工作。江苏省环境监测中心作为太湖水污染及蓝藻监测预警工作协调小组的牵头单位，每年组织各成员单位开展夏季蓝藻监测预警工作；并从 2012 年起开始利用太湖重污染区水环境风险评估预警平台对梅梁湖的蓝藻水华发生情况开展预测工作，且利用实测数据对预测结果进行检验。

2）模型的演算。蓝藻生消模型及相关算法已经在太湖重污染区水环境风险评估预警平台系统中实现，通过“蓝藻模型”菜单，运行蓝藻预报预警程序（图 17-37 和图 17-38）。

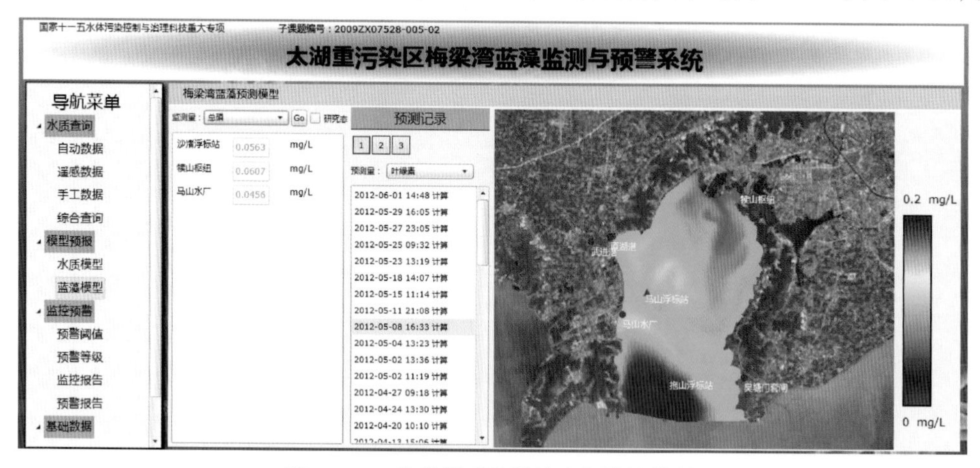

图 17-37　蓝藻模型数据输入与计算情况

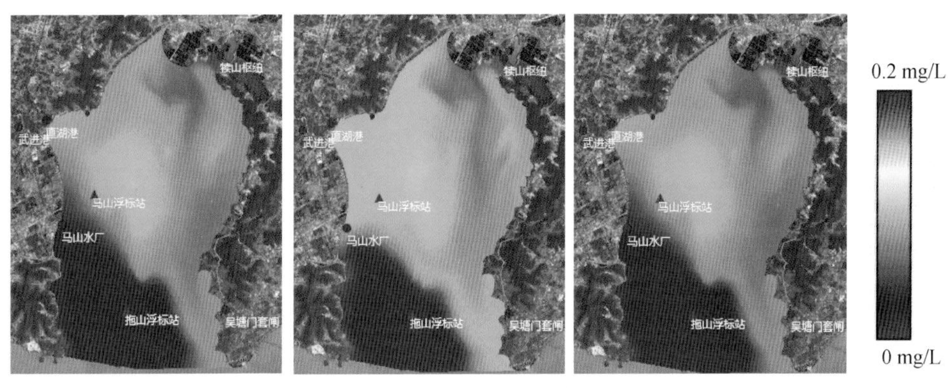

图 17-38　蓝藻模型演算结果

3）预警实例。2011 年 7 月 18 日，根据自动站和手工监测的实测数据，模型演算了 7 月 19～21 日梅梁湖蓝藻水华的发生概率和大致区域。从表 17-10 和图 17-39 可知，这 3 天梅梁湖发生水华的概率较高；水华主要集中在梅梁湖口至马山一带水域；马山水厂及拖山附近藻密度预计将在 5000 万个/L 以上，达到缓慢恶化预警级别，可建议启动二级响应。

表 17-10　梅梁湖蓝藻水华发生概率预报　（单位：%）

项目	7 月 19	7 月 20	7 月 21
预报藻华发生概率	61	78	72

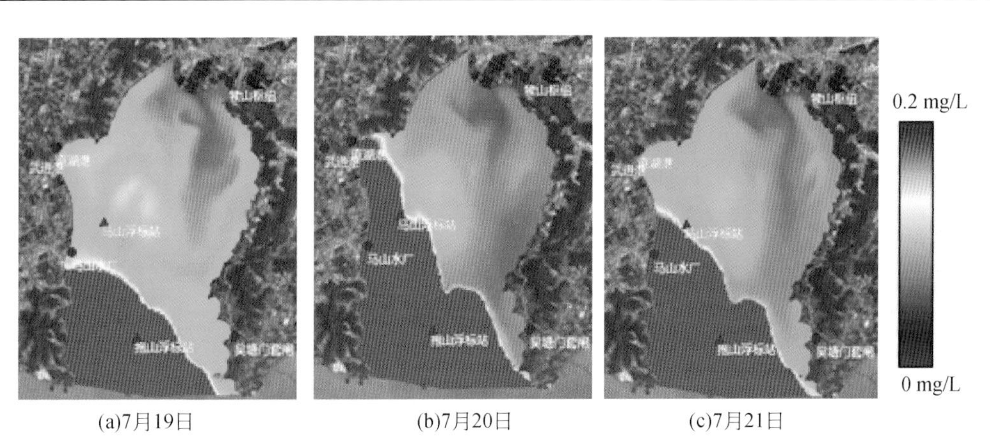

(a)7月19日　(b)7月20日　(c)7月21日

图 17-39　梅梁湖 72 小时叶绿素分布

太湖卫星遥感结果显示图 17-40，7 月 19～20 日梅梁湖口至马山一带发现大面积蓝藻聚集现象，与预测结果一致；截至 7 月 21 日，梅梁湖未发现蓝藻聚集现象。根据预警方案，梅梁湖 7 月 21 日已恢复正常状态，建议终止应急响应。

7 月 19 日根据预警结果，江苏省立即启动了二级响应程序，通知无锡市环境监测中心站开展加密监测工作，将每周 1 次的人工巡测加密至 1 天 1 次，且加强对附近水域的自动监测数据和蓝藻视频图像的监控；同时联系相关部门准备开展蓝藻打捞工作。21 日，梅梁湖聚集的蓝藻基本消散，预警信号解除，同时终止应急响应。

结果表明，太湖重污染区水环境风险评估预警平台的预测结果与实测结果基本一致，

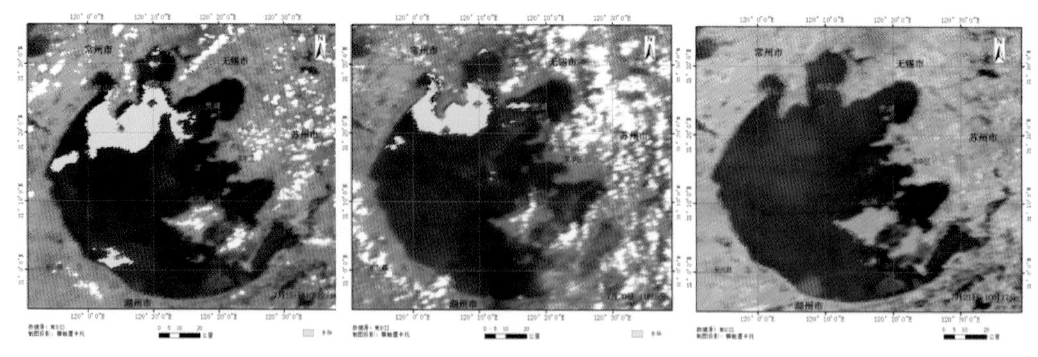

图 17-40 2012 年 7 月 19 ~ 21 日太湖区域卫星遥感影像

蓝藻水华的聚集区域和时间基本吻合；为梅梁湖蓝藻的应急监测与处置工作赢得了宝贵时间，为太湖蓝藻监控预警工作提供了有力支撑。

17.4.1.3 嘉善河网区污染物通量估算与风险监控

河网区累积性水环境风险预警主要基于示范区河网模型模拟、累积性风险评估、地表水水量与水质自动监控系统、饮用水源在线监控系统、地理信息系统和水污染总量控制系统等，在时间上和空间上对水环境污染累积性影响进行风险预警。

河网区累积性水环境风险预警的整体思路：确立示范区边界断面（表 17-11）为目标，运用累积性风险评估方法分析区域内 121 个子流域对每个边界断面的累积性风险等级，关注出现高风险和中风险频次较高的计算子流域情况；边界断面实时模拟水质超过多年水质平均值 2 倍的情况下，查看入境通量是否超过该时期历史实测平均值（丰水期、平水期和枯水期的日均入境通量限值见表 17-12），超过即进行报警；结合示范区内外污染源影响权重分析和示范区敏感目标内部计算子流域影响权重分析，确定水质超限且入境通量也超限的情况下模拟预案考虑削减示范区外部污染源，水质超限而入境通量不超限的情况下模拟预案考虑削减示范区内部影响边界断面的计算子流域的污染源，为接下来的水环境风险管理提供预警分析及预案研究。

表 17-11 示范区出入境断面信息

项目 \ 断面名称		油车港	杨庙大桥	七星	大云柏树桥	民主水文站	清凉港	枫南大桥	红旗塘大坝	池家水文站
数据库中的编号		17	18	19	20	8	16	5	3	2
类型		入境市控	入境市控	入境市控	入境市控	入境省控	出境市控	出境国控	出境国控	出境省控
Mike 概化河网中的位置	河段编号	633	607 ~ 610	611 ~ 612	717 ~ 720	595 ~ 600	655 ~ 661	669 ~ 670	635 ~ 641	622 ~ 626
	里程数/m	0	6 566	7 051	10 600	4 638	12 607	6 738	11 064	5 271
水功能区划		红旗塘嘉善工业和渔业用水区	三店塘嘉兴工业用水区	嘉善塘嘉善农业用水区	伍子塘嘉兴工业用水区	芦墟塘苏浙缓冲区	清凉港浙沪缓冲区	枫泾塘嘉善农业用水区	红旗塘浙沪缓冲区	俞汇塘浙沪缓冲区

续表

项目 \ 断面名称		油车港	杨庙大桥	七星	大云柏树桥	民主水文站	清凉港	枫南大桥	红旗塘大坝	池家水文站
功能区划目标水质		Ⅲ	Ⅲ	Ⅲ	Ⅲ	Ⅲ	Ⅲ	Ⅲ	Ⅲ	Ⅲ
断面常规监测水质2007~2009年平均值/(mg/g)	COD	26.28	25.57	25.29	24.98*	22.23	24.98*	29.91 (27.39)	24.11 (24.68)	21.49 (20.41)
	氨氮	1.05	1.49	2.24	1.50*	0.77	1.50*	3.05 (3.45)	1.14 (0.86)	0.73 (0.54)
	TN	1.76	2.27	2.25	2.35*	1.31	2.35*	4.60	2.19	2.09
	TP	0.26	0.45	0.37	0.30*	0.14	0.30*	0.41 (0.44)	0.22 (0.24)	0.23 (0.23)
断面水质预警限值/(mg/L)	COD	52.56	51.14	50.58	49.96	44.46	49.96	59.82 (54.78)	48.22 (49.36)	42.98 (40.82)
	氨氮	2.10	2.98	4.48	3.00	1.54	3.00	6.10 (6.90)	2.28 (1.72)	1.46 (1.08)
	TN	3.52	4.54	4.50	4.70	2.62	4.70	9.20	4.38	4.18
	TP	0.52	0.90	0.74	0.60	0.28	0.60	0.82 (0.88)	0.44 (0.48)	0.46 (0.46)

注：括号中为2000~2011年水质多年平均值及对应的水质预警限值。

*大云柏树桥和清凉港缺资料，用嘉善县2007~2009年多个边界断面常规监测水质平均值替代。

表17-12　示范区丰水期、平水期和枯水期入境通量日均限值结果　（单位：t/d）

项目	COD	氨氮	TP	TN
丰水期（5~9月）	211.27	10.57	2.1	10.57
平水期（3月、4月、10月和11月）	161.27	8.07	1.6	8.07
枯水期（12月、1月和2月）	143.87	7.17	1.43	7.17

本次平台累积性通量风险预警以红旗塘大坝（红旗塘姚庄站）为例来说明。

（1）氨氮

查看红旗塘姚庄站实时监测数据，从2009年2月23日至2009年3月20日，该站在线监测水质指标中氨氮持续超标（大于1.0mg/L）。其中，2月27日至3月1日，氨氮浓度持续超过其水质预警限值，如图17-41所示；查看该时间段内红旗塘大坝的水流方向基本为出境，计算其氨氮出入境通量值，可以得到入境通量基本无变化，逐日出境通量值见表17-13。如果要让红旗塘大坝氨氮水质达标，需要分析示范区内部污染源的氨氮排放情况并进行削减。

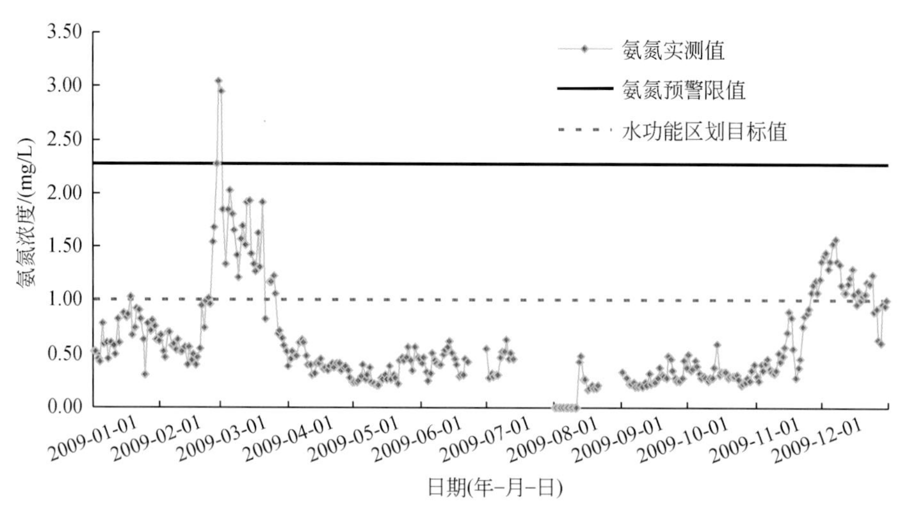

图 17-41 红旗塘大坝2009 年逐日实测水质变化（氨氮）

表 17-13 2009 年 2 月 26 日至 3 月 2 日红旗塘大坝氨氮的在线监测结果与出境通量结果

项目 \ 日期（年-月-日）	2009-02-26	2009-02-27	2009-02-28	2009-03-01	2009-03-02
氨氮/(mg/L)	1. 68	2. 27	3. 04	2. 95	1. 84
通量/(kg/d)	36. 29	49. 03	44. 65	81. 56	47. 69

结合累积性风险分析结果和内部计算子流域影响权重分析，可以初步筛选出影响红旗塘大坝氨氮超标有关的计算子流域，使得削减更有针对性。区域内 121 个计算子流域在红旗塘大坝氨氮超过水质预警限值的时间段内，对红旗塘大坝的累积性风险影响等级结果如图 17-42 和图 17-43 所示，对该断面累积性风险影响等级为高风险的计算子流域为 69# 和 3#。在上述分析的基础上，可以考虑模拟内部高风险等级计算子流域削减氨氮排放的方案，建立预案进行分析，为实际管理提供参考方案。

图 17-42 2009 年 2 月 27 日 121 个计算子流域对红旗塘大坝的累积性风险等级示意（氨氮）

图 17-43 2009 年 3 月 1 日 121 个计算子流域对红旗塘大坝的累积性风险等级示意（氨氮）

（2）TN

查看红旗塘姚庄站 2009 年 TN 逐日实时监测数据，该站 TN 在线监测水质基本全年超标（大于 1.0mg/L）。其中，1 月 15～21 日、2 月 28 日至 3 月 6 日、12 月 5～10 日、12 月 12～27 日和 12 月 29～31 日，TN 浓度持续超过其水质预警限值，如图 17-44 所示。选择分析 2 月 28 日至 3 月 6 日时间段通量。该时间段内红旗塘大坝的水流方向基本为出境。计算其 TN 出入境通量值，可以得到入境通量基本无变化，逐日出境通量值见表 17-14。如果要让红旗塘大坝 TN 水质达标，需要分析示范区内部污染源的 TN 排放情况并进行削减。

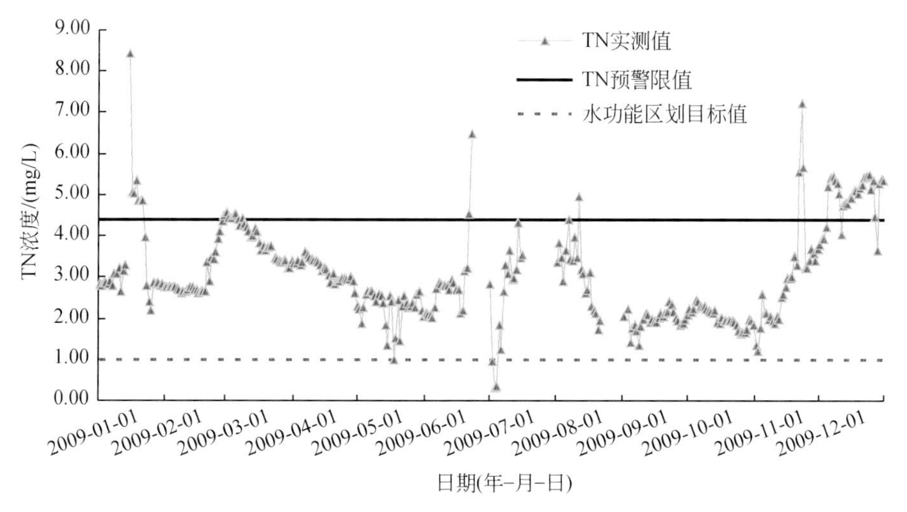

图 17-44 红旗塘大坝 2009 年逐日实测水质变化（TN）

表 17-14　2009 年 2 月 28 日至 3 月 8 日红旗塘大坝 TN 的在线监测结果与出境通量结果

项目 \ 日期（年-月-日）	2009-02-28	2009-03-01	2009-03-02	2009-03-03	2009-03-04	2009-03-05	2009-03-06	2009-03-08
TN/(mg/L)	4.49	4.57	4.42	4.44	4.49	4.54	4.39	4.42
通量/(kg/d)	65.95	126.25	114.57	122.76	116.28	109.83	91.03	99.29

结合累积性风险分析结果和内部计算子流域影响权重分析，可以初步筛选出影响红旗塘大坝 TN 超标有关的计算子流域，使得削减更有针对性。区域内 121 个计算子流域在红旗塘大坝 TN 超过水质预警限值的时间段内，对红旗塘大坝的累积性风险影响等级结果见图 17-45 和图 17-46；从图上我们可以直观地看出，对该断面累积性风险影响等级为高风险的计算子流域为 3#、29#、30#、32#、62#、69# 和 74#。在上述分析的基础上，可以考虑模拟内部高风险等级计算子流域削减 TN 排放的方案，建立预案进行分析，为实际管理提供参考方案。

图 17-45　2009 年 2 月 28 日 121 个计算子流域对红旗塘大坝的累积性风险等级示意（TN）

（3）TP

统计红旗塘姚庄站 2009 年 TP 逐日实时监测数据（图 17-47）。该站 TP 在线监测水质全年大约 2/3 的天数超标（大于 1.0mg/L），但基本不超过其水质预警限值。

图 17-46　2009 年 3 月 20 日 121 个计算子流域对红旗塘大坝的累积性风险等级示意（TN）

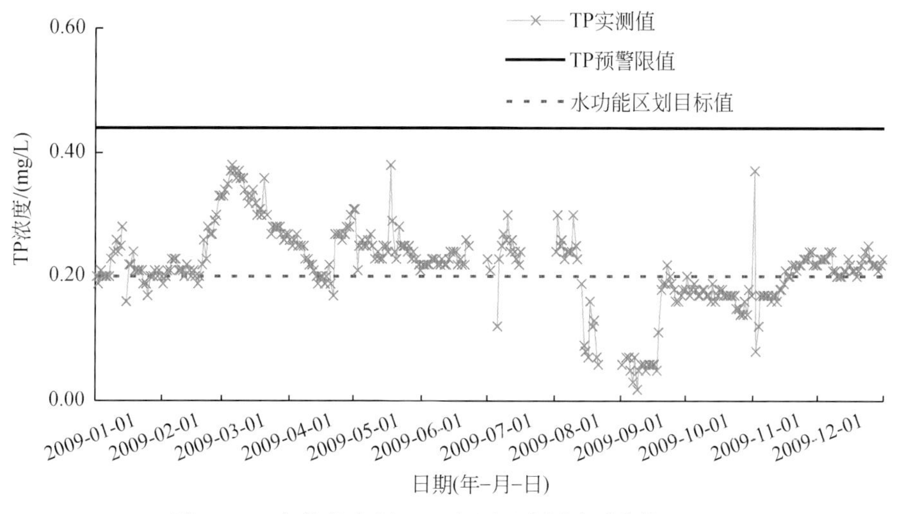

图 17-47　红旗塘大坝 2009 年逐日实测水质变化（TP）

案例 1

淀山湖红先河倾废事故预警

1. 事故背景

2011 年 1 月以来，松江区环保局陆续接到叶榭镇政府及红先河用水单位反映，红先河水质出现异常，河水不能灌溉和作其他用途。松江区环保局感到问题的严重性，在排除沿岸企业偷排的情况下，与叶榭镇政府商定，拟采取守候伏击的措施，一定要抓到废水偷倒者。在公安部门的协助下，2011 年 3 月 27 日 19 时左右，守候数周的联防队员在叶兴路红先河南约100m处抓到了废水偷倒行为。松江区环保局接报后，立即启动应急预案，在局主要领导的带领下环境监察和监测人员迅速赶到事故现场。经查实，偷倒者用槽罐车将工业废液倒入雨水井。至发现槽罐车，已有8t废液进入雨水井，槽罐车内废液和雨水井内废水均呈墨绿色。区监测站环境监测人员随即对车内废液和雨水井内废水进行了采样分析。

2011年3月28日16时34分到18时20分，区监测站进行了后续监测。事发雨水井排口位于北侧约100m的红先河；红先河东连叶榭塘，西连南泖泾河。监测人员根据情况在事发附近水域进行了布点采样分析。

经了解，该槽罐车已多次在红先河叶兴路和叶旺路附近倾倒工业废液，自2011年1月以来共倾倒废液不少于10次，每次为5～9t。

2. 事故风险评估和预警

上海市环境科学研究院应上海市环保局要求，利用湖荡区水源地突发事故预警预报系统的重金属模块对红先河水质污染事件进行了模型反演分析。倾废事故反演结果表明，利用所建重金属模型进行倾废事故反演的污染物浓度与3月28日下午重金属实测浓度非常吻合，水质模型较好地反演了倾废事故对红先河等河道的污染范围和程度（图17-4-1～图17-4-3）。从而也佐证红先河水质污染事件确实由该雨水井倾废排污造成。

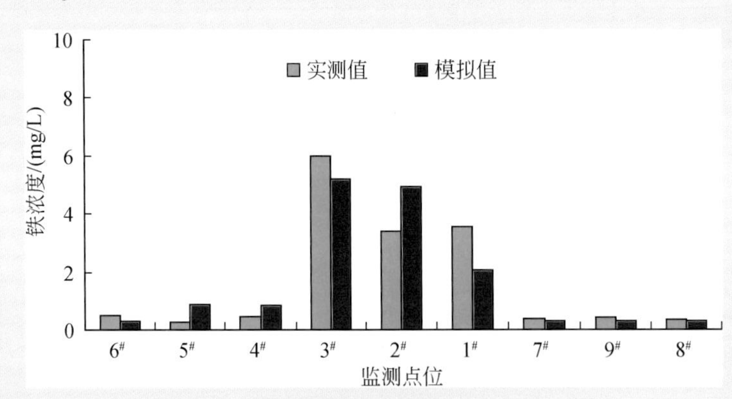

图17-4-1　重金属铁模拟结果和实测结果比较

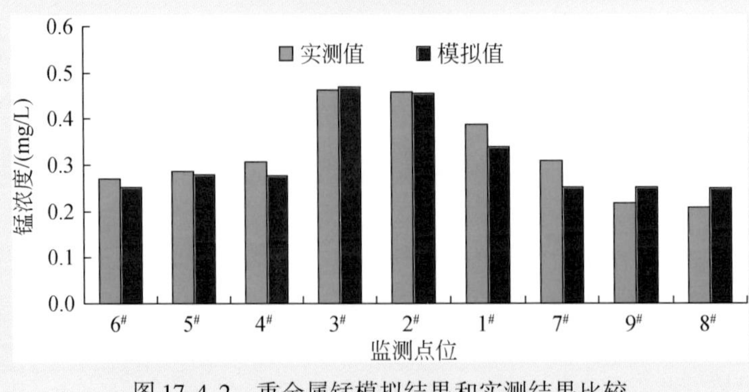

图17-4-2　重金属锰模拟结果和实测结果比较

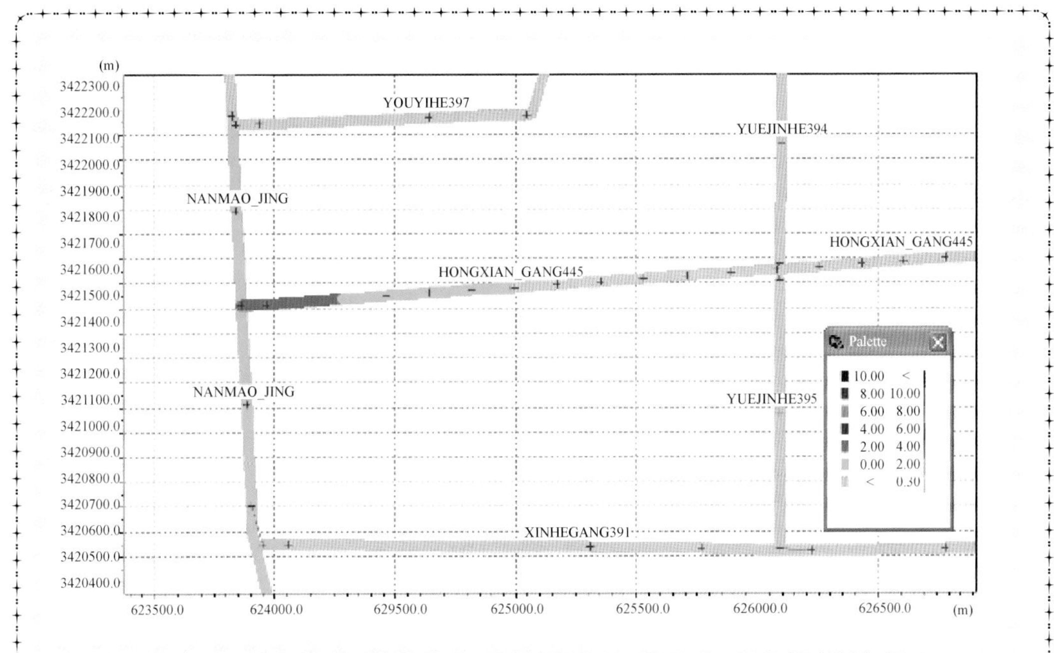

图 17-4-3　铁（溶解性铁）污染物浓度分布图（3 月 28 日下午水质采样时段）

根据水质模型的反演结果，给出了事故在附近河网造成的主要污染物浓度最大浓度增量包络图（为节约篇幅仅给出主要超标污染物结果图，图 17-4-4～图 17-4-6）。从水质模型反演的事故排放最大浓度增量包络图可知，事故倾废的主要超标污染物是铁、COD_{Cr}和锰。铁超标最为严重，影响范围主要包括红先河（跃进河和南泖泾之间河段，大约 2km）、南泖泾（东风港和新河港之间河段，约 2.2km）和跃进河（民立河和新河港之间部分河段，约 1.7km）。其中，红先河西部河段污染严重，铁浓度增量

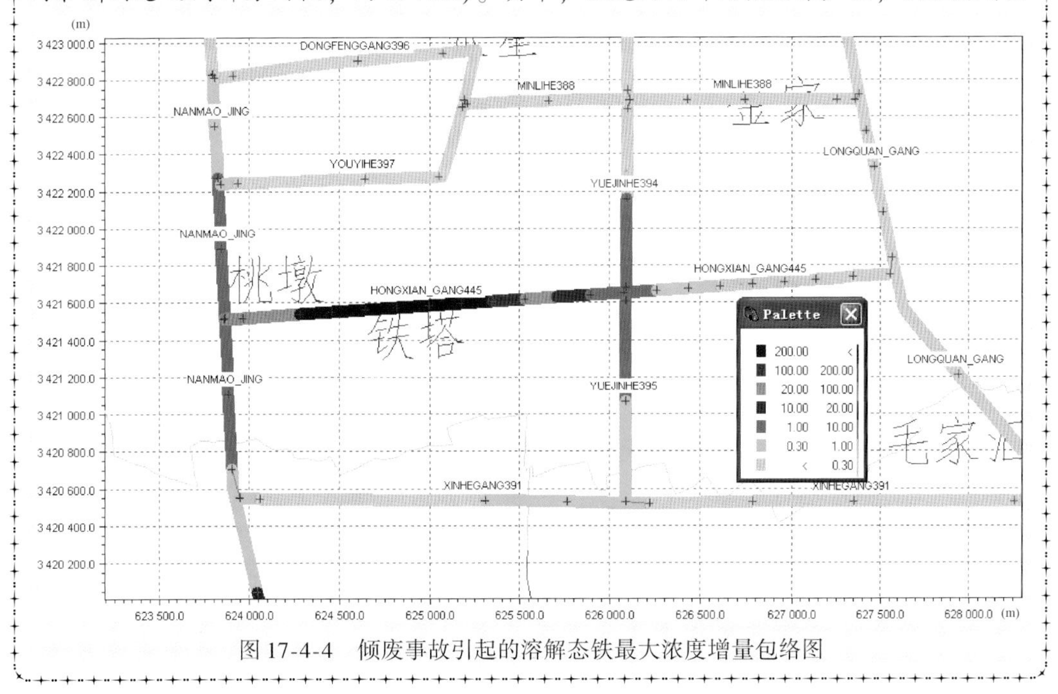

图 17-4-4　倾废事故引起的溶解态铁最大浓度增量包络图

大于10mg/L，最高浓度达400～500mg/L，大大超过地表水环境质量中的饮用水水源地标准限值（0.3mg/L）；南泖泾（友谊河至新河港之间）的部分河段和跃进河部分河段也受到污染，铁浓度增量为1.0～10mg/L；另外，南泖泾、红先河、跃进河和新河港还有部分河段也超过0.3mg/L，与附近河道铁的本底浓度（0.3～0.4mg/L）相比，事故引起的铁浓度的相对增量也高达60%～100%。

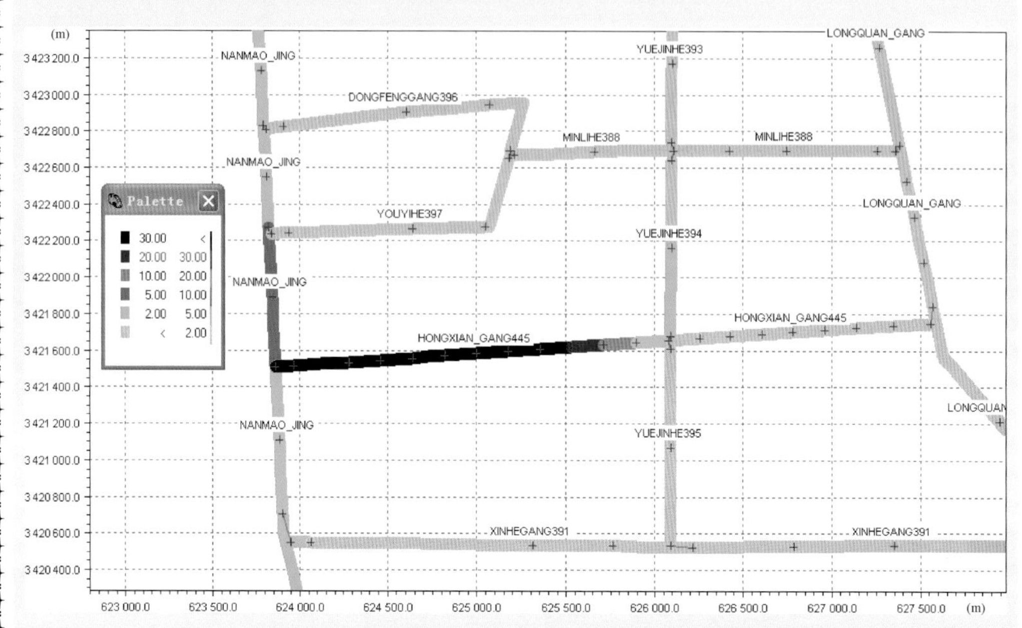

图17-4-5 倾废事故引起的COD_{Cr}浓度增量最大包络图

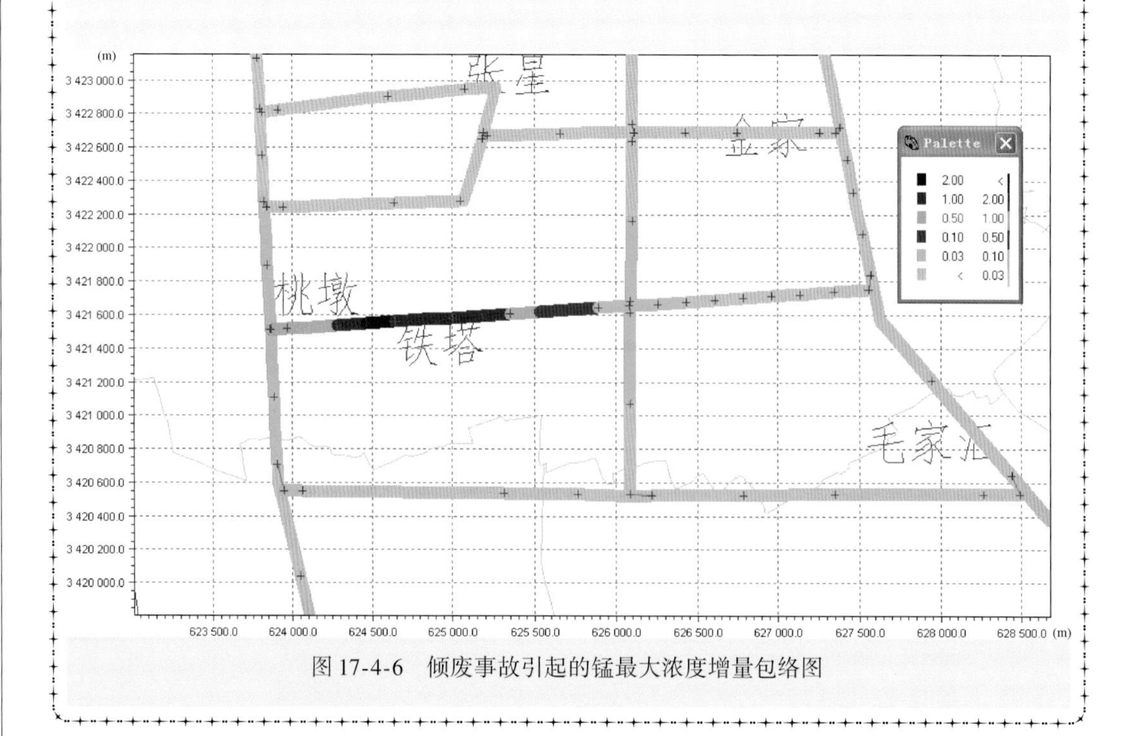

图17-4-6 倾废事故引起的锰最大浓度增量包络图

COD_{Cr}的影响范围主要包括红先河（跃进河和南泖泾之间河段，大约2km）和南泖泾（红先河和友谊河之间河段，大约600m）。其中，红先河超标最为严重，近2km河段COD_{Cr}浓度恶化两个水质等级，劣于V类。南泖泾（黄浦江至新河港之间）的其他河段和跃进河部分河段也受到污染，污染程度相对较轻。

锰的影响范围主要包括红先河（跃进河和南泖泾之间河段，大约2km）。红先河锰浓度增量为0.5～2mg/L，超过地表水标准中的饮用水水源地标准限值（0.3mg/L）。南泖泾（友谊河至新河港之间）的部分河段和跃进河部分河段也受到污染，污染程度较轻。

经过事发区域环境状况分析、地表水水质监测和评估、附近区域工业污染源摸排分析以及倾废事故水质反演和影响范围模拟分析，得出结论：2011年3月27日19时27分，有槽罐车将高浓度重金属和含酸工业废液倒入雨水井，后经雨水管排入红先河叶兴路河段；倾废事故恰逢黄浦江干流小潮汛，南泖泾、叶榭塘和紫石泾等沿黄浦江闸门几乎引不进黄浦江潮水，红先河周边河段水位低且流速缓慢，河流水体输移和稀释扩散能力较差；继而造成红先河及周边部分河流的局部河段受到倾倒废液的严重污染。为上海市环保局的排污事故责任认证、风险评估和应急处置提供了依据。

案例2

黄浦江溢油事故应急响应

1. 事故背景

2011年3月10日上午，黄浦江上游松浦三桥附近（距离松浦大桥取水口上游约5km处）发生沉船事故。根据现场应急人员反馈信息，泄漏柴油为0.5～1.0t。下午14时左右于松浦大桥取水口附近江面观测到少量油花。事发时正值黄浦江小潮汛。

2. 事故风险评估和预警

上海市环境科学研究院规划所于下午17时接报后，应用湖荡区水源地突发事故预警预报系统对溢油事故进行了快速模拟和预测，并根据现场观测资料对模型输入参数和预测结果进行了校正。系统预测结果显示（图17-4-7～图17-4-9，柴油泄漏后随潮流向下游飘移，于14时左右到达松浦大桥取水口附近水域，水表面溢油量约100kg，油膜厚度约0.2mm，水域石油类浓度约0.01mg/L，油膜在取水口附近水域持续约1小时；此后溢油油膜随涨潮水流向上游迁移，18时30分左右到达金山取水口，取水口附近溢油量仅剩余约4%，取水口附近水域溢油浓度约2μg/L，油膜厚度约0.1mm，持续时间约1小时；随着落潮水流，溢油再次向下游迁移，23时30分左右第二次影响松浦大桥取水口，由于溢油大部分挥发，还有少部分吸附于岸线，此次影响取水口溢油量仅剩余1%左右，浓度低于1μg/L，油膜厚度约0.1mm，影响时间约1h；此后水面剩余油膜继续向下游迁移并很快挥发殆尽，不再对水源地取水造成影响。

由于本次溢油事故泄漏点距离松浦大桥取水口5km，泄漏量较小，且为较易挥发的轻质柴油，故而对松浦大桥取水口影响较小。湖荡区水源地突发事故预警系统在突发事故预警方面发挥了较为重要的积极的作用，基于油品/化学品理化数据库和黄浦江上游典型流场数据库，初步实现了较为快速可靠的事故预警功能。

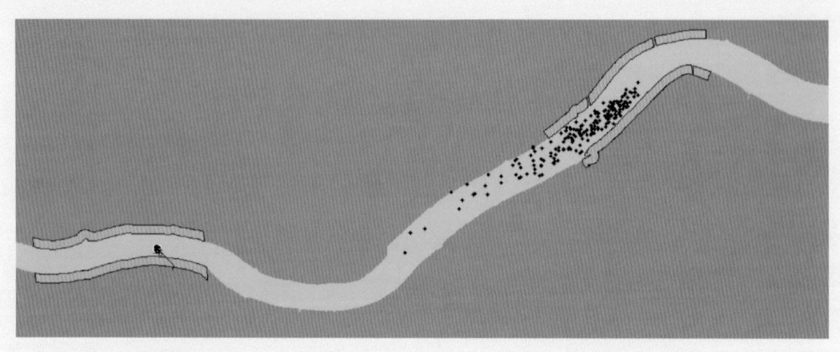

图17-4-7　2011年3月10日14时溢油分布预测结果

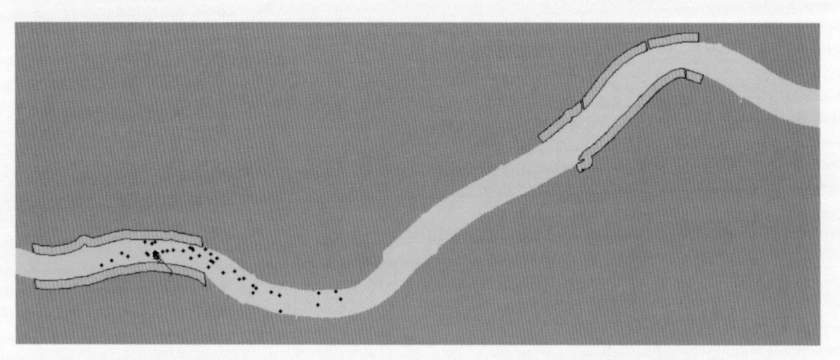

图17-4-8　2011年3月10日18时溢油分布预测结果

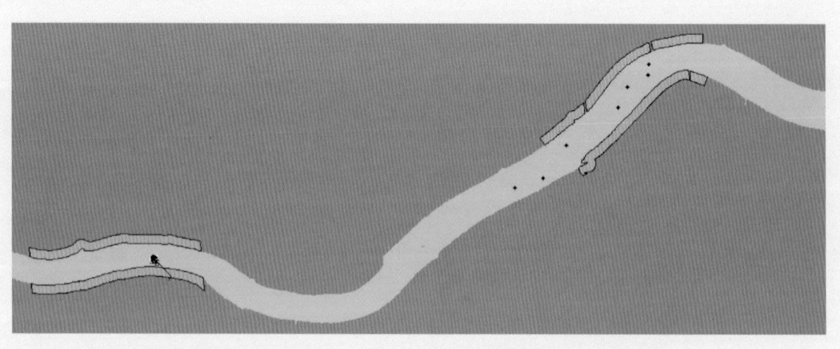

图17-4-9　2011年3月10日23时溢油分布预测结果

第18章 辽河流域水环境风险评估与预警平台构建与应用示范

18.1 平台业务需求分析

18.1.1 辽河流域水环境概况

辽河流域是我国七大流域之一，地跨河北、内蒙古、吉林和辽宁4省（自治区），流域总面积21.9万km^2，由西辽河和东辽河以及发源于吉林与内蒙古的招苏台河及条子河等支流在辽宁省境内汇合而成，于盘锦市入海。主要河流干流在辽宁省境内，如大辽河（全长97km）、发源于抚顺的浑河（全长415km）和本溪的太子河（全长413km）。辽河流域覆盖铁岭、沈阳与鞍山等8个省辖市和锦州市与黑山县等4个县（市）。辽河流域共有200多个断面，其中国控断面22个。在国控断面中，包括两个国家考核断面，分别是盘锦新安和辽河公园。

利用2001~2010年辽河干流8个常规监测断面的历年监测数据，采用国家《地表水环境质量标准》（GB 3838—2002）中的Ⅲ类水质标准限值，通过计算有效监测频次的超标率，确定辽河主要污染指标为COD、氨氮、高锰酸盐指数、BOD_5、DO和石油类6项。其中，COD超标率最大，其次是氨氮、石油类和BOD_5。2007年前，辽河水质首要污染指标是COD；2008年开始辽河首要污染指标发生变化，COD超标率显著下降，BOD_5、氨氮和石油类污染显现。

2010年，辽河流域4条主要河流辽河、大辽河、浑河和太子河中26个干流监测断面中，Ⅰ~Ⅲ类水质断面占7.7%，Ⅳ类占15.4%，Ⅴ类占19.2%，劣Ⅴ类占57.7%；氨氮污染仍然较重，57.7%的干流和59.5%的支流断面氨氮劣Ⅴ类水质。

2011年，污染进一步减轻，Ⅰ~Ⅲ类水质断面占7.7%，Ⅳ类占38.5%，Ⅴ类占26.9%，劣Ⅴ类占26.9%。主要污染指标为BOD_5、石油类和氨氮。但支流污染较重，劣Ⅴ类水质占46.5%，氨氮、TP和COD等超标。

造成辽河流域污染的主要原因：①污染物排放总量远大于水环境容量；②流域内工业城市密集，城市河段污染突出；③河流受控严重，流量季节变化明显；④水资源过量开发严重影响水生态环境；⑤农村经济发展，面源污染加重。

18.1.2 辽河流域水环境风险管理需求

辽河流域是我国重要的钢铁、机械、建材和化工基地，流域内的经济和社会在辽宁省占有举足轻重的地位。然而，随着经济的高速发展和人民生活水平的提高，工业废水和生活污水的排放量越来越大，辽河流域水环境所面临的压力也越来越严峻，流域内突发性污染事故时有发生。这已成为制约经济发展的主要因素之一。

辽河流域大部分水环境管理模式主要以“各自为政、条块分割”方式为主，行政辖区之间缺乏有效的沟通与环保信息交流，同一跨界断面上游与下游监测数据不一致。建立水环境风险评估与预警技术平台，实现流域内水量、水质和污染源等水环境信息的共享，使国家有关部门和流域内环境保护主管部门能够实时掌握流域重要水体和控制区域（点）的水环境状况，保障环境管理决策的时效性和科学性。

(1) 信息化建设现状

辽河流域环境在线监测和监控设施不足，覆盖率低，环境综合信息管理能力薄弱；监测网站的信息技术、联测联报的技术协调以及监测数据即时处理等能力还有限；缺乏以数据共享为主要目的的数据集成技术；在突发性污染事件的应急监测技术、监测网络建设、水污染评估与预警体系建设等方面，均有明显不足，难以应对可能出现的各种突发性水污染事故。为此，建立基于流域水污染特征和水文特征的流域水环境预测和预警平台，全面反映环境质量状况和趋势，提高对辽河流域水环境的监管能力，对辽河流域各水系水质变化情况作出准确预警，提出预防措施，已经成为流域水环境质量管理的迫切需求。

(2) 风险管理需求

为了保护辽河流域的环境安全，应建立和完善“预防、预警、应急”三位一体的管理体系，实现对污染源的有效监督管理；全面反映环境质量状况和趋势，及时掌握河流水质变化情况，消除水环境安全隐患；对水环境突发事件进行有效预警，及时地获得污染物的扩散影响范围以及污染物的浓度分布特征，对污染物浓度超标断面或区域进行告警提示；对已发生的污染事故进行快速、准确和有效的处理，最大限度地减小污染程度和范围，为流域管理提供科学支撑。

18.1.3 平台构建需求

18.1.3.1 平台用户

系统主要用户涉及辽宁省环境监测实验中心、各市环境监测站、辽宁省环保厅相关部门以及流域内主要市级环境保护部门（表18-1）。

表18-1 平台用户功能需求

用户	功能需求
辽宁省环境监测实验中心	辽河流域污染源信息管理；辽河流域水环境质量信息管理；辽河流域水环境统计；辽河流域水环境质量评价；辽河流域水环境风险评估和应急监测；所有信息的维护
辽宁省环境监控中心	查询辽河流域污染源信息和水环境质量信息等
辽宁省环保厅污染物排放总量控制处	查询辽河流域污染源信息；查询辽河流域水环境质量信息；查询辽河流域水质评价信息；查询辽河流域水质统计信息
辽宁省环境安全应急处	辽河流域水环境风险评估、预警和应急响应

续表

用户	功能需求
辽宁省环境监察局	查询辽河流域污染源监测信息、监督执法信息
辽宁省污水管理中心	查询辽河流域污染源信息、污水处理厂信息和监测信息等
辽宁省污染防治处	查询辽河流域污染源信息、在线监控信息、趋势分析和数据分析等
辽河流域水污染防治办公室	辽河流域水环境风险评估、预警和应急响应
大伙房水库管理局	查询辽河流域污染源信息、水环境质量信息、风险评估、预测预警和应急响应等
各市级环境保护部门	查询各市级环境保护部门所辖地区的污染源信息、断面信息、水功能区划信息、水环境质量评价信息、风险评估信息和应急响应
各市环境监测站	更新查询各市所辖地污染源信息、断面监测信息、污染源监测信息和水环境质量评价信息等

18.1.3.2 平台环境分析

系统运行网络基于辽宁省环境监测实验中心及辽宁省环境信息中心的现有基础网络环境，扩充、优化和完善现有的广域网及局域网运行环境。通过 VPN（virtal private network，即虚拟专网）技术对数据进行加密和解密，保证通过公网数据的保密性和完整性。与省内相关单位业务网建立可信的安全连接，实现业务网之间的逻辑隔离，保证数据的安全传输。

平台运行需要应用服务器、GIS 服务器和模型服务器各 1 台，作为辽河流域水环境风险评估及预警平台的主要业务服务器；1 台数据库服务器作为平台的数据存储中心，并与上述服务器共同组成平台的基础服务器环境（图 18-1）。

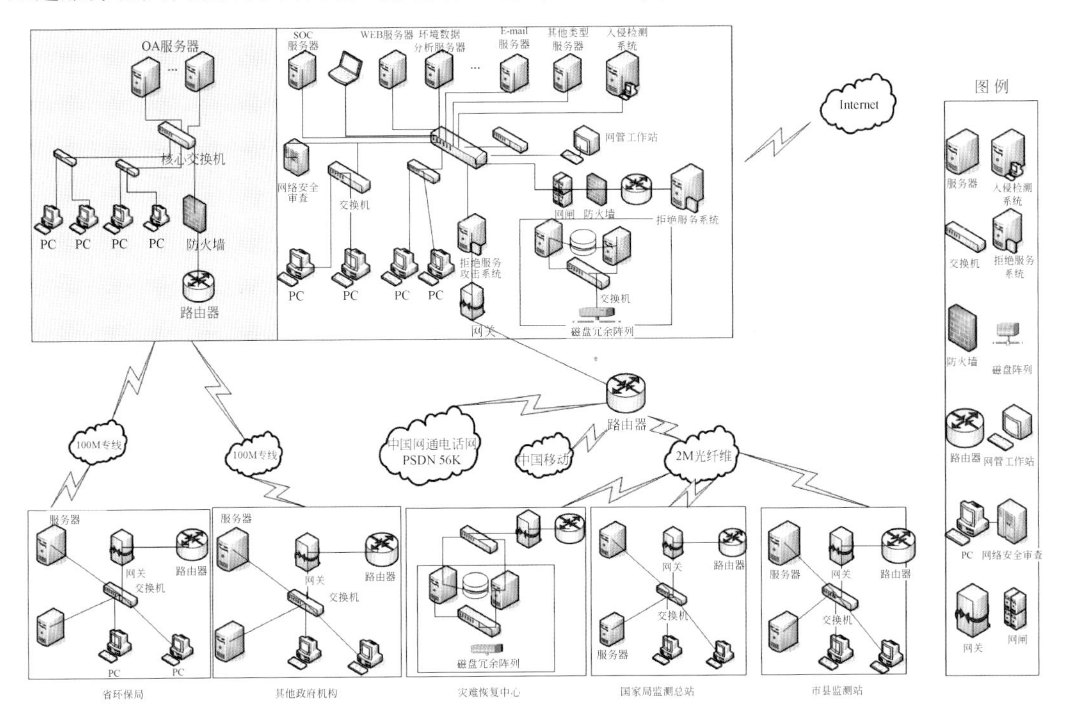

图 18-1 系统运行环境

18.1.3.3 平台功能分析

（1）辽河流域水环境污染源管理系统需求

污染源具有流域性、区域型、分散性和多源性等特点，污染因子多，数据量大，不仅具有非空间属性，还具有空间属性。以污染源普查基础信息库为基础，利用环境统计和排污申报数据进行自动动态更新，将各类业务信息完整和准确地定位于地理环境信息中，为辽河流域环境管理提供直观、高效、便捷和综合性的管理手段，成为当务之急。具体需求如下。

1）以辽河流域地理信息为基础，采用先进的 Web GIS 技术和数据库管理技术，将辽河流域的排污企业地理位置和处理设施的空间位置以及学校、医院与居民区等重点要素的位置和信息，详细地显示在电子地图上，为污染事故应急决策提供依据。

2）对辽河流域相关的污染源进行管理（包括对污染源基本信息、监测信息、排放情况以及治理情况的数据进行编辑、浏览、查询、统计分析和导入导出）以及对排污许可证信息、申报收费信息、投诉信访信息、行政执法信息和环境统计信息的管理。对污染源排污信息进行综合统计分析，可按流域、行业和区域汇总污染源的排放量等指标。

（2）辽河流域水环境质量管理系统需求

辽河流域水环境质量管理系统建设将对辽河流域水环境信息化、水环境质量评价、流域水资源合理利用和相关业务部门工作效率的提高起到促进作用，为辽河流域水环境管理与保护决策提供必要依据。

1）水环境质量管理。对辽河流域监测断面（包括断面基本信息、断面监测信息、水质自动站及监测信息等）进行管理，实现辽河流域水环境质量动态实时更新；对辽河流域水环境功能区进行管理，涵盖功能区类型、区域和水体等信息，并结合 GIS，将断面信息和水环境功能区信息在电子地图上动态显示。

2）水环境质量评价分析。结合水环境质量评价模型，评价辽河流域水环境质量，进行定性和定量描述；结合水环境统计模型，对辽河流域水环境质量信息进行统计分析。

（3）辽河流域水环境风险评估与预警系统需求

1）风险源识别。首先根据国民经济行业分类代码把辽河流域内污染源按照企业类型进行分类；再从各类流域重点污染源的污水去向和企业常规污染物等标负荷两方面，使用定量和定性相结合的方法对流域污染源的风险进行评估，识别出特大、重点和一般风险源。

2）评估风险源对水质的影响。评估风险源对周围水质的影响；开展流域水环境潜在影响及危害模拟，模拟不同条件下污染源对流域不同水功能区的水质影响范围。

3）结合污染源、水环境功能区和河流自身能力，对风险源、控制机制和受体等进行评价，划分流域水环境风险区。

（4）辽河流域水环境应急响应系统需求

突发性环境污染事故，是指发生突然的污染物在较短时间大量非正常排放或泄漏而对环境造成严重污染，影响人民群众生命安全和国家财产。

当环境污染事故发生后，需要快速了解事故类型及事故相关信息。具体需求如下。

1）结合 GIS，快速对突发性环境污染事故进行空间定位，掌握事故周围复杂的环境状况，及时了解现场各种环境因素，为事故的应急处理提供全面的环境数据。结合地形地貌数据和人口与经济指标的空间分布信息等，综合分析突发性环境污染事故发生的原因及事故的发展趋势，以提供辅助决策信息。

2）污染事件辅助决策。①根据事故发生地区的实际情况，制定一个适合当地的完备的应急处理方案。②在处理处置突发性环境污染事故时，需要一个权威的指挥系统，保证各项工作都落到实处，共同去应对突发性环境污染事故。③地理信息系统模型参考系统内置一些基本模型，以地图的方式预测污染发展趋势，提供管理者地理方面的决策参考。④污染事件发展过程分析。在事件发展过程中，提供不同时间和不同测点污染物的污染情况（包括污染物浓度变化情况和相关监测点污染情况对比等），直观显示事故的最新发展过程。

3）污染事件响应。突发性环境污染事故发生后，应迅速全面了解和掌握污染事故的实际情况，查询突发性环境污染事故的相关信息，检索类似事故的解决办法及对突发性环境事故的管理，从而对污染物进行消除，把污染物的危害程度降到最低。

（5）辽河流域水环境综合信息服务系统需求

辽河流域水环境综合服务系统作为辽河流域水环境风险评估与预警监控平台的接入系统和系统管理，应具备以下功能。

1）提供用户身份认证、访问控制和单点登陆等方面的服务，以实现平台中各系统的分布式管理和分布式应用。

2）提供对辽河流域水环境风险评估与预警平台信息的检索功能，包括对平台中各系统的相关信息进行检索。

3）提供对辽河流域发生水环境信息的公告及对辽河流域水环境风险评估与预警平台信息的展示。

4）提供系统管理（后台管理）功能，主要用于系统用户管理、系统维护及数据库维护等多项系统管理功能。

18.2 平台设计

18.2.1 总体架构

辽河流域水环境风险评估与预警监控平台，由水环境污染源管理系统、水环境质量管理系统、风险评估与预警系统、水环境应急响应系统、模型软件系统和综合信息服务系统6个子系统组成，实现流域层面示范，部署在辽宁省环保厅。饮用水源地和城市河段示范分别通过大伙房水库监控预警子平台和沈阳市水环境风险评估与预警子平台实现，分别部署于抚顺市和沈阳市环保局。辽河流域水环境风险评估与预警监控平台在统一的网络体系内通过应用层和数据层链接方式访问两个子平台，共享数据采集与传输系统的水质自动监测站实时数据，并可发布平台生成的各项信息。

大伙房水库水环境预警子平台借助“数字抚顺，共享平台”提供的地图发布共享服务，基于“3S”技术，开发动态可视化的应用功能子系统，实现水库风险源管理、入库污染源风险评估、水库水环境质量评估以及风险状态下水质的预测预报。

沈阳市水环境风险评估与预警子平台在详细调研沈阳市水环境常规管理和风险管理的基础上，以水环境数据中心为基础，以模型库为支撑，以地理信息系统为展示手段集水环境常规管理、安全预警和应急决策支持三种功能于一体，实现水环境质量管理、污染源管理、水环境风险评估、水环境安全预警和水环境应急决策支持的功能。

（1）架构设计原则

由于辽河流域水环境管理业务的灵活性和可扩展性，各种政策、规定和部门职能范围经常进行调整，系统的业务功能和业务流程也会经常发生改变，平台建设需要考虑如何对新的业务需求做出及时和快速响应的问题。另外，平台需要与其他系统进行信息及数据的交换，因而，平台建设需要考虑在异构的系统间进行交互和协作的问题。基于传统的业务系统开发方式通常采用面向对象和组件化的程序开发模式，虽然是一种紧耦合的开发方法，容易产生信息孤岛，即使在统一平台下开发的系统之间也只能做到数据共享而无法功能共享。要求平台变得更加灵活，以适应实际业务中不断产生的变化，因此引入了面向服务体系架构（service-oriented architecture，SOA）。通过对水环境管理业务及关键技术的分析，提出总体架构设计的几项基本原则。

1）灵活的系统架构。从开发角度来看，平台的架构应能够敏捷适应用户需求的变更。

2）系统易于扩展。需要提供扩展接口，以适应交换数据的要求和便于集成其他应用系统。

3）系统适应性强。为了提高适应性，减少软件开发的工作流，总体框架应根据动态配置的理念，提供业务过程的构建工具，通过流程模型的变化来适应不断变化的需求，提供用户业务端建模工具，实现接口的适应性，增强系统的灵活性。

（2）平台架构设计

在对整个流域水环境管理系统的部署方式、运行机制、信息共享机制和信息服务方式等问题进行基础调研的基础上，基于流域水环境管理中具有体系性与普遍性的特点，以及平台的可扩展性要求，将辽河流域水环境风险评估与预警平台整个框架按照逻辑层次划分为接入层、应用层、业务支撑平台、服务层、数据层和基础服务层，平台整体采用SOA的设计思想，有效控制系统中与软件代理交互的人为依赖性，实现各逻辑层次或逻辑模块的重用和共享。其结构如图18-2所示。

1）接入层。提供给用户和管理人员一个统一的信息访问平台，以综合知识门户、互联网、智能手机、电话、传真和数据交换等方式利用系统提供的功能，如监测数据信息的上传、预警应急信息的发布、安全管理和文档信息发布等。其中，门户作为平台的主要接入方式，提供了一个应用服务集成框架，将各种核心业务系统、水环境数据资源和互联网资源集成在一个统一的展示平台之上，可以按照业务的要求自由组合和调整所需服务。

2）应用层。利用业务支撑平台提供的各种通用的服务，如GIS、虚拟现实、工作流和数值模型等，构建具有伸缩性、易扩展性及便于维护的面向全流域综合管理的辽河流域水环境风险评估及预警平台的核心业务系统，包括辽河流域水环境污染源管理系统、水环境质量管理系统、风险评估系统、水环境预警系统、应急响应系统、综合信息服务系统及水质响应模型软件系统等核心业务系统，并可访问大伙房子平台和沈阳市子平台。

3）业务支撑平台。为应用层提供所需的各种通用服务，如GIS服务、虚拟现实、工

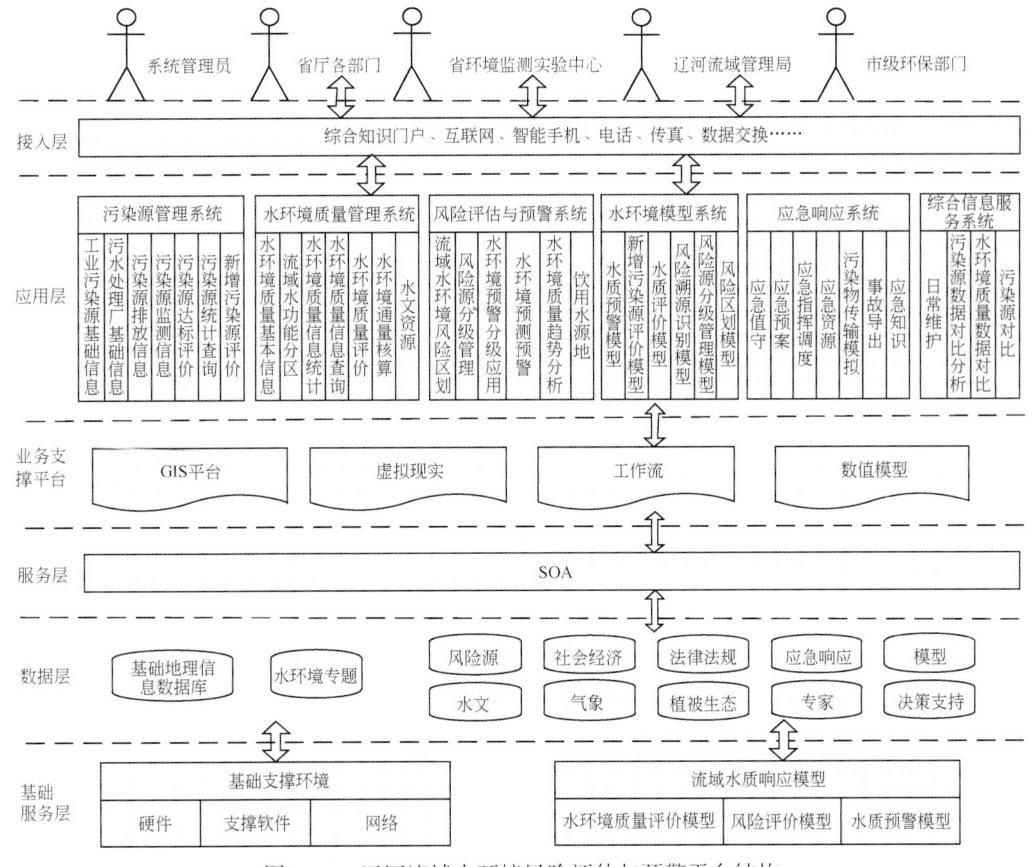

图 18-2　辽河流域水环境风险评估与预警平台结构

作流、数值模型和信息交换服务及事务处理服务和流程控制服务等。它能有效地简化各核心业务系统的设计和实现，并以服务的方式支撑辽河流域污染源监控、水环境趋势分析、水环境相关数据的发布和共享、预警监控和控制决策等功能。

4）服务层。基于目前先进的 SOA（面向服务）体系，采用符合 SOA 标准的服务总线技术，通过契约的形式将服务消费者和服务提供者连接起来。将水环境管理核心业务转化成可通过标准方式访问的独立服务，业务可以彼此独立调整，以更迅速、更可靠及更具伸缩性架构整个系统，能够更加从容地面对业务的变化，并为现有的资源带来更好的重用性。

5）数据层。作为平台的数据中心，提供系统管理、空间信息管理、共享交换、历史数据迁移、数据适配、数据认证、数据整合、数据同步和数据共享等服务，完成对基础地理信息数据库、水环境专题数据库和风险源、水文、气象、社会经济、法律法规、植被生态、应急响应、专家、模型和决策支持等基础数据库的管理和维护。

6）基础服务层。包括基础支撑环境和流域水质响应模型。其中，基础支撑环境保证平台建设过程及平台最终运行所需的各种软硬件及相应的运行环境；流域水质响应模型的管理和运行为平台中水环境评价、风险评估和水环境预警提供辅助决策数据，并与 GIS 服务结合实现水环境的各种动态模拟。

18.2.2 信息采集技术研发

18.2.2.1 数据采集及反控技术

(1) 水质自动监测站结构设计

图 18-3 为水质自动监测站拓扑结构示意图。完成水环境参数检测、反控、有线及无线的远程通信，并预留有视频数据传输接口。

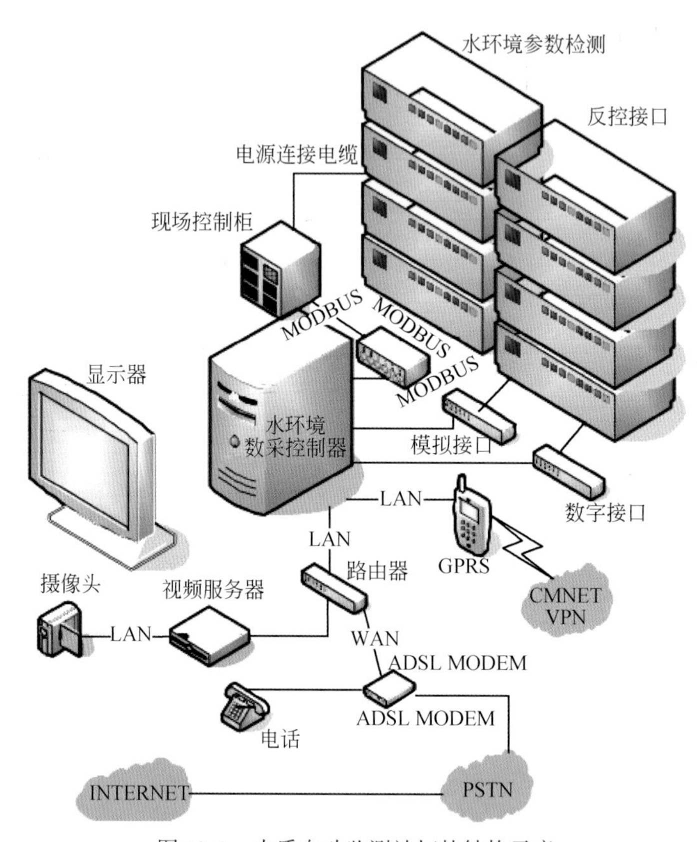

图 18-3 水质自动监测站拓扑结构示意

水质自动监测站安装配备不同的数字化采集设备（存储模块、存储卡、GSM 卡和数据采集仪等），将研制数字化和智能化的数据采集设备及各种数据分析仪器设备。

(2) 多功能数据采集及分析仪设计

设计具有自主知识的多功能数采仪（图 18-4），实现对不同水质自动监测、应急监测和常规实验室监测的数据采集和传输。根据流域内不同类型水质自动站和浮漂式水质自动站的分布和数据类型，确定饮用水源、河流城市段和入海河口等重点监控的敏感水域监测数据的统一数据采集接口协议，开展对辽河流域水环境监测数据。对无法实现仪器自动采集的监测数据和需要手工填写的监测数据如突发性污染事故应急监测的数据，将监测数据的人工采集技术和有线与无线传输技术应用与本系统中，实现现场监测数据及时输入数据传输网络系统。

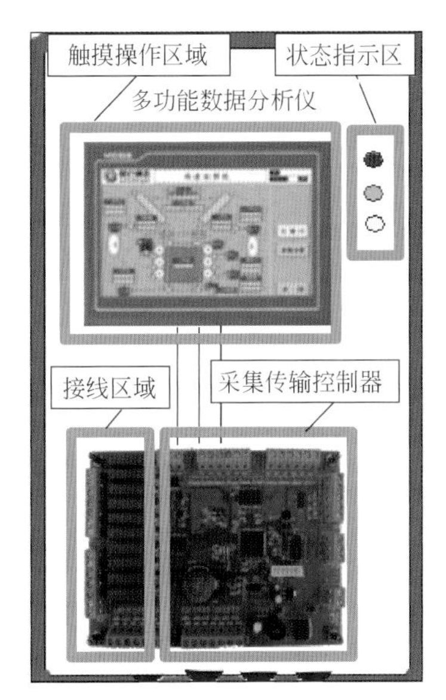

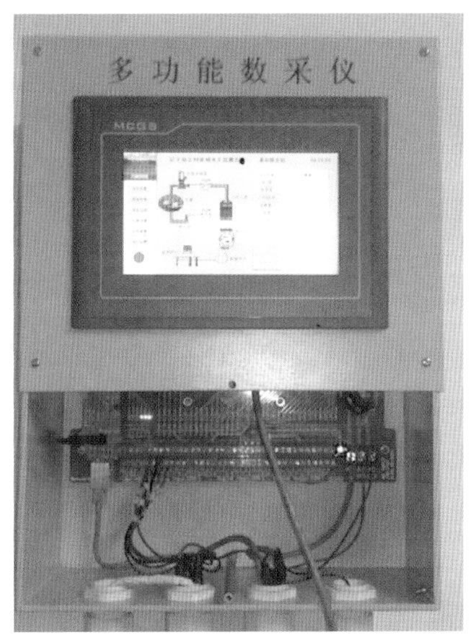

图 18-4　水环境多功能采集及分析仪

（3）采集传输控制器硬件设计

采集传输控制器硬件结构如图 18-5 所示。

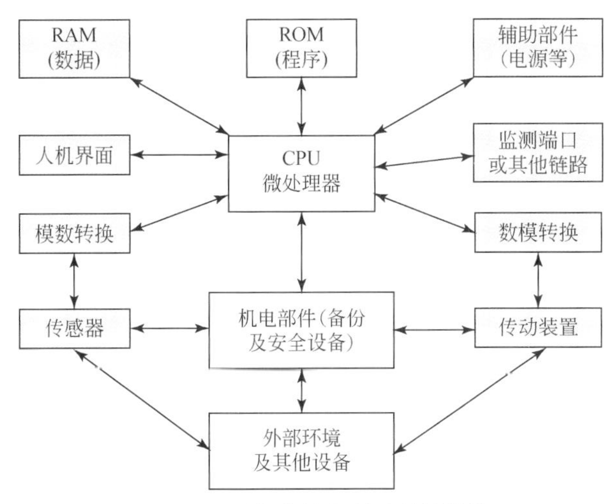

图 18-5　采集传输控制器硬件结构

（4）采集传输控制器软件设计

在系统硬件和网络初始化后，系统会进行模拟量通道及通讯配置。之后由用户选择是否进行设备自检。如果选择“是”，设备会对自身的状态进行判断；如果选“否”或者在 3s 内没有操作，系统会开始数据采集，并将采集到的数据显示。同时系统会根据所设置的参数决定是否向监控中心发送数据。系统发送数据还有另外一种模式，即收到中心招测命令。接收到招测或其他控制命令后，系统会按照建立的协议执行监控中心指令，实现对终端设备的反控。软件流程如图 18-6 所示。

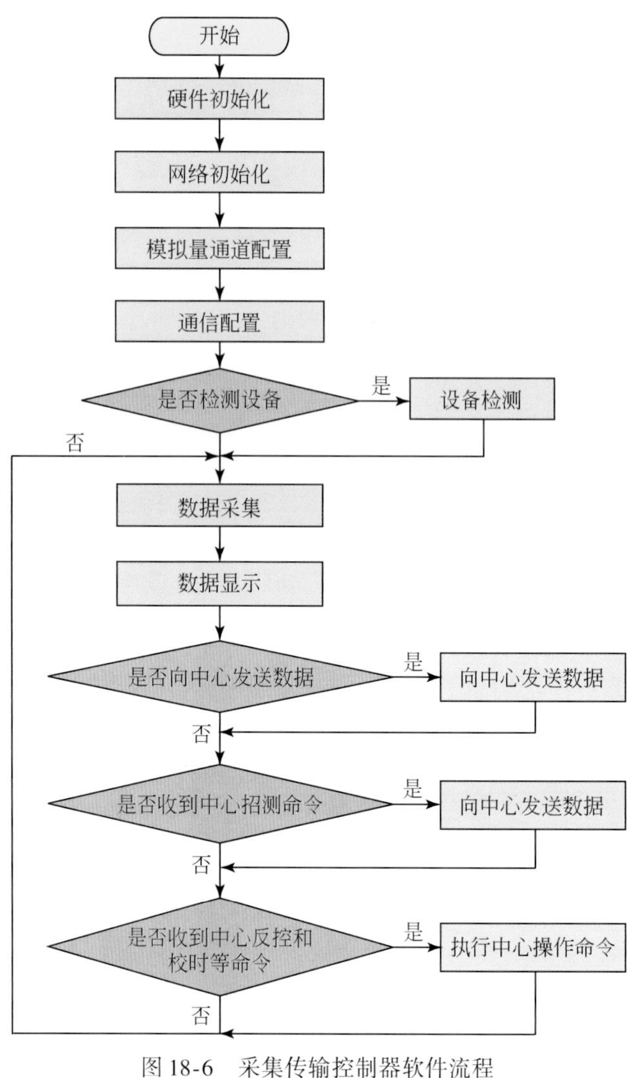

图 18-6　采集传输控制器软件流程

18.2.2.2　水环境数据传输技术

(1) 数据混合组网冗余传输系统设计

为实现高可靠性的水环境数据传输，针对远程数据传输部分采用多种传输方式结合（VPN）的混合冗余传输方式。专门为水环境数据监测传输设计的通信协议，也是高可靠水环境数据传输的技术保障。

水环境数据混合冗余传输技术是辽河水环境质量自动监测和数据采集系统的基础。系统采用（ADSL）和（GPRS）双通信信道（图 18-7）。GPRS 为主通信网络，系统在 GPRS 网络不稳定或者断开的情况下，自动切换到 ADSL 的备用信道上。

此系统将水质自动监测站、数据分析实验室、现场视频、运营公司、企业应用、相关部门应用与监控中心通过 VPN+无线 GPRS 或 VPN+有线 ADSL 传输方式连接到了一起，还可以为领导及专门科室等部门提供服务。

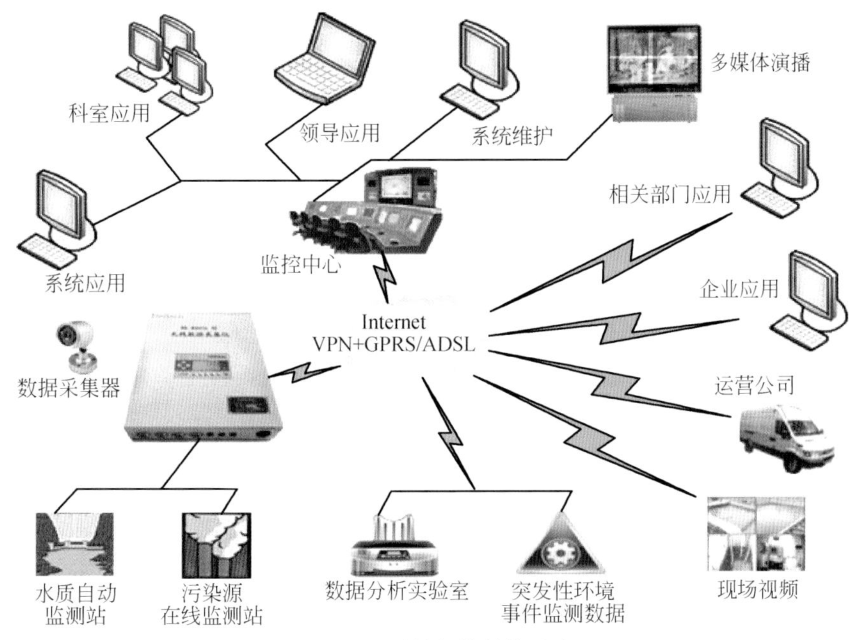

图 18-7　系统拓扑结构示意

（2）数据传输软件设计

在软件设计上，采用模块化的编程思想，将多样的非标准通信协议转化成为标准开放的 Modbus 协议。系统网络软件结构模型见图 18-8。其中，水环境检测传感器 RS485 和 I/O 通信为应用层、数据链路层和物理层 3 层结构。多功能数采仪、中心站计算机为（TCP/

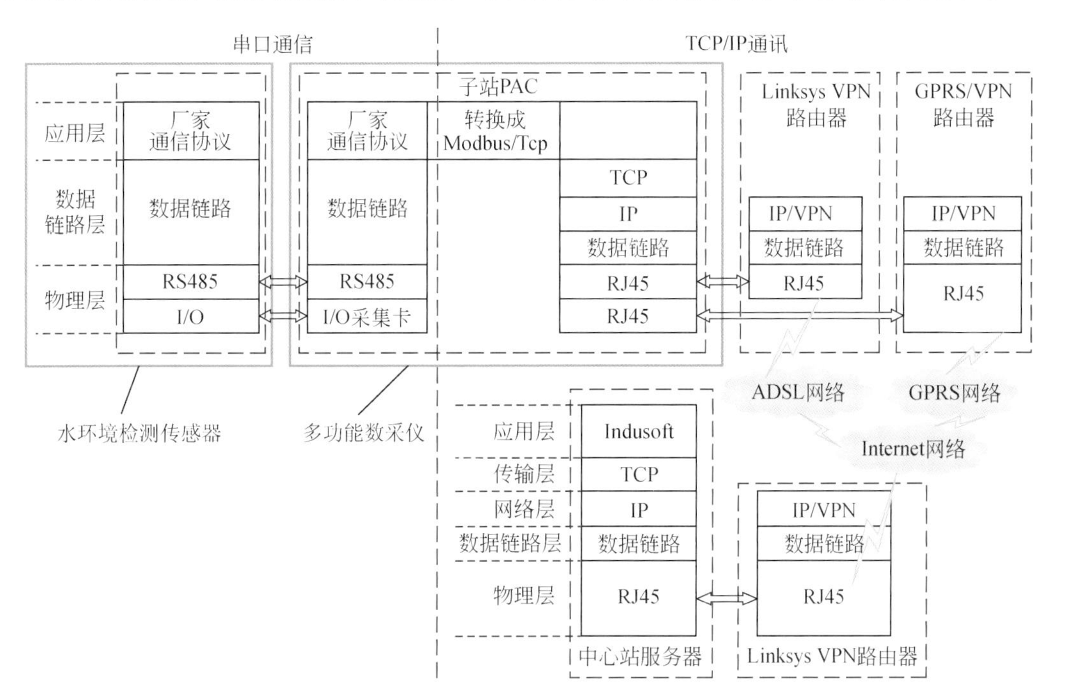

图 18-8　网络数据传输软件结构模型

IP）通信应用层、传输层、网络层、数据链路层和物理层5层结构。多样的通信协议在子站计算机中转换成为标准的Modbus通信协议。嵌入式控制器在处理数据和执行控制时，将以标准的Modbus接口去处理现场数据。子站与中心站之间完全处于VPN架构下，使得网络环境最优化。

（3）数据传输通信协议

平台为水环境信息检测设计了一套完备的数据传输协议，使得诸多参数和数据能够有效地在混合网络中传输。协议内容中的污染物编码见表18-2。

表18-2 污染物编码

污染物名称	编码
pH	w01001
浑浊度	w01003
DO	w01009
电导率	w01014
叶绿素	w01016
COD	w01018
藻类	w02019
TN	w21001
氨氮	w21003
TP	w21011
温度	T00001
湿度	H00002
DI状态	DI001

注：通信协议中DI状态值为各通道2的n次幂的累加和（当该通道为1时参与累计）；“SN”为设备ID号；“ST”为上传时间，格式：年月日时分秒；“EB”为数据帧起始符；“EF”为数据帧结尾符；“#”为实时数据起始符；“@”为DI报警数据起始符；“%”为污染物超标报警起始符；“&”为上位机设定参数起始符；“!”为反控起始符。

通过协议对不同参数进行了编码，按照所设定的数据传输格式与远程计算机进行数据交换，还考虑了6种不同的通信状态，并且具有很强的扩展性。

18.2.3 数据库设计

18.2.3.1 设计原则

在数据库建设规程及各种数据库设计与建设成果的基础上，遵循现有软件设计规范与规程，结合辽河流域各类特征数据，进行数据的标准化研究工作，保证数据的一致性及标准化。基于国家相关标准，在对辽河流域各种基础数据及环境专题数据进行需求分析、概念设计、逻辑设计、物理设计和验证设计的基础上，开展辽河流域各类数据库的建库工作。研究与建设方案如图 18-9 所示。

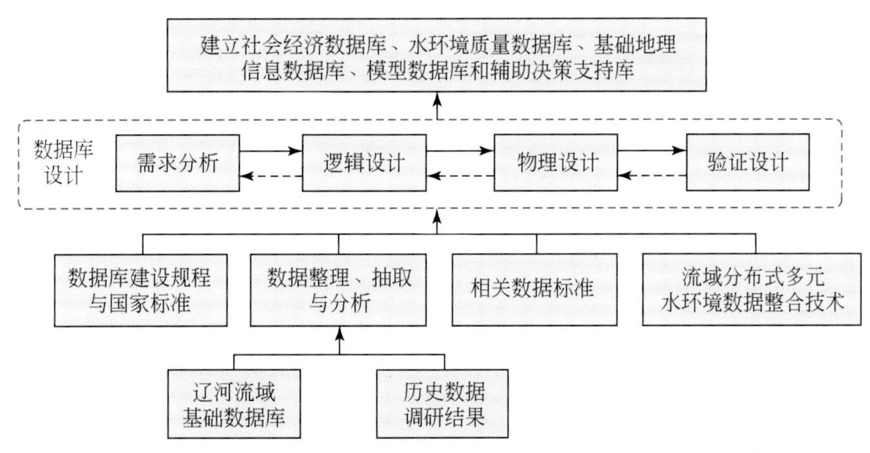

图 18-9　辽河流域水环境风险评估及预警平台数据库研究及建设方案

1）需求分析。调查和分析辽河流域地形数据、水文数据、气象数据、社会经济数据、污染源数据、流域水环境质量数据和流域水质监测数据等相关数据的使用情况，对数据进行抽取、整理及规范化，弄清所用数据的种类、范围、数量以及交流的情况，确定数据库使用要求和各种约束条件等，形成需求规约。

2）概念设计。通过对辽河流域各类数据分类、聚集和概括，建立抽象的概念数据模型。这个概念模型应能反映辽河流域的信息结构、信息流动情况、信息间的互相制约关系以及信息储存与查询和加工的要求等。

3）逻辑设计。将概念数据模型设计成数据库的一种逻辑模式，即适应于辽河流域水环境风险评估及预警平台所支持的逻辑数据模式。与此同时，还为各种数据处理应用领域产生相应的逻辑子模式。这一步设计的结果就是所谓“逻辑数据库”。

4）物理设计。根据特定数据库管理系统所提供的多种存储结构和存取方法，选定合适的物理存储结构（包括文件类型、索引结构和数据的存放次序与位逻辑等）、存取方法和存取路径等。这一步设计的结果就是所谓“物理数据库”。

5）验证设计。在上述设计的基础上，基于“流域水环境预警平台构建技术研究”提出的水环境数据标准，收集辽河流域的各类数据，并具体建立一个数据库系统，运行一些典型的应用任务来验证数据库设计的正确性和合理性。

18.2.3.2 平台数据库体系

针对辽河流域进行数据库设计的基础上，形成以下数据库：基础地理信息数据库、水环境专题数据库、风险源数据库、气象数据库、水文数据库、自然与社会经济数据库、植被生态数据库、应急响应数据库、专家数据库、政策法规标准库和决策支持库。

1）基础地理信息数据库。实现空间信息与水环境管理信息的结合，有效地管理具有空间属性的各种水环境资源信息，为制定决策和进行科学评价提供数据支持。包括行政区划、道路、道路中心线、道路名称、水系（河流、水库和湖泊）、城镇、乡村、街区、街区名称、企事业单位、饮用水源地和水功能区等；包括基础地图数据（全省1∶25万、流域1∶5万和重点区域1∶1万等多比例尺基础地理信息数据）、行政区划专题数据、流域专题图、保护区专题数据、流域水质监测断面分布图、流域水质自动监测站分布图、污水处理厂分布图、污染源分布图、危险源分布图、企业排污口位置分布图和流域水功能区划图等。

2）水环境质量数据库。实现对水环境质量和监测数据等数据的管理，为分析不同河流断面的污染情况及追踪污染产生原因并预测发展趋势提供依据。包括河流、河段和断面基本信息，水环境功能区信息，水功能区信息，水环境质量手工和自动监测信息，水环境质量评价信息，水环境质量统计信息，水源地基本信息等。

3）风险源数据库。实现对辽河流域内沈阳、铁岭、抚顺、盘锦、鞍山、本溪和营口等城市的相关风险源及重点污染源与危险源的管理，以点源为主，为污染源评价和查询预警源等功能提供数据支持。包括污染源基础信息、城市污水处理厂基础信息、排放数据、污染源监测数据、污水处理厂监测数据和污染源相关信息数据等。

4）水文气象数据库。提供历史气象数据和实时气象参数，为应急决策提供辅助决策数据。包括逐日气象检索基本信息和年气象检索基本信息等。为研究辽河流域的水量、流速、水位时空分布和变化规律提供基础数据。其中包括监测站、降水量、洪水水文要素、日降水量、日水面蒸发量、日平均水位、日平均流量、月降水量、月水面蒸发量、月水位、月流量、水库水情和河道水情等。

5）自然与社会经济数据库。流域与河段或地区的人口、工农业生产、交通运输、土地利用现状和用水消耗等情况的反映。包括总人口、人口密度、出生率、死亡率、自然增长率、总和生育率、城镇人口比重、人均国民收入、人均消费水平、农民人均纯收入、净迁移率、每万人大学生人口数、城市人均居住面积、性别比、第三产业比重、国民收入、人均耕地面积、职工人数和职工平均货币工资。

6）植被生态数据库。提供辽河流域境内的植物群落的组成结构、功能适应、动态发展和分类分布等信息。包括重点农作物、林木、观赏花卉、药用动植物、水生生物、重点微生物、自然保护区野生动植物和植物本地数据等领域的汇交数据（编目、图片与重点物种调查报告等）；包括植物资源、动物资源、生态资源、土壤资源等。

7）应急响应数据库。实现对应急的各类基础数据的管理（包括社会、经济、人口、建筑、救灾队伍和通信联络等综合性信息），为应急救援指挥的信息快速传递和辅助决策提供数据支持。包括应急队伍、应急资源、应急管理机构信息、应急专家信息、应急救援队信息、应急物资保障信息、应急物资储备库信息、应急通信保障信息、应急通信网络信息、运输保障资源信息、运输保障资源扩展信息、应急资金管理机构信息、应急资金信息、避难场所信息、应急资源扩展信息、应急预案、指挥调度信息、案例和模型等信息。

8）专家数据库。对专家信息进行归类管理，提供本专业或本行业具有较深造诣的熟悉本专业或者本行业国内外情况和动态的专家信息数据（包括专家所属领域、特长和联系方式等信息），为平台提供专家数据支持，便于及时找到解决紧急事件的专家。包括姓名、专家类别、性别、民族、研究方向、工作单位、职称、行政职务、专业类别、行业、专业特长描述、出生年月、最高学历、政治面貌、外语水平、健康状况、传真、邮编、移动电话、办公电话、家庭电话、家庭住址、身份证号码、通信地址、E-mail、籍贯、毕业院校、单位主管部门、单位邮政编码、户籍所在地、参加工作时间、主要业绩、专家简历、专家相片和工作简历概述等信息。

9）政策法规标准库。提供包括中华人民共和国环境保护法、环境保护行政法规和环境保护部门规章等国家、行业、地方和流域有关法律法规文件信息以及相关的水环境评价、水环境保护论文集以及国家及地方的水环境的政策法规。包括国家政策法规、行业政策法规、地方政策法规和流域政策法规等。

18.2.4 模型库设计

1）模型信息，包括模型编号、模型名称、模型描述、调用地址、运算速度级别和更新时间等信息。

2）模型输入参数信息，包括参数编号、模型编号、参数类型、参数名称、参数格式、获取方式和缺失参数的处理方式等信息。

3）模型输出参数信息，包括参数编号、模型编号、参数名称、参数格式、输出结果形式、输出结果位置和结果可信度等信息。

18.2.5 应用系统设计

18.2.5.1 辽河流域水环境污染源管理系统

1）污染源基础信息管理。对国控废水、规模以上、污染源普查、直排入海和涉汞等污染源以及污水处理厂的基本信息，如地理位置、受纳水体、所属行业、主管部门等信息的管理。

2）污染源排放信息管理。对国控废水、规模以上、污染源普查、直排入海、涉汞等污染源以及污水处理等废水排放信息、排放废水企业信息、企业废水排入污水处理厂信息、企业安装废水在线监测设备信息、企业排放污染物信息和废水排入水体信息等的管理。

3）污染源监测信息管理。对国控废水、规模以上、污染源普查、直排入海和涉汞等污染源以及污水处理的各项污染物监测数据的管理。

4）污染源管理信息对比分析。①排放量对比分析：对某一地区各企业排放污染物排放量进行汇总。②行业分析：分行业各种污染物排放量进行对比分析的管理。

③综合分析：按时间、行业、流域和地区等对污染物进行同比分析；按行业、流域和地区等分类对污染物在某时间段进行分析；污染物在某排放量范围内的行业和流域等的分布状况分析；在某时间段内，不同地区、行业和流域的一种或多种污染物排放对比分析。

5）新增污染源评价。依据水功能分区，通过污染源的排放量和浓度等指标判断新增污染源对排放流域产生的水质影响，为新增污染源的审批管理提供支持。

6）污染源相关信息管理。对污染源排污许可证管理相关信息进行展示；对污染源排污申报和排污收费等相关信息进行展示；对环境统计相关信息进行展示。

18.2.5.2 辽河流域水环境质量管理系统

（1）水环境质量基本信息

1）河流信息管理。实现对辽河流域干流、一级支流、二级支流、三级支流和四级支流的管理。

2）河段信息管理。实现对辽河流域河段信息管理。

3）断面信息管理。实现对流域断面基本信息和监测信息的管理。

（2）水环境功能区划管理模块

辽河流域水环境功能区划是环境规划、环境监测、环境影响评价、总量控制、排污收费和污染源管理等工作的基石，涉及大量空间数据和属性数据。应用 GIS 技术对水环境功能区划信息进行高效管理和应用，以实现快速获取水质现状、规划、功能区划数据及其空间关系和与水有关的信息。

（3）水环境统计模块

并结合 GIS 完成数据的显示、操作、分析和输出等功能，对监测数据进行指标和综合统计分析，形成监测成果表及特征值统计表等。统计结果作为水质量评价和水环境趋势分析的基础和依据。

（4）流域水环境质量评价模块

选取 COD 和氨氮等全部监测指标作为评价因子，采用单因子评价法，对辽河流域经济、社会、资源和环境进行全面的科学的系统统计分析，进行水环境质量评价。

1）确定等级。对全辽河流域所有断面的水质优劣进行定量描述。对辽河流域每年、每月、多年或指定时段进行流域水质评价。既可以显示时间点也可以显示时间段。模型参数可进行调整。

2）3 个尺度。利用模型的结果对断面、河段、流域进行统计，从 3 个尺度来实现（断面、河段和流域）。①断面。确定等级、哪种污染物超标及超标倍数。利用河段控制断面某项水质指标的监测（或模拟计算）值，与指定的水体功能水质标准浓度值相比，看满足与否，表示其超标倍数，并以图表的方式显示。②河段。确定多少断面超标，具体是哪些断面。哪种污染物超标，超标倍数。一种方式是采用这一河段内某个监测指标超标的断面个数占整个流域的比重进行表达；另一种方式采用这一河段内某个监测指标超标的断面个数占整个河段所有监测指标超标断面个数的比重进行表达。结果可以用图表等形式来表现。③流域。确定多少河段超标，污染物在空间分布及比重，用不同颜色在地图上标注，包括等级和数量等。采用这一流域内某个监测指标超标的断面和河段个数占整个流域所有监测指标超标断面和河段个数的比重进行表达，以便体现流域范围内重点掌控的污染物和河段。结果可以用图表等形式来表现。

3）趋势分析。对水质的浓度趋势分析。根据历史的监测数据，做趋势分析，判断各监测断面各污染因子随时间的变化趋势。依据监测历史数据，模拟水质浓度趋势分析，并用图表方式表现。

（5）通量核算

综合控制断面水文、信息和水质监测信息，可以对各河流河段，或者地区进行通量核算。

18.2.5.3 辽河流域水环境风险评估与预警系统

实现辽河流域水环境风险评估及分区管理工作，开展流域水环境潜在影响及危害模拟，模拟不同条件下污染源对流域同一地区不同区段的影响范围。

（1）流域环境风险区划

利用近十年断面COD、NH_4^+-N、总磷、总氮、总汞、总铅和挥发酚监测数据，把断面点叠加到水环境功能区，划分辽河流域的风险分区；并根据不同水功能区的阈值，结合监测值分布频次，确定不同功能区的预警阈值，从而确定预警等级。

（2）风险源识别

从污染源中，根据一定条件，筛选出风险源。

（3）风险预警

依据预警阈值，通过自动或手动监测的断面水质数据，一旦发现监测结果超出阈值范围，自动发出预警信息，并在地图上醒目显示，显示超标的污染物及值。

（4）溯源

对于当断面水质监测的特殊污染物超标报警后，通过追溯算法获取排放源头。

（5）饮用水源地管理

对流域内的水库型饮用水源地进行管理，包括水源地基础信息、地图定位和缓冲区管理。

（6）水环境预警模型

18.2.5.4 辽河流域水环境应急响应系统

当环境污染事故发生后，应迅速全面了解和掌握污染事故的实际情况，查询突发性环境污染事故的相关信息，根据突发性环境污染事故的特点，制定应急处理处置方案，为环境事故处理赢得时间，提高事故处理应急决策水平。

（1）应急值守模块

完成对环境污染事件的接警处警和应急响应工作。当发生突发性水污染事故的时候，可以快速地查询到处理事故的方法或是相似的处理办法，为事故救援争取到宝贵的时间。主要提供接警、处警和应急响应功能。

1）接警。接到事故报警后，完成对接警信息的管理和事件的分发。接警的方式包括电话、邮件、传真、网络和预警等。

2）处警。针对事故现场抢险救援最新情况的信息的管理，对接警事件的情况进行补充。

（2）应急预案管理模块

接警后，利用模型进行分析，根据分析的结果生成应急处置预案，为领导决策指挥提供参考依据。

1）预案资源配置。从大量预案中抽取出一个预案的基本框架，并从预案框架中抽取主要的数据项，为应急预案的不同进程配置应急机构和应急队伍、专家、救援组织结构及车辆等资源。

2）应急执行方案生成。用户确定应急预案后，系统进行应急预案启动，根据相应的应急预案模型、模型进程选定信息和进程资源配置信息，生成针对事件的应急执行方案；同时，可根据现场反馈情况以及专家意见，及时修改应急执行方案以及应急执行方案的任务。

3）应急预案管理。通过文本导入、文件导入和手动编写 3 种方式辅助编制预案，并实现对预案基本信息、预案文本信息、附件信息及资源配置信息的管理。

（3）现场反馈模块

及时记录现场反馈回来的信息，对现场反馈信息进行评估后上报。

1）现场反馈信息记录。记录现场反馈的信息，并实现对现场反馈信息的管理。

2）现场反馈评估。对现场反馈的信息进行评估，应急执行方案根据评估后的现场反馈信息及时地进行修改，为领导决策提供依据。

（4）应急救援指挥调度模块

将应急救援方案落实到应急救援系统中，根据应急执行方案对各级政府的应急救援力量和应急资源进行调度分配。

1）应急方案执行。根据应急方案，对现场进行指挥调度，分配相应的资源。

2）应急指挥调度。记录现场到达的人员、车辆和物资等情况，包括数量和时间等信息。

（5）应急资源管理模块

该模块主要涵盖了应急救援中涉及的资源性信息。

1）应急机构管理。建立统一的标准的应急机构/队伍信息库，可方便、快捷和实时地更新与维护应急机构/队伍信息。

2）应急物资管理。应急物资作为应急救援行动中不可或缺的部分，包括种类繁多的应急设备、应急装备、应急救援器材和应急救援物品。建立统一的标准的应急物资信息库，并将物资的存放信息同时采集录入到系统当中，可方便、快捷和实时地更新与维护应急物资信息。

3）应急人员管理。涉及的人员种类繁多，建立统一的标准的人员基本信息库，可方便、快捷及实时地更新和维护各类人员基本信息。

4）车辆管理。建立统一的标准的车辆基本信息库，可方便、快捷及实时地更新和维护各类车辆基本信息，包括运输车辆和救护车辆等。

5）人员培训管理。其包括人员考核管理、人员培训管理和人员证件管理，且基于此提供丰富的统计功能，为领导决策、人事管理及培训活动的策划和开展提供有利的数据支持。

6）案例库管理。建立统一的标准的案例库，可方便、快捷及实时地更新和维护案例库基本信息。

7）应急知识管理。假定人们总是利用已有的经验和知识来解决具有相似性的新问题，应急知识管理就是按照这一过程检索出与新问题相近的知识，并补偿那些匹配不一致的地方，形成对应急问题的辅助求解方案。

8）应急救援总结模块。救援结束后，总结救援情况，完善调整应急预案。

18.2.5.5 辽河流域水环境综合信息服务系统

辽河流域水环境综合服务系统提供单点登录、平台日常维护、污染源数据对比分析、水环境质量数据对比分析及污染源对比等功能。

1）安全管理。提供如用户管理、访问控制和单点登陆等方面的服务，以实现平台中各系统的分布式管理和分布式应用。

2）日常维护。对平台中日常报表、地图照片、图形报表及系统表、数据字典、部门信息、授权信息和公示解析器等进行维护。

3）污染源数据对比分析。对不同时间、不同地区和不同行业的污染物排放情况进行对比，并生成趋势图。

4）水环境质量数据对比分析。对不同时间、不同河流、不同地区、不同河段、不同断面和不同污染物进行对比，并生成趋势图。

5）污染源对比。将源头比较多的污染源数据进行比对，形成规整的污染源数据。

18.2.5.6 辽河流域水环境模型软件系统

辽河流域水环境模型软件系统主要对平台的模型（水环境预警模型、新增污染源评价模型、水质评价模型、风险溯源识别模型和风险评价模型等）进行管理。

1）流域水环境质量评价。根据需要选取监测指标进行单指标评价。根据监测数据和统计分析结果，对流域水环境质量进行综合评价，确定主要污染指标、污染发展趋势，并在电子地图上展示评价结果。

2）流域环境风险区划。利用共性课题对风险源进行危险性评价，确定潜在风险源的风险强度及发生概率的成果，依据不同水体功能区的水质标准，确定不同功能区水体的敏感度。输入风险因子（包括风险源），选择相应的风险评价模型，对评价结果进行分级。

3）污染源风险评估。依据格网（不依据断面），根据风险区划、生态环境质量现状、预测结果和人工防护设施、人口及社会经济等基本情况，对可能发生事故引起的人口和财产（依据获得的数据情况）等损失及水质变化及其等级（区域、核心区、一级缓冲区和二级缓冲区）进行评估。

4）预警模拟分析。利用 GIS，结合各种预警模型，动态模拟水安全演化过程，预测未来结果。可以模拟被污染水体在区域内沿着河流及其支流的传播过程。对区域的任何给定部分，系统都可预测污染水体通过的时间及污染物的最大浓度。包含两个层次：一是长期的潜在的污染事件；二是紧急的突发性污染事件。对于长期的潜在的污染事件，根据累积性风险评估及预警模型最大限度分析预测流域水环境演变和变化趋势，实现对特定时段特定区域的潜在风险进行预警。对于突发事件，能够在某风险源发生事故时计算给定气象和水文条件下污染物在不同时间内的扩散浓度、扩散范围和污染等级，确定一定范围内的影响人群和敏感单位，提供应急措施、报警信息和救援信息。

污染物主要包括 COD、NH_4^+、重金属和石油类。COD 是辽河评价断面水质的最主要指标之一；现在 NH_4^+ 超标现象比较严重，成为今后环保部门对水质评价的主要指标之一；辽宁省是我国重要的老工业基地，其重金属和石油类的污染现象较为突出。基于以上几个原因，选取该 4 个污染因子建立相关的水质模型。应用一维水质模型，再输入河流平均流速、上游来水水质浓度、污染物排放浓度和衰减系数等参数值，模拟计算出下游河段在不同时间段的浓度值，预测出下游某河段的污染峰值大小及到达时间，并可以根据污染物浓度值的大小以不同深浅的颜色来表示。

18.3 系统功能实现

辽河流域水环境风险评估与预警监控平台包括水环境污染源管理系统、水环境质量管理系统、风险评估与预警系统、水环境应急响应系统、综合信息服务系统和模型软件系统 6 个子系统（图 18-10）。通过辽河流域水环境风险评估与预警监控平台，可访问大伙房水库监控预警平台和沈阳市水环境风险评估与预警平台两个子平台；平台共享数据采集与传输系统的水质自动监测站实时数据，并可发布平台生成的各项信息。

（1）辽河流域水环境污染源管理系统

污染源管理系统包括污染源基础信息管理、排放信息管理、监测信息管理、达标评价管理和统计查询管理等功能（图 18-11）。该系统应用水质预警技术，实现了新增污染源评价（图 18-12）。系统涵盖工业污染源、污水处理厂和污染源监测数据等。

（2）辽河流域水环境质量管理系统

质量管理系统包括断面、河流、河段和自动监测站等的基本信息、监测信息、统计查询、水环境质量评价、流域水功能分区及功能区评价和水环境通量核算等功能（图 18-13 和图 18-14）。该系统应用水质评价技术，实现了单指标评价、全指标评价和超标评价等。系统涵盖断面、水质自动监测站实时数据和水文资源等。

（3）辽河流域水环境风险评估与预警系统

评估与预警系统包括流域水环境风险区划管理、流域水环境预警管理、污染物传输模拟、水环境质量趋势分析和饮用水源地管理等功能（图 18-15 和图 18-16）。该系统应用水质预警技术，实现了水环境质量趋势分析、预警及废水连续稳定排放情况下的模拟和瞬时排放模拟；应用溯源技术，实现了对特征污染物的溯源；应用风险预警技术，实现了风险区划管理；应用风险源识别及评估技术，实现了风险源管理。

（4）辽河流域水环境应急响应系统

应急响应系统涵盖事故发生时的从接警、应急预案和执行方案到指挥调度的完整流程，包括应急值守、应急预案、指挥调度、应急资源和事故导出等功能（图 18-17 和图 18-18）。该系统应用水质预警技术，实现了污染物扩散模拟。

图 18-10　平台主界面

图 18-11　污染源管理子系统——主界面

废水排放口单项达标

废水排放口单项达标率计算　导出成Excel

计算标准：⦿行业 ○流域 ○水系 ○地区　所属行业：　选择行业

监测项目名称：　选择监测项目　监测年：2012　请选择　查询

计算标准	监测项目	企业数量	排放口数量	达标率
饮料制造业	悬浮物	1	1	100.00%
饮料制造业	生化需氧量	1	1	100.00%
饮料制造业	化学需氧量	1	1	100.00%
饮料制造业	氨氮	1	1	100.00%
饮料制造业	总磷	1	1	100.00%
化学纤维制造业	PH值	2	4	87.50%
化学纤维制造业	色度	2	4	100.00%
化学纤维制造业	悬浮物	2	4	62.50%
化学纤维制造业	生化需氧量	2	4	87.50%
化学纤维制造业	化学需氧量	2	4	75.00%
化学纤维制造业	总锌	1	2	75.00%
化学纤维制造业	氨氮	2	4	75.00%
化学纤维制造业	氰化物（总氰化合物）	1	2	100.00%
化学纤维制造业	硫化物	2	4	100.00%
化学纤维制造业	石油类	2	4	100.00%
黑色金属冶炼及压延加工业	PH值	1	1	100.00%
黑色金属冶炼及压延加工业	悬浮物	1	1	100.00%
黑色金属冶炼及压延加工业	化学需氧量	1	1	100.00%

共 46 条记录　1　共 3 页

图 18-12　污染源管理子系统——污染源评价

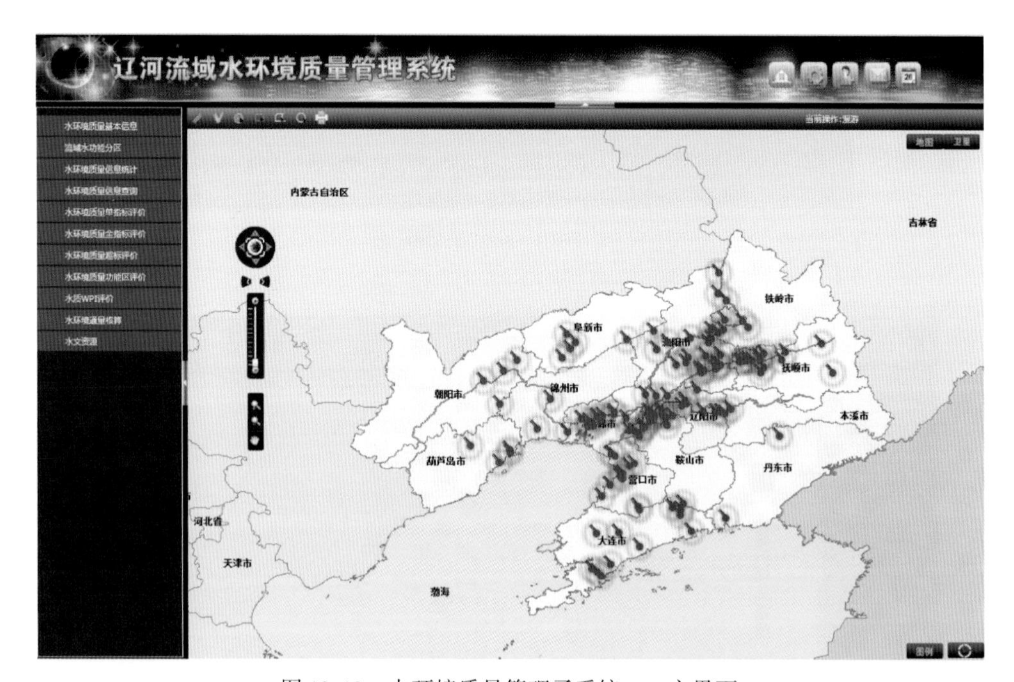

图 18-13　水环境质量管理子系统——主界面

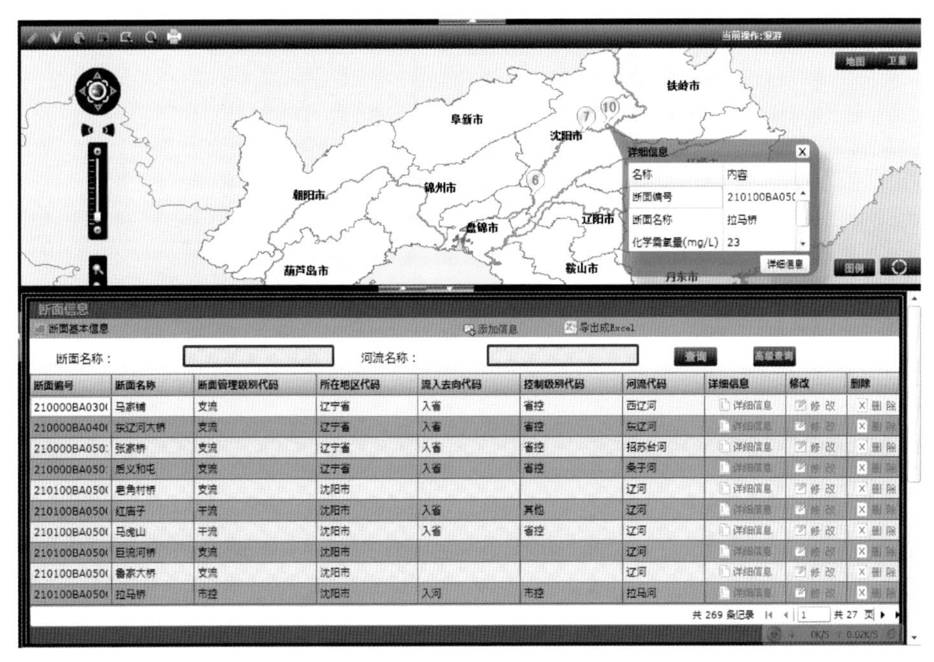

图 18-14　水环境质量管理子系统——断面信息查询

图 18-15　风险评估与预警子系统——主界面

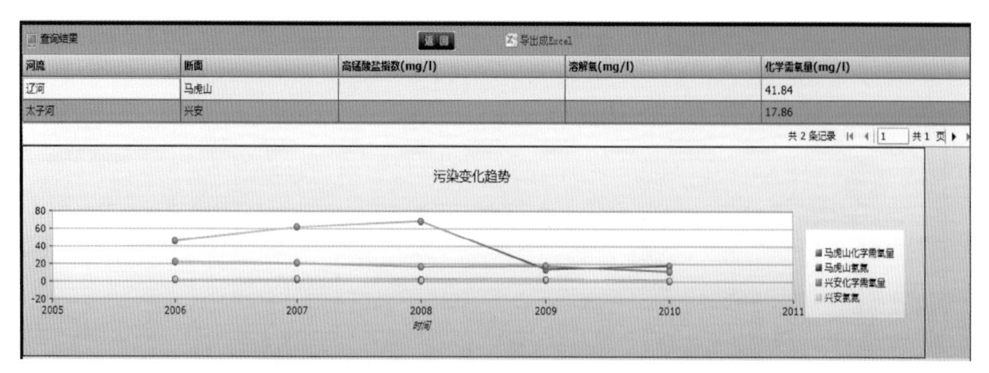

图 18-16　风险评估与预警子系统——趋势预测

图 18-17　应急响应子系统——主界面

应急预案管理

应急预案管理 › 预案任务选定　　返回

应急预案编号：　　应急预案版本号：003　　003

预案任务信息：　　添加信息

任务名称	任务内容	任务类别	删除
1	1	编制依据	删除
编制依据	编制预案所依据的法律法规，H预案等。	编制依据	删除
危险化学品专家组	组织成立危险化学品专家组	指挥体系	删除
建筑工程专家组	成立建筑工程专家组	指挥体系	删除
专家组	预案规定的专家组成员列表。	指挥体系	删除
机械类专家组	成立机械类专家组	指挥体系	删除
消防专家组	成立消防专家组	指挥体系	删除
电子仪表专家组	成立电子仪表专家组	指挥体系	删除
应急指挥部	预案规定的应急指挥部成员（一般为政府领导）信息。	指挥体系	删除
现场指挥部	预案规定的应急现场指挥部成员（一般为政府领导）信息。	指挥体系	删除
交通运输专家组	成立交通运输专家组	指挥体系	删除
分指挥部	预案规定的分指挥部成员单位信息。	指挥体系	删除
城镇燃气专家组	成立城镇燃气专家组	指挥体系	删除
专业救援队	预案规定的专业救援队信息。	应急资源	删除

页 1 共 1

图 18-18　应急响应子系统——应急预案信息

(5) 辽河流域水环境综合信息服务系统

综合信息服务系统包括平台日常维护、污染源数据对比分析、水环境质量数据对比分析及污染源比对等功能（图 18-19 和图 18-20）。

图 18-19　综合信息服务子系统——主界面

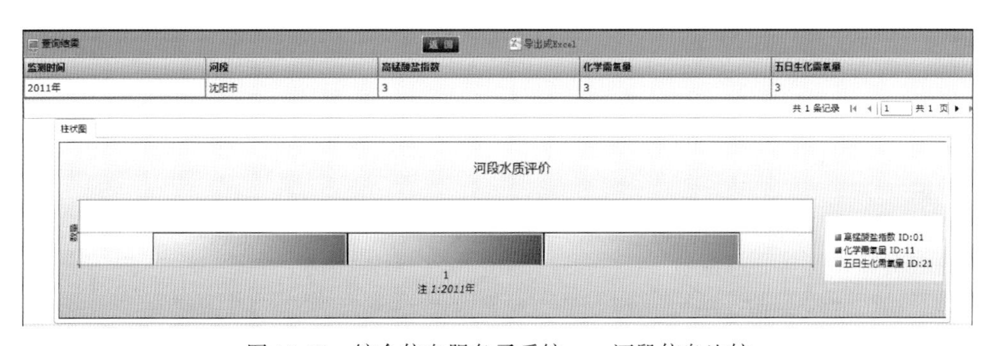

图 18-20　综合信息服务子系统——河段信息比较

18.4　平台业务化运行

18.4.1　日常运行维护

18.4.1.1　平台日常应用

(1) 辽河流域水环境风险评估与预警监控平台

辽河流域水环境风险评估与预警监控平台已在辽河流域日常管理中应用。

1）辽河流域污染源管理系统。

辽河流域污染源管理系统为污染源的日常管理提供了应用，主要包括对污染源基础信息、污染源排放信息、污染源监测信息和污染源达标评价信息的日常管理，并能够对污染源进行统计查询。此外，能够对新增污染源对水质影响进行评价。

A. 污染源基础信息日常管理。平台中包括几类污染源，分别是国控废水、规模以上、污染调查、直排入海污染源（图 18-21）。其中，污染源普查 19 702 家，国控废水污染源 112 家，规模以上污染源 537 家，直排入海污染源 34 家，污水处理厂 88 家。主要是对污染源的基本信息如行业和行政区等及主要产品信息、监测点、在线监测设备、许可证、排污收费、行政执法和固体废物等信息的日常管理。

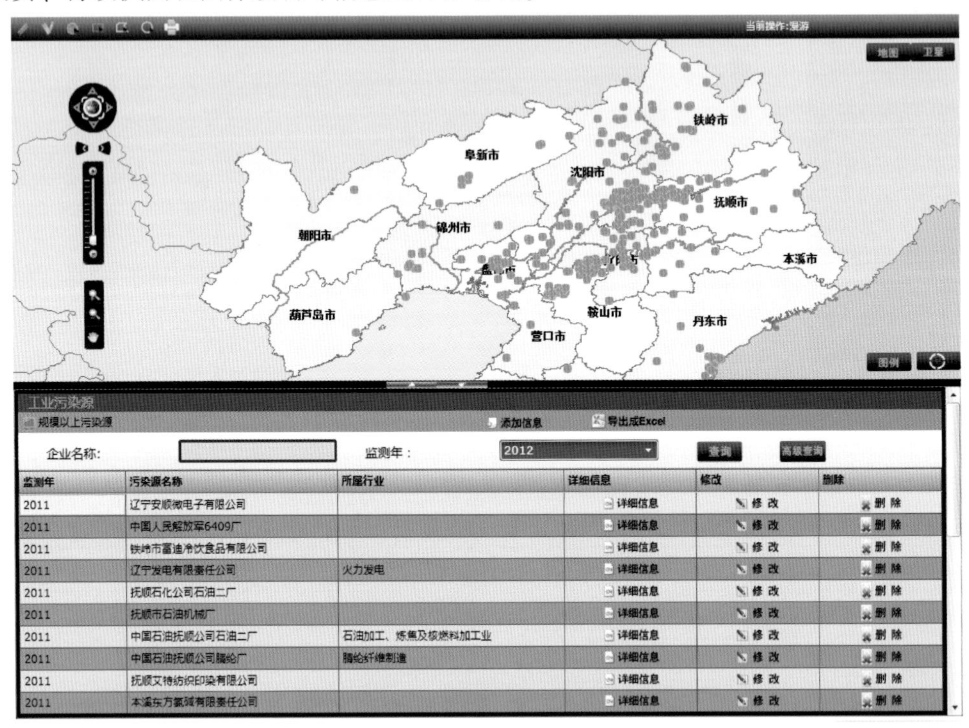

图 18-21　规模以上污染源

B. 污染源排放信息。平台中包括 313 个排放口信息（图 18-22），主要是对排放口和在线监测设备的日常管理，包括对监测点的基本信息和监测项目信息等的管理。

C. 污染源监测信息。主要对污染源手工监测的数据和自动监测的数据的管理（图 18-23），并能够自动对同一个监测点的手工监测数据和自动监测数据形成比对，生成柱状图和折线图等，形成结果。

D. 污染源达标评价。污染源达标评价是对污染源、污水处理厂和排放口的评价，包括综合达标评价、单项达标评价、综合达标率评价和单项达标率评价。通过达标评价能够看到达标的与未达标的污染源以及排放的标准值及实际监测值和超标的倍数（图 18-24）。通过达标率评价，可以计算不同行业、不同流域、不同水系以及各地区的污染源达标率。

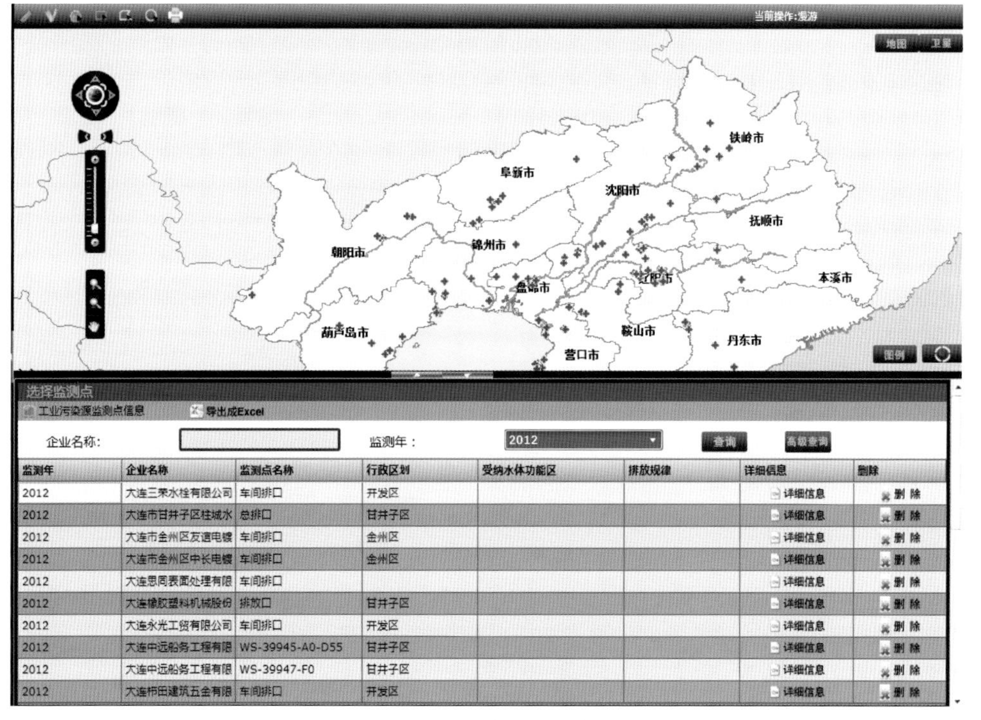

监测年	企业名称	监测点名称	行政区划	受纳水体功能区	排放规律	详细信息	删除
2012	大连三荣水栓有限公司	车间排口	开发区			详细信息	删除
2012	大连市甘井子区柱城水	总排口	甘井子区			详细信息	删除
2012	大连市金州区友谊电镀	车间排口	金州区			详细信息	删除
2012	大连市金州区中长电镀	车间排口	金州区			详细信息	删除
2012	大连思同表面处理有限	车间排口				详细信息	删除
2012	大连橡胶塑料机械股份	排放口	甘井子区			详细信息	删除
2012	大连永光工贸有限公司	车间排口	开发区			详细信息	删除
2012	大连中远船务工程有限	WS-39945-A0-D55	甘井子区			详细信息	删除
2012	大连中远船务工程有限	WS-39947-F0	甘井子区			详细信息	删除
2012	大连柿田建筑五金有限	车间排口	开发区			详细信息	删除

图 18-22　排放口信息

手工监测数据　自动监测数据　监测数据比对

污染源手工监测

污染源手工监测数据　导出成Excel

企业名称：　监测年：2012　查询　高级查询

监测年	监测月	监测日	企业名称	季度	次数	监测点名称	废水排放量（t/d）	治理设施运行
2011	1	11	沈阳化工股份有限公司	1	1	沈阳化工股份有限公司排污口	1262.80	1
2011	1	11	沈阳化工股份有限公司	1	1	东口	168.50	1
2011	1	11	沈阳化工股份有限公司	1	1	南口	7266.70	1
2011	1	11	沈阳化工股份有限公司	1	1	树脂口	1823.43	1
2011	1	11	沈阳化工股份有限公司	1	1	北口	280.87	1
2011	1	12	丹东五兴化纤纺织(集团)有限公司	1	1	1号排污口	10000	1
2011	1	12	丹东五兴化纤纺织(集团)有限公司	1	1	2号排污口	20000	1
2011	1	17	大连西太平洋石油化工有限公司	1	1	总排口	131000	1
2011	1	17	大连凯飞化学股份有限公司	1	1	总排口	350	1
2011	1	19	中国石油天然气股份有限公司锦州石化分公司	1	1	化工污水口	3805	1
2011	1	19	中国石油天然气股份有限公司锦州石化分公司	1	1	炼油污水	9006	1
2011	1	19	中信锦州铁合金股份有限公司	1	1	总口	5777	1
2011	1	25	沈阳石蜡化工有限公司	1	1	沈阳石蜡化工有限公司排污口	2333.33	1
2011	1	25	沈阳石蜡化工有限公司	1	1	总口	2333.33	1
2011	1	25	沈阳红梅味精股份有限公司	1	1	沈阳红梅味精股份有限公司排污口	1800	1
2011	1	25	沈阳红梅味精股份有限公司	1	1	总口	1800	1
2011	1	25	可口可乐辽宁(北)饮料有限公司	1	1	可口可乐辽宁（北）饮料有限公司排污口	204.86	1
2011	1	25	可口可乐辽宁(北)饮料有限公司	1	1	总口	204.86	1
2011	1	25	沈阳顶益食品有限公司	1	1	沈阳顶益食品有限公司（沈阳顶益国际有限公司）排污口	412.22	1
2011	1	25	沈阳顶益食品有限公司	1	1	总口	412.22	1
2011	1	25	新东北电气沈阳高压开关有限公司	1	1	灌排口	1190.80	1
2011	2	9	同联集团沈阳抗生素厂	2	1	总口	1000	1
2011	2	11	沈阳金碧兰化工有限公司	1	1	总口	3934.93	1
2011	2	12	同联集团沈阳抗生素厂	1	1	总口	988.89	1

共 185 条记录　3　共 8 页

图 18-23　污染源监测信息

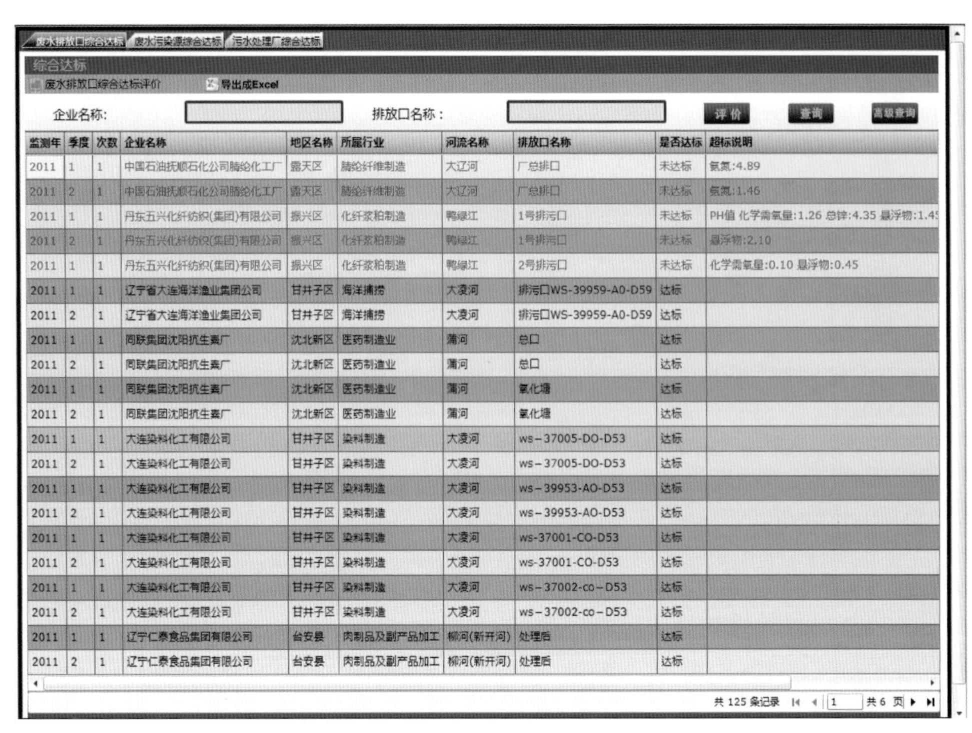

监测年	季度	次数	企业名称	地区名称	所属行业	河流名称	排放口名称	是否达标	超标说明
2011	1	1	中国石油抚顺石化公司腈纶化工厂	露天区	腈纶纤维制造	大辽河	厂总排口	未达标	氨氮:4.89
2011	2	1	中国石油抚顺石化公司腈纶化工厂	露天区	腈纶纤维制造	大辽河	厂总排口	未达标	氨氮:1.46
2011	1	1	丹东五兴化纤纺织(集团)有限公司	振兴区	化纤浆粕制造	鸭绿江	1号排污口	未达标	PH值 化学需氧量:1.26 总锌:4.35 悬浮物:1.4
2011	2	1	丹东五兴化纤纺织(集团)有限公司	振兴区	化纤浆粕制造	鸭绿江	1号排污口	未达标	悬浮物:2.10
2011	1	1	丹东五兴化纤纺织(集团)有限公司	振兴区	化纤浆粕制造	鸭绿江	2号排污口	未达标	化学需氧量:0.10 悬浮物:0.45
2011	1	1	辽宁省大连海洋渔业集团公司	甘井子区	海洋捕捞	大凌河	排污口WS-39959-A0-D59	达标	
2011	2	1	辽宁省大连海洋渔业集团公司	甘井子区	海洋捕捞	大凌河	排污口WS-39959-A0-D59	达标	
2011	1	1	同联集团沈阳抗生素厂	沈北新区	医药制造业	蒲河	总口	达标	
2011	2	1	同联集团沈阳抗生素厂	沈北新区	医药制造业	蒲河	总口	达标	
2011	1	1	同联集团沈阳抗生素厂	沈北新区	医药制造业	蒲河	氧化塘	达标	
2011	2	1	同联集团沈阳抗生素厂	沈北新区	医药制造业	蒲河	氧化塘	达标	
2011	1	1	大连染料化工有限公司	甘井子区	染料制造	大凌河	ws-37005-DO-D53	达标	
2011	2	1	大连染料化工有限公司	甘井子区	染料制造	大凌河	ws-37005-DO-D53	达标	
2011	1	1	大连染料化工有限公司	甘井子区	染料制造	大凌河	ws-39953-AO-D53	达标	
2011	2	1	大连染料化工有限公司	甘井子区	染料制造	大凌河	ws-39953-AO-D53	达标	
2011	1	1	大连染料化工有限公司	甘井子区	染料制造	大凌河	ws-37001-CO-D53	达标	
2011	2	1	大连染料化工有限公司	甘井子区	染料制造	大凌河	ws-37001-CO-D53	达标	
2011	1	1	大连染料化工有限公司	甘井子区	染料制造	大凌河	ws-37002-co-D53	达标	
2011	2	1	大连染料化工有限公司	甘井子区	染料制造	大凌河	ws-37002-co-D53	达标	
2011	1	1	辽宁仁泰食品集团有限公司	台安县	肉制品及副产品加工	柳河(新开河)	处理后	达标	
2011	2	1	辽宁仁泰食品集团有限公司	台安县	肉制品及副产品加工	柳河(新开河)	处理后	达标	

图 18-24　污染源达标评价

E. 污染源查询统计分析。系统提供了各种查询方式，对污染源的排放总量进行查询。可以按照不同时间、不同行业、不同地区和不同污染物来进行查询（图 18-25）。

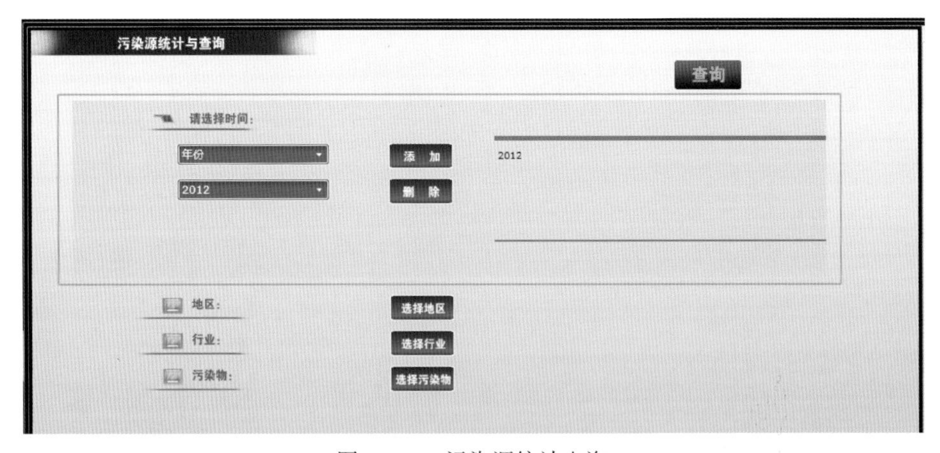

图 18-25　污染源统计查询

2）辽河流域水环境质量管理系统。主要对辽河流域水环境质量信息进行日常管理、评价和综合统计分析，结合水文信息对水环境进行通量核算。

A. 水环境质量信息日常管理。主要包括对断面、自动站、河流、河段和水环境功能区的日常管理。平台中有 297 个断面（包括国控的、省控的和市控的等）、6 个自动监测站信息、488 条河流信息以及 8 个河段信息（图 18-26）。手工断面监测是按月份进行监测；自动监测数据是在线监测，同步进入数据库。流域水功能分区包括水功能区和水环境功能区。系统中有479个水环境功能区，在地图上用不同颜色进行了渲染（图18-27）。

断面信息

断面基本信息　　添加信息　　导出成Excel

断面名称：　　河流名称：　　查询　　高级查询

断面编号	断面名称	断面管理级别代码	所在地区代码	流入去向代码	控制级别代码	河流代码	详细信息	修改	删除
210100BA0520000001	老山头		沈阳市	入河		八家子河	详细信息	修 改	删 除
210100BA0600000001	东陵大桥		沈阳市	入河	其他	浑河	详细信息	修 改	删 除
210100BA0600000003	砂山		沈阳市	入河	其他	浑河	详细信息	修 改	删 除
210100BA0600000004	七台子		沈阳市	入河	省控	浑河	详细信息	修 改	删 除
210100BA0600000005	于家房		沈阳市	入河	其他	浑河	详细信息	修 改	删 除
210100BA0604000001	蒲河南桥		沈阳市		市控	蒲河	详细信息	修 改	删 除
210100BA0604000002	道义桥		沈阳市		市控	蒲河	详细信息	修 改	删 除
210100BA0604000003	后集体桥		沈阳市		市控	蒲河	详细信息	修 改	删 除
210100BA0604000004	东升堡		沈阳市		市控	蒲河	详细信息	修 改	删 除
210100BA0604000005	蒲河沿		沈阳市	入河		蒲河	详细信息	修 改	删 除

图18-26　断面基本信息

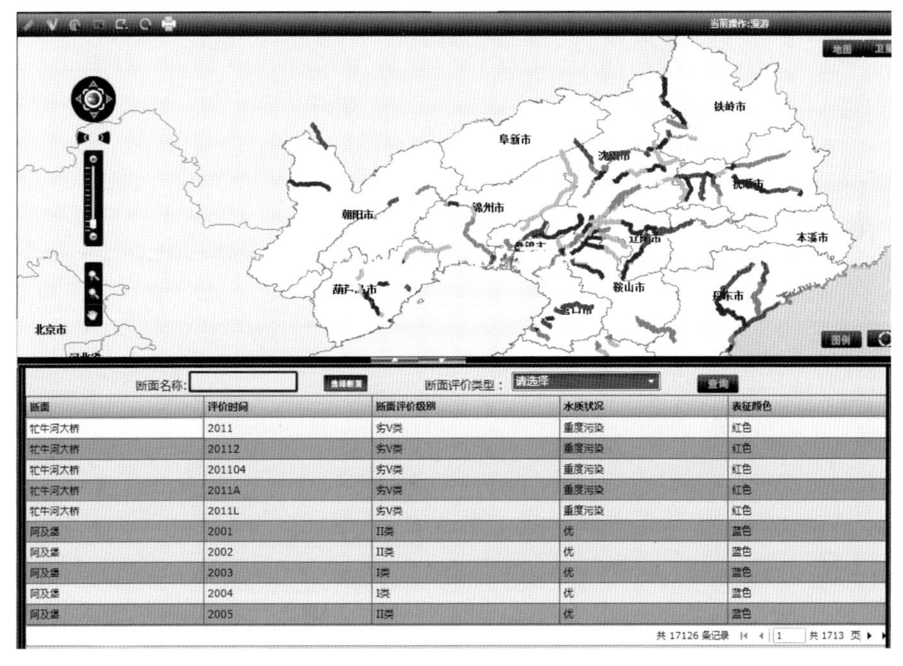

断面	评价时间	断面评价级别	水质状况	表征颜色
牤牛河大桥	2011	劣V类	重度污染	红色
牤牛河大桥	20112	劣V类	重度污染	红色
牤牛河大桥	201104	劣V类	重度污染	红色
牤牛河大桥	2011A	劣V类	重度污染	红色
牤牛河大桥	2011L	劣V类	重度污染	红色
阿及堡	2001	II类	优	蓝色
阿及堡	2002	II类	优	蓝色
阿及堡	2003	I类	优	蓝色
阿及堡	2004	I类	优	蓝色
阿及堡	2005	II类	优	蓝色

图18-27　水环境功能分区

B. 水环境质量综合统计分析。主要是对不同断面、不同河流、不同河段和不同地区的不同污染物的一个统计查询（图18-28）。并且可以查询到不同时间、不同断面、不同河流和不同河段各类水质所占的百分比。

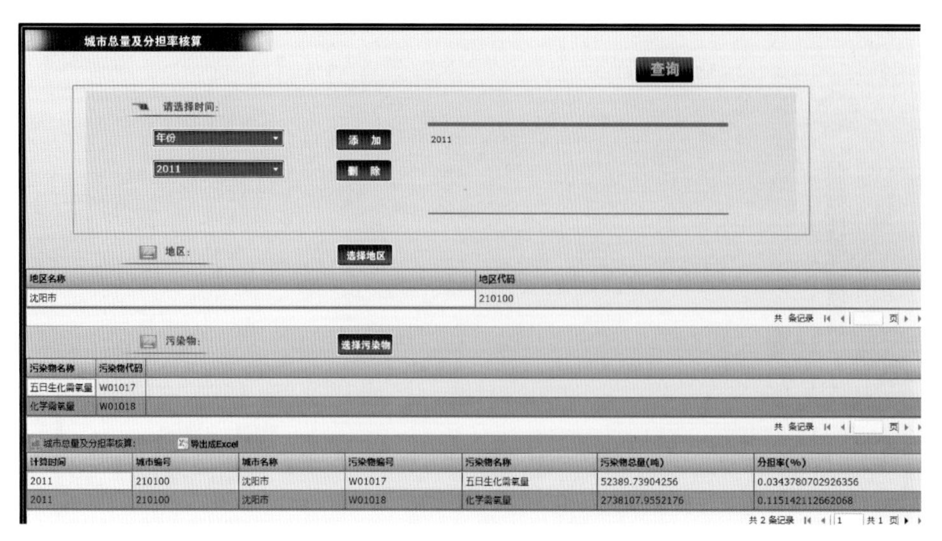

图 18-28　水环境质量综合统计分析

C. 水环境质量评价。其包括对断面（测点）、河流和流域水系的单因子评价、综合因子评价、水环境功能区达标评价等（图 18-29）。

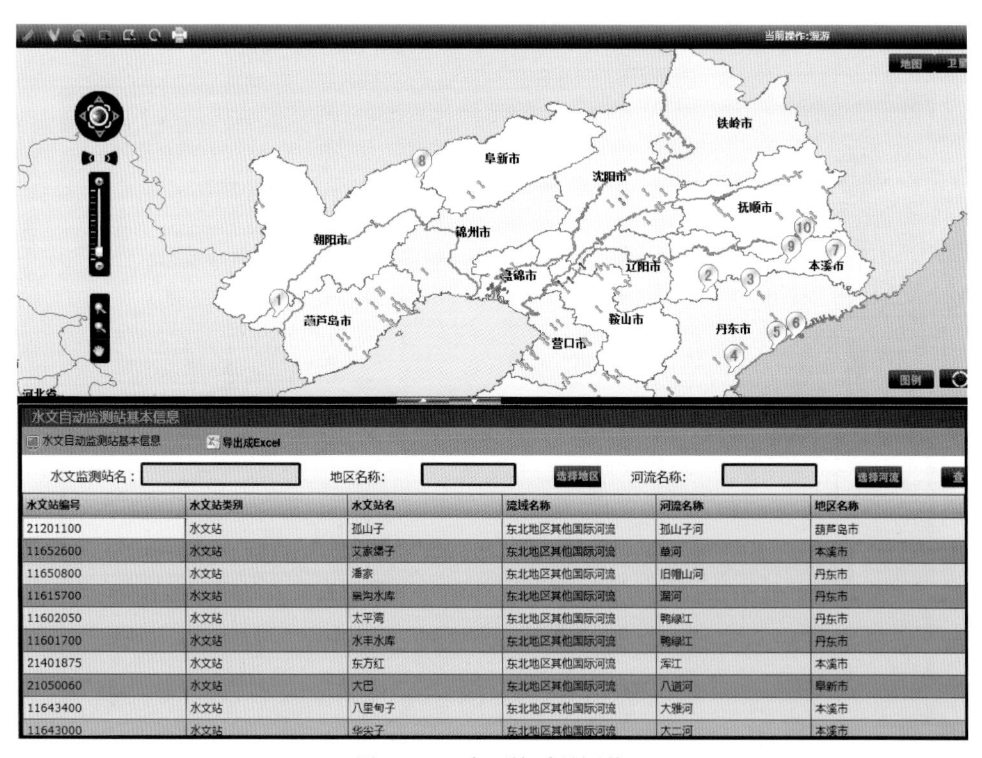

图 18-29　水环境质量评价

D. 水环境通量核算。其包括对跨省和跨市断面的通量核算（图 18-30）以及对城市与河流的总量核算和分担率核算。

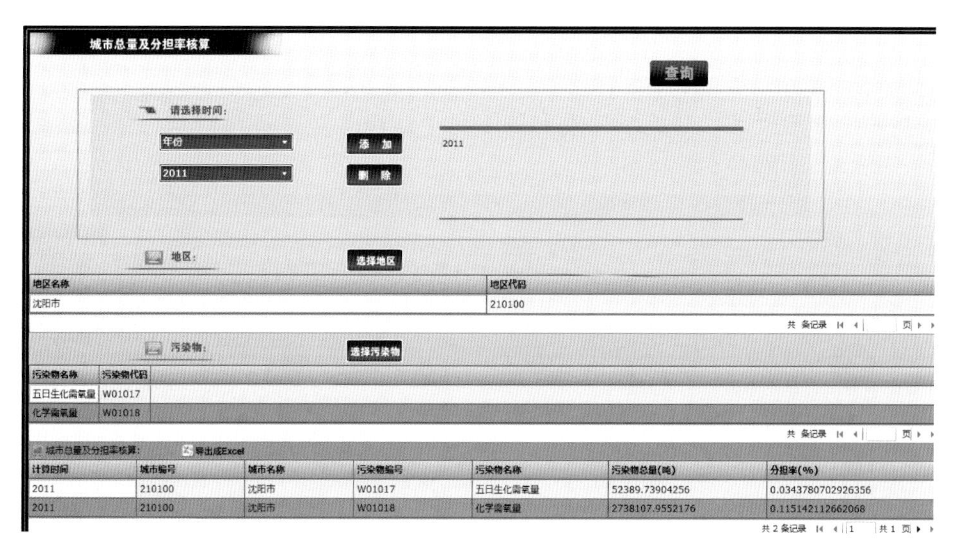

图 18-30　水环境通量核算

E. 对水文资源的管理。对水文站信息、雨情信息、河段水情信息及水库水情信息进行管理（图 18-31）。

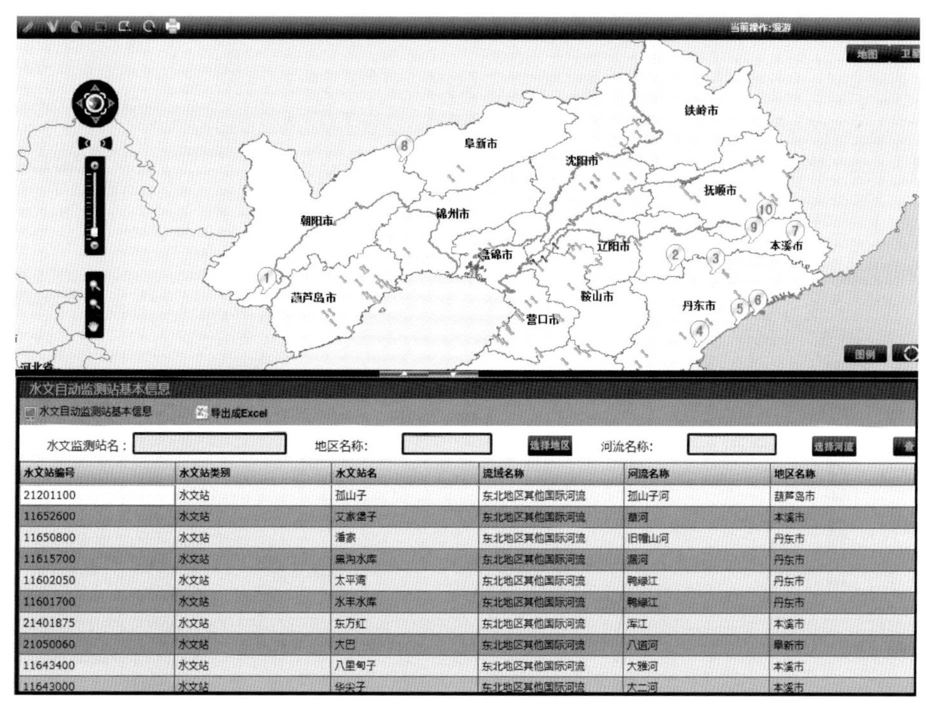

图 18-31　水文站信息

3）辽河流域水环境风险评估与预警系统。辽河流域水环境风险评估与预警系统的日常管理主要是划分辽河流域风险分区，并筛选出风险源，对风险源和饮用水源地进行管理。

A. 风险区划管理。利用近十年断面 COD、NH_4^+-N、TP、TN、总汞、总铅和挥发酚监测数据，把断面点叠加到水环境功能区，划分辽河流域的风险分区；并根据不同水功能区的阈值，结合监测值分布频次，确定不同功能区的预警阈值，从而确定预警等级。地图上不同颜色代表不同的风险区（图 18-32）。

B. 饮用水源地管理。对流域内现有的 189 个饮用水源地进行管理，包括其类型、流域、位置和规模等信息（图 18-33）。

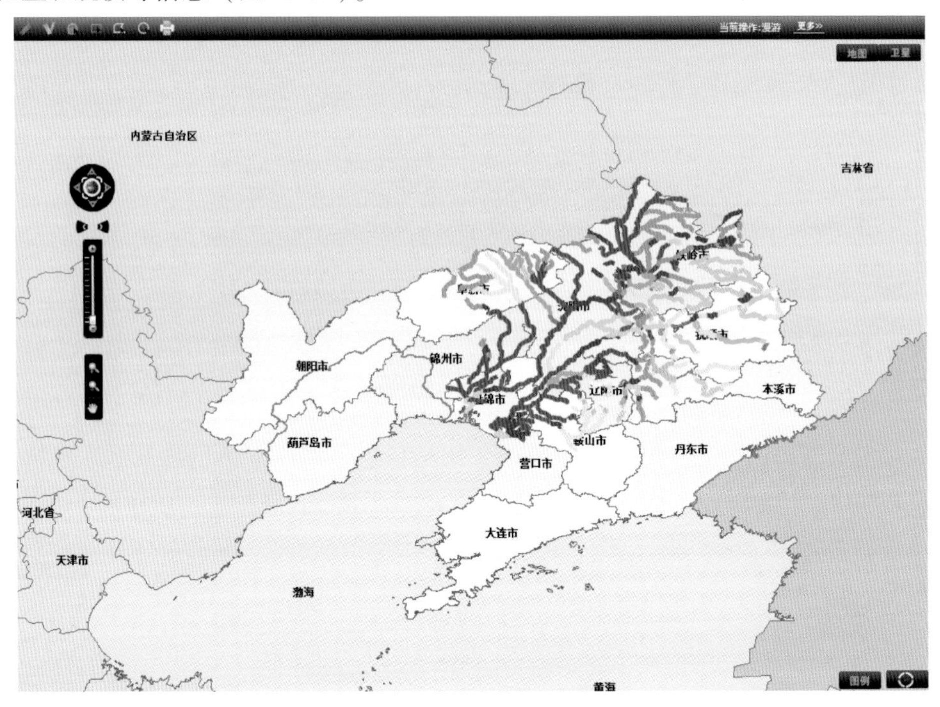

图 18-32　风险分区管理

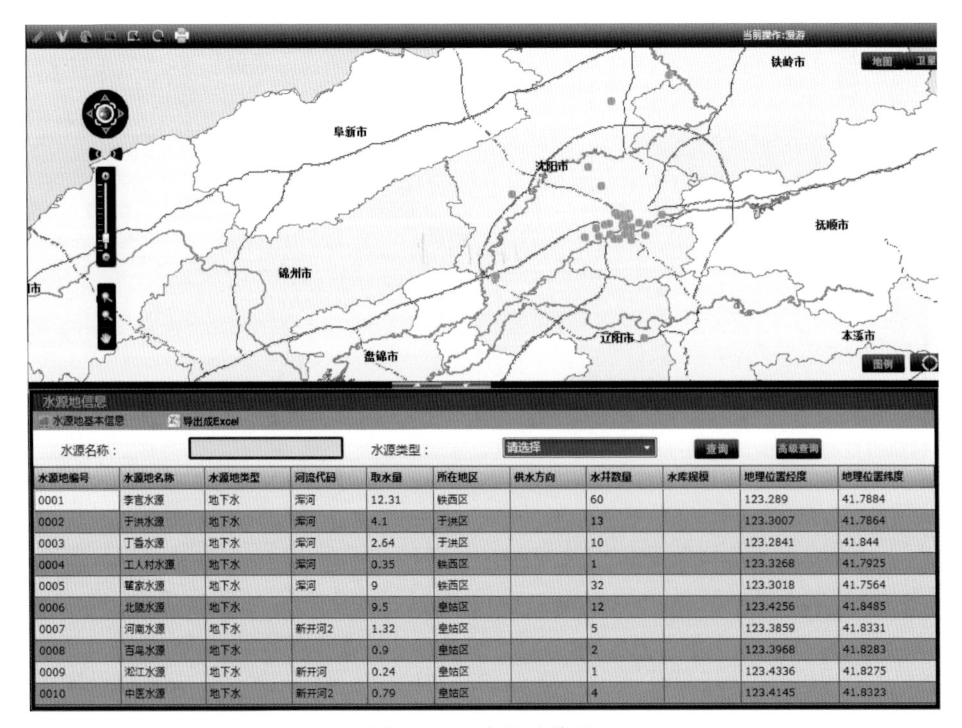

水源地编号	水源地名称	水源地类型	河流代码	取水量	所在地区	供水方向	水井数量	水库规模	地理位置经度	地理位置纬度
0001	李官水源	地下水	浑河	12.31	铁西区		60		123.289	41.7884
0002	于洪水源	地下水	浑河	4.1	于洪区		13		123.3007	41.7864
0003	丁香水源	地下水	浑河	2.64	于洪区		10		123.2841	41.844
0004	工人村水源	地下水	浑河	0.35	铁西区		1		123.3268	41.7925
0005	翟家水源	地下水	浑河	9	铁西区		32		123.3018	41.7564
0006	北陵水源	地下水		9.5	皇姑区		12		123.4256	41.8485
0007	河南水源	地下水	新开河2	1.32	皇姑区		5		123.3859	41.8331
0008	百鸟水源	地下水		0.9	皇姑区		2		123.3968	41.8283
0009	淞江水源	地下水	新开河	0.24	皇姑区		1		123.4336	41.8275
0010	中医水源	地下水	新开河2	0.79	皇姑区		4		123.4145	41.8323

图 18-33　水源地管理

18.4.1.2　辽河流域饮用水源地水质安全预警应用

（1）水质安全在线生物预警

大伙房水库在浑河北杂木、苏子河古楼和社河台沟监测点位中使用了“（BEWs）水质在线生物安全预警系统”进行监测预警。该系统是利用水质安全在线生物监测与预警系统连续监测不同类型的水污染物暴露下日本青鳉自动发生的行为学上的改变（如逃避）来进行水质监测的方法。在遭遇有毒化学物质污染或水质恶化时，生物监测系统会根据预先设置好的警级实现报警，同时进行自动采样。接到报警的实验室人员赶到现场，取回自动采集到水质的样品后，回实验室进行详细分析，定量确定污染物情况。

该系统可以对水体质量进行综合分析；对突发性事故初始发生的时间以及水体内污染物的综合毒性浓度做出判断，误差不高于15%。所有监测点位的数据通过无限传输的方式，传到辽宁省环境监测实验中心和抚顺市环境监测中心站数据监控中心，同时发送至相关人员的手机上，实时监测水质变化情况。在事故发生时及时报警、评估和应急处理，做到早发现和早处理，尽可能在污染物入库前实现安全处置。

（2）水质实时监测系统的数据查询与短信报警

1）数据查询统计。可以显示各监测项目的实时数据，10s刷新一次。通过选择时间范围、站点和时间周期可以查询出历史的分钟、小时、日、周、月、季和年数据，便于用户对一段时间内数据进行分析。并可根据要求，生成各种报表和统计报表（图18-34）。

最新实时数据采集时间　最新统计数据采集时间　水环境预警模型

选择项目　地表水数据查询

开始时间：2010-11-19 时 分　结束时间：2010-11-19 时 分 日　查询

单位　转向　三维　折线　Excel　导出　图形

点位名称	数据时间	水温 ℃	pH Ph	溶解氧 mg/L	电导率 us/cm	浊度 NTU	高锰酸盐指数 mg/L	氨氮 mg/L	总磷 mg/L	总氮 mg/L	生物毒性	流量 m3/s	室内温度 ℃	室内湿度 %
台沟	2010-11-19 00:00	6.1	7.88	10.74	134	8	0.8	0.01	0.00	0.00	31.980	0.000	23.8	52.0
北杂木	2010-11-19 00:00	7.7	6.62	8.05	213	8	0.9	0.09	0.01	3.87	31.780	0.000	20.8	43.0
古楼	2010-11-19 00:00	4.9	7.44	10.77	145	13	0.9	0.00	0.03	2.69	34.506	0.000	21.3	16.3
桓仁	2010-11-19 00:00	13.3	7.35	7.26	231	2	2.2	0.07	0.03	2.06	0.000	0.000	23.5	44.0
平均值		8.0	7.32	9.20	181	8	1.2	0.04	0.02	2.15	24.567	0.000	22.3	38.8

图18-34　地表水数据查询

2）短信监测预警。对水质监测站采集上来的数据进行实时监测预警，对超标因子进行报警，报警以短信形式发送到相关人员手机中，使其能及时准确做出相应的应急措施，实现实时监测预警功能。

（3）水质自动监测站优化建设

利用网络优化技术成果设计了全新的站房布局，配置了优化后的监测仪器。使用多功能数据采集及分析仪，并采用混合组网冗余传输系统进行数据传输，在大伙房水库库区和上游支流建成了4座水质自动监测站。

案例

辽河流域水环境风险评估与预警监控平台在辽宁省环境保护厅投入运行以来，已在“本溪市桓仁县古城镇交通肇事甲醛泄漏事故”和“抚顺市清原县化工厂挥发酚和石油类污染事故”中验证应用。下面以“本溪市桓仁县古城镇交通肇事甲醛泄漏事故”为例说明验证应用过程。

2012 年 8 月 11 日 12 时 30 分，抚顺中正运输公司一辆运输甲醛货车从通化方向驶向桓仁，途经古城镇岔路子村岗山岭时发生交通事故，车辆侧翻在路旁，导致甲醛泄漏 25.5t（运输量 30t，导出及处理 4.5t）。泄漏的甲醛流经约 700m 长的干沟后，进入国道旁的岔路子河。这条小河经拐磨子河汇入富尔江，最后入桓仁水库。

事故发生后，依据事故的基本情况，辽河流域水环境应急响应系统快速定位，确定事故位置，并登记事故名称、事故类别、事故原因、事故等级、事故经过、事故发展趋势、事故发生地区、事故发生时间和主要污染情况等已获知信息。

立即启动应急预案，配置资源，组成指挥调度、协调综合、环境监测、现场监察和专家技术等小组（图 18-5-1）。

应急预案名称	预案类型	面向灾害种类	主要功能	预案级别	颁布日期	详细信息	修改	删除	配置信息
辽河流域水环境应急预案	总体应急预案	突发社会事件	综合应急预案	Ⅱ级（企业级）应急预案	2012/7/11 12:36:04	详细信息	修 改	删 除	编辑任务
应急预案	总体应急预案	事故灾难	现场处置预案	Ⅱ级（企业级）应急预案	2012/9/4 15:54:10	详细信息	修 改	删 除	编辑任务

图 18-5-1　事故应急预案资源配置

为各小组配置了所需人员（图 18-5-2），调配了物资（图 18-5-3）。

姓名	性别	出生日期	文化程度	工作单位	行政职务	移动电话	责任类型	资源标识	删除
曲刚	男	1973/7/25 0:00:00	硕士研究生					可用	删 除
满佳子	男		大学本科					可用	删 除
孟广华	男		大学本科					可用	删 除
尹江鸿	男		大学本科					可用	删 除
夏广勇	男		大学本科					可用	删 除

图 18-5-2　事故应急预案人员配置

物资名称	物资分类	主要用途	产权单位	联系人	联系方式	数量	规格	删除
吸油毡	拆除设备设施	生活	沈阳市第一物资库	张蕾	13687599490	100		删 除
活性炭	拆除设备设施	保暖	沈阳市第一物资库	张蕾	13687599490	100		删 除
围油网	拆除设备设施	救火	沈阳市第一物资库	张蕾	13687599490	100		删 除

图 18-5-3　事故物资调配信息

系统根据当时事故现场监测的污染物的浓度和流速等信息，进行了模型模拟（图 18-5-4 和图 18-5-5）。

得知主要泄漏物为甲醛后（图 18-5-6），依据应急预案中描述的应急处置方法，采用了限制交通、切断水源、处置现场和污染防控等措施。

针对甲醛的应急处置技术，事故现场处理采用了其中的“尿素覆盖土壤”的方法（图 18-5-7）。

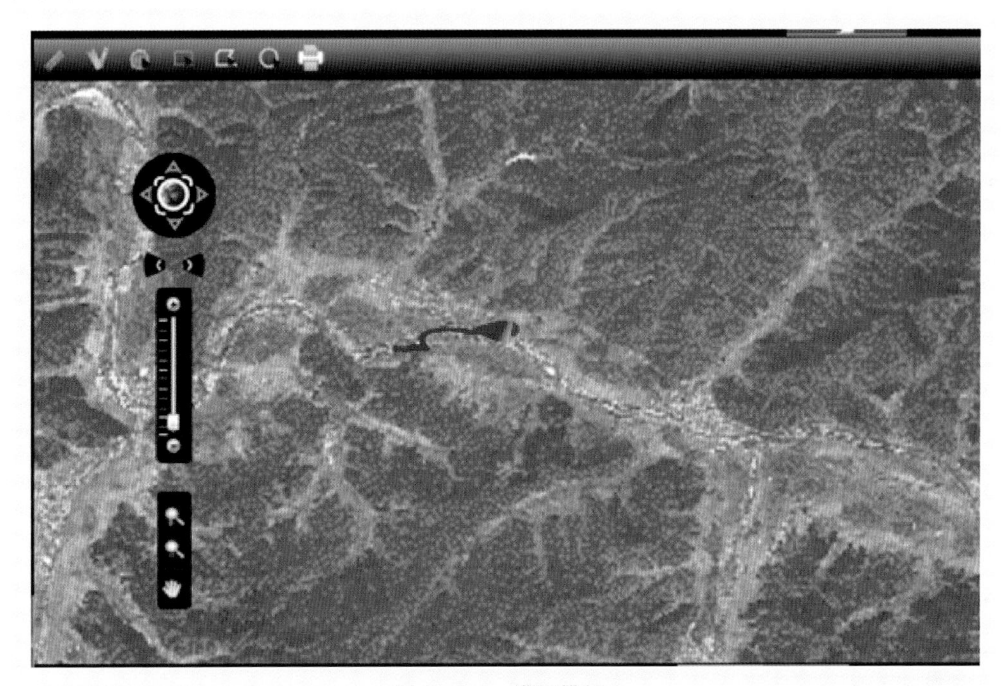

图 18-5-4　模型模拟 1

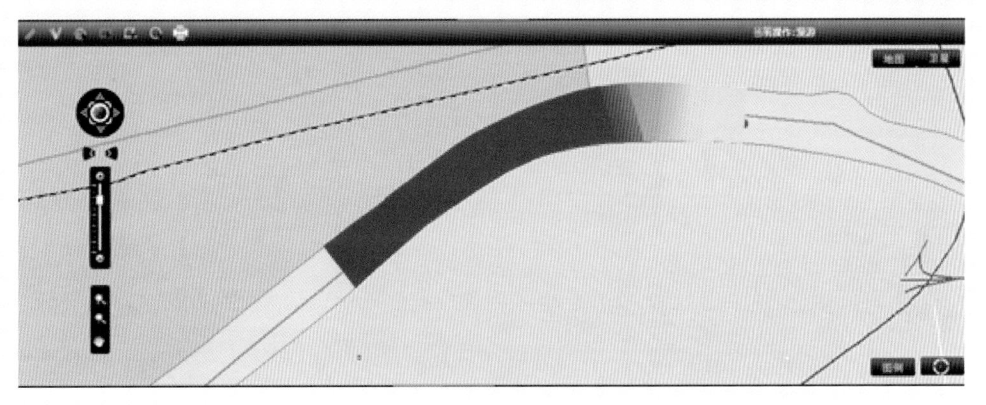

图 18-5-5　模型模拟 2

图 18-5-6　危化品信息

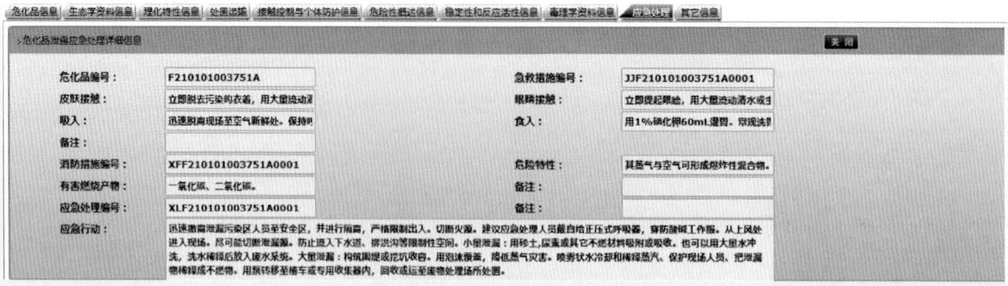

危化品信息 | 生态学资料信息 | 理化特性信息 | 处置运输 | 接触控制与个体防护信息 | 危险性概述信息 | 稳定性和反应活性信息 | 毒理学资料信息 | 应急处理 | 其它信息

›危化品泄露应急处理详细信息　　关闭

危化品编号：	F210101003751A	急救措施编号：	JJF210101003751A0001
皮肤接触：	立即脱去污染的衣着，用大量流动清	眼睛接触：	立即提起眼睑，用大量流动清水或生
吸入：	迅速脱离现场至空气新鲜处。保持呼	食入：	用1%碘化钾60mL灌胃。常规洗胃
备注：			
消防措施编号：	XFF210101003751A0001	危险特性：	其蒸气与空气可形成爆炸性混合物。
有害燃烧产物：	一氧化碳、二氧化碳。	备注：	
应急处理编号：	XLF210101003751A0001	备注：	
应急行动：	迅速撤离泄漏污染区人员至安全区，并进行隔离，严格限制出入。切断火源。建议应急处理人员戴自给正压式呼吸器，穿防酸碱工作服。从上风处进入现场。尽可能切断泄漏源。防止流入下水道、排洪沟等限制性空间。小量泄漏：用砂土,尿素或其它不燃材料吸附或吸收。也可以用大量水冲洗，洗水稀释后放入废水系统。大量泄漏：构筑围堤或挖坑收容。用泡沫覆盖，降低蒸气灾害。喷雾状水冷却和稀释蒸汽、保护现场人员、把泄漏物稀释成不燃物。用泵转移至槽车或专用收集器内，回收或运至废物处理场所处置。		

图 18-5-7　事故应急处置技术

事故发生后，布设了水环境监测采样9个点位。其中，河流断面6个，分别为据事发地2km、3km、7.5km、8km、10km和27km；水源地3个，分别是岔路子村水源地、浑江水库坝上集中水源地和大伙房输水取水口。监测20次，获得160个数据；查找高浓度甲醛来源监测1次，获得8个数据（图18-5-8）。

应急值守管理

事故监测信息　　添加信息　　导出成Excel

事故名称：201　　监测点名称：　　查询　　高级查询

事故名称	监测时间	监测点名称	污染物名称	详细信息	修改	删除
201国道桓仁段罐车翻车	2012/8/11 18:00:00	岔路子村北	甲醛	详细信息	修 改	删 除
201国道桓仁段罐车翻车	2012/8/11 20:00:00	拐磨子桥	甲醛	详细信息	修 改	删 除
201国道桓仁段罐车翻车	2012/8/11 15:00:00	拐磨子桥	甲醛	详细信息	修 改	删 除
201国道桓仁段罐车翻车	2012/8/11 15:00:00	岔路子村北	甲醛	详细信息	修 改	删 除
201国道桓仁段罐车翻车	2012/8/11 18:00:00	拐磨子桥	甲醛	详细信息	修 改	删 除
201国道桓仁段罐车翻车	2012/8/11 20:00:00	岔路子村北	甲醛	详细信息	修 改	删 除
201国道桓仁段罐车翻车	2012/8/11 20:00:00	东古城子桥	甲醛	详细信息	修 改	删 除
201国道桓仁段罐车翻车	2012/8/11 23:00:00	拐磨子桥	甲醛	详细信息	修 改	删 除
201国道桓仁段罐车翻车	2012/8/11 17:19:00	岔路子村北	甲醛	详细信息	修 改	删 除

共9条记录　1　共1页

图 18-5-8　事故监测信息

系统随时更新现场情况。

事故处理结束后，系统根据事故基本信息、应急预案信息和指挥调度情况等，自动生成事故报告。

在事故处理完毕后，系统进行模型模拟还原，结果如图18-5-9所示。

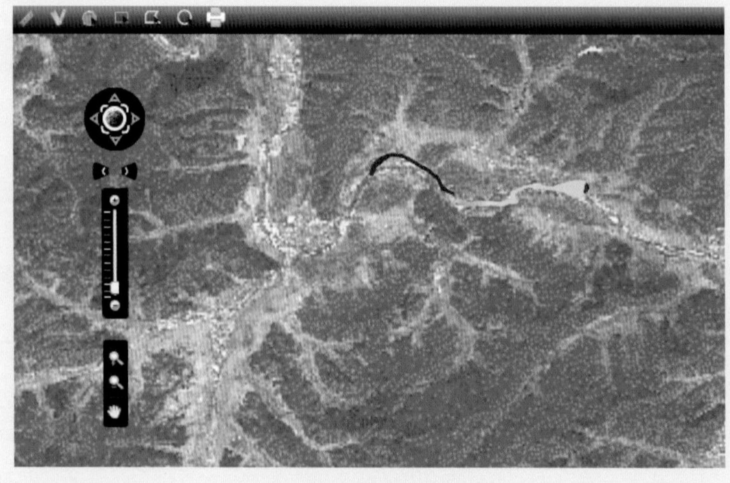

图 18-5-9　模型模拟还原

参 考 文 献

敖江婷，于晓菲，陈景文，等 . 2008. Ⅳ级逸度模型在评估温度对污染物环境行为影响中的应用——以松花江硝基苯污染事故为例 . 安全与环境学报，8（2）：102-106.

陈国阶 . 2002. 论生态安全 . 重庆环境科学，24（3）：1-3.

陈华，孙昌盛，胡志坚，等 . 2002. 饮水微囊藻毒素在大鼠肝癌发生期间对细胞增殖与凋亡的影响 . 癌变畸变突变，14（4）：214-217.

陈剑，王鹏，郭亮，等 . 2007. 持久有机污染物环境逸度模型研究及应用，哈尔滨工业大学学报，39（6）:897-900.

陈静生，王飞越 . 1992. 关于水体沉积物质量基准问题 . 环境化学，11（3）：60-70.

陈静生，王立新，洪松，等 . 2001. 各国水体沉积物重金属质量基准的差异及原因分析 . 环境化学，20（5）：417-424.

陈艳，俞顺章，林玉娣，等 . 2002. 太湖流域水中微囊藻毒素含量调查 . 中国公共卫生，18（12）：1455-1456.

陈云增，杨浩，张振克，等 . 2006. 水体沉积物环境质量基准建立方法研究进展 . 地球科学进展，21（1）:53-61.

陈治谏，陈国阶 . 1992. 环境影响评价的预警系统研究 . 环境科学，13（4）：20-24.

崔秀丽 . 2007. 突发性环境污染事故的分类特征及处置措施——以保定市两起危及环境安全事故为例 . 环境科学与管理，32（7）：1-4.

董志颖，王娟，李兵 . 2002. 水质预警理论初探 . 水土保持研究，9（3）：224-225.

段小丽，张楷，钱岩 . 2009. 人体暴露评价的发展和最新动态 . 中国毒理学会管理毒理学专业委员会学术研讨会暨换届大会 . 北京：中国毒理学会管理毒理学专业委员会 .

范文宏，陈静生，洪松，等 . 2002. 沉积物中重金属生物毒性评价的研究进展 . 环境科学与技术，25（1）:36-39.

冯文钊，张宏，彭立芹，等 . 2004. 突发性环境污染事故应急预警网络系统的设计与开发 . 城市环境与城市生态，17（1）：9-11.

冯小刚 . 2006. 环境中微囊藻毒素的检测、提纯及其紫外光助催化降解的研究 . 南京：东南大学博士论文 .

傅伯杰 . 1993. 区域生态环境预警的理论及其应用 . 应用生态学报，4（4）：436-439.

甘居利，贾晓平，林钦，等 . 2000. 近岸海域底质重金属生态风险评价初步研究 . 水产科学，24（6）：533-538.

高继军，张力平，黄圣彪，等 . 2004. 北京市饮用水源水重金属污染物健康风险的初步评价 . 环境科学，25（2）：47-50.

郭怀成，刘永，戴永立 . 2004. 小型城市湖泊生态系统预警技术——以武汉市汉阳地区为例 . 生态学杂志，23（4）：175-178.

韩涛，彭文启，李怀恩，等 . 2005. 洱海水体富营养化的演变及其研究进展 . 中国水利水电科学研究院学报，3（1）：71-73.

何进朝，李嘉 . 2006. 河流突发性污染事故风险评价方法的探讨 . 水道港口，27（4）：269-272.

洪松 . 2001. 水体沉积物重金属质量基准研究 . 北京：北京大学 .

胡二邦，姚仁太，任智强 . 2004. 环境风险评价浅论 . 辐射防护通讯，24（1）：20-26.

胡应成 . 2003. 环境风险评价的技术方法 . 中山大学学报论丛，23（1）：99-104.

黄湫淇，詹平 . 2005. 微囊藻毒素的细胞毒性及机制研究状况 . 预防医学情报杂志，21（3）：304-306.

黄娟，邵超峰，张余 . 2008. 关于环境风险的若干问题探讨 . 环境科学与管理，33（3）：171-174.

霍文毅，陈静生. 1997. 我国部分河流重金属水——固分配系数及在河流质量基准研究中的应用. 环境科学，18（4）：10-13.
金丽娜，张维昊，郑利，等. 2002. 滇池水环境中微囊藻毒素的生物降解. 中国环境科学，22（2）：189-192.
金相灿. 1992. 沉积物污染化学. 北京：中国环境科学出版社.
柯欣，杨莲芳. 1996. 安徽丰溪河水生昆虫多样性及其水质生物评价. 南京农业大学学报，19（3）：37-43.
李耕俭，师利明. 1998. 高速公路运输化学品对水源污染的风险分析及预防措施的研究. 交通环保，（5）：54-58.
李静. 2006. 重金属和氟的土壤环境质量评价及健康基准的研究. 杭州：浙江大学博士学位论文.
李丽娜. 2007. 上海市多介质环境中持久性毒害污染物的健康风险评价. 上海：华东师范大学博士论文.
李利民，郭益群，胡青. 1994. 黄河泥沙对某些重金属粒子的特性吸附及影响因素研究. 环境科学学报，7（5）：12-16.
李梅. 2007. 不完备信息下的河流健康风险预估模型研究. 西安：西安理工大学博士学位论文.
李淑祎，王烜. 2006. 水环境安全预警系统构建探析. 安全与环境工程，13（3）：79-86.
梁中，龚建新，焦念志，等. 胶州湾生态环境分析预警系统——主要营养盐月际变化及其成为生物生长限制因素的概率计算. 海洋科学，26（1）：58-61.
刘建康. 1990. 东湖生态学研究. 北京：科学出版社.
刘文新，栾兆坤，汤鸿霄. 1999. 河流沉积物重金属污染质量控制基准的研究Ⅱ相平衡分配方法（EqP）. 环境科学学报，19（3）：230-235.
龙铁宏. 2008. 环境风险评价中有毒物质泄漏预测结果的应用. 工业安全与环保，34（2）：50-52.
卢宏玮，曾光明，谢更新，等. 2003. 洞庭湖流域区域生态风险评价. 生态学报，23：520-530.
马俊杰. 2004. 突发性污染事故应急处理对策政策，黑龙江环境通报，28（3）：81-82.
毛小苓，刘阳生. 2003. 国内外环境风险评价研究进展. 应用基础与工程科学学报，11（3）：266-273.
孟伟，闫振广，刘征涛. 2009. 美国水质基准技术与我国相关基准构建. 环境科学研究，（7）：757-761.
孟伟，杨金荣，舒俭民，等. 2007. 突发环境污染事件对湖泊浮游动物的影响. 环境科学研究，20（4）：87-91.
孟伟，张远，郑炳辉. 2006. 水环境质量基准、标准与流域水污染总量控制策略. 环境科学研究，19（3）：1-6.
孟宪林，于长江，孙丽欣. 2008. 突发水环境污染事故的风险预测研究. 哈尔滨工业大学学报，40（2）：223-225.
孟宪林，周定，黄君礼. 2001. 环境风险评价的实践与发展. 四川环境，20（3）：1-4.
莫晓敏. 1999. 广西西江水系水污染事故原因分析. 广西水利水电，（3）：66-69.
穆丽娜，陈传炜，俞顺章，等. 2000. 太湖水体微囊藻毒素含量调查及其处理方法研究. 中国公共卫生，16（19）：803-804.
聂湘平，魏泰莉，蓝崇钰. 2004. 多氯联苯在模拟水生态系统中的分布、积累与迁移动态研究. 水生生物学报，28：478-483.
牛冬杰，聂永丰. 2002. 小型废电池填埋焚烧处置的健康风险分析. 上海环境科学，21（9）：545-581.
潘自强. 1991. 环境危害评价. 北京：原子能出版社.
裴雪姣，牛翠娟，高欣，等. 2010. 应用鱼类完整性评价体系评价辽河流域健康. 生态学报，30（21）：5736-5746.
彭虹，张万顺，彭彪，等. 2007. 三峡库区突发污染事故预警预报系统研究. 人民长江，30（4）：117-119.

彭金定，吴静文，梁国民 . 2001. 长沙县职业铅污染和城镇铅污染抽样调查 . 实用预防医学，8（4）：291-292.
彭祺，胡春华，郑金秀，等 . 2006. 突发性水污染事故预警应急系统的建立 . 环境科学与技术，29（11）：58-61.
齐雨藻，黄伟健，骆育敏，等 . 1998. 用硅藻群集指数（DAIpo）和河流污染指数（RPId）评价珠江广州河段的水质状况 . 热带亚热带植物学报，6（4）：329-335.
钱家忠，李如忠，汪家权，等 . 2004. 城市供水水源地水质健康风险评价 . 水利学报，(08)：90-93.
秦伯强，王小冬，汤祥明，等 . 2007. 太湖富营养化与蓝藻水华引起的饮用水危机——原因与对策 . 地球科学进展，22（9）：896-906.
仇付国 . 2004. 城市污水再生利用健康风险评价理论与方法研究 . 西安建筑科技大学博士学位论文 .
任淑智 . 1991a. 京津地区及邻近地区底栖动物群落特征与水质等级 . 生态学报，11（3）：262-268.
任淑智 . 1991b. 北京地区河流中大型底栖无脊椎动物与水质关系的研究 . 环境科学学报，11（1）：31-46.
石大康 . 1986. 底栖动物在评价漓江水质污染中的作用 . 环境科学，6（2）：54-58.
石剑荣 . 2005. 水体扩散衍生公式在环境风险评价中的应用 . 水科学进展，(1)：64-71.
石璇，杨宇，徐福留，等 . 2004. 天津地区地表水中多环芳烃的生态风险 . 环境科学学报，24：619-624.
孙凌帆，王金娜，王德春，等 . 2008. 环境风险评价在大江大河突发污染事故中的应用 . 河南科技，(3)：41-42.
孙启悦，修光利，长大年 . 2008. CAMEO 在突发性环境污染事故应急中的应用 . 安全与环境学报，8（3）：145-149.
唐承佳 . 2010. 太湖贡湖湾水源地微囊藻毒素和含硫衍生污染物研究 . 上海：华东师范大学博士学位论文 .
唐将，王世杰，付绍红，等 . 2008. 三峡库区土壤环境质量评价 . 土壤学报，45（4）：601-607.
田裘学 . 1997. 健康风险评价的基本内容与方法 . 甘肃环境研究与监测，10（4）：32-36.
万本太 . 2006. 突发性环境污染事故应急监测与处理处置技术 . 北京：中国环境出版社 .
王崇 . 2010. 基于细胞和群落特征的湖泊水华预警因子研究 . 上海：上海交通大学博士论文 .
王东宇，张勇 . 2007. 2006 年中国城市饮用水源突发污染事件统计及分析 . 安全与环境学报，7（6）：150-155.
王金花，梁利清 . 2008. 突发性环境污染对呼市地区的影响 . 内蒙古环境科学，20（1）：28-30.
王立新，陈静生 . 2003. 建立水体沉积物重金属质量基准的方法研究进展 . 内蒙古大学学报，34（4）：472-477.
王伟琴 . 2010. 饮用水源水中微囊藻毒素的遗传毒性与健康风险评价 . 杭州：浙江大学硕士学位论文 .
王永杰，贾东红，孟庆宝，等 . 2003. 健康风险评价中的不确定性分析 . 环境工程，21（6）：66-69.
王宗爽，段小丽，刘平，等 . 2009. 环境健康风险评价中我国居民暴露参数探讨 . 环境科学研究，22（10）：1164-1170.
卫国荣，张占英，连民，等 . 2002. 微囊藻毒素 LR 对 SD 孕鼠胎盘的损伤作用 . 中国公共卫生，18（8）：921-922.
文湘华 . 1993. 水体沉积物重金属质量基准研究 . 环境化学，12（5）：334-341.
吴斌 . 2007. 对突发性水环境污染事故应急监测的思考 . 六盘水师范高等专科学校学报，19（3）：25-27.
肖风劲，欧阳华，程淑兰，等 . 2004. 中国森林健康生态风险评价 . 应用生态学报，15（2）：349-353.
谢红霞，胡勤海 . 2004. 突发性环境污染事故应急预警系统发展探讨 . 环境污染与防治，26（1）：44-69.
徐海滨，孙明，隋海霞，等 . 2003. 江西鄱阳湖微囊藻毒素污染及其在鱼体内的动态研究 . 卫生研究，32（3）：192-194.
许学工 . 1996. 黄河三角洲生态环境的评估与预警研究 . 生态学报，16（5）：461-468.

颜京松 . 1980. 以底栖动物评价甘肃境内黄河干支流枯水期水质 . 环境科学，1（14）：14-20.
杨建强，罗先香，孙培艳 . 2005. 区域生态环境预警的理论与实践 . 北京：海洋出版社 .
杨莲芳，李佑文，戚道光，等 . 1992. 九华河水生昆虫群落结构和水质生物评价 . 生态学报，12（1）：8-15.
杨潼，胡德良 . 1986. 利用底栖大型无脊椎动物对湘江干流污染的生物学评价 . 生态学报，6（3）：263-274.
杨晓松 . 1996. 环境风险评价的不确定性及其度量 . 国外金属矿选矿，（10）：53-56.
殷福才，张之源 . 2003. 巢湖富营养化研究进展 . 湖泊科学，15（4）：377-384.
曾畅云 . 2004. 水环境安全及其指标体系研究——以北京市为例 . 南水北调与水利科技，2（4）：31-35.
曾光明，钟政林，曾北危 . 1998a. 环境风险评价中的不确定性问题 . 中国环境科学，18（3）：252-255.
曾光明，卓利，钟政林，等 . 1998b. 突发性水环境风险评价模型事故泄漏行为的模拟分析 . 中国环境科学，18（5）：403-406.
曾光明，卓利，钟政林，等 . 1998c. 水环境健康风险评价模型 . 水科学进展，9（3）：212-217.
曾维华 . 2004. 环境污染事故风险预测评估模式研究 . 防灾减灾工程学报，24（3），329-334.
曾勇，杨志峰，刘静玲 . 2007. 城市湖泊水华预警模型研究——以北京“六海”为例 . 水科学进展，18（1）：79-85.
赵琰金，王永柱，张万顺，等 . 2012. 河道溢油污染事故二维数值模型研究 . 人民长江，43（15）：81-84.
张防修，王艳平，刘兴盛，等 . 2007. 黄河下游突发性污染事件数值模拟 . 水利学报，（增）：613-618.
张钧 . 2007. 江河水源地突发事故预警体系与模型研究 . 南京：河海大学硕士学位论文 .
张龙江，张永春，杨永岗，等 . 2007. “松花江水质”污染事故应急处理与思考 . 安全与环境工程，14（1）：13-15.
张全国，张大勇 . 2002. 生产力、可靠度与物种多样性：微宇宙实验研究 . 生物多样性，10：135-142.
张维昊 . 2001. 滇池微囊藻毒素的环境化学行为研究 . 武汉：中国科学院水生生物研究所博士论文 .
张维昊，徐小清，丘昌强 . 2001. 水环境中微囊藻毒素研究进展 . 环境科学研究，14（2）：57-61.
张艳军，彭虹，肖彩，等 . 2005. 汉江武汉段水质预警预报系统研究与应用 . 青海环境，14（4）：155-157.
张应华，刘志全，李广贺，等 . 2008. 土壤苯污染引起的饮用地下水健康风险评价 . 土壤学报，45（1）：82-89.
张勇，王东宇，杨凯 . 2006a. 1985—2005 年中国城市水源地突发污染事件不完全统计分析 . 安全与环境学报，6（2）：79-84.
张勇，徐启新，杨凯，等 . 2006b. 城市水源地突发性水污染事件研究述评 . 环境污染治理技术与设备，7（12）：1-4.
张羽 . 2006. 城市水源地突发性水污染事件风险评价体系及方法的实证研究 . 上海：华东师范大学硕士学位论文 .
张羽，张勇，杨凯 . 2005. 基于时间特征指数的水源地突发性污染事件应急评估方法研究 . 安全与环境学报，5（5）：82-85.
张远，徐成斌，马溪平，等 . 2007. 辽河流域河流底栖动物完整性评价指标与标准 . 环境科学学报，27（6）：919-927.
张志红，赵金明，蒋颂辉，等 . 2003. 淀山湖夏秋季微囊藻毒素-LR 和类毒素-A 分布状况及其影响因素 . 卫生研究，32（4）：316-331.
柘元蒙 . 2002. 滇池富营养化现状、趋势及其综合防治对策 . 云南环境科学，21（1）：35-38.
职音 . 2000. 对突发性环境污染事故及其应急监测的几点认识 . 黑龙江环境通报，24（1）：56-59.

钟政林，曾光明，杨春平. 1998. 环境风险评价研究综述. 环境与开发，13（1）：39-42.

周克梅，陈卫，单国平，等. 2007. 南京长江水源实发性污染应急水处理技术应用研究，给水排水，33（9）：13-16.

朱玉萍，巨登三，曹晓云，等. 2008. 黄河兰州段突发水污染事件应急监测探讨. 甘肃水利水电技术，44（1）：22-23.

Adams W J, Kimerle R A, Barnett J W. 1992. Sediment quality and aquatic life assessment. Environ. Sci. Technol., 26（10）：1865-1875.

Aldenberg T, Slob W. 1993. Ecotoxicology and Environmental Safety, 25：48-63.

Allan I, Mills G, Vrana B, et al. 2006. Strategic monitoring for the European Water Framework Directive. Trends in Analytical Chemistry, 25（7）：704-715.

Allen H E, Fu G, Deng B. 1993. Analysis of acid volatile sulfide（AVS）and simultaneously extracted metals（SEM）for the estimation of potential toxicity in aquatic sediments. Environmental Toxicology and Chemistry, 12：1441-1453.

Amorim A, Vasconcelos V. 1999. Dynamics of microcystins in the mussel Mytilus galloprovincialis. Toxicology, 37：1041-1052.

Barbour M T, Gerritsen J, Snyder B D, et al. 1999. Photocatalytic degradation of the blue-green algal toxin microcystin-LR in a natural organic-aqueous matrix. Environmental Science & Technology, 33：243-249.

Bos P M J, Van Raaij M T M. 2002. Risk Assessment of Peak Exposures to Carcinogenis Substances. Netherland, RIVM.

Bos P M J, Barrs B J, Van Raaij M T M. 2004. Risk assessment of peak exposure to genotoxic carcinogens：A pragmatic approach. To xicology Letters, 151（1）：43-50.

Brain R A, Sanderson H, Sibley P K, et al. 2006. Probabilistic ecological hazard assessment：Evaluating pharmaceutical effects on aquatic higher plants as anexample. Ecotoxicology and Environmental Safety, 64：128-135.

Brown D F, William D E. 2007. Application of a quantitative risk assessment method to emergency response planning. Computers & Operation Research, 34：1243-1265.

Brumbaugh W G, Ingersoll C G, Kemble N E, et al. 1991. Assessing the toxicity of the freshwater sediment. Environmental Toxicology and Chemistry, 10：1585-1627.

Bury N R, Newlands A D, Eddy F B, et al. 1998. In vivo and vitro intestinal transport of 3H-microcystin-LR, a cyanobacterial toxin in rainbow trout（Oncorhynchus mykiss）. Aquatic Toxicology, 42：139-148.

Bu-Olayan et al. 1998. Effects of the gulf war spill in relation to trace metals in water, particulate matter, and PAHs from the Kuwait Coast. Environmental International, 24（7）：789-797.

Calmano W, Forstner U. 1996. Sediments and Toxic Substance：Environmental Effects and Eco-toxicity. Berlin：Springer-Verlag.

Carmichael W W. 2001. Health effects of toxin-producing cyanobacteria. Human and Ecological Risk Assessment, 7（5）：1393-1407.

Carmichael W W. 1996. Liver failure and human deaths at a haemodialysis center in Brazil：Microcystins as a major contributing factor. Harmful Algae News, 15：11-13.

Chai L Y, Wang Z X, Wang Y Y, et al. 2010. Ingestion risks of metals in groundwater based on TIN model and dose-response assessment-A case study in the Xiangjiang watershed, central-south China. Science of the Total Environment, 408（16）：3118-3124.

Chapman P M. 1989. Current approaches to developing sediment quality criteria. Environ. Toxicol. Chem., 8：589-599.

Chiou C T, Petter L J, Fradv H. 1979. A physical concept of soil – water equilibria for nonionic organic compounds. Science, 206 (16): 831-832.

Codd G A. 2000. Cyanobacterial toxins, the perception of water quality and the prioritization of eutrophication control. Ecological Engineering, 16: 51-60.

Codd G A, Morrison L R, Metcalf J S. 2004. Cyanobacterial toxins: Risk management for health protection. Toxicology and Applied Pharmacology, 203 (3): 264-272.

Codd C A, Bell S C, Kaya K, et al. 1999. Cyanobacterial toxins, exposure routes and human health. European Journal of Phycology, 34: 405-415.

Cormier S M, Smith M, Noton S, et al. 2000. Assessing ecological risk in watesheds: A case study of problem formation in the Big Darby Creek watershed, Ohio, USA. Environ. Toxicol. Chem. , 19 (4): 1082-1096.

Costan G, Bermingham N, Blaise C, et al. 1993. Potential ecotoxic effects probe (peep) -A novel index to assess and compare the toxic potential of industrial effluents. Environmental Toxicology and Water Quality, 8 (2): 115-140.

Critto A, Torresan S, Semenzin E, et al. 2007. Development of a site-specific Ecological Risk Assessment for contaminated sites: Part I. A multi-criteria based system for the selection of ecotoxicological tests and ecological observations. The Science of Total Environment, 379: 16-33.

Di Toro D M, Zarba C S, Hansen D J, et al. 1991. Technical basis for establishing sediment quality criteria using equilibrium partitioning. Environmental Toxicology Chemistry, 10 (12): 1541-1583.

Di Toro D M, Mahony J D, Kirchgraber P R, et al. 1986. Effect of nonreversibility, particle concentration and ionic strength on heavy metal sorption. Environ. Sci. Technol. , 20: 55-61.

Diana C L Wong, Toy R J, Philip P B. 2004. A streammesocosm study on the ecological effects of a C12-15 linear alcohol ethoxylate surfactant. Ecotoxicology and Environmental Safety, 58: 173-186.

Dietrich D, Ioeger S. 2004. Guidance values for microcystins in water and cyanobacterial supplement-products (blue green algal supplements): A reasonable or misguided approach? Pharmacology & Toxicology, 203 (3): 273-289.

Digg G. 1995. Science and judgement in Risk Assessment. Occupational and Environmental Medicine, 52: 784.

Ditoro D M, Mahony J D, Hansen D J, et al. 1990. Toxicity of cadmium in sediments: The role of acid volatile sulfide. Environmental Toxicology and Chemistry, 9: 1487-1502.

Domene X, Ramírez W, Mattana S, et al. 2008. Ecological risk assessment of organic waste amendments using the species sensitivity distribution from a soil organisms test battery. Environmental Pollution, 155: 227-236.

Duy T N, Lam P K S, Shaw G R. 2000. Toxicology and risk assessment of fresh water cyanobacterial (blue-green Algae) toxins in water. Reviews of Environmental Contamination & Toxicology, 163: 113-186.

Ecofram. 1999. Ecological Committee on FIFRA risk assessment methods aquatic reports. Washington, DC, USA.

Efroymson R A, Murphy D L. 2001. Ecological risk assessment of mltimedia hazardous air pollutants: Estimating exposure and effects. Science of the Total Environment, 274: 219-230.

EMEA. 2004a. Committee for Medicinal Products for Veterinary Use (CVMP): Guideline on Environmental Impact Assessment for Veterinary Medicinal Products Phase II. European Medicines Agency Veterinary Medicines and Inspections, London, UK.

EMEA. 2004b. Committee for Medicinal Products for Human Use (CHMP): Guideline on the Environmental Risk Assessment of Medicinal Products for Human Use. European Medicines Agency Pre-Authorization Evaluation of Medicines for Human Use. London, UK.

Emerson S D, Nadeau J. 2003. A Coastal perspective on security. Journal of Hazardous Materids, 104: 1-13.

Environmental Protection Agency. Office of Water: Bioassessment Protocols for Use in Streams and Wadeable

Rivers: Periphyton, Benthic Macroinvertebrates and Fish. Second Edition. EPA841-B-99-002. u. s Washington D C.

Falconer I R. 2001. Toxic cyanobacterial bloom problem in Australia waters risks a impacts on human health. Phycologia, 40 (3): 228-233.

Falconer I R. 1991. Tumor promotion and liver injury caused by oral consumption of cyanobacteria. Environmental Toxicology and Water Quality, 6: 177-184.

Fawell J K, James C P, James H A. 1993. Toxins from Blue-Green Algae: Toxicological Assessment of Microcystin-LR and a Method for its Determination in Water. Foundation for Water Research, Marlow, England.

Fernandez M D, Vega M M, Tarazona J V. 2006. Risk-based ecological soil quality criteria for the characterization of contaminated soils: Combination of Chemical and biological tools. Science of the Total Environment, 366: 466-484.

Fischer W J, Dietrich D R. 2000. Pathological and biochemical characterization of microcystin-induced hepatopancreas and kidney damage in carp (*Cyprinus carpio*). Pharmacology & Toxicology, 164: 73-81.

Fleming L E, Rivero C, Burns J, et al. 2002. Blue green algal (cyanobacterial) toxins, surface drinking water and liver cancer in Florida. Harmful Algae, 1 (2): 157-168.

Forbes T L, Forbes V E. 1993. A critique of the use of distribution-based extrapolation models in ecotoxicology Functional Ecology, 7: 249-254.

Forbes V E, Callow P. 2002. Species sensitivity distributions revisited: A critical appraisal. Human and Ecological Risk Assessment, 8: 473-492.

Foremme H. 2000. Occurrence of (cyanobacteria) toxins-microcystins and anatoxin-a in Berlin water bodies with implications to human health and regulations. Environmental Toxicology, 15 (2): 120-130.

Forstner U. 1993. Metal speciation-general concepts and applications. International Journal of Environmental Analytical Chemistry, 51: 5-23.

Gorham P R, Carmichael W W. 1988. Hazards of Freshwater Blue-greens (*Cyanobacteria*). Oxford: Cambridge University Press.

Harada K, Murata H, Qiang Z, et al. 1996. Mass spectrometric screening method for microcystins in cyanobacteria. Toxicon, 34: 701-710.

Hassan S M, Garrison A W, Allen H E, et al. 1996. Estimation of partition of coefficients for five trace metals in sandy sediments and application to sediment quality criteria. Environ. Toxicol Chem., 15: 2198-2208.

Heinze R. 1999. Toxicity of the cyanobacterial toxin microcystin-LR to rats after 28 days intake with the drinking water. Environmental Toxicology, 14 (1): 57-60.

Hering D, Moog O, Sandin L, et al. 2004. Overview and application of the AQEM assessment system. Hydrobiologia, 516: 1-20.

Hindman S, Favero M, Carson L, et al. 1975. Pyrogenic reactions during heinodialysis caused by extramural endotoxin. Lancet, 2: 732-734.

Hirooka E Y. 1999. Survey of microcystins in water between 1995 avid 1996 in Parana, Brazil using ELISA. Natural Toxins, 7 (3): 103-109.

Horowitz A J, Elrick K A. 1987. The relation of stream sediment surface area, grain size and composition to trace element chemistry. Appl. Geochem., 2: 437-451.

Howari F M, Banat K M. 2001. Assessment of Fe, Zn, Cd, Hg, and Pb in the Jordan and Yarmouk river sediments in relation to their physicochemical properties and sequential extraction characterization. Water Air and Soil Pollut, 132: 43-59.

Ito E, Kondo F, Harada K L. 1997. Hepatic necrosis in aged mice by oral administration of microcystin-LR.

Toxicon, 35 (2): 231-239.

Jones G J, Orr P T. 1994. Release and degradation of microcystin following algicide treatment of a Microcystins aeruginos bloom in a recreational lake, as determined by HPLC and protein phosphatase inhibition assay. Water Research, 28: 871-876.

Karen E M. 1999. Environmental fate of synthetic pyretbroids during spray drift and field runoff mearment in aquatic microcosms. Chemosphere, 39: 1737-1769.

Karickhoff S W, Brown D S, Scott TA. 1979. Sorption of hydrophobic pollutions in natural sediments. Water Res., 13: 241-248.

Karman CC, Reerink H G. 1998. Dynamic assessment of the ecological risk of the discharge of produced water from oil and gas producing platforms. Journal of Hazardous Materials, 61: 43-51.

Ke et al. 2002. Fate of polycyclic hydrocarbon (PAHs) concentration in a mangrove swamp in Hong Kong following an oil spill. Marine Pollution Bulletin, 45: 339-347.

Kelly M G, Cazaubon A, Coring E, et al. 1998. Recommendations for the routine sampling of diatoms for water quality assessments in Europe. Journal of Applied Phycology, 10: 215-224.

King R S, Richardson C J. 2003. Intergrating bioassessment and ecological risk assessment: An approach to developing numerical water-quality criteria. Environmental Management, 31: 795-809.

Korol R, Kolanek A, Strońska. 2005. Trends in water quality variations in the Odra River the day before implementation of the Water Framework Directive. Limnologieca, 35: 151-159.

Landis W G. 2003b. Twenty years before and hence: Ecological risk assessment at multiple scales with multiple stressors and multiple endpoints. Human and Ecological Risk Assessment, 9: 1317-1326.

Lee S Z, Allen H E, Sanders P F. 1996. Predicting soil-water partition coefficients for cadmium. Environ. Sci. Technol., 30 (12): 3418-3424.

Lee T H. 1998. First report of microcystins in Taiwan. Toxiconlogy, 36 (2): 247-255.

Li F, Cai Q, Ye L. 2010. Development of a benthic index of biological integrity and some relationships with environmental factors in the subtropical Xiangxi River, China. International Review of Hydrobiology, 95 (2): 171-189.

Li X D, Coles B J, Ramsey M H, et al. 1995. Sequential extraction of soil for multielement analysis by ICP-AES. Chem. Geol., 124: 109-123.

Lofts S, Tipping E. 2000. Solid-solution metal partitioning in theHumber rivers: Application of WHAM and SCAMP. Sci. Total Environ., 251/252: 381-399.

Long E R, Macdonald D D, Smith S L, et al. 1995. Incidence of adverse biological effects within ranges of chemical concentrations in marine and estuarine sediments. Environmental Management, 19: 81-97.

MacDonald D D, Ingersoll C G, Berger T A. 2000. Development and evaluation of consensus-based sediment quality guidelines for freshwater ecosystems. Arch Environmental Toxicology, 39: 20-31.

Mackay D. 2001. Multimedia environmental models: The fugacity approach. Boca Raton, Florida: Lewis Publishers CRC Press.

Moog O, Chovanec A, Hinteregger J, et al. 1999. Richtlinie für die saprobiologische Gewässergütebeurteilung von Flieβgewässern. -Wasserwirtschaftskataster. Bundesministerium für Land-und Forstwirtschaft, Wien.

Morales-Caselles et al. 2008. Sediment concentration, bioavailability and toxicity of sediments affected by acute oil spill: Four years after the sinking of the tanker Prestige (2002). Chemosphere, 71: 1207-1213.

Naddeo V, Zarra T, Belgiorno V. 2007. Optimization of sampling frequency for river water quality assessment according to Italian implementation of the EU Water Framework Directive. Environmental Science and Policy, 10: 243-249.

Natio W, Miyamoto K, Nakanishi J, et al. 2003. Evaluation of an ecosystem model in ecological risk assessment of chemicals. Chemosphere, 53: 363-375.

NOAA. 1995. The Utility of AVS/EqP in Hazardous Waste Site Evaluations. Washington: NOS ORCA 87, Seattle.

Norris R H, Hawkins C P. 2000. Monitoring river health. Hydrobiologia, 435: 5-17.

Novelli A, Losso C, Libralato G, et al. 2006. Is the 1 : 4 elutriation ratio reliable? Ecotoxicological comparison of four different sediment: Water proportions. Ecotoxicology and Environmental Safety, 65: 306-313.

NRC. 1983. Risk assessment in the Federal Government: Managing the process. Washington D C: National Academy Press.

OECD. 1995. OECD environment monographs 92, Guidance document for aquatic effects assessment. OECD/GD (95) 18.

Park R A, Clough J S, Wellman M C. 2008. AQUATOX: Modeling environmental fate and ecological effects in aquatic ecosystems. Ecological Modeling, 213: 1-15.

Paustenbach D J, Finley B L, Long T F. 1997. The eritical role of house dust in understanding the hazards posed by contaminated soil. International Journal of Toxicology, 16: 339-362.

Philip R C. Water quality, sediments and the macroinvertebrate community of residential canal estates in south-east Queensland, Australia: A multivariate analysis. Water Research, 1087-1097.

Pilotto L S, Klewer E V, Davies R D, et al. 1999. Cyanobacterial (blue-green algae) contamination in drinking water and perinatal outcomes. Australian and New Zealand Journal of Public Health, 23 (2): 154-158.

Pilotto L S, Douglas R M, Burch M D, et al. 1997. Health effects of exposure to cyanobacteria (blue-green algae) during recreational water-related activities. Australian and New Zealand Journal of Public Health, 21 (6): 562-566.

Resh V H, Jackson J K. 1993. Rapid assessment approaches to biomointoring using benthic macroinvertebrates// Rusenberg D M and Resh V H. In Freshwater Biomonitoring and Benthic Macroinvertebrates. New York: Chapman and Hall.

Schmitt-Jansen M, Veit U, Altenburger D G. 2008. An ecological perspective in aquatic ecotoxicology: Approaches and challenges. Basic and Applied Ecology, 9: 337-345.

Selck H, Riemann B, Christoffersen K, et al. 2002. Comparing Sensitivity of Ecotoxicological effect endpoints between laboratory and field. Ecotoxicology and Environmental Safety, 52: 97-112.

Silva et al. 2009. Evaluation of watcrborne exposure to oil spill 5 years after an accident in Southern Brazil. Ecotoxicology and Environmental Safety, 72: 400-409.

Simpson J C, Norris R H. 2000. Biological assessment of river quality: Development of AusRivAS models and outputs//Wright J F. Assessing the Biological Quality of Freshwaters: RIVPACS and Similar Techniques. Cumbria UK: Freshwater Biological Association.

Simpson S L, Angel B M, Jolley D F. 2004. Metal equilibration in laboratory-contaminated (spiked) sediments used for the development of whole-sediment toxicity tests. Chemosphere, 54: 597-609.

Smith E P, CairnsJr J. 1993. Extrapolation methods for setting ecological standards for water quality: Statistical and ecological concerns. Ecotoxicology, 2: 203-219.

Smith S L. 1996. The development and implementation of Canadian Sediment quality guidelines. Development and progress in sediment quality assessment: Rational, challenge, techniques & strategies. SPB academic Publishing, Amsterdam, The Netherlands, 233-249.

Solomon K R, Sibley P. 2002. New concepts in ecological risk assessment: Where do we go from here? Marine Pollution Bulletin, 44: 279-285.

Solomon K R, Giesy J P, Jones P. 2000. Probabilistic risk assessment of agrochemicals in the environment. Crop

Prot., 19: 649-655.

Solomon K R, Baker D B, Richards R P, et al. 1996. Ecological risk assessment of atrazine in North American surface waters. Environmental Toxicology and Chemistry, 15: 31-76.

Staub R, Appling J W, Hofstetter A M. 1970. The effects of industrial wastes of Memphis and Shelby on primary planktonic producers. Bioscience, 20: 905-912.

Steven D, Emerson, John Nadeau. 2003. A coastal perspective on security. Journal of Hazardous Materials, 104: 1-4.

Stone M, Droppo I D. 1996. Distribution of lead, copper and zinc in size fractionated river bed sediment in two agricultural catchments of southern Ontario. Canada Environ. Pollut., 93 (5): 353-362.

Suter II G W. 2008. Ecological risk assessment in the United States Environmental Protection Agency: A historical overview. Integrated Environmental Assessment and Management, 4: 285-289.

Suter II G W. 2001. Applicability of indicator monitoring to ecological risk assessment. Ecological Indicators, 1: 101-112.

Tessier A. 1992. Sorption of trace elements on natural particles in oxic environments//Buffle. Environmental Particles, Boca Raton. FL: Lewis Publishers.

Tessier A, Carignan R, Dubreur B, et al. 1989. Partitioning of zinc between the water column and the oxic sediments in lakes. Geochim Cosmochim Acta, 53: 1511-1522.

Tsuji K, Setsuda S, Watanuki T, et al. 1996. Microcystin levels during 1992-1995 for Lakes Sagami and Tsukui-Japan. Journal of Natural Toxins, 4 (4): 189-194.

Ueno Y, Nagata S, Tsutsumi T, et al. 1996. Detection of microcystins, a blue-green algal hepatotoxin, in drinking water sampled in Haimen and Fusui, endemic areas of primary liver cancer in China, by highly sensitive immunoassay. Carcinogenesis, 17: 1317-1321.

UK Environment Agency. 1999. Procedure for collecting and analysing macroinvertebrate samples BT001 (version 2.0). Bristol, UK: Environment Agency.

UK Environment Agency. 1997. Procedure for collecting and analysing macroinvertebrate samples BT001 (version 1.0). Bristol, UK: Environment Agency.

USEPA. 2007. Sediment Toxicity Identification Evaluation (TIE) Phases I, II, and III Guidance Document. EPA/600/R-07/080. Office of Research and Development. Washington, D C.

USEPA. 2000a. Technical basis for the derivation of equilibrium Partitioning sediment guidelines (ESGs) for the Protection of benthic organisms: Nonionic organies. Environmental Protection Agency, Office of Water. Washington D C.

USEPA. 2000b. Methods for the derivation of the derivation of site-speeific equilibrium partitioning sediment guidelines (ESGs) for the protection of benthic organisms. Environmental Proteetion Agency, office of wrater. Washington D C.

USEPA. 2000c. Office of Water of Science and Technology. Draft implementation framework for the use of equilibrium partitioning sediment quality guideline. Washington DC.

USEPA. 1998. Guidelines for ecological risk assessment. EPA 630-R-95-002F.

USEPA. 1996. EPA/630/R-96/009 Guidelines for reproductive toxicity risk assessment. Washington D C.

USEPA. 1992. Framework for ecological risk assessment. EPA/630/R-92/001.

USEPA. 1990. Technical support document on health risk assessment of chemical mixtures. EPA/600/8-90/064.

USEPA. 1989a. Briefing report to the EPA Science Advisory Board on the equilibrium partitioning approach to generating sediment quality criteria. Washington D C: EPA2440252892002.

USEPA. 1989b. EPA/540/1-89/002 Risk assessment guidance for superfund, volume (1): Human health evaluation manual (part A). Washington D C.

USEPA. 1986a. EPA/630/R-00/004 Guidelines for carcinogen risk assessment. Washington D C.

USEPA. 1986b. EPA/630/R-98/003 Guidelines for mutagenicity risk assessment. Washington D C.

USEPA. 1986c. EPA/630/R-98/002 Guidelines for the health risk assessment of chemical mixtures. Washington D C.

Van den Brink P J, Crum S J H, Gylstra R, et al. 2008. Effects of a herbicide-insecticide mixture in freshwater microcosms: Risk assessment and ecological effect chain. Environmental Pollution, 1-13.

Verdonschot P F M, Moog O. 2006. Tools for assessing European streams with macroinverbrates: Major results and conclusions from the STAR project. Hydrobiologia, 566: 299-309.

Wallschlager D, Desai M V M, Spengler M, et al. 1998. How humic substances dominate mercury geochemistry in contaminated floodplain soil sand sediments. Environ. Qual., 27 (5), 1044-1054.

Wang W Y, Ye B X, Yang L S, et al. 2007. Risk assessment on disinfection by-products of drinking water of different water sources and disinfection processes. Environment International, 33: 219-225.

Wang Z X, Chai LY, Wang Y Y, et al. 2010. Potential health risk of arsenic and cadmium in groundwater near Xiangjiang River, China: A case study for risk assessment and managerment of toxic substances. Environmental Monitoring and Assessment, 175: 167-173.

Weeks J M, Comber S D W. 2005. Ecological risk assessment of contaminated soil. Mineralogical Magazine, 69: 601-613.

Welker M, Steinberg C. 1999. Hepatoxic cyanobacteria in the shallow lake Muggelsee. Hydrobiologia, 408: 263-268.

Wheeler J R, Grist E P M, Leung K M Y, et al. 2002. Species sensitivity distributions: Data and model choice. Marine Pollution Bulletin, 45: 192-202.

Williams D E, Craig M, Dawe S C, et al. 1997. 14C-labeled microcystin-LR administered to Atlantic salmon via intraperitoneal injection provides in *vivo* evidence for covalent binding of microcystin-LR in salmon livers. Toxicology, 35: 985-989.

Winter J G, Duthie H C. 2000. Stream epilithic, epipelic and epiphytic diatoms: Habitat fidelity and use in bio-monitoring. Aquatic Ecology, 34: 345-353.

Wright J F. 2000. An introduction to RIVPACS, In assessing the biological quality of fresh waters: RIVPACS and other techniques//Wright J F. Freshwater Biological Association. Cumbria, UK: Ambleside.

Wright J F, Furse M T, Moss D. 1998. River classification using invertebrates: RIVPACS applications. Aquatic Conservation: Marine and Freshwater Ecosystem, 8: 617-631.

Wright J F, Moss D, Armitage P D, et al. 1984. A preliminary classification of running-water sites in Great Britain based on macroinvertebrate species and the prediction of community type using environmental data. Freshwater Biology, 14: 221-256.

Yoshida T Y, Makita S. 1997. Acute oral toxicity of microcystin-LR, a cyanobacterial hepatotoxin in mice. Journal of Natural Toxins, 5: 91-95.

Zhou L, Yu H, ChenK. 2002. Relationship between microcystin in drinking water and colorectal cancer. Biomedical and Environmental Science, 15 (2): 166-171.